JN206206

# DOMESTICATED

## EVOLUTION IN A MAN-MADE WORLD

# 家畜化という進化

人間はいかに動物を変えたか

〈著〉リチャード・C・フランシス

〈訳〉西尾香苗

白揚社

アンドリューへ

# 家畜化という進化　目次

# 家畜化という進化

本文中の〔　　〕は訳者による注です。

# はじめに

もしも家畜や作物がなかったなら文明など存在せず、わたしたちは今でも狩猟採集民のままで、かつかつの生活を送っていたことだろう。動物の家畜化や植物の作物化によって、それ以前にはありえなかったほどの余剰食料が手に入るようになったために、いわゆる新石器革命が引き起こされたのである。この革命は農業経済だけでなく都市生活のための土台になった。現代の文化があるのも、この革命をベースとして一連の技術革新が起こってきたおかげである。文明発祥の地が、オオムギやコムギ、ヒツジ、ヤギ、ブタ、ウシ、ネコが人間と決定的に親密な関係をもつようになった地域でもあるのは、偶然ではないのだ。

新石器革命が始まった当初、地球の人口は一〇〇〇万だったと見積もられているが、いまや地球上には七〇億を超える人々が住んでいる。人口の爆発的な増加は、人間以外のほとんどの生物にとって災難でしかない。しかし、幸運にも家畜や作物としての身分を保障されている生物にとってはそうではない。家畜や作物はわたしたちとともに繁栄の道を歩んできたのである。新石器時代以降、生物の絶滅率は、それ以前の六〇〇〇万年間に対して一〇〇〜一〇〇〇倍にもなっている。タルパン（ウマの祖先）やオーロックス（ウシの祖先）など、家畜化された動物の祖先（野生原種）の多くも新石器時代以降に絶滅した。だが、家畜のなかには絶滅したものはいない。ラクダやイエネコ、ヒツジ、ヤギについては、それぞれの野生原種は消滅の瀬戸際にいるが、家畜化された子孫たちは地球上の大型哺乳類のなかで最も多い部類に入るのである。進化という観点からすれば、家畜化されて損はなかったのだ。

だが、家畜の成功にはそれ相応の代償もある。進化の主導権を握られてしまうのだ。家畜や作物がどのように進化するか、その運命の支配権のかなりの部分を、人間は自然からもぎとってしまっている。そのため、家畜や作物は、進化の過程を理解するための多くの情報をもたらしてくれる存在になっているのである。実際、家畜や作物は非常にドラマチックな進化の実例なのだ。特殊創造説〔生物の種は天地創造の六日間に神が創造したものであり、それぞれの種はそれ以来変化していないという説〕の信奉者でさえも、オオカミからイヌへの変化は進化によるものであったことを、ある程度にせよ認めてはいる。家畜の作出では、特定の形質をもつ品種を作り出すために人為選択が行われる。ダーウィンは「自然選択」（自然による選択）と「人為選択」（人間による選択）はよく似た過程だと考えていた。だからこそ、イヌやハトの人為選択について、かなり注力して議論したのである。

新石器時代の人類と競合するだけでなく人間を捕食することもあったオオカミは、家畜化された最初の動物でもあった。この事実こそが、意識的あるいは無意識的に人間が進化に影響を及ぼす力をもっている証拠である。イヌやその他の哺乳類の家畜化過程の大部分において、人間は無意識的に進化に圧倒的な影響力を及ぼしてきた。この理由から、自然選択と人為選択の区別は実はかなり不明瞭なのだ。本書でこれから見ていくように、多くの場合、家畜化過程をスタートさせるのは人間ではなく動物自身である。理由はさまざまだが、動物が人間のすぐそばで生活するようになるのが第一歩である。この自発的な人馴れ〔原語は「self-taming」。二〇一七年、国立遺伝学研究所が「人になつく動物の遺伝子領域を解明」と発表した。そのなかで、「自ら人に近づく」ことを「能動的従順性」としている。人間の近くに自ら近づいてきたオオカミには、この「能動的従順性」があったといえるだろう〕の過程は、主として通常の自然選択を通じて起こる。人間による意識的な選択、つまり人為選択が行われるのは、家畜化過程のもっとあとの段階である。とはいえ、どこまでが自然選択でどこからが人為選択なのかははっきりせず、どちらとも言いがたい段階がかなり長く続く。この移行段階中、形質の選択における人間の重要性は増大していくが、意識的な要素はまだ部分的なものにすぎない。

実際、自然選択と人為選択の組み合わせはかなり強力であることがわかっている。イヌのサイズは、チワワからグレート・デーンまでかなりの幅がある。これは野生のオオカミどころか、絶滅種も現生種も含め、イヌ科（オオカミ、コヨーテ、ジャッカル、キツネなど）全体のサイズの範囲を超えている。イヌ科は四〇〇〇万年近く前の漸新世に出現した。その後、人間との関わりを通じて選択圧を受け、わずか一万五〇〇〇〜三万年の間に進化的な変化を遂げた。その変化はそれ以前の四〇〇〇万年間でのイヌ科動物の変化をはるかに超えているのである。

人間が引き起こしたイヌの進化では、変異が見られる形質はサイズだけにとどまらない。毛色や骨格にも変異が生じている。イヌの頭骨の形態はバリエーションに富んでいる。イヌ以外のイヌ科動物すべてに見られるバリエーションを軽く超えるどころか、食肉目（イヌ科の上位分類群で、イヌ科以外にはネコ、クマ、イタチ、アライグマ、ハイエナ、ジャコウネコ、アザラシ、オットセイなどが含まれる）全体のバリエーションをも凌駕している。

人間による選択がイヌの行動に及ぼした効果がドラマチックなのはいうまでもない。なかでも注目に値するのは、イヌが人間の意図を「読み取る」能力を進化させたという点だ。イヌは人間のジェスチャー、たとえば離れたところにある食べものを指さすなどの意味を理解する。野生のオオカミにはこんなことはできない。実際、人間の意図を読み取ることにかけては、人間に最も近い親戚であるチンパンジーやゴリラよりも、イヌのほうがよほど上手だ。ということはある意味、社会的認知に関しては、イヌのほうが大型類人猿〔チンパンジー、ゴリラ、オランウータン〕よりも人間に似通っているというわけだ。

その他の家畜の進化についても、人間が及ぼした影響はイヌにほとんど劣らず印象的なものだ。おとなしくて乳房の発達したホルスタイン種のウシは、気位が高く獰猛な野生原種であるオーロックスにあまり似ていないし、メリノ種のヒツジも野生原種であるムフロンには似ていない。ウシもヒツジも、家畜種と野生原種が分岐したのはほんの一万年前のことだ。短期間のうちにずいぶんと進化したものである。

家畜化は加速された進化なので、生物学をよく知らない人にとって、進化がどのような過程をたどるのかを直観的に理解するためのうってつけの教材になる。進化は歴史的な過程だが、ほとんどの進化はかなり大きなタイムスケールで起こるため、知識の乏しい者にとってはなかなか理解しがたく、ましてや直観的に把握できるものではない。人間の精神には限界があることを考慮すれば当然だ。だが、家畜化はもっとわかりやすいタイムスケールで起きる。たとえば、イングリッシュ・ブルドッグというイヌの品種は、この一〇〇年間というわずかな時間で大きく進化している。家畜化という進化の過程を知ることにより、人類自身の歴史をも知ることができる。つまり、人類が記録を残すようになってからの有史時代と、有史以前（紀元前三万年～紀元前五〇〇〇年）の時代、それよりもっと前の人類の進化の歴史がとぎれなくつながる、長大な流れとして見ることができるのだ。このような長大な歴史は「ビッグ・ヒストリー」と呼ばれることもあるが、わたしは「ディープ・ヒストリー」というほうが適切だと思う。本書で行っていく議論は、このビッグあるいはディープ・ヒストリーの次元を背景とするものである。

家畜化以前の時代の歴史（ディープ・ヒストリーの最もディープな部分）は、もちろん進化生物学、なかでも特に「系統学」という分野が扱う領域である。系統学とは、生命の系統樹（ツリー・オブ・ライフ）上で各生物がどのようにつながるのか、その関係を再構成しようとする分野である。家畜化以前の時代と有史時代の境目となる時期についてもある程度のことはわかっているが、その多くは、動物考古学によって得られたものである。動物考古学は急速に発展中の分野で、古代人類の文化、動物学、自然史という三つの分野の専門知識を合体させるものだ。有史時代には人間は家畜を意識的に管理する段階に入ったことが、文献により記録されている。現在も意識的な管理は続いており、いい意味でも悪い意味でも比類なき変化を引き起こしている。

このような歴史的な背景は、それ自体が興味深いものである。同時に、進化がどのようにして起こるのかを理解するのに必要不可欠な情報でもある。家畜化された動物はどれもみなおなじみのものであるため、その性質がどのように変化してきたのか理解しやすい。進化生物学の近年の進展や最新の知見を家畜化というレンズを通して考察したい。それが、本書でわたしが主に目指していることだ。そのためには理解しやすいことが何より重要なのである。

家畜化のそれぞれのケースは、進化において自然ななりゆきで行われた一種の実験として見ることができる。「自然ななりゆきで行われた実験（natural experiment）」というのはつまり、進化の研究をするのに理想的ではあるが、計画されて行われたのではない実験という意味である。家畜化の逆過程である野生化もまた、自然ななりゆきで行われた実験だ。その一例はディンゴである。ディンゴはおよそ五〇〇〇年前に原ポリネシア人によってオーストラリアに移入され、オーストラリア奥地でペットから捕食者の頂点に立つものへと変貌した。その過程で、ディンゴはオオカミに似る方向へと進化した。実際、ディンゴにはオオカミともイヌとも異なる興味深い特徴が見られる。

このような、過去の家畜化や野生化という自然ななりゆきで行われた実験に加え、家畜化について現在まさに進行中の科学的実験もある。家畜化の過程を実験的に再現しようという試みであり、ひとえに進化の過程がどのように進むのかを解明したいという目的で行われている。

家畜化のどのケースを見ても、興味深くかつ他にはない特性があるが、全体に共通したテーマも立ち現れてくる。それは個別のケースと同様に興味深く、かつ進化について考えるうえで重要なものだ。そういったテーマのなかで最も意味深くかつ注目すべきものは、家畜化に伴って思わぬ結果が生じることだろう。人間がある一つの形質に注目して、その形質をもつ個体を選択すると、他の一見関係なさそうな形質にまで、意図せぬ影響を与えてしまうのだ。このような副産物は、自然選択による進化でも一般的に見られる特徴であることがわかっている。この副産物により、選択の対象となる形質の進化にブレーキがかけられたり、新たな進化の機会が生まれたりすることもある。

他にも本書全体に共通するテーマがある。表現型（行動的、生理的、形態的な形質を含む）の変化の程度とゲノム（その生物がもつ遺伝情報の全体）の変化の程度には厳密な相関関係がないことである。たとえば、家畜に大きな身体的変化が見られるのに、遺伝的な変化が驚くほど少ない場合もよくある。イヌとオオカミの遺伝的な隔たりは、両者の身体的な差異に比べて微々たるものだ。ブタやウシやウマにもこれはあてはまる。それによって三つめのテーマが浮かび上がってくる。人間が作り出す環境が生物の進化に対して与える影響は、ウマとイヌのように、ゲノムが（ということは進化的な距離も）大きく隔たっている生物に対しても驚くほど一貫している、ということだ。

だがしかし、本書で最も重要なテーマは、進化過程の保守的な性質である。家畜化で見られるように、極度に高速で起こる場合でさえも保守的なのである。進化についての通俗的な説明は、新しいものを生み出す面ばかりに注目しているものがほとんどである。これは適応万能論者の主張の要である。適応万能論者は、生物は多様な（そして限りのないように見える）方法でもって環境による困難に反応し適応して変化していくということを示したがっている。しかし、適応による変化に限りがないなんてとんでもないのだ。事実、適応による変化はそれまでの生物のそれまでの進化の歴史によってその方向性は限定されている実際はかなり制限されているし、その生物のそれまでの進化の歴史によってその方向性は限定されているキニーズはオオカミの改造版であり、オオカミはそれまで進化してきたものの端っこを改造するだけに制限されている。ペキニーズはオオカミの改造版であり、オオカミの祖先から丸ごと設計し直したものではないのだ。

進化生物学内で近年発展してきた二つの分野が、進化の保守的な面をとりわけ前面に押し出してきた。ゲノミクス（ゲノム情報の解析）と進化発生生物学（エヴォデヴォ）である。両者ともに本書では大きく取りあげている。

## 本書の構成

各章ではそれぞれ単一の生物（イヌ、ネコ、ブタなど）あるいは近縁な二種の生物（ヒツジとヤギなど）の家畜化に注目する。まず初めにその生物の家畜化の歴史や文化的な意義を説明する。次に、その生物とその野生原種が含まれる科の進化的な歴史を、系統樹上の位置も含め簡単に紹介する。人間が入念に作りあげてきた進化的な変化の背景情報を提供するためだ。各章の大部分は、これらの人工的な変化をもとに進化の過程についてどんなことがわかるか、新しいものを生み出す面と保存的な面との両方から検討する。最後の三つの章では人間に注目する。そのうち初めの二章では、人間の進化には自己家畜化の過程が含まれており、わたしたちの進化はたとえばオオカミからイヌへの移行と重要な点でよく似た関係にある、という仮説について考察する。最終章では、アフリカの動物相の取るに足らない構成要素にすぎなかった人類が、現在の支配者的な地位に上りつめたことを論じる諸説について考察する。人類が地球にどんどん手を加えていることを考慮するなら、われらが家畜動物たちは、未来の進化の先陣を切っているのである。

# 第1章　キツネ

「イヌ」を一言で表すとしたら？　「誠実」「フレンドリー」「愛すべき」「忠実」などの言葉が思い浮かぶだろう。では「キツネ」は？　「ずるい」「狡猾」「抜け目ない」「陰険」『悪賢い」「ごまかし屋」など、イヌとはまったく別の方向の言葉ばかり出てくるのではないだろうか。キツネから連想される語のほとんどは軽蔑的な意味合いを含むもので、仮に敬意を払うとしてもしぶしぶながらといったところだろう。

キツネと直接交流することは普通ないだろうから、こういった連想はイソップ寓話などの受け売りである。「キツネとカラス」などがその最たるものだ。[1] おいしそうなチーズのかけらを見つけたカラスが木の枝にとまり、あとでゆっくり食べようとしていた。カラスの様子をうかがってチーズに気づいたキツネは、何としても欲しいと思う。だがキツネは木に登れないので、直接手を出すことはできない。そこで、カラスにおべっかをつかい、つやつやした羽毛を称え、素敵な足ですねとほめちぎった。それほど見目麗しいなら声もきっと美しいんでしょうね、歌ってみてくださいよ、と懇願する。カラスは「カー」と鳴こうとしてクチバシを開き、チーズを落としてしまう。ずる賢いキツネはまんまと獲物を自分のものにした。カラスはいっぱい食わされたわけだ。

写真家でインスタレーションアーティストのサンディー・スコッグランドは、このような連想をうまく生かして、《フォックス・ゲーム》というインスタレーション作品を印象的なものにした[2]。場面はレストラン。テーブルと椅子、ナイフやフォーク、グラス類、花瓶、パンかごなどがそろっているが、人間は一人もいない。そのかわりに等身大のキツネが二八匹、そこらじゅうをうろうろしている。てんでんばらばらな格好で好き勝手にふるまっているキツネたちだが、みんなそれぞれ楽しそうだ。跳ねているのが数匹、あおむけになってネコみたいに寝っ転がったキツネがいると思えば、その上に飛び降りようとしているのもいる。実際、キツネの多くはまるでネコのようにふるまっている。特に目立つのは前景にいる一匹で、のんきな顔をこちらに向けている（図1・1）。

よくできたシュールレアリスムアートなら必ずそうだが、この場面には感情的な混乱を誘う何かがある。なぜそのように反応してしまうのだろうか？　レストランの内装も設備や食器もすべてがけばけばしい売春宿のような赤一色であり、独特のライティングもあいまって舞台は幻惑的に照らされ、夜でも昼でもないように見えるのが、一つの原因である。混乱を誘うそれ以外の要素は、もちろん、キツネたち自身である。キツネは全身が灰色で、背景の赤に対してはっきりしたコントラストとなり、視覚的に余計に浮き出して見える（ただし、一匹だけは背景と同じ色で、この突然変異種がまた余計に混乱を誘う）。キツネたちの雰囲気や行動に引き込まれて目が離せなくなってしまうのだ。キツネたちは一見、魅力的かつ愛嬌たっぷりでほほえましい。だが、そこには何か邪悪なものもある。結局、やつらはキツネなのであって、「ずる賢く」「陰険」で、「人を欺く」などなどといった性質が言外に暗示されているのである。キツネた

図 1.1 《フォックス・ゲーム》（1989 年のインスタレーション）
©Sandy Skoglund（デンヴァー美術館の厚意により掲載）

ちがこの場面にその暗示を持ち込んでいるのだ。信用できる相手ではない。ペットにしようなんてとんでもない。テーブルの上で楽しげにしているが、手を出そうものなら噛みつかれそうだ。

混乱を誘う要因として最大のものは、キツネが屋内にいて、しかもすっかりなじんでいるという事実である。何といってもキツネは野生動物である。屋外にいるべき野生動物が屋内にいるのは、何か尋常ではない事態が起こっているときだけ、つまりここでは何かとんでもないことが起こっているのだ。この場面は文明が滅んだのちの世界のように見えるのである。

とはいえ、おそらく、文明が滅亡しなくてもキツネを屋内に入れることはできる。おそらく、そう遠くない未来にそれは実現するだろう。そうなれば、《フォックス・ゲーム》はまったく異なる観点から見ることができるようになる。混乱を誘うものではなく、もっと自然な感じになるはずだ。色彩と照明は相変わらずの効果を発揮するだろうが、キツネたち自体は単に可愛いものに見えるだろう。その場合、とまどいのもとになるのは単にキツネの数が多すぎることだけで、ネコが走りまわる猫屋敷みたいなものだ。イヌやネコと同じように、キツネも屋内で飼えるペットになるかもしれない。それが非凡なロシア人科学者ドミートリ・ベリャーエフの目指したゴールである。ベリャーエフは、わたしたちがどうやってネコやイヌを作り出したか、つまり家畜化の過程を解明しようとして研究に着手したのである。

## 利口で勇敢なものたち

ベリャーエフは、一九四〇年代のモスクワで名のある遺伝学者としての地位を手にしたのだが、その後、ソビエト当局ともめごとを起こした。一九世紀半ばにモラヴィアの修道士グレゴール・メンデルが遺伝の研究を始め、それは近代遺伝学の土台として現在でも認められている。ベリャーエフはその遺伝学の枠組みを否認するように命じられたが、拒否した。それが問題にされたのである。メンデリズムと呼ばれるようになったメンデルの遺伝学は、当時、世界のほとんどの国では問題になったり論争を呼ぶようなものではなく、実際、正統派の考え方でもあった。だが、ソビエト連邦では複数の事情がからまりあって特殊な事態になり、メンデルがブルジョワや反動的な世界観と結びつけられたのである。メンデル遺伝学の擁護者は実に危険な状況に陥ってしまった。現在では、この事態を引き起こした大元の責任は、当時台頭してきた新参の農学者であるトロフィム・ルイセンコにあったとされている。だが、実際はもっと複雑な事情があった[3]。

おそらく、ヨシフ・スターリンがこの時代に直面していた内政上の最大の問題は、食物不足であった。特にコムギ不足は深刻で、大飢饉が発生した。だがそれは、農業の集団化を強制的に進めることによってスターリン自身が作り出したものだった。スターリンには、何としても早急に食物不足を解消する手段が必要だった。そして、ルイセンコがそのための方策を申し出たのである。標準的なメンデル遺伝学の観点からすると、改良コムギをすぐにも作り出すなんて、とうていありそうにもない突然変異が生じないかぎり無理だと考えられる。選択的に交配させて徐々に品種改良していくほうが可能性としてははるかに高い。しかしルイセンコは、ある重要な環境要因を操作すればコムギの遺伝的な改良はもっと迅速に行えると主張した。簡単にいうならば、環境にある種の修正を加えてコムギの遺伝的性質を変異させることが可能であり、さらにこの遺伝的変異が望ましい形質をもつような方向づけも可能だ、とルイセンコは提案したのである。[4]

（ルイセンコの進化に対する考え方は部分的には、フランスの偉大な進化論者であったジャン＝バティスト・ラマルクから得たものであった。そのせいで、ラマルクの名前には今日まで続く汚点がつけられてしまった。だがラマルクこそが進化論を初めて明確に述べたのであり、そのためダーウィンその人に大いに賞賛されたのである。[5]）

スターリンがルイセンコを優遇すると決めて以来、異議を唱える者は危険な状況に置かれることになった。アカデミックな研究職から追われる程度ならまだ幸運なほうで、不運にも投獄される者まで出た。ベリャーエフの兄のニコライも遺伝学者だったが、不運な部類に入ってしまい、強制労働収容所で死亡した。当時の最も重要な遺伝学者であったニコライ・イヴァノヴィッチ・ヴァヴィロフも同じような運命をたどった。[6] また、世界的に知られた進化生物学者であり、エヴォデヴォの創始者でもあるイヴァン・イヴァノヴィッチ・シュマルハウゼンは生きのびたが、古典的な名著『進化の要因』を含め、自身の著作が公衆の面前で焼き捨てられるのを目の当たりにした。[7]

ベリャーエフ自身は、それほど不運ではなかったとはいうものの、無傷で逃げきったわけではない。モスクワ中央科学研究所動物育種部門の部長だったのだが、一九四八年に職を追われたのである。その後、一〇年間にわたり、動物生理学を隠れみのにしてメンデル遺伝学の研究をひそかに続けていたベリャーエフは、一九五九年にシベリアの研究所に移ることになった。それが転機となった。

シベリアへの異動が成功につながるなんて考えられない。ロシア人でなくてもそれはわかる。しかしベリャーエフの場合は事情が違った。モスクワから遠く離れ官僚の目も届かないノヴォシビルスクで、ベリャーエフはソ連科学アカデミーのシベリア支部の立ち上げに関わり、また、同支部の細胞学遺伝学研究所の所長にもなった。その指導のもと、この研究所は古典的遺伝学および分子遺伝学において世界的な研究の拠点となったのである。

## 家畜化

ベリャーエフはメンデル遺伝学の擁護者であるだけではなく、ダーウィンおよび進化の「現代的総合」〔分野横断的に進化学を中心に生物学を統合しようとした歴史的な動きが「現代的総合」である。その動きの産物である学説を「進化の総合説」という〕の強力な支持者でもあり、進化がどのようにして起こるのか、独自の考えをいくつかもっていた。特に、ストレスの多い条件下での進化に興味を抱いていた。環境が急速に変化するときや、新たな生息環境に移住する際に起こるような進化である。ベリャーエフにとって、家畜化の過程はこの種の進化だった。ここでいう「新たな生息環境」とは、人間が作り出した環境のことである。

家畜化がどのようにして起こるかについて、ベリャーエフは一つの理論を考えていて、当初はオオカミの家畜化に注目していた。いったいどうすればオオカミからペキニーズにたどりつけるだろうか？　ベリャーエフの仮説を説明する前に、現代のイヌの品種が祖先であるオオカミとどのように違っているか、さまざまな面から見てみよう。

最も明白なのは体のサイズである。チワワはオオカミに比べればちっぽけだ。一方、グレート・デーンやウルフハウンド、ブル・マスティフはオオカミよりもかなり大きい。

体のサイズほど明白ではないかもしれないが、ある意味でそれ以上に顕著なのは、骨格の変化である。これも人間が手を加えて作りあげたもので、サイズの変化をはるかに超えている。骨盤と肩にはさまざまな変異が見られる。脊椎は長くなったものもあれば短くなったものもある。脊椎の一部である尾は特に人間の操作の影響を受けやすいようだ。最もオオカミによく似た品種のハスキーやエルクハウンド、マラミュートでさえも、尾はくるんと巻き上がっている。野生のオオカミには決して見られないタイプである。ジャーマン・シェパードなどの品種では、尾は不自然に垂れている。一方、オオカミの尾はまっすぐ後ろに伸びる。イヌには尾がかなり短くなっている品種も多い。

頭骨の変異は幅広く、オオカミのとは似ても似つかないものまで出現している。最右翼はペキニーズやパグで、頭骨があまりに短くなったために呼吸に異常をきたしかねないほどだ。逆に、コリーやアフガン・ハウンドのような品種では、頭骨はとても細長く幅が狭くなっている。また頭骨には、長さだけではなく形にもさまざまな変化が見られる。実際、イヌの頭骨の形態は、体のサイズの変異よりもはるかにバリエーション豊かである。(8)

毛皮もまたオオカミの状態から著しく変化している。プードルや一部のテリアに見られるカールした固い毛も、ペキニーズやシープドッグのふさふさの長毛も、オオカミにはまったくないものだ。多くの犬種に見られる被毛の色もまったくオオカミらしくない。オオカミの毛色は白色に近いものからダークグレーまで見られ、実はかなり幅広い。だが、イヌではこれにさらに別の色味が加わっていて、特に黄色・赤色・茶色方面の色味が豊富である。注目すべきは、さまざまな品種に色の組み合わせが見られることで、特に白と黒のぶち模様がおもしろい。知られているかぎり、野生のオオカミでそんな模様のものは存在しない。

他に、垂れ耳も家畜化の特徴である。ドーベルマン・ピンシャーなど、一部の品種では野生型の外見が望ましいとされ、垂れ耳を部分的に切除（断耳）してオオカミのような立ち耳にする。

オオカミとペキニーズは、少なくとも身体的な違いと同じ程度に行動面でも違いが見られる。オオカミはほほえない。オオカミは仮に機会があったとしても人間のひざに乗ってはこないし、許可されるのを待ったり、尾を振って親愛の情を示したりもしない。尾を振るのは明らかに家畜化によって現れた行動だ。最も根本的な違いは、オオカミはイヌのように人間の意図を読み取れないということである。オオカミに向かって何かを指さしたとしたら、オオカミ側の「理解」度はせいぜいネコと同じくらい、つまり全然わかってくれないだろう。ましてや、人間の視線をたどったり、人間の注意や感情の微妙な振れ幅を感知することなどない。人間の許可を待つこともない。生まれたときから人間が育てたとしてもそうだ。わたしたちが何にせよイヌを訓練することができるのは、人間側が優位にあることをイヌが認識しているからにほかならない。だがオオカミは、たとえ人間の手で育てられたとしても、イヌと同じように考えるようにはならない。だから、オオカミに「取ってこい」を教え込もうとするのは時間の無駄でしかない。物を取ってくるのはオオカミの威厳に関わるからではなく（それも確かにありうる話だが）、単に、文字通りにも比喩的にもこちら側の要求が「わからない」からなのだ。

こういった身体的な形質や行動面での形質は、それぞれ独立に変化してきたのだろうか？　それとも、家畜化による形質の一部は他の形質を変化させたことによって付随的に生じた副産物なのだろうか？　ベリャーエフは後者の見解にかなり傾倒していた。「多面発現」という現象が存在するからである。これは、単一の遺伝子が複数の形質の発現に関与するという現象である。ということは、ある一つの形質を対象として選択を行えば、(それが自然選択にせよ人為選択にせよ）他の形質に影響が及ぶこともあるわけだ。だからこそ、進化生物学では「〜を対象とする選択（selection for)」と「〜の選択（selection of)」とを区別するのである。[9]

たとえば「Aを対象とする選択」では、Aという形質自体をターゲットとして選択を行う。一方、Aを対象とする選択の結果、Bという他の形質にも変化が現れた場合が「Bの選択」である。具体的な例でいうなら、赤毛という形質を対象とする選択が行われると、その結果として色白の肌、そばかす、淡い色の目という形質の選択も起こる。セット販売というわけだ。それと同じように、ベリャーエフは、イヌの形質の多くは、何か他の形質を対象とする選択が行われた結果、副産物的なセットとして現れたのだと考えていた。さらに、選択の対象となったのは身体的な形質ではなく行動面での形質であり、従順性を対象とする選択が行われたのだと述べた。[10]

この考えをテストするために、ベリャーエフは家畜化過程を再現する実験に着手した。実験対象としてイヌ科のメンバーであるギンギツネを選んだ。ギンギツネは、北米大陸やユーラシア大陸北部に分布するおなじみのアカギツネ（*Vulpes vulpes*）の毛色変異型である。スコッグランドの作品のモデルになったあのキツネだ。

実験に使われたキツネはエストニアの養殖場から手に入れた。[11] 三〇匹の雄ギツネと一〇〇匹の雌ギツネが、幸運にも毛皮をはがされることなく養殖場から逃げ出せたわけだが、これはランダムに選んだのではなくて、養殖場にいた数千匹のキツネをテストして、従順な個体を選び出したのである。ベリャーエフと、その共同研究者でこの計画の初期から協力していたリュドミラ・トルートは、ある一つの形質だけを対象とする選択を行った。人間が近づいても恐れたり攻撃性を示したりしないでいられるという形質、それだけである。各世代のうち、従順性の高いほうから順に、雄は五％、雌は二〇％の個体だけを選んで掛け合わせ、次の世代を作らせた。[12]

第四世代になると、子ギツネのなかには、世話係が近づくと尾を振るものが現れた。普通のキツネには見られない行動である。第六世代では、一部の子ギツネは積極的に人間に接触したがった。尾を振るだけではなく、くんくん鳴いたのだ。また、世話をする人の顔をなめさえした。イヌの飼い主がよくやられて喜ぶアレだ。元のキツネ養殖場と同じように、子ギツネたちと人間との接触が最低限に抑えられていたことを考えると、これはますます驚くべきことである。[13]

尾を振ったり顔をなめたりする子ギツネは「エリート」カテゴリーに入れられた。エリートの比率は世代を経るごとに増加していき、第一三世代では四九％に達していた。二〇〇五年には、すべての子ギツネがエリートカテゴリーに属し、ペットとして飼えるほどになった。[14] ペットとなったキツネたちのふるまいは、イヌとネコの中間のようだといわれている。イヌよりも独立心が強いが、ネコよりは人間の支持に従うというのだ。最も驚異的なのは、このキツネたちがしぐさや目の動きなどを通して人間の意図を読み取れることだろう。[15] 実験開始からおよそ五〇年で、もしレストランに放り込まれでもしたら途方に暮れるしかなかっただろう野生の状態から、そういう場所でもくつろげるような家畜化された状態にまで変化したのである。わたしたち人間の側としては、この新たに加わったペットに対し、深く植えつけられた先入観をなくすにはまだしばらく時間が必要かもしれないが。

少なくとも行動面での変化と同じくらい注目すべきなのは、それに伴って現れた身体的な変化である。まずキツネの被毛に奇妙な変化が見られた。普通、ギンキツネの被毛は銀色だが、それに茶色の斑紋が混じるものが現れ始めたのである。黒地にさまざまなサイズの白い部分の混じる斑模様になったものもいた。家畜のウマやウシ、ヤギなどによく見られるように、額に白斑のあるものも現れ、しかもそれが増えていった。長毛の個体も見られた[16]。

このキツネたちには、他にも目覚ましい身体的な変化が見られた。その多くは家畜化されたキツネをますますイヌっぽく見せるものだった。垂れ耳や巻き尾も現れ始めたのである。実験が進むと骨格にも影響が現れ、足の骨と尾の骨が短くなった。鼻づらも短くなった一方で、頭骨の横幅が広がった。イヌのように顔の幅が広くなったのである[17]。

繁殖に関する生理的な変化も現れた。ギンギツネは野生でも養殖場でも繁殖は一年に一回、日長が長くなり始めた頃（一〜二月）に行われる。従順なキツネでは繁殖期が長くなり、一年に二回繁殖するものもいた[18]。

こういった一見無関係な行動、生理、解剖学的な変化は、従順性を選択した結果として生じたものなのだということを思い出そう。家畜化の特徴はセットになっているというベリャーエフの見解は、強力な証拠を得たのである。もし複数の形質が発生・発達過程でリンクしている場合は、それぞれに対していちいち突然変異が起こる必要もない。だが、この場合は、突然変異も起こっていないかもしれない。

## 新たな形質をもたらす「不安定化選択」

ベリャーエフが、家畜化を極端で困難な条件下で起こる進化の一例だと考えていたことを思い出そう。

この極端な条件を「進化をもたらすストレス」と呼ぶことができる。ベリャーエフは、そのようなストレスの多い条件下では、彼のいうところの「不安定化選択」〔平均からはずれた個体を除去する安定化選択に対する選択。後出の「分断選択」とほぼ同様の意味〕によって、一種の創造的な破壊が引き起こされると主張した[19]。進化に関するアイデアの多くは、ダーウィンまでさかのぼることができる。不安定化選択もその例に漏れず、ダーウィンの有名な自然選択の原理に端を発している。自然選択は以下の場合に容赦なく起こる。

1　集団内の個体に、表現型を構成する一つあるいはそれ以上の形質について変異が見られる。——変異の原理

2　その時点での条件に最適な表現型をもつ個体は、より多くの子孫を残す。——適応度の違いの原理

3　適応度の差をもたらす表現型の変異は子孫に伝えられる。——遺伝の原理

この三つの条件がそろったときはいつでも、自然選択が不可避的に起こる。

ダーウィン以来、自然選択の概念には磨きがかけられてきた。現在では、自然選択にはいくつかの異なる形があると認識されている。本書ではそのうち二つを紹介しておこう。純化選択（正常化選択）と、方向性選択である。純化選択は単純に適応度の低い変異をもつ個体が消滅するというものだ。たとえばアルビノのオオカミなどがそうだ。方向性選択はもっと興味深い。環境に適応した形質をもつものが生き残って子孫を残すことで、ある方向に向かって変化が進んでいくというものである。たとえば、サイズが大きくなる方向や、小さくなる方向に変化が進む。ダーウィンは、自然選択の原理を練りあげた際に、何より

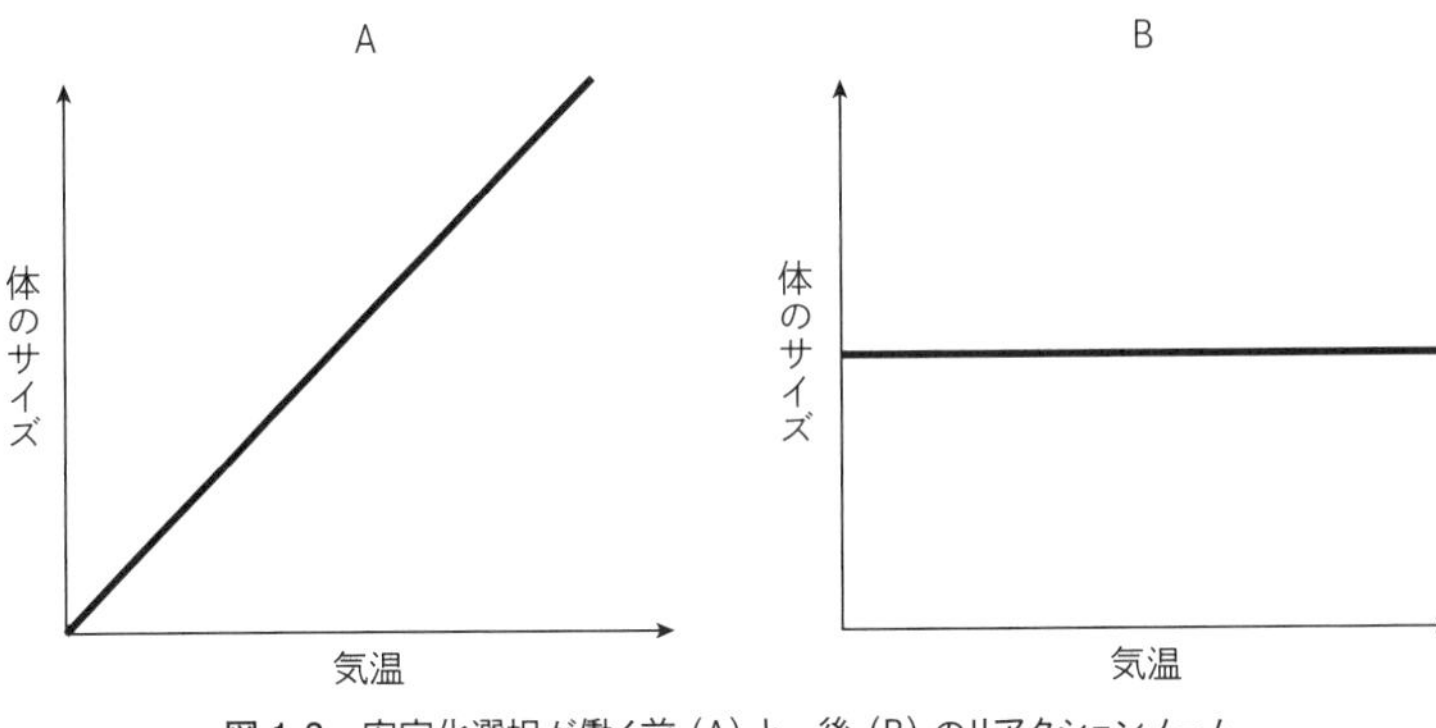

図 1.2　安定化選択が働く前（A）と、後（B）のリアクションノーム

もまず純化選択と方向性選択を念頭に置いていた。

ベリャーエフの不運な同胞であるシュマルハウゼンは、ある種のメタ選択説的な原理を組み立て、「安定化選択」と呼んだ[20]。このアイデアは「リアクションノーム」（「反応基準」「反応規格」ともいう）という概念を通じてアプローチするのがわかりやすい[21]。リアクションノームは二次元のグラフとして図式化される。グラフのx軸は環境要因、y軸は表現型の変数を表す。図1・2は、仮想的な集団についてのグラフで、環境要因（x軸）は気温、表現型（y軸）は成体のサイズを表している。図のAでは傾き四五度の直線になっているが、安定化選択が作用すると、図のBのようにフラットな直線に変化する。つまり、気温が変化しても体のサイズは変わらなくなるのである。

コンラッド・ウォディントンは同様の原理に独立にたどりつき、「キャナリゼーション」と名づけた[22]。安定化選択もキャナリゼーションも発生過程を安定化させるものだ。環境の変動や遺伝的な変化（突然変異）が起こったとしても、安定化選択やキャナリゼーションが緩衝作用を及ぼすため、表現型は変化しないのである。この場合、突然変異は表現型に影響を及ぼさないので選択とは無縁である。そのため、このような突然変異は潜在的な遺伝的変異（隠蔽変異）

として累積し、条件が変化したときには、その後に起こる選択にさらされる可能性がある。これが家畜化の初期段階で起こっていることなのだ。

ベリャーエフによれば、野生のキツネの表現型は、長年にわたる安定化選択によってキャナライズされていた。だが、実験による環境変化で新たな選択体制下に置かれたことで不安定化選択が起こった。その結果の一つとして、それ以前の安定化選択により累積していた隠蔽変異が表に出てくることになったのである。この新たに表出した遺伝的変異があったからこそ、従順性を対象とする選択に対して速やかに反応が現れたのだ。

## タイミングがすべてなのだろうか?

従順性が高まった結果として互いに関連する変化が生じたという事実について、さらに説明が必要だ。従順性と垂れ耳にはどんな関係があるのだろうか?「多面発現だ」といってすませるのは説明として十分ではない。この場合の多面発現それ自体を説明しなくてはならない。この関係をよく理解するためには、従順性と垂れ耳が発達過程でどのようにリンクしているのかを調べる必要がある。

このような変化の多く、たとえば垂れ耳や巻き尾などは、子ギツネに(そして子オオカミにも)典型的な形質であることに注目したい。行動的な変化の多くについても同じことがいえるだろう。野生の子ギツネは野生の成体ほど人間との接触を嫌わない。それは単に条件づけや学習がなされていないからではない。子どもと成体のキツネの違いの一部は、視床下部-下垂体-副腎系(HPA系)が生理的に成熟していないことに起因する。このHPA系はストレス反応の基礎となるものだ(図1・3)。成熟してストレス反応が生じるようになると、キツネは人間に対して(さらに他のキツネに対しても)恐怖や攻撃性を強く示

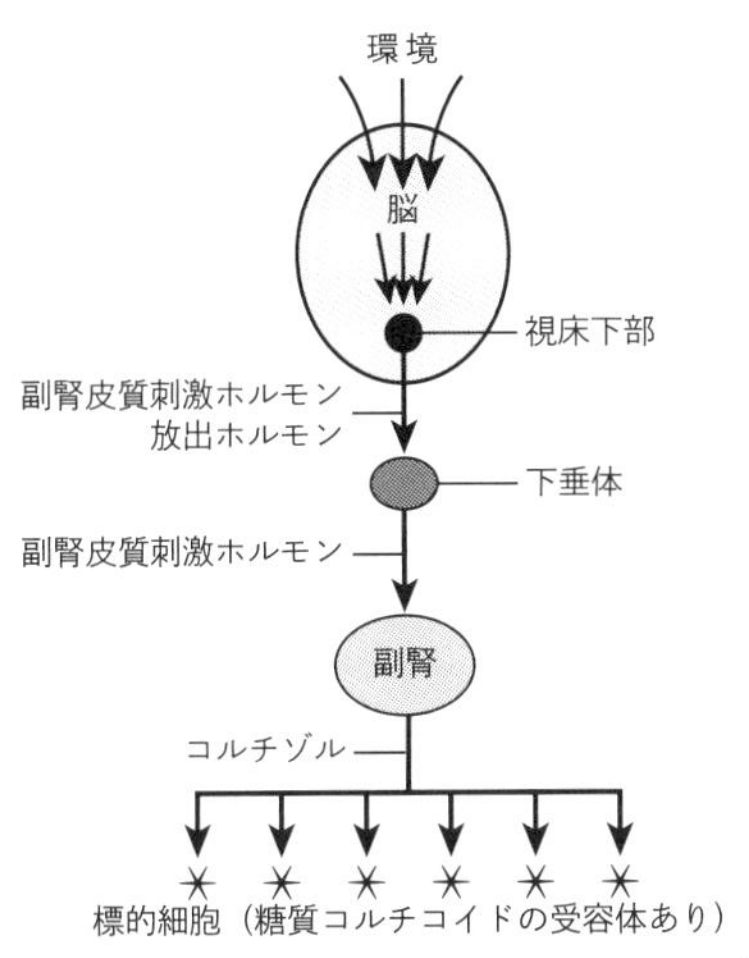


**図 1.3　視床下部－下垂体－副腎系（HPA系）と主要なホルモン**

すようになる。特に恐怖反応が起こるようになるときが、社会化可能な時期の終わりである。[23] これはイヌ科の他の動物にもあてはまる。

ストレス反応には複数のホルモンが関係している。それらのうち多くのホルモンのレベルが従順性を対象とする選択によって変化しており、家畜化されたキツネでは養殖場のキツネに比べて全体的にストレス反応が鈍くなっていたことがうかがえる。[24] ストレスホルモンの一種である糖質コルチコイド（コルチゾルを含むホルモングループの一つ）は、従順性を対象とする選択によって特に変化していた。従順なキツネは養殖場のキツネよりも明らかにコルチゾルのレベルが低かったのである。[25]

ということは、家畜化されたキツネやイヌの成体がもつ形質の多くは、発達過程において重要な何らかの出来事のタイミングが変わったことに起因するのかもしれない。タイミングが変化するという現象はヘテロクロニー（異時性）として知られている。[26] ヘテロクロニーには基本的に二つのタイプがある。養殖場のキツ

| ペドモルフォーシス<br>（祖先では幼体のみに見られた形質が<br>成体になっても維持される） | ペラモルフォーシス<br>（祖先には存在しなかった新たな形質が<br>成体になって出現する） |
|---|---|
| **プロジェネシス**<br>（発生・発達の終了時期が早まる）<br>**ネオテニー**<br>（発生・発達速度が遅くなる）<br>**後転位**<br>（発生・発達の開始時期が遅れる） | **ハイパモルフォーシス**<br>（発生・発達の終了時期が遅れる）<br>**加速**<br>（発生・発達速度が速くなる）<br>**前転位**<br>（発生・発達の開始時期が早まる） |

**図 1.4**　ペドモルフォーシス（幼形進化）とペラモルフォーシス（過成進化）

ネの実験で観察されたタイプは、発達段階初期の特徴である形質が成体になっても保持されるというもので、「ペドモルフォーシス（幼形進化）」と呼ばれている。図1・4に示すように、ペドモルフォーシスには三つのタイプがある。

1　**後転位**　発生・発達の開始が遅れる
2　**ネオテニー**　発生・発達速度が遅くなる
3　**プロジェネシス**　発生・発達の終了時期が早まり、性成熟が早くなる

養殖場のキツネ実験では、このうち少なくとも二つが起こった可能性がある。

従順なキツネは養殖場で育てられたキツネよりも一カ月ほど早く性成熟に達した（プロジェネシス）。同時に、HPA系の発達が遅滞あるいは減速した（ネオテニーや後転位）[27]。同様の遅滞が耳や尾、頭骨の発達でも起こった。人間の意図を読み取るという一見不可解な能力でさえも、これまた遅滞した子どもの形質が現れただけかもしれない。子ギツネは母親のふるまいによく注意を払うものなのだ。

そうすると、従順性を対象とする選択によって、ギンギツネの身体的および心理学的な発達が全体的にかなり遅くなり、性的発達が加速した

ようだ。結果として、従順なキツネの成体が、従順ではなかった祖先の初期発達段階に似てきたのである。変化した遺伝子はごくわずかだったかもしれないが、その遺伝子が発達速度に影響を与えるいくつかの重要なホルモンを制御する役割をもっていた可能性がある。

候補となる遺伝子の追求はごく最近始まったばかりである。[28] 特に興味深いのは、ストレス関連ホルモンの制御に影響する遺伝子、あるいは遺伝子ではない（タンパク質をコードしていない）DNAの塩基配列だろう。たとえば糖質コルチコイドは、血液から骨に至る全身の生理的システムに影響を与える。下垂体が分泌する副腎皮質刺激ホルモンは副腎からのコルチゾルの分泌を制御しているが、その前駆体であるペプチドは多種類の細胞の分化にも影響を与えており、そのなかには黒色色素の形成を行うメラノサイトも含まれるのである。[29] そのせいで従順性と被毛の色につながりができるのかもしれない。ベリャーエフの死後、キツネ計画の指揮をとったリュドミラ・トルートは、糖質コルチコイドのレベルによって多数の発達過程のタイミングが調整され、その結果、その他の多くの形質の発達にも影響が及ぶのではないかと述べている。[30]

ベリャーエフは慎重にも、従順性とは逆のキツネの系統も作った。人間の接近に耐えられないキツネを選んで交配していったのである。年月の経つうちに、こちらのキツネたちは人間に対してますます敵対的になっていった。人間が近づくと歯をむき出してうなり、大声をあげて飛びかかってくるというありさまだった。実質的には野生のキツネ以上に野性味の強いものになったのである。しかし、従順性を対象とした選択に伴って現れた行動や生理、解剖学的な面については、この野生以上に野生的なキツネにはまったく変化が見られなかった。[31]

この進化的な変化のすべては、おそらく新たな突然変異なしで起こったのだろう。そこを強調しておきたい。従順性を対象とした選択の成功は、むしろ「既存の遺伝的変異」と進化学者が呼ぶもの、つまり実験開始時にすでにキツネ集団の中に存在していた遺伝的変異だけによって達成されたのである。しかし、選択を行う前はこの遺伝的変異の多くは隠蔽されており、自然選択の網目にはかからずにすんできた。べリャーエフの見解では、以前の安定化選択により累積していた隠蔽変異が、実験開始後に人為的な不安定化選択によって表に出てきたのだという。この新たに表出した遺伝的変異があったために、従順性を対象とした選択が突然変異なしに成功したのである。

## 神経堤細胞

家畜化の表現型がなぜセットになっているのかについて、魅力的な仮説が新たに提唱されている。[32] この仮説はヘテロクロニーの役割を踏まえる一方で、神経堤細胞（NCC）というある重要な幹細胞群を重要視している。この細胞群は発生過程のかなり初期段階に見られる。頭から尾のほうまで、神経管が閉じる前の神経堤の部分に出現するのである。神経堤細胞は体のさまざまな場所まで移動していき、さまざまな種類の前駆細胞に分化する。そのなかには、家畜の表現型として現れる多くの形質の発達に関わる細胞も含まれている。たとえば尾や耳の軟骨、顎や歯の組織を形成する細胞や、色素細胞（メラノサイト）、副腎を形成する細胞などである。この観点からすると、従順性を対象とする選択による家畜化は、最初に形成される神経堤細胞数の減少、移動能力の低下、増殖力の低下などを引き起こすと考えられる。そのため、小さめな垂れ耳や短めの尾、短い鼻づら、小さめの歯、色素脱失、さらには副腎の萎縮とコルチコイドの生産量の低下など、多くの関連する変化が生じる。仮説の提唱者はまた、神経堤細胞の移動に生じる異常を一年中繁殖可能になることと関連づけてもいるが、この根拠はやや説得力に乏しいとわたしは考えてい

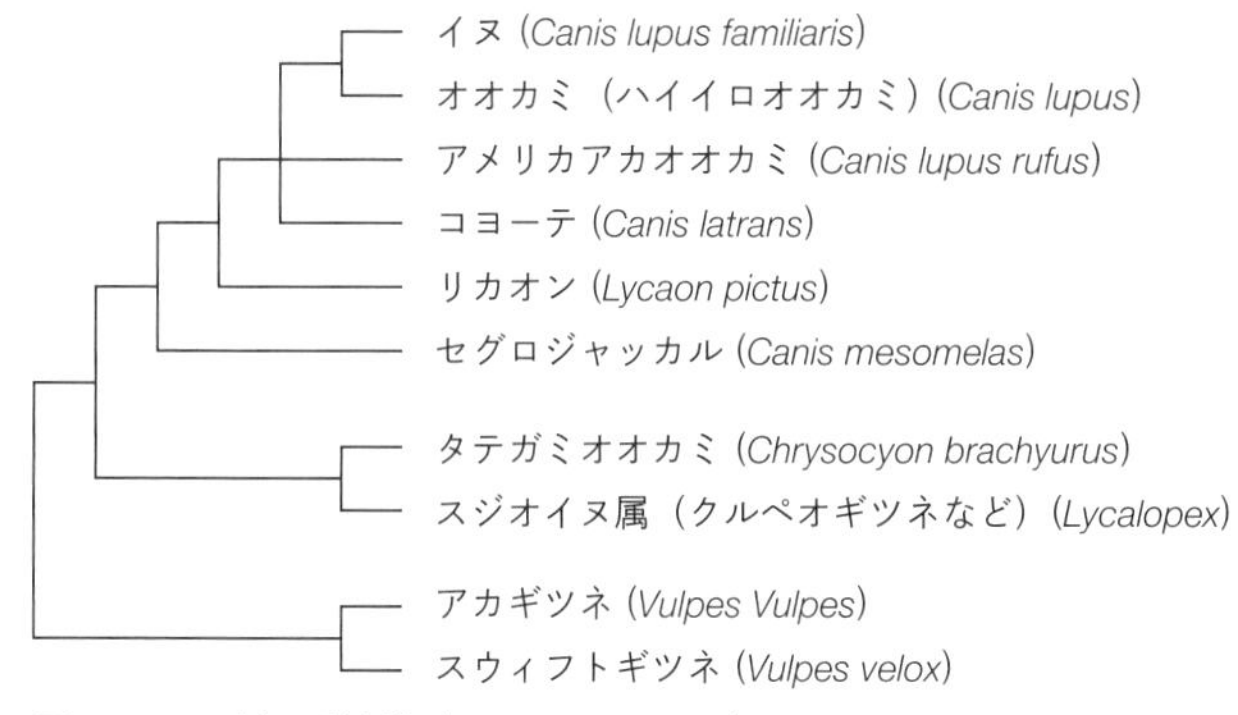


図 1.5　イヌ科の系統樹（Wayne 1993 より）

る。性成熟が早まることについては何も述べられていない。

神経堤細胞の発生と移動に影響を与える遺伝子は多数ある。重要なのは、そのうちの一つあるいは複数の遺伝子のさまざまな組み合わせが、家畜に見られる表現型の原因となっている可能性があるということだ。そうすると、遺伝的変化は種によって異なるはずだ。この新たな仮説はペドモルフォーシス仮説と同様に、共通した発達経路に基づく多面発現の果たす役割を強調している。しかし、そこで働いているメカニズムの解明については、神経堤細胞仮説のほうがペドモルフォーシス仮説よりももっと進んでいる。さらに、神経堤細胞仮説を用いれば、分断選択〔既出の「不安定化選択」とほぼ同義。集団内の平均的な個体が正常化選択を受け、結果的に表現型が複数に分かれるような選択〕によって表出する隠蔽変異がどの遺伝子によってもたらされているのか、候補を絞り込むことができる。また、神経堤細胞仮説はヘテロクロニー仮説と矛盾するものではなく、おそらく補完的なものだが、ヘテロクロニーの役割をそれほど重要視していない。

## キツネの家畜化から見えてくるオオカミの家畜化

キツネとオオカミはイヌ科の系統樹のなかでは互いに両端に位置している（図1・5）。両者は家畜化に関わるある点で顕著に異なっている。キツネの成体はほとんど単独性なのに対して、オオカミの成体は高度に社会的なのだ。社会的な哺乳類は家畜化がたやすいと考えられることが多い。もともと社会的序列のある相互関係をもちやすいので、人間がその序列のトップにうまく納まれるからだ[33]。そうすると、キツネの家畜化はオオカミの家畜化よりも成功させるのが難しそうだ。その点を考慮すると、ベリャーエフらがペットとしてのキツネを作り出したのは、ますます驚異的である。

キツネからイヌ的キツネへの変化がオオカミからイヌ的オオカミへの変化と類似していることにも注目したい。どちらの場合も、特に垂れ耳から短い鼻づらに至るまで、従順性を対象とする選択の副産物が生じているのである。このように類似した反応が起こるのは、キツネとオオカミの発生・発達過程が共通していることを根底で反映している。おそらく読者も気がついているだろうが、系統樹上で両者は近い位置にいることを考えれば当然である。しかし、家畜化された他の哺乳類でも、この副産物の多くが生じている。なかには系統樹上でイヌ科からかなり離れたものもいる。それどころか、家禽や魚類にさえ同様の現象が見られるのだ。実際、どの動物でも同じ変化がそろって起きているので、「家畜化の表現型」と呼ばれている。さらにいうならば家畜化の表現型は家畜動物だけの特徴ではない。わたしたち人間にも家畜化の表現型が現れているのである。人間が「自己家畜化」されているという見方が広まってきている[34]が、実際にそうだとして、自己家畜化は人間に固有のものではない。ほとんどの哺乳類で、家畜化の特に初期段階で重要な役割を果たしているのだ。

このあとの章では、家畜化による表現型と自己家畜化について、もっと広く探索することにしよう。とりあえず、特にイヌの進化においてどのように現れているのか見てみよう。

意外なことに、ペキニーズはライオンに似ているとされる（実際、別名「ライオン・ドッグ」と呼ばれているくらいである）。といっても見るからに似ているというほどではない。中国人の考えるライオンらしさは、実際のライオンとはかなり違ったところから来たものなのだろう。漢王朝（紀元前二〇六～紀元二二〇年）の時代、「獅子」と呼ばれるライオンに似た守護獣の彫像が最初に現れた当時、ライオンはまだ南アジアから中央アジアまで広く分布していた。新たに開通したシルクロードを通って、中国からライオンの分布する地域にも行けたはずだ。だが、実物のライオンを見た中国人は、皆無ではないにせよほとんどいなかった。獅子の像がいささか非現実的な特徴をもつのは、それも理由の一つかもしれない。いずれにせよ、実物のライオンではなくこの「獅子」こそが、初めて現れて以来、中国でライオンを表現する際のモデルとされてきたのである（図2・1）。ペキニーズもこの「獅子」に似ているのだ。中国の王宮に実物のライオンが連れてこられたのは、ずっとあとのことである。

**図 2.1　獅子の彫像**
(© iStock.com/ThanyaG7)

獅子の最もライオンらしい特徴はたてがみである。逆に最もライオンらしくない特徴は、鼻先の著しく押しつぶされた四角い顔だ。たてがみも平たい顔もペキニーズの際立った特徴である。伝統的な中国文化では、もうそれだけでライオンらしさの体現として十分だったのだ。ペキニーズの他の特徴、たとえば、あまり遠くに行けないようにするための短く曲がった足や黒い顔面などは、ライオンにも獅子にも似ていない。

ペキニーズという品種は少なくとも二〇〇〇年前までさかのぼることができる。品種の（理想像的なものではあるが）標準的な特徴を記した最も古い文書〔外見に関する詳細な特徴を文章で表してイヌの各品種を定義したもので、現在の「犬種標準」に当たる〕が残っている品種でもある。この文書は、一八六一年から一九〇八年まで中国清朝の事実上の支配者であった満州族出身の西太后が書かせたもので、王朝の馥郁（ふくいく）たる香りが漂っている。西太后いわく、ペキニーズは優美で威厳をもち、自尊心を前面に表しているべきである。食物はフカヒレやシャクシギの肝臓を与えるのが望ましい。具合の悪いときには「釈迦頭（バンレイシ）の果汁を歌鶫（ウタツグミ）の卵の殻一杯分、それに犀（サイ）の角の粉を三つまみ溶かしたもの」を与える。そこらの農民がおいそれと用意できるような食材ではなかった。血を吸わせるために必要とされた「白黒まだらの蛭（ヒル）」はいうも及ばず[1]。

ペキニーズは実物のライオンにあまり似ていないが、オオカミにはそれ以上に似ていない。ところが、オオカミとペキニーズは、遺伝的にはほんのわずかしか違わない。オオカミはペキニーズよりもコヨーテのほうによほど似ているが、オオカミとコヨーテよりもオオカミとペキニーズのほうが遺伝的にはずっと近いのだ。

いったいどうすれば、オオカミからペキニーズを作り出すことができるのだろうか？　もちろん時間はかかるが、おそらく皆さんが思うほど長くはかからない。実際、ダーウィンが予想したよりも短期間だった。進化的なタイムスケールで考えると、オオカミ→ペキニーズの変化は瞬きするほどの時間に起こったのである。人間が手を下して進化を引き起こすことにより、オオカミをもとに新たなものを作り出すことができたのだ。ペキニーズはその極端な一例にすぎない。イヌにはグレート・デーン、ダックスフンド、プードル、グレーハウンド、チワワ、パグなどなど、ここで挙げきれないほど数多くの品種があるが、どれも人間がオオカミから作り出したものであり、どれもペキニーズと同じようにイヌの共通祖先から分岐してきたのである。

ただでさえ驚くべき進化の物語ではあるが、それだけではない。オオカミと人間は何千年も前には敵対的な関係にあったのだ。同じ獲物をめぐって熾烈な争いを繰り広げ、機会さえあれば互いに殺し合いもしただろう。その意味でもオオカミの家畜化は注目すべき出来事であり、家畜化された動物のなかでもイヌは特別な存在なのだ。家畜化によるイヌの進化では、家畜化以前の長い年月にわたる自然選択による進化が、多くの点で逆戻りしている。ペキニーズとグレート・デーンには異なる点が山のようにあるが、かといって、オオカミからイヌを作り出すにあたって、人間が自由にどんなことでもできたわけではない。オオカミには自然選択による進化の過程で得てきた性質があり、その性質があるがために、人間ができることは制限され厳しく束縛されていた。陶芸家が手にする粘土とは違い、どんな形でも作れるようなものではなかったのだ。つまり、イヌの性質は多くの点であらかじめできていたことになる。オオカミの家畜化は、更新世に狩猟採集民の野営地のまわりをオオカミがうろつきだした頃に始まったと考えられる。だが、オオカミからイヌへの進化を物語るには、いま述べたような理由により、それよりずっと前にさかのぼらなければならない。

## 家畜化が始まる前

オオカミ（ハイイロオオカミ）は、キツネと同じくイヌ科に属している。三五〇〇万年前に登場したイヌ科動物は、食肉目のなかでも特に移動性の高さで際立っている。[2] 短期間に長距離を移動できる身体的能力をもっているのだ。そのイヌ科動物の標準からしても、オオカミの移動性はきわめて高い。獲物を何キロも追いかけて疲労させるのが普通である。またイヌ科のうち、集団で狩りをするのはわずか三種だけで、オオカミはその一種でもある。[3] かつて、オオカミは地球上で最も繁栄した捕食者の一つだった。なぜそれほど成功できたのだろうか？　社会的に協力し連携する能力のためだと考えれば納得がいく。オオカミは堂々とした風貌で一頭でも存在感があるが、ヒグマやトラに匹敵するほどではない。群れで狩りをするからこそ、オオカミはヘラジカやバイソン、ジャコウウシ程の大型の獲物を仕留めることができるのだ。

オオカミの若者は、多くのイヌ科動物の標準よりも長く親のもとにとどまる。たとえばキツネは離乳すると親離れするのが普通だ。だがオオカミの場合、若者は長期にわたり親のそばにいる。次の子どもが生まれてもなおそのままということもよくある。このようにして群れ（パック）ができていく。この延長された依存期がオオカミの家畜化に重大な影響を及ぼした。

家畜化以前、オオカミは地球上で最も広く分布する哺乳類として一、二を争い、北極地方から亜熱帯地方まで、北半球の北米大陸とユーラシア大陸に広く分布していた（図2・2）。また、北極地方のツンド

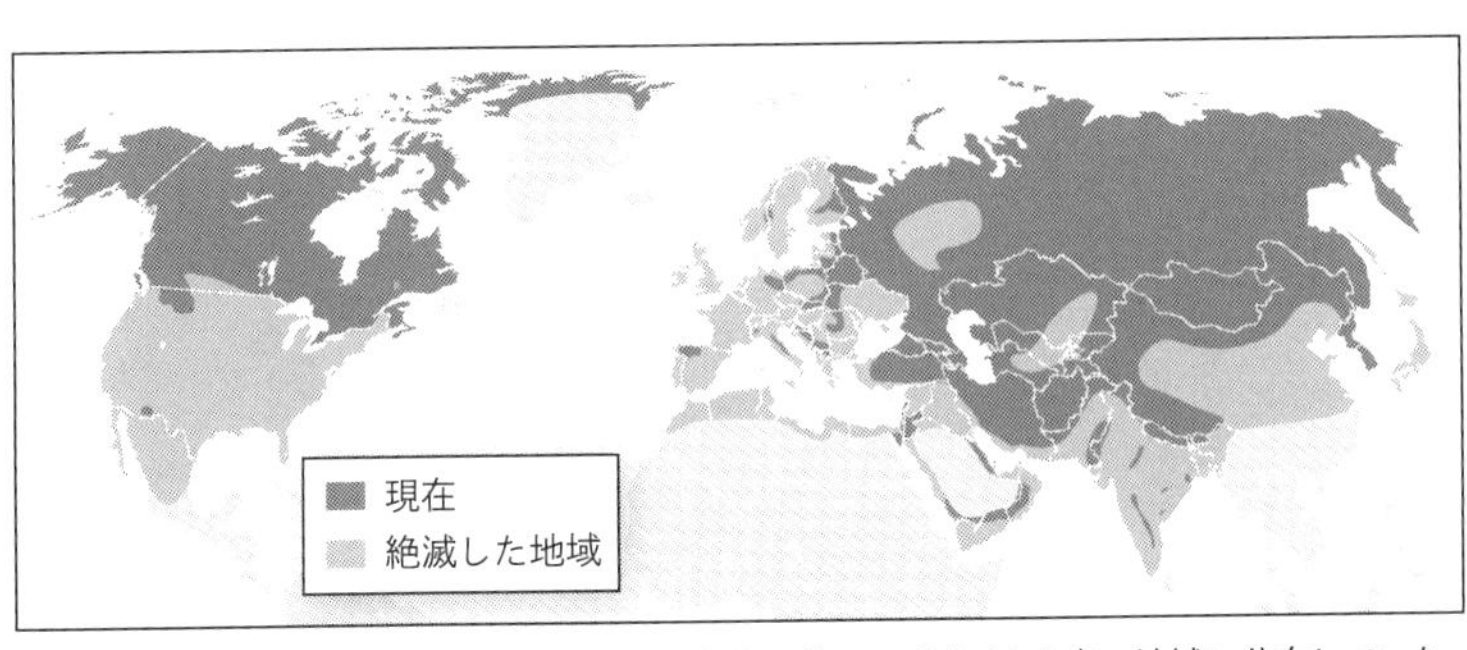

図2.2　ハイイロオオカミの地理的分布。家畜化以前には現在よりも広い地域に分布していた。

ラから深い森や半砂漠まで、さまざまな生息環境を支配してもいた。種としてきわめて適応力が高いのである。広大な地域の多種多様な生息環境内に、遺伝的に異なるオオカミの集団が複数存在していたが、高い移動性と適応力のため、集団間で十分に遺伝子のやりとりが行われ、種分化は避けられていた[4]〔「種分化」とは祖先の種から複数の種が形成されることである。集団が地理的あるいは生殖的に隔離されて他集団との間で交雑が起こらないと、遺伝子のやりとりが行われず、その集団は独自の進化をすることになる。その状態が長く続くうちに他集団との遺伝的差異が大きくなり、新たな種の形成につながる可能性が大きい〕。

## 家畜化が始まった頃

オオカミは農業革命以前に家畜化された唯一の種である。いつ、どこで家畜化の過程が始まったのかについてはいろいろと議論されている。考古学的な証拠としては、ベルギーのゴイエ洞窟で発見された頭骨に基づくものがあり、放射性炭素年代測定により、人間と密接な関わりをもつようになったオオカミがイヌのような方向に分化し始めたのは三万一七〇〇〇年前だったことが示された[5]。だが、この骨やヨーロッパの洞窟で発見された他の骨が、本当に家畜化以前のものかどうかについて、まだ結論は出ていない[6]。

イヌの家畜化の始まった時代や場所について、遺伝学的な面でも決定的な証拠はない。ごく最近まで、イヌの家畜化発祥の二大候補地は東アジアと西アジア（中東）だとされていた。二〇〇二年、ピーター・サボライネン率いる研究者グループがミトコンドリアDNAを用いた解析を行い、イヌが最初に家畜化された地域として中国東部を挙げ、揚子江南岸地域にまで絞り込んだ。[7] 二〇一三年、サボライネンのチームは今度は核ゲノム全体の比較によりさらに証拠を手に入れ、中国南部説を提唱し、家畜化が起こったのは約三万二〇〇〇年前だとした。[8] しかし、ロバート・ウェイン率いるライバルグループがそれに反対した。現在のイヌの品種の多くが中東原産のオオカミと遺伝的にきわめて近いことに基づき、家畜化はもっと遅い時代に中東で起こったという説を提唱したのである。[9] また、同じく二〇一三年に、三万～一万八〇〇〇年前のイヌの骨から採取されたミトコンドリアDNAから得られた証拠により、ヨーロッパが起源であると主張する説も加わって、[10] 事態はさらに紛糾した。

この件については、結論を急がないのがベストだろう。イヌには複数の起源がある可能性も十分に考えられるのだ。[11] 本書の趣旨として最も重要なのは、オオカミの家畜化がどのようにして起こったかということである。オオカミ家畜化の起源について議論している研究者たちも、家畜化が始まったのはオオカミが人間の狩猟グループのあとを追って残りものをあさるようになったときだという点には同意しているようだ。[12] いつの頃か、オオカミのなかに人間の野営地の周囲をうろつき始めるものが現れた。といっても焚き火のそばには近寄らず、ある程度の距離をおいて暗闇のなかに潜み、旧石器時代式の食卓からのおこぼれを待っていたわけである。最初は歓迎されなかったはずだ。人間側は怒鳴って追い払おうとする。それでもとどまったオオカミは石を投げられ、そのうち槍まで飛んできただろう。だが、この大胆な先駆者たちはそれでもなお逃げなかった。オオカミの家畜化はまずオオカミ自身が開始したのである。そのためには、進化の過程で身についてきた心理的な障壁を乗り越える、あるいは少なくとも緊張を和らげる必要があった。そうやって初めて、先祖たちなら逃げ出していたほどの人間の近くに何とかとどまることができたのである。

この自発的な人馴れの過程は標準的な自然選択によって成し遂げられた。人間の野営地周辺をうろつくオオカミのなかでも、人間のそばにできるだけ近寄れるものほど食べ残しを多く手に入れ、そのため、「野性味の強い」仲間よりも多くの子を残した。この自然選択されてきた従順性が、オオカミがイヌらしくなる最初のステップだった。これには何千年もかかったかもしれない。

ある時点で、これらのイヌ的オオカミに対する人間の態度が変化した。少なくとも利益をもたらすものとみなされるようになったのだ。イヌ的オオカミはおそらく当初は見張りとして役立っただろう。優れた嗅覚と聴覚をもつオオカミが、初期警戒システムとして機能するようになったのだ。重要なのは、この役目を果たすためには、家畜化がそれほど進んでいる必要はなかったということだ。実際、世界各地で現在に至るまで、ヴィレッジドッグやパリアドッグが、意図せぬ警戒システムとして機能し続けているのである[13]〔ヴィレッジドッグについては五一頁を参照〕。

一万五〇〇〇～一万二〇〇〇年前、一部の人間社会は定住傾向が強くなった。おそらくそれが家畜化の過程を加速して、イヌ的オオカミからイヌへの変化を開始したと考えられる[14]。

人間と家畜化されたイヌとの間にもっと親密な関係があったことを示す、考古学上の決定的な証拠がある。最初に提示されたのは、ヨーロッパの旧石器時代末期の地層の数カ所で見つかったイヌの埋葬跡である。たとえばドイツのボン＝オーバーカッセルで発見された埋葬跡は、約一万四〇〇〇年前のものだ[15]。重要なのは、イヌが単に埋葬されているだけではなく、人間と一緒に埋葬されていたという点だ。これはイヌと人間の親密な関係を示すものである。この時期前後、あるいはもっと早い時期のイヌの埋葬跡がロシア西部やベルギーで発見されている。[16] 埋葬跡は他にもある。西アジアの複数箇所で発掘された約一万二〇〇〇年前のものは特に興味深い。[17] これらの遺跡は、西ヨーロッパのマドレーヌ文化末期と同時代のナトゥフ文化に属するものだ。時代的には、北半球で更新世の氷冠が溶け始め、生態系に大規模な変化が起こった頃のことである。また、人間の狩りの技術が変化した時期とも一致する。

旧石器時代以前のハンターは、主に手斧や手槍で獲物を殺していた。もちろん、そういった武器を用いるには獲物にかなり接近しなくてはならない。一万二〇〇〇年前までにヨーロッパでもアジアでも大きな技術的進歩があった。細石器と呼ばれる小型で尖った石の破片を槍の先端につけ、投げ槍として用いるようになったのである。これでハンターの危険はかなり軽減された。このように狩りの技術と戦略が変化したあと、家畜化されたイヌは傷ついた獲物を追跡し、またおそらく追い立てるなどして特に役立つようになっただろうと示唆されている。[18] この時代以降、広く世界各地でイヌは人間の文化に急速に組み込まれていったのだが、協力して行う新しい狩り戦略が登場したことが、その理由の一部だったのかもしれない。しかし、イヌの生息域の拡大におけるもっと重要な要因は、農業が広まったことである。[19]

八〇〇〇年前までに、イヌはユーラシア[20]と北米の一部[21]のオオカミの生息域中に見られるようになった。その後、オオカミの生息域の南部にあった、農業化された社会にも出現し始めた。メキシコでは約五二〇〇年前、[22] サハラ以南のアフリカでは約五六〇〇年前、[23] 東南アジアの大陸部では約三五〇〇年前のことだ。その後しばらく経った約一四〇〇年前頃、家畜化されたイヌは南アフリカに到達した。その頃すでにウシやヒツジ、ヤギは家畜化されていた。[24] 南米に初めてイヌがやってきたのは約一〇〇〇年前のことだった。[25]

この生息域拡大の時期、イヌは狩りの助手として用いられたり、ペットとして愛玩されたりもしただろうが、ほとんどのイヌは単に見張りとして役立つだけのものだった。餌はイヌ自身が主に人間のゴミ捨て場から調達した。ゴミあさりは自然選択による行動や解剖学的構造の変化につながった。イヌ家畜化の初期にまず起こった身体的変化の一つとして、サイズが小さくなったことが挙げられる。このサイズの縮小は、人間が関係したことによる自然選択の枠組みの変化が原因となって始まった。

人間が居住していない地域では、特に他のオオカミとの関係上、小さなオオカミのほうが不利である。だが、人間がいる環境下では事情は変わる。体が小さくてもそれほど不利ではなくなり、時には有利になることさえある。たとえば、体が小さいほうがエネルギー必要量は少なくてすむ。小さめのオオカミは、大きめのものより人間の近くにいようとした。そのため、大きめの仲間に比べて相対的に高い従順性を進化させたのかもしれない。そうこうするうちに、体のサイズによって遺伝的な多様性が見られるようになったのかもしれない。小さめのオオカミがある程度の従順性をもつようになると、人間の注意を引くようになっただろう。西アジアの初期農業の開拓地では、人間とイヌの相互作用が高まって、小さいサイズを選び出す人為選択が行われるほどになった。この人為選択の名残はDNAの塩基配列に見られる。スモールドッグ・ハプロタイプと呼ばれるものだ。シュナウザーからチワワまで、体重一二キログラム以下のイヌにはすべてこれが見られる[26]。

人間のいる環境は、生理的な面でもオオカミとの違いを作り出した。最も顕著なのは、高デンプン質食への変化に伴って、消化過程が変化したことである[27]。農業の到来とともに人間の食事はデンプン質の多いものへと変化した。ということは、残飯もデンプン質が多くなったというわけだ。ヴィレッジドッグはこの高デンプン質食に適応し、それによってオオカミからさらに遠く離れるように分岐し、人間のそばにいる方向へと向かったのだった。

## ゴミ捨て場から手厚い埋葬へ、そしてまた逆戻り

家畜化される以前、オオカミと人間の間に難儀な関係があったことを考えれば、人間がイヌに対していささか矛盾した態度を示してきたのは無理もないといえる。人間がイヌ的オオカミを好むようになってからも、オオカミは相変わらず忌み嫌われる存在だった。だが、イヌ的オオカミがイヌに姿を変えたあとでさえも、自らが作り出したイヌに対する人間の態度は一様ではなかった。たとえばごく最近まで、人間の最良の友はペットとして可愛がられる一方で、それと同じくらい食料として食べられてもいた。その進化の歴史の大部分を通じて、イヌは食料として人間のために大いに役立ってきたのである。

旧石器時代、ナトゥフ文化やマドレーヌ文化の狩猟採集民たちは、機会があればイヌを食べていただろう。その一方で、別のイヌを狩りのお供にしていたのである。イヌの毛皮も重宝された。だが、大昔に埋葬されたイヌから示されるように、旧石器時代人はイヌを実用性一辺倒でとらえていたわけではない。その状況を洞察するには、いま現在の狩猟採集民、たとえばオーストラリアのアボリジニーやアフリカのクン・ブッシュマンなどが参考になる。彼らも、イヌを狩りのパートナーとする一方で食用にもするのである[28]。食用犬と非食用犬を区別しているようではある（なぜ「非食用犬」と表現するかというと、少なくともアボリジニーはイヌをペットとみなしていないからである。たとえば、アボリジニーのところにいるイヌは餌をもらうことはなく、自分で食物を調達しなければならない。ヴィレッジドッグと同じような状態である）。アボリジニーが食用犬と非食用犬とを区別する一つの方法は、非食用犬に名前をつけることだ。名前をつけられると食用対象からはずされるのである。イヌに名前をつけることがディナーからの除外になるとは、心理学者が食いついてきそうな興味深い話題ではなかろうか。

農業革命のあと、人間が定住するようになってくると（今から九〇〇〇年前）、イヌを非実用的な対象

として見る傾向が強くなった。今から四一〇〇年ほど前、エジプト（中王国時代）の墓の内部にはイヌが人間とともに伴侶として描かれていた。このイヌたちも名前をつけられていた。おそらく来世でも伴侶としてともに過ごせるようにそうしたのだろう[29]。その後、彼らは人間と一緒にミイラにされた。ハピ・パピーと呼ばれる有名なミイラ犬は、ジャック・ラッセル・テリアほどの大きさだった[30]。

古代ギリシャでは、イヌは長らくその忠実さを賞賛されてきた。独善的で放浪癖のある夫オデュッセウスに忍耐強く貞節を尽くしたとして、ペネロペが讃えられるのは当然のことである。だが、オデュッセウスの飼いイヌだったアルゴスの話はそれ以上で、あまりにも切ない。一途に主人を待ち続けるうちに老いさらばえてしまったアルゴス。二〇年にわたる放縦かつ自虐的な旅の果てにようやく帰還したオデュッセウスを、アルゴスは出迎える。だがそれもつかの間、尻尾を一回きり振ってアルゴスは死んでしまったのだ。まっすぐでひたむきな愛情の力だけで、その瞬間まで何とか命をもたせたのだろう[31]。

ローマ人は少なくとも古代ギリシャ人に劣らずイヌを賞賛した。ローマのカルタゴでは、人間の足下にイヌが伴侶として埋葬されていた。遺跡の名称にちなんでヤスミナと呼ばれるようになったそのイヌの肩のわきには、ガラスのお椀がそっと置かれていた。ヤスミナはかなりの高齢まで生き、死んだときはよぼよぼになっていた。関節炎を患い、腰は脱臼、脊椎も傷んでいたので、動くのにかなり不自由しただろう。また、歯はほとんど残っておらず、おそらく柔らかいものしか食べられなかったはずだ[32]。ヤスミナは明らかに手厚く世話されていたのである。彼女がトイ・ブリード（小型種）だったのも重要なことだ。トイ・ブリードは、愛玩以外の役には立たないのである。

しかし、ローマ時代のイギリス（ローマン・ブリテン）には、もっと不運なイヌたちもいた。カレウア・アトレバトゥム〔イングランド南部のシルチェスター郊外にあるローマ時代の町の遺跡〕では、墓に埋葬されるのではなくゴミために放り込まれたイヌの残骸が見つかっている。[33] テリア程度からラブラドール程度のサイズのイヌたちだ。骨の数から考えるに、むしゃむしゃと平らげられたに違いない。一方、彼らより小柄なイヌたちは、ものすごく大事に扱われていたのである。[34] その理由の一つは、おそらくトイ・ドッグが富や地位と結びつけられるようになったからだろう（トイ・ドッグと社会的地位との結びつきは今日に至るまで続いている。イヌをバッグに入れて連れているのを見て気取っていると思う人が多いのは、そのためかもしれない）。ヨーロッパでは、ペットのイヌと食料としてのイヌという区別が中世になってもまだ続いていたが、他の地域ではイヌを後者とみなすことが明らかに多かった。特に北米でそうだった。

新世界でイヌが好んで食べられるようになった理由の一つとして、大型哺乳類が他の地域よりも少なかったことによるタンパク源の不足が示唆されている[35]（マンモス、地上性のオオナマケモノ、ウマ、ラクダ科の祖先、さまざまな種類のバイソンなど、大型哺乳類は更新世に起こった大量絶滅の際に姿を消してしまった。どうやら人類が新世界に住み始めてからすぐあとのことらしい）。この見解が正しいかどうかはさておき、グリーンランドから中央アメリカに至るまで、ネイティブ・アメリカンはイヌをよく食べていた。[36]

新世界では、かなりの大昔からイヌが食べられていた。テキサスの古代のゴミ捨て場からは、家畜化された新世界のイヌの最古の骨が発見されている。[37] その骨には人間の消化系を通過した明らかな証拠が見られるのである。古代のネイティブ・アメリカンは、おそらく機会があればイヌを食べていたのだろうが、メキシコに都市国家が成立して以来、イヌは事実上、食用として飼育されるようになった。オルメカ文明の重要な史跡であるサンロレンソ（現在から三四〇〇〜二四〇〇年前）では、農民から支配階級への年貢として、トウモロコシだけで育てて太らせたイヌが納められていた。[38] このメキシコ産のイヌが先に述べたような高デンプン質食を消化することができたのは明らかだ。

イヌはまた、マヤ文明において食物として重要であった。[39] 中央アメリカのチチメカ族はアステカ族の祖先だが、「イヌの民（ドッグ・ピープル）」と呼ばれていた。イヌを好んでペットにするからというわけではなく、イヌ肉を好んで食していたからだ。アステカ族自身は王族の祝宴に供するために毛のない品種を作り出した。[40] おそらく、毛が生えていないほうが焼肉にしやすかったのだろう。北西方面のナヤリト州やコリマ州、ハリスコ州では、イヌがかなり昔から食用目的で育てられていた。まさにぬいぐるみのような小柄で肉づきのよいイヌの姿をかたどった、素晴らしく繊細で写実的な焼き物が何点か残されている。休んでいるところや活動しているところなど、さまざまなシーンがとらえられている。この焼き物のモデルになったイヌは明らかに太っていた。愛嬌のある太っちょ犬が、台所で料理の材料にされるまで家の中を自由に走りまわっていたかもしれない。現代人のほとんどには理解しがたいことだが、古き時代、ブタもそうやって育てられていたのである。おそらく、特別に愛嬌あふれるイヌのなかには、食卓に上るという運命を逃れてペット種の祖先となったものもいたことだろう。そういう点で、状況はかなり流動的だったのかもしれない。

図 2.3　先コロンブス期に作られた粘土のイヌの像。メキシコで出土したもの。
(© Irafael/Shutterstock.com.)

メキシコの太平洋側にあるチアパス州クアウテモックはサンロレンソと同緯度で、オルメカ族と同時代の人たちが住んでいた。彼らのイヌに対する扱いはオルメカ族とはまったく異なっていた。それは埋葬の仕方からわかる。人間とともに埋葬されたイヌもいたのである[41]。ところが、オルメカ族との間で交易がもたれるようになってから、事態は劇的に変化した。イヌが他の残飯と一緒にゴミ捨て場から見出されるようになるのである。西洋文化が接触する以前のメキシコでは、ペットのイヌといえども決して安心はできなかった。イヌの立場は食材とペットという両極端の間を揺れ動いていたのである。

新世界の大部分の地域にもそれはあてはまっただろう。メキシコ北部最大の居住地はセントルイス付近のカホキアだった。このミシシッピ文化期の遺跡として、土を盛りあげて築いたスケールの大きな土塁がいくつもあるのが有名である。そこからたくさんの陶器が出土している。イヌを屠殺していたことの十分な証拠も得られている[42]。一五四〇年、エルナンド・デ・ソトがその地に到着した頃、ミシシッピ文化は消滅していたが、その末裔たちが、浅はかだとは夢にも思わずにスペイン人征服者にイヌのバーベキューをふるまった。遠征隊員の一人であったロドリゴ・ランゲルによれば、イヌたちはネイティブ・アメリカンの家で育てられていたという。数世紀前のメキシコ西部と同じような状況だったわけだ[43]。デ・ソトはどうやらイヌの肉をおいしいと思ったらしい。だがヨーロッパからともに旅してきたイヌたちを食することを思うと、胸が悪くなったのではないだろうか。あるいはそうでもなかったかもしれないが。

南北アメリカ以外の地域では、ヨーロッパも含め、イヌはいまだに食材とされている[44]。東アジアと東南アジアではイヌの肉は珍重され、アフリカの一部地域や太平洋の島々の多くでも同様である。今日でもなお韓国やフィリピン、西アフリカでは、イヌは食用として飼育されている。ベトナムではタイの飼育場から大量に輸入されたものを中心に、年に一〇〇万匹以上のイヌが食べられており、その消費量はさらに上昇中である[45]。

## ヴィレッジドッグ

イヌと人間は歴史を共有しているが、そのうち大半の期間において、ほとんどのイヌは食用でもなければペットでもなく、また狩りの仲間でもなかった。人間の野営地の周囲をうろついていた先祖とあまり変わらぬ生活を送っていたのである。違うところといえば、人間の定住傾向が昔よりも強くなったことぐらいだ。今日、多くの発展途上国には八〇〇〇年前に存在していた祖先の大多数とよく似たイヌたちが見られる。彼らは「ヴィレッジドッグ」と呼ばれている。祖先と同じように、ヴィレッジドッグは相変わらず人間の家の外で生活し、餌をあさっている。自分で選んだ相手とつがっているのが特に重要な点である。このイヌたちは要するに野生化しているのだ。

タイの田舎では、ヴィレッジドッグが車やトラックに轢かれても（路上やその脇で寝るのを好むため、よく轢かれてしまう）誰も嘆きはしない。そのまま打ち捨てられ、他のヴィレッジドッグなどが死体をあさる。タイの人たちはヴィレッジドッグを家に入れようなどとは思わない。実際、ヴィレッジドッグが寛容に扱われることなどないようだ。アジアの他の地域やアフリカ、南米のヴィレッジドッグも同じような扱いを受けている。北米も以前はそうだった（アメリカでは、ヴィレッジドッグはネイティブの人間以上に厳しい状況に陥って、事実上絶滅してしまい、ヨーロッパ産の品種に置き換えられたのである）[46]。ヴィレッジドッグは人間の愛情に頼って生き残るのではなく、自ら苦難に耐えていく生きものなのだ[47]。

どの大陸で暮らしているかを問わず、世界中のヴィレッジドッグには共通の特徴がある。その特徴から、今から八〇〇〇年前の原（プロト）ヴィレッジドッグ（最初のヴィレッジドッグ）が、どんな姿でどんなふるまいをしていたか推察できる。ほとんどは（現在の犬種でいえば）中型犬の範疇のサイズだった。毛皮はすべすべしており、毛色はさまざまで斑（まだら）のものもいた。四肢はオオカミよりも短く、歯は比較的小さめだった。

尾は上向きに曲がり、鼻づらはオオカミよりも短めだった。行動的な特徴としては狡猾で用心深かったが、なかには数少ないながら人間に飼われるものもいた。

おそらく最も意味深いのは、群れ(パック)をなそうとしなかった点である。仮に複数の個体が集まっていたとしても、序列のない場合が多かった。つまり、個体間の行動面ではオオカミのもつ社会性はなにがしか失われ、高度に発達した順位制はなかったのだ。社会的行動におけるこの変化は甚大な影響をもたらした[48]。オオカミの社会では、最上位の雄と雌の一頭ずつだけが子をもうける。一方、ヴィレッジドッグの社会では誰もが子をもうける。そのため、ヴィレッジドッグはオオカミよりも潜在的な繁殖力が高いのである。さらに、比較的子をもうけやすいという性質を得た結果、重要な違いが生じた。自然選択においても性選択においてもオオカミに比べて選択圧が低くなったのである。これはたとえば毛色のバリエーションなどに反映されている。

五〇〇〇年前のヴィレッジドッグは、人間を除けば、地球上で最も分布域の広い哺乳類だった。分布域が広いと地理的な条件による遺伝的分化が起こりやすくなり、集団が下位集団に細かく分かれるのが普通である。下位集団レベルでの遺伝的分化の程度は、移動性や、海洋や砂漠、山地といった地理的障壁などを含む多数の要因によって決まる。野生のオオカミは、これまで述べてきたように家畜化に先立って下位集団間でそういった遺伝的分化を示していた。原ヴィレッジドッグはオオカミよりももっと広く分布していたため、遺伝的分化の過程が加速化した。今日のヴィレッジドッグの個体群間で見られる遺伝的な違いにそれが反映されている。東南アジアのヴィレッジドッグは中東のヴィレッジドッグと遺伝的にかなり異なっているのである[49]。そして、東南アジアと中東のヴィレッジドッグはいずれもアフリカのヴィレッジドッグと明らかに異なっているのだ[50]。

たとえばトルコの高地や、ロシアのツンドラ、米国カロライナ地方の広葉樹林など、細かい地理的スケールで見ると、ヴィレッジドッグはそれぞれの生息環境に適応して進化している。これら局所的に適応したヴィレッジドッグは「在来種」と呼ばれ、最初のヴィレッジドッグと現代の犬種とをつなぐ重要な存在である。

在来種は、気候や標高などといった物理的な環境要因に適応しただけではなく、人間という環境にもよく適応している。人間の文化的環境の影響を大きく受け、特定の文化において望ましいとみなされる機能をもつように人為選択された在来種が、わたしたちが現在知る犬種の素材となったのである。

いまだ残っている最古の在来種のいくつかは、ディンゴというグループに属している。ディンゴの起源は東アジアであり、オーストロネシア人がからんでいる。オーストロネシア人は東南アジアの半島や島を南方へ移住していく際にディンゴを伴った。[51] その経路に沿って、タイ北部からパプアニューギニアに至るまで、さまざまなディンゴ集団が生まれていった。その子孫にはタイのディンゴ（ヴィレッジドッグ）、バリのキンタマーニドッグ、ニューギニア・シンギングドッグなどが含まれている。三五〇〇年ほど前、オーストロネシア人はオーストラリアの北岸にたどりついたが、[52] そこでぐずぐずせずに東へ向かって船出した。おそらくアボリジニーに無理矢理押し出されたのだろう。しかし、家畜化されたディンゴの一部はそこで船を降り、うまく生活していくことができた。この頑健なディンゴの子孫が熱帯雨林、ユーカリ森林、山岳地帯、草原地帯など、極度に乾燥した内部砂漠を除くオーストラリア大陸全体に定着したのである。

それより五〜四万年前に到着していたオーストラリアとニューギニアの先住民は、それまでイヌのような生きものと接した経験がなく、新たにやってきたディンゴを特に役に立つとは考えず、新たな食料にな

図 2.4　ディンゴの純血種。鼻づらの幅はオオカミとイヌの中間である。（著者撮影）

るかもとしか思わなかった。いずれにせよディンゴを家畜化しようとすることはほとんどなかった。実際、オーストラリアのディンゴは単に野生化しただけではなく、まさに野生のオオカミと同等の位置を占め、この大陸で捕食者の頂点に立った。だが、一八世紀にヨーロッパ人がイヌを連れてやってくると事態は変化し始めた。当然のことながら、ヨーロッパからやってきたイヌたちはディンゴと交雑したのである。一九九五年の時点で、オーストラリア本土のディンゴのうち八〇％はイヌとの雑種が祖先だった。[53]

このように交雑が起こったのにもかかわらず、ディンゴはイヌともオオカミとも異なる特徴をもっているのがおもしろい。行動的にも解剖学的にもディンゴは家畜化されたイヌとオオカミの中間的な性質を示す。たとえばディンゴの犬歯は家畜化されたどの品種の犬歯よりも大きいが、オオカミの犬歯に比べれば小さい。[54]またディンゴは家畜化された祖先のもっていた上向きの尾や毛色を受け継いでいる。だが、群れを形成して最上位の雄と雌一頭ずつだけが子をもうける傾向を示す。繁殖期があり、家畜化されたイヌのように一年中繁殖可能ではない。また、遠ぼえはよくするがほとんどほえない。人間の意図を読み取ることに関して、オオカミより上手だがイヌよりは下手である[55]。

オーストラリアとニューギニア以外のディンゴでは、これらの性質はどうなっているだろうか。たとえばタイのディンゴは家畜化傾向が強く、人間と親しみやすく、長期にわたる関係を結びやすい。オーストロネシア人がオーストラリア北部につかの間立ち寄った時点でのディンゴはすべて、現在のタイのディンゴとおおよそよく似ていたと考えられている。オーストラリアのディンゴは家畜化過程の逆行した姿なのである。ここで気をつけたいのは、この逆行は、イヌの家畜化過程の比較的初期段階で起こったということである。ディンゴの家畜化された祖先は、ペキニーズなど現代の犬種のほとんどに比べて家畜化の程度は低かったのだ[56]。

## 「古代犬種」

在来種から原品種への変化は、人間の積極的な介入が引き起こした。間引きや交配のコントロールによる人為選択である。すでにきわめて人間の環境に適応した在来種を相手に、介入が始められた。ここで人間の環境というのは単に人間がいる環境というのではなく、特に人間の文化的環境を意味している。この変化がまず始まったのは、地理的に異なる三つの文化圏である。一つはパレスチナからアフガニスタンにかけて、西アジアのナトゥフ文化の子孫が農業と牧畜を営む地域で起こった。二つめは東アジアで、特に中国と日本で起こった。三つめは亜北極圏文化を含む北アジアである。これら初期の家畜化の中心地域で作り出された品種は、まとめて「古代犬種」と呼ばれている[57]。しかし、この用語には問題がある。犬の品種、すなわち犬種という概念は一九世紀に作り出されたものなのである。また、古代犬種の多くは最近になってから復元されたものであり[58]、それ以外の犬種については、ヨーロッパ産の品種から遺伝的に隔離することによって、古代犬種風の外見が人為的に作り出されたのである[59]。

バセンジーは長らく最古の犬種だとされてきた[60]。現在のバセンジーはコンゴ盆地と西アフリカ原産だとされるが、突き詰めるなら東南アジアのディンゴに似たイヌから派生したものである[61]。もともとバセンジーは、弓矢を用いる狩猟の際、獲物を追い立ててうっそうと茂る植生の中を追跡させるために飼育されていたものだ。この任務では服従することよりも運動能力のほうが重視された。今日でもバセンジーは服従の度合いでは最低のランクに置かれている（イヌに関わる人たち（ドッグ・コミュニティー）の間で、服従度はしばしば知能と同一視されるが、これは間違いである）が、現存する犬種中で運動能力の高さでは一、二を争う。理由はともかく、バセンジーは後ろ肢で立つのが特に上手である。

バセンジーの行動的な特徴で最も際立っているのはヨーデルを歌うような鳴き声である。咽頭の構造が他の犬種とは違っているためだ[62]。バセンジーはまったくほえない。そのヨーデルは、ディンゴの在来種であるニューギニア・シンギングドッグの声に似ている。他にもディンゴに似た形質が見られ、たとえば発情期は一年に一回だけである[63]。

他のいわゆる古代犬種のうち、二種は西アジア原産のサルーキとアフガン・ハウンドである。サルーキは、アフリカ北部の遊牧民が飼育繁殖したと現在では考えられているもので、（グレーハウンドと同じような）視覚ハウンド〔嗅覚よりも視覚を頼りに獲物を追う猟犬〕であり、主に開けた土地でガゼルやノウサギを追い込んで殺すべく、スピードと持久力を重視して育種されている。アフガン・ハウンドも視覚ハウンドで、同じように獲物を追い込んで殺すために育種されているが、活躍の場は岩だらけの山岳地帯である。

ただし、近年、アフガン・ハウンドの古代犬種としての位置づけは疑問視されている。[64]

かなり北方の地域では、まずスピッツタイプの三犬種が、まったく異なる目的のために作出された。「スピッツタイプ」はオオカミ的な形質を多く残す、あるいは再獲得した犬種すべてに対する呼称である。スピッツタイプの犬種と在来種のほとんどはアジア、北米、およびヨーロッパの北方地域が原産地である。そのなかでもノルウェジアン・エルクハウンドなどは近年に作出されたもので、オオカミとの類似点は人間が巧みに作りあげたものだ。だが他の、たとえばシベリアン・ハスキーやアラスカン・マラミュート、サモエドなどがオオカミと似ているのは、この野生の祖先と遺伝的に近いためである。この三犬種はどれも、ウマなどの他の荷物運搬用の家畜では不都合な極地環境において、人間や物資を運ぶために作り出されたものだ。サモエドはそれに加えてトナカイの番をするのに用いられたのかもしれない。

これら三犬種とオオカミの遺伝的類似性は大昔からのものだと考えられている。だとすると、これらは真の古代犬種だということになる。だが、オオカミのDNAを近年になって導入されたために遺伝的な類似性が見られるという可能性もある。後者のルートによってオオカミらしくなることが実際にあるため、イヌの系統樹を作成しようとするとややこしいことになってしまう。家畜化が行われている最中にオオカミとイヌが共存していたところならば、特に雄のオオカミと雌のイヌという組み合わせを主とする交雑が起こったのは疑いないからである。[65] 緯度が高くオオカミが比較的豊富に残っている北方地域には、これが特によくあてはまる。

いわゆる古代犬種の大多数は、東アジア原産である。日本原産のスピッツタイプのイヌは柴犬と秋田犬の二犬種である。いずれも狩猟犬として育種されたもので、秋田犬はイノシシやクマを相手にする。[66] 非スピッツタイプのラサ・アプソはチベット原産で、現地ではチベット王族の屋敷の番犬としての役目を果たしていた。古代東アジア産と推定される他の犬種はすべて中国原産であり、そのなかにはシャー・ペイ、シー・ズー、チャウ・チャウ、そしてペキニーズが含まれる。これら中国産の犬種について最も目立つのは、中型のスピッツタイプ犬であるチャウ・チャウを除いて、どれも主に室内のペットとして飼われてきたということだ。

これらの犬種の多くは、独立心旺盛で超然としているといった、他の犬種とは明確に異なる性格的特徴を備えている。バセンジーはネコのようだといわれることもある。イヌに関わる人たちの多くにとってこれはあまり望ましい性質ではない。概して、こういった古代犬種は他の多くの犬種ほど人間社会にべったり依存せず、調教可能性という点でのランクが低い。犬種によっては（秋田犬など）このような性格の特徴が、オオカミとの遺伝的な類似性の高さを反映している場合もある。だが、東アジア原産の犬種は普通のヨーロッパ原産の犬種と選択体制が異なっていたので、その違いが超然としていることや独立心として現れているだけという場合もある。

## 在来種から現代の犬種へ

現代の犬種のほとんどは、さまざまな在来種を祖先として、つい最近作り出されたものだ。それらの在来種は、それ以前にすでに人為選択によってさまざまな目的にかなうように作りかえられていた。つまり、ディンゴの祖先やバセンジーよりもかなり高度に家畜化されていたのである。この在来種↓犬種への最近の変化は、ヴィクトリア時代の一八七三年、イギリスで最初のケネルクラブが設立されてから起こったものである。[67] ケネルクラブは近年のイヌの進化に重大な影響を及ぼすこととなった。

ケネルクラブは、当時すでにあった競走馬など家畜の登録システムをモデルとして作られた。当初は、遺伝的に異なるイヌの系統を保存することを目的としていた。しかし、初期に設立されたいくつかのケネルクラブはあっというまにそのモデルから逸脱していった。当時、イヌの特定の形質と社会的地位の高さを結びつける風潮が強まり、当初の目的はそれに飲まれて押し流されてしまったのだ。祖先の在来種は何らかの用途のために作られてきたのだが、現代犬種でもてはやされた形質の多くは、本来の機能とはほとんど関係ないものだった。たとえばプードルは、水場での獲物回収を効率化するために、ウォーター・ドッグ（水鳥狩猟用のイヌ）として進化してきた在来種から作り出されたものだ。プードルのカールした被毛はこの仕事をするのにうってつけだった。ところが、のちにその被毛はトリミングを施されるようになった。単に上流階級的なイメージのためだけに、被毛をそのままにしておくのは美的ではないとみなされたのである。

ヨーロッパ産の現代の犬種は、本来どういう行動を目的として育種されたかによって、牧羊犬、視覚を頼りに獲物を追う視覚ハウンド、嗅覚を頼りに獲物を追う嗅覚ハウンド、狩猟の獲物を回収するレトリーバー、番犬などといった、さまざまな機能別のグループに分類できる。こういった作業犬がペットにされることもあったとはいえ、一九世紀まではそれはごく稀で、あくまで二次的なことだった。視覚ハウンドや嗅覚ハウンドなど、ある特定のグループに属する複数の犬種は、異なる環境や文化のもとで独立に出現した可能性がある。進化生物学的にいうなら「収斂進化」という現象である。逆に、視覚ハウンドに属する犬種のほとんどは共通祖先から派生し、嗅覚ハウンドに属する犬種はまた別の共通祖先から派生したという可能性も考えられる。最近の研究によれば、古代犬種を除き、ある特定のカテゴリーに属するヨーロッパ産の犬種同士は、他のカテゴリーに属する犬種より同じカテゴリーに属する犬種と近縁である傾向が見られた。[68]ということは、こうした機能別のカテゴリーに属する犬種は、収斂進化によって出現したというよりは、共通祖先から派生した場合のほうが多いようだ（この意味で、機能別のカテゴリーに属さない愛玩犬、すなわちトイ・ブリードには、実用的な犬種に比べてかなりの収斂進化が見られる）。

このことから考えると、少なくとも原則的には、特定の地域原産の特定のカテゴリーに属する犬種をたどれば、特定の在来種に行き着くはずだ。だが、そういった推論は、実際にはかなり困難である。犬種の適応放散は進化的な時間のスケールからすればきわめて急速に起こったことなので、遺伝子特性があまり明瞭ではないからだ。

ボーダー・コリーはイングランド北部とスコットランド南部の境界線（ボーダー）地域で作られた牧羊用の在来種だった。同様の在来種として、そこよりも北方ではスコッチ・コリー、南方ではイングリッシュ・シープドッグなどが挙げられる。いずれも同じ頃に進化した犬種である。これらの犬種はすべて、比較的最近の共通祖先から分岐したものだ[69]。英国ケネルクラブは、これらの在来種からボーダー・コリー、スコッチ・コリー、イングリッシュ・シェパード、ビアデッド・コリー、オールド・イングリッシュ・シープドッグ、シェットランド・シープドッグ、スムース・コリー、ラフ・コリーを含む多様な品種を作り出した（ビアデッド・コリーとオールド・イングリッシュ・シープドッグは、イギリスの牧羊犬の在来種とヨーロッパの他の地域の牧羊犬の在来種との交雑によってできたものかもしれない）。幸い、イギリス諸島の牧羊犬種など、歴史的な記録が十分に残っていて遺伝学的証拠を補うことが可能なケースもある。

いま挙げた牧羊犬種は、家畜の前方に出てにらみを利かせるので「誘導犬（ヘッダー）」と呼ばれる。それ以外の牧羊犬種は、家畜のかかとに噛みついて追い立てるので「追い立て犬（ヒーラー）」と呼ばれる。ウェールズではウシ用の牧羊犬として独特の追い立て犬が進化した。この在来種からは、ウェルシュ・コーギー・カーディガンとウェルシュ・コーギー・ペンブロークという二つの犬種が生じている。両コーギーの特徴は長い胴と短めの四肢である。いかにもウシのかかとに噛みつきやすい体型だ。これほど体型に違いがあるにもかかわらず、遺伝的にはコーギーは他のグループよりもイギリス諸島の他の牧羊犬種のほうにかなり近い[70]。だが、ハンガリー産のプーリーや南フランス産のピレニアン・シェパードなど、ヨーロッパの他の地域で作られた牧羊犬種は、イギリス諸島のものとは遺伝的に異なる在来種から独自に派生したことがはっきりしている。ということは、世界全体から見て牧羊行動を考慮するなら、共通祖先をもつことと収斂進化の両方がからんでいるわけだ。これはイヌの他の形質にもあてはまるだけではなく、どんな種でも、また多くの形質の進化についてもあてはまる。収斂進化が起こるため、系統樹のどこか一部分でも再構成しようとするとどうしてもややこしいことになってしまう。イヌの例のように、系統樹のなかでも小枝レベルの分類群では特にそうなのだ。

## イヌの系統樹を再構成する

進化の歴史を再構成する手法を追求するのは、進化生物学の一つの分野である「系統分類学」である。系統分類学は重要だが、正しく評価されないことが多い。現生種（かつ、時には絶滅種）の系統関係を整理すること、そして、ある種や複数種からなるグループが他の種からいつ分岐したのか。その年代を見積もること、この二つが系統分類学の目指すゴールである。従来、系統分類学は化石種や現生種の身体的な形質、特に骨や歯など、変化しにくい形質に頼ってきた。最近では、DNAが系統樹再構成のための主要な素材として用いられるようになってきた。

ここ数年の間に、さまざまな犬種の核ゲノム全体を比較して系統関係を整理することが可能になってきた。次に説明する系統樹の再構成は、ゲノム全域にわたる比較に基づいたものである。

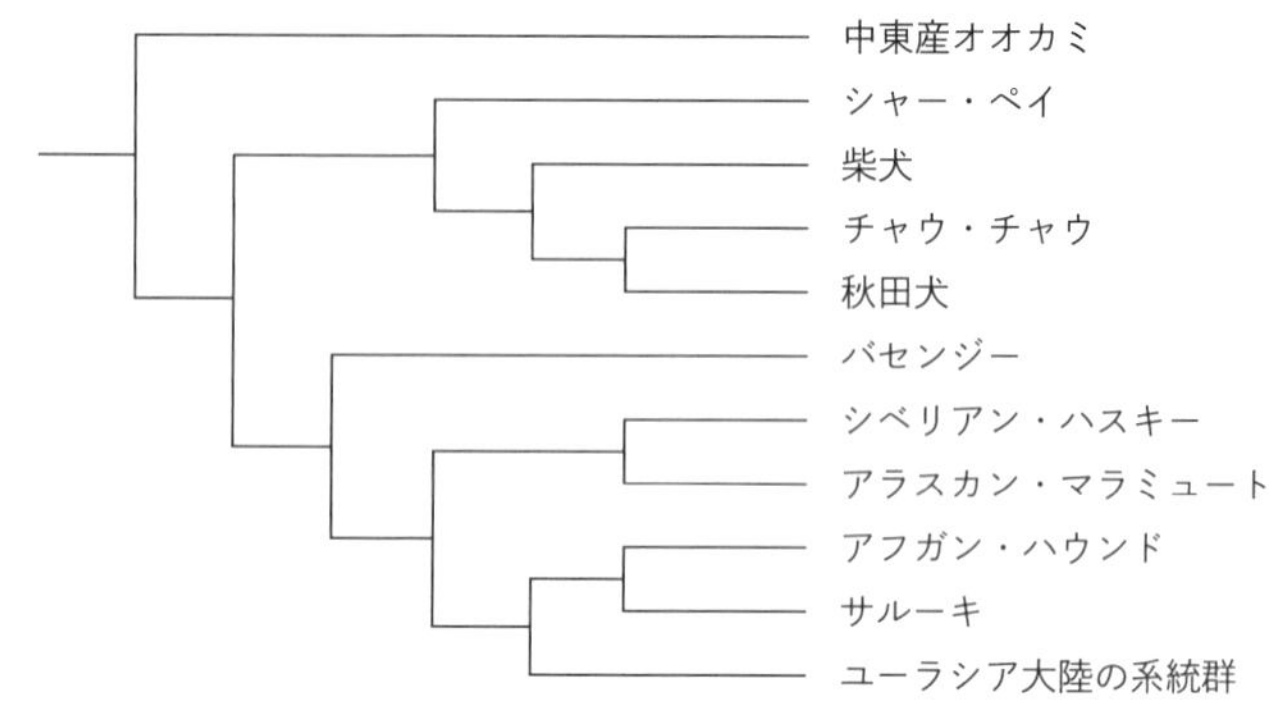


**図 2.5　イヌの最古の在来種の系統樹（VonHoldt et al. 2010 より）**

イヌはオオカミから分岐してきたものだと考えられる。オオカミの枝から分岐した枝で、現在まで続いているもののうち最も古い在来種はディンゴである。オーストラリアのディンゴの祖先もこの枝に含まれる。この枝は四〇〇〇年以上前に分岐したものだ。次に分岐したのはバセンジーで、おそらくカナーン・ドッグのような西アジアのディンゴに似た在来種から分岐したものだと思われる。バセンジーとその他の古代犬種との系統関係を再構成した試案は、図2・5に示されたようなものになる。

イヌの進化において、これ以降の系統樹はやぶのように枝分かれだらけになる。そうなってしまう理由の一部として、一九世紀に犬種の爆発的な適応放散が起こったこと、その結果として比較的急速に進化するゲノム配列においてさえ遺伝的多様性が欠乏していることが挙げられる。だが、いくつかの明瞭に異なる枝群、すなわち犬種群を区別することはできる。たとえば牧羊犬は一つの犬種群をなしている。他に、一般的に家畜や人間の番犬として働くマスティフのような犬種群もある。これにはロットワイラー、セント・バーナード、ブルドッグなどが含まれる。ボルゾイやアイリッシュ・ウルフハウンド、ウィペットなど、視覚を頼りに狩りをするように育種された視覚ハウンドも一つの犬種群であり、ビーグルやバセット・

ハウンド、ブラッド・ハウンドなどの嗅覚ハウンドもまた別の犬種群をなす。犬種群同士の関係がある程度示唆される場合もある。たとえば、スパニエルと嗅覚ハウンドは他の犬種グループよりも互いに近縁であるように見えるし、視覚ハウンドと牧羊犬も同様である。また、小型の犬種間には近縁な系統関係が驚くほどないことから、小型犬はいくつかの機能別グループ（と「古代犬種」）において独立に作られたものだと考えられる。チワワやパピヨンなど、小型犬種のいくつかは愛玩犬（トイ・ブリード）という犬種群を形成しているが、トイ・プードルや種々のトイ・テリアはこの犬種群には含まれない。

実際、系統分類学者が諸犬種の系統樹を作り、類縁関係を樹のように表せてしまうこと自体、ある意味で驚きなのだ。祖先と子孫間の垂直方向の関係、つまり、ある一つの祖先から二本の枝が生じ、それぞれの枝上の共通祖先からさらに二本の枝が生じ、といったようにつながる関係がわからなければ類縁関係を表した系統樹は描けない。哺乳類の種レベルの系統樹を構成する際、垂直方向の関係はかなり確実に想定できる。ところが、諸犬種の類縁関係を再構成する際、そのような想定は不確実このうえないのだ。多くの犬種が、現存する犬種や在来種の交雑によって作り出されたものであることはわかっている。交雑は、時には類縁関係を表す樹の離れた枝上に位置する犬種間で行われることもある。たとえば、ニューファンドランドという品種は、すでに絶滅したセント・ジョンズ・ウォーター・ドッグとマスティフのような犬種との交雑によって作り出された。ゴールデン・レトリーバーは、フラットコーテッド・レトリーバーやアイリッシュ・セッター、絶滅したトウィード・ウォーター・スパニエルを含め、数品種の間で何度も交雑を繰り返した結果できたものである。トイ・ブリードの多くもこのようにして作られた。このような交雑は犬種作出の歴史において幾度となく起こってきたことであり、ラブラドゥードル（ラブラドル・レトリーバー×プードル）や他の「デザイナー・ブリード」はそのごく最近の例であるにすぎないのだ。

交雑が起こると類縁関係は網目のようなものに変わってしまう。植物的な比喩で続けるならば根茎（リゾーム）のようなものともいえる。交雑によって、ある枝が他の枝と融合し、イチゴの根茎のようになるのだ。進化学者はそのような垂直ではない類縁関係を「水平」と呼ぶ。交雑によって生じた水平な類縁関係は、イヌの系統樹の再構成を非常に複雑にしてしまう。妥協するしかないのだ。種の系統樹を作るよりも、確実性の低い系統樹になってしまうのである。[71]

## ゲノミクスとイヌの特徴の進化

諸犬種のゲノム全域（ゲノムワイド）にわたる比較によって、犬種間の類縁関係に関する情報だけではなく、それ以外にも多くの情報が得られる。ペドモルフォーシスや家畜化によるものだと説明のつく特徴に加え、イヌの進化に貢献した遺伝的な変化について、なにがしかわかることもあるのだ。ここで、遺伝的な変化、つまり「突然変異」を五つのタイプに分けて整理しておこう。これはイヌだけではなく、本書で考察する他の種すべてに共通する話である。

突然変異のなかでも発見しやすく、とりわけよく研究されているタイプは塩基一つの変化である。点突然変異と呼ばれる変異で、塩基（シトシン＝C、グアニン＝G、アデニン＝A、チミン＝Tの四種類）の一つが他の塩基と置き換わるものだ。[72] 一塩基多型（SNP（スニップ））もこの変異である。二番目のタイプは一つあるいは複数の塩基の欠失と挿入で、ある塩基配列が既存の配列に挿入されたり既存の配列から削除されたりするものであり、インデルと呼ばれている。三番目のタイプは、染色体の転座（染色体の一部が切断されて同じ染色体内あるいは他の染色体上に付着して位置を変えること）などにより、長い遺伝子あるいは非遺伝子配列が重複や転移をすることである。これら三タイプの突然変異は、バクテリアから人間に至るまで、あらゆる種でよく研究されている。このあとの議論でもこれらのタイプに焦点をあてる。

残り二つのタイプは最近注目を集めてきているもので、あとの章で触れるが、直列重複（タンデムリピート）とコピー数変異（CNV）である。直列重複とは、数塩基（たとえばCCGなど）を単位とする配列が繰り返し並んでいるもので、反復するコピー数は世代とともに増加することが多い。[73] このタイプはハンチントン病などの人間の疾患の多数に関係している。[74] イヌではゲノム全域にわたって伸長や短縮が見られ、一塩基の置換よりも頻度が高い。そのため、この直列重複が急速な形態的進化を進める強力なメカニズムとなっている可能性が考えられている。[75] 五番目かつ最後のタイプであるCNVも、イヌにおける急速な進化を生み出すメカニズムになっているのではないかと提議されている。[76] 直列重複と同じように、CNVでも特定の塩基配列の反復によって伸長が起きるのだが、反復単位は直列重複よりもかなり長い。

今のところ、イヌの表現型に関わる突然変異のゲノムマッピング〔ある遺伝子がゲノム上のどこに位置するかを調べること〕のほとんどは、点突然変異、複数塩基の欠失と挿入、遺伝子重複・転移に限られている。体重二五ポンド（約一一・三キログラム）未満のイヌにはすべて、IGF1という成長因子をコードする遺伝子の発現に影響を与える点突然変異が見られる。[77] この突然変異はIGF1タンパク質自体は変化させないが、その合成速度を変化させる。特に興味深いのは、この突然変異がDNAの非コード領域〔ゲノム中で、タンパク質のアミノ酸配列の情報をもたない部分〕のトランスポゾン〔ゲノム内のある部位から他の部位へ位置を変えることのできる特定の配列〕部分に位置するということだ。近年ますます明らかにされていることだが、DNAの非コード領域の機能のこのような変化は、全生物の進化において決定的な役割を果たしているのである。トランスポゾンの突然変異は、バセット・ハウンドやダックスフンドなど脚の短い犬種にも見られ、四肢の短縮にも関係している。[78] 例はまだ他にもある。眉毛や口、顎の領域など、イヌの顔面に長毛が部分的に生えることがあり、犬種によっては一九世紀の老紳士然とした風貌になる。ビション・フリーゼやビアデッド・コリーなどの犬種ではこの装飾がよく発達している。この「装飾的」な形質にもまた、この手の突然変異が関わっているのである。[79]

被毛の質に見られる他の特徴は、DNAのコード領域〔ゲノム中、タンパク質のアミノ酸配列の情報をもった部分〕で起こった複数の突然変異によるものだ。これらの突然変異は被毛の生成に関係するタンパク質を変化させる。ある突然変異はゴールデン・レトリーバーなどの犬種の長毛を生じさせている。また、プードルやポーチュギーズ・ウォーター・ドッグなど巻き毛の品種にも、このタイプの突然変異が見出されている。オオカミの被毛は短毛あるいは「スムース（短くまっすぐな被毛）」と呼ばれるものであり、ここで挙げた被毛の質に関する三つの突然変異（装飾的な毛、長毛、巻き毛）はいずれもまったく見られない。ということは、この突然変異はイヌの家畜化の過程で起こったはずだ。複数の犬種のゲノムの調査結果から、被毛の質あるいは「毛衣（哺乳類の体表をおおう毛の総体）」の表現型のほとんどが、これら三つの突然変異のさまざまな組み合わせによるものだと説明できた。だが興味深い例外があった。古代犬種であるサルーキとアフガン・ハウンドである。この例外から考えるに、一部あるいはすべての「古代犬種」において、長毛など被毛の質に関する形質は近代的なヨーロッパ産の諸犬種とは独立して進化してきた可能性がある。

被毛の色に関する特徴は、もっと複雑な遺伝的構造に由来する。七つの遺伝子座それぞれにある多様な対立遺伝子が時には複雑な方法で組み合わさり、白から斑模様まで特定の毛色パターンを生み出すのだ。[80] キツネの家畜化実験からは、これらの対立遺伝子の一部は野生のオオカミにすでに存在していたものであること、そしてそれが発生過程上で従順性と関連していたことが示唆される。だが、毛色に関する対立遺伝子の多くはイヌの進化の過程で新たに出現し、人為選択によって普通に見られるものになっていったものである。特に注目したいのは黒い毛色の突然変異である。これは家畜化の過程で生じ、その後、イヌとオオカミの交雑によって野生のオオカミに伝播された[81]。黒いオオカミは家畜化以前には存在しなかったのだが、いまや、特に北米ではかなり普通に見られるものになっている。このことからも、イヌの進化で交雑が重要なことがよくわかる。実際、現代の諸犬種の特徴となる特定の形質の組み合わせ（たとえば被毛の質と色など）は、人間主導の交雑によって生み出されたものだ。要するにカスタマイズされた犬種が作り出されてきたのである。たとえば現代の巻き毛の全犬種は巻き毛の共通祖先から派生したものだ。そして、ビアデッド・コリーなど、長毛かつ巻き毛で装飾的な毛のある犬種は、それらの特徴をもつ犬種間で交雑を繰り返すことにより生まれたのだ[82]。

ゲノムワイドなマッピング研究により、耳のサイズ（ファラオ・ハウンドやバセット・ハウンドの耳は巨大である[83]）、体重、鼻づらの長さ（コリーでは長く、ブルドッグでは短い[84]）など、他の多くの身体的な特徴の遺伝的基盤が同定されている。これらの形質はすべて人為選択によってできたものだ[85]。人為選択はケネルクラブの出現により強化され、その度合いがあまりに強くなったために、イヌの進化の過程が異常な方向へねじ曲げられてしまったケースもたくさんある。以前はもっぱら自然選択が行っていた役割を人間が完全に奪ってしまったとき、意図せぬ結果が生じることも多く、なかには望ましいとはとうてい言えないものもある。

## ケネルクラブと最近のイヌの進化

一九八八年の夏、わたしはロンドンの自然史博物館を訪れた。そのとき、たまたまイヌに関する魅惑的な企画が公開されていた。さまざまな犬種が過去一世紀の間にどう変化したのかを展示したものだった。そんな短期間でここまで進化したのかと驚愕した。一八八八年にはどの犬種もそれほど特殊化していなかった。たとえばトイ・ブリードは一般的に今よりも大きめで、大型犬種は今よりも小さめ、といった具合である。一九八八年には、体躯や骨格構造における犬種間の違いが概してかなり強調されていたのが印象的だったが、なかでも特に衝撃的だったのはブルドッグなど、顔の短い品種の変化である。一九世紀版のブルドッグも顔は押しつぶされてはいたが、(わたしとしては)それほどグロテスクには見えなかったのだ。もしも二〇一二年版と一九八八年版のブルドッグを比較したなら、顔の押しつぶしがさらに進行しているのではないだろうか。

一九八八年の展示で示された急速な身体的変化は、イヌの進化の歴史において前例のないものである。それは、ある歴史的な出来事に端を発している。一八七四年、ロンドンで初のケネルクラブが設立されたのである。ケネルクラブの使命は登録によって犬種標準を「維持」することだったが、この点では完全に失敗した。むしろ、犬種の多様化を大幅に加速するほうに影響した。ドッグショーではコンテストが行われ、既存の犬種タイプのなかでも極端な特徴を示す個体が選出され、表彰されることになった。そのため、極端な特徴をもつものが選択的に育種されるようになったのである。

選択育種という選択圧は、人間がそれまでに動物に対して行ってきたどの操作をも凌駕するものだった。たとえば、たった一匹の雄のチャンピオンが何百匹という子どもの父親となることもできた。さらに、チャンピオンは自分の娘たちと交配させられた。この種の近親相姦が慣例的に行われていたのである。いくらイヌの話とはいえ不快に感じる人も多いだろう。この状況を招いたのは主にヴィクトリア朝の貴族階級の人たちなのだが、彼ら自身の血統から考えるに、近親相姦的な関係に対していささか麻痺していたのだろう。

このような人為選択により、表現型は急速かつ大幅に変化する。だがそれには犠牲も伴う。まず、近親交配によって有害な突然変異が蓄積するのは避けられない。事実上、すべての純血品種には、ナルコレプシーや骨格異常など、遺伝性の疾患が多数見られるのである。[86] また、純血品種では、がんも猛威をふるっていて、もし人間の話なら大量発生といわれるぐらいの頻度で発症している。どの品種でもそうだが、何らかの異常が特徴の一部になっているのが普通であり、特定のタイプのがんになりやすいのもその一つである。そのため、同じ環境下で生活していても、異系交配によって生まれた雑種に比べ、純血の品種のほうが寿命がかなり短いのだ。

哺乳類には、大型種のほうが小型種よりも寿命が長いという法則がある。ゾウはネコよりも、ネコはネズミよりも長生きといった具合である。ところが、諸犬種はそうではない。イヌでは大型犬種のほうが早死にしてしまう。[87] アイリッシュ・ウルフハウンド、グレート・デーン、ニューファンドランドの寿命はわずか六〜八年だ。一方、体重二〇キロ級のイヌの寿命は一般的に一〇〜一二年であり、トイ・ブリードのなかには一五〜二〇年生きるものもいる。[88] イヌが先の法則にあてはまらないのは、いま見てきたように、遺伝的に重荷を背負っているためかもしれない。

哺乳類一般の傾向と逆になっているのは、「太く短く生きる」という生活ペースの法則で、ある程度は説明できる。[89] 大型犬種が大型なのは成長が速いためである。成長が速ければ、一つの細胞が一分間に消費するエネルギーが小型犬種よりも多くなる。ほとんどの哺乳類では、大型種は実際には小型種よりもゆっくり成長する。つまり、小型種よりも長期間成長し続けるからこそ大型になるのである。そして、大型種は小型種よりもエネルギーの消費スピードがゆっくりしている。イヌの諸品種では、成長の速いものを人為選択して大型種を作り出しているために、この傾向が逆転しているのである。[90] ということは、犬種に見られる寿命の傾向について、次のようにある程度は説明できそうだ。心臓や骨格などに欠陥があった場合、成長の速い犬種では、成長の遅い犬種に比べてその欠陥の影響が顕著に現れる可能性がある。また、成長が速ければ細胞分裂も増えるので、がんの発症率も高くなりがちというわけだ。

だが、ブルドッグのような品種の場合は、遺伝的疾患は健康問題のほんの一部でしかない。たとえば、押しつぶされた顔はもうそれ自体が重い負担になっている。ブルドッグは生まれたときから呼吸に問題を抱えている。鼻づらが短いため、軟口蓋が気管のすぐ前方にひだを作り、空気の流れを妨げてしまう。暑いときには口を開けてあえぐのがイヌの基本的な放熱方法なので、ブルドッグは過熱にも弱く、死に至ることもある。また、口が小さいため歯がうまく口腔内に収まらない。密集して生えた歯が妙な方向を向いたりもする。そこに食べかすがたまり、歯周病が起きやすくなる。また、眼球が頭骨にぴったりはまらずに飛び出してしまう恐れがある。リードで引っ張っただけで飛び出すこともあるほどだ。まぶたが完全に閉じられないのもしばしばである。そのせいで炎症や感染症になることもあるし、まつげが眼球をこすることもある。また、顔の皮膚が過度にひだをなしているため、感染症も起きやすい。何より、出産時に頭が大きすぎて産道を通らず、帝王切開が必要になるのが多いというから衝撃的である。いずれも血統にこだわるあまりに生じた結果だが、これはほんの一部にすぎない。

ブルドッグの災難が最悪かと思ったら大間違いである。ケネルクラブの後押しにより、キャバリア・キング・チャールズ・スパニエルは、近年、脳が大きすぎて頭骨に収まらなくなるほどに進化してしまった。

その結果、脊髄空洞症という疾患が生じる。この疾患の影響はさまざまだが、激痛が生じることがしばしばで、最終的には麻痺が出て死に至る。そんな病気になるようなイヌをわざわざ繁殖させるはずはなかろう、とお思いだろうか。甘い。問題は、三〜四歳になるまで徴候がはっきりとは現れないということだ。ブリーダー（育種家）はそこまで長く待ったりはしない。最近のドッグショーでチャンピオンになったイヌの何匹かが、この疾患で死んでしまった。死んだチャンピオン犬はすでに多くの子犬の父親になっている。交配相手には自らの娘まで入っている。まったく、進化的にも道徳的にも非道としかいいようがないではないか。

## 保守的な創造性

とはいえ、ケネルクラブがイヌに対してできることにも限界がある。倫理的なことだけではない。この限界はイヌ以前のオオカミの進化の歴史が作り出したものである。進化には保守的な面もあるのだ。イヌにはとんでもなく多様な品種があるのだから、その人為選択に関して進化の保守性を持ち出すのはおかしいんじゃないかと思われるかもしれないが、制限は確実に存在している。

犬種のなかでも最高に多様な形質が現れる頭骨のことを考えてみよう。頭骨は多数の骨で構成されており、進化により変化する際には骨同士が互いに緊密に関係し合う。相関関係があるので単なる多面発現に帰することはできない。むしろ、DNA中の、多数のタンパク質をコードする配列とコードしていない配列によるネットワーク的な相互作用を含む、発生過程での深いレベルでの統合を反映したものである。[91] それは、オオカミが進化するよりももっと前から進化していたものだ。実際、この頭骨統合に特有のパターンは、キツネを含めイヌ科全体の特徴なのである。[92] この保存された発生過程での相互作用のネットワークは、家畜化されたキツネにも家畜化されたオオカミにも同じように頭骨の変化が見られることを、部分的に説明するものかもしれない。

発生過程での統合は、エヴォデヴォ（進化発生生物学）での鍵となる概念の一つである。それ以外に「モジュール性」も鍵となる。[93] 重要なことだが、どの生物でも発生過程全体は緊密に統合されている。ただし、発生過程を構成する相互作用全体のネットワークが、比較的独立して働く下位ネットワークに分けられることもある。たとえば心臓は膵臓とは比較的独立して発生する。「モジュール」というのはこの比較的独立した下位ネットワークのことである。オオカミの頭骨は、実際には神経頭蓋と顔面頭蓋という二つのモジュールで構成されており、鼻づらは後者に属している（「頭蓋」は「頭骨」のこと。神経頭蓋は脳頭蓋ともいい、頭蓋のうちで脳を容れる器となる部分。それ以外の部分が顔面頭蓋で、眼・鼻・口・耳・頬などを含むいわゆる「顔」部分である）。では、顔面頭蓋というモジュールについて吟味してみよう。

頭長（前後径）に対する頭幅（左右径）を百分率で表したものを頭示数という。イヌでは頭部の最大幅が最大長の八〇％以上である場合、短頭型に分類される。短頭型犬種にはブルドッグのほか、ペキニーズ、ボクサー、パグなどが含まれる。短頭型の逆のタイプが長頭型であり、アフガン・ハウンド、サルーキ、グレーハウンド、ボルゾイなどの犬種が含まれる。ブルドッグなどの短頭型犬種とボルゾイなどの長頭型犬種の頭示数の差は、イヌ科全体で見られる頭示数の差を超えている。実際、現存する犬種の頭骨の形の多くは新しく作り出されたものであり、現存あるいは絶滅した食肉類全体を見わたしても、同じような形の頭骨をもつものはいないのだ。

このことから、人為選択は、オオカミやその他のイヌ科動物のなかでそれまで進化してきた遺伝子ネットワークを再構成することにより、頭骨と顔面のモジュールの発生過程における統合を突破してきたように見える。しかし実際は、オオカミやその他のイヌ科動物において頭骨の発生統合の土台となる遺伝子ネットワークはまったく変化していない。イヌの頭骨の形態が多種多様であるのにもかかわらず、である。[94]ブリーダーは、オオカミから受け継がれたがっちりと統合された遺伝子ネットワークの端っこを間に合わせ的に改造すること（ティンカリング）しかできない。彼らはこの間に合わせ的な改造の極限まで探索しつくしているが、モジュール自体はいまだにそのまま残っている。イヌの頭骨をネコの頭骨のように丸っこいものにするためには、改造よりももっと大きく手を加えること（つまり、モジュールの再構成）が必要だろう。しかし、発生過程に対してそれほど深いレベルで変更を加えるのは、どれほど野望にあふれたブリーダーでも不可能なのだ。

これは、ブリーダーがもてあそんできた他のどの形態的特徴にも行動的な特徴にもあてはまる。ケネルクラブがどんなに目覚ましく介入しようとも、ペキニーズからブルドッグまで、ウィペットからチワワまで、イヌはオオカミから受け継いできたものをよく保存している。さらにそれだけではなく、食肉目中のイヌ科のメンバーとしての進化の歴史をも保存しているのである。進化においては、発生過程の変更でどれほど創造的な結果が得られたとしても、それはすべてもともと存在するものに間に合わせ的な改造を施したために現れたものでしかない。どれほど創造性が発揮されたとしても、ケネルクラブによって過激な人為選択にさらされた場合でさえも、それでもなお進化は根本的に保守的なのである。

# 第3章　ネコ

わたしはイヌもネコもほぼ同じくらい好きだが、知り合いの間では、どちらか片方だけを熱烈に愛し忠誠を誓っている人がほとんどで、両方とも好きだというのは少数派で変わりものである。ただし、現在わたしはネコ派の人と一緒に暮らしているので、今もひざにネコを乗せてこれを書いている。名前はシルヴェスター。ルーニー・テューンズに出てくる黒いタキシード模様のシルヴェスター・キャットにそっくりなのだ。著しくネオテニー的なトゥイーティーという鳥に、延々とおちょくられる不運なキャラクターである［ルーニー・テューンズはアメリカで一九三〇～一九六九年に製作されたアニメーションのシリーズ］。シルヴェスターは、いささか不運なところもこのキャラに似ている。どうみてもぶざまというわけではないが、優雅とはいえない。あるとき、シルヴェスターはソファの背もたれの上で眠りこけ、腹ばいになっていたわたしの背中に落ちてきた。パニックに陥り、横のソファに跳び上がろうとするも目測を誤り、情けないことに硬い床にぐしゃっと落ちてしまう。体勢を立て直すべくじたばたもがいたが、氷の上のようにつるつる

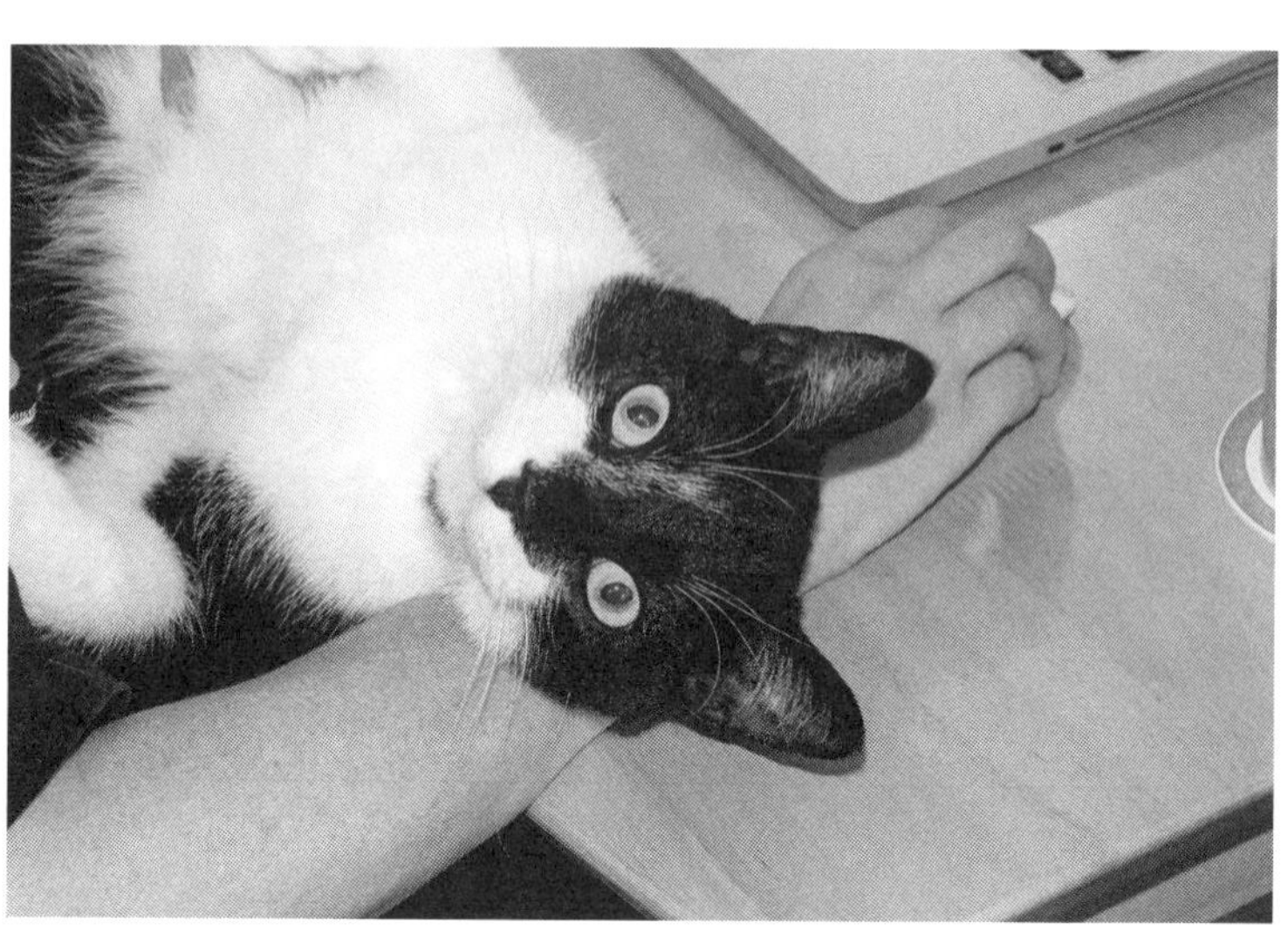

図 3.1　うちのシルヴェスター（著者撮影）

滑ってうまく足が立たない。やっと足がいうことをきいたと思ったら、シーダー材のチェストに激突してしまった（わたしの背中には爪痕の置き土産。いきなりのことで心臓が飛び出すかと思った）。シルヴェスターには他にも問題があり、玄関の呼び鈴がなって誰かがやってくるのを病的に怖がったりする。呼び鈴が鳴るやいなや一目散にクローゼットやベッドの下に逃げこんでしまうのだ。

シルヴェスターにはスモークという妹がいる。灰色のタキシード柄である。シルヴェスターとはまったく対照的で、これほど優美で運動能力に優れた生きものは見たことがない。六カ月で完璧な宙返りができたし、ミーアキャットのように二本足で立つこともできる。レーザーポインターを追いかけて階段を上がったり降りたりするときは、灰色の稲妻のようだ。スモークが疲れるまでシルヴェスターは手も出せずに見ているしかない。スモークは「社交的」でもあり、知らない人も大好きで、尾をぷるぷると魅惑的に震わせながらすり寄っていったり、寝転がっておなかをなでてもらったりする。

二匹は子ネコのときに家にやってきた。スモークはキャリーからすぐに出てきて探検を始めたが、シルヴェスターはキャリーの中でじっと固まったまま、一時間経っても出てこなかったので、キャリーをひっくり返して出さなければならなかった。ブルックリン内で引っ越したときスモークは苦もなく順応したが、シルヴェスターは参ってしまい、それが何週間も続いた。スモークがそばにいて落ち着かせてくれたからよかったようなものの、そうでもなければ、その状態がもっと長引いていたと思う。シルヴェスターは妹が大好きで、逆もまたほぼ同じである。それぞれ去勢と避妊手術をしたとき、手術後は一緒のケージに入れてもらった。何よりまずシルヴェスターのためである。スモークが腸から毛糸を取り出す緊急手術で入院したとき、シルヴェスターはスモークの不在を嘆いて悲痛な声で鳴き続けた。二匹はよくくっついて、それぞれの輪郭がわからなくなるほど溶け合ったひとかたまりになって寝ている。いわゆるネコ団子である。このような彼らの関係を見て、それまで抱いていたネコの社会性についての考えをすっかり改めさせられた。ネコが孤独を好むという物言いは、かなり誇張しているのである。

シルヴェスターとスモークは、家畜化の過程で重要な役割を果たす行動シンドロームについても教えてくれる。ネコでも人間でも、その他、金魚からブタに至るまで、多くの脊椎動物における性格次元において、用心深さ－大胆さと呼ばれる尺度のことである。シルヴェスターは用心深さ最大で、スモークは大胆さ最大である。二匹は同じ子宮内で育ち、生まれてからこれまで、ある一日を除いてずっと室内で一緒に過ごしているのだから、性格の違いはすべて遺伝子の違いによるものだと考えたくなる。だが、スモークとシルヴェスターは、生後一〇週でうちにもらわれてくる以前、短期間ではあったが性格形成に関わる要因が豊富な生活をしていた。それがそれぞれの性格に影響を与えたのは疑いない[1]。

スモークもシルヴェスターも子ネコ時代に多くの人間に世話をされ、その後、室内ネコとして大事に育てられてきたという経験は共通している。この経験が気性や、特に人間に対する反応に大きく貢献しているのも間違いない。もしスモークが野良ネコだったなら、今ほど人間にフレンドリーではなかっただろう。シルヴェスターもそうだ。野良ネコなどを含めた大きな枠組みの中で見れば、彼はそれほど人見知りとはいえないのである。

わたしたちの住むこの町には野良ネコが多い。世界各地にも同様の状況のところがある。うちのお隣さんは、野良ネコに対するTNRという革新的な活動に関わっている。空き地や空きビルにいるネコを餌付けして捕まえ、避妊・去勢手術を施したうえでもとに戻すというものだ。野良ネコの集団をコントロールする手段として、単に駆除するのに比べてこのほうがずっとよいし、動物愛護の精神にもかなっている。

お隣さんは、ニューヨークに引っ越してくる前はヴァージン諸島で野良ネコに関わる仕事をしていて、そのとき引き取ったネコを三匹飼っている。その三匹も用心深さの度合いには個体差があるが、野良出身の彼らに比べれば、シルヴェスターでさえもかなり大胆だといえる。ベイビーというこれまた黒タキシードのネコなど、わたしはほんの一瞬しか見たことがない。シルヴェスターとベイビーの違いは、育った環境の違いによるところが大きい。最も大胆な野良ネコでも、人間の前では、最高に用心深い生粋の飼いネコ以上に用心深くなる。イヌの場合、社会化されるのは生後のある時期に限られている。ネコの場合はイヌよりずっと早くその時期が終わり、かつ、その期間はかなり限定的なのである。

お隣の三匹のネコについては、飼いネコになった年齢と相関する傾向が見られるのがおもしろい。まずパブロ。通常の離乳期よりも早い生後四～六週に捨てられて保護され、シルヴェスターよりも用心深いとはいえ、野良出身の三匹のなかでは最も大胆である。次にルーシー。生後約一二週（通常の離乳期の二～

四週後）に保護されたが、パブロよりもかなり用心深い。そしてベイビーは、ルーシーよりも少し年長の時期に保護され、さらに用心深いのである。ネコにとっては生後初期、特に離乳前の時期に人間と接することが、のちに人間に対してどのように反応するかということに大きく関わっているのである。

ここで「野良」という語について説明しておこう。ヴァージン諸島でもニューヨークでも、街中にいる「野良」ネコはおそらく比較的最近やってきたものだ。大半は捨てネコの二〜三世代目の子孫であり、程度は異なるが人間に餌をもらっている。これに対し、親切な人間の手を借りることなく、食物の確保をすべて自力で行い、その状態で何世代にもわたって繁殖しているものは「野ネコ」といって、野良ネコと区別する。ニューヨークに野ネコがどれだけ生息しているか見積もるのは難しいが、おそらくほんの少ししかいないだろう。郊外では野ネコに遭遇する確率が高くなる。もしも野ネコが、ベイビーと同じくらいの月齢で飼いネコになったとしたら、ベイビー以上に人間との関わりを避けるようになるだろう。だが、そんなネコでさえも、ヤマネコに比べればずっとずっと「フレンドリー」に見えるはずだ。野ネコもベイビーのような半野良のネコも、スモークやシルヴェスターのような甘やかされた飼いネコも、みんな祖先は野生のヤマネコである。仮にヤマネコを飼いネコと同じ条件で育てたとしても人には馴れにくく、どんな野ネコでもそれよりはずっとフレンドリーである。家畜化の過程で遺伝的・心理的に変化してきたからである。

しかし、ネコの場合、家畜化はイヌほど顕著ではない。シルヴェスターでさえ、身体的にも心理的にも野生の祖先によく似ている。イヌはオオカミ的な犬種であっても、祖先のオオカミにそこまで似てはいない。ざっくりいうと、イヌのなかにあるオオカミ的な部分よりも、飼いネコのなかにあるヤマネコ的な部分のほうが割合が大きいのである。ネコはイヌといささか異なる経緯で家畜化されたためだ。そういった

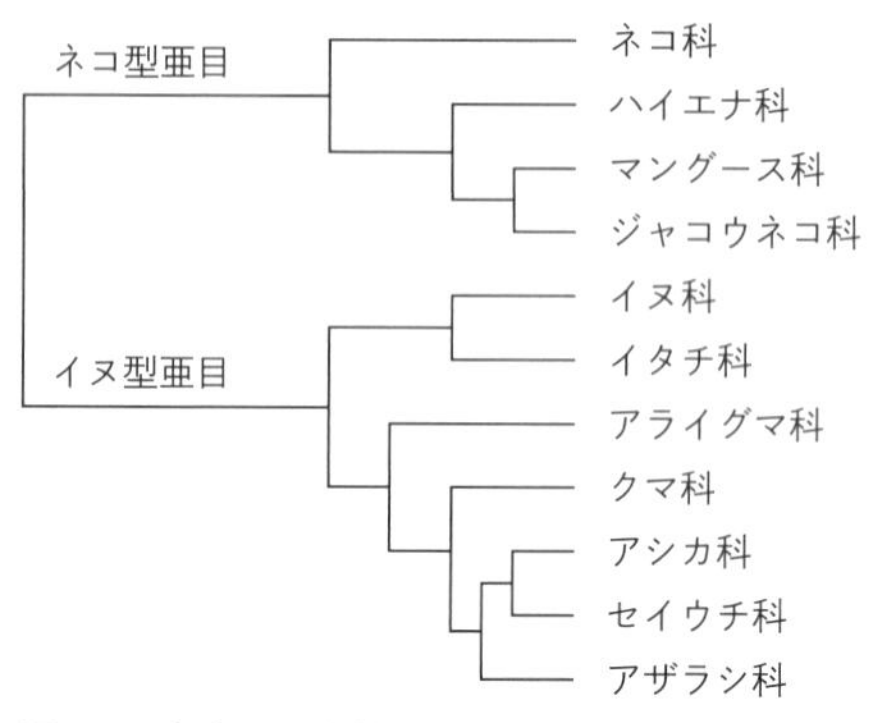


**図 3.2　食肉目の系統樹と科の関係**
(Dr. David L. Atkins and Arnason et al 2001 の情報より)

違いはあるが、両者に共通した重要な特徴もある。イヌとネコの家畜化における相違点と共通点は、それぞれの祖先であるオオカミとヤマネコの進化の歴史と大きく関係している。第1章ではオオカミの進化の歴史（系統）を探った。本章ではヤマネコの進化の歴史を見てみよう。

## ネコ科

ネコとイヌは、哺乳類の食肉目という同じグループに属するが、両者は二本のかなり離れた分枝上に位置する（図3・2）。イヌの分枝にはイヌ科のほか、クマ、アライグマ、カワウソ、スカンク、アザラシやアシカが含まれる。ネコの分枝にはネコ科のほか、ハイエナ、マングース、ジャコウネコが含まれる。ネコの分枝とイヌの分枝の最大の違いは、ネコ分枝のメンバーのほうが完全な肉食に近いということである。ネコ分枝の動物は植物性の食物をほとんど食べず、肉食に特化している。ネコ分枝のなかで肉食傾向が最も顕著なのがネコ科である。ネコ科の動物は絶対的肉食動物であり、動物性タンパク質だけを代謝できると考えられている。

ネコ科特有の特徴には、肉への依存を反映しているものがある。なかでもわかりやすいのは歯だ。食肉目の動物の前臼歯と第一後臼歯は特殊化し、ハサミで切るように肉を引き裂くことができるようになり、裂肉歯と呼ばれている。裂肉歯と（それ以外の）臼歯の大きさの比率を見れば、その動物の食物のうち、肉由来のタンパク質がどの程度の割合になるのかがわかる。クマ科では裂肉歯は小さく臼歯が大きい。これはクマが植物性の餌をかなりの割合で食べているからだ。臼歯のサイズが最大なのは、もっぱら竹を食べるジャイアントパンダである。イヌ科では裂肉歯も臼歯もどちらも大きい。これは、肉由来のタンパク質と植物由来の炭水化物の両方を比較的バランスよく食べるのを反映している。ネコ科動物の裂肉歯はイヌ科動物よりも大きく、後臼歯は退化している。ネコ科では犬歯もイヌ科よりも大きく、切歯はイヌ科よりも鋭い。ネコ科動物は、歯が切断用にかなり特殊化しているため、イエネコも含め、咀嚼（そしゃく）ができないのである。[2]

ネコ科動物の進化史上最大の革新は、爪に関するものだろう。クマは足裏を地面につけて歩く（蹠行（しょこう））が、ネコは実は爪先立ちして歩いている（趾行（しこう））。趾行は歩幅がかなり広くなるため、歩行や走行に有利である。だが爪先歩きにも問題がある。歩行中に常に爪が摩擦を受けてすり減ってしまうのだ。ネコ科動物では、格納式の爪が進化したことによってこの問題が克服されている。爪の出し入れは筋肉によって行われる。爪一本一本の上下に筋肉が付着していて、上部の筋肉が収縮すると爪が引っ込み、下部の筋肉が収縮すると爪が出てくる。歩行中は爪を引っ込めて爪の磨り減りを防ぎ、いざというときに鋭い爪をくり出すのだ。

イヌ科動物とは対照的に、ネコ科動物は主に待ち伏せ型の捕食者であり、ひと噛みで獲物を殺す。噛みつく場所は獲物のサイズによって異なるが、頭か首、背中を狙う。顎の筋肉がかなり発達し、噛む力が強いこともあいまって、ネコ科動物はイヌ科動物をかなり上回る腕の立つ殺し屋となっている。[3] アフリカ大陸に棲むヌー（ウシ科の大型動物）の気持ちになってみよう。リカオン（イヌ科）に殺されるよりはライオンに殺されるほうがまだましだ。ライオンに襲われれば死ぬまでにあまり時間がかからないので、それまでに感じる痛みも少なくてすむ。リカオンが大きな獲物を襲う場合、ひと噛みでは致命傷にならないので何度も何度も噛む。しつこく噛まれるがなかなか死には至らない。永遠かと思えるほど長い時間をかけて何千回となく噛まれるのである。獲物を取り囲んで、まだ死んでいないのに食べることもしばしばだ。ライオンならば、まだ新米で狩りが下手くそだったとしても、もっと「慈悲深く」事をすませてくれるというものである。

ネコ科のなかでは唯一、ライオン（*Panthera leo*）だけが真に社会的な動物であり、協力して狩りをする。ただしチーター（*Acinonyx jubatus*）も場合によっては協力して狩りをすることがある。[4] ネコ科動物のそれ以外の三五種はイエネコの祖先も含めすべて単独性のハンターであり、主に単独で生活する。

ネコ科が進化の舞台に初めて登場したのは約三五〇〇万年前、新生代の始新世末期のことだった。現存するネコ科動物の最近の共通祖先は、約一一〇〇万年前（中新世）にユーラシア大陸に生息していた。その共通祖先から八つの系統が分岐した[5]（図3・3）〔この図は八つの系統の一部を示したもの〕。約一〇八〇万年前、最初に分岐した系統には、トラ、ライオン、ヒョウ、ユキヒョウ、ジャガーなどの咆哮する大型ネコ（ビッグキャット）の属するヒョウ属（*Panthera*）と、ウンピョウ属（*Neofelis*）二種が含まれる。イエネコの属するネコ属を含む系統が現れたのは六二〇万年前（中新世の終わり）のことである。

約二〇〇万年前、ヤマネコ（*Felis silvestris*）がネコ属の他のメンバーから分岐した。これがイエネコの祖先である。オオカミと同じようにこのヤマネコは分布範囲が広く、北はスコットランドから南は南アフリカのケープ区まで、西はイベリアから東はモンゴル地方まで、ユーラシア大陸やアフリカ大陸の大部

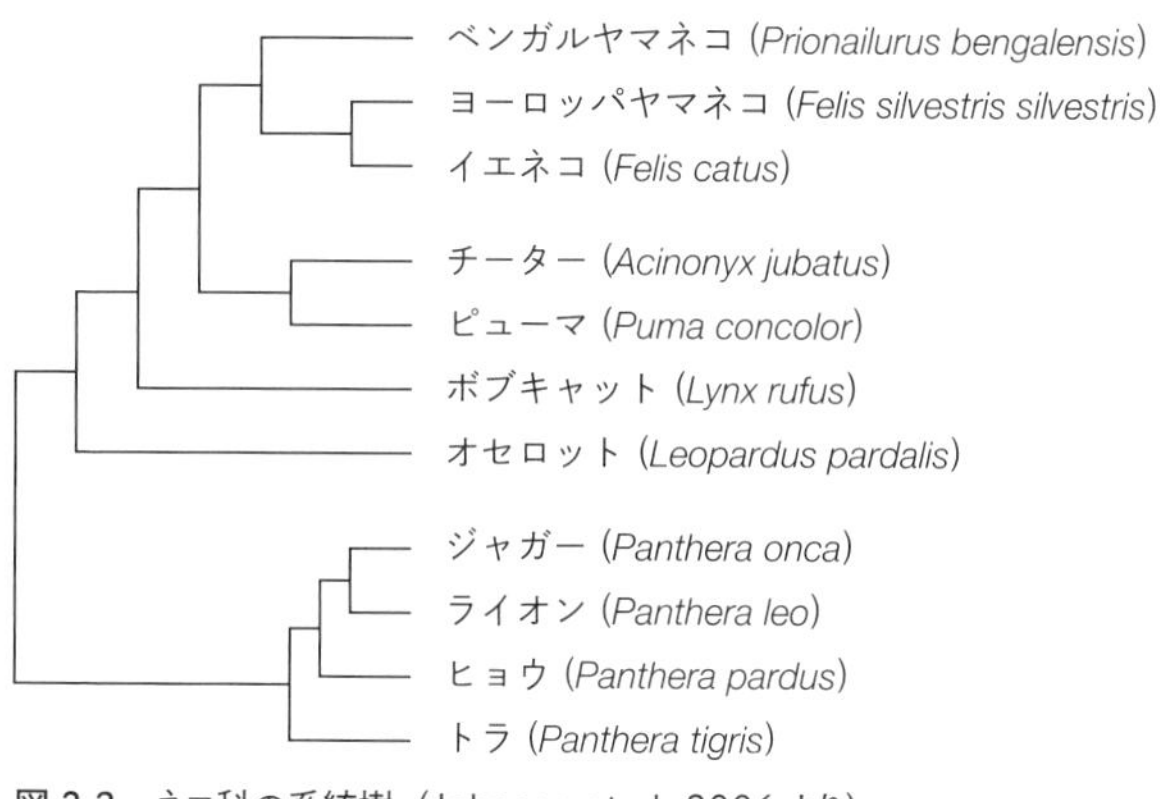

**図 3.3　ネコ科の系統樹（Johnson et al. 2006 より）**

分に生息する。この広い範囲の中に、ヨーロッパヤマネコ（*Felis silvestris silvestris*）、ステップヤマネコ（*Felis silvestris ornata*）、リビアヤマネコ（*Felis silvestris lybica*）、ハイイロネコ（*Felis silvestris bieti*）、ミナミアフリカヤマネコ（*Felis silvestris cafra*）の五亜種が生息している[6]（図3・4）。どの亜種がイエネコの祖先なのか長らく議論されていたが、リビアヤマネコが祖先だということが最近決定された[7]。

リビアヤマネコは基本的なボディプランにおいて典型的なネコ科の動物で、肉食に特化し、単独行動し、排他的なテリトリーを構えて防衛する。いずれもオオカミとは異なっており、こういった特徴は家畜化には向かない。ネコの家畜化過程が逸脱した経路をとった理由も、大部分はこのような特徴から説明できる。つまり、ネコの自然選択では全過程を通じてネコ自身による自己家畜化が起こってきたのであり、人間の意図に合わせて人為選択が行われるようになったのはごく最近のことで、しかもその対象は世界中に六億匹いるイエネコのほんの一部でしかないのだ。

五亜種のなかではリビアヤマネコが最も人間に馴れやすい。しかし、この亜種だけが家畜化されたのは、それが決め手にな

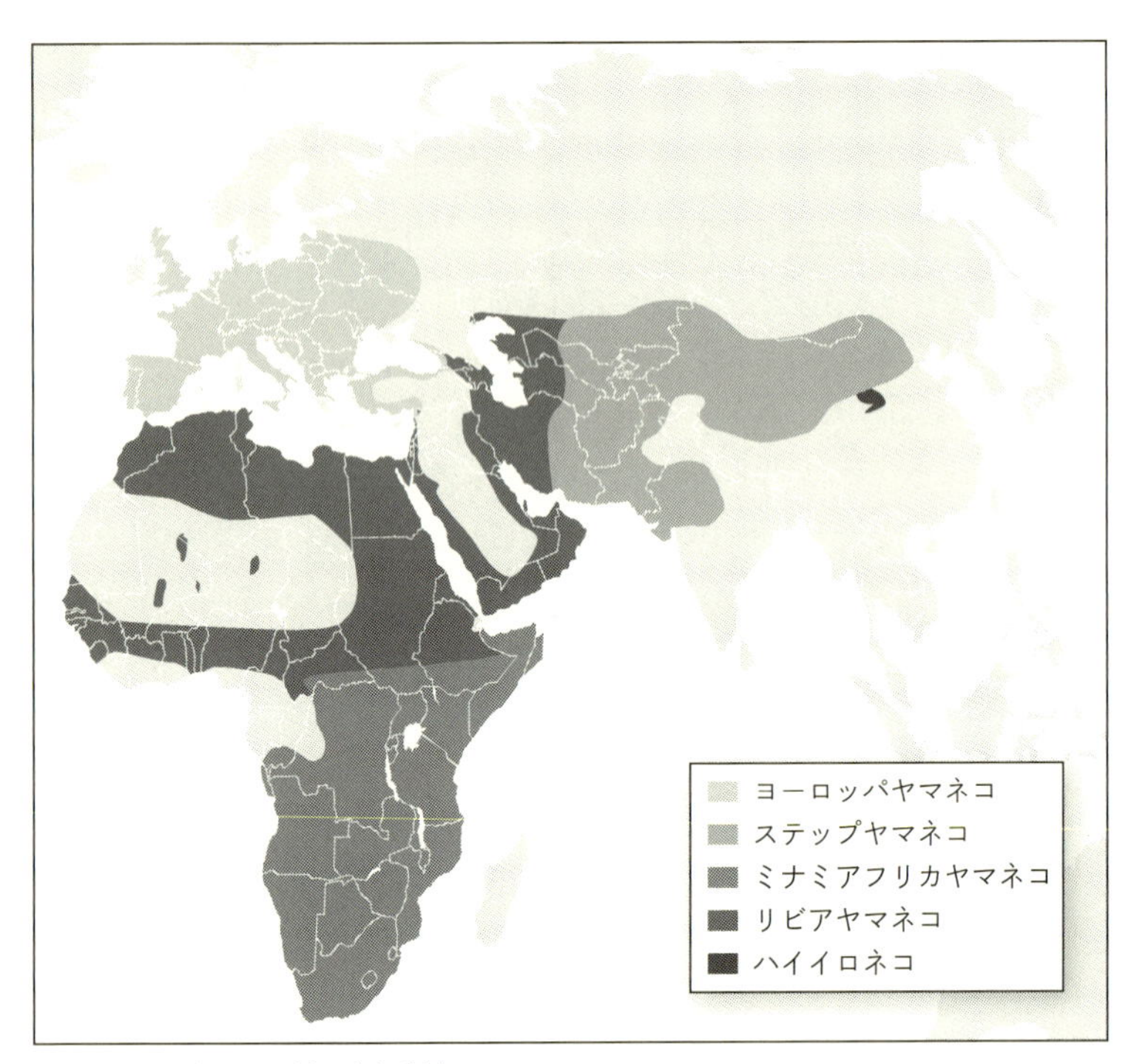


図 3.4　ヤマネコの亜種の生息地域

ったわけではないだろう。歴史の偶然によって人間とたまたま関わりをもったことのほうが、リビアヤマネコの家畜化ではもっと重要だったのである。[8]

## ネズミとの関連

リビアヤマネコが最初に家畜化されたのはエジプトだと長らく考えられていた。[9] しかし、近年の考古学や遺伝子の証拠によれば、イエネコの起源は別の地域にある。遺伝子の証拠は、リビアヤマネコの生息域内で多くの個体から集めたミトコンドリアDNAの研究から得られたものだ。それによれば、リビアヤマネコが最初に家畜化されたのは農耕発祥の地とも呼ばれる肥沃な三日月地帯（西アジアからメソポタミア、シリアに連なる地域）であり、今から約一万年前のことだという。[10] この地帯は人類が初めて穀物を貯蔵し始めたところなのだが、せっかく貯蔵した穀物は、その頃インド北部から侵入してきたハツカネズミ（*Mus musculus*）にあえなく荒らされていた。その地域に生息するヤマネコがハツカネズミを新たな食物源として当てにするようになり、なかには人間の居住地あたりをうろつき始めるものもいた。ネコの家畜化のパイオニアとなった彼らは、人間の手を必要とはしなかった。逆に、かなり強固な心理的障壁を克服しなければならなかった。人間や、ヴィレッジドッグなど大型の捕食者に対して進化してきた障壁である。この恐れを克服できたヤマネコだけが、ネズミという新たな食物資源を効率的に利用できるようになったのである。

要するに、人間が定住して農業を行うようになった地域では、ヤマネコに新たなニッチがもたらされたのである。ネコの側としては、この新たなニッチに入り込むために、人間とそれほど関わりのなかった以前のニッチとは異なる行動傾向が必要になった。従順性を対象とする自然選択によって、一部のヤマネコはこの新たなニッチでどんどん繁栄するようになった。しかし、同じくこのニッチを利用したイヌとは対照的に、ヤマネコは従順性を得てからも、それまでの進化で得ていた狩りのための技術や身体的な特徴をそのまま保持し続けた。たとえばヴィレッジドッグと違い、ネコの犬歯は小さくならなかった[11]。そして、これら比較的従順性の高いヤマネコたちは、地域内の従順性の低いヤマネコと争っても屈することはなかった。そのような状態が、家畜化の過程が始まってからかなり長期間続いたと考えられる。

その後、ネコと人間の関係は互いにただ利用し合うだけの段階を超えることになる。最初の証拠はキプロス島で発見された九五〇〇年前のネコの埋葬跡である[12]。人間とネコが、同じ方角を向くように並んで埋葬されていたのだ。ネコはもともとキプロス島にはいなかったので、このネコは人為的に移入されてきたものである。またネコはネズミのように上手に密航できるわけではないので、人間が意図的に連れてきたと考えるのが妥当である。埋葬されたということは、もはや穀物倉だけにいるのではなく、もっと人間に近い存在として家庭内にも入ってきていたのではないだろうか。家の中でネコを飼うならかなり従順なものでなければならないし、人間側がかなり積極的に介入しなくてはならない。

キプロス島の埋葬よりもあとの時代では、イスラエルの遺跡から数本の歯が発掘されているぐらいで、考古学的な記録には長い空白がある。イスラエルでは象牙でできた小ぶりな像が見つかっているが、三七〇〇年前のものである。ネコと人間の関係がその時代に至るまでにずいぶんと親密なものになったことがうかがわれる。ネコがエジプトに現れたのは三六〇〇年前、新王国時代の初め頃のことだった[13]。イエネコ発祥の地はエジプトではなかったとはいえ、家畜化が次の段階に発展したのはエジプトなのである[14]。

このエジプトの「黄金時代」では、時代が下がるにつれ、ネコが絵に登場することが増えていく。描かれたネコには、首輪をしたものや器から餌を食べているものもいる。ということは、エジプトのネコのなかには長時間室内で過ごしていたものもいたわけだ[15]。そのほとんどはおそらく王家のネコだったろう。王家とつながりがあったために、二九〇〇年前にはついにネコは崇拝の対象となり、バステト神として神格化されるに至ったのである[16]。ヘロドトスがバステト神崇拝の中心地ブバスティスを訪れたとき（紀元前四五〇年頃）、バステト神の神殿は我が物顔にふるまうネコだらけだった[17]。

神格化は特権をもたらしたが、代償もあった。多数の聖なるネコが宗教的儀式のために犠牲になり、エジプトの風習に従ってミイラにされ、ネコ用の墓地に埋葬されたのである。巨大なネコ墓地にはネコの遺骸が何トンも収められていた[18]。ネコの埋葬が大規模に行われていたことから、当時のエジプト人が積極的にネコの繁殖を行っていたのは明らかであるが、その繁殖が選択的であったかどうか、つまり本当の意味での人為選択があったかどうかは定かではない。ただしパトリック・ベイトソンとデニス・ターナーは、エジプト北部では大きなネコ集団が形成されたため、社交性が高まる方向の選択が起こることになった、と仮説を立てている[19]。

エジプトではネコの輸出は禁止されていたが、イエネコは二五〇〇年前の古代ギリシャでも見られた[20]。二〇三〇年前にはローマ人がナイル川デルタ地帯を含めエジプト北部を掌握した。港湾都市アレクサンドリアから出港する穀物船には、ネズミから穀物を守るためにネコが乗せられた。その結果、ネコはローマ帝国全域に運ばれていくことになった。船に乗ったネコのなかには、独立独歩の姿勢を貫き、遠く離れた港で上陸して船に戻らなかったものもいただろう[21]。

いずれにせよ、まもなく多くの港湾都市にネコのコロニーができ、ネコはそこからさらに内陸へと進出していった。ネコというのは生まれたところを離れない傾向があり、ほうっておいたらそれほど移動することはないので、この内陸への移動にもおそらく人間がからんでいると考えられる。今から一〇〇〇年前には、イエネコはヨーロッパ各地で普通に見られるようになっていた[22]。アメリカに渡ったのはもっとあとの時代である。早ければクリストファー・コロンブスの航海のとき（一四九二～九六年）だが、もしかしたらメイフラワー号の航海（一六二〇年）まで渡っていなかったかもしれない。またオーストラリアには、一七世紀にヨーロッパ人が探検したときに連れていったと考えられている[23]。

ローマ帝国時代にはネコの東方への移動も始まった。ローマと中国間の交易路に沿う移動である。二〇〇〇年前には、イエネコは中国やインドでも見られるようになっていた[24]。さらに中国から東南アジアの大陸部、そして諸島部へも進出した。地中海地方を通りヨーロッパ北部へと向かう西方への移動は、土着のヤマネコ集団のいる領域を横切るものだったが、インドの大部分、中国、東南アジア全域を含む東方への移動では、経路のほとんどは土着のヤマネコのいない地域を通るものだった。そのため、西洋のイエネコは土着のヤマネコとさまざまな程度で交雑し続けた一方で、極東のイエネコは隔離された状態で進化していった。その結果、シャム、コラット、バーマンなど、毛色のパターンが異なる独特の在来種がいくつか誕生した。

## 遺伝的浮動と自然選択

イヌがいくつかの異なる在来種に分化したように、イエネコでも同様のことが起こった。ただし分化の程度はイヌに比べてかなり低い。東南アジアにおけるネコの在来種の分化では、自然選択とはまた別の、遺伝的浮動という現象がかなり強く働いている。

遺伝的浮動では、偶然的に起こる遺伝情報（遺伝子頻度）の変化により集団が分岐する。この変化は自然選択に関して中立的であり、適応度には影響を与えない。たとえばシャム、コラット、バーマンという在来種では、毛色の多様性のもとになる遺伝子にこの現象が起こった。遺伝的浮動は特別な現象ではなくどこでも見られるものだが、その程度は集団のサイズにより異なり、集団が小さいほど起こりやすくなる。母集団が小さいほど、ランダムに起こる現象の影響が大きくなるからだ。統計学的には「標本誤差」などと呼ばれている。

進化生物学には「集団の有効な大きさ」という概念がある。大まかにいうと、交配可能な個体の数のことだ。ある集団と別の集団との間で交雑が起こると、集団間で遺伝子のやりとりが行われることになる。これは、遺伝子が集団から集団へ流れるように移動することから「遺伝子流動」と呼ばれている。遺伝子流動が二集団間で起きると、集団の有効な大きさは最大で両集団の個体数を合わせたものにまで増大する。集団を構成する個体数が同じ場合、遺伝子流動がなく遺伝的に（生殖的に）隔離された集団のほうが、遺伝子流動のある集団よりも遺伝的浮動が起こりやすいわけだ。家畜の在来種では、在来種内の遺伝子流動だけでなく、野生集団と在来種集団間の遺伝子流動も考慮に入れることが重要である。野生集団と家畜の在来種集団との間に遺伝子流動があるかぎり、遺伝的浮動は制限される。だが、東南アジアのネコのように野生集団が存在しない場合は、遺伝的浮動にとって絶好の条件である。シャム、コラット、バーマンの毛色のバリエーションはおそらく遺伝的浮動の結果によるものがほとんどで、のちに人為選択によって強化されたものだろう。

とはいうものの、自然選択も作用しているのは、東南アジアでも他の地域と同様である。たとえば、短毛（アビニシアンなど）は東南アジアやその他の地域の品種によく見られる形質だが、これは温暖な気候で熱がこもるのを軽減するように自然選択が起こった結果だと思われる。熱をすばやく発散するのに役立つすんなりと細長い特徴的な体型も、おそらく同様だろう。逆に、長毛と、ずんぐり型やがっしり型の体型は、北方の在来種に特徴的であり、少なくともある程度は寒冷な気候への適応形質である。そのような在来種から生まれたものとしては、メインクーンやノルウェージャンフォレストキャット、サイベリアンなどが挙げられる。

前段で挙げた在来種由来の品種はすべて、人為選択や交雑によりできあがったものだが、人間は最低限しか介入していないので、「自然発生タイプ」というカテゴリーに入れられている。[25] イヌの「古代犬種」でもそうだったが、「自然発生タイプ」というくくりは問題をはらんでいる。たとえばアビシニアンやエジプシャンマウ、シャルトリューは自然発生タイプだと考えられているが、実際には、近年になってから土着の在来種の表現型を再現したものである。[26] これに対し、ジャパニーズボブテールとアメリカンショートヘアーのほうが、「自然発生タイプ」という称号にはふさわしい。

自然発生タイプの品種のなかには数百年前から存在するものもあるが、ネコの品種のほとんどはごく最近、二〇世紀後半に作られたものである。その頃ネコ愛好家がようやく仕事を始め、ドッグショーをモデルとするキャットショーが、上流階級の限られたサークル以外でも行われるようになったのである。[27] 一九六〇年代にはスコティッシュフォールドやスフィンクス、オシキャットなど、多数の「珍品種」が作出された。[28] 一九七〇年代にはシンガプーラとオーストラリアンミストが加わった。一九八〇年代に入ると、ヨークチョコレート、カリフォルニアスパングルド、バーミラ、ネベロング、ドンスコイなどの新たな品種が現れた。ラガマフィンは一九九〇年代に作り出され、レフコイ（ぞっとするほど醜い）は二一世紀の創造である。[29] 現在、ネコの品種は六〇種以上だが、今世紀終わりまでには倍増しているかもしれない。

## ネコの珍品種はどうやって作り出されたか

一腹の中に明らかに異なる表現型の個体がいる場合、それは突然変異によるものであることが多い。ネコの珍品種の多数はそのような突然変異を出発点としている。たとえばスコティッシュフォールドがそうだ。スコットランドのパースシャーの農家で生まれたネコのなかに、耳が前方に折れ曲がった妙な個体がいて[30]、その突然変異を永続させたいと考えた人がいたのである。また、マン島原産のマンクスは骨格に突然変異が起こって尾がなくなっているが、尾だけではなく他の部分にも影響は現れている。尾のかなり短いジャパニーズボブテールはマンクスに似ているようにも見えるが、まったく異なる突然変異によるもので、自然発生タイプの品種である[31]。マンチカンには四肢の短縮を引き起こす突然変異があり、ダックスフンドと似たような状態である[32]。

指の数の多い多指症のネコが、米国ではアメリカンポリダクティルという品種として認められている[33]。この品種はイングランド南西部で発生したようで、そこから船で大西洋を渡ってニューイングランドに到達し、その地でかなり増えた。個体数が増加した理由の一つは、指の多いネコは幸運を運んできてくれる、と広く船乗りに信じられていたからである。これもまた人間の気まぐれが家畜化過程に影響を与えた一例だ。多指症のネコの指の数の最高記録は、カナダのネコが打ち立てた二七本である[34]。願わくばこの記録が破られませんように。

橈骨形成不全（RH）という突然変異もあり、「ハンバーガーフィート」と呼ばれている。この突然変異には骨のねじれを引き起こす性質があり、それに伴って、ポリダクティルとは別だがさまざまな形態の多指症が見られる。テキサスのある独創的なブリーダーが、この奇形をもとに工夫をこらして「トゥイスティーキャット」という品種を作り出した。この品種では骨のねじれがさらに激しくなり、前肢の骨にまで影響が及んでいる。トゥイスティーキャットは前肢が極端に短く、後肢が相対的に長いので、リスのような座り方をする。そのため、リス（squirrel）と子ネコ（kitten）を合わせて「スクィットン（squitten）」という異名もある。トゥイスティーキャットは動物愛護的見地からヨーロッパでは禁止されているが、米国では禁止されていない。マンチカンも同様だ。米国もこの点では英国に追いついてほしいものである。骨格が変形している品種を故意に繁殖させるのは道義的に許せない。

変わった外見の品種のなかには、無毛になる突然変異を起こしたものもある。毛がまったく生えていないように見えるが、実際には完璧に無毛なのではない。この手の品種で最初のものは、一九六六年に生まれた一匹の無毛の子ネコを出発点としている。この子ネコには「木を刈り込む」という意味のプルーンというぴったりの名前がつけられた[35]。いったいどうして、そんな状態を固定したいなどと考えるのか、わたしには解せない。単に新しもの好きなだけではないかとも思う。スフィンクスはカナダ産の品種だが、気候のことを考えると何とも理不尽ではないか。さらにドンスコイとレフコイという著しく無毛の二品種は、それぞれロシアとウクライナで作出されたものなのだ。屋内で飼われているといいのだが。それほど極端ではない被毛の突然変異による品種には、コーニッシュレックス（綿毛のような縮れ毛）、デヴォンレックス（短く粗い縮れ毛）、アイオワレックス（ドレッドヘアー状の細かな縮れ毛）、アメリカンワイヤーヘアー（密生した硬い縮れ毛）などがある[36]。

ネコの新たな品種を作り出す他の方法には既存の品種との交雑もある。交雑に使われることが最も多い品種はシャムだ。たとえばハバナブラウンはシャムとアメリカンショートヘアーの交雑、ヒマラヤンはシャムとペルシャの交雑によるものだ。シャムと別品種の交雑からスタートして、二世代、三世代、四世代目の交雑により作られた品種には、ラガマフィン、オシキャット、カリフォルニアスパングルドなどがある。シャムが関係しない交雑でできた品種で有名なのは、オーストラリアンミスト（交雑にアビシニアンを用いたもの）、ネベロング（ロシアンブルーを用いたもの）、バーミラ（バーミーズを用いたもの）などがある。レフコイは醜さからだけではなく、二つの突然変異品種（耳や軟骨形成に障害のあるスコティッシュフォールドと被毛に難のあるドンスコイ）の交雑によって作り出されたという点でも注目しておきたい。突然変異の賭け金がさらに上がるというわけだ。

イエネコ以外の相手を交雑のパートナーとして用いた独創的なブリーダーもいる。チャウシーはアビシニアンとジャングルキャット（*Felis chaus*）の交雑によってできたものである。ジャングルキャットはイエネコやその祖先のヤマネコと同じネコ属（*Felis*）なので、交雑がうまくいったのは驚くほどのことではない。だが、ネコ属以外のものと掛け合わせるという野心的な試みもある。ベンガルはイエネコとベンガルヤマネコ（*Prionailurus bengalensis*）の交雑によるものだ。ベンガルヤマネコは少なくとも体のサイズという点ではイエネコと同じくらいだが、サイズの違うものとの掛け合わせも行われている。カラキャットはアビシニアンとカラカル（*Caracal caracal*）、サバンナはイエネコとサーバルキャット（*Caracal serval*）の交雑によるものである。[37] カラカルもサーバルキャットも、ヤマネコよりかなり体が大きい。つまりイエネコとのサイズにかなりの差があるのだ。

## またもや近親交配

単一の突然変異個体からスタートして新品種を作り出す場合、その創始者となる集団は二個体からなる。突然変異個体とその交配相手となる個体である。突然変異を高レベルで維持するには、近親者との交配を行う必要がある。つまり兄弟姉妹間、母と息子、父と娘などである。とにかく近親交配が密に行われるわけで、有害な劣性突然変異が蓄積するのが落ちだ。その結果、近交弱勢と呼ばれる現象が起こる。実際、このようにしてスタートしたネコの品種のなかには、犬種と同じように深刻な事態に陥り、品種特有の病気が頻発する事態になっているものもいる。

サバンナやカラキャットなど、異種間の交雑では逆の現象が起こる。この場合はゲノム内で各種の不調和が生じるのが問題であり、異系交配弱勢と呼ばれている。[38] たとえばサーバルキャットとイエネコでは染色体数が異なるため、両者の交雑個体が減数分裂で精子形成や卵形成をする際、染色体の分配がうまくいくのかという根本的な問題が生じる。それよりもわかりにくい話になるが、互いに関係の深い遺伝子群は、程度の差はあるが一つのユニット（複合体）として次世代に伝えられるのが普通である。異系交配の度が過ぎると、この「共適応した遺伝子複合体」が崩壊してしまうのである。

近交弱勢と異系交配弱性を両極端として、その間のどこかに最適の状態がある。中庸が吉というわけだ。「どんぴしゃ」的な中庸は「雑種強勢」と呼ばれている。雑種のネコや雑種のイヌがまさにこの状態である（シルヴェスターとスモークはアメリカンショートヘアーだが、母親が雑種だった）。かなり異なる二品種を交配しても雑種強勢となる。たとえばシャム×ペルシャのヒマラヤンはそうやって作り出された品種だ。確かに、最初は雑種強勢が有効である。問題は、ブリーダーがその雑種をもとに新たな品種を作出しようとして、交雑によってできた子のなかから、望ましい特徴をもつほんのわずかの個体を選び出し、次の世代を作ることだ。望ましい特徴を対象として人為選択を繰り返した結果、近親交配による近交弱勢がすぐに現れてくるのである。

いわゆる自然発生タイプの品種は「どんぴしゃ」的雑種強勢の状態だった。だがそれも、二〇世紀になってネコ愛好家たちが繁殖のコントロールを始めるまでのこと。その効果は特にシャムで顕著である。現在、ヨーロッパと北米のシャムは、タイのシャムと驚くほど異なっている。わたしはそれを目の当たりにした。[39] タイのシャムのほうが体が大きく四肢が長い。タイのシャムも典型的な「オリエンタル」タイプのしなやかな体型だが、欧米のシャムよりは筋肉質で、それほど細身ではない。それに加えて、頭骨はタイのシャムのほうが大きく、特に丸っこい。このような違いは欧米での人為選択の効果を反映している。

ラザフォード・B・ヘイズ米大統領への贈りものとして、欧米にシャム（その名もずばりシャムだった）が初めてやってきたのは一八七八年のことだった。[40] 六年後には英国に初めての繁殖用つがいが輸入され、その後、少数の個体がさらに輸入された。今日英国にいるシャムの大半はわずか一一個体の輸入されたシャムの子孫である可能性がある。この小さな創始者集団の遺伝子プールは、標本誤差により、母集団であるタイの集団の遺伝子プールとは異なっていた可能性がある。さらに、集団のサイズが小規模でありかつ隔離されていたために、遺伝的浮動によって偶然的な分岐を起こすことになったのである。

珍しいシャムはキャットショーに出されるやいなや大ヒットし、新たに人為選択にさらされ、おかげでオリジナルのタイプから遠ざかって分岐することになった。この分岐進化は二〇世紀後半になって加速した。長めで細身の体、体に比べて小さな三角形の頭部、その三角形をさらに強調するように頭部の上部についた大きな耳、鼻の先端も細くなり、眼はアーモンド型であるほどよい、といったタイプを審査員が好んだからである。数十年経つうちに従来型のシャムはキャットショーから姿を消してしまった（図3・5）。一部のブリーダーが「伝統的」スタイルのシャムを保存しようと画策した。そのシャムはTICA（国際猫協会）に新品種として認められ、今ではタイと呼ばれている。ネコのブリーダーの世界の、何と本末転倒してしまっていることとか。

近親交配による影響はかなり悲惨である。シャムのがん発生率はバーニーズ・マウンテン・ドッグなど

**図 3.5　タイのシャム（左）とヨーロッパのシャム（右）。頭骨の形や顔つきがかなり異なっている。（タイのシャム：© iStock.com/Lena Kozlova、ヨーロッパのシャム：© iStock.com/IvonneW）**

のがんになりやすい犬種に匹敵するほどである。特に乳がんの発生率が高い。それゆえ、シャムの寿命は飼いネコの平均（一五〜二〇年）よりもかなり短く、ある研究によれば、平均一〇〜一二年だという。アビシニアンなど、他の「自然発生タイプ」の品種でも、近親交配の結果、寿命は短くなっている。長生きしたものは進行性網膜萎縮によって盲目になったり、その他、早い時期に老化が始まって障害を起こしやすくなったりもする。

シャムを除けば、人為選択し続けられて最も変化したのはペルシャとヒマラヤンである。ゴージャスな長毛に加え、これら二品種は短頭型で顔がつぶれているのが特徴である。このもともとペルシャに見られた特徴は、シャムとペルシャの掛け合わせで作出されたヒマラヤンにも伝わった。ヒマラヤンが作られて以来、シャムでもヒマラヤンでも予想通りの結果ではあるが、短頭化の勢いはとどまる様子がない。どちらの猫種もブルドッグほどグロテスクではなく、短頭につきものの疾患もそれほどひどくはない。とはいっても、ペルシャもヒマラヤンも呼吸障害や慢性副鼻腔炎に苦しめられているし、たとえ障害がなかったとしても、概して短命なのだ。

これと対照的なのがアメリカンショートヘアーである。スモークとシルヴェスターがいい例だ（いや、スモークだけか）。アメリカンショートヘアーは自然発生タイプの品種であり、現在でもその状況は変わっていない。交配はネコ自身に任され、また、雌は望むままに複数の雄と交尾している。この品種の創始者集団には多数の個体が含まれており、自然選択によって頑健で機敏、手入れもそれほど必要としない完璧なイエネコとして進化した。適切に社会化されたなら理想のイエネコになる。さらにボーナスとして、伝説のエジプシャンマウと互角といえるほどネズミ捕りの名手でもあるというから、ますますお得ではないか。

ネズミ捕りがもっと上手な品種を作り出そうという試みが進んでいる。完成すれば、外見ではなく機能を目的に作り出された、ネコとしては最初の品種ということになるだろう。アメリカンキューダという品種だ。「直接査定に基づく子ネコの評価（Kitten Evaluation Under Direct Assessment）」の頭文字を並べたのが「ＫＥＵＤＡ（キューダ）」である。[41] アメリカンキューダは野良のアメリカンショートヘアーをもとに作出されている。繁殖計画の唯一の基準は、ネズミ捕りの能力が特に優れていることだけだ。近親交配はこの能力を損なってしまうので、最小限に抑えられている。その証拠に毛色や模様がきわめてバラエティーに富んでいる。おもしろいことに、キューダのなかにはエジプシャンマウと非常によく似た個体も見られる。エジプシャンマウは、すべてのイエネコの祖先であるリビアヤマネコに、おそらく最もよく似ている品種である。

## ネコのゲノミクス

ネコのゲノミクスは、イヌのゲノミクスほど発展しているとはいえない。まだ子ネコの段階である。シナモンという名前のアビシニアンを用いて、ネコのゲノムが最初に完全に解析された[42]。それに続いてさらに一〇品種のゲノムが部分的に配列決定された。ネコの品種の遺伝的類似性には明らかな地理的要因がある。たとえば東南アジア産の諸品種は明確なクラスターを形成する。ヨーロッパと北米産の諸品種もクラスターを形成するが、東南アジア産ほど明確ではない。また、中央アジア、西アジア、北アフリカの諸品種もグループとしてまとまる傾向がある。例外としてラグドール、アメリカンカール、オシキャット、スフィンクス、デヴォンレックス、コーニッシュレックス、ベンガルが挙げられるが、これらは交雑や大きな突然変異によって最近作り出されたもので、大まかにいえば西洋産の品種である。

イエネコのボディタイプと毛色に影響を及ぼす大きな突然変異の多くは、ゲノム解析が始まる以前の時代に、家系のデータをもとに、ある形質のもとになる遺伝子がどの染色体のどこにあるのかを解析するという連鎖解析によって同定されている[43]。ではここで、被毛の特徴に関する最近の興味深い発見について紹介しよう。

多くの犬種で、ある突然変異が長毛を発現させていたことを思い出してほしい。ネコでも同じ遺伝子（*Fgf5*遺伝子）の突然変異が長毛を発現させているようだ[44]。実際には、ネコではこの遺伝子に長毛を発現させる四種類の突然変異があり、いずれもイヌの長毛を発現させるものとは別の突然変異である。同じ遺伝子に起きた異なる突然変異が同様の表現型を発現させるというこの現象は、実はよくあるものだ。遺伝子はタンパク質のアミノ酸配列を指定している。タンパク質は多数のアミノ酸がつながった鎖が折りたたまれてできており、鎖を構成するアミノ酸のうちどれかが突然変異によって置換されると、タンパク質の機能が失われることがある（たとえば五〇〇個のアミノ酸の鎖からなるタンパク質があるとして、端から二〇番目のアミノ酸が置換されても、三五〇番目のアミノ酸が置換されても、どちらも同じようにタンパク質が機能できなくなるかもしれない）。同じ遺伝子座に位置する複数の遺伝子を対立遺伝子と呼ぶので、この場合、異なる対立遺伝子が同じ表現型を生じさせた、と簡単に表現することができる。

だが、同一の遺伝子に起きた異なる突然変異が発生過程に異なる影響を与える、つまり、異なる対立遺伝子が異なる表現型を生じさせるケースのほうが多い。たとえば、被毛の色素形成で重要な役割を果たすチロシンに関わる遺伝子（*TYR*）がある。耳や鼻、手足の先端部と尾が黒く、体は白っぽいというシャム独特の毛色パターンを作り出す主役は、この遺伝子に起きたある突然変異なのである。[45] 突然変異によってできた対立遺伝子が温度感受性をもつため、このような毛色パターンができるのだ。この対立遺伝子をもつ場合、発生過程において先端部は他の部分よりも温度が低いため*TYR*遺伝子の活性が先端部で高まる。体の中央に近い部分では温度が高めになり、*TYR*遺伝子の活性は低くなる。この遺伝子に起きた別の突然変異では、温度に対する感受性の低い対立遺伝子が生じる。[46] バーミーズの毛色パターンはその結果生じたもので、先端以外の部分はシャムよりも色が黒っぽい。それと関連する*TYRP1*遺伝子に起きたまた別の突然変異は、チョコレート色の毛色や白化現象（アルビノ）を生じさせる。[47]

*Fgf5*や*TYR*、*TYRP1*を含め、遺伝子とはDNAの中でタンパク質のアミノ酸配列をコードしている領域のことである。だが前章で述べたように、進化による変化の多くは、DNAのうちタンパク質をコードしていない非コード領域中の、遺伝子の活性を制御する部分に起こる。多指症もそういった非コード領域の突然変異の一つによって引き起こされる。多指症に関わる突然変異が起きる部分は、発生生物学に登場する遺伝子のなかでも有名な逸話のある、ソニック・ヘッジホッグ（*shh*）という遺伝子を制

御しているところである。[48]ソニック・ヘッジホッグは発生を制御するマスター遺伝子であり、ある種のタンパク質分子を作り出す。この分子は一般的に「モルフォゲン」と総称されるもので、発生中の胚の内部で拡散して濃度勾配を形成する。[49]発生中の胚でモルフォゲンが細胞に及ぼす効果は、その濃度によって決まる。ソニック・ヘッジホッグも、そのようにして脳や四肢、その他の器官の発生過程で重要な役割を果たす。その活性は、シスエレメントと呼ばれる、遺伝子のそばの非コード領域によって制御されている。四肢の細胞だけで働くシスエレメントはZRSと呼ばれる。ZRSに起きた、ソニック・ヘッジホッグの活性を過剰に上昇させる突然変異が、多指症の原因である。[50]

多指症を引き起こす非コード領域の突然変異は、人間の発育異常のいくつかを引き起こす遺伝的メカニズムの一例でもある。そしてこれは、ブリーダーが引き起こしたネコの苦難が医学の進歩に貢献している一例なのである。純血種のイヌと同様、純血種のネコに見られる症状の多くは、人間にも共通して見られるからだ。人間とイヌやネコは、哺乳類として共通の進化の歴史を歩み、共通祖先から受け継いだものを共有しているためである。実際、イヌやネコのゲノム計画が実行されているのは、そもそも、このように医学への応用ができるからというところが大きい。[51]

イエネコに見られる二五〇種以上の遺伝病は、人間の疾患と相同のものだ。ネコでそのような疾患を引き起こす遺伝子を同定し、そして人間でそれと相同の遺伝子を探すというのがゴールである。ネコをモデルとする研究は、進行性網膜変性や心筋症、遺伝性運動ニューロン疾患で特に成果が期待できる。[52]その他、筋萎縮性側索硬化症（ALS）についてもモデルとして貢献できる可能性がある。[53]いくつかのウイルス性疾患ではネコはすでに重要なモデルになっている。エイズ（ネコエイズは放し飼いのネコの間ではやっている）やネコ白血病がそうだ。また、ネコ版の重症急性呼吸器症候群（SARS）もある。[54]ネコ間の遺伝的な差異によって、このような感染症に対するかかりやすさに差があるかどうかが研究されている。

ヤマネコのゲノムが解析されないかぎり、ネコのゲノミクスだけでは、ネコの家畜化を促進した遺伝的な変化についての情報は大して得られないだろう。だが、そのような遺伝的変化は解剖学的構造や生理的機能よりも行動との関係が深いことは予測できる。なぜなら、イエネコは行動面において、野生の先祖と最も異なっているからである。

## 孤独好きとはほど遠く

大半のネコは人為選択を受けないできた。彼らは自己家畜化を行ったのである。そして、被毛に見られる表面的な変化を除き、イエネコはヤマネコにきわめてよく似ている。実際、あまりにもよく似ているので、ヤマネコは交尾する際にイエネコを区別しない。ヤマネコのどの亜種でもそうだが、野ネコの生息域と近接していれば自由に交雑を行う。ネコとヤマネコ間の交雑はオオカミとイヌ間の交雑よりもずっと起こりやすい。この交雑により、ヨーロッパヤマネコの集団のいくつかは絶滅の危機に瀕している。特にスコットランドとイベリア半島で顕著である。

遺伝子検査なしでヤマネコとイエネコを区別する方法が一つある。それは行動だ。イエネコは、どれほど野生化していようとヤマネコよりもずっと社会的である。ヤマネコは間違いなく単独性の生きものであり、行動圏内に排他的な領域であるテリトリーを構える。一方、イエネコは社会的な生きものだ。野生化した状態で食物が比較的豊富にあり、かつ食物のある場所が集中している場合は、コロニーを形成することもしばしばある。[55] 食物がそれほど豊富ではなく、分散している場合であっても、野ネコはヤマネコよりはまだ互いに相互作用をする。[56] コロニーを作って生活している場合、野ネコの雌は相互扶助的に子育てをする。コロニー内の他の雌が生んだ子に哺乳したり保護したりするのである。これは、ネコ類のなかで最も社会的なライオンとほぼ同様な行動だ。また、コロニーのメンバーはよそ者に対して自分たちのテリトリーを防衛する。これもまたライオンと似たような行動である。[57]

さらに、イエネコは「尾を立てる」という新しい行動を進化させている。友好的であることを相手に示すシグナルだ。[58] ヤマネコは社会性が低く、この行動はまったく見られない。だが、ライオンはイエネコと同じように尾を立てる。[59] これは収斂進化の一例だが、ライオンとイエネコは共通祖先をもっているので、収斂が起こるのも当然ともいえる。尾を立てる行動は、ネコ科動物のなかでも社会性のかなり高いものだけが進化によって獲得できる行動レパートリーの一つなのである。つまり、尾を立てる行動に必要な遺伝的変化は最小限ですむのかもしれない。これもまた、進化の創造性が保守的であることを示す好例である。

イエネコの社交性にはネオテニーが関与しているのではないかといわれている。[60] ニャーと鳴き、のどをゴロゴロ鳴らし、そして前足をこねるように足踏みする（いわゆる「ふみふみ」である）というおとなのイエネコが見せる行動は、いずれも子ネコの行動がそのまま残ったものだ。ヤマネコのおとなにはこのような行動は見られない。足踏み行動は非適応的（自然選択に関して中立的）で、単に子どもの頃の行動が残っただけだが、のどのゴロゴロやニャーという鳴き声は重要な社会的シグナルである。ネコの鳴き声の音響的性質は、人間の耳によく聞こえるように変化しているという証拠も挙げられている[61]（もしそうならば、大きく耳障りな声で鳴くシルヴェスターは、スモークよりよく適応しているというわけだ。スモークは子ネコの頃から変わらず小さくソフトな声で鳴く）。シルヴェスターはネコの進化の最先端にいるといってもいいかもしれない。[62]

ベリャーエフは、家畜化の過程においては従順性が増すという行動面での変異がまず見られ、身体的な変化は遅れて見られる、という仮説を立てたが、イエネコがこの仮説の証拠となるのは間違いない。イエネコは、被毛という体の表面のことを除けば、身体的には野生の祖先たちにいまだにそっくりなのだから。キツネの実験では、人為選択を何度も繰り返すことにより従順性が現れてきた。オオカミでは、そして特にヤマネコでは、従順性は人間の作り出した環境下で、自然選択によって作り出された。ヤマネコにとっては、オオカミとは異なり克服しなければならない心理的な障壁がもう一つあった。穀物倉のそばに行けば、そこに集まってくる他のヤマネコに近づいてしまうのだ。他の個体に近づいたときに生じるストレスが比較的小さく、社会性が比較的高いヤマネコだけが、この新たな資源を十分に利用することができたのだ。

そういったヤマネコたちが、さらに人間を許容できるかどうかで選択を受け、それでようやく、彼らの社会圏のなかにわたしたち人間を入れてくれるようになる下地ができたわけだ。名高い独立性を有してはいるが、ネコたちはわたしたちを単に許容してくれるだけではなく、わたしたちと一緒にいることを楽しんでもいる。スモークがプリンターの上で寝ている。シルヴェスターがひざの上に戻ってきた。

## イヌ的世界の中のネコ

家畜化された動物たちに対する人間の扱いには、時代や文化によりさまざまなバリエーションがある。たとえば、イヌが時代や地域により食べられたり可愛がられたり無視されたりしてきたのは、先に見てきた通りである。実際、世界の多くの地域で今日イヌを食べるのがタブーになっている一方で、中国や韓国、ベトナム、ポリネシアでは、イヌはいまだに珍味扱いされている。だが、イスラム文化を注目すべき例外として、イヌは概して不潔なものや不浄なものだとされることはなく、不名誉に値するものだとされてもいない。人類の歴史全体、また種々の文化を全体的に見て平均すると、イヌが喚起する感情的な反応は、中立ないし肯定的なものである。肯定的な観点ではウマのすぐ下に位置している。

古代エジプトで神格化されたのにもかかわらず、ネコはもっとアンビバレントに見られてきた。時代や場所によってかなりその様相が異なっていたのだ。西アジアではネコは長らく女性の性的能力や生殖能力と結びつけられていた。このようなネコ観はヨーロッパの異教の多くにも見られた。キリスト教が広がったことはネコにとっては災難だった。おそらく、ネコが異教徒の宗教と結びつけられた結果であろうが、ネコは悪魔の手先であり魔術と密接に関わっていると考えられたのである。中世の時代、イエネコにとって特に祝日が危険だった。生きたまま、ゆでられあるいは焼かれ、串刺しにされてじわじわとあぶられ、皮をはがれ、手足を切り落とされるなど、どうしようもなくひどい方法で拷問されたのである。ネコがこのように憎まれた背景には、魔女だという噂のある女性が迫害されたのと同様に、強い女性不信(ミソジニー)の趨勢があった。幸いにもネコについては事態は改善されてきた。当時よりも啓蒙された現代にあっては、迷いネコは保護され飼い主を見つけてもらえることも多い。現代社会ではネコは最も人気のあるペットなのだ。

だが、最近、米国で行われたある調査によれば、ネコはいまだにイヌよりも否定的に見られている。ネコ嫌いな人のなかには、ネコの独立独歩なところが我慢できないという人がいるし、いまだに古くさい考えに縛られ、何でも魔術や異教信仰に結びつけて怖がっているに違いない人もいる。イヌこそが伴侶動物(コンパニオンアニマル)の模範だと考え、イヌを基準にしてネコには欠点があるという人もいる。ネコの長所を評価するのにイヌを基準にもってくるのは不適切なのだが、それが正しいと思い込んでいる人は多い。先日、ある人がわたしにイヌの優越性を説こうとして「家が火事になっても、ネコはあなたを引っ張り出してくれないよ?」と言った。身体能力的にネコにそんなことができないのは明らかだが、それより何より、人間を助けようという気がないからこそそうしないのだとほのめかす物言いだった。イヌと違って、ネコは自らの命を危険にさらすことはないだろうというのだ。

そうかもしれない。でも違うかもしれない。インターネットで有名になったある動画は、そうではないことを示唆している。四歳の男の子が、忍び寄った中型犬（品種不明）に襲撃された。その瞬間、縞ネコが飛び込んできて、自分よりかなり大きなイヌに体当たりしたのである。イヌは何がぶつかってきたのかもわからず、脱兎のごとく逃げていった。ネコだってイヌと同じように英雄的な行動をすることがあるというわけだ。

# 第4章　その他の捕食者

カリフォルニア州のサンレイモンに住んでいたときのことだ。ある晩、夜中の二時頃に目がさめた。のどがからからだったので、水を飲もうと思ってよろよろとキッチンに向かう。灯りを点けたら、いやびっくり、でかいアライグマがミスティー（うちの年寄りネコ）の餌入れに顔を突っ込んで食事中である。光に照らされ、彼は（近くによって観察したわけではないが、大きさから雄だと思った）ちょっと顔を上げたが、すぐに食事を再開した。わたしは度肝を抜かれ、かなり混乱してしまった。アライグマが平然としているだけではなく、ミスティーまでもまったく動じていないとはどういうわけだ。ミスティーは侵入者から三メートルほど離れて座り、いくぶん好奇心を抱いているようだが特に不安がっている様子もない。これが初めてではないのは確かだろう。思い返すに、ミスティーの「どうぞお気楽になさってね」という態度には、虫を殺そうと思えば殺せるが実際そうすることはないという彼女の平和的な性質がよく現れていた。二二歳まで長生きしたが最後までずっとそうだった。リスに手を出そうとしないのと同じく、このケモノにちょっかいを出すつもりもなかったのだろう。

だがわたしは、何とかしなければとあせった。まず大声をあげて足を踏みならした。ミスティーがあわてて物陰に隠れたが、アライグマはこちらを向いて上体を起こし、シャーッという音混じりのうなり声で威嚇してくるではないか。そしてまた食事に戻る。そこで、今度はほうきを振りまわして脅かしてみた。これはいくらか効果があったようで、ガラスの引き戸から裏庭へ何とか追い出すことができた。といってもあわてて逃げていったわけではなく、のそのそと出ていっただけ。

ここでようやく、どう考えても不思議だと思い至る。どうやって入り込んだんだ？　可能性はネコ用のドアしかないが、めちゃくちゃ大きなやつだったし、それはないだろうと却下する。だが数週間後、やつの芸当をこの目で見ることになった。夜遅くにテレビを観ていたら、あのアライグマがネコ用ドアから頭を突っ込んできたのだ。見られているのに気がつくと、すっと姿を消した。だが、おそらく以前の遭遇でこりていなかったのか、また頭を突っ込んできた。それに続いて胴体も少しずつ、身をよじらせながら、明らかにかなり無理を押して入ってきた。途中、仰向けのぶざまな格好になって前足でつっぱったりもしていた。唖然として見入ってしまったが、あまりにも平然としたその様子にはむかついた。

そのときまで、地所内のアライグマに対するわたしの態度は、ご近所の方々に比べてかなり冷静なものだった。アライグマの母親と子どもたちが床下で毎月一週間を過ごし、夜明け前にかなり騒がしかったのでさえ我慢した。ブドウの木を傷められ、貴重な多肉植物を掘り返され、柿の実を取られもしたが、動物管理局（アニマルコントロール）に通報したら処分されるのがわかっていたので、そのままにしていた。家の中には入れないようにしたが、そのアライグマ家族も時折侵入してきた。アライグマと社会的コミュニケーションをとるのは難しいため、いずれ問題が絶え間なく生じるようになるだろうとわかってはいた。

当時は認識していなかったが、うちに侵入してきたアライグマたちは、特にそのあつかましさから明らかなように、新たな家畜化過程の最先端を行っていたのだ。ネコやイヌの家畜化の初期段階も似たようなものだったのだろう。ネコもイヌも家畜化への第一歩は、ヤマネコやオオカミが人間の資源を利用しようとしたときに、彼ら自身が踏み出したのである。この種の関係は片利共生と呼ばれている。ハトからイエスズメやネズミまで、人間と片利共生している動物は数多い。ほとんどの片利共生者は、それ以上家畜化過程に踏み込むことはないのだが、アライグマに関してはそれが起こるかもしれない。何より、イエスズメと違ってアライグマには行動面での顕著な変化が見られるのである。

　狩猟の対象として盛んに狩られているものはさておき、より自然の状態で生息しているほとんどのアライグマは、人間に近づこうとはしない。しかし人間がアライグマの自然生息地を頻繁に訪れるようになると、彼らは人間を利用する方法をすぐに身につけてしまう。昔からキャンプに出かけるたびに、カリフォルニア州のポイントレイズ国定海岸でもニュージャージー州のベルプレイン州立森林公園でも、アライグマにはいつもいらいらさせられる。食料から目を離すと、やつらにたちまち盗まれてしまうのである。ほんの一瞬のすきをつかれることもある。

　アメリカクロクマは雑食性の動物である。ハイイログマ（グリズリー）も多少は雑食だ。彼らもアライグマと同じように人間から食料を奪っていくが、クマよけ用（ベア・プルーフ）の食料容器が登場して以来、この面ではクマにはかなり対処しやすくなった。だがアライグマよけ用（ラクーン・プルーフ）の食料容器といえば、使えるものは車しかない。しかもドアと窓をしっかりしめておかなければ効果なしである。

　アライグマは、人間を食料供給源としてうまく利用する術を、自然界の本来の棲みかにいる際にすでに身につけていた。それを、わたしが前に住んでいたカリフォルニア州の郊外のような、人工的な環境にまで持ち込んできたのである。アライグマの個体群密度から考えると、昔のままの生息地よりも、このような人工的な環境下のほうが実は繁栄している。以前、サンレイモンのアパートが建ち並ぶ地区の裏で、大きなゴミ箱にアライグマが群がっているのを見かけた。数えたら三〇匹以上はいて、ラットのようにゴミをあさっていた。このことから、アライグマの行動について人間のいる環境下で変化した二つめの点がわかる。他のアライグマがそばにいても平気になっているのだ。

ここで最も参考になるのはネコの家畜化である。すでに書いたが、ヤマネコやオオカミにとって家畜化の第一歩であり最初の行動的変化だったのは、ベリャーエフがキツネを使った実験で示したように、人間が近づいても平気になった、つまり従順性が高まったということだった。しかしヤマネコにとっては、オオカミと違ってもう一つ行動的な変化が必要だった。ヤマネコ同士が近づいても平気になるという変化である。アライグマは社会性についてはオオカミよりもヤマネコのほうに似ている。そしてネコと同じように、互いの存在に対して平気になるように進化している最中のように見える。そうやって人間のいる環境をますますうまく利用できるようになっていくのだ。

## 雑食動物の最たるもの

アライグマは、オオカミやヤマネコと同じく、食肉目に属している。前に書いたように、この目はイヌ側のグループ（イヌ亜目）とネコ側のグループ（ネコ亜目）という二つのグループに分かれている（図4・1）。アライグマはアライグマ科に含まれ、アシカ科やイタチ科、クマ科などとともにイヌ側に属している。アライグマ科には他にハナグマやキンカジュー、カコミスル、オリンゴなどがいるが、すべて新世界に生息しており、ほとんどは中南米にいる。アライグマ科はクマ科に最も近縁であり、両者の歯列に

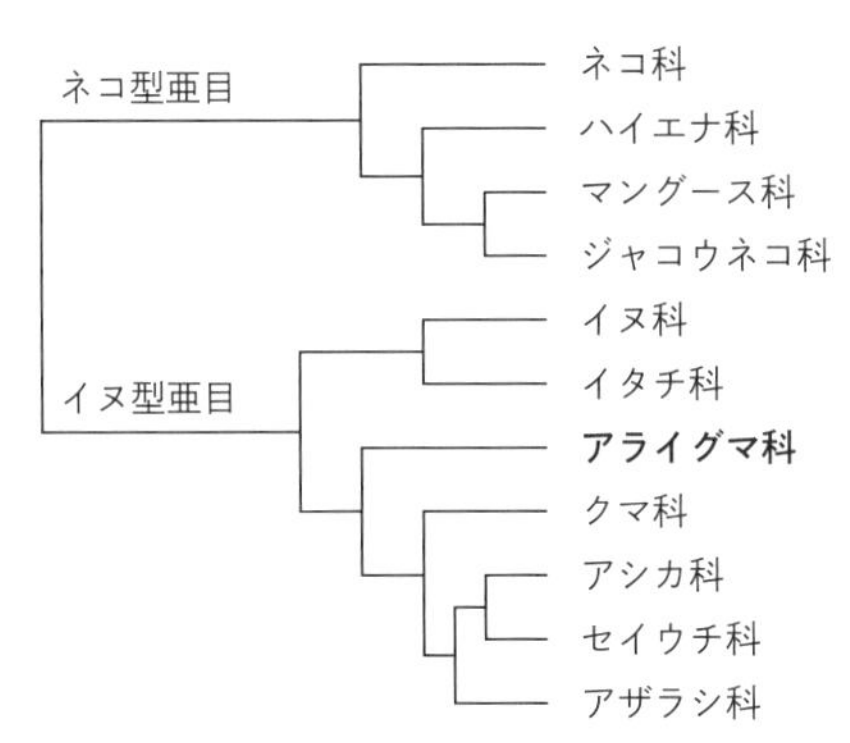


**図 4.1　食肉目の系統樹と科の関係。アライグマ科を太字にしてある。（出典は図 3.2 を参照）。**

はかなりの共通点が見られ、そのため雑食性である点も共通している。事実、北米の哺乳類中、食べるものの幅広さではアライグマが一番である。わたしはキャンプ地でアライグマに練り辛子を一瓶（びん）まるまる食べられたこともある。

アライグマ科のメンバーには、社会性に関してはかなり多様性が見られる。カコミスルとキンカジューはおおむね単独性である。ハナグマの雄は単独性だが、雌はきわめて社会的である。アライグマは長らく単独性だと考えられてきたが、いまやわかってきたのは、彼らの社会的行動はもっと複雑で微妙な差異があり、食物供給の状況によってかなり変化するということだ。行動圏内では雄も雌もほとんど単独性だが、行動圏内にテリトリーを積極的に構えているようには見えない[1]。食物が豊富で個体群密度が高めのところでは、雌の行動圏は重なり合うことが多い。また、雌は共同の休憩場所に集まることもある。個体群密度が最も高いところでは、血縁関係のない雄たちが一時的な連合を形成する傾向がある。そうして他の雄を撃退するのである[2]。

ヨーロッパ人が最初に北米に到達した当時、アライグマの生息地は、米国東南部から南はパナマまでの川に沿った豊かな森林地帯にほぼ限られていた。[3] 北部や西部へ向かった探検家や開拓者たちがアライグマを見かけることはなかった。だが、一九世紀末期には明らかに生息域が広がっていた。拡大する人間の居住地をうまく利用する能力に少なからず助けられてのことだ。それでもアライグマはまだまだ比較的珍しい動物だったが、一九四〇年代になると爆発的に増加し、生息域もかなり拡大した。米国の西部全体のみならず、カナダのケベック州やオンタリオ州をはじめとして、マニトバ州やサスカチェワン州、アルバータ州、ブリティッシュコロンビア州にまで進出したのである。その過程で、アライグマたちはプレーリーや海岸沿いの沼地、山岳地帯など、新たな生息地でうまくやっていけるようになった。

アライグマはおそらく最初は農場に入り込んだのだろうが、たちまちのうちにもっと規模の大きい集落にも侵入した。ついにはワシントンDCやシカゴなどの大都市にまで進出したが、そのなかでも、アライグマが人間を最高にうまく利用しているのはトロントである。カリフォルニア州サンレイモンでわたしが目撃した事例をはるかに超えている。トロントの市街には一平方マイル〔約二・六平方キロ〕あたり最高で四〇〇〇匹ものアライグマが生息している。[4] もっと自然に近い環境下では、個体群密度は一平方マイルあたり一〜五匹程度である。[5] 明らかに都会の生活が気に入っているようだ。

アライグマの都会化が始まったちょうどその頃、不心得者がアライグマをヨーロッパ（特にドイツ）や日本に導入した。日本での導入は、実は《あらいぐまラスカル》というアニメ（一九七七年）の影響によるものである。アニメを見た子どもたちはアライグマを飼いたいといって親に頼み込み、しぶしぶ承知した親たちは、アライグマが子どもの頃こそ可愛いものの、おとなは気性が荒くペットには適していないことを、ほどなく悟ったのである。日本ではアライグマはいまや大変な災厄の種になっている。平和主義のはずの僧侶が、寺を守るためにアライグマたちに宣戦布告してしまうほどだ。[6] ドイツのケッセルでは、アライグマの密度はトロントに匹敵するほど高くなっている[7]。

アライグマが、食物が豊富に得られるために都市に惹きつけられているのは間違いない。庭やゴミ箱、それにネコ用の食器で食物にありつけるのだ。また都会の中心部にいれば、天敵からかつてない高レベルで守られることにもなる。だがアライグマがこのような資源をフルに利用できるようになるには、何より行動が変化する必要があった。まず人間に対する恐れがある程度は緩和された。大昔にハツカネズミを探して穀物倉に入り込んだヤマネコと同じような変化が起きたのである。ヤマネコはその後、過去のヤマネコが経験したことのなかったほど他のヤマネコに接近するという事態に直面し、それに伴うストレスを受けた。ストレスをほとんど受けなかった個体（落ち着きという点でのエリートである）が、この新たな環境では有利だった。エリートは慢性的なストレスにすり減ってしまわず、それに加えて、他の個体にわずらわされる時間が短かったため、その分、ネズミ捕りに時間をかけられたのである。

穀物倉に出入りするネコたちと、穀物倉に近づかなかった他のネコたちとの間には、人間がそばにいることへの耐性や社会性の向上に関連して、遺伝的な差が少しずつ生じてきた。都会にいるアライグマにも同じことが起こったのだろうか？　現時点ではそうとは考えられない。アライグマには、ヤマネコにはない生まれつきの柔軟さといったようなものがあるのがわかっている。そのおかげで、人間を利用することにおいて、少なくとも今のような初期段階では、遺伝的な変化は必要ないのかもしれない。

## 表現型可塑性

「表現型可塑性」はエヴォデヴォ（進化発生生物学）の重要概念であり、遺伝的にまったく変化せずに表現型を変えることで環境に適応する能力のことを指している[8]。ある形質について、表現型可塑性は個体間や集団間、種間で異なることもある。ここでは、種のレベルで考えることにしよう。ある形質に関して（種レベルで）どれほどの表現型可塑性があるかは、直接的に選択の対象となった場合であれ、他の進化過程の副産物として生じたものであれ、それ自体が進化によって得られた特徴である。たとえば、クマやブタ、アライグマなどの雑食動物は、食物に関して肉食動物（ヤマネコなど）や植物食動物（ウシやヒツジなど）よりも表現型可塑性が高い。

社会的行動形質も、多かれ少なかれ表現型可塑性を示す。ヤマネコの社会的行動はアライグマと比べてきわめて固定的である。アライグマの社会的行動は、個体群密度に応じて単独性から半社会性まで変化しうる。さらに、人間に対する反応でも、アライグマは多くの野生の肉食動物よりも変化の程度が大きい。人間のごく近くで育った個体は、自然な環境下で育った個体に比べて大胆な行動をとりやすくなる。そのため、都市環境下での人間に対する大胆さの増加や社会性の上昇に、遺伝的変化が必要だったとは考えられないのだ。自然環境下でのもっと典型的な行動から逸脱したこれらの行動面での発展は、どちらも単に表現型の可塑性が現れているだけなのかもしれないのである。

これまで考察してきたどの肉食動物についても、家畜化の最初期段階ではおそらくこれがあてはまるだろう。一般的な哺乳類の進化と同様に、表現型可塑性のある行動が家畜化過程へとつながったあとで、遺伝的変化が生じるのである。しかし、遺伝的に変化が起こらなければ、その動物が真に家畜化されたとはいえない。現在の時点では、アライグマの家畜化過程が表現型可塑性だけの段階を超えてその先に進んだという証拠はない。また、アライグマと人間とは、現在の片利共生的な関係以上の段階には進まないかもしれない。しかし、この片利共生関係こそが、ネコやイヌがそうだったようにアライグマをさらなる家畜化へ向かいやすくするのである。さらに、アライグマとかなり近縁な別の科の食肉目で、純粋に表現型可塑性による従順性から、完全に遺伝的な性質による従順性へ移行した、ちょうどいい見本がいる。フェレットである。

## 家畜化以前のフェレット

フェレットはイタチ科に属している（イタチ科には他にケナガイタチ、オコジョ、ミンク、イイズナ、テン、アナグマ、クズリなどが含まれる）。イタチ科はアライグマ科と同じく、食肉目の系統樹でイヌ側の枝上（イヌ亜目）に位置している。イタチ科はイヌ亜目のなかでもきわめて肉食性の強いグループであり、地球上で獰猛な肉食動物として一、二を争う[9]。フェレットはイタチ科のイタチ属（*Mustela*）に含まれる。この属に含まれるケナガイタチ、オコジョ、イイズナ、クロテン、ヨーロッパミンクは、毛皮用として長らく人間に蹂躙されてきた。フェレットは昆虫や魚、両生類、鳥類、さまざまな齧歯類、ウサギ類など、幅広い範囲の小動物を捕食する能力をもつという点で、この属の典型的なメンバーである。フェレットが家畜化の方向へと向かったのは、齧歯類やウサギ類を殺すことにかけて熟練しているがためである。

フェレットの祖先は野生のヨーロッパケナガイタチ（*Mustela putorius*）である[10]。ヨーロッパケナガイタチは、イイズナやミンクなどのイタチ属の他のメンバーに比べ、胴体が短く小柄である。体型のせいで同属の他種に比べてそれほどすばしこくはないが、強力な顎と歯をもっている[11]。毛色にはバリエーションがあるが、たいていは暗褐色で腹部は明るめであり、顔はアライグマに似ている。一般に単独性だが、複数の同性個体が行動圏を共有することもあり、同属の他のメンバーよりもいくらか社会性が高いのが明らかになっている[12]。またオコジョやイイズナよりも人間に対する耐性がいくぶん高い。たとえば、野生のヨーロッパケナガイタチを捕獲してきて繁殖させるのは簡単にできるのだが、野生のオコジョやイタチ、ヨーロッパミンクではそれはできない[13]。

オコジョやイイズナもネズミ捕りやウサギ捕りの最高の名手だが、ヨーロッパケナガイタチのほうが互いや人間の接近に対して耐性があったので、家畜化の候補として適していたのかもしれない（イイズナもオコジョも、ヨーロッパケナガイタチ／フェレットと同様に、齧歯類やウサギ類を狩るのがきわめてうまい。狭いところに潜り込み、機敏かつしなやかに動いて、獲物を追い出し仕留めるのである。ネコもテリアも顔負けである）。

ヨーロッパケナガイタチが、いつどこで最初に家畜化されたのかは、正確にはわかっていない。「どこで」については、おそらく地中海地域であったことはわかっている[14]。「いつ」については、二五〇〇～二〇〇〇年前だったようだ[15]。アリストファネスの著作（二五五〇年前）とその一〇〇年後のアリストテレスの著作に、それらしき記述は見られるが、いずれも家畜化されていないヨーロッパケナガイタチに関するものかもしれない[16]。家畜化の証拠として妥当性が高いのはローマ時代の文献である。たとえば、大プリニウスはフェレットと協力して行うウサギ狩りについて記述している[17]。また、ストラボンは、過去に移入された飼いウサギが増えすぎていたバレアレス諸島に、フェレットが意図的に移入されたことを報告している[18]。

フェレットの家畜化にウサギが重要な役割を果たしたことは間違いない。ウサギはフェレットとほぼ同時期に、かつ同地域で家畜化された。おそらく、毛皮よりもウサギ狩り能力のほうが重視されるようになった時点で、ヨーロッパケナガイタチはフェレットへと変わったのだろう。実際、「フェレッティング」という語は、もともとはウサギを穴から追い出す能力を指していたのである。フェレットはウサギ狩りの際、穴の中でウサギを殺してその場で好きに食べてしまわないように、口輪をつけられるのが普通だった。

追い出されたウサギは網で捕まえ、棒で殴ったり銃で撃ったりして殺し、食用にした。野生化したウサギ集団が害獣レベルまで増えたときは、ウサギの個体数をコントロールするために、フェレットが口輪なしで放たれた。北ヨーロッパでは、野生化したウサギ集団が爆発的に増えるにつれ、フェレットのウサギ狩りの役割がますます重要になっていった。[19]

フェレットはおそらくローマ人の植民とともに北へと移動し、九〇〇年前にはドイツやイギリスに到達した。[20] イギリスでは、この異国のウサギ食いの獣は貴族と結びつくようになり、一二八一年には王室付きの「フェレット使い」という役職があったほどである。[21] 大英帝国の最盛期に、フェレットは意図的にオーストラリアとニュージーランドに移入された。見知らぬ生きものに満ちた土地にあって、ヨーロッパでなじみ深い動物が懐かしくなるという、たちの悪いノスタルジアによって引き起こされたウサギ問題への救済策だった。ところが不幸なことに、フェレットはウサギをほとんど狩らずに、フェレットのような生きものをまったく知らずに進化してきたため簡単に捕まえられる土着の動物たちのほうを好んで獲物にしたのである。だがオーストラリアでは、おそらくディンゴが捕食したためだろうが、野生化したフェレットは幸いにも定着しなかった。一方ニュージーランドでは、野生化したフェレットは土着の鳥類、特に地上に捕食者のいない環境下で飛ばなくなった鳥類を大虐殺して生きのびた。[22]

一八世紀、フェレットはネズミを捕る役割で（ネコと同様に）帆船に乗って米国にやってきた。二〇世紀初頭には、何千匹ものフェレットがネズミとウサギの駆除目的で農場に放たれた。効き目のある化学薬品の登場により、そのような行為は徐々にすたれていった。オーストラリアと同じように、他の捕食者がいたためと、さらにおそらく土着のイタチ科動物との競争になったために、野生化したフェレットが広がるのは米国でもかなり防がれた。[23]

## ヨーロッパケナガイタチからフェレットへ

ヨーロッパケナガイタチの家畜化における初期段階は、おそらくネコと似たようなもので、人間に対する反応と、お互いに対する反応という、行動面での変化が関係したと思われる。ネコや都市のアライグマと同じように、家畜化への第一歩は、人間の造営物という新たな生息環境に入るにあたって人間への反応の仕方を変えることだった。そしてネコやアライグマと同様、資源が集中する人間のいる環境を最大限に利用するために、ヨーロッパケナガイタチは森林に生息する同世代の仲間たちよりもずっと社会的にならざるを得なかった。後者の点で、フェレットはアライグマに見られる単なる表現型の可塑性を超えて、ネコに見られるような進化的な変化に近い状態へと移行しているという証拠がある。

野生のヨーロッパケナガイタチのケージには、生まれたときから人間が飼っていた個体であっても、指を突っ込む気にはならないだろう。また、ヨーロッパケナガイタチとフェレットの雑種であっても、このテストにパスするかどうかは怪しいものだ[24]。だが、純粋なフェレットなら突っ込まれた指を歓迎し、十中八九は指に体をすりつけてくるだろう。またフェレットはお互い同士でも、ヨーロッパケナガイタチ同士より友好的にふるまう。フェレットはヨーロッパケナガイタチに比べてかなり社会的で、お互いにくっつき合っているほうが落ち着くのである。そのため、比較的大きな社会集団で飼育することができる[25]。もしもヨーロッパケナガイタチをそのような状況下に置いたなら、そこは殺戮の場と化してしまうだろう。

ヨーロッパケナガイタチの家畜化における行動面の変化は、これも単独性の捕食者であるヤマネコの家畜化過程で起こったことと大変よく似ている。しかし、ある行動面での変化については、フェレットはイエネコよりもはるかに優れている。人間の意図を察知する、イヌに近い能力をもっているのだ。ある研究によると、人間のジェスチャーを頼りに隠された食物を見つけるというタスクで、フェレットはイヌと同じくらいよい成績を出した。それとは対照的に、フェレットと同じ条件で飼育されてきた、ヨーロッパケナガイタチとフェレットの雑種は、ジェスチャーによる合図に反応するように学習することはできなかった。[26]

イヌでもフェレットでも、人間の意図を読み取る際に重要なのは、人間の凝視に耐えられることだ。こうした種間コミュニケーションでは、アイコンタクトをとるのが第一段階なのだが、哺乳類の多くにとってアイコンタクトは攻撃的な行動でもある。うちの雌ネコのスモークは、自分よりも体の大きな兄弟のシルヴェスターを、じーっと見つめることでうまくコントロールしている。特にシルヴェスターがはしゃぎすぎたときや、スモークのお気に入りの寝場所を占領しているときにもそうする。わたしだってシルヴェスターをじーっと見て屈服させることができる。まあ少なくとも、ひどく居心地悪くさせることはできる。そしてこの居心地の悪さこそ、霊長類からイタチ類まで、哺乳類の多くが凝視された際の反応なのである。家畜化の過程は、イヌにおいて明らかにこの居心地の悪さを改善し、彼らはついに飼い主と積極的にアイコンタクトをとるまでになった。フェレットでも同じことが起こったように見えるのは実に興味深い。フェレットは、ヨーロッパケナガイタチや、ヨーロッパケナガイタチとフェレットの雑種よりも、アイコンタクトへの耐性が高い。[27] さらに、ペットのフェレットは、見知らぬ人よりも飼い主とのほうがアイコンタクトへの耐性がかなり高くなる。

イヌとフェレットに見られるこの著しい社会的認知を行う能力の収斂進化は、イヌもフェレットも、ネコとは対照的に、人間の飼い主と協力して仕事をするように育種されてきたことと関係があるのかもしれない。しかし、家畜化されたキツネのことを思い出してみると、そのような活動のために育種されたわけではないのに、従順性のみで選択したことによる副産物として、人間の意図を読み取る能力が発達したではないか。ということは、おそらく、従順性と人間の意図を読み取る能力とは、独立形質だと考えてはいけないのだろう。アイコンタクトに対する耐性は、単に高度な従順性を反映しているだけなのかもしれない。人間にとって利益になる際には、それが種間コミュニケーションのために利用されるというわけだ。ネコはそういう方法で役立つということがなかっただけである。

さらに、従順性は種間の社会性の一形態とみなすべきなのだろう。種間の社会性は、ネコやアライグマやフェレットに見られた種内の社会性の向上と、何らかの形で発生的にリンクしているのかもしれない。つまり、従順性は（種間・種内両方の社会性の一形態として）抱き合わせになっているのかもしれないのだ。この場合もストレス反応が共通項となっているのかもしれない。

家畜化された他の種の多くよりは、野生の祖先に身体的によく似ているフェレットだが、その一方で、フェレットもまた家畜化された表現型の他の要素をもっている。たとえば、フェレットはヨーロッパケナガイタチよりもかなり小さい。しかし、最も目立つ身体的な変化は頭骨に現れている。フェレットの頭骨はヨーロッパケナガイタチよりも幅広く短い。頭骨の形態におけるこの種の変化は、これまで見てきたように、行動面での変化に加え、幼時の形質が性成熟した成体でも保持されている、つまり幼形のまま性成熟が進むというペドモルフォーシスの指標の一つである。実際、フェレットは多くの点でネオテニー化したヨーロッパケナガイタチである。[28]

しかし、他の家畜化された動物の多くと同様、フェレットもまたペドモルフォーシスというコインの表だけではなく裏面もともに備えている。プロジェネシス、つまり発生・発達の終了が早まることによる性的発達の加速化である。フェレットはヨーロッパケナガイタチよりも低い年齢で性成熟に達するのだ。[29]

## ミンク

ギンギツネのように、アメリカミンク（*Neovison vison* ヨーロッパミンク *Mustela lutreola* とは別ものであることに注意）はかなりの昔から毛皮をとるために養殖されてきた。養殖ミンクは養殖キツネとほとんど同じように一匹ずつケージに入れて育てられる。この養殖ミンクは、米国農務省が家畜化したものだとされている。何世代にもわたって被毛の性質を人為選択してきたことを考えれば、穏当な評価である。家畜化のごく初期段階にあるとはいえ、アメリカミンクは本書でこれまで考察してきた家畜化された他の食肉目とは好対照である。というのも従順性を対象に選択されてはいないからである。

とはいうものの、飼育下でもストレスを受けにくい個体のほうが生き残りやすく繁殖もしやすいという点から、アメリカミンクはある意味で間接的に従順性を対象とする選択を受けてきたともいえそうだ（これは、ベリャーエフが実験に用いたギンギツネにもあてはまる。ギンギツネはもともと何世代にもわたって捕らわれた状態で飼育されていたため、ベリャーエフが実験に最初に用いた個体は、すでに遺伝的に変化していた可能性もある）。

そうすると、養殖キツネと同じように、養殖ミンクも野生の祖先と比べて遺伝的にかなり変化しているかもしれない。そう仮定すれば、養殖ミンクと野生のアメリカミンクの違いを解釈しやすくなる。だが残念ながら、そのような仮定はできない。表現型可塑性が事態を複雑にしているからだ。養殖個体と野生個体の違いはすべて、それぞれの個体が育ってきた環境が異なることによる、つまり、遺伝的な差による違いではなく、表現型可塑性による違いであるというほうがありそうな話である。実際、飼育下では表現型可塑性だけによって表現型が大きく変化することが、家畜化された哺乳類についてもそうでない哺乳類についても十分に証明されている[30]。そのような表現型の変化としては行動面のものが最も明確である。生まれたときから人間に育てられた野生のオオカミやヨーロッパケナガイタチ、それにアメリカミンクは、野生育ちの個体とはかなり異なる行動をする。そういった表現型可塑性は行動面での形質に限らない。体格から四肢の長さまで、多くの身体的形質も飼育下では変化することが知られている。[31]

というわけで、養殖ミンクと野生のアメリカミンクの、行動面あるいは身体的などんな違いについても、表現型の可塑性以上のものが反映されているとみなすことはできないのだ。これらの身体的な違いには、心臓や脾臓のサイズも含まれている。養殖ミンクは野生のアメリカミンクに比べ体が大きいのが普通なのに、心臓や脾臓は逆に養殖ミンクのほうがかなり小さいのである。[32] 心臓や脾臓が小さいのは、ケージの中で育ち、自由に動きまわれないことによる直接的な結果である可能性もある。食餌が野生のものとは異なっているのも要因の一つかもしれない。

養殖ミンクはまた野生のアメリカミンクよりも脳が小さい。しかし、脳のサイズの差異はかなり昔に野生化したミンク集団にも存在するようだ。[33] 養殖場から逃げ出したミンクがそのような集団を構成している。アメリカミンクがもともと生息していなかったヨーロッパでも、野生化したミンク集団は残念ながら珍しいものではなく、在来の動物相に悪影響が及んでいる。おもしろいことに、北米では、逃げ出した養殖ミンクが野生のアメリカミンク集団に悪影響を与えている。[34] 野生化したミンクが野生のアメリカミンクに与えるこの影響は、野生化したミンクの体が大きいためではない。まったくその逆だ。養殖ミンクや野生化したミンクと競争したなら、野生のアメリカミンクのほうが有利である。問題は養殖サケで起こったのと同様な遺伝子汚染である。野生化したミンクが野生のアメリカミンクと交雑することで、養殖ミンク集団の遺伝子が野生のアメリカミンク集団に持ち込まれてしまうのである。[35]

養殖ミンクでは、多くの形質にあまり選択圧がかからなくなっている。そのため、野生ならば除去されてしまうであろう突然変異もそのまま残り、長年の間に遺伝的浮動によってその頻度が上昇までしてしまうのである。もしも養殖ミンクが一度に大量に脱走したとすれば、養殖ミンクのもつ突然変異はその地域に生息する野生のアメリカミンク集団にとって結構な重荷となるだろう。

脱走した養殖ミンクがこのような遺伝的悪影響を野生のミンクに及ぼすということは、養殖ミンクが家畜化過程のなかで表現型の可塑性による変化の段階よりも先に進んでいることを示す有力な証拠である。多くの表現型形質に対する自然選択が弱まることにより、養殖ミンクは遺伝的に異なる生きものになっているのだ。しかし、これまで見てきたように、自然選択が弱まったことによる遺伝的変化だけではフェレットやネコ、イヌのような生きものは作り出せない。特定の表現型の変化を対象とする選択が強く働くことも必要なのである。表現型の可塑性だけでは達成できない表現型の変化である。

## 表現型の可塑性から進化による家畜化へ

二〇世紀最初の数十年間に、表現型可塑性がどのようにして進化的な変化の先鋒となるのかについて、多くの見解が提出された。そのうちの二つ、シュマルハウゼンとウォディントンの意見については第1章で触れたが、この二人よりも前に、米国の心理学者であるジェームズ・マーク・ボールドウィンがのちに「ボールドウィン効果」と呼ばれることになるある説明を行っている。ここではそれをとっかかりにして考えてみたい[36]（以下の議論では、これらや他の同様の見解の微妙な違いはほとんど無視していることに注意。[37] ただし、その微妙な違いが実際にはかなり重要なものではある）。[38]

「ボールドウィン効果」とは、学習によって身につけた行動が進化によって本能へと変化することを指すものだ、と考えている人が多い。[39] しかし、これはまったくの見当違いというわけではないが、狭義の見解

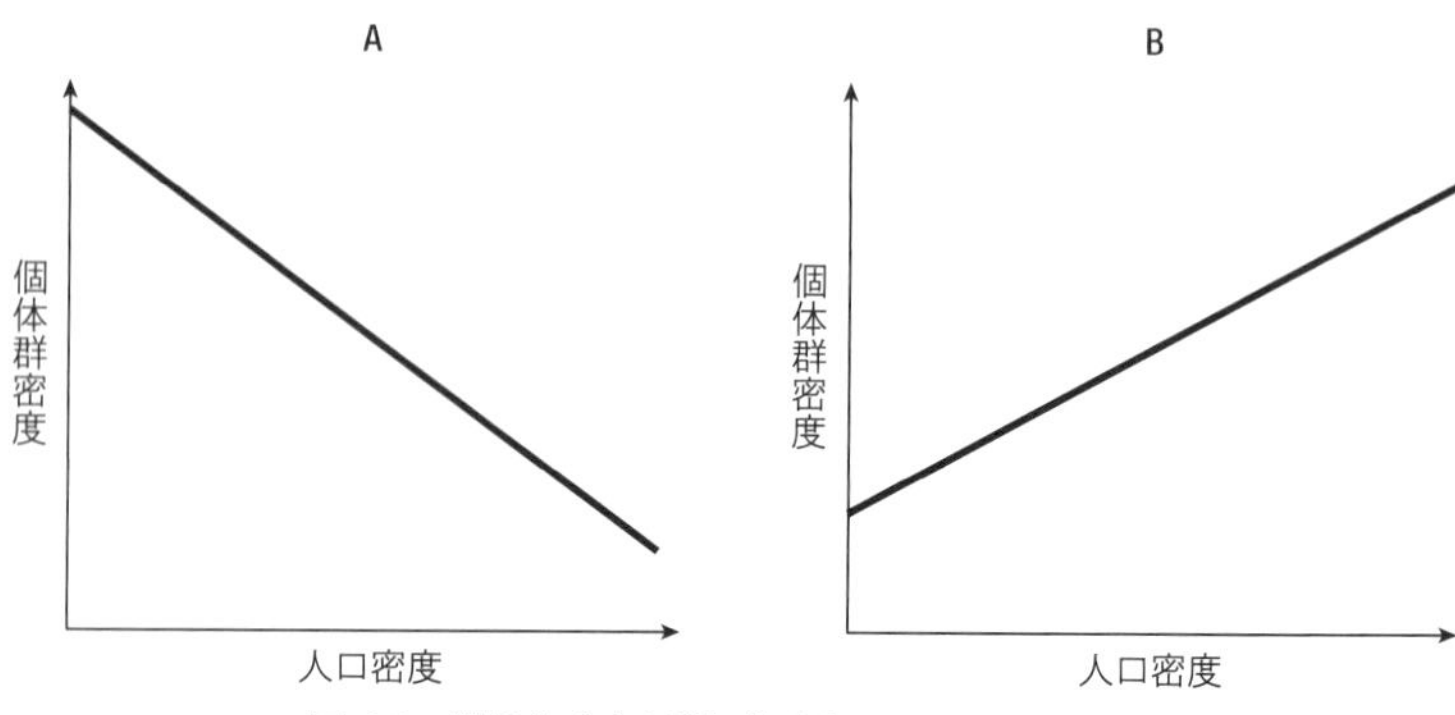

図 4.2　選択前（A）と選択後（B）のリアクションノーム

でしかない。ボールドウィンは、行動やその他の形の表現型可塑性が進化の過程でどのような役割を果たすのかを考察していた。狭義の見解にとらわれてしまうと、ボールドウィンの考察の全体的な意義を見落としてしまうことになる。[40]

ボールドウィンは、まず始めに、表現型可塑性は新奇な環境下にある個体がその世代内で適応するための方法であるという仮説から出発している。新奇な環境が人間の居住によって作り出されたものだとしよう。図4・2Aに見られるようなリアクションノーム（反応基準）をもつ仮想的生物を考えてみよう。このグラフはこの生物の生存能力を示すものである。この生物は、人間がまったくいない環境から適度に人間が存在する環境までの幅広い環境下で生存可能である。人間のいる環境下での生存はリアクションノームの範囲内ではあるが、このグラフの末端部に当たる。つまり、人間がいるところでは、少なくともその種の何個体かは生存できるけれども、その種にとって最適な環境からはほど遠いということである。ボールドウィンは、次に、リアクションノームが変化して人間のいる環境のほうがこの生物にとっての最適環境になると考えている（図4・2B）。従順性を対象とした自然選択と、増大する社会性、そしておそらく、人間のいるなかで生存するのに十分な表現型可塑性をもつ個体が摂る食物の変化によって、リアクションノームが変化するのである。この選択の結果として、この生物ではこういった形質に関する遺伝的な変化が起こり、この新しい環境下で生き残り繁栄することができるようになっていくのだ。

ボールドウィン効果の結果として、人間への耐性を対象とする自然選択の結果、表現型可塑性の幅が狭まっていくと、しばしば誤解されている。必然的にリアクションノームがフラットなものになっていく、というのである。これは、学習が本能になるように進化するというボールドウィン効果のよくある単純な解釈の土台になっている。この仮想的なケースでは、人間への条件的な耐性から人間への依存へと移行するということになる。しかし実は、可塑性の減少はボールドウィン効果の可能性の一つにすぎない。だが、これに関連する遺伝的同化によるキャナリゼーションというウォディントンの概念では（そして、シュマルハウゼンの安定化選択でも）、そのような可塑性の減少は必然的に起こるのである。

ウォディントンは、ショウジョウバエを用いた一連の実験で、環境を変化させることによりさまざまな形態的変化を引き起こした。たとえば、熱ショックにさらされた蛹のなかには、成虫になったときに翅の構造が変化していたものがいた[41]。翅脈の一部が失われる横脈欠失という状態である。次にウォディントンは、横脈欠失個体を人為的に選択して何世代にもわたって交配した。一四世代目には熱ショックなしでも横脈欠失が生じるハエが現れた。横脈欠失を誘導する環境要因はもう必要でなくなった。横脈欠失というリアクションノームがフラットになり、環境条件にかかわらずこの形質が現れるようになったのである。このようなリアクションノームの固定化が、ウォディントンのいうキャナリゼーションである。キャナリゼーションが起こるメカニズム、この場合は横脈欠失が生じるようにキャナライズ（方向づけ）された過程を、ウォディントンは「遺伝的同化」と呼んだのである[42]。

ボールドウィン効果と遺伝的同化は、どちらも家畜化の過程で重要な役割を果たすのかもしれない。別々に働くこともあれば関連し合いながら働くこともあるだろう。いずれにしても、表現型可塑性はのちに起こる自然選択による進化の進む道筋を作るのだ。しかし家畜化の過程では、ボールドウィン効果が表現型可塑性を遺伝的変化へと橋渡しするほうが多いだろう。それはただ、ボールドウィン効果のほうが進化一般に幅広く作用するからにすぎないのだが。[43]

## 捕食者が家畜化へと至る道筋

アライグマやネコ、ヨーロッパケナガイタチ、イヌでは、家畜化へと至る道筋にはさまざまな通過点があると考えられる。アライグマは、表現型可塑性だけで進める道を進んできたところにある最初の通過点にいるのかもしれない。家畜化された動物は必ずそこを通過するのである。この地点まで来た動物は人間と片利共生関係になるが、多くはそこから先に進むことはない。アライグマが先に進むかどうかは、人間側から見て単なる害獣ではない存在になるかどうかに大きくかかっている。第12章で紹介するが、ドブネズミやハツカネズミはこの敷居をごく最近越えたばかりである。

ネコやフェレットやイヌが、表現型可塑性だけで到達できる通過点から先に進んだのは確実である。行動の変化とともに遺伝的な要素が大きく変化しているのがその証拠だ。ボールドウィン効果とキャナリゼーションは、この移行の初期段階で進化を引き起こし、さらにおそらくその先へと向かわせるメカニズムである。この二つのメカニズムを区別するのはしばしば難しいが、ネコとフェレットでは、ボールドウィン効果だけで（人間に対しても同種の仲間に対しても）社会性が増大したと説明できそうである。それをしっかり検証するためには、フェレットとヨーロッパケナガイタチ、またネコとヤマネコを、それぞれ比較する必要があるだろう。イヌの場合は、人間への依存がより強くなっているので、家畜化過程に遺伝的同化も関わっている可能性がある。しかし、イヌの社会性でさえも、平均値が変化しただけでリアクションノームの傾きは変化していないかもしれない。

ボールドウィン効果と遺伝的同化の両方に起因する遺伝的変化は、養殖キツネで明らかにされたように、分断選択とその結果明らかになる隠蔽変異によって促進される。フェレットとネコでは家畜化されたリアクションノームを対象とする安定化選択が働き、新たなフェーズを通過したようである。イヌの場合は、安定化選択ではなく方向性選択が今日まで優勢のようだ。しかし、各品種の範囲内では、社会的行動は（身体的形質ではないことを強調しておく）安定化選択によって新たな平衡状態に達しているかもしれない。

食肉目の家畜化はこれで締めくくりとする。次に登場する家畜は、哺乳類の系統樹で別の部分に位置する有蹄類（偶蹄目と奇蹄目）というグループで、農場でおなじみの哺乳類の大部分が含まれる。有蹄類は食肉目とはいささか異なる道筋を通って家畜化されてきた。人間にとって食肉目とは異なる目的に役立つからでもあるし、家畜化以前の進化の歴史が異なっているからでもある。この二つの要因は実際には関係し合っている。家畜化された食肉目と有蹄類の相違点からは得られるものがあるが、従順性を含め、両者に見られる共通点からも同様に得られるものがある。

有蹄類について考える前に、ここで少し趣を変えて進化についてまとめておこう。

# 第5章　進化について考えてみよう

進化といえば、独創的な面が強調されるのがお決まりである。環境上の問題に直面した生物は何とかして困難を克服していくのだが、その方法たるや、まさに驚くほどさまざまなものが見られるのだといった具合だ。生物のなかには、人間が作り出した特に苛酷な環境上の難題に直面しているものがいる。しかも、そのような対応を迫られている生物の割合は急速に増加している。本書で扱っている家畜化された動物たちは、この点では常に先頭に立ってきたといえる。一見、家畜というものは、わたしたちが望むままにどんな姿にも作りかえることのできる粘土のようなものだと思えるかもしれない。オオカミからペキニーズ、オーロックスからホルスタインができたのだから。しかし、進化には保守的な面もある。家畜化にせよ何にせよ、進化の過程を理解しようとするならそういった面を正しく認識するのが必要不可欠である。ペキニーズには明らかにオオカミと違う点が多数あるが、オオカミから受け継いできた特徴もそれと同じくらいたくさんあるのだ。もっと広くいうなら、その生物種の進化の歴史、つまりそのグループがどのように

**図 5.1**　リーフィーシードラゴン（*Phycodurus eques*）（© iStock.com/kwiktor.）

系統発生してきたかということは、選択によって生じた変化を考察する際、背景としてきわめて重要なのである。自然選択でも人為選択でも事情は変わらない。

実例として、家畜化されていない生物の進化を見てみよう。リーフィーシードラゴン（*Phycodurus eques*）という一風変わった魚がいる（図5・1）。カムフラージュの素晴らしさといったら、地球上の動物のなかでも一、二を争うほどだ。シードラゴンはタツノオトシゴと同じくヨウジウオ科に属している。両者はよく似ていて、体型的にかなりの共通点があるが、シードラゴンの尾はタツノオトシゴ類のように丸まってはいない。また、口吻はシードラゴンのほうが長めである。シードラゴンは、タツノオトシゴ類と同様にほとんどの鰭（ひれ）を失っている。たいていの魚が推進力を生み出すのに用いている尾鰭（おびれ）まで ないとあっては、泳ぎは当然下手くそだ。自分よりも大きな魚がうようよしているところで、このほとんど動かない小さな生きものが食べられないようにするためには、カムフラージュが絶対不可欠である。シードラゴンはオーストラリア南部の沖合に浮くケルプ（海藻）と一緒に漂流しているので、海藻によく似ているわけだ。リーフィーシードラゴンは驚くほど海藻そのものである。体色は自分のいる場所の海藻と同じであり、体のあちこちから複雑な形をした突起が何本も生え、自分が潜む海藻の葉状体に神秘的なほどにそっくりである。他に何も入れずにシードラゴン一匹だけを水槽に入れておくと、海藻の切れ端にしか見えないほどだ。

この手のカムフラージュは、自然選択のもつパワーを如実に示す証拠になる。この場合、「海藻に似ていること」が選択の対象となったのは明らかであり、またこの選択が有効であることも明白である。リチャード・ドーキンスは『祖先の物語』のなかで、この観点からリーフィーシードラゴンについて議論している。[1]だが、このような素晴らしいカムフラージュは自然選択だけでできあがったのではない。ここではそれ以外の要因について考えてみたい。リーフィーシードラゴンの進化の歴史、言い換えれば系統発生である。リーフィーシードラゴンという種に至る道筋は、この種が登場するよりもずっと前までさかのぼれる。リーフィーシードラゴンは、いったいどうやってこれほど巧妙にカムフラージュできるようになったのか？　系統発生的な要因を考察すれば、その答えにかなり近づけるのだ。ドーキンスの説明によれば、リーフィーシードラゴンは一般的な魚の祖先をもとにして一から生じたかのようだが、実際はそうではない。二万七〇〇〇種以上存在する魚類のなかで、他の九九・九％の種に比べてすでに海藻に似ていた種が、リーフィーシードラゴンの祖先となったのである。類似性がすでに高い魚を出発点として、「海藻に似ていること」を対象とする選択が始まったわけだ。海藻によく似た外見を作り出すのに必要であった自然選択は、ドーキンスが力説したよりもずっと少なくてすんだのである。

一般向けの進化の説明にはありがちだが、ドーキンスの説明でも、特定の環境に適する形質をもつように生物を形づくれるという自然選択の力に主眼が置かれている。確かに、リーフィーシードラゴンがどうやって海藻そっくりになったのかを説明するには、自然選択の力をはずすことはできない。だが、それは話の一部分でしかない。生物がもっている形質は、それまでの進化の歴史で獲得したものである。生物が環境に対しどのようにして適応していくのか、あるいはそもそも適応するのが可能かどうか、それには手持ちの形質も重要な決め手となるのである。このように、進化の範囲や方向性には制約が組み込まれている。これは「発生拘束」や「系統的拘束」などとさまざまに呼ばれているが、「系統的慣性」という用語が適切だろう。「系統的慣性」という語には、系統的な要因のせいで起こりにくくなる進化があるという意味だけではなく、リーフィーシードラゴンのように起こりやすくなる適応進化もあるという意味も含まれている。「慣性」とは、物体にはそれまでと同じ方向に運動を続ける性質があるということだ。「系統的慣性」は進化を拘束するだけではなく、能動的に進化の方向づけをし、道筋を作っていくのである。リーフィーシードラゴンの場合、この系統的慣性による経路は、リーフィーシードラゴンが登場するよりもはるか昔から、カムフラージュへと方向づけられていたのである。

まずシードラゴンとタツノオトシゴについて確認しておこう。両者はヨウジウオ科に属している。この科は五〇〇〇万年以上前に進化したグループだ。共通の祖先をもっているため、ヨウジウオ科の魚には共通の特徴がある。ヨウジウオ科の特徴のなかで最高に興味深いのはカムフラージュとはまったく関わりのないもので、雄の妊娠である。雌は雄の腹に卵を産みつけ、受精は雄の体内で起こる。雄には育児嚢があり、卵はそこで六〜八週間かけて発生する。これはヨウジウオ科に属するすべての種に共通した形質だが、硬骨魚の他の科にはこのような形質は存在しない。

シードラゴンのカムフラージュにもっと関わりが深いのは体型である。ドーキンスが強調したように、

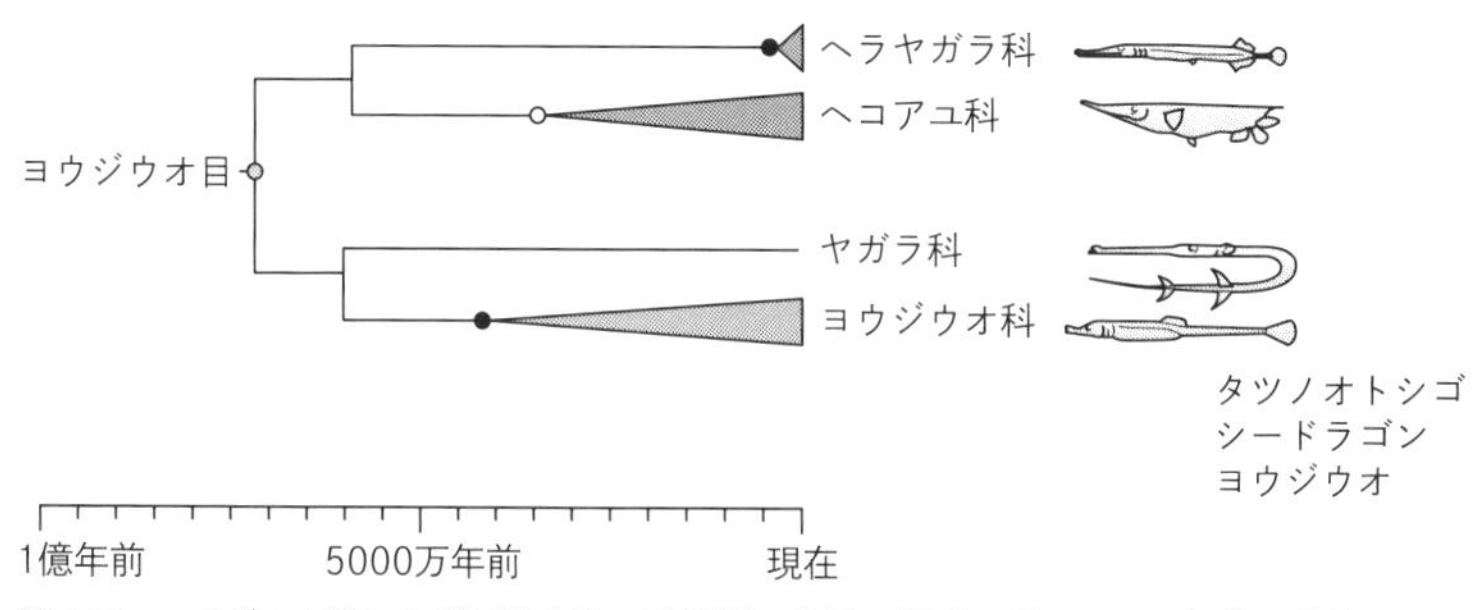


**図 5.2**　ヨウジウオ科および近縁な科の系統樹。細長い体型は約7000万年前に進化し、現在まで保存されている。（PLOS 掲載の Betancur-R et al. 2013, fig.4 より）

真骨魚類の体型は全体的に見ると途方もなくバラエティーに富んでいる。しかし科レベルで見ると、体型は高度に保存されているのだ。ヨウジウオ科の魚はすべて細長い体つきをしており、色彩によるカムフラージュがなくても見つかりにくい。

シードラゴンのカムフラージュ要素のなかで最も壮観なのは、葉のような形に伸びた突起（皮弁）だろう。皮弁にはコラーゲンが含まれている。特に重要なのは、ヨウジウオ科の魚には鱗がまったくないことである。鱗の消失は、泳ぎまわらずにひとところに定着し、鱗の流体力学的な強みを必要としなくなった魚に見られる特徴である[2]。リーフィーシードラゴンの系統発生をたどると、この形質は近縁な他の科にも共有されている。ということは、ヨウジウオ科の出現よりもかなり前の段階で鱗の消失が起こったことになる（図5・2）。ヨウジウオ科と近縁の他の科では、皮骨からなる骨板が鱗に取って代わり、環状になって節を作り、体を覆っている。皮骨と鱗はある程度共通の発生経路でできる。ただしシードラゴンに特徴的な葉状の皮弁では、皮骨は鱗とは異なる経路をたどって形成される[3]。鱗も皮骨も、真皮内にできた骨化核がもとになってできるのだが、鱗の場合は表皮も加わって象牙質とエナメル質からなる歯のような層が形成される。エナメル質は特に高度に鉱化したきわめて硬い物質である。一方、葉状の皮弁は弾力性に富むある種のコラーゲンを多く含み、硬いエナメル質は含まれていない。これは海藻に似るにあたって特に重要な点である。皮骨の発生はまずコラーゲン形成で始まり、そこにミネラルが沈着して骨化していく。シードラゴンだけでなくタツノオトシゴの多くでは、自然選択によりコラーゲンに富む状態が保持されるようになり、さらに複雑な構造を形成するようになっている（特に頭部でそれが著しい）。ニシキフウライウオやピグミーシーホースなど、皮骨のある近縁の魚でも同様である。

このようなコラーゲンに富む複雑な構造は鱗のある魚類では進化していないが、その一方で、体表に皮骨のある魚類ではヨウジウオ科以外の科でも反復進化しており、主にカムフラージュの役目を果たしている。[4] こういった糸状や葉状の装飾的な皮弁のように、ある形質が何度も独立して進化する現象は、進化生物学でいう「収斂進化」の一例である。[5] 収斂進化という現象が起こるのは、環境に共通点があるために、自然選択によって同じ形質が選ばれるようになるからだと説明されることが多い。しかしここでもまた、この現象論的な考え方は話の一部でしかない。これまで見てきたように、シードラゴンなどのヨウジウオ科や近縁の他の科の魚に糸状や葉状の皮弁が共通して見られるのは、それらの魚類は鱗の消失という共有形質を有するからだと説明できる。しかも、この形質は共通祖先をもつおかげで共有されているのである。共通祖先に由来する形質は「相同」と呼ばれる。このような相同によって、一見、近縁ではないように見える種同士でも、ある特定の環境下で同じように反応するということも起こりうるのだ。[6]

イヌからトナカイに至るまで、どの哺乳類の家畜化過程でも類似した複数の形質が進化しやすい傾向があるが、その根底には相同性がある。それについて本書全体を通して議論していくつもりである。家畜に見られる類似した形質はまとめて「家畜化表現型」あるいは「家畜化シンドローム」と呼ばれ、従順性、社会性の向上、多彩な毛色（特に白色）、体のサイズの低下、四肢の短縮、鼻づらの短縮、垂れ耳、脳の

図 5.3　ニシキフウライウオ
(©iStock.com/Trueog.)

図 5.4　ピグミーシーホース
(©Ethan Daniels/
Shutterstock.com.)

サイズの減少、性差の減少などが含まれる。家畜化表現型は、人間の存在する環境下で起こる一種の収斂進化であり、それ以外の環境下では起こらない。家畜化表現型が進化するためには人間の存在する環境が必要なのだ。だが一方、もしも共通祖先から全哺乳類が受け継いだ重要な相同性がなければ、これほど多様な種で同じような家畜化表現型が進化することはなかっただろう。

進化生物学では、相同は以前から重要な概念だったが、近年、特に重要なものとして耳目を引くようになっている。それとともに進化の保守的な面を改めて評価しようという動きも見られるようになっている。[7]近年では、進化の保守的な面が進化に関する考察での焦点となっており、それは進化研究のなかでもとりわけ飛躍的に発展中の二つの分野に起因している。一つは進化発生生物学（evolutionary developmental biology）で、短く「エヴォデヴォ（evo devo）」と呼ばれることが多い。もう一つはゲノミクスである。どちらの研究領域も、進化についての一般的な見解である「進化の総合説」（付録1を参照）に難題をつきつけるものである。

## エヴォデヴォ

エヴォデヴォがベースとするのは、多細胞生物の進化的なすべての変化は既存の発生過程の変更によるものだという前提である。エヴォデヴォ研究の多くは発生過程を扱っている。発生過程は、数億年も前に出現し今日でも高度に保存されている過程であり、現存する各動物門（巻貝・二枚貝などを含む軟体動物門、昆虫類・甲殻類・クモ類などを含む節足動物門、魚類・鳥類・哺乳類などを含む脊索動物門など）の基本的な体制（ボディプラン）の違いは、この発生過程の違いを土台として生じてくるのである。かの有名なホメオボックス遺伝子（Ｈｏｘ遺伝子など）は、これら基本的ボディプランの違いを作り出す際にきわめて重要な役割を果たすものだ[8]。

脊索動物を脊索動物たらしめる発生過程は、はるか昔に進化し、高度に保存されてきたものである。この発生過程の大筋は変更できないものだといえる。なぜなら、あとに続く脊索動物すべての進化が、大昔にできた発生過程そのものを土台としているからである。たとえば家の場合、壁ができあがってしまったらもう土台はいじれない。本書で扱うのは高度に変化しやすい発生過程である。大ざっぱにいってしまうと、新しく進化した発生過程ほど進化による変更が生じやすい。オオカミからペキニーズを得られるような変更だ。フランソワ・ジャコブは、そのような表面上の進化的変化をいみじくも「ティンカリング」と表現した〔ティンカリングとは、その場で手に入る道具や材料をいじくりまわして、改造を施したり新たなものを作り出したりすること。人類学者のレヴィ＝ストロースが用いた「ブリコラージュ（器用仕事）」と同様の意味〕。オオカミからペキニーズを進化させるには、発生の最終段階に起こるいくつかの出来事のタイミングをいじくるだけでよい。一方、骨細胞が成熟して骨が形成され、四肢が形成されて指先に爪が生えるといった基本的な発生過程自体は、オオカミがペキニーズへ移行していくなかでまったく変わっていないのである。

もっと一般的にいうなら、進化によって発生過程が変更される場合、全面的な変更が行われることは決してない。この制約（発生拘束）は、発生という過程が途方もなく複雑なものであり、かつ生物は高度に統合的なものだという事実から自ずと生じるものだ。少しでもディープなところで変更が起こってしまうと破壊的な結果になることが圧倒的に多いのである。

## ゲノミクス

ゲノミクスという分野ができたのは、近年の技術の発達により比較的短時間で全ゲノムの配列を解析することが可能になったからである。「全ゲノム」という語は、ここでは、ある生物の何十億という塩基対からなるDNAの塩基配列全体のことを意味している。塩基配列はしばしば「遺伝暗号(コード)」と呼ばれる。この語は、DNAのほとんどが遺伝子、つまりタンパク質の構造を指定する配列であると考えられていた頃に作られた用語である。しかし今ではこの見解が間違っていたことがわかっている。DNAの大部分はタンパク質のアミノ酸配列を指定しない非コード領域なのだ。言い換えると、ゲノムの大部分は遺伝子に関するものではないということになる〔ここでは「遺伝子」という語を「DNA塩基配列のうちタンパク質のアミノ酸配列を指定する領域」という意味で用いている〕。

ほとんどの読者はヒトゲノム計画について聞いたことがあるだろうが、ヒトだけではなく、酵母菌やフグなど他の生物でも、ゲノムの塩基配列が決定されている。家畜哺乳類の多くは経済的に重要であり、また人間の疾患研究に役立つ可能性もあることから、かなり早い時期にゲノムの塩基配列が決定された。ゲノムの塩基配列という情報は二つの点で計り知れないほど重要である。まず、家畜化が行われる際に、ゲノムの中で自然／人為選択に反応するのがどの部分であり、かつどのように反応するのかを決定するという点において重要である。さらに、付録2で説明するように、家畜の品種と在来種〔家畜種のローカルな変種〕の系統発生を再構成する際に重要な情報を提供してくれるのだ。

ゲノミクスは進化研究に膨大な影響を与えてきた。ゲノミクス出現以前、進化学者が進化をたどろうと思ったら特定の遺伝子の変化を観察する以外なかった。これは、特定の単語をたどるだけで人間の言語の進化をたどろうとするようなものである。この作業によって得られる情報は多いとはいえ、限られたものでしかない。なぜかというと、たどっていた単語のほとんどは名詞だったのに、進化の過程で変化が起きていたのは実は動詞だったからだ。ここで「動詞」というのは、DNAの塩基配列のうち遺伝子の活動をコントロールする部分のことである。[9] これらの動詞には、それ自体が遺伝子であるものも含まれているが、[10]多くは遺伝子ではない。これもゲノミクスでわかった重要事項の一つである。

このような認識は、進化生物学者たちがゲノムデータを消化するにつれて徐々に得られていったものだ。まず最初の驚きは遺伝子の少なさだった。遺伝子の数と生物の複雑さとの間には相関関係があるはずだと思っていた人が多かった。人間の遺伝子の数が最も多く、他の哺乳類はそれよりいくらか少なく、魚類はさらに少なく、無脊椎動物はもっと少ないだろうという具合だ。ところがどっこい、全然そんなことはなかった。人間の遺伝子の数はフグと同じくらいだったし、センチュウと比べてそれほど多くもなかったのである。さらに精神衛生上悪いことには、わたしたち人間のもっているのとほぼ同じ遺伝子がフグにもあったのだ。イヌやネコに至っては言わずもがなである。遺伝子、すなわちDNAの塩基配列のうち、タンパク質をコードしている部分がそれほど高度に保存されているという事実もまた、先入観を覆す発見だった。

だとすると、なぜ人間とフグはこれほど異なっているのだろうか？ エヴォデヴォでは遺伝子はツールキットにたとえられる。[11] 脊椎動物の基本的な遺伝的ツールキットは、はるか昔に進化したものである。このツールキットを増大するには遺伝子重複などいくつかの方法があり、ツールキットの増大も確かに重要ではある。しかし、多くの進化は遺伝的ツールをどのように多様な方法で有効活用するかにかかっている。それを主に決定するのは、かつて十把一絡げに「ジャンク（がらくた）DNA」と呼ばれていたゲノム中の非コード領域である。今では、この「ジャンク」のなかに遺伝子の活動を調節する重要な役割を果たす部分もあることがわかっている。ジャンクではないジャンクもあるということが認識されることにより、進化理論は一変した。[12] しかし、わたしはここで主張したい。ゲノミクスから、そしてエヴォデヴォから得られる最重要メッセージは、進化が実に保守的であるということだ。進化には保守性があるがゆえに、系統発生から実に豊富な情報を得ることが可能なのである。

## 生命の樹（系統樹）

ダーウィンは自然選択という概念を提唱したことで有名である。だが自然選択と同じくらい重要なのは、彼が生命の樹（系統樹）というメタファーを用いたことである。樹木のイメージを用いるのは、絶えず枝分かれしていく生命の系譜を表現するのにうってつけの方法だ。[13] わたしたちが家系図を用いて系譜を表すように、進化生物学では、はるかに大規模なスケールで系統樹を用いて系譜（系統発生）を表すのである。現存する生物種一つ一つは生命の樹（系統樹）上の葉っぱ一枚一枚に当たると考えることができる。葉（種）同士がどのくらい近縁なのかは、両者がどのくらい近いかに反映されている。また、葉と葉の間の（枝や幹を介した）距離は進化の歴史を反映しており、葉から幹へとその歴史をさかのぼることもできる。

系統分類学はこのような系統関係を研究する分野である。この系統関係は、専門用語でいうところの「クラドグラム（分岐図）」という樹状図として表される。クラドグラムを構成する一本一本の枝はクレードと呼ばれ、各クレードは階層的にまとめられる。このまとめられた枝は、種からドメインまでそれぞれの階層の分類学的カテゴリーを表す。種は分類カテゴリーのなかで最も自然な（最も恣意性の低い）ものだが、進化生物学では種以外の他の階層も種と同じようにして扱う。これら分類カテゴリーは、特に根本的なレベルで現在でも常に吟味され改訂され続けている。ここでは比較的伝統的なカテゴリーだけに絞って要点をつかむことにしよう。「属」は複数の近縁種からなるグループであり、「科」は近縁な属からなるグループであり、「目」は近縁な科からなり、「綱」は近縁な目からなり、その上が「門」で、さらに

「界」「ドメイン」と続く。

それではまず手始めに、家畜化された哺乳類の祖先について何がわかっているだろうか？ どれもみな同じ界（動物界）、同じ門（脊索動物門）、同じ綱（哺乳綱）に属している。つまり、すべての家畜は、ある単一の共通祖先から生じたものであるため、すべての動物がもつ（かつ植物など他の生物群はもたない）、偶然的に進化してきた特徴を共有しているということになる。さらに、すべての脊索動物がもつ（かつ節足動物や軟体動物などはもたない）特徴を共有し、もっと絞り込むなら、すべての脊椎動物がもつ（かつ尾索動物はもたない）特徴を共有し、さらにいくと、すべての哺乳類がもつ（かつ鳥類や魚類などはもたない）特徴を共有しているといえる。

ではここで、哺乳類を系統樹上の他の枝（系統）から区別する相同的形質について考えてみよう。約二億三〇〇〇万年前（中生代三畳紀の中期）に進化の舞台に登場した哺乳類は、進化によるいくつかのイノベーションによって他の生物群とは区別される。一つは被毛である。被毛があるおかげで体温が上昇し、それにより活動レベルも上昇した。そのおかげで、両生類や爬虫類には不可能な生活様式が可能になった。体温の上昇はまた、哺乳類に特徴的である脳の増大の前提条件ともなった[14]。二つめの重要なイノベーションは母乳である。これにより、子を育てるうえでの母親側の投資が増大することになり、その結果、子の数は減少した。母親側の投資増大の一つの面として、哺乳類の母親は爬虫類の母親に比べてかなり長期間、子をケアすることになった。それにより、行動（特に学習行動）を社会的に伝達するという前例のない機会がもたらされることになった。

家畜化にもっと直接的に関係することとして、ホルモンと内分泌系が挙げられる。哺乳類はすべて共通のホルモンを分泌するだけではなく、内分泌系全体が哺乳類の共有形質である。細胞のタイプから受容体やフィードバックの関係まで、すべてが共通しているのである。内分泌系には、家畜化過程において特に重要な位置を占める、ストレス反応を調節する視床下部－下垂体－副腎系（ＨＰＡ系）が含まれている。

　哺乳類には脳の構造にも重要な相同性が見られる。たとえば、わたしたちの情動の基盤となる辺縁系（大脳皮質の一部とその下部にある複数の神経核）という部分は他の哺乳類にもある。家畜化では、恐怖と攻撃性という二つの情動が重要な要素である。これらの情動を鈍らせることが、いわゆる「従順性」に根本的に関わっているのだ。

# 第6章　ブタ

ブタは、家畜化された動物群のなかで最も知能が高いかもしれない。それにもかかわらず、文化的にはブタが敬意をもって扱われることはほとんどない。ブタはかねてから不浄、貪欲、大食と結びつけられてきたのである。とはいうものの、ブタに対する嫌悪が全世界共通なわけではない。アジアの多くの地域では、ブタは昔から今に至るまで敬うべき生きものとみなされている。またヨーロッパでも、その昔はブタにもっとポジティブなイメージがもたれていた。[1] オデュッセウスは召使いである豚飼いに敬意を払い、友人としてもつきあっていた。実際、ギリシャのミュケナイ文化（ギリシャの青銅器時代で紀元前一六〇〇〜一一〇〇年）では、ブタは豊穣、月、女性と結びつけられ、デメテルやペルセポネー、さらにのちのローマ神話のケレスといった女神のシンボルとされていた。ドーリア（アルカイック）期（紀元前七六〇〜四九〇年）には、オリュンポスの神々について、太陽を中心とし男神を重視する傾向が強まったが、ブタはそれでも聖なる存在としてアルテミスやアフロディーテに捧げられていた。また、イノシシは獰猛かつ手練れの対戦相手として一目置かれ、狩人たちはイノシシを仕留めることで自らの価値を証明した。カレドニアのイノシシ狩りは有名である。

また、ヨーロッパの他の地域でも、ブタはキリスト教以外の宗教で尊重されていた。ケルトやチュートン（ゲルマン民族の一派）、スカンジナビアの民族はブタの像を多く残している。北欧神話では、ファルス（男根）をシンボルとした豊穣の神フレイはイノシシを乗りものとしていたし、フレイの妹のフレイヤはイノシシに引かせた車で移動した。だが、この時代を最高潮として、ブタのイメージはヨーロッパ全土で凋落していった。おそらく、キリスト教化されたヨーロッパで、ネコと同様にブタも異教崇拝と結びつけられたことが反映されたのだろう。また、ブタが集約的に飼育されるようになり、不浄な環境で生ゴミを餌として与えられるようになったことも関係すると考えられる。

しかし、いくら生ゴミを食べていようとも、ブタのイメージがまったく損なわれなかった地域もあった。アジアの多くの地域ではブタの地位は特に高かった。ヴィシュヌ神の第三の化身はイノシシの姿をしたヴァラハであり、インド亜大陸にはヴァラハを祀る寺院がそこかしこにある。大洪水が起こったとき、広大な海の底深くに牙を差し込んで大地をすくいあげて沈まないようにしたヴァラハは、地に棲む生きものたちだけではなく大地そのものを丸ごと救った。ある意味、ノアに勝る方法をとったのである。

中国人はブタの家畜化を最初に行ったのは自分たちだと自慢している。中国文明の発展におけるブタの重要性を認識しているのである。「家」という漢字は表意文字で、屋根を表す「宀」の下にブタを表す「豕」を置いたものだ。[2] 東南アジアのブタの評価もこれに勝るとも劣らない。ただし、イスラム教徒は注目すべき例外である。

ブタへの賞賛は、熱帯太平洋の島々において絶頂を極めている。ポリネシアでは、ほぼ全地域にわたり

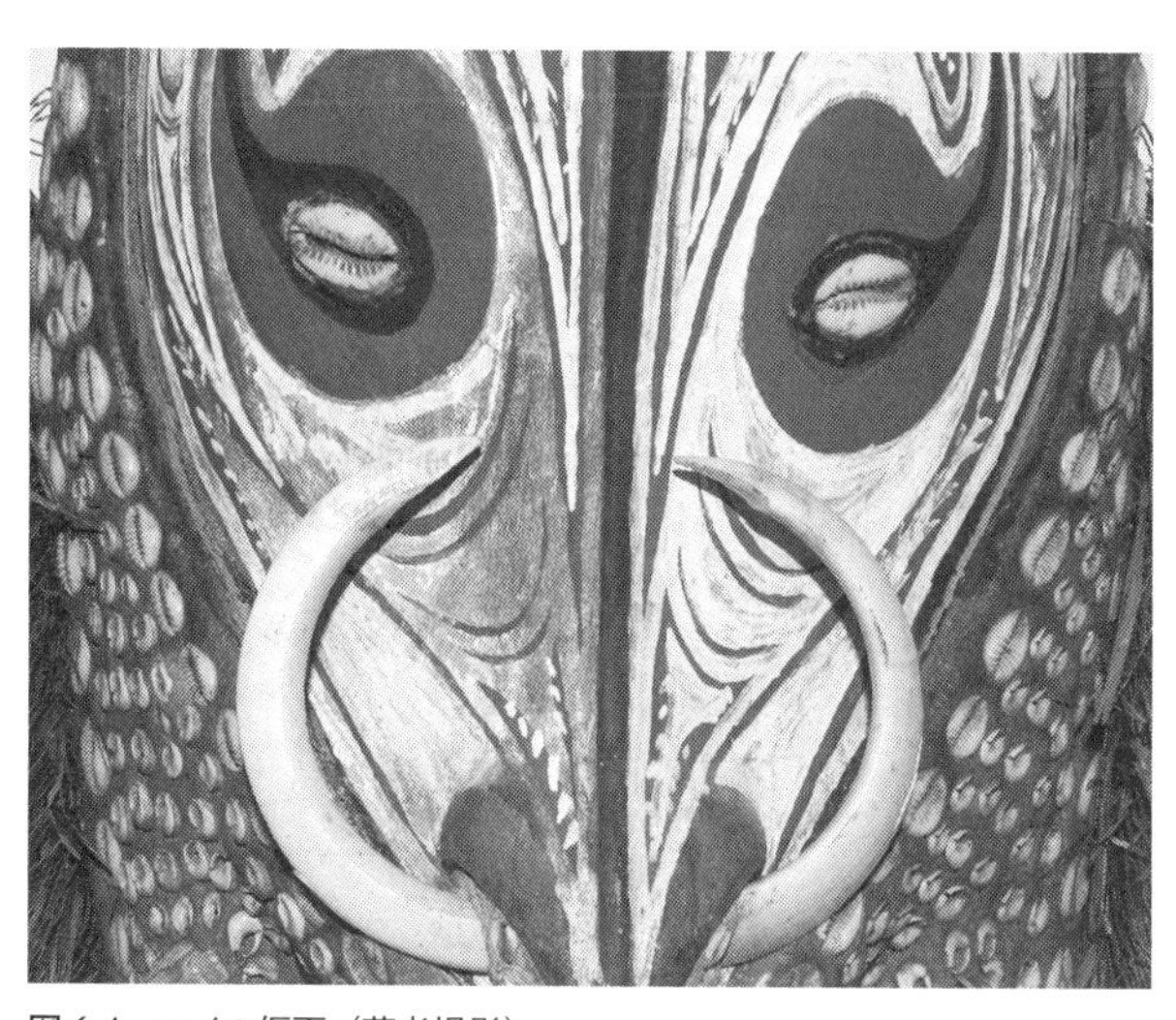

図6.1　マイの仮面（著者撮影）

ブタは神の食物とみなされており、住民は多数のブタを神に捧げる。ブタとそして特にイノシシの牙は、豊穣のほか、勇敢さなど価値の高いものと結びつけられている。南太平洋の他の地域では、イノシシの敬服すべき力強さと攻撃性が装飾芸術で強調されている。ニューギニアの中部セピック地域のイアトムル族は、とても素晴らしいマイと呼ばれる仮面を創り出している。イノシシの牙がとてもよく目立つ仮面だ[3]（図6・1）。ニューギニア人にとって、富は何よりもまず所有するブタの頭数で判断されるのが普通である[4]。わたしは以前、パプアニューギニアのマダンで現地調査をしたことがあるが、ブタがそこらを自由にうろついていた。道路で出くわすことも多かったのだが、ブタは絶対に轢かないように気をつけるべし、飼いイヌを殺すほうがはるかにましだ、と注意を受けたものだ。

ブタにとっての地理的などん底に当たるのは近東である。近東では豚肉はタブーとされている。この場合も、ブタが不浄と結びつけられるのが問題だと思われる。この態度は古代エジプトに端を発するものだ。しかし、エジプトがずっとその状態だったわけではない。王朝誕生以前のエジプトでは多くのブタが消費されていたし、北方ではブタはセト神と結びつけられるようにもなった。しかしその後、ブタの消費量は着実に減少していった。新王国時代（紀元前一五六七年〜一〇八五年）に入る頃は、ブタを食べるのは恥辱だと考えられるほどで[5]、特に上流階級に属する人々の間でその傾向が強かった。王朝時代後期（紀元前一〇三八年〜三三二年）の終わり近く、ヘロドトスがエジプトを訪ねた頃にはブタは不潔なものとみなされ、触るのも敬遠されるほどになっていた。ネコが崇拝される一方で、ブタは忌避されたのである。

このように見解が変化したのは、ブタを食べ、セト神を崇拝する北方の民が、オシリス神を崇拝する南方の民に征服されたためだと解釈する向きもある[6]。実際、征服後、セト神はオシリス神を殺した邪悪な神として貶（おとし）められてしまったのである。オシリス神の死に対する復讐（ふくしゅう）を遂げたのはホルス神であった。これはエジプト神話の主軸となる物語である[7]。ユダヤ教のタブーはエジプトのタブーから派生したものだという説もある。モーゼがラムセス二世の王宮にいた頃に、エジプトのタブーに影響を受けたからだというのである[8]。ユダヤ人が遊牧民族であり、養豚には向いていなかったことも、要因の一つとなったかもしれない[9]。

豚肉をタブーとする理由はレビ記（紀元前四五〇年頃に書かれたもの）で述べられているが、その理由はいささか恣意的なものに見える。レビ記の著者は、ブタに関する問題を次のようにまとめている。ブタは、ウシやヒツジ、ヤギと同じように蹄（ひづめ）が分かれているが、ウシやヒツジ、ヤギと違って反芻しない[10]。この特徴の組み合わせは明らかに不自然であり、邪悪でさえある、というのがユダヤ教的な分類である。実際、ブタはウシやヒツジ、ヤギとある意味で似たところもあるが、まったく異なるところもあり、分類的には興味深い位置を占めている。だがその位置づけは、進化的な観点から見れば完全に自然なものである。

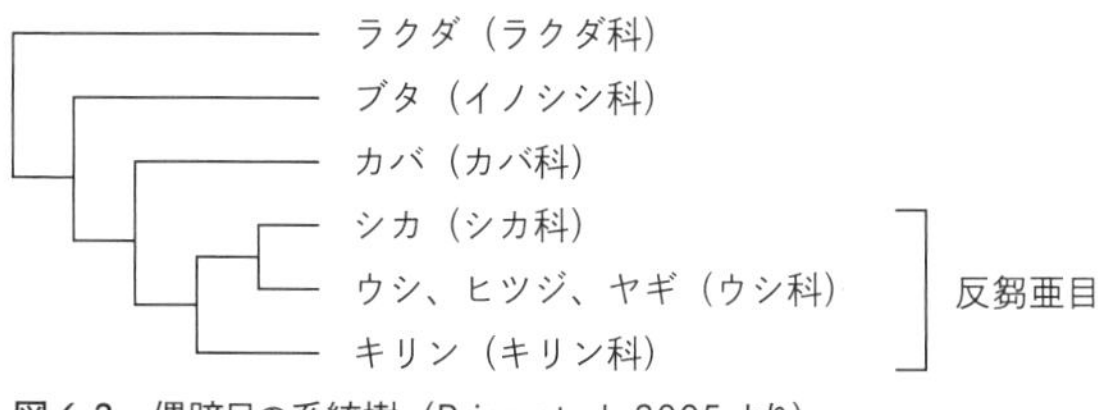


**図 6.2　偶蹄目の系統樹（Price et al. 2005 より）**

## ブタの進化

ブタは哺乳類の偶蹄目に属する。この目は本書では初めて登場するグループだ。「偶蹄」とは、偶数の蹄という意味であり、偶蹄目の動物には蹄の生えた指が偶数本（二本あるいは四本）ある。偶蹄目にはいくつかの科があり（図6・2）。ブタやその他野生のイノシシの仲間はイノシシ科に属する。その他、偶蹄目の科として重要なのは、ウシ科（ウシ、ヒツジ、ヤギ、レイヨウなど）、ラクダ科（ラクダ、ラマなど）、シカ科（シカなど）、キリン科（キリンなど）などである。

偶蹄類が進化の舞台に初めて登場したのは約五五〇〇万年前のことだが、当時はかなり小さくノウサギほどの大きさだった[11]。偶蹄類は偶数本の指をもつことで他の哺乳類と区別できる。真ん中の二本の指の間に対称軸が通る。偶蹄類の鍵となるイノベーションは、四肢の腱が二重滑車構造（ダブルプーリーシステム）をなすことである。このシステムでは足首の回転が著しく制限されるが、前方への駆動が効率的になり、そのため長距離の移動が可能になるのである。また、蹄は人間の指のように角質化した構造だが、ラクダを除き、偶蹄類の蹄は指先全体を覆っている。

ブタを含むイノシシ科のメンバーは、初期の偶蹄類がもっていた原始的な形質を多く保持している。たとえば、ブタは哺乳類がもつ歯（切歯、犬歯、前臼歯、後臼歯）を全部備えているが、たいていの偶蹄類では切歯や犬歯が著しく退化している。歯の状態のこのような変化は、偶蹄類の大多数が厳格なベジタリアンであることを反映している。反芻に関する胃の特殊化にもこれははっきり現れている。しかし、ブタは雑食性の度合いがかなり高い。ブタは果物、野菜、昆虫、菌類、さらには小型の哺乳類やヘビ、トカゲまでも食べる。ユダヤ教指導者のラビたちが気づいたように、大部分の偶蹄類とは異なり、歯や消化管が特殊化していないために、ブタは反芻しないのである。だが、特殊化著しいウシやヒツジ、ヤギなど他の偶蹄類に比べ、ブタははるかに高効率で食物を体に作りかえていくことができる。この特徴こそが、ブタの家畜化で重要な役割を果たしたのだ。

イノシシ科を他のほとんどの偶蹄類から区別する特徴として、犬歯が牙になっていることも重要である。牙は生きている間ずっと伸びつづける。[12] 下顎の牙は、捕食者に対する防衛で特に重要な役割を果たす。頭部をすばやくグイッとしゃくりあげることで、牙による相手のダメージを最大限にすることができるのだ。また、下顎の牙は雄同士が優位と雌をめぐって闘争する際の武器にもなる。上顎の牙は主に、雄が雌を惹きつけるための装飾として機能する。特に、インドネシアのスラウェシ島に生息するバビルサ（*Babyrousa babyrussa*）ではこれが著しい（図6・3）。

ブタが属するイノシシ属（*Sus*）は、約三五〇万年前の東南アジアに端を発する。[13] ブタの祖先になった野生種はイノシシ（*Sus scrofa*）である。この種は東南アジアの島で発生した。[14] その後、北方へ移動し、海面が今よりもかなり低かったマレー半島のクラ地峡を通ってアジア大陸へ入った。その後、東南アジアとインド亜大陸に広がり、さらに西アジアや東北アジアへ移動し、そしてヨーロッパにたどりついた。このように分布域を拡大させる間に、イノシシは二五亜種に分かれた。これらの亜種は分布域内で大まかに二つの系統群に分けられる。東方の領域に生息するグループと西方の領域に生息するグループである。

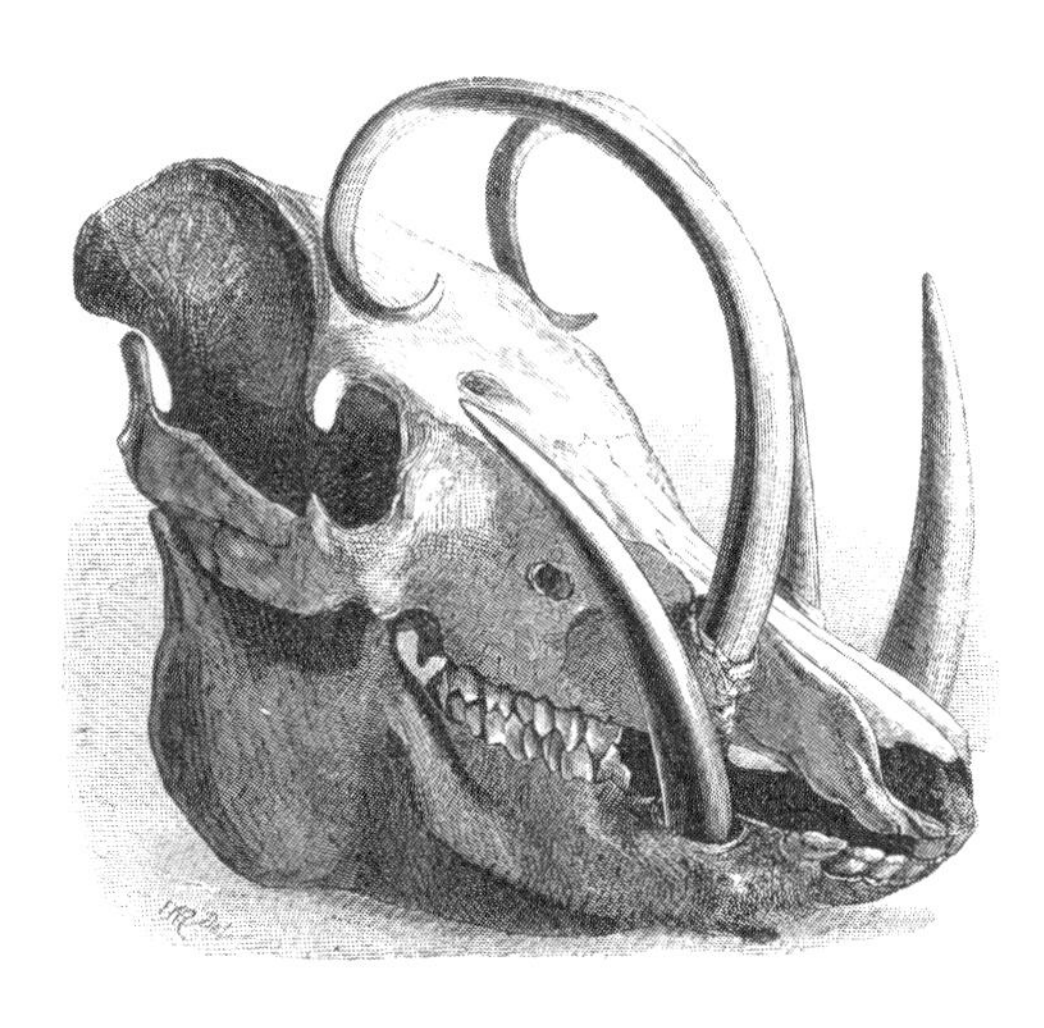

図6.3　バビルサの頭骨（E・W・ロビンソンによるスケッチ）

## ブタの家畜化

ブタの家畜化に至る経路には、おそらく二つの別個のルートがあった。一つはイヌやネコの家畜化と似たもので、ブタが人間の居住地やゴミに近寄ってきて、自発的な人馴れによって家畜化過程を開始したと考えられる。メリンダ・ゼーダーはこれを「片利共生的」ルートと呼んでいる[15]。もう一つのルートは人間が野生集団を管理したことによるものだ。最初は群れを追い集めるようなことから始まり、やがては完全に囲い込んで飼育するようになったと考えられる。これはウシやヒツジ、ヤギ、ウマの家畜化と同様の過程である。こちらのルートでは、人間が深く関わって家畜化過程が開始された[16]。この二つのルートは相容れないわけではない。群れを追い集めるに先立って、ある程度の片利共生的な関係ができていた可能性もある。

イノシシおよびブタ（*Sus scrofa*）は、今日に至るまで、大規模で存続可能な野生集団が以前からの生息域に残っているという点で、家畜化された大型哺乳類のなかで特殊な存在である。そのため、家畜化が始まってから現在まで、野生集団から家畜への遺伝子移入〔他の集団との交雑によって生じた個体が元の集団の個体と交雑することで、元の集団内に他の集団の遺伝子が広がっていくこと〕がよく起こっている。その結果、今日、世界の多くの地域では家畜のブタ集団と野生化したブタ集団、イノシシ集団の間にはなにがしかの遺伝的な連続性が見られるのだ。

遺伝子移入が起こっているため、イノシシ、野生化したブタ、家畜のブタの間に線引きするのは難しいこともある。しかしその一方で、世界規模で家畜ブタの系統をたどろうとする場合、野生集団が存続しているのは大きなメリットにもなる。そのため、ブタの家畜化とそれに続く分布域拡大については、イヌやネコの家畜化よりもかなり詳細な知見が得られている。

考古学的な証拠からは、ブタは西アジアと中国でそれぞれ独自に家畜化されたのではないかと長らく考えられていた[17]。ゲノムによる証拠は、考古学による報告を支持はするが、他にも独自に家畜化された場所が多数あることをも示している[18]。中国では二カ所でブタの家畜化が行われた可能性がある。中国中部（黄河流域）における雑穀栽培民によるものと、南部（揚子江領域）における米栽培民によるもので、いずれも現在から八〇〇〇年前までには家畜化がなされていた[19]。

いささか皮肉なことだが、ブタの家畜化への第一歩は、ブタを最も呪っている地域である西アジアで起こっている。おそらく早くも一万一〇〇〇年前には家畜化が始まったと考えられる[20]。西アジアで家畜化されたブタは農耕とともに北方へ、さらに西方へ広がってヨーロッパに達した。ヨーロッパで最初に飼育されたブタは近東由来のものだったが、地元に生息していた野生のイノシシや、あるいはおそらく中央ヨーロッパで独自に家畜化されたブタとの間で交雑が起こったために、その遺伝的痕跡は明確ではない[21]。イタリアのブタは現地のイノシシから派生したようであり、南ヨーロッパのこの地域でも独自に家畜化が行われていたことを示唆している。その他、イベリア半島産の品種と現地のイノシシとが遺伝的に近いことを理由に、イベリア半島でも独立に家畜化が行われていたと主張する向きもある[22]。

## その後の分布拡大

イノシシはそれまでも広い範囲に分布していたが、家畜化によってその分布域はさらに大きく広がることになった。実際には、この人為的な分布拡大が家畜化に先立って始まっていた可能性もある。キプロス島で埋葬されたネコを発見したジャン＝ドニ・ヴィニエは、同じくキプロス島のアクロティリでブタ（イノシシ）の骨も発見した。アクロティリは、この島で人間が最も初期に居住していた場所である[23]。イノシシはもともとキプロス島には生息していなかったので、人間が運んできたとしか考えられない。おそらくトルコから連れてこられたのだろう。ヴィニエはこの骨を一万一四〇〇～一万一〇〇〇年前のものだとした。家畜化による形態的な変化が現れ始めた頃よりも一〇〇〇年ほど前の話である。さらにヴィニエは、キプロス島でのブタ（イノシシ）の発見は、更新世の終わり（一万四〇〇〇年前）頃から長期間にわたり、人間が野生の集団を管理してきたことを示唆するものだと主張している。ヴィニエの見解の是非はともかく、人間が関わることで、ブタは通常の分布域を越えて拡大した。その分布拡大のほとんどは家畜化のあとに起こったものだ。

それらのなかでおそらく最も興味深いのは、オセアニアの全域への分布拡大である。広大な熱帯太平洋に散らばる島々の間を、西はフィリピンやニューギニアから東はハワイや仏領ポリネシアまでブタの分布は広がり、そこでブタの地位はピークに達したのである。ブタの分布拡大は、ディンゴをニューギニアやオーストラリアにもたらしたオーストロネシア人とラピタ文化によるというのが研究者間の一致した意見である。特にポリネシアへの移住は、六万年前に始まったアフリカから他の地域への人類大移動の最後の行程なのだ。だが、オーストロネシア人がアジアからポリネシアへ移動する際にたどった経路については議論されている。最も受け入れられている仮説は「台湾からポリネシアへの急行列車」である。それによれば、オーストロネシア人は三〇〇〇年前に台湾から南方のフィリピンへ移動したのち、ニューギニアへ、さらに（オーストラリア北部にディンゴを置いていったのち）東へ向かい、最終的にハワイとラパ・ヌイ島（イースター島）に到達したという。[24] しかし、ブタの側からこの説明を検討すると、ある問題が生じる。

その問題とはこうだ。ポリネシアのブタは、台湾の現代のブタとも古代のブタとも遺伝的に近縁ではないのである。[25] フィリピンやニューギニアのブタも同様である。ポリネシア、フィリピン、ニューギニアの家畜化されたブタは、台湾のブタとは別の太平洋クレードと呼ばれる東南アジア産のブタ集団に由来し、それが分布範囲を拡大したものなのである。[26] 過去・現在を通じて、ニューギニアから東方には野生のブタはまったく存在せず、ブタといえば太平洋クレードに属する家畜化されたものしかいない。ニューギニアでは、「野生の」ブタが部族的文化において重要な位置を占めているが、これは実は、三〇〇〇年ほど前にラピタ文化の農民によって（ディンゴとともに）ニューギニアに連れてこられた家畜化されたブタの、野生化した子孫なのである。ニューギニアの民族の多くは四〜三万年前からそこに暮らしているので、ブタが文化に取り入れられたのは比較的最近だということになる。一方ポリネシアでは、ブタは最初からラピタ文化の構成要素として重要なものだった。ブタは、イヌやニワトリとともに、最初に移住してきたオーストロネシア人が船に乗せてきたと考えられる。

しかし、もし実際にブタがラピタの人々によって太平洋のこの地域全域に分布するようになったのだとすれば、台湾を出発した列車は急行ではなく各駅停車であったことになる。まず最初に停車したのは東南アジア本土で、そこで太平洋クレードのブタ（とおそらくディンゴ）が生じた。その後、ジャワ、スマトラ、ニューギニア、ソロモン諸島と停車していき、終着駅はポリネシアのどこかだったのだろう。もう一つ注目しておきたいのは、現在、台湾やフィリピンで見られる家畜化されたブタは中国由来であり、その移動は明らかに人間の手によるものだということだ[27]。この中国由来のブタは、その後、熱帯太平洋北西部のミクロネシアに運ばれた。これはブタの分布拡大としては二回目のものである。こちらのほうが「台湾からの急行列車」と呼ぶにはふさわしい。ただし、二回目の分布拡大は一回目よりも範囲がかなり限られてはいた。

ラピタ文化を担うオーストロネシア人の起源とその移動については、まだ論争が盛んに行われている。それについてブタが決定的な証拠を提供するわけではない。しかし、ブタの長距離移動の過程は近年のゲノム分析によって再構成されており、この話題について何らかの情報を与えてくれるはずである。

## 野生のイノシシからさまざまな在来種や品種ができるまで

家畜化が複数の場所で、かなり異なる亜種をもとにして行われたのだとすれば、家畜化されたブタは、イヌやその他の家畜動物に比べて、当初から高度に遺伝的に分化していたことになる。おそらく家畜化の結果として各地の生息環境や文化にそれぞれ適応していき、さらに遺伝的浮動もあいまって遺伝的な分化がさらに進んだのだろう。そのため、イノシシの自然生息域内には、互いに明確に異なるブタの在来種が多数、初期の頃から存在していた。イノシシがまったく見られなかった地域、たとえば地中海の島々やニューギニア、オーストラリア北東部、太平洋の多くの島々にも、のちにアフリカにも、さらにそののちアメリカやニュージーランドにも人間がブタを運び込み、さらに多くの在来種が形成された。これら人間によって分散されたブタの多くは野生化したが、なかにはその地の在来種の創始者になったものもいた。

人間はこれら在来種の繁殖過程の管理を強化していき、ついには、もとになった在来種とはまったくの別ものだと思えるほど異なる品種を作り出していった。それに従ってブタの遺伝的な分化はますます顕著になっていった。比較的最近まで、それぞれ限られた地域内だけでブタの品種が作出されていたからである。[28] 過去、何百キロも離れた村の間でブタの交雑が行われるようなことはほとんどなかったのだ。

このように、ブタには遺伝的に分化していく傾向が見られたのだが、ある重要な力がその流れを押しとどめてもいた。近隣にいる野生集団からの遺伝子移入である。遺伝子移入がどのくらい起こっていたのかは、地域によって異なっている。たとえば、養豚が最も集約的に行われていた中国では、近隣の野生集団からの遺伝子移入はほとんど起こらなかった。[29] それに対してヨーロッパでは、家畜ブタはかなり自由にうろつきまわることができたので、野生集団からの遺伝子移入はもっと顕著だった。そのため、すでに述べたようにヨーロッパで最初に家畜化された近東由来のブタの遺伝的痕跡は完全に消失してしまったのである。野生のブタがいないところに分散した集団は、そのような対抗勢力に出会うことはなかった。

在来種から品種のプロトタイプへの移行の最初のステップは、おそらく中国で起こったと考えられる。また、ブルドッグで起こったような押しつぶされたタイプの顔面（短頭型）の進化など、顕著な変化のいくつかも中国で起こったものである。中国では優に一〇〇〇を超える品種が一九世紀終わりには作り出されていた。「品種」という概念はその頃生まれたのである。[30]

中国では、二〇世紀の大半を通じてブタの品種改良は局地的なものにとどまっていた。[31] そのため、中国産のブタの現存する品種間には地域ごとに遺伝的差異が見られる。[32] ヨーロッパ、特に北方では、一七世紀初めから品種はそれほど地域限定というものではなく、より流動的な状況だった。その後、一八世紀後半には遺伝的な混合が次の段階に入った。その頃、中国北部からヨーロッパにブタが輸入され、既存のブタとの間に交雑が行われて「改善された」新たな品種が作り出されたのである[33]。現存するヨーロッパ系のブタ品種の大半は、程度の差こそあれ、中国系の祖先の性質をなにがしか反映している。大ヨークシャー（ラージ・ホワイト）やハンプシャー、バークシャーなどの一般的な品種は、中国系のブタのDNAをかなり受け継いでいる。一般的な品種のうち、赤い被毛をもつデュロック種は中国系の影響が最も低く、米国原産だと考えられている[34]。

中国産のブタが入ってくるよりも前にヨーロッパ各地でそれぞれの在来種から作り出されていたブタの品種の多くは、今では稀少なものになっているか、あるいは絶滅している。近年、「ヘリテージ品種」として料理界でかなり注目されるようになってきたものの大部分はそのような品種である。英国産のグロスターシャー・オールド・スポットやタムウァース、ハンガリー産（もともとはバルカン半島原産）のマンガリッツァ、フランス産のバスク豚（別名アス・ブラック・リムーザン）、イタリア産のカゼルターナとカラブレーゼ、スペイン産のネグロ・イベリコなどがそうだ。ヘリテージ品種は、中国由来のブタの「血」が入っているものもそうでないものも、今日の欧米で主流となっている超集約的養豚には適していないがために絶滅の危機に瀕している。概して成長が遅いために工場式畜産に向かなかったり、飼育に空間や資源を多く必要としたりするのだ。たとえば生ハムで有名なイベリコ豚はドングリを食べて育つが、一頭あたり一エーカー（約四〇〇〇平方メートル）ほどのオーク林を必要とするのである[35]。

豚肉の用途が変化してきたためにヘリテージ品種になったものもある。家畜化された偶蹄類のなかで、肉がもっぱら重用されるのはブタだけである。だがヨーロッパでは多くの品種が肉の用途に従って特化されてきており、ベーコンタイプ（加工用型）とラードタイプ（脂肪型）とが分かれるに至っている。マンガリッツァやギニア豚（ギニア・ホッグ）、ラージ・ブラックなどラードタイプの品種は、コンパクトな体に脂肪分を多く含む。ヨークシャーやタムウァース など、ベーコンタイプの品種は胴体が長く、脂肪分が少なめである。チェスター・ホワイトやハンプシャー、大ヨークシャーなどは中間型の品種で、現在は主に腿肉や腰肉などを消費されるため「ミートタイプ」と呼ばれることもあるが、もともとは多目的に使用されていたものだ。

もともとラードタイプの品種だったバークシャーが、第二次世界大戦後に品種改良されてミートタイプになったのは幸いだった。というのも、調理用のラードがショートニングに取って代わられるにつれ、他のラードタイプの品種は不人気になっていったからだ。ラードタイプの品種のほとんどは、今ではヘリテージ品種となっている。[36]

他のいわゆるヘリテージ品種は実のところ在来種であり、飼育されていたブタが野生化した集団からなるものも多い。たとえばニュージーランドのクネクネがそうだ。この品種は一八世紀に船で渡ってきたヨーロッパ人が置いていったものを起源とする。[37] 米国にもそのような「ヘリテージ品種」がいくつか存在する。一六世紀、スペイン人がメキシコ湾岸を探検した際、ミュールフット（蹄が割れずに融合しているのでこう呼ばれる）を持ち込んだ。ジョージア州のオッサバウ島ブタもスペイン人探検隊によりもたらされた。[38] メラネシアのニューカレドニア原産のレッド・ワットルは、フランスからルイジアナへの贈りものだった。これら米国産の「品種」はどれも料理界のスターになっている。古いヨーロッパ系や米国系のラードタイプの品種のなかでもマンガリッツァやギニア豚、ネグロ・イベリコ、ラージ・ブラックなどは脂肪がたっぷりと乗って肉が美味なため、同様に料理界でもてはやされている。さらに、現在ではショートニングよりもラードのほうがグルメに好まれることから、ラードタイプの品種の将来性が高まってきた。[39]

## 家畜化の特徴

おそらく、ブタの家畜化における最初の構造的な変化は、鼻づらが短縮されたことだろう。これはブルドッグと同様の変化であり、中国系品種のうち梅山豚を含む太湖豚の系統で特に顕著である。四肢の短縮や巻き尾の出現もイヌと同様の変化である。イノシシの尾は実はほとんどまっすぐなのだが、ブタの尾は巻いたりねじれたりする傾向が強く、コルク抜きのようならせん形になっている場合もある。野生化したブタでは、これらの点でいずれも中間型になる傾向がある。[40]

また、脳にも変化が起きている。脳が小さくなるのである。イヌでもヤクでも、家畜化された哺乳類は一般的に先祖である野生種に比べて脳が小さく、ブタも例外ではない。[41] 注目すべきは、野生化してから何百年も経った集団でさえイノシシよりもブタのほうに近いことである。[42] 家畜化による変化のうち、脳の縮小は他の構造的な変化に比べて消えずに残る傾向が強いようだ。ただし、脳の縮小が知能の減退を意味するのかどうかはまだまったくわかっていない。縮小のほとんどは運動のコントロールや感覚（視覚、聴覚、嗅覚）の処理を行う領域で起こっている。[43] ブタの家畜化では、特に嗅覚に関する部分が縮小している。野生化したブタの集団では、家畜化の際に鈍くなった嗅覚はもとに戻っていないのだ。[44]

垂れ耳など、家畜化に伴う他の形質も家畜ブタにはよく現れている。[45] だが、ブタで最も明瞭かつ普遍的に現れる家畜化の特徴は毛色である。イノシシの毛色は哺乳類によく見られるタイプで、毛のほとんどが赤褐色で根元と先端は黒い。このように、一本の毛において色の濃い部分と薄い部分が交互に現れるものを「アグーチ」と呼ぶ。アグーチはさまざまな環境下でカムフラージュの役割を果たす。[46] しかし、家畜ブタの毛色には黒色や白色、さらにさまざまな濃さの黄色、茶色、赤色などが見られ、毛色のパターンが豊富であり、毛色は品種を決定する重要な形質となっている。

白は哺乳類の毛色として野生型から最もかけ離れたものであり、家畜化で最も特徴的な形質である。[47]全身が白色のブタの品種には、チェスター・ホワイト（英国）、大ヨークシャー（英国）、ブリティッシュ・ロップ（英国）、ヨークシャー（英国）、ランドレース（デンマーク）などがある。[48]ピエトレン（フランス）はほとんどが白だが、ハンプシャー（米国）、エセックス（英国）では、腹部がベルト状に白く、他の部分は茶褐色である。一部が白いものには、ヘレフォード（米国）やポーランド・チャイナ（米国）、バークシャー（英国）などがある。

概して、白い毛色は中国系よりもヨーロッパ系の品種によく見られる。中国系品種に特徴的な毛色は黒色である。実際、どの中国系品種にも黒い部分があり、梅山豚、蔵豚（チベット豚）、香豚（香猪）などのように多くは全身が黒色である。[49]ヨーロッパ系の品種で唯一全身黒色なのは、中国系との交雑で作り出されたラージ・ブラック（英国）である。[50]野生化したブタは野生型の毛色に戻る傾向はあるものの、それにはかなりの時間がかかる。野生化した集団の多くには、もとになった家畜ブタ集団の毛色の影響がなにがしか残っている。[51]

## 自然選択、人為選択、性選択

野生化したブタの形質のなかで、イノシシに最も近く、かつ家畜ブタから最もかけ離れているのは雄の牙である。これはもともと強い性選択にさらされてきたために進化した形質だ。イノシシは雄同士で激しく競争し（同性間選択）、また、雄が雌を惹きつける（異性間選択）のである。ブタにおける家畜化の目印の一つが、この雄の牙の退縮である。[52]これに関係する要因は多数あると考えられる。まず何よりもブタを飼う人間にとって牙は明らかに好ましくない。次に、人間が繁殖過程を管理する際は雄同士の競争をできるだけ排除し、かつ雌ブタとはかなり異なった基準で雄を選択する。このような複数の要因がからんだ結果、性選択圧が減少し、また性差も小さくなる。

性差の減少は牙だけに限ったものではない。体のサイズについても、家畜化されると性差が小さくなる傾向が見られる。[53] 野生化したブタでは以前の性選択体制が復活し、性差が再び現れる。米国南東部に生息する、かの有名な「レイザーバック」という野ブタがいい例だ。デ・ソト率いる探検隊をはじめとして、スペイン人は家畜ブタを新大陸に連れていったのだが、レイザーバックはそれが野生化したものの子孫である。[54]「レイザーバック」という名称は「とがった背中」という意味である。トゲのような剛毛が背筋に沿ってたてがみ状に生えているのだ。雄は時にこのたてがみを逆立て、攻撃するという意思を他の雄に対して示す。それでも相手が思いとどまらないときは、どんなイノシシでも敬意を払うほどの立派な牙の出番である。

従順性を対象として選択した結果、ブタにはネオテニーという現象が生じるようになった。家畜品種に見られる牙などの性差の減少には、この現象もまた何らかの役割を果たしている可能性がある。牙は発生後期に発達してくる形質である。そのため、発生が遅滞したり発生期間が短縮した場合、牙が短縮あるいは消失してしまうことがあるのだ。[55] 野生化したブタがなぜ牙を再獲得するのかは、ある程度は説明できる。家畜化により変化した発生過程がもとに戻って、野生型と同じ軌跡をたどるようになったのだ。

顔面の短縮もまた多くの品種に見られる垂れ耳と同様、ネオテニーを示唆するものだ。そうであるならば、家畜化された品種において、鼻づらの長さと垂れ耳の度合い、またおそらく牙のサイズとの間に相関関係が見出せるかもしれない。わたしの知るかぎり、そのような相関関係はこれまで研究されていない。だが、毛色に生じた変化のなかには、形質特有の選択を反映するものがあると考えられる。まず、家畜化初期に、家畜化以前には純化選択により除去されていた毛色の隠蔽変異が、排除されにくくなった[56]。結果として、野生集団ではあまり見られなかった遺伝的変異が、家畜集団では比較的よく見られるようになった。また、野生集団では除去されてしまいがちな新たな毛色の突然変異が、家畜集団では残った。この毛色の変異がいったん目立ち始めると、遺伝的浮動と人為選択という二つの過程が表だって働くことになった。限られた地域に見られる毛色の変異は、比較的隔離された集団、つまり、他の家畜ブタや野生化したブタ、野生のイノシシから隔離された集団において、遺伝的浮動により増加していった。それよりも重要なのは、育種家が毛色の変異の見られる個体を選び出して交配させるのも可能になったことである。

家畜化の際に起こったブタの進化の物語には、さらにおもしろいことがある。その一つは、ブタの人為選択にはそれぞれの文化特有の影響が見られることだ。特に、中国系品種に特徴的な黒い毛色でそれが顕著である。中国系のブタに見られる黒は文化的な好みを反映しているようであり、それはブタの家畜化初期にさかのぼるのかもしれない。その傾向は殷の時代（中国の青銅器時代で、紀元前一七世紀頃〜紀元前一一世紀頃）に確かに存在していた。殷代の宗教的供物ではブタが圧倒的に多かった。また、黒はその宗教の神々が好む色でもあった。神々の好みが尊重されたために、中国では黒色を求める人為的な選択圧がかなり高かったのである[57]。殷代に黒いブタが生贄にされ、そのようなブタが好んで飼育されたことによって遺伝的痕跡が残ったのだ。それは現在の中国系のブタの毛色に明白に見て取ることができる。

もっと世界的に行われた形質特異的な人為選択としては、養豚の繁殖力向上に関係するものが際立っている。性成熟を早めること、一年中繁殖可能なこと、成長速度の上昇、一腹仔数の増加などがそうだ[58]。キツネの章で述べたように、性成熟が早まったり、一定の季節ではなく一年中繁殖可能になったりすることは、少なくともある程度は、従順性を対象とする選択の副産物として生じてくるものだ。しかし、ブタの育種家による人為選択が、それらの形質を強化することになったのは疑いない。家畜ブタの成長がイノシシや野生化したブタに比べて加速しているのは、人為選択によって、成長速度が速まるような形質が選抜されてきた結果であるのはほぼ確実だ[59]（ヘリテージ品種がブタ市場で敗退した理由の一つは、「改良」品種に比べて成長が遅いからである。ヘリテージ品種の存続は、食に精通し洗練された舌をもつ人々の味覚が頼みの綱という心許ない状態である）。最後に、産子数についての人為選択により、野生の状態では産子数が約六頭だったのが、家畜化された品種では一二頭以上にまで増加している[60]。雌ブタの乳首の数を超えるほど多数の子を産むブタを作り出してしまったわけだ。

## 家畜化とブタのゲノム

ブタのゲノミクスは、ネコのゲノミクスに比べればまだ発生初期というべき段階にある。イヌのゲノミクスに比べるともっと遅れていることになる。とはいえ、人為選択の痕跡に関する予備的な知見はいくつか得られている。まずは毛色について考えてみよう。毛色には複数の遺伝子座が関係しており、それぞれに多数の対立遺伝子が存在する。ブタの毛色に関係する遺伝子座のうちで最もよくわかっているのは*MC1R*遺伝子である。この遺伝子がコードするのは、メラノコルチン受容体のうちMC1R受容体（メラノコルチン1受容体）である。メラノコルチンは色素形成で重要な役割を果たす物質だが、効果を現すにはMC1R受容体が必要である。MC1R受容体が存在すればメラノサイト（毛のメラニン色素を生成する細胞）の色は茶色〜黒色になり、MC1R受容体がないときは黄色〜赤色になる。*MC1R*遺伝子には突然変異によって生じた多数の対立遺伝子があり、それぞれ働きが異なっている。イヌやネコの独特な毛色にはこの対立遺伝子が関係している。ブタでは対立遺伝子が六種類あり、それぞれ異なる色を発現させる。[61] この突然変異の一つが中国系のブタの黒い毛色に関係しているのだ。最近のゲノム研究により、中国の家畜ブタでこの対立遺伝子の頻度が高いのは人為選択により黒い毛色を選んできた結果であることが示された。[62] ということは、ブタを供物にするという古代中国の文化的習慣を、ブタの繁殖力に影響を及ぼさない特定の遺伝的変化と関連づけて考えることができるわけだ。

細胞増殖因子の受容体をコードする*KIT*遺伝子に生じた突然変異は、ヨーロッパ系の品種の白い毛色に関係している。[63] おもしろいことに、数少ない白色の中国系品種の一つである栄昌豚にはこの突然変異は見られない。従って、栄昌豚の白い毛色は別の遺伝的変異によるものである。[64] 他にも注目すべきは、この品種が黒い品種と同じ*MC1R*遺伝子の突然変異をもっていることだ。栄昌豚ではこの遺伝子の効力は中和されているに違いない。*MC1R*遺伝子に生じた突然変異も*KIT*遺伝子に生じた突然変異も、中国系品種がヨーロッパ系品種とは独立に進化してきたことを物語っている。

その他、筋肉の成長[65]や脂肪の蓄積、[66] 脳の発生、嗅覚、免疫[67]などにも突然変異が関係している。それらの突然変異のほとんどについて、特定の遺伝子との対応関係は見出されていないが、多くはDNAの非コード領域の調節配列で起こった突然変異であることは疑いない。たとえば、脂肪の蓄積はDNAの非コード領域の複数の突然変異に影響される。[68] 特に注目したいのは、ベリャーエフが所長を務めたノヴォシビルスクの細胞学遺伝学研究所の科学者たちが行ったブタ内在性レトロウイルスについての研究である。これは頭文字を取ってPERVと略される。ゲノミクスのなかでもかなり楽しい略称だ[69]〔perv は英語では「性倒錯者」「変質者」という意味〕。

内在性レトロウイルスはゲノムの一部であるが、大元はウイルス感染に由来する。ウイルス感染のあとに、ウイルスの遺伝情報がゲノムに組み込まれてしまったものなのだ。時が経つにつれて組み込まれた遺伝情報が「家畜化」されることもある。ゲノムの他の部分に起こった変更によって、増殖したり移動したりする能力が制限されてしまうのだ。いったん家畜化された内在性レトロウイルスは調節要素となり、近傍の遺伝子の発現に影響するようになることもある。通常、内在性レトロウイルスは悪影響をもたらし、精密に調整された調節ネットワークの調子を崩してしまう。しかし、突然変異が必ずしも有害ではないのと同じように、内在性レトロウイルスによって生存や繁殖が有利になることもある。家畜動物の場合は、人間の育種家が望む形質をもっていれば選択に有利であり、子孫を残す可能性が高くなるのである。内在性レトロウイルスをもつことが選択に有利であれば、集団内でのその頻度はもちろん増大する。

ロシアの研究者たちは、さまざまなPERVの頻度に基づき、ヨーロッパ系のブタが四つの異なるクラスターに分かれることを見出した。クラスター1はイノシシ、クラスター2はベーコンタイプのブタ、クラスター3はラードタイプと多目的タイプのブタ、クラスター4はミニブタである。イノシシはPERVが最も少なかった。一方、ミニブタは他に抜きん出てPERVを多くもっていた。また、ラードタイプのブタでは脂肪蓄積に関わる遺伝子と関連するPERVが見つかり、ベーコンタイプのブタでは筋肉の発達に影響を与えるPERVが見つかった。

ゲノム研究は、生命の系統樹におけるブタの枝の中での類縁関係を決定するのにも役立つ。中国系の品種は系統樹上では地域別のクラスターを形成している[70]。長年にわたり、政府がブタの輸送を管理するという伝統があったために、各品種がごく最近までそれぞれの発生地域にだけ局在していたことを考えると、まさに予想通りの結果だ。対照的なのがヨーロッパ系の品種である。ヨーロッパの養豚ではブタはもっと自由に移動することができたため、地域と系統関係の間には相関関係が見られなくなっている。

一八世紀後半から、ヨーロッパ各地のブタを中国のブタと計画的に掛け合わせるようになったため、地理的な条件はさらに撹乱されている。最近の例として、ティア・メランと呼ばれるいわゆる「ハイブリッド豚」〔純粋品種を計画的に交雑して作出する雑種のこと。三品種や三系統をもとにしたものを「三元豚」、四品種や四系統をもとにしたものを「四元豚」と呼ぶ〕がある。[71]これは中国産の雄ブタ（梅山豚と嘉興黒豚の交雑により生まれたもの）とヨーロッパ産の雌ブタの交雑により作出されたものだ。当然ともいえるが、ティア・メランは系統樹ではヨーロッパ系品種と中国系品種の中間に位置することが確認されている。

ヨーロッパ系品種において、中国系ブタの遺伝子移入の程度は品種によってかなり異なっているが、ティア・メランに比べれば概してかなり低い。デュロックは中国系の影響をほとんど受けていないことがわかった。ヘリテージ品種の多くも同様である。一般的に、ヨーロッパにおける中国系品種の影響は南北で異なる傾向が見られる。ヨーロッパの北のほうが南よりも大きく影響を受けているのである。南ヨーロッパ、特にイタリアやイベリア半島の品種にはブタの系統樹内で地域別のクラスターを形成する傾向があり、北方系の品種の一部も同様の傾向を示すが、いずれも、中国系品種に比べればその傾向はかなり弱いといえる。これらの結果はどれも、血統的な関係はきわめて予備的なものとみなすべきことを示している。ゲノムのほんの一部の情報しか解析していないからである。

## 保守的なブタ――美しきもの

人間はできるかぎりの力を尽くし、ブタを人間の望む姿に作りかえようとしてきた。それにもかかわらず、家畜ブタが野生の先祖から受け継いできたものを変わらず保持していることには驚くしかない。もちろん先祖に比べればずっと従順だし、雄の牙はかなり小さくなっている。しかし、体の構造的な変化は、鼻づらと四肢の短縮など軽微なものや、毛色や肥満度など表面的なものばかりだ。行動的な面では、臨機応変に適応するという雑食性だった野生の先祖のやり方を保持したまま進化している。母性的行動は変化していないし、子ブタたちが優位さと乳首の順番をめぐって争うのも変わっておらず、そういったことはその後の発達にずっと影響し続けることになる。[72] 一腹仔数が増加し、乳首が不足する恐れもあることを考えると、子ブタの競争は家畜ブタのほうがむしろ激しくなっているかもしれない。

野生の状態では生存できないかもしれないようなブタを人間が作り出せるようになったのは、ごく最近のことだ。ブタの家畜化が始まってからというもの、逃げ出した食用ブタは、人間から餌をもらえなくてもうまくやっていけたものだった。特にヨーロッパでは確実にそうだった。もし人類が地球上から姿を消したとしても、ブタたちが困るようなことはないだろう。実際、もっと「進歩した」偶蹄類の親戚たちよりもブタはずっとうまくやっていけるだろう。人間なしでサバイバル可能な能力があるのは、ブタがかなりの知能をもつことを示す証拠でもある。[73] しかし、それはまた、偶蹄類の歴史のかなり初期に進化し、反芻類が登場したのちも長きにわたって存続してきた基本的なボディプランの成功を反映するものでもある。ブタたちは、家畜化されたものも野生のものも含め、進化的には成功者なのであり、一般的に認められているよりももっと賞賛を受けるに値する存在なのだ。

ブタに対する偏見からいまだに逃れられない人には、ジェイミー・ワイエスの素晴らしい作品を解毒剤としてお薦めしよう。ブランディワイン・リヴァー美術館（米国ペンシルヴェニア州チャズフォード）所蔵の作品で、表題はそのものずばりの《ブタの肖像》である。ワイエスは、この絵の主人公である薄桃色の雌ブタに惜しみなく敬意を払い、精緻かつ写実的な人間の肖像画を描くときと同様に、きわめて詳細に観察している。彼女をエミリーと呼ぶことにしよう。エミリーは横から描かれている。見る側はブタの目線と同じくらいの高さからながめる形になり、いくぶんつぶれた鼻や前方にぴんと張り出した耳から上品

**図 6.4** 《ブタの肖像》ジェイミー・ワイエス
(© Jamie Wieth［1946 年〜］、1970 年制作、油彩、キャンバス。ブランディワイン・リヴァー美術館所蔵。1984 年にアンドリュー・ワイエス夫人より寄贈)

にカールした尾まで、じっくりながめることができる。乳首が目立っているので雌であることがわかる。エミリーは高貴ではないかもしれないが、強い個性をもった魅力的な存在であることは間違いない。さらに、奇妙なほど美しくもある。わたしはこの美術館を三回訪れ、行くたびにますますエミリーに惹かれてしまった（図6・4）。

一つ逸話を紹介するが、ブタの名誉回復を目指すわたしの試みが台なしにならないことを祈る。エミリーを描いていたワイエスは、ブタの飼い主に頼まれて雑事を手伝うことになった。ところが、ワイエスが不在にした間に、エミリーはチューブ入りの油彩絵の具を一七個分も食べてしまったのだ。きわめて有毒である。ワイエスが戻ってきたとき、エミリーの顔はセルリアン・ブルーで真っ青に染まっていた。最悪の事態も覚悟された。しかし幸運にも、みさかいのない食欲によりもたらされたのは空前絶後の極彩色になった排泄物だけだった。頑健さもまた賞賛すべきブタの特徴なのである。

# 第7章　ウシ

牧歌的な風景をバックに、乳牛が酪農場でおっとりと草を食(は)んでいる。都市生活者にとって、このような光景はちょっとした癒しであり、田舎暮らしのささやかな喜びへのあこがれを感じさせるものだろう。カイプからコンスタブル、カッツに至るまで、画家はこのモチーフによってある特殊なムードないし感情を作り出してきた。気持ちよいものだが我を忘れるほどのものではなく、暖かみはあるが暑苦しいわけではない。じんわりと元気の出てくるような美、である。少なくともわたしはそのように感じた。でも、真冬の朝五時にこいつの乳を搾るんだと気づいて、一気に現実に引き戻されてしまう。ささやかな楽しみはそう簡単に手に入るものではなく、苦役を積み重ねなければならないってわけだ。

実際、大元を考えれば、乳牛自体、人間が苦労に苦労を重ねてやっと手に入れたものなのである。乳牛の祖先であるオーロックスは、人類が家畜化に成功した動物のなかで最大級だっただけでなく、最高に手ごわい相手でもあったのである。振り返ってみると、このおとなしい乳牛を人間が作り出したなんて、あ

図 7.1　野生のガウア（著者撮影）

りえないように思われる。ペキニーズほどありえなくはないだろうが、今から一万八〇〇〇年前、人類が初めてオーロックスの壁画を描いた頃、知的な異星人だってそんな予測はしなかっただろう。オーロックスを描いた洞窟画は、純粋な芸術作品というよりは宗教的な性格のものである。畏敬の念の表出なのだ。わたしたちが乳牛から連想する感情とは違う。オーロックスは雌でさえ、家畜の雌ウシとはまったくの別ものだった。力強く危険であり、それでいて心そそられる獲物だったのだ。

野生のオーロックスは絶滅しているので、洞窟画がどんな動機から描かれたのかを理解するには、現生の近縁種について考えてみる必要がある。アフリカスイギュウ、ガウア（インドヤギュウ）、アジアスイギュウ、ヨーロッパと北米のバイソン、いずれも手ごわい動物である。たとえば、成長しきったガウアを前にしたならば、最大のトラでさえもひるんでしまうという。スイギュウも同じようなものだ。ガウア（図7・1）に向かっていって危険を冒すのは誰だって割に合わないことだ。雄のアフリカスイギュウを倒すことができるのは、体力も気力も十分で互いに息がピッタリ合ったライオンの群れだけである。だがライオンでさえも、失敗して命を落とすことが多いのである。成功すれば得るものは多いが、あまりにも危険すぎる。オーロックスを狩っていた旧石器時代の人間たちも同じようなものだった。この危険あるいは恐怖と、否応なく惹きつけられる魅力という組み合わせは、エドマンド・バークが述べたかの有名な「崇高」の感覚を喚起する。[1]

どんな生物であれ、家畜化すると崇高さが台なしになってしまう。よく知っているがためにつまらなくなるからというだけの話ではない。トラやオオカミ、ホホジロザメ、オーロックスなど、さまざまな動物によって喚起される恐怖という要因もまた、人に馴れて従順になると散逸してしまう。そして、ウシはヒツジとともに、わたしたちが家畜化した動物のなかで最も従順な生きものなのである。とはいうものの、家畜化されたウシでもこの形質には幅広い差が見られる。乳牛は最も従順なウシであり、肉牛はそれよりも従順性が比較的低く、テキサス・ロングホーンなど、放し飼いにされている品種はもっと従順性が低い。人間は、家畜の崇高さがそれ以上失われないようにしたり、あるいは復活させたりすることもある。雄ウシ乗りは、従順性からはほど遠く筋骨隆々としたすさまじく頑丈なウシを相手にする。しかし、現代版のオーロックス・ハンターとして最もふさわしいのは、時代錯誤的な闘牛士(マタドール)だろう。

闘牛といえば、わたしの最初の記憶はバッグス・バニーの登場する愉快なアニメである。「オーレ!!」は闘牛ウサギ」というタイトルだった。大ニンジン祭りへ行こうとして、バッグスはカリフォルニア州南東部のコーチェラヴァリーに向かう。ところが、ニューメキシコ州のアルバカーキで曲がる方向を間違い、飛び出してみたらスペインの闘牛場ではないか。格別に強そうな雄ウシに恐れをなして、ろくにパフォーマンスもせずに逃げ出した闘牛士にかわり、バッグスは雄ウシに立ち向かう。バッグスと雄ウシのやられてはやり返す闘いの様子は、チャック・ジョーンズの作品のなかでも一、二を争う出来である。あとになってヘミングウェイの『午後の死』を読んだけれども、相変わらず闘牛といえばルーニー・テューンズの逸話が思い浮かぶのだった。その後、一九九三年の九月のある日のこと、たまたまセビリャで時間が空いたので、思いつきでマエストランサ闘牛場へ向かうことにした。スペインで最も古い闘牛場だ。

懐疑的な想いがあったにもかかわらず、まだウシのウの字も現れていないのに、わたしは観衆の熱狂に巻き込まれてしまった。大規模なスポーツイベントによくある、高まる期待に興奮極まるという感じだった。だがスペインのマニアたちは、闘牛を「スポーツ」と称することを全力で否定し、なかには「芸術」だと考える人たちもいる。確かに演劇的でありバレエのように優雅な動きも見られはするが、しかしそれでもなお「芸術」と呼ぶのはふさわしくないように思えた。カトリックのミサ以上に入念かつ儀式化された手順にのっとって事が進んだが、その空気はペンテコステ派の礼拝に似たものがあった〔ペンテコステ派は米国でプロテスタント教会から派生した教団。音楽、手拍子、ダンス、歌ありの熱狂的な礼拝を行うので有名〕。多くの点で、闘牛は形式の異なるこれら二つの礼拝が奇妙に入り混じったもののようにも思えた。着飾った闘牛士が、傷つけられ血を流した雄ウシと近距離で相対する頃には、若い頃によく教会で味わったのと同じような、疎外感がわきあがってきた。教会のベンチに座って、説教壇からだらだらと垂れ流されるばかばかしい話に苦しめられたときと同じく、そこで起こっていることに注意を払うのをやめて意識をとばした。

オーロックスへの崇拝から闘牛が誕生したというのは、直感に反するようにも思える。だが、思い返してみると、宗教的儀式への深い共感から生じた反応こそが、闘牛の起源を解き明かす糸口(いとぐち)ではないだろうか。旧石器時代のハンターたちは、崇敬の念の源であり肉の供給源でもあるオーロックスを心血を注いで追い求めた。闘牛への熱情の大部分は、旧石器時代のハンターたちの熱情までたどることができるのである。

わたしたち人間は、畏敬の念を儀式化することが多い。それはおそらく畏敬の念を手なずけるためであり、他の目的へと誘導するためでもある。いずれにせよ、野生のオーロックスが畏敬の念を抱かせるものであり、儀式化された宗教的行動の対象であったのは確かだ。ラスコー洞窟の壁画(約一万七三〇〇年前)は芸術のための芸術ではなく、狩りについての魔術的な思考を単に反映するものでもない(当時、最も重要な肉の供給源であったトナカイがまったく描かれていなかったのは特筆に値する)。この壁画は、むしろ崇敬の表出である。そこに描かれているなかで最も印象深くかつ最大の主題がオーロックスである。[2]

いったん家畜化の過程が開始されると、ウシへの崇敬を雄に限定する傾向が高まっていった。オーロックスが最初に家畜化されたところに近いトルコのチャタルヒュユクには、[3]家畜化された雄ウシの見事な壁画などが残されている。およそ九四〇〇〜八〇〇〇年前、家畜化過程が開始されてほどない頃のものだ。チャタルヒュユクに見られるように、頭骨と特に角で表されるオーロックスの雄々しさを強調する傾向は、西アジアやエジプトの神々において、時代が下がるにつれますます顕著になっていった。たとえばエジプトのアピス(人間とプタハ神、のちにはオシリス神との間を媒介する聖牛)や、モロク神とカナンのバアル神、クレタ島のミノタウロスなどがそうだ。[4]ヤハウェもまた、バアルやモロクを憎むイスラエルの民によって、当初は雄ウシとして描写されていた。神々にまつわる領域ではよくあることだが、崇拝の対象は生贄の対象にもなる。時代とともに神々が変化するにつれ、神の象徴となる動物が生贄の動物としてふさわしいとされるようになるのはしばしばあることだ。ヤハウェやゼウス/ユピテル、さらにペルシャのミトラ神には、雄ウシが捧げられることが際立って多かった。

のちに、生贄として屠(ほふ)ってしまわずに、他の象徴的な儀式が行われるようになった。とりわけ興味深いのは、特にミノア文明期のクレタ島で盛んに行われた「牛跳び」である。度肝を抜くとしかいいようのない離れ業で運動能力と勇気を示すものだったが、宗教的な儀式でもあった[5]。選手というより軽業師が雄ウシの角を文字通りいきなりつかむ。雄ウシは自然と頭をそらすことになり、空中に振りあげられた軽業師はバク転する。雄ウシの向こう側あるいは雄ウシの背中の上に足で着地すれば成功だ。失敗すればひどい流血沙汰になり、おそらく命を落とすことにもなる。クノッソス遺跡でいわゆる「牛跳び画(トレアドール・フレスコ)」を発掘してこの儀式が行われていた証拠を発見したのは、アーサー・エヴァンズという考古学者だ。エヴァンズはこの文明を「ミノア文明」と名づけた人物でもある。クレタ島に君臨してダイダロスに有名な迷宮を造らせ、人身牛頭の怪物であるミノタウロスを閉じ込めた、伝説上のミノス王にちなんだ名称である。

牛跳びはクレタ島に限られたものではなく、西アジアの多くの地域や、おそらくエジプトでも行われていた。インドにも注目すべきバリエーションがあり、インド亜大陸の南部で今日に至るまで存続している。インド版の牛跳びはジャリカットゥと呼ばれ、雄ウシのコブか角にできるかぎり長くつかまることを目指す[6]。闘牛の雄ウシのように、ジャリカットゥに用いられる雄ウシはこの儀式専用に品種改良したものだ。だが闘牛とは違ってジャリカットゥの雄ウシは無傷で登場する。人間の挑戦者は無傷ですむことはなさそうだが。

現代版牛跳びには他のバリエーションもある。南フランスのいくつかの地域で人気のある催しだが、ずっと危険度の低い雌ウシを用いるものだ[7]。この雌牛跳びは牛跳びが退化したものだが、闘牛も同じようなものだ。旧石器時代のハンターたちは、進化の最高傑作の一つである生きものをじっくり見て畏敬の念を抱いた。こういった奇妙な儀式はすべて、そのときの感覚に端を発するものなのかもしれない。

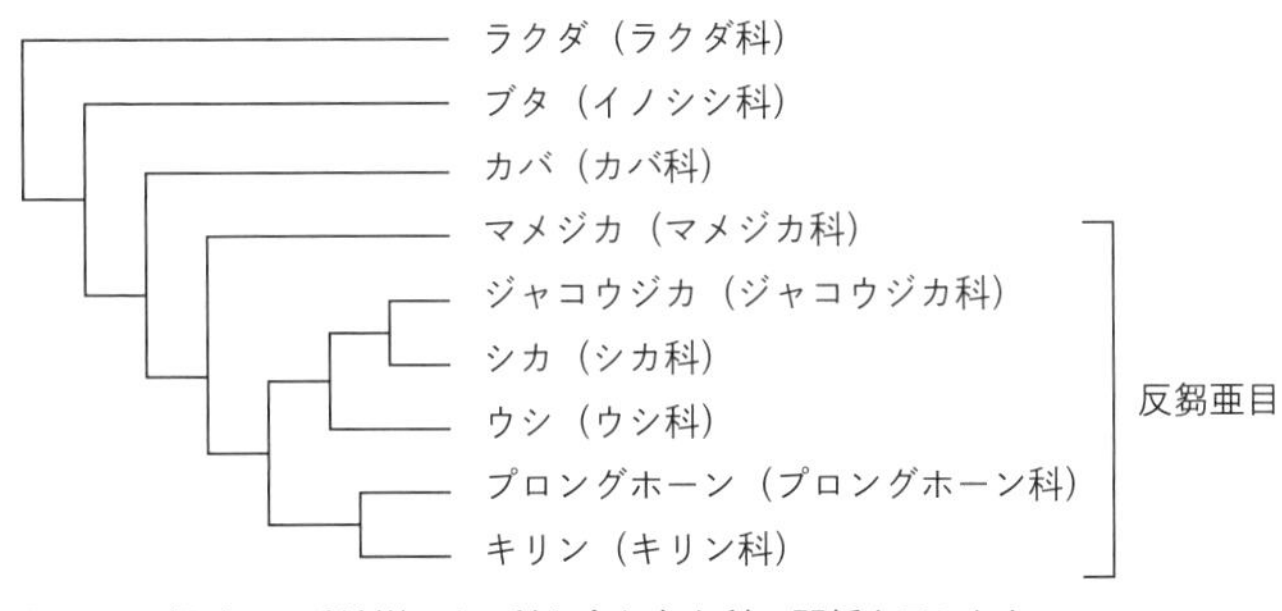


**図 7.2　偶蹄目の系統樹。ウシ科を含む主な科の関係を示したもの。**
（Price et al. 2005 より）

## オーロックスの進化

イノシシと同じく、オーロックスも哺乳類の偶蹄目に属しており、偶数本の蹄と二重滑車構造の腱を有している。だが、オーロックスは偶蹄目の系統樹内でイノシシとはまったく別の枝上に位置している。その枝にはヤクやバイソン、スイギュウ、バンテン（ジャワヤギュウ）、ガウアといった、オーロックスとは別のタイプの野生ウシ、それに加えてヒツジやヤギも含まれている。これらはすべてウシ科のメンバーである（図7・2）。ウシ科と、共通祖先から分岐してきたシカ科やキリン科などの科は、「反芻動物」としてまとめられる。反芻動物は、食性に関してイノシシ類よりもずっと特殊化しており、実際、餌にするのは葉などの植物体に限られている。かなり栄養価の低い食餌向けに特殊化しており、それは消化系によく現れている。まず歯からして特徴的だ。ブタが哺乳類の基本的な歯列をそのまま保持しているのに対し、ウシ科など反芻動物のほとんどは切歯と犬歯の大半あるいはすべてを失っており、かつ臼歯は複雑化している。

だが反芻動物の適応形質として歯よりも重要なのは、「反芻」、つまり繰り返し咀嚼することである。反芻動物の消化系では胃が精巧な構造になっており、第一胃（瘤胃）、第二胃（蜂巣胃）、第三胃（葉胃）、第四胃（皺胃）という四室に分かれている（図7・3）。

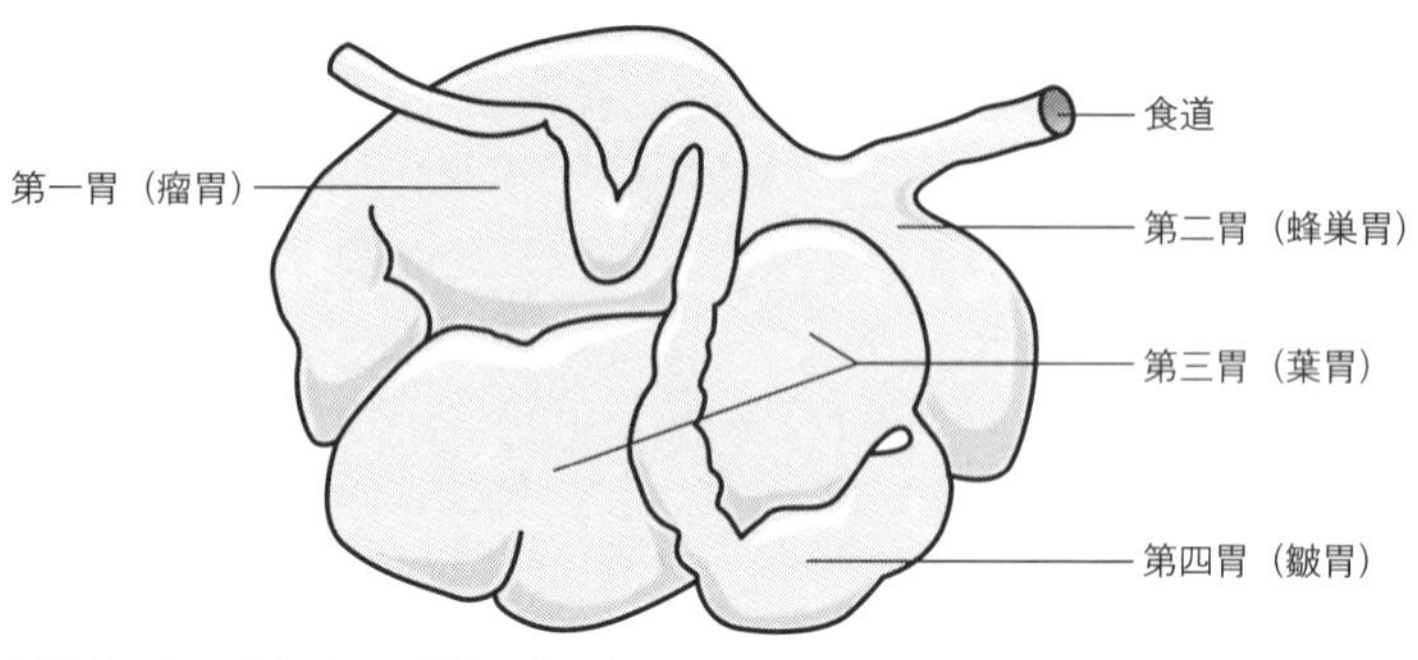

**図 7.3**　ウシの胃は４つの部位に分かれている。

初回の咀嚼のあと、食物は第一胃に入って唾液と混ぜ合わされる。摂取した食物はこの時点で液体部分と固形部分（食塊）とに分かれ始める。第二胃でも引き続きこの処理が進行したあと、食塊は口腔内に吐き戻しされ、二回目の咀嚼を受ける。咀嚼後に再嚥下された食塊は再び第一胃に移動し、第一胃と第二胃でさらに消化される。この時点で食塊は大半が液体化している。その後、第三胃で水分と無機物が血流に吸収され、残りは最後に第四胃に渡される。人間の胃に相当するのはこの第四胃である。そこでわたしたちの胃と同じようにさらに消化分解され、小腸に送られてほとんどの栄養分が吸収される。全体の過程にはさまざまな共生バクテリアが不可欠であり、それなしでは、いくら四つの胃があっても自然界でもかなり分解しにくい物質であるセルロースを消化することはできない[8]。

セルロースは葉に多いので、草本にはセルロースが特に多く含まれている。約三〇〇〇万～二五〇〇〇万年前に草原生態系が大きく拡大した[9]。その頃、反芻以外の消化方法を採用していた他の大型の草食哺乳類（ウマ、ティタノテリウム、サイ、バクなど）の大部分は絶滅し、それに取って代わって繁栄し始めたのがウシ科などの反芻動物だった。この事実が、反芻という消化方法がセルロースを相手にする方法として大いに成功しているのを証明している[10]。

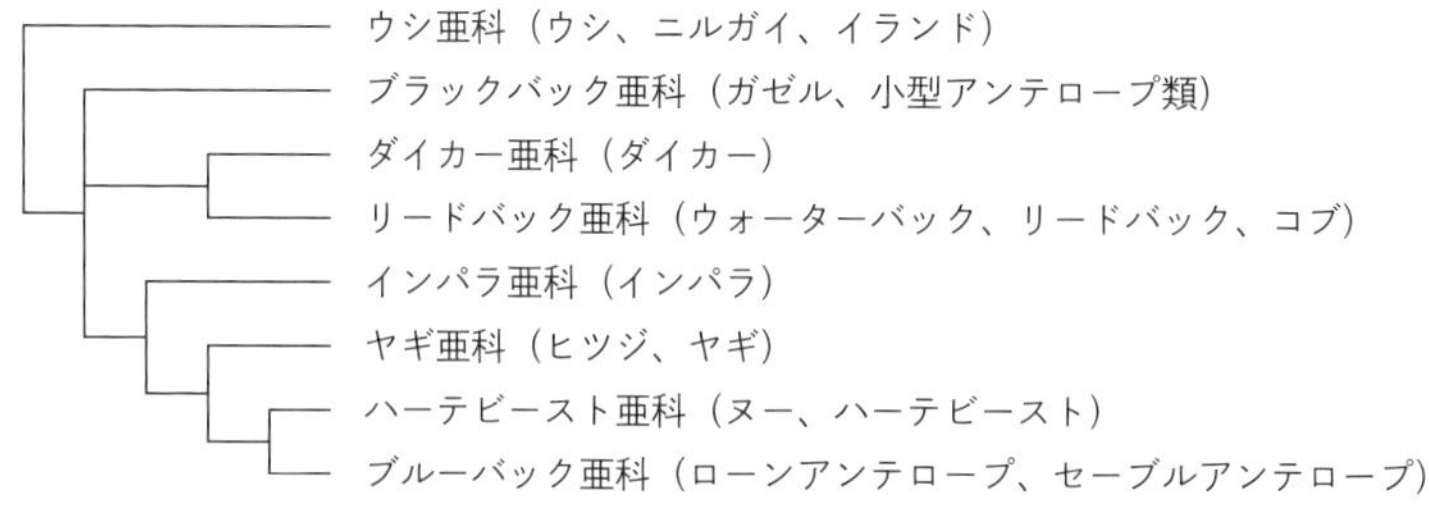


**図 7.4**　ウシ科の系統樹。2つの主要な分枝（族）に分かれている。
（Hernandez-Fernandez and Vrba 2005 より）

ウシ科のメンバーを他の偶蹄類と、さらに他の反芻動物とも区別する唯一の特徴は角である。ウシ科の角は枝分かれしない洞角である。洞角は頭骨の角突起に角質の発達した角表皮が鞘のようにかぶさったものであり、角突起の内部は中空になっている。洞角は生えかわらず一生伸び続ける。この角は捕食者に対する防衛に用いられるだけではなく、地位と雌をめぐる雄間の競争でも活躍する。角を用いた闘争は儀式化されてはいるが、時には致命的にもなる。この性選択の結果として、ウシ科の雄は雌よりも角が大きい。

　ウシ科（図7・4）が初めて登場したのは約二〇〇〇万年前のことだが、分子データによる推定にはかなり幅がある。[11] ウシ科動物の最古の化石であるエオトラグスは、約一八三〇万年前のものだ。[12] その後の五〇〇万年でウシ科は爆発的に種分化し、今日に至るまで優占的な草食動物として君臨しており、偶蹄類の半分以上がこの単一の科に属している。種分化が急速だったためもあり、ウシ科系統樹内の細かい構造（属や種がどこで分岐したか）を精密に再構成するのは難しい[13]が、主要な分枝については専門家の意見は一致している。

　ウシ科は、ウシ亜科とそれ以外のグループに大きく分かれる。ウシ亜科には野生ウシ（オーロックスやガウア、スイギュウ、ヤク、バイソンなど）と大型のネジツノレイヨウ類（クーズー、イランドなど）が含ま

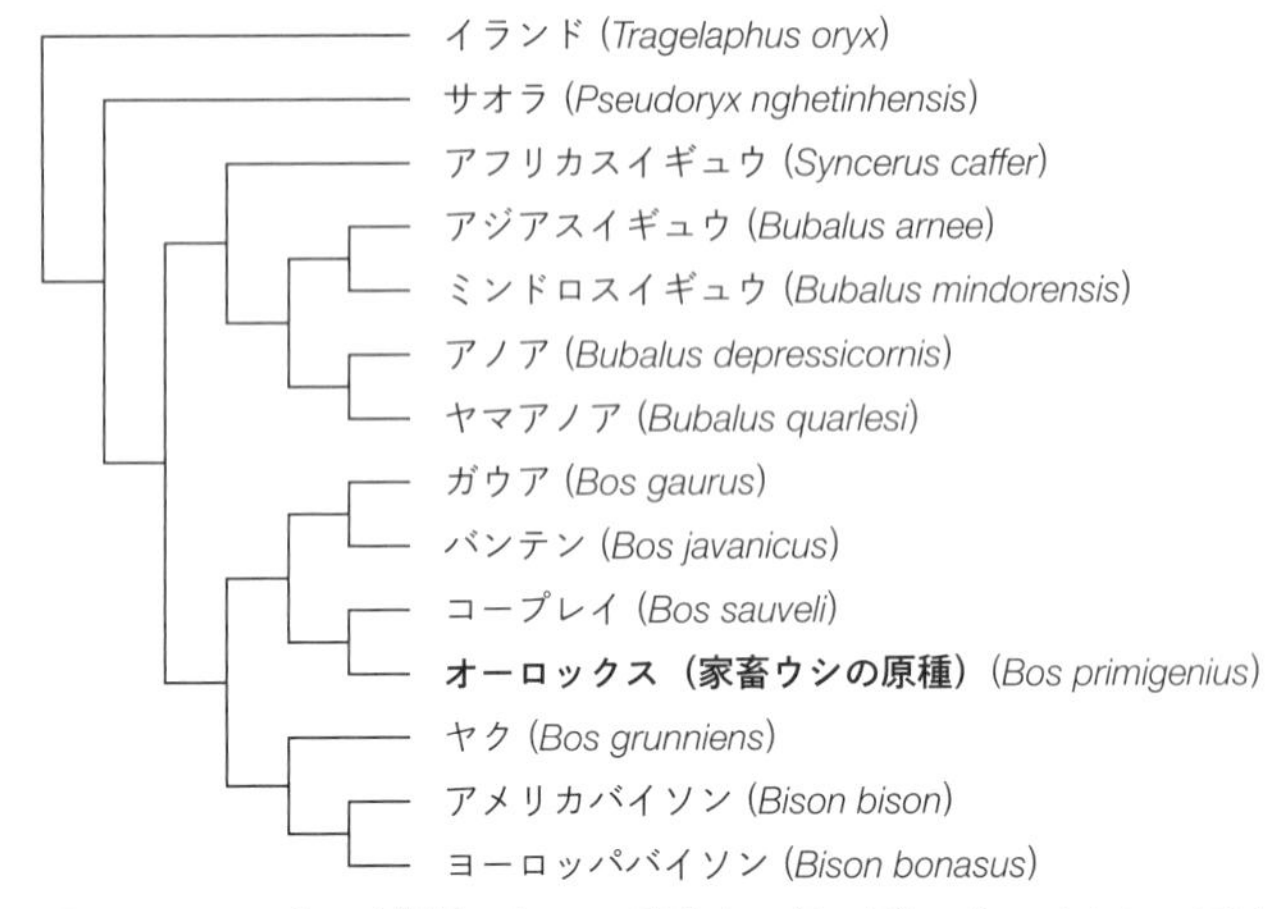


**図7.5**　ウシ亜科の系統樹。すべての野生ウシ（ウシ属）の他、バイソン、アジアスイギュウ、アフリカスイギュウなどが含まれる。(Hernandez-Fernandez and Vrba 2005, 286, fig.4 より)

れる。ウシ亜科以外のグループはウシ亜科が分枝したあとに複数の枝に分かれており、ヒツジ、ヤギ、アンテロープ類（レイヨウ類）の一部が含まれる[14]。ウシ亜科内では、最初にクーズー（ブッシュバック属）とイランド（イランド属）の祖先が分かれ、その次にアジアスイギュウ（アジアスイギュウ属）、さらにバイソン（バイソン属）が分かれた。残りのウシ科はすべてウシ属で、オーロックスやガウア、ヤクなどが含まれる[15]（図7・5）。

　オーロックスは更新世（氷河期）の二〇〇〜一五〇万年前にインドで出現した[16]。そこから西方へ広がり西アジアに達した。西アジアからいくつかの集団が南方へ拡散し、エジプトを通って北アフリカへ移動した。北方へ向かい、さらに地中海北岸を西方へ移動して約七〇万年前にスペインに到達した集団もいた。南ヨーロッパの集団は氷河後退に続く温暖な時期に北東方向に拡散し、約二七万五〇〇〇年前にドイツに到達した。この集団はさらに東方へ拡散し続け、やがてユーラシア大陸の温帯林の大半を占め

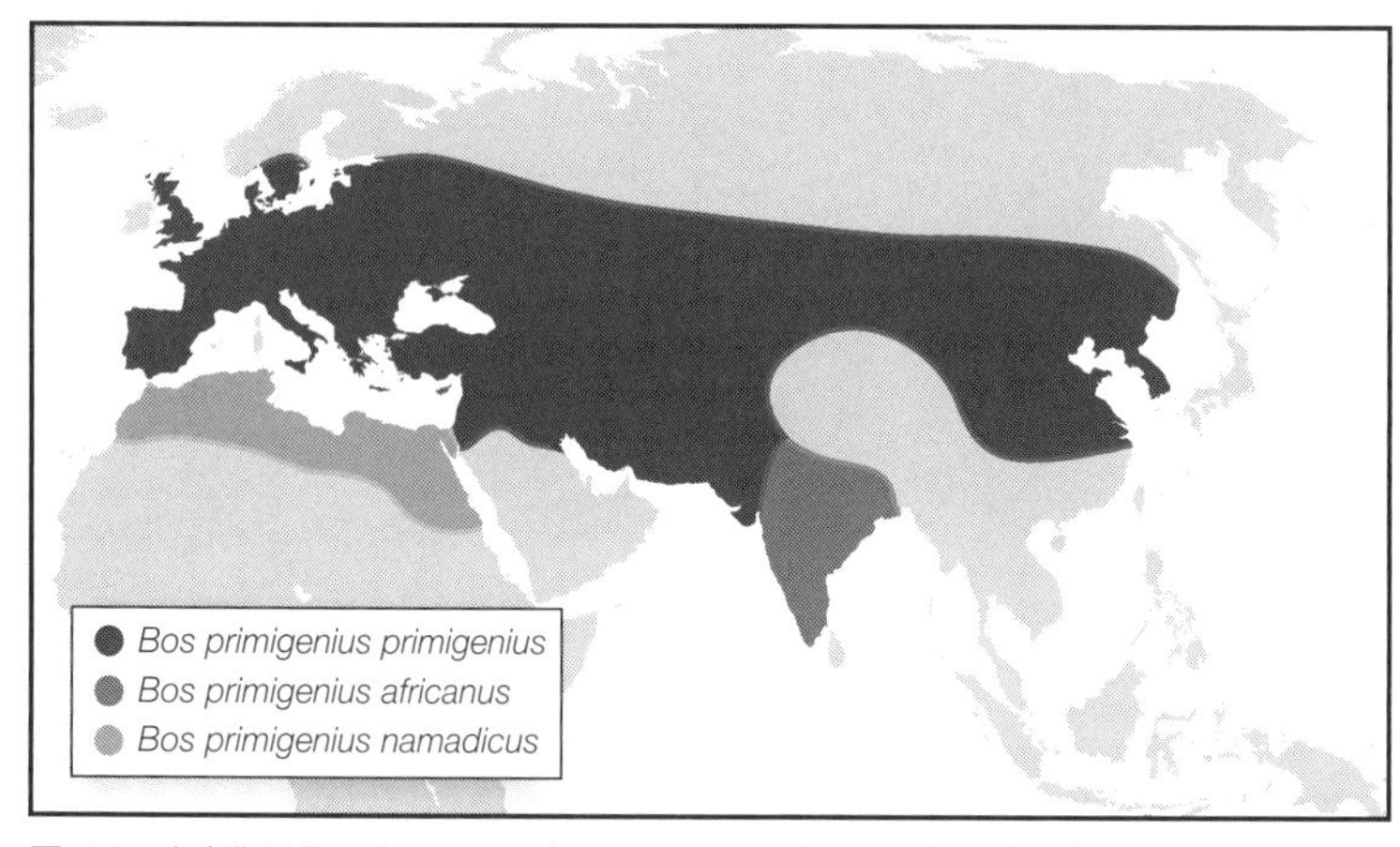


図 7.6　家畜化以前のオーロックス（*Bos primigenius*）の三亜種の分布範囲を示す地図。（C. Van Vuure, *Retracing the Aurochs: History, Morphology and Ecology of an Extinct Wild Ox*. Sofia, Bulgaria: Pensoft Publishers, 2005 より）

るに至った。家畜化されるまでにオーロックスは三つの亜種に分化していた（図 7・6）。南アジアに分布していた亜種（*Bos primigenius namadicus*）、北アフリカに分布していた亜種（*Bos primigenius africanus*）、そしてユーラシア大陸北部全域を占有した亜種（*Bos primigenius primigenius*）である。[17]

最初に人間と接触して以来、オーロックスを取り巻く環境は悪化し始めた。まず狩りの対象にされ、最終的には農耕の開始に伴って森林生息地の消失が加速化したことにより絶滅に追いやられたのである。オーロックスの絶滅のパターンを歴史的にたどると、人口密度と密接に関係しているのがわかる。最初に絶滅に追いやられたのは近東である。次にインド、そして南ヨーロッパが続いた。皮肉にも、最後まで存続したのは最後に移住した場所だった。そこが人口密度が最も低い場所だったのは偶然ではない。ローマ時代にオーロックスはまだフランス（ガリア地方）など西ヨーロッパや中央ヨーロッパで普通に見られた（ただしイタリアでは絶滅していた）。カエサルはガリア地方を侵略したときに初めて野生のオーロックスを目にし、夢中になってしまった。彼はいくらか大げさに記している。「大きさがやや象に劣り、……その力も速さも大したものである。人間でも野獣でも姿を見れば容赦しない。……小さな頃につかまったものでも、人に手なずけられたり、かいならされたりしない」[18]〔『ガリア戦記』近山金次訳、岩波文庫〕

だが、フランスでもヨーロッパの他の地域でもオーロックスは過剰に狩猟され、農耕目的で森林が破壊されたこともあり、絶滅に追いやられた。中世には、オーロックスはポーランド東部で細々と生きながらえるのみとなっていた。最後に残った雌は一六二七年に死んだ。

## 家畜化されたオーロックスの台頭

崇敬の念の対象だったにもかかわらず、人間が野生のオーロックスをひどい目に遭わせたのは明らかだ。ここで、オーロックスのうち、人間の役に立つようになったものは例外だったことに注目したい。野生のオーロックスが減少する一方で、その家畜化された子孫は繁栄していったのである。野生のオーロックスが絶滅した頃、家畜化されたオーロックスの個体数は大幅に増え、その数は地上の大型哺乳類のなかで一、二を争うほどだった。

オーロックスの運命を決する家畜化は二カ所で別々に始まった。西アジアの肥沃な三日月地帯（近東）とインダス川上流地帯（インド）である。[19] 関わったのはユーラシア大陸の亜種（*Bos primigenius primigenius*）と南アジアの亜種の一系統（*B. p. indicus*）である。後者を家畜化した子孫がゼブ牛、前者を家畜化した子孫がタウルス牛である。北アフリカでも第三の亜種（*B. p. africanus*）をもとに家畜化が独立して行われたという説もある。[20] だが、今のところ、北アフリカで最初に家畜化されたウシは近東由来のタウルス牛だった、として専門家はおおむね合意している。[21]

家畜化が最初に行われたのは近東のほうで、おそらくティグリス川上流のイラク北部やトルコ南東部でのことだと考えられる。[22] ユーラシア大陸の亜種をもとに家畜化されたタウルス牛は、そこからあらゆる方向に向かって分布を拡大したが、主に西方へ、その後南方と北方へと広がり、やがてヨーロッパと北アフリカに到達した。このタウルス牛がヨーロッパに最初に現れたのは約九〇〇〇年前、西アジアの農民がギリシャとバルカン半島を経由して移住してきたときのことで、[23] その後、ドナウ川ルート（北方）と地中海ルート（南方）という二つのルートに分かれてヨーロッパの他の地域に向かった。[24]

北方ルートに沿ったタウルス牛は、バルカン半島から中央ヨーロッパへ、最終的には北ヨーロッパにまで移動した。この移動は、それ以前に狩猟採集民が居住していた地域へ農耕民が移住したことにより促進された。そういった地域では狩猟採集民がじわじわ減少し、それとともに農耕民が徐々に増えていった。[25] 北方へ進出した集団由来の品種は地中海ルートを経た集団由来の品種とは遺伝的に異なっている。後者は南ヨーロッパで優勢であり、主に海路で到達した。[26]

南アジアの亜種由来のゼブ牛にはタウルス牛とは明らかに異なる特徴がある。首の背中側に目立つコブがあり、首の下には喉袋（胸垂）が垂れ下がっている。また、高温と干魃（かんばつ）に対する生理的な適応が見られるが、タウルス牛にはそのような性質はない。

ゼブ牛の家畜化はタウルス牛の家畜化とはいくらか異なる過程をたどった。特筆したいのは、ゼブ牛はタウルス牛よりも遺伝的な多様性が高いことである。[27] この違いが生じた理由はおそらく一つある。一つは氷河である。タウルス牛の原牛であるユーラシア大陸の亜種は、更新世の氷河期に激減した。個体数の減少により遺伝的多様性が低下するというボトルネック効果を著しく被ったのである。それに対し、ゼブ牛の原牛である南アジアの亜種はずっと南方に生息していたので、氷河によるボトルネック効果を被ることはなかった。もう一つは野生集団との交雑である。家畜化が始まってからもしばらくの間、野生のオーロックスとの交雑は続いていたのだが、南インドではゼブ牛の原牛となったオーロックスの絶滅が遅かったため、家畜ウシと野生のオーロックスとの交雑が長く続くことになった。[28] 家畜化に際してはどんな動物でもボトルネック効果が見られるものだが、ゼブ牛の場合は野生集団との交雑によってその効果がある程度緩和されたのである。

ゼブ牛の家畜化は現在のパキスタンで八〇〇〇年前頃に始まった。[29] 南インドで起こったこの二番目の家畜化についても、ある程度の証拠が得られている。[30] 家畜化されたゼブ牛は速やかにインド亜大陸全域に拡散し、その後、東へ向かって東南アジア全域と中国南部にも広がった。遠く北方へ移動したものもあり、やがてシベリア南部や韓国に到達した。[31] 西に向かったものもあり、やがて西アジア地域（もともとはタウルス牛の誕生した地である）のほとんどで、タウルス牛と置き換わった。おそらく、気候が変化して乾燥度が高くなったことに後押しされたのだろう。ゼブ牛が初めてアフリカ大陸に到達したのは五〇〇〇年ほど前のことで、おそらく海路を経由したと思われる。まずアフリカ北東部の現在のソマリア付近である「アフリカの角」に上陸し、遊牧民族とともにそこから北、南、西に向かって拡散した。[32] どこかの地点、おそらくエジプトでタウルス牛と遭遇し、新展開を迎えることになった。タウルス牛との交雑によって集団内の遺伝子構成が変化したのである。

角の長いタウルス牛が最初にエジプトの墓所に描かれたのは、約六〇〇〇～五〇〇〇年前のことである。[33] 今日、このタイプは主に西アフリカに生き残っている。[34] 角の長さは家畜化の度合いを反映しており、角が短いほうが家畜化の度合いが高い。タウルス牛の角の短いタイプが初めて描かれたのは四五〇〇年前頃のことだ。このタイプは現在でも地中海沿岸のアフリカで優勢である[35]。エジプトで初めて角の長いゼブ牛が描かれたのは第一二王朝（約四〇〇〇〜三八〇〇年前）のことである[36]。このゼブ牛は、長い角や短い角のタウルス牛と出会って互いの匂いを嗅ぎ合うや否や、両方のタイプと交雑を始めた。その結果、アフリカ独特のサンガ牛（アフリカ産のコブウシ）が生じることになった。一四〇〇年ほど前には、海を渡って交易にきたアラブ人がゼブ牛の新顔である角の短いタイプを連れてきたため、遺伝子構成はさらに複雑になった[37]。この新たなタイプもサンガ牛に加わった。サンガ牛にはさまざまな家畜ウシ集団に由来する遺伝子が混在しているのである[38]。

当然のことながら、サンガ牛の遺伝的多様性はきわめて高い。ヨーロッパ系とインド系の遺伝子の構成比率がさまざまであるだけではない。部族によって文化がさまざまであり、また飼育の環境も多様であるため、それぞれの環境に適合したものが選択されているからでもある[39]。普通、サンガ牛には背中のコブがあるが、たいていのゼブ牛よりコブは小さめである。また角のサイズには、ジンバブエ産の角のないマショナから、ルワンダやブルンジに居住するツチ族の誇りである立派な角の生えたアンコーレ・ワトゥシまで、かなりの幅がある（図7・7）。

### 崇高な存在から家畜への転身

オーロックスはまず食肉源として人間の役に立つようになった。ある時点で、おそらく人間の定住傾向が強まるにつれ、オーロックスの肉を安定した供給源とするために、ハンターたちはある種の保護策を採用したに違いない。野生のオーロックスを人間の近くにとどまらせ、ある程度コントロールしようとしたのである。

図 7.7　アンコーレの雄ウシ

この段階では人間側としては大して管理する必要もなく、ただオーロックスが森の中に移動しないようにする程度のことだった。この緩い管理は一〇〇〇年あるいはそれ以上続いたかもしれない[40]。このような、野生状態から家畜の原型的な状態に至る段階では、変化はほんの少しずつ起こっていったのだろうが、やがて人間が管理に大きな力を注ぐようになり、大型でいまだに危険なオーロックスを囲い込んだり動きを誘導したりすることが次第に増えていったのである。人間のコントロールがかなり及ぶようになって初めて、搾乳や荷物の運搬、畑を耕すといった食肉の供給源以外の用途に使えるようになったのだ。それにはいったいどのくらいの時間がかかったのだろうか？

アンドリュー・シェラットが提唱した従来の考え方では、このような別用途は約五〇〇〇年前の新石器時代終わり近くになって初めて近東で進化し、それによって「二次産物革命」が起こったとされる[41]。最近、この仮説に異議が唱えられた。一万年前の陶器に牛乳の残渣が付着していたという証拠が得られたのである。

一万年前といえば、ウシの家畜化が開始したと考えられている頃にかなり近い[42]。だがこの年代は疑わしい。初期の家畜化段階では、どれほど従順であったとしても、子ウシを押しのけて乳首に手を出すなんて、オーロックスの標準的性質からすれば牛跳び以上の勇気が必要だっただろう。さらに、その乳房から得られる程度の量では、とてもじゃないが、奮闘し危険を冒すには釣り合わなかっただろう。象徴的な価値を求めてのことならひょっとしたらありえたかもしれないが[43]。

しかし、地域によっては、酪農が五〇〇〇年前よりもかなり前に重要なものになったのは確かである。トルコ北西部では八〇〇〇年前には牛乳の処理や貯蔵が行われていたという十分な証拠が得られている[44]。それから五〇〇〇年のうちに、酪農はヨーロッパ南東部でも行われるようになった[45]。そこからドナウ川ルートに沿って徐々に発達していった酪農は、最終的にヨーロッパ北西部に到達し、のちに空前の規模まで発達することになった[46]。酪農は人間がかなり力を注いで管理しなければ立ち行かず、また肉牛に要求されるよりもはるかに高度な従順性が必要なのを考慮すれば、こうした初期に乳などの産物が消費されていたのは注目に値する。

哺乳類ならどの家畜にもあてはまることだが、家畜化に至る最初の自然選択とその後の人為選択において、選択の対象となったのは従順性であり、人間がそばに近寄っても平気でいられるという能力だった。おそらく、身体的な面で最初に見られた変化は体全体のサイズの減少だろう。ガウアは現存する野生ウシのなかでも最大だが、その巨大なガウアでさえ野生のオーロックスに比べれば小さいのである。オーロックスの雄は一五〇〇キロを超えることもあっただろうが、これはスペインの闘牛の三倍である。雌は雄のおよそ四分の三だったが、それでもなお、現存する家畜ウシのほとんどに比べてかなり大きかった。またオーロックスは四肢がかなり長く肩高が高かった。オーロックスの肩高は約二メートルで、この数字は子

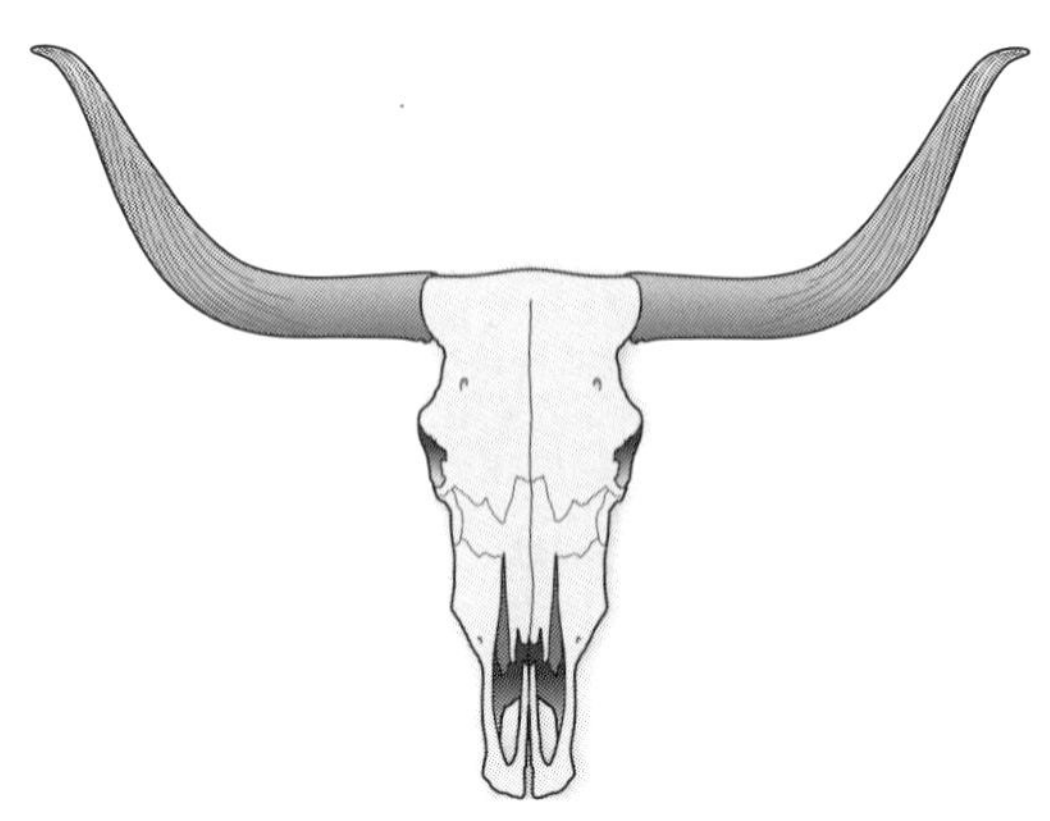

図7.8　オーロックスの角は特徴的な3つのカーブからなる。

孫である家畜ウシの体長とほぼ同じである。また特に雄は首や肩の筋肉がよく発達していた。頭骨は家畜ウシよりもかなり大きくて長く、角も巨大だった。

オーロックスの角は三つのカーブからなる複雑な形状をしているのが特徴である（図7・8）。根元から見ていくと、まず上方かつ外側に向けて張り出し、次に前方かつ内側へ曲がり、最後に上方へカーブしている。家畜ウシのなかでこのような形状の角を保持しているのはごく少数の品種だけで、そのうちの一つがスペインの闘牛である。だがスペインの闘牛の角はオーロックスに比べてかなり小さくなっている。体全体が小さくなっているが、角はそれ以上に退縮しているのである。角の退縮が最高に達しているのは「角なし」の品種で、雌雄にかかわらずどの個体も完全に角を欠いている。

キツネでもブタでも、哺乳類の家畜化で最初に起こる変化は共通している。その一つは、野生型の毛色が失われることだ。これは第一に自然選択による圧力が弱まることによる。オーロックスも例外ではない。毛色の違いは、初期のウシ飼いが自分のウシと野生個体とを区別するのに役立ったかもしれない。そのような状況であれば、野生のオーロックスが普通に見られ、家畜ウシがどちらかというと放し飼いに近いような地域でも、遺伝子移入をうまく防げただろう[47]。遺伝子移入という点で主な危険要素は雄のオーロックスだったと考えられる。雌のオーロックスが貧弱な家畜ウシの雄よりも野生のオーロックスを好んだのは間違いない。一方、雄のオーロックスは野生の雄イノシシと同様、それほど選り好みはしなかった。というわけで、雄のオーロックスが家畜ウシの遺伝子プールにオーロックスの遺伝子を持ち込むのを防ぐのが特に重要だったのである。必然的に、家畜化初期段階では間引きが頻繁に行われたかもしれない。

オーロックスはガウアに似た特徴的な毛色をしていた。雌と若い雄は濃い赤褐色で、雄は成長すると毛色が濃くなってほとんど黒色になり、背筋に沿って黄褐色の「鰻線(まんせん)」と呼ばれる筋が走った。角や体のサイズと同様に、現存する家畜ウシの品種の毛色はバリエーションが非常に豊富であるが、にもかかわらず、この特徴的な毛色のパターンを保持しているものはほとんどいない。家畜ウシにはホルスタインのように斑模様の品種が多く、ホワイト・パークやキアニナのようにほとんど全身真っ白の品種もいる。これまで見てきたように、白は家畜化に特徴的な毛色である。

毛色における性的二型もまた、オーロックスに似た品種のいくつかを除いて失われてしまっている。それ以外の性差も家畜化過程を経るうちに小さくなっている。たとえば雌雄ともに体は小さくなっているが、両者のサイズの差は縮まっている[48]。これは角のサイズにもあてはまる。また雄は行動的にも雌に近くなっており、野生の先祖よりも攻撃性が低下し、したがって愛想がよくなっている。ブタと同様に、このように性差がなくなっていく傾向は、人間が管理する環境下で性選択の圧力が低下したために生じたことだ。場合によっては、従順な雄ウシを求めて意識的に選択してきたことによってこの傾向が増大したのは疑いない。

性差の減少はまた従順性を対象とした選択の副産物かもしれない。それは本書でこれまで見てきたように、生後の発達過程にネオテニー的な変化が生じることによって現れるものである。雄は発達がゆっくり進み、雌よりも二、三年遅れて成熟する。そのため、ネオテニーは雌よりも雄のほうに大きな影響を与え、角などのあとになってから発達する形質が特に変化するのだろう。雌雄ともに角のサイズが小さくなるのもネオテニー的な特徴かもしれない。鼻づらや四肢の短縮など、家畜化ではよくセットになって見られる表現型でも同様である。短い角や角のない品種の進化は、角の発達におけるヘテロクロニー的な変化が比較的明確に現れたものかもしれない。

とはいえ、家畜ウシの特徴の多くが特定の形質を対象に人為選択を行った結果生じたものであることは明らかだ。乳の生産については特にそれがあてはまる。野生のオーロックスの雌は遠目では乳房が判別できなかった。現代のホルスタインのグロテスクなまでに腫れ上がったミルクタンクを想起すれば、きわめて対照的であることがわかるだろう。乳房を増大させ乳の産生量を増加させるために、人為選択がしつこく行われてきたのである。

牛乳は人間の食生活にさまざまな利益を与えてくれる。まず、哺乳類の子どもが実証しているように、万能の優れた食料である。またカルシウムを豊富に含んでいる。日射量の少ない高緯度地方では、紫外線のレベルが低すぎてビタミンDが合成できず不足するため、カルシウムのレベルも低くなってしまう。この点で牛乳は特に価値が高い[49]。さらに、干魃期には牛乳は貴重な水分供給源となる[50]。この三つの利点が、程度の違いこそあれ、ヨーロッパのみならずインド北部やアフリカ東部、さらには近東で酪農が発達するにあたって、重要な要因となった可能性がある[51]。

だが、牛乳やその産物が人間の食料の重要な一環となる以前に、克服すべき問題がある。牛乳に多く含まれるラクトース（乳糖）だ。人間の子どもはラクターゼ（乳糖分解酵素）をもともと多量に産生しているので、子どもにとってラクトースは問題にはならない。だが成長すると、ほとんどの人ではラクターゼの産生量が激減し、ラクトースを摂取すると腹痛などの症状が生じてしまう。これがラクトース不耐症（乳糖不耐症）である。ということは、酪農を初期段階以上に発達させるためには、酪農を営む人間側に生物学的な変化が起こって、成人になってもラクターゼの産生が持続するようにならなくてはならないのだ。ラクターゼ産生の持続を引き起こしたと推定される突然変異遺伝子は、北ヨーロッパ人の集団中にまず発見された[52]。この突然変異遺伝子の頻度は、牛乳が食料としてそれほど重要なものではないヨーロッパ南部に向かうにつれ低下する。

おもしろいことに、北ヨーロッパ人にラクターゼ産生の持続を引き起こしたのと同じ突然変異が、北インドの酪農を行う集団でも同定されている[53]。この突然変異が独立に生じたとは考えにくい。おそらく両者に共通する祖先集団で生じたのだろうが、その集団がどこに生息していたのかははっきりしていない。酪農が最初に発達したトルコ北西部だったかもしれないが、そうとも限らない[54]。最初に牛乳を飲んだ人たちはおそらくラクトース不耐症だっただろう[55]。ラクターゼ産生の持続を引き起こす突然変異遺伝子が最初に一般的になったのがどこであろうと、その地域を出て南東方向へ向かった人たちや北西方向へ向かった人たちがいたに違いない[56]。ヨーロッパと同じように、インドでもこの突然変異遺伝子の頻度は、酪農の重要度の低い南部へ向かうにつれ、低下している[57]。

しかし、東アフリカの牧畜民にはこの突然変異遺伝子は見られない[58]。また、サウジアラビアやシナイ半島のアラブ系遊牧民であるベドウィンも、摂取カロリーの多くを乳製品に依存しているのだが、この遺伝子はもっていない。そのかわり、ベドウィンではラクターゼ産生の持続を引き起こす他の突然変異が何種類か生じていることが明らかになった。アフリカの牧畜民のすぐそばで、牛乳をほとんどあるいはまったく消費せず、突然変異遺伝子ももっていない部族が生活しているという事実は、なかなか示唆に富んでいる。[59] 都会で生活するパレスチナ人などアラブ人集団でも、その近くで牧畜生活を送るベドウィンには普通に見られる突然変異遺伝子の頻度が低いという事実も同様に示唆的である。[60] ヨーロッパとアフリカで見られるラクターゼ産生の持続は、同様の環境条件下で生活する複数の人間集団で起こった収斂進化の一例であり、この場合はそれぞれ独自に発達した文化的慣習が環境条件として影響を与えたのである。

もちろん、人間の文化的慣習と、移住によるその拡散は、現代のウシの品種の発達においても重要な要因であった(付録3を参照)。

## ウシのゲノミクス

ウシの家畜化の歴史については、遺伝子による研究が多く行われ、マイクロサテライトやミトコンドリアDNA、Y染色体のDNAなど、きわめて分子量の小さいDNAの塩基配列が解析されてきた。しかし、いまわたしたちはゲノミクスの新時代に突入したところである。ウシの全ゲノムが最初に解読されたのは二〇〇九年のことだった。タウルス牛系統の一品種であるヘレフォード由来のゲノムである。[61] 以来、複数の品種のゲノムが解析された。[62] その後まもなく、イヌやブタで行われたのと同様に、ウシの各品種のゲノムを比較することにより、機能的な重要性をもつかもしれない突然変異の有無が調べられた。[63] いつものように、最初に調べられたのは点突然変異、いわゆる一塩基多型(SNP(スニップ))である。スニップを手がかりに、タンパク質をコードしているDNA配列でも、非コード配列でも、自然選択および人為選択の痕跡を検出することができる。[64] 選択が強く働いた証拠となるもののなかには、牛乳産生[65]や成長速度[66]に関するものがあった。これらは特に驚くべきものではないが、その他、意外なものとして、免疫応答[67]に関わるものも見つかった。

機能的な形質や品種の違いでは、スニップ以外の突然変異も目立っていた。ウシでは特にコピー数変異（CNV）がよく研究されている[68]。そのなかで、ホルスタイン（乳牛品種）とアンガス（肉牛品種）間でのCNVの違いを調べた研究[69]に注目したい。ホルスタインでは特に乳汁分泌に関するCNVが豊富に見られた。ここから、牛乳産生量を増やすためにしつこく行われた人為選択によって得られた良好な結果には、点突然変異のみならず遺伝子増幅も寄与していることが示唆された。実際、どんな種類であれ強い選択圧に対し、ゲノムは点突然変異よりもむしろCNVを起こして反応する可能性が高いと考える証拠がある[70]。

## オーロックスからホルスタインへ、そしてまた逆戻り？

一万年も経たないうちに（進化的な観点からはほんの一瞬である）、人間は野生のオーロックスから七〇〇種類ものウシの品種を作り出した[71]。その過程で野生のオーロックス自身は消滅した。さらに家畜化過程が進行するにつれ、いまや、現存する品種の多くが消滅しそうになっている。何よりもまず、農業の機械化とグローバル化がますます進み、それによってある種の効率が要求されているのだが、機械化されていない状況で開発された地方独自の品種は、そのような要求に合わせることがほとんどできないのである。

わたしは一九六〇年代から一九七〇年代初めにかけて、カリフォルニア州のセントラルバレーで育ったが、当時はどの農場にも少なくともウシが三品種はそろっていたものだ。ホルスタインとジャージー、ガーンジーである。ブラウン・スイスやエアシャーは一般的ではなかった。今では産生力の高いホルスタインしかいない。他の品種はみんな消失してしまったようだ。実際、この本のために調べていてショックを受けたのだが、ガーンジーはいまやヘリテージ品種扱い、つまり絶滅の危機に瀕しているわけだ。ベータカロテンを豊富に含み独特の金色に光るガーンジーの乳に出会える可能性はほとんどない[72]。乳脂肪分の多いジャージーの乳を味わいたいと思っても、見つけるのは難しいのだ。

遺伝的多様性の損失は個々の品種内でも起こっている。最も顕著なのはホルスタインである。人工授精によりわずかな数の雄ウシが大多数の雌ウシを妊娠させている。わずか二頭の雄ウシ（しかも父親と息子）が、全米のホルスタイン集団の七％に遺伝子を提供している。遺伝的多様性なんかくそくらえ、ってことだろうか[73]。

肉牛の世界でも事態は変わらない。今日の米国では、肉牛の八五％以上がアンガスやヘレフォード、シンメンタール、あるいはそれらを交配したもので占められている。米国が多様性損失の先頭に立っているのはいつものことだが、米国以外でもイギリスからブラジルに至るまで、世界中で同じような傾向が見られるのである。ブタと同様、肉牛のヘリテージ品種（ベルテッド・ギャロウェイ、デクスター、ホワイト・パーク、リンカーン・レッドなど）にはいくらか希望もあるが、美食家の敏感な舌と、新奇なものを追い求める性癖頼みである。スローフード運動も肉牛と乳牛の両方の品種にとって助けになりそうではある。

絶滅の危機に瀕しているものでも主に荷物運搬用だった品種のなかには、料理界から助けてもらえるものもあるかもしれない。マレンマナとパフナという、オーロックスによく似た二品種である。他にも荷物運搬用の品種のサヤグエサ（ザマロナ）も、どんな味かは知られていないが、絶滅したオーロックスとの類似度が高いため、未来があるかもしれない。現在、科学者たちがオーロックスを遺伝的に復活させようと試みているのである。

二〇世紀初頭、ヨーロッパには野生のオーロックスの絶滅に深い悔恨を抱いた人たちがいて、復活計画が立てられたことがある。ドイツではヘルマン・ゲーリングの立案により、ナチスがオーロックスを蘇らせようと試みた。実際に計画を進めたのはハインツとルッツのヘック兄弟。ミュンヘンではハインツがハンガリアン・グレイ（ハンガリアン・ステッペン）やウクライナ西部のポドリアの草原地帯に生息していた種（ポドリアン）などオーロックスに近い品種と、スコティッシュ・ハイランドやジャーマン・フリーシアンその他を交配した。ベルリンではルッツがまったく別の方向から取り組み、南ヨーロッパ産の品種に注目して、カマルグ牛やスペインの闘牛用品種などを交配した。二人はそれぞれ、わずか数世代の交配によってネオ・オーロックスを作り出すのに成功したと主張した。だがどちらも間違っていた。

どちらのネオ・オーロックスも本物のオーロックスに比べて体はずいぶん小さく、家畜ウシのように胴体が短かった。角は平均的な家畜ウシに比べれば長かったが、概してオーロックスの角とは形が違っていた。ネオ・オーロックスのなかには、背筋の鰻線を含め、オーロックスと同じ毛色のものもいた。しかし、わたしは最近エジンバラ動物園でその一群を見たのだが（ヘック兄弟の作出したネオ・オーロックスの子孫は、現在もヨーロッパの動物園などで見ることができる）、オーロックスと同じ毛色のものは群れの中に一頭しかいなかった。ほとんどはスコティッシュ・ハイランドそっくりで、もじゃもじゃの長い毛まで生えていた。振り返ってみると、この失敗した実験は、表面的な類似性だけに基づいた怪しげな遺伝学頼みのものだった。ナチスのやりそうなことではないか。

近年、もっと精巧なオーロックス復活計画がオランダで立ち上げられた。これは有望である。「タウルス・プログラム」と呼ばれるこの計画は、最先端のゲノミクスと動物考古学、歴史学、生態学を組み合わせたものだ。専門家がチームを組み、創始者となる品種として南ヨーロッパ産のオーロックスによく似た品種（サヤグエサ、パフナ、マロネーザ、ツダンカ、スペインの闘牛用品種など）を主に用いることを決定した。ヨーロッパの自然が残る地域に、オーロックスに限りなく近づけたウシを再び生息させるのがゴールである。結果を判定するにはまだ早すぎる。実際、計画がうまく進んだとして、交配相手の選択に人間が極力手を出さずウシ自身に任せるようにして、その結果、崇高な野生のオーロックスに似たものが現れるまでには数百年はかかるだろう。そのとき、野生ウシに闘いを挑む者こそが、勇敢な闘牛士と呼ばれるのである。

# 第8章　ヒツジとヤギ

ヒツジとヤギは根本的によく似ている。これは、系統樹上できわめて近いところに位置しているからである。ちょっとでも風が吹けば、ヒツジとヤギの乗った枝の葉っぱがこすれ合いそうなほどだ。両者は進化の歴史をかなり共有しているため、ひとまとめの群れで飼育することができる。それで結果的に土地が有効に活用できることがわかり、人間の歴史のなかではヒツジとヤギは一緒に飼育されてきた期間のほうが長い。しかし、西欧文化ではあえてその違いを強調しようとしてきた。その結果、ヤギにはいろいろとネガティブなイメージが結びつけられることになり、貶めの対象とされてしまっている。完全なる悪である悪魔（サタン）が人間とヤギのキメラとして描かれたりすることもしばしばである。

ヤギが色情狂の見本ともみなされるのは、おそらく悪魔からの連想によるものだろう。とはいうものの、実際、この比喩が示す性欲過剰という点で、雄ヤギのほうが雄ヒツジよりも激しいわけではない。どちらも相手かまわずで、まったく受け入れ態勢にない雌とも交尾しようとするほどである（ただし雄ヒツジのほうは受け入れてもらえる）。英国には「ヤギのように好色な（randy as a goat）」という変わった言い回しがある。だが、「ゴート」という語は雌雄を区別せず雌ヤギまで含んでいるのだから、この表現は不適切である。「ゴート」のかわりに雄ヒツジを意味する「ラム」を用いて「雄ヒツジのように好色な（randy as a ram）」とするほうがふさわしい。これなら韻も踏めることだし。だが、実際にはヤギは雌雄両方が一緒くたにされ、性的行動について取り沙汰され、さらしものにされているわけだ。ヤギがスケープゴートにされているのである。

「スケープゴート」という語はユダヤ教の伝承に由来する。毎年、贖罪日（ヨム・キプール）には祭司が雄ウシ一頭とヤギ二頭を選んで生贄としていた。[1] 雄ウシは祭司長（アロンの息子たち）の罪をあがない、ヤギのうち一頭は民衆の罪をあがなうために、それぞれ屠られた。もう一頭のヤギがスケープゴートであり、（ユダヤ人的な観点からすれば）屠られたヤギ以上に苛酷な運命にさらされた。同じく民衆の罪をあがなうためにヤギは荒野へと追放されるのだが、追放されてそれでおしまいではない。ほうっておくと戻ってきてしまい、そうすると民衆が再び罪を負うことになるので、たいてい誰かがあとをつけていき、こっそり崖から落とすなり何なりして死ぬのを見届けたのである。[2]

とはいえ、ユダヤ人はヤギに対して特に憎悪を抱いていたわけではなかった。生贄として扱っていたという事実から、まったくその反対であることがわかる。ヤギの評判が急落したのはキリスト教のしきたりができてからである。おそらくキリスト教徒をユダヤ教徒から区別する方策として、「マタイによる福音書」の有名なフレーズにあるように、キリストは最後の審判の日にはヒツジをヤギから分けると宣言したのだ。[3] ヒツジは天国に属する群れとしてキリストの右側に座らせ、ヤギは左側に置いて邪悪なヤギ飼いであるサタンの永遠の所有物だとしたのである（ヒツジの雄には八％というけっこうな頻度で同性愛が見られるのだが、それは最後の審判の日に咎められることはない。ヤギのほうは性的なしきたりを尊重しているというのに、それは評価されないのだ)[4]。

新約聖書をざっと見ただけでも、すべてのよきクリスチャンは(おそらく性的な面は除いて)ヒツジのようになりたいと熱望し、主イエス(自身も神の子羊であり、神の子ヤギではなかった)は羊飼いであろうとしているのは明らかである。ヒツジとヤギを二つに分けるというこの理屈は、牧畜民なら誰もが思い当たるものだ。ヒツジはヤギよりも従順で扱いやすいのだ。誘導犬でも追い立て犬でもかまわないが、よく訓練された牧羊犬が一匹いれば何百頭ものヒツジをまとめられる。ヤギの場合は一匹では足りない。ヤギは社会的だが追従する性質は生来もっていない。ヒツジよりもずっと独立独行的なのである。

自分が左利きのせいかもしれないが、わたしはヤギに共感する。ヤギに一目置く客観的な理由は他にもある。ヤギはヒツジよりも好奇心が強く遊び好きである。さらに、ヒツジは見かけほど愚かではないとはいえ[5]、ヤギには実際的な頭のよさという点でヒツジをしのぐものがある。ヤギは仲間の視線に注意を払って重要なことを見逃さないようにするが[6]、ヒツジはそんなことはしない。また、ヤギのほうが、柵が傷んでいるところを発見するのがうまい。天候が悪化してくるとヤギは直近の避難場所へと向かう。一方、ヒツジはただ寄り添ってかたまるばかり。降雪量が多いところでもそんな具合だから、群れ丸ごと凍え死んでしまったりすることもある。

ヤギはヒツジよりも頭がいいだけではなく、運動能力も優れている。生まれつき前肢のないヤギがいた。名前を「パン」といい、生後まだ二、三カ月の頃にオットー・スレイパーというオランダの獣医が飼うことになった[7]。驚くべきことに、パンは後肢二本だけでうまくやっていくことができ、同年齢の四つ足の仲間たちに負けなかったのである。人間の手助けなしでも餌を食べることができたし健康状態もよかったの

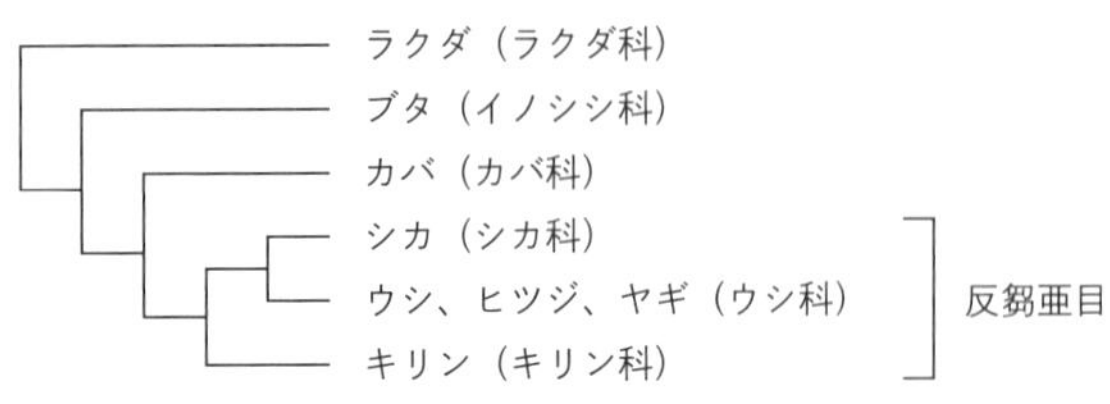


図 8.1　偶蹄目の系統樹（Price et al. 2005 より）

だが、あるとき不幸な事故が起きた。どんな事故だったのか、スレイパーは明かしていない。いにしえのスケープゴートのように、パンの死に手を貸した者がいるのではないかと疑う向きもある。有能な獣医は好機を逃さず、学問的に価値のあるこの動物を解剖した。結果は驚くべきものだった。二本足で暮らしていたため、パンの腰部の骨格と筋肉は大きく変化し、もともと二足歩行であるカンガルーや人間とかなり似た状態になっていたのである。

二本足のヤギは表現型可塑性の衝撃的な一例である。骨格系・筋肉系・神経系が相互作用しながら発達し、克服不能とも思える障害に適応したのだ。発達上解消しなければならない難問が生じ、表現型可塑性が発揮されたわけである。この事例に関して、ヒツジとヤギには潜在的にどのような違いがあるのか考えてみたい。ヤギは、運動能力に関わる形態を対象とする選択を過去に受けていたため、ヒツジよりもこの難問に対処しやすいのかもしれない。これをよく理解するには、ヒツジとヤギの進化の歴史をたどる必要がある。両者は家畜化されるよりも前に分岐していたのだが、まずは、別々の進化の道をたどり始めたときよりも前にさかのぼって、ヒツジとヤギがこれほど似ている理由を考えてみよう。

## 野生のヒツジとヤギの進化

ヤギもヒツジもウシと同じくウシ科に属している。ウシ科は偶蹄目のなかで反芻動物という大きな枝の一部をなす（図8・1）。そのため、ヤギもヒツジも、

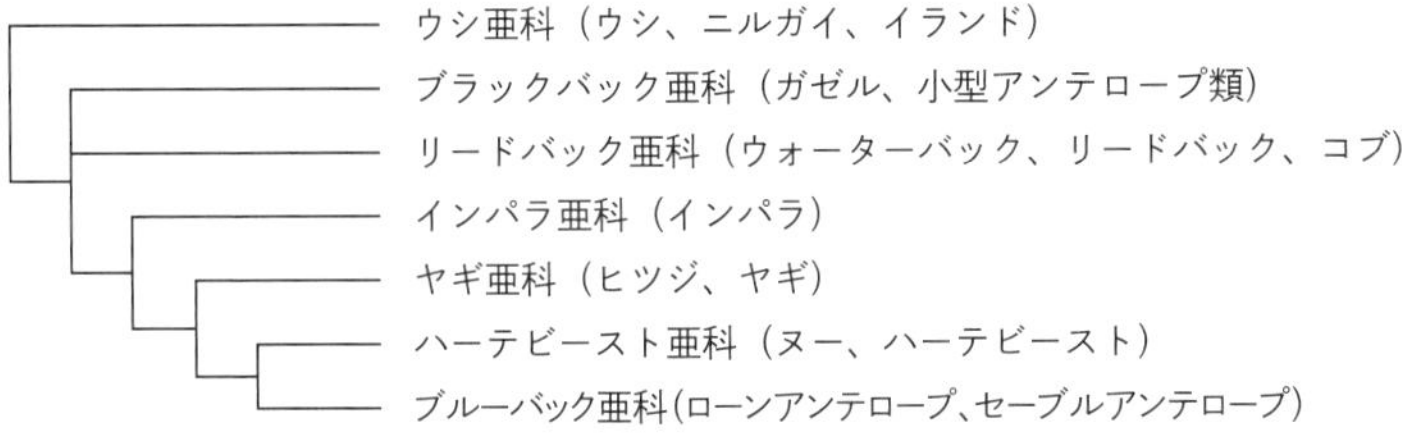


**図 8.2**　ウシ科の主要な系統（Bibi et al. 2009, 3, fig. 1 より）

四つに分かれた胃をもつなど、セルロースを多く含む食餌に対する一般的な適応形質をもっている。他のウシ科動物と同じく、ヒツジもヤギも角は生えかわらない。ウシ科は八つの亜科に分かれる（図8・2）〔図では八つのうちの七つを示している〕。ヒツジとヤギはそのうちのヤギ亜科に属する。ヤギ亜科は中新世（約一五〇〇万年前）に他のウシ科から分岐し、やがて北半球の特にアジアを分布域の中心として、山岳地帯の生息環境を占めるようになった[8]。

ヤギ亜科はさらに四つの族に分けられる（図8・3）。そのうちの一つがヤギ族で、ヒツジもヤギもここに含まれる。ヤギ族はヤギ亜科の他の族から約七一〇万年前に分岐した。科、亜科、族ときて、その次が属（種の一つ上のレベル）で、ここに至ってやっとヒツジとヤギが区別できる。ヒツジはヒツジ属（*Ovis*）、ヤギはヤギ属（*Capra*）に属する。この二つの属が分岐したのは約五七〇万年前のことだ[9]。ヒツジ属の野生種にはアルガリ（*Ovis ammon*）、アジアムフロン（*Ovis orientalis*）、北アメリカ産のビッグホーン（*Ovis canadensis*）などが含まれる。ヤギ属の野生種にはベゾアール（パサン*Capra aegragus*）、マーコール（*Capra falconeri*）、アルプスアイベックス（*Capra ibex*）などが含まれる[10]。

ヒツジもヤギも野生種は山岳地帯に生息しているが、両者が好む生息環境は異なっている。野生のヒツジは草の生えた開けた地帯に引き寄せられ、以前は現在よりも標高の低いところに生息していた。野生のヤギは標高の高い岩場を

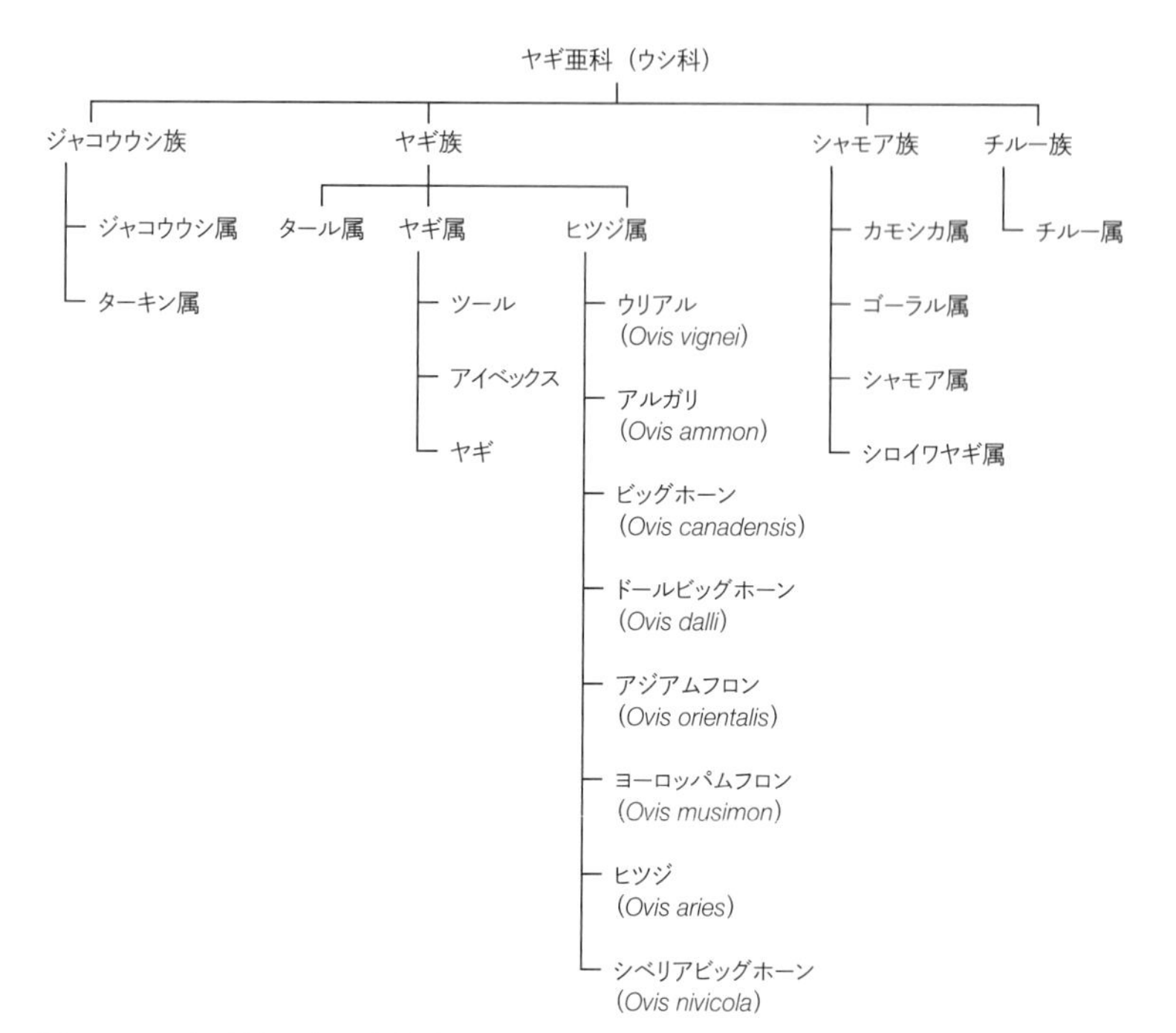


図 8.3　ヤギ亜科内の主な系統（Kopecna et al. 2004 より）

好む。そのため野生のヒツジよりも身軽で、険しい地形でもやっていけるのだ。野生のヤギがほぼ垂直の壁をやすやすと横断していく様子は人間のロッククライマーもあこがれるほどで、まさに見物である。

ヒツジは生粋のグレーザー〔草原の草本を主に食べる動物のこと〕である。ヤギは草もよく食べるが、樹木の葉も食べる。その際、上のほうの柔らかい葉に届くように後肢で立ちあがって身を伸ばし、長時間その姿勢を保つ。随時二本足で立つという野生のヤギのこの傾向（四つ足をしっかり地面についているヒツジとは対照的だ）が、巡りめぐって、なぜパンが前肢がなくても生きていけたのかを説明してくれる。どのヤギにも備わっている、二足である程度は立てるという部分的な能力を、パンは完全なものにしただけなのだ。ギリシャ人は放埒な神ディオニュソスの乱交好きな仲間として、サテュロスという半人半獣を作り出したが、二足で立てるというヤギのこの能力がその一因となったのは疑いない。さらにギリシャ神話のサテュロスがキリスト教におけるサタンという存在を作り出すのに一役買ったかもしれない。

家畜ヒツジの原種となる野生種の候補について、遺伝子による証拠はアジアムフロンを示唆している。この野生種はコーカサスの南から東南ヨーロッパと西南アジアの山岳地帯に生息していた[11]（図8・4）。今日、アジアムフロンの分布は大まかにいってコーカサス山脈、イラク北部、イラン北西部に限られている。家畜ヤギの原種となる野生種は、これもまた遺伝子による証拠からだが、ベゾアール（パサン）である。ベゾアールはかつてコーカサスから西南アジアの大半にかけて分布しており、アジアムフロンと分布域がかなり重なっていた（図8・5）。今日、ベゾアールの分布域はアジアムフロンほどには縮小してはいないが、どちらも絶滅に向かって急速に滑り落ちているのが現状である。

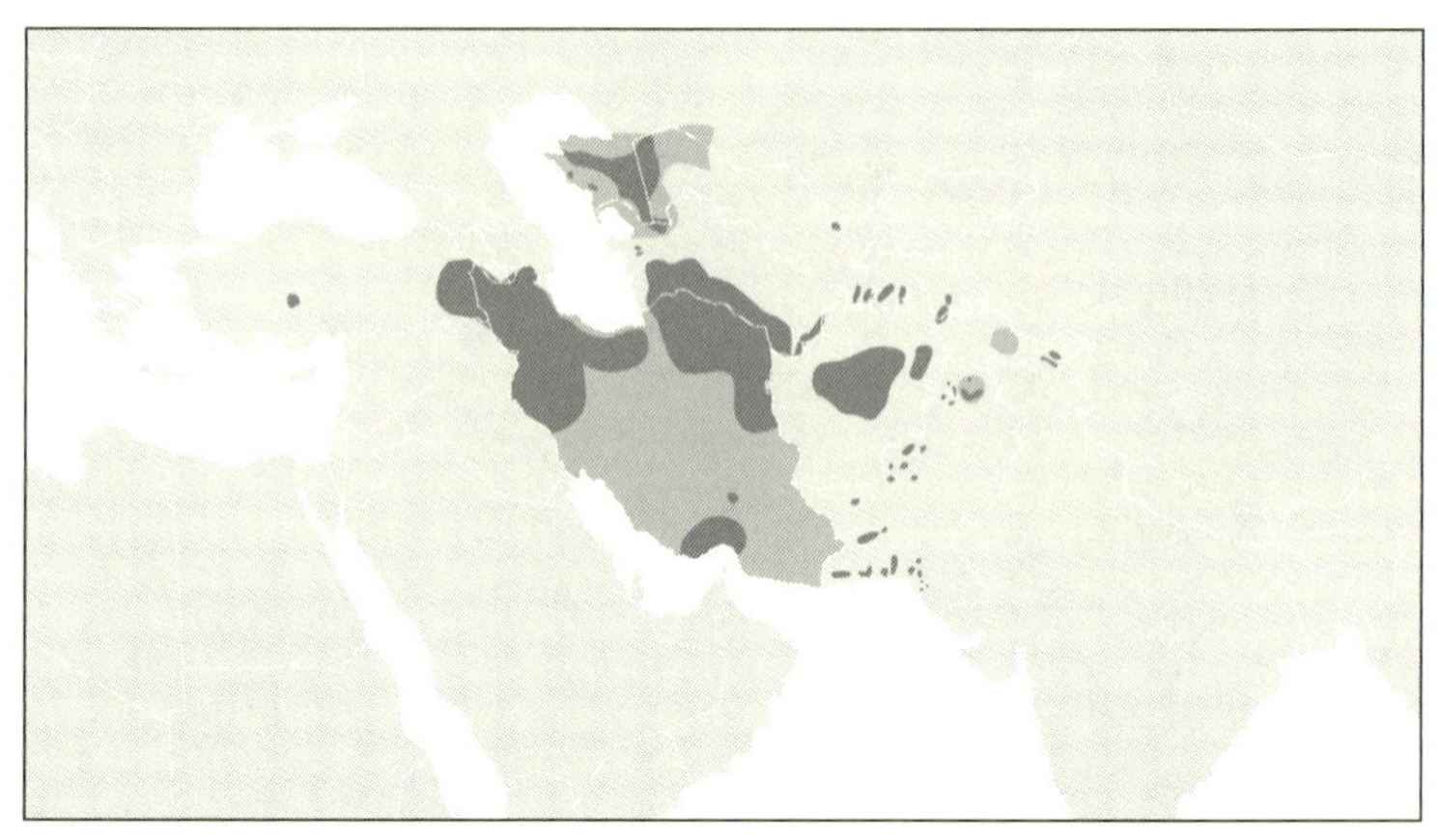

図 8.4　アジアムフロンの現在の分布域（IUCN Red List of Threatened Species の厚意により掲載）〔濃い部分は生息が確認された地域で、薄い部分は生息していると思われる地域〕

## ムフロンの家畜化

雌のムフロンは、野生ヒツジすべてや他の多くのウシ科動物と同じく、複数の雌と雌雄の幼獣で群れを作って生活している。雄の成獣は一般的に雄だけで群れになっていて、雌と関わりをもてるのは繁殖期だけである。それも、高度に儀式化されているが身体的な負担も大きい闘争によって資格を証明できたものだけに許される。実際、ほとんどの闘争は視覚的な評価によって結果が決まる。特に重要なのは、それぞれのコンディションと角のサイズである。まずポーズをとり、それでも相手を思いとどまらせることができなかった場合は、角でもって豪快にぶつかり合う。その音は何キロも響き渡り、谷から谷へこだまするほどだ。雄ヒツジたちは互いから離れる方向に走り、十分にスピードを出せる距離まで離れてからぶつかり合う。城門などを破るのに用いた武器を「破城槌（battering ram）」と呼ぶのは、これに由来する〔batter は「ものを乱打して壊す」という意味〕。衝突の後、闘士たちはいささかふらつくように見えることも多いが、無理もないだろう。だが即座に頭を振って姿勢を立て直

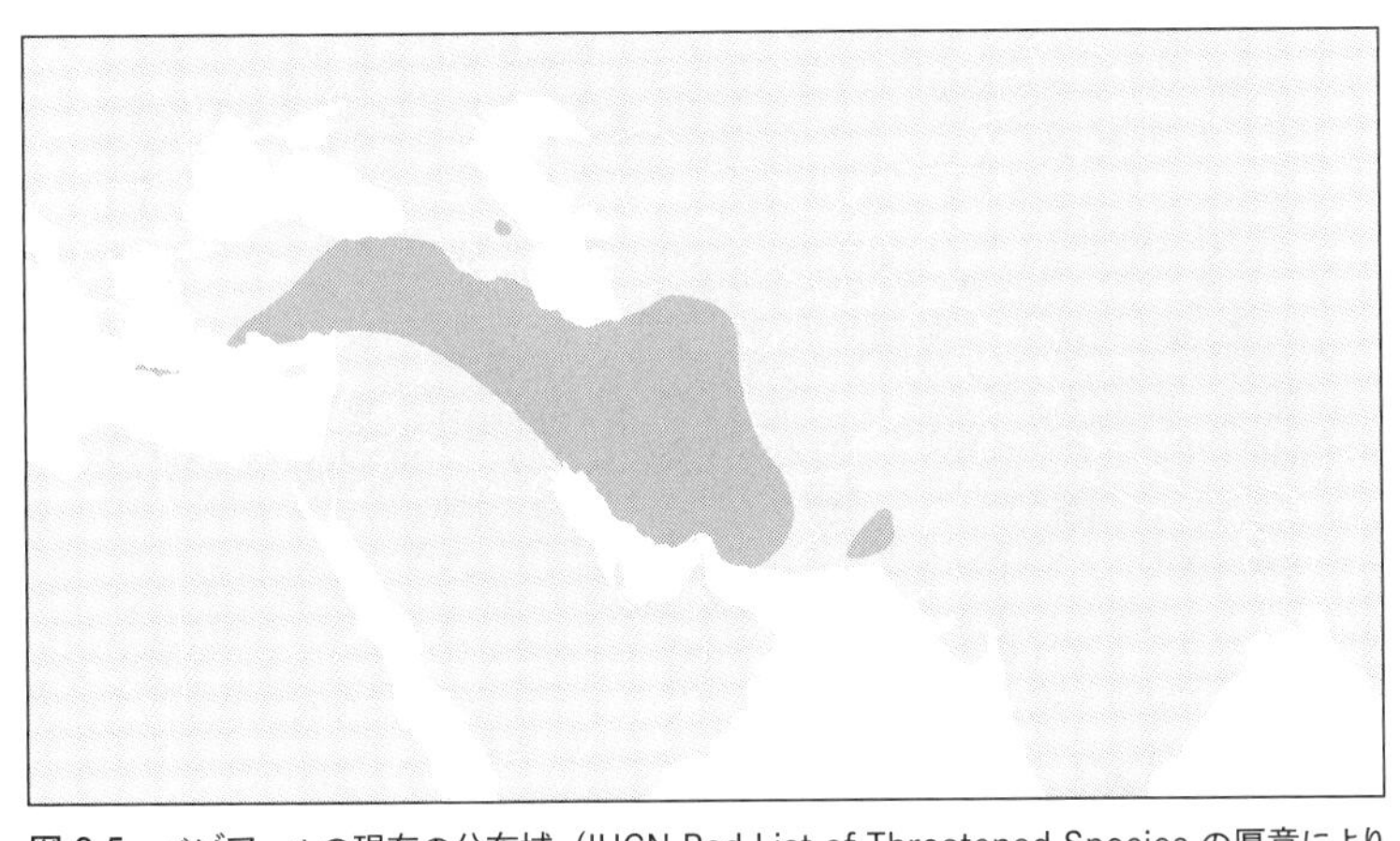

図 8.5　ベゾアールの現在の分布域（IUCN Red List of Threatened Species の厚意により掲載）

しては、何度も何度も繰り返し戦闘行為に及ぶ。突然、片方の雄ヒツジが降参してすばやく退場する。闘いの勝者は雌の大部分と親密な交渉に及ぶことができる。ただし敗者がこっそり交尾できることもある。優位な雄に気づかれず、雌が従順な場合だけではあるが（図8・6）。

考古学的な証拠は、ヒツジが最初に家畜化された場所としてトルコ内の二ヵ所を指し示している。トルコ東部のユーフラテス川上流域とトルコ中央部である。後者はウシが最初に家畜化された地域全般である[12]。遺伝子による証拠は主にミトコンドリアDNAによるもので、また別の三ヵ所を示している。家畜化が西アジアとおそらくトロス山脈とザグロス山脈という三ヵ所で別々に始まった可能性があるというのだ[13]。

ヒツジは当初は頼りになる食肉源として、さらに、イヌやネコのような片利共生的な関係によるものではなく、ウシのように生贄獣とされたことから家畜化が行われたのは明らかである[14]。この過程の初期では野生集団が管理されていた。この状態は長期間続き、管理の程度はさまざまだった。ブタやウシでもそうだが、繁殖目的には数

図8.6　ムフロン（© iStock.com/LeitnerR.）

頭の雄がいればよいので、若い雄が選別され屠殺されていた[15]。もともとの食肉用ヒツジはムフロンによく似ていたが、体格はやや小柄だった[16]。この食肉用ヒツジはおそらく人間の手によってアフリカやパキスタン、インド、中国、それにヨーロッパへ運ばれていった[17]。ウシもそうだったが、ヨーロッパへの移動には二つのルートがあった。地中海ルート（主に船による輸送）と、バルカン半島を北方へ抜けるドナウ川ルートである[18]。

原種に近い食肉用ヒツジの在来種は、大部分が絶滅している。生き残っているのは主に野生化した集団だが、そのなかには土地原産の野生種だと長らく間違われていたものもある。たとえばキプロス島やサルディニア島で「ムフロン」と呼ばれている集団がそうだ。これは実は、家畜化過程が始まった頃、原種に近い食肉用ヒツジが人間の管理下から逃げ出して野生化したものの子孫なのである[19]。その他、原種に近い食肉用ヒツジの野生化による集団には、北大西洋の諸島産のオークニー羊、ソーイ羊（ソーエイ羊）や、フェロー諸島産のもの、アイスランド産のものや北欧産の在来種がある。この北方の原始的な在来種は、野生化する前に人間の管理下に置かれていた期間が地中海の諸島産のものよりも長かったため、ムフロンにはあまり似ていない。それにもかかわらず雌雄ともに角を有し、換毛期があり、毛色が濃く、毛が粗いなどといった、もともとのムフロンの形質を保持している。[20]

ヒツジは当初は食肉用に家畜化され、長らくそのままだった。人間が羊毛を利用するために計画的に改良し始めたのは、家畜化開始から数千年が過ぎてからである。この移行を示す考古学的な証拠はいささか貧弱だが、[21]西南アジアで約五〇〇〇年前に起こったのが最古のようである。[22]その地で、移動の第二波としてこの毛用ヒツジ（綿羊）の移動があとに続いた。その移動には、北アフリカに至るルートやパキスタン経由で中国に至るルートがあった。[23]綿羊が南ヨーロッパに姿を現すのは約四〇〇〇年前のことで、おそらく地中海ルートに沿ったフェニキア人の交易によるものだったと考えられる。北ヨーロッパには、ドナウ川ルートを通ってそれよりもあとに到達しただろう。[24]この北方の綿羊は、結局ヴァイキングによってスカンジナビア半島全域、アイスランド、フェロー諸島に伝播された。[25]英国の綿羊は主に北方ルートを通ってきたもののようだ。[26]

綿羊（あるいはもっと厳密にいうなら、毛肉兼用ヒツジ）がヨーロッパに到着するとまもなく、綿羊は初期の食肉用在来種に取って代わった。この在来種がソーイやオークニーなどで、現在では、牧羊がほとんど行われていないヨーロッパの辺境地域に野生化した集団として存在するだけである。毛肉兼用ヒツジはヨーロッパでも他の地域でも在来種へと分化していき、それら在来種をもとにさまざまな品種が作られていった。現存する何百というヒツジの品種の大部分はそうやって構築されてきたものである。[27]

図 8.7　ベゾアール（© iStock.com/ilbusca.）

## ベゾアールの家畜化

ベゾアールはムフロンよりもずっと険しい山岳地帯に生息している。ムフロンと体のサイズはおおかた同じだが、ベゾアールのほうが四肢が長い。ベゾアールの毛色は集団によってさまざまだが、概して灰色か茶色の色合いで、鼻づらや胸、四肢は色が濃く、黒い場合もある。ほとんどの野生ヤギと同様、雌雄どちらにも顎の下に長い顎ひげのような毛（顎髯）が生える。顎髯を除けば、ベゾアールとムフロンの身体的相違点で最も明瞭なのは角である（図8・8）。ベゾアールの角のほうがムフロンよりも細めで長く、後方にカーブして偃月刀形をなす。角には一定間隔で環状の隆起がある。また、他の野生ヤギとは違って、角の前面には付け根から先端に向かう隆起が走っている。

ベゾアールの社会的構造および社会的行動や配偶行動はムフロンとよく似ている。ムフ

**図 8.8**　ベゾアールなど野生ヤギと野生ヒツジの角の形状はさまざまである。（*Palaeontologia Electronica*, May 2005, Article 8.1.11, fig.5 より。© Society of Vertebrate Paleontology）

ロンと同様に、雄のベゾアールは地位と雌へのアクセス権をめぐって儀式化された闘いを行う。相対して品定めをしたあと、脅える様子も見せずに頭と頭をぶつけ合って戦うのは、ムフロンと似ている。主な違いは、ムフロンでは互いにある程度の距離から助走してくるのに対し、ベゾアールでは二本足立ちができる能力を生かし、同時に後肢で立ちあがって角を打ち下ろすという点である。脳へのダメージは少なそうだが、この頭突きもまたすさまじく、ベゾアールは頸部に立派な筋肉が発達している。ムフロンと同様、ベゾアールの雄も一年の大半を雌や幼獣とは離れて生活している。

ヤギの家畜化が行われた最古の場所として今のところわかっているのは、考古学的証拠によれば、イラン西部のザグロス山脈南部である。約一万年前のことだ。[28] 遺伝子の証拠は、これもまたミトコンドリアDNAの解析によって、西アジアのその他の高地でも独立して家畜化が行われたことを示唆している。その一つはトルコ東部である[29]。それによれば、現存する家畜ヤギの大多数は、ザグロス山脈南部ではなくトルコ東部に生息していた野生のベゾアールの子孫だと考えられるという[30]。

ベゾアールが、もともと分布していなかった西アジア低地の人間の居留地に見られるようになったのは、九五〇〇〜九〇〇〇年前頃のことだ[31]。ベゾアールは、そこを中心に北と東は中央アジア、北と西はヨーロッパへ、東はインド、南はアフリカまで、各方向に人間により伝播された[32]。ヒツジと同様、ヤギはウシに比べてかなり運びやすかったので、特に家畜化の初期段階ではウシよりも急速に広まっていった。家畜ヤギの伝播に関する考古学的な証拠があまり見つかっていないのは、おそらくこのような急速な分散も一因となっているのだろう。地中海ルートに沿ったヨーロッパへの初期の伝播の証拠は、キプロス島やクレタ島、イオニア島などの諸島のヤギから得られている。それらの地域のヤギは野生のベゾアールと非常によく似ており、長らくそれらの島々原産の動物相に属するのだと考えられていたほどである[33]。しかし実際はそうではなく、地中海ルートに沿って運ばれたベゾアールが野生化したものだったのだ。

ヒツジと同じように、ヤギの被毛も家畜化の要素として常に重要なものだった。ヒツジの場合は、食肉以外に乳や被毛などを利用するという二次産物革命が起こったが、ヤギではそのような革命は起こらなかった。ヤギでは主に肉としての価値が重視されるのが常であり、被毛が利用されるようにはならなかったのである。ヤギがヒツジ（や乳牛）ほどには野生の祖先から逸脱せず、行動的にも身体的にも祖先の形質を多く保持しているのは、おそらくこの理由からだろう。

## 初期の家畜化過程

家畜化の初期段階はヒツジもヤギもきわめてよく似ていたが、ヤギのほうが文献が多いので、ここではヤギについて詳しく説明しよう。ザグロス山脈のヤギは何千年も人類の狩猟の対象だった。最初はネアンデルタール人に、のちには解剖学的現代人（形態的に現代人とほぼ同じホモ・サピエンス）[34]に狩られていたのである。この狩猟は、生きていくために必要な食料を賄うためのものであり、ヤギの年齢や性別にはおかまいなしだった。だが一万年ほど前に状況が変化し始め、若い雄を選別して狩ることが次第に増えていった。[35]群れの管理はまったく行われず、選別して間引きするだけだったが、それが家畜化過程の始まりだったのである。雄が適応度に関係なく間引かれることによって自然選択の体制が変化し、それまでの体制との違いが無視できないほど大きなものになるからだ。この段階では解剖学的な変化はまだそれほど現れないだろうが、体や角のサイズに見られる性差は次第に小さくなっていく。

このような条件下で体や角のサイズにおける雌雄の収斂が見られるのは、雄だけが変化した結果である。雄の体や角のサイズが小さくなるからだ。若い雄を間引くことにより雄の成獣同士の闘争が減り、その結果、性選択圧が低くなり、さらにその結果として雄の体や角のサイズが小さくなるというわけだ。ブタやウシ、ウマを含め、ヒツジやヤギのような配偶システム[36]をとる動物ならどの種でもありうることだが、家畜化の最初期の徴候としては性的二型が減退し始めることが多い。

家畜ヤギ（と家畜ヒツジ）はおそらく数百年間、この状態を保っていただろう。だが、九五〇〇年前から九〇〇〇年前の間のいつか、自然分布圏の範囲外で、標高の低い地域にあった人間の居留地にヤギが見られ始めた。[37]この移行により、野生のベゾアールと家畜化されつつあったベゾアールとの間の遺伝的交流は減少し、家畜化過程が大きく加速された。元の集団のなかで従順性の高い個体が人里に連れられていったのは明らかである。さらに、この新しい環境下で、ヤギは餌などの供給をさらに人間に頼ることになったわけだから、従順さはますます有利になっていった。

連れてこられたヤギたちには変化が見られ始め、角の形状が変わり、四肢が短くなり、体のサイズが小さくなっていった。加えて、性差はさらに減退していった[38]。証拠は残ってはいないが、毛色も野生型とは異なり、バリエーションが増えてきただろうと推論できる。人間に支配された新たな生息環境下では、野生型の毛色を選択する圧力が低下したからである。おそらく、家畜化で見られる垂れ耳などの表現型が現れ始めた個体もいただろう。野生型の表現型を対象とする選択圧が緩んだためでもあるし、そういった表現型と、選択の対象としてきわめて重視されていた従順性との間に、発生過程での関連性があるためでもある。遺伝的浮動もまた、たとえばこの小さな集団内である毛色のバリエーションが固定する場合の要因となったことだろう。

## 原種に近い在来種に由来する野生化集団

ユーラシア大陸と北アフリカ大陸にヒツジやヤギが伝播していく際、多数の野生化した集団が移動ルートに沿って残されていった。なかには野生の祖先とほとんど区別がつかないものもいる。それほどよく似ているのは、野生化した集団のもとになった初期の家畜が、祖先である野生種からそれほど異なっていなかった、つまり、家畜化過程のごく初期に野生化したという事実が反映されているからかもしれない。あるいは、いったんは家畜化されたヒツジやヤギが新たな自然選択や性選択にさらされた結果、野生型の表現型が復帰したことを示しているのかもしれない。おそらくこの両方が組み合わさっているのだろう。だが、家畜化の歴史が長いほど、野生型の完全な復帰は起こりにくくなる。家畜化によって入念に作りあげられてきた変化のなかには、もとに戻すのが困難なものもあるからだ。この観点から、キプロス島で「ムフロン」と誤って呼ばれている集団と、ソーイ羊を比較するのは有益だろう。どちらも家畜化された食肉用ヒツジの子孫であるが、ソーイ羊のほうは、原始的な特徴を備えているにもかかわらず、野生のムフロンと間違われることは決してないと思われる。

幸い、ソーイ羊を対象として長期にわたる見事な研究が行われている。その結果からは、全体的には生態や進化に関して、具体的には家畜化に関して重要な示唆が得られている。[39]

角について考えてみよう。ムフロンには雌雄とも角がある。雌の角はかなり小さめではあるが、餌資源を得るための優位性を確立する役割を果たしている。[40]キプロス島の「ムフロン」の雄の角ときわめてよく似ている。雌もまた同様である。ソーイ羊はヒルタ島（セント・キルダ諸島の島）で研究されているが、状況はかなり異なっている。雄のソーイ羊は毛肉兼用ヒツジよりもかなり大きな角をもつ傾向があり、その角は野生型のようにカーブした形状をしているが、ムフロンの角よりはずっと小さい。さらに、「スカープ」と呼ばれる痕跡的な角しかない雄もいるし、雌の多くは角なしである。[41]ここ数千年間、人間がまったく介入しなかったというのに、ソーイ羊の角は野生型に完全には復帰しなかったのだ。これはどういうわけだろうか？

ソーイ羊の研究者はこう説明している。大きめの角をもつ個体のほうが（雄も雌も）多くの子をなすが、ヘテロ接合体優位という遺伝子の事情により、小さめの角をもつ形質も保存されるのだという。[42]ヘテロ接合体優位は、いわゆる「ゴルディロックス原理」で説明できる。基本的に、大きな角の雄（遺伝子型 $LL$）は繁殖では成功をおさめるが、短命である。それに対し、痕跡的な角の雄（$ll$）は雌をあまり惹きつけないが長命である。中間のサイズの角をもつ雄（$Ll$）のおかゆはちょうどよく、長生きしてセックスもたっぷりできるというわけだ〔ゴルディロックスは童話『三匹のクマ』に登場する少女の名前。森でクマの家に入り込んだ少女は、三杯のおかゆを見つけ、熱すぎず冷たすぎず、ちょうどいい温度のおかゆを平らげる〕。

これでとりあえず納得はできるが、しかし、ヘテロ接合体優位がこの野生化集団では見られるのに、野生集団ではなぜ見られないのかという疑問が生じる。それを理解するには、野生化集団の野生化以前の歴史について考える必要がある。ソーイ羊は家畜ヒツジの子孫である。そのため、家畜化された動物すべてに一般的に見られる「ボトルネック効果」という遺伝的事象を経験している。家畜のもとになる個体は野生集団のごく一部であり、しかも野生集団から満遍なく選ばれたものではない。いわば偏ったサンプルである。家畜化集団の遺伝的性質は、野生集団の遺伝的性質をそのまま反映するものではなく、家畜化集団の遺伝的多様性は野生集団よりもかなり低下している。野生集団に見られる遺伝子のバリエーションのうち、家畜化集団がもっているのはほんの一部でしかないのである。そのため、家畜はあらゆる面で（野生集団からすれば）非典型的な遺伝的構造からスタートすることになる。ソーイ羊にもキプロス島の「ムフロン」にもこれがあてはまる。

偏ったサンプルによって生じたこの非典型的な遺伝的構造は、家畜化過程が進むにつれ、遺伝的浮動や選択（特に、すでに説明したような性選択）の変化によってさらに変わることになる。キプロス島の「ムフロン」は、ソーイ羊よりも早くこの家畜化過程から抜け出したため、家畜化に関連する変化をあまり受けていない。ソーイ羊の場合、家畜として長い歴史を経ていたため、野生型の角が再び進化するのを妨げられているのである。

家畜化を含めどんな進化の過程であっても、現在の生態的状況だけではなく歴史も重要である。歴史は偶然性が高いがために、そう簡単に逆転させることができないからだ。偶蹄類としての進化の経路をたどるには哺乳類としての歴史が重要であり、ウシ科としての進化の経路をたどるには偶蹄類としての歴史が重要であり、野生のヒツジやヤギとしての進化の経路をたどるにはウシ科としての歴史が重要であり、家畜ヒツジや家畜ヤギとしての進化の経路をたどるには野生のヒツジやヤギとしての歴史が重要であり、そして、ソーイ羊やキプロス島の「ムフロン」としての進化の経路をたどるには家畜ヒツジとしての歴史が重要だったのである。歴史の重要性もまた進化の保守的な面の一つなのだ。

野生のヒツジでもヤギでも、家畜化によってかなり変化した在来種や品種に由来するものでは、野生型の表現型はさらに復帰しにくい。ヒツジよりもヤギのほうが野生化した集団が多いのは、これが一つの理由である。ヤギでは二次産物革命が起こらなかったため、家畜ヤギはヒツジほど家畜化による変更を被っていない。しかし、二本足ヤギのパンの例もあるように、ヤギは全般的にヒツジよりも適応力が高い。ヒツジとヤギでこのように適応性が異なるのは、野生の祖先から受けついできたものが異なるからである。

野生化したヤギは、セント・ヘレナ島（ナポレオン追放の地）やガラパゴス諸島、フアン・フェルナンデス諸島（ロビンソン・クルーソーの暮らした島）など、荒廃しきった辺境の島々に見られる。大半は、一七世紀と一八世紀の船乗りが将来立ち寄ったときの食料供給源として置き去りにしていったものだ（ヒツジも同じように置き去りにされたのだが、野生化したヒツジは草のたっぷり生えた比較的豊かな土地でなければ生き残れなかった）。このようにして野生化したヤギは、大きな環境問題を引き起こしている。島に生息する多くの鳥類や哺乳類がヤギのせいで絶滅してしまったのだ。ヤギの駆除はいまや優先度の高い環境保全問題となっている。しかし、比較的小さな島であっても、ヤギを根絶するにはヘリコプターに射撃手、イヌ、毒物などを総動員しなければならない[43]。たとえ狭い地域であっても、野生化したヤギを根絶するには多大な努力が必要なのだ。このことから、絶滅の危機に瀕しているヤギの野生原種が、人間からどれほど強い圧力をかけられているか、想像できようというものだ。

## 在来種から品種へ

イヌでもウシでも家畜化された哺乳類はどれでも同じだが、家畜ヒツジも家畜ヤギも、世界中に広まっていきながら、各地域でその土地に適応した在来種へと分化していった。ヤギは今日でもおおむねこの在来種の段階にとどまっている。徹底的な人為選択を受けたヤギの品種はわずかしかない[44]。ザーネンやアルパイン（フレンチ・アルパイン）、ナイジェリアン・ドワーフなど、その多くは乳用として人為選択されてきた。そのなかでもフレンチ・ローヴなど、数品種はごく最近作出されたものだ。また、毛を産物とするように人為選択された品種もある。特にターキッシュ・アンゴラ（チベット原産）や中国のカシミヤ系品種がそうだ。現在広く分布しているいわゆるボア山羊は、もともとは南アフリカのコイサン人が食肉用に人為選択してきた在来種だった[45]。その他、バラディは中東で乳肉兼用として人為選択されてきたものである。

他の在来種の多くは、品種と呼ばれるものでさえ、多用途（乳、毛、肉の兼用だが特に食肉用としての色彩が強い）であり、計画的な人為選択はされていない。自分で草を食べ、交配相手を自由に選ぶことも多い。この「ヴィレッジゴート」が、世界中で急速に分布を拡大しつつあるヤギ集団の大半を占める。発展途上国を旅すれば、どこでもそういったヤギを目にすることだろう。ヴィレッジドッグと同じくらいほとんどどこにでもいるのである。

ヒツジの家畜化は在来種の段階をはるかに超えるところまで進んでいる。現在のヒツジのほとんどは、明確な品種、あるいはそれらを掛け合わせたものに分類可能である。元来は食肉用に家畜化されたものだったが、家畜ヒツジはかなり以前から羊毛の供給源として重視され、乳用としても重要度は低いが利用されてきた。二次産物革命ののち、ほとんどの家畜ヒツジは肉毛兼用の一石二鳥の供給源とされ、時には乳も利用された。品種開発が行われる以前に、在来種の段階でも用途別にある程度の特殊化はされていた。その傾向は続いてはいるが、ヒツジの品種の多くはごく最近まで兼用種であったし、いまだにそうである品種も多い。そのため、品種の系統関係と機能による分類は一致しない[40]。

ヒツジの品種の系統樹では、ムフロンを幹として、そこからまずソーイ羊のような初期の食肉用在来種が分岐した。この枝は太いが、落雷にあったかのようにきわめて短いものである。だが、それがとぎれる前に、その太い枝からまた別の長い枝が分岐し、その枝からは現在のヒツジの品種の大半が葉のように茂っている。この葉を支える枝がどのように分岐しているのか、解明するのは難しい。この部分が系統樹のなかで急速に成長したからである。また、ヒツジはヤギと同様に長距離を運ぶのが簡単であり、そのため在来種も品種の開発も、人類の歴史で起こった不測の変化にきわめて敏感に反応してしまうからでもある[47]。

メリノが好例である。この品種はもともとスペインの在来種で、良質の羊毛のために古くは一二世紀から育種されていた[48]。一八世紀までは王令により輸出が禁止されていたが、王室の国際化が進むにつれて王室からの贈りものとして流出し始め、やがてヨーロッパに広く分布するに至った。最初はわずかな流れだった移動は洪水のようになり、ついにメリノは北米やニュージーランド、オーストラリアにまで伝播したのである（北米のものがランブイエ・メリノである）。

運搬も交雑もしやすいため、ヒツジの品種には地理的分布と系統的な関係に相関はあまり見られない。ウシやヤギ、特にブタと比べるとかなり稀薄である。しかしながら、系統地理的な関係を示すシグナルが検知できないわけではない。たとえば、予備的研究によって、ヨーロッパ産のヒツジがまずアジア産とア

図 8.9　ジェイコブ種のヒツジ（著者撮影）

フリカ産両方のヒツジから明確に分岐し[49]、その後、アジア産とアフリカ産のヒツジが分岐したことが示唆されている[50]。ヨーロッパ産のヒツジのなかには、南東ヨーロッパから北西ヨーロッパ方向へ伸びる系統的な軸がある[51]。予想されるように、南東ヨーロッパ産の品種は中東産の品種と系統的に近い[52]。また、南東ヨーロッパ産の品種には遺伝的多様性が見られるが、家畜化が開始された地域との近接性を考慮に入れれば、これは予想通りである[53]。さらに細かく見れば、イベリア半島産の品種のように、高山の品種は明確なクラスターを形成する傾向がある[54]。

英国のジェイコブ（ヤコブ）種は系統と地理の関係が破綻したものとしておそらく最も奇妙な例である。ジェイコブは他の英国産品種よりも、あるいはヨーロッパ産の品種よりも、西アジア産の品種のほうに系統的に近い[55]。しかし奇妙なのはそれだけではない。ヒツジには珍しく白黒斑（まだら）であり、角が複数対あるという、これまたヒツジには珍しい形質をもっているのだ「角の本数は変異が大きく二〜六本で、無角の個体もいる」。巻きひげのような角はしばしばランダムな方向に伸びているようだ。この角のせいで、どのヤギよりもよほど悪魔的な風貌だとわたしには思える。この品種名が聖書の登場人物であるヤコブに由来するのは皮肉なことだとも思う。ヤコブは、群れに生まれた「斑の」ヒツジをすべてもらうという取り決めを岳父ラバンと交わしたのだった。他にも皮肉なことに（こちらは聖書の文字通りの解釈に関してだが）、斑のヒツジの純系の群れを作り出すことにより、ヤコブはダーウィニズムを応用した史上初の例となったのである（図8・9）。

表現型に着目すると、特定の形質を共有する近縁な品種には、系統的なクラスターがいくつかある。そのなかで最も注目すべきは、尾に脂肪を蓄積する「脂尾（しび）タイプ」と、臀部に脂肪を蓄積する「脂臀（しでん）タイプ」の品種のクラスターである[56]。これには中央アジア産のカラクル、西アジア産のアワシ、南アフリカ産のアフリカーナーなどが含まれ、乾燥した環境にもよく耐え、肉が珍重されている。

図 8.10　ラッカ羊

他に表現型が異なる系統グループとして、らせん状のねじれが目立つ角をもつハンガリー産のラッカを含むザッケル羊のグループが挙げられる。ザッケル羊は角だけではなく体格でもかなりヤギに似ている。この品種グループのメンバーは現在では広く分布しているが、発祥地である南東ヨーロッパ付近で今でも豊富である[57]（図8・10）。

メリノ、脂尾・脂臀タイプ、ザッケルタイプという系統的なクラスターの存在にもかかわらず、現在の表現型によるヒツジ品種の分類は系統とはまったく相関関係がない。ヒツジは機能で定義された六ないし七のグループに分類されることが多い。たとえば、食肉用種（チェビオット、ドーセット、ドーパー、サフォーク、テクセル、サウスダウンなど）、長毛の毛用種（クープワース、コッツウォルド、スコティッシュ・ブラックフェース、ロムニー）、毛肉兼用種（コリデール、イースト・フリージャン、フィンシープ）、ダブルコートの毛皮用種（ナバホ・チュロ、ロマノフ）、ヘアー（直毛）タイプの品種（カターディン、バルバドス・ブラックベリー、ウィルトシャー、セントクロイ）などである。だがこの分類は品種の系統にはほとんど関係していないのである。

## ヒツジとヤギのゲノミクス

近年、ヒツジのゲノミクスはかなり進歩しているし、ヤギのゲノミクスも同じく大いに進歩している。ヒツジではDNAのコード領域と非コード領域両方について、毛色や体のサイズ、体の形、繁殖形質、成長速度に関する突然変異が同定されている。[58] 選択の足跡を最も強く残しているのは、無角状態を引き起こす遺伝子である。[59]

ヤギのゲノムプロジェクトからも、きわめて有用な情報が得られている。方向性選択下で最も急速に進化した四四個の遺伝子のうち、七個は免疫に関するものであり、三個は下垂体ホルモンに関するものだ。[60] ベリャーエフの論文のことを考えれば、特に後者はさらに調査すべきである。

点突然変異（一塩基多型、SNP）による進化に加え、ヒツジでもヤギでもコピー数変異（CNV）による進化が起こったことが示されている。ウシと同じように、CNVのなかには毛色や体のサイズなど機能的に重要な形質と関係するものがある。[61] たとえばヒツジは成長ホルモン遺伝子のコピーを一〜数個もっていて、この遺伝子のコピー数と成長速度は相関するのである。[62] 人為選択あるいは遺伝的浮動がどうやってこの遺伝子のCNVに影響を与えたのか、今後の研究が待たれる。

ヒツジでもヤギでも、家畜に特徴的な表現型である白い毛色についても、CNVが重要な役割を果たしているようだ。[63] 以前、白い毛色は*Agouti*遺伝子座で優性な点突然変異が生じた結果だと考えられていた。[64] しかし最近、ザーネンなど白一色のヤギの品種のなかには、この遺伝子座にもCNVが見られるものがあることが見出された。それにより、なぜこの突然変異が単純なメンデル形質のように遺伝しないのかが説明できるだろう。[65]

トランスポゾン（TE）もまた重要なゲノムの構成要素である（付録2を参照）。こういったいわゆる動く遺伝子はゲノムのなかを動きまわるだけではなく、修復や複製を行うゲノムの仕組みをうまく利用して自らの数を増やす（反復する）こともある。特定のトランスポゾンの反復回数によって、家畜化以前と以後の両方を含め、ヤギの進化の興味深い特徴が明らかになる。あるタイプのトランスポゾンの反復は、ウシやヒツジやその他の反芻動物と共通したものだ。[66] しかし、また別のタイプのトランスポゾンは、ヤギ特有の仕方で反復している。[67] このトランスポゾンの反復回数は、ヤギの在来種と品種の系統関係の解明や、家畜化過程の再構成に大いに役に立つかもしれない。

他の種類のゲノムの構成要素は、ブタの章で暗にほのめかしておいたが、過去に起こったウイルス、特にレトロウイルスによる感染に由来するものである。HIV（ヒト免疫不全ウイルス）のように病原体となるものも多いレトロウイルスは、「逆転写」という過程によって宿主細胞のゲノム中に自らを組み込むことができる。[68] もしも宿主の精子や卵細胞のゲノム内に組み込まれた場合、次世代に伝わり、やがては内在性レトロウイルス（ERV）と呼ばれるゲノムの構成要素として、種全体に広く含まれることにもなる。

これは、進化的な意味で特に問題を起こしかねない。ERVが調節領域の近傍やその中に組み込まれ、遺伝子の調節をめちゃくちゃにしてしまう場合があるのだ。時とともに進化が進行し、成功したゲノムはERVの問題を克服し、多くの場合、ERVは新たな調節要素へと変貌する。これは「ゲノムの家畜化」と呼ばれる過程である。

ERVは系統樹を構築する際の重要なツールになっている。ゲノム内のERVはそれぞれ組み込まれた時代が異なっているため、系統を区別するためのマーカーとして特定のERVを用いることができるからだ。研究者たちは、ERVの分析によって、ソーイ羊のように原始的な食肉用のヒツジ品種の系統と、二次産物革命のあとに進化した品種と在来種すべてを含む系統とを区別できるようになったのである。[69] いずれERVマーカーは、現存する品種のもっときめ細かい系統樹を構成する際にも役に立つことになるだろう。

## よく似た種なのに異なる運命を歩むことに

ヒツジとヤギは近縁である。体のサイズも近いし形態的にも行動的にもよく似ている。もともと同じ地域でまったく同じ方法で家畜化されたものでもある。しかし、人間の文化的慣習や歴史上の偶然のいたずらにより、家畜化されてからはかなり異なる進化の軌跡をたどってきた。実際、家畜ヒツジと家畜ヤギの違いは、少なくとも外見的な形質については、野生の祖先たちの違いよりも大きくなっているというのが妥当だろう。

野生の原種でも家畜化されたものでも、ヒツジとヤギの第一の相違点は、後者のほうが表現型可塑性が大きいということである。そのため、ヤギはヒツジよりも適応力が高く、野生化した集団を見れば明白なように、広範な生息環境で生き抜く力をもっている。しかし今日、世界全体ではヒツジのほうがヤギよりも個体数が断然多い。特に、西欧文化の伝統が優勢な地域にこれがあてはまる。言い換えるならば、ヤギは資源として十分に利用されていないのである。実際、農家の庭にいるような哺乳類のなかでは、最も利用度が低いのだ。

特にヤギ乳は資源としては十分に活用されていない。ヤギ乳のほうが牛乳よりもずっとヒトの母乳に近い。[70] ヤギ乳のほうが牛乳よりも人間の健康によいのである。おまけにヤギ乳は牛乳よりもラクトースが少ない。[71] 世界的に見られるラクトース不耐症の人たちの大部分は、ヤギ乳やヤギ乳から作った乳製品には耐性があるので、栄養的に素晴らしい乳の利点を享受することができる。ヤギ乳は発展途上国で人々の健康に巨大な恩恵をもたらすことができるのだ。

毛でも乳でも肉でも、ヤギの生産物に関わる形質を対象とする人為選択計画は、ヒツジに対する同様の計画に比べてはるかに遅れている。すでに述べたように、今日生存しているヤギの多くははっきりした品種に分けられない。ささやかな投資をして、計画的な人為選択により乳用あるいは食肉用の育種を行えば、莫大な利益が得られるかもしれない。同時に、ヤギの高い適応力と頑健さを考慮すれば、すべてのヤギの集団（家畜も野生化したものも含め）はきめ細かく管理する必要がある。複数の大洋島やヤギが最初に家畜化された大部分の地域で実際に起こっていることだが、ヤギが草を食い荒らすせいで生態学的にかなりの損失が生じており、生態系が崩壊する場合もあるほどなのだ。ヤギの野生原種（ベゾアール）とヒツジの野生原種（ムフロン）もきめ細かく管理する必要があるが、その理由は家畜とはまったく異なっている。ベゾアールもムフロンも地球上から消滅する瀬戸際にいるからである。

# 第9章　トナカイ

アメリカで祝うクリスマスは、移民の国にぴったりのごった煮（ガンボ）だ。キリスト教団体のなかでも無遠慮なある一派は、クリスマスをもっと純粋にイエスの誕生を祝うものにしたがっている。ツリーやサンタクロースやプレゼント交換など、異教徒的で汚（けが）れたシンボルや習わしは排除すべきだというのである。マントラのように繰り返されるおなじみの文句は「イエスこそがこのシーズンの理由（リーズン）である」というものだ。キリストの誕生を祝うことこそが本来のクリスマスの理由だというのだ。しかし、これはまったく偏狭な見解でしかない。実は太陽こそが「シーズンの理由」なのである。どういうことかというと、北半球ではこのシーズンに太陽の南中高度が年間で最も低くなり、日の射す時間も最も短くなる。どん底をついた太陽はその後一転して高くなり始め、人間にとっても他の生物にとってもありがたいことに、お日様の当たる時間が長くなっていく。つまりこのシーズンは一年のうちで転換点となる重要な時期なのだ。高緯度地方では太陽の年間の経路を正確に把握できるようになって以来、季節の節目を祝福してきたのである〔一二月二二日頃は日長が最短になる冬至である」。

カトリック教会が専断的にイエスの生誕日を定めたのは、イエスの死から数百年も経ってからのことである。新約聖書にはそれについて何も記載されていない。当時の法王が生誕日を一二月二五日としたのは初期キリスト教会指導者たちの解釈に倣(なら)ってのことだったが、それは同時に、北ヨーロッパ人の異教徒的な心情に訴えるための抜け目ない策略でもあった。北ヨーロッパ人にとって、太陽暦の新年には飲めや歌えのどんちゃん騒ぎをするのが古くからの習わしだったのだ。カトリック教会は賢明にも、こうした古くからの異教徒的な祝祭がキリスト教化されるのを止めようとはしなかった。イエスの生誕を祝う行為は、むしろすんなりと異教徒的な祝祭に組み込まれたのだ。こうして、クリスマスツリーの隣にクレーシュ(キリスト生誕の場面を再現した模型)を飾るというおなじみの組み合わせが生まれたのである。

だが、このちぐはぐな混合物のいったいどこに、トナカイがはまるのだろうか？　さらに、トナカイが空を飛べるというのは、いったいどこから出てきたのか？　エドウィン・バロウズとマイク・ウォーレスは、ニューヨークの歴史を鮮やかに描いた『ゴッサム』のなかで、米国人の知るクリスマスは実はビッグ・アップル、つまりニューヨークで作り出されたのだと主張している[1]。米国の子どもたちは、飾り立てたツリーやぶら下がった靴下、白髭を生やした陽気で太っちょのおじいさんに夢中になる。おじいさんはトナカイの引くそりに乗り、空を飛んで贈りものを配って回る。伝説と慣習の入り混じったこの組み合わせは、一九世紀初頭に一部のニューヨーカーたちが作り出したものなのである。それ以前は、米国のクリスマスはそんな大したものではなく、新年のほうがお祝いとしてよほど重要だった。実際、クリスマスを祝うのは異教徒化につながるカトリック教徒のたくらみだとして、清教徒たちは禁止していたのである。

一九世紀初頭のことだが、いつもユーモラスでいたずら好きな作家のワシントン・アーヴィングが、ニューヨークの階級社会、特にオランダ移民の社会を風刺した『ニッカーボッカーのニューヨークの歴史』を書いて、風潮の変化を引き起こすのに一役買ったようだ[2]。アーヴィングによれば、もともとオランダ人がマンハッタン島に建設した都市であるニューアムステルダム〔のちに英国人がニューヨークと改名した〕の守護聖人が、聖ニコラスだったという。聖ニコラスはカトリック教でもギリシャ正教でも、秘密の贈りものを授けてくれる聖人として古くから敬愛を受けていた。だが、アーヴィングはその聖ニコラスを、子どもが眠っている間に煙突から降りてきて、ぶら下げてある大きな靴下にプレゼントを入れていく陽気なおじいさんに仕立てあげたのである（当時、クリスマスツリーを飾ってその下にプレゼントを置くという習慣はなかった。クリスマスツリーがアメリカの慣習に加わったのは一八二〇年代になってからで、ブルックリンに住むドイツ移民が始めたことである）。また「サンタクロース」というニックネームをつけたのもアーヴィングなのである。おそらく、オランダ語で短縮形で呼ばれるこの聖人の名前「シンタークラース」を適当に変えたのだろう。しかし、アーヴィングのサンタクロース話には、トナカイは影も形もないのである。

トナカイをクリスマスのごった煮に放り込んだのは、これまたニューヨーカーであるクレメント・クラーク・ムーアである。一八二二年の有名な詩「クリスマスの前の晩」（元の題は「聖ニコラスの来訪」）は自分の子どものために書いたものだった[3]。この詩には空飛ぶトナカイが登場する。そのおかげでサンタはうまく仕事をこなせるし、屋根から煙突をつたって降りてくることの説明もつく。だが、空を飛ぶにせよ飛ばないにせよ、ムーアはいったいどこの文化からトナカイを使うというアイデアを引っ張ってきたのだろうか？

今もそうだが、トナカイ（北アメリカでは「カリブー」と呼ばれる）には当時から北国のイメージがあ

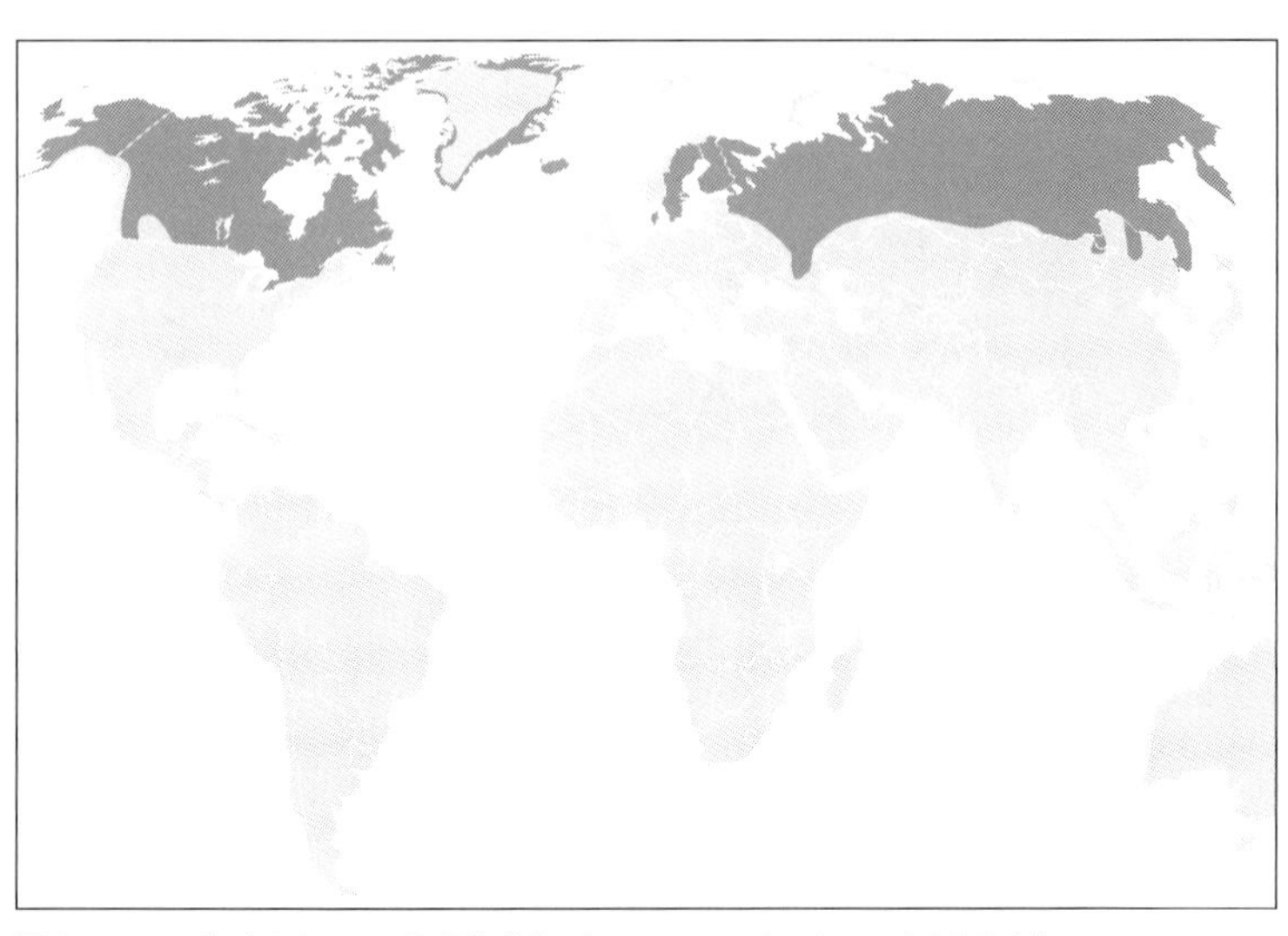

図 9.1　カリブーとトナカイの地理的分布（© 2015 Defenders of Wildlife）

った。トナカイは北極周辺に分布しており、アラスカからカナダの大部分の地域、東はグリーンランドやスカンジナビア半島、ロシアのシベリア地方全体、そしてカムチャッカ半島にまで生息している（図9・1）。当時、そりを引いていたのはスカンジナビア半島とシベリアのトナカイだけだった。であるならば、一八二二年までに米国に移住した人で、トナカイの引くそりに実際に乗ったことがある人がいたのかどうか？　いささか疑わしいが、もしいたとすればスカンジナビア人だろう。トナカイの引くそりというモチーフの出所として、最も可能性の高いのはスカンジナビア人の共同体である。

サンタのトナカイがなぜ空を飛ぶ能力を得るに至ったかについてはさまざまに説明されている。ある仮説は北欧神話のトール神からの影響が強いとしている。異教からイメージを拝借したとあっては、キリスト教純粋主義者にとっては実に腹立たしいことだろう。トール神仮説の証拠（とは少々言いすぎだろうが）には二つある。一つはサンタのトナカイにつけられたドナー（ドンダー）とブリッツェンという名前である。ドナーは「雷鳴」、ブリッツェンは「稲妻」の意味であり、この二つはトール神の重要なシンボルである。トール神は飛びまわることで悪名を馳せているが、トール自身には飛行能力がないことである。もう一つは、空飛ぶヤギの引く特別な二輪戦車(チャリオット)に乗って天かけるのだ。ヤギをトナカイに、トールをサンタクロースに入れ替えれば、はい一丁あがり。だがこれでは替えすぎだし、特にヤギをトナカイに替えたというのが怪しい。農耕の神であるトールにとって、ヤギは実際的にも神話的にも重要な存在である。トールを信仰する民族はトナカイに縁の深い民族ではない。トナカイと縁の深いのはもっと北方の牧畜民であり、その信仰はアニミズム的である。トールのようにゼウス的な天界の神を信仰するのではなく、シャーマンを通じてその地に宿る八百万(やおよろず)的な種々の精霊と交流するのである。

トナカイ飛行に関するまた別の説では、シャーマンが重要な役割を果たしているが、主役を演じるのはベニテングタケ（*Amanita muscaria*）である。ベニテングタケ（マジック・マッシュルーム）にはサイロシビン〔プシロシビン、シロシビンとも〕という幻覚剤が含まれている。[4] 概略では、シベリアのシャーマンがこのマジック・マッシュルームを用いて精霊の世界と交信する際に、空を飛ぶトナカイというビジョンを得たとされている。空を飛ぶトナカイの生き生きとした描写が語り継がれ、世代を経て伝わったというのだ。

この「マジック・マッシュルーム仮説」の唱道者のなかには、サンタ自身がシャーマンだったと主張する者もいる。[5] 証拠はサンタの赤い鼻で、赤くて白い斑点があるところがベニテングタケにそっくりであり、この色使いがまたサンタの衣装と一致するというのだ。ここまでくるとわたしはこの仮説を評価できない。話を盛りすぎではないか。ただ、思うにマジック・マッシュルームの消費量が増えれば増えるほど、マジック・マッシュルーム仮説を支持せずにはいられなくなるようではある。

最後の説は、モンゴルと南シベリアで見られる青銅器時代の巨石に関係している。シカの模様が刻まれているのが特徴的な、鹿石と呼ばれるものだ[6]。鹿石に刻まれたシカは四肢を前後に広げ、明らかに空を飛んでいる。また、角が細かく枝分かれして翼のような構造になっている（枝角に羽毛が生えているものもある）。角と鳥が一体化しているものもある。鳥と羽毛のモチーフは、この時期に作られた人体のミイラで特によく見られる[7]。ミイラに施されたタトゥーは保存状態がきわめてよく、風雨にさらされた鹿石に刻まれたのと同じ図案を詳細まで見ることができる。鹿石が見られる地域はトナカイが最初に家畜化されたところだという考察には、おそらく意義があるだろう。これが、サンタの空飛ぶトナカイの原点なのだろうか？　そうだと考える人もいる[8]。しかし、青銅器時代のモンゴル文化と一九世紀のニューヨーク文化とでは、空間的にも時間的にもあまりにも隔たりすぎている。

サンタの空飛ぶトナカイについては特に納得できるような説明はない、と結論づけるのが無難だろう。当時、ドイツ語圏由来の物語がニューヨークに流布していて、ムーアがそれを知っていたのは明らかだが、その話自体の起源がどこにあるのかはいまだに謎である。文化が進化すると過去が覆い隠されてしまうことを考えると、おそらくその謎が解かれることはないだろう。だが幸運にも生物の進化は保守的であり、わかりやすい痕跡を残してくれる。それをたどれば、少なくともトナカイがそりを引ける程度にまでどうやって家畜化されてきたのか、その道筋を追っていくことはできる。

## そり引き以前のトナカイ

トナカイはシカ科に属している。シカ科には、ヨーロッパ産のアカシカとノロジカ、北米のワピチ（ア

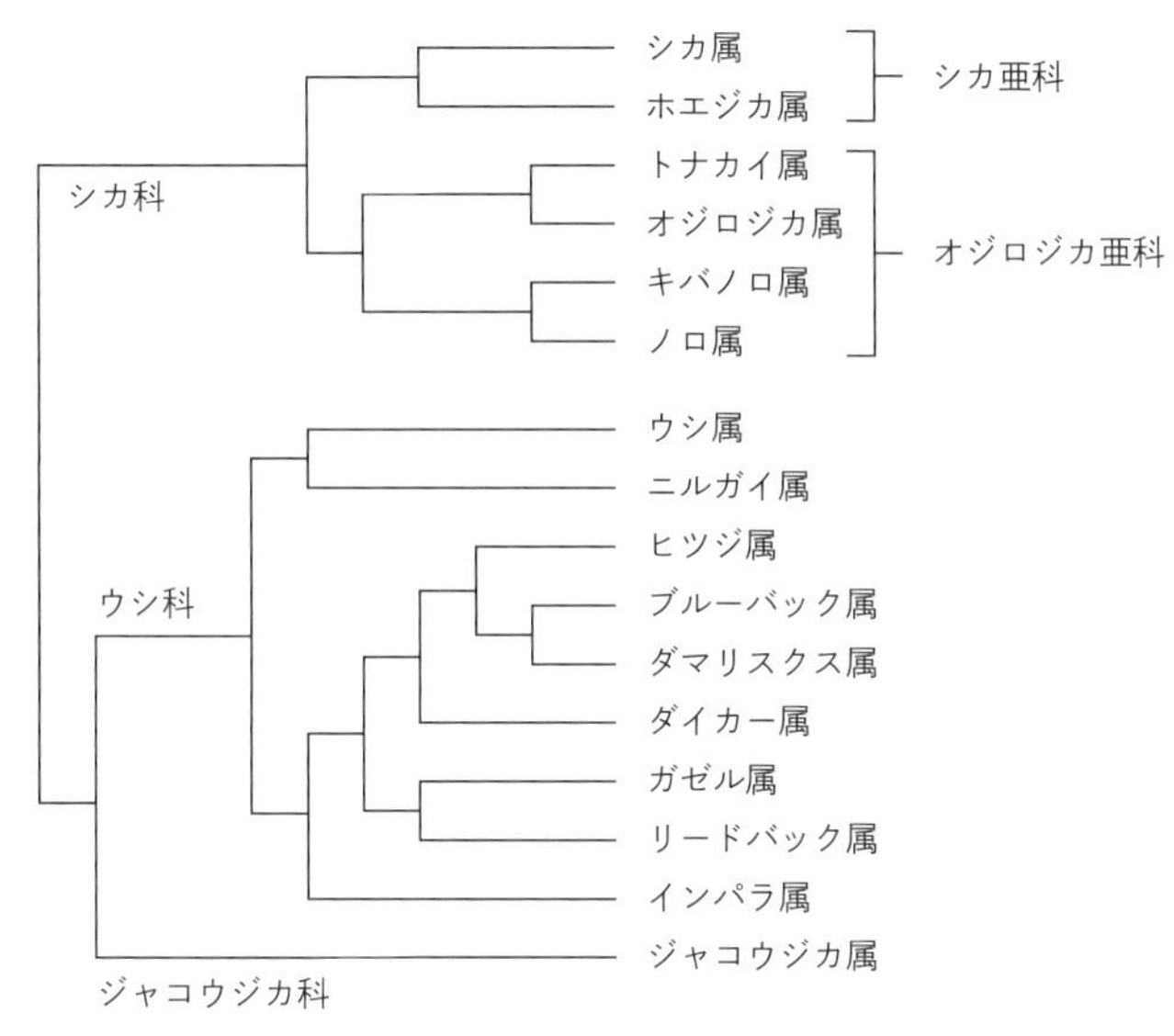


**図 9.2** 偶蹄目の系統樹の一部。ウシ科とシカ科を示す。
(Hassanin and Douzery 2003, 216, fig. 3 より)

メリカアカシカ）、オジロジカ、ミュールジカ、アジア産のアクシスジカ、サンバー、ホエジカ、ターミンジカ、バラシンガジカ、南米のプーズーとマザマなどが含まれる。ヘラジカ（*Alces alces*）はエルクとも呼ばれ、シカ科最大のメンバーである〔北米ではワピチを「エルク」と呼ぶが、ワピチとヘラジカは別属別種である〕。「シカ」と名のつくものの大部分はシカ科に属するが、種々のジャコウジカ（ジャコウジカ科のジャコウジカ属）やマメジカ（マメジカ科のマメジカ属）はシカ科ではない。

シカ科はウシ科（ウシ、ヒツジ、ヤギ）と同じく蹄が二本で、偶蹄目の反芻亜目に属している。反芻亜目の動物はすべて胃を四つもち、反芻する。シカ科とウシ科は漸新世後期（二四〇〇万～二〇〇〇万年前）に分岐し始めた（図9・2）。シカであることに疑いのない最古の化石は約一九〇〇万年前のディクロケルス（*Dicrocerus*）で、ホエジカに似ていた。[9]

シカ科とウシ科を見分ける最大のポイントは頭部の装備である。すでに見てきたように、ウシ、ヒツジ、ヤギなどが含まれるウシ科の動物には角がある。この角は中空の骨がケラチン質の鞘に覆われたもので「洞角」と呼ばれる。これに対し、シカ科の角は複雑に分枝した「枝角」と呼ばれるもので、骨だけでできている。ウシ科の角は一生もので脱落しない。一方、シカ科の角は毎年脱落して新しく生えてくるが、これにはかなりのエネルギーが費やされる。たまたまだが、トナカイはシカ科の原則からはずれていて、雄にも雌にも枝角が生える。雌のトナカイの枝角は雄の枝角よりもかなり小さく、また脱落の時期は雌のほうが雄よりも遅い。[10] 一二月の終わりまで枝角をつけているのは雌だけである。ということは、ドナーとブリッツェンを含め、サンタのトナカイたちはすべて雌だということになる。

シカ科は大きく二つのグループに分かれる。主に旧世界で進化したシカ亜科と、主に新世界で進化したオジロジカ亜科だ。この二つを分ける主な特徴は、中手骨の配置である。中手骨は人間の手にもある骨だ。[11] 更新世の氷期の間、シカ亜科のなかには、ワピチなど、ベーリング海峡に形成された陸橋を渡って旧世界から新世界に移動したものがいた。オジロジカ亜科に属するトナカイは、逆に新世界から旧世界に移動した。同じくオジロジカ亜科のヘラジカやノロジカも同様に移動した。[12]

トナカイには、雌に枝角があること以外にも、他のシカ科のメンバーとは異なる特徴がたくさんある。他のシカと同じくさまざまな植物の葉を食べるが、哺乳類にしては珍しく、地衣類を大量に消費するのがトナカイの特徴である。トナカイが特によく食べるハナゴケ属という地衣類は「トナカイゴケ」と呼ばれることも多い。[13] 地衣類を消化するにはリケナーゼという酵素が必要である。リケナーゼは、地衣類に含まれるリケニンという多糖類をグルコースに分解する。この酵素をもっているおかげで、トナカイは北極圏や亜北極圏の環境で生活していくことができる。北極圏に住む人たちは、おそらく、「無駄なものなど何もない」というフレーズの究極の現れとして、トナカイのこのユニークな消化系の適応を利用することがある。トナカイを殺して肉を食べる際に、胃袋の中の半消化状態の地衣類まで食べてしまうのである。[14] 地衣類を消化できない人間にとって、これは地衣類からエネルギーを得る唯一の方法である〔地衣類は藻類と菌類の共生体である。「コケ」のつく名称のものが多いが、コケとはまったく別の生きものである〕。

トナカイには他にも注目すべき適応が見られる。蹄が季節によって変化するのだ。トナカイの蹄は夏には弾力のあるスポンジのようになるので、柔らかく水気の多いツンドラでもグリップが利く。冬には縮んで特に外縁部が硬くなり、氷に食い込んで滑らないようにする。[15] また、北極圏の寒さに耐えるために分厚い毛皮をもっている。毛は二層になっていて、上毛はホッキョクグマと同じように中空で空気が入っており、体から外界への熱の放散量を減らす。下毛は哺乳類によくあるタイプで密生している。[16] この二層構造が効率よい断熱材として働くため、人間なら寒くて上着なしではいられないような気温でも、トナカイにとっては暑いほどである。

高緯度地方の特徴は寒さだけではない。一年のうち大部分の期間は日光が不足する。トナカイは、人間やほとんどの哺乳類には感知できない波長の短い紫外線でも見ることができるので、暗いところでも困らない。[17] 地表に届く短波長の光（紫外線～青色光）のうち、九〇％は雪に反射されてトナカイの網膜に届く。尿や糞も紫外線を反射するので、トナカイにとってはよく目立つ。そのおかげで、仲間同士だけでなく捕食者の動向にも目を配ることができる。[18] トナカイが食べる地衣類も紫外線を反射する。[19] 分布域の南のほうに生息するトナカイが北極近くのトナカイと同じくらい紫外線を識別できるかどうか、調べたらおもしろいだろう。

トナカイの分布域は、更新世の間、氷河の前進や後退につれて劇的に変動した。氷河の後退によって新たにできたスペースを、トナカイは少なくとも季節単位では真っ先に占領してきた。そして現在と同じように寒さの厳しい季節には南方の森林（タイガ）で過ごし、季節が変わると北方のツンドラへ移動していたのである。[20] 更新世後期の氷期の大部分、ネアンデルタール人と、さらにあとには人間（ホモ・サピエンス）にとって、トナカイは最重要な食物源の一つだった。[21] 最後の氷期（一万七〇〇〇～一万二〇〇〇年前）の終わりには、ヨーロッパ人はトナカイにかなり依存していたので、その時期は「トナカイ時代」として知られているほどだ。当時、槍投げ器が発明され、槍を正確に投擲できる距離が飛躍的に伸びたため、トナカイ時代にはトナカイが大量に消費されたのである。[22]

トナカイ時代はヨーロッパのマドレーヌ文化期と一致している。その間、道具や武器の材料として、骨や枝角、象牙の使用量が格段に増えるという変化があった。[23] こういった材料は、それ自体が道具として用いられたばかりではなく、細石器という小型の石でできた道具をはめ込む柄としても使われた（細石器は幅一センチ、長さ数センチ程度の石製の刃で、槍状にした骨や角などに並べて埋め込んで用いる）。ラスコーやアルタミラなど、有名な洞窟画のなかにはこの時期に描かれたものもある。トナカイは何かと重要度が高いのにもかかわらず、このような洞窟画には、オーロックスやウマやバイソンに比べてあまり描かれていない。これはおそらくトナカイがどちらかというと実用本位なものと見られていたのを反映しているのだろう。

フランス南西部のドルドーニュ地方の小さな洞窟には、トナカイを描いたものがある。しかし、トナカイを描いたものとして最も有名で、かつ旧石器時代の芸術として最高に素晴らしい作品の一つは、マンモスの象牙に施された彫刻だろう。約一万三〇〇〇年前の槍投げ器の一部で、現在は大英博物館に収蔵されている。トナカイの雌（乳首から判別できる）が雄にぴったりくっついて川を渡る様子が表現されている。

移動の最中、トナカイがよく見せる行動だ。雌は特に詳細にまつげまで彫り込まれており、また、マンモスの牙の先細りにカーブした先端部に全体の構成が絶妙にフィットしている。

雄の大きな枝角から判断するに、この泳ぐトナカイは秋の移動中の様子を表したものらしい。狩人たちは、川の流域の重要ポイントに陣取ってトナカイが移動中に通り過ぎるのを見張り、そこで群れに襲いかかってできるだけ多くのトナカイを無差別に殺したのだろう。[24] 時には囲いに追い込んで殺したり、湖に追いやって小舟から槍で刺したりすることもあった。湖で溺れたトナカイもいただろう。槍投げ器はもちろんのこと、落とし穴も使われた。大虐殺と阿鼻叫喚の地獄絵図である。早いとこ皮をはいで肉を切り分けなければ、腐ったりオオカミやクマが寄ってきたりするからだ。そこに寄ってくるオオカミのなかには、人間のあとをついてまわる家畜化過程にあったものもおそらくいただろう。人間が現れる前はオオカミがトナカイの主な捕食者だったのである。

## トナカイの家畜化

最後の氷河極大期（およそ二万年前）の後、氷河は北へ向かってどんどん後退し、トナカイもすぐにそれを追っていった。一万二〇〇〇年前までにはトナカイはフランスから姿を消し、[25] 西ヨーロッパの他の多くの地域からも消えていた。シベリアや北アメリカでも同様のパターンでトナカイの分布は変化した。この北方への後退中に、比較的南の緯度にある一年中森林環境が維持される地域（アイダホ、五大湖、ニューイングランド、南シベリアなど）に居残った集団もいた。この森林の集団（シンリントナカイ）はツンドラのトナカイ（ツンドラトナカイ）に比べて移動性が低く、また大きな群れを作らずに小さな集団で生息する性質があった。[26]

それほど広大な地域に生息する種なので当たり前だが、トナカイには多数の亜種が認められている。ただしその分類は安定していない。ミトコンドリアDNAを用いた近年の遺伝子研究からは、全体的な見直し作業が必要であることが示唆されている。[27] さらに、ツンドラと森林の亜種は予想されたほどのクラスターには分けられないことも示された。家畜トナカイの祖先が属していた亜種（*Rangifer tarandus tarandus*）は、現在でもスカンジナビアとフィンランド（両地域はまとめてフェノスカンジアと呼ばれる）の北極圏ツンドラで普通に見られるし、シベリアでも同様である。

トナカイはまだ家畜化の初期段階にあり、[28] そして家畜化された有蹄類には珍しく、野生集団と家畜化された群れが近接して共存していることが多い。このため、トナカイの現在進行中の家畜化から、ウマ、ウシ、ヒツジ、ヤギの家畜化過程の初期段階において、野生集団と家畜のプロトタイプ間で遺伝子移入が起こりやすかった時期がどのような状態だったのか、ヒントを得ることができる。

トナカイの家畜化は、トナカイ狩りに特化した狩猟採集民のなかで、野生の群れを少しでもコントロールしようと努力する動きが見られたときに始まったようだ。トナカイ狩りで用いる技術のうち、囲い込みなどは積極的な群れの管理にも用いることができた。それに加えて、閉じ込めておくための柵などの新たな技術革新も必要だった。少なくとも三〇〇〇年前にはトナカイを閉じ込める柵があったことがわかっている。[29] しかし、トナカイがどう動きどう移動するかは、まだトナカイ自身が決定していた。そのため、トナカイ飼いは群れについていかねばならず、以前に増して遊牧的な生活を送らざるを得なくなった。

長い時間が経つうち、群れのなかで「野生的」な個体から扱いやすい個体を選り分けていくようになり、扱いやすい個体が次第に増えていった。だが、このプロセスは今日でもいまだに完成していない。トナカイの家畜化過程を通して、家畜化傾向の強い群れに野生的な個体を意図的に投入することが行われてきた。

おそらく厳しい環境に耐える生命力を増やすためだろう[30]。逆に、家畜化の程度がさまざまに異なるトナカイが野生化し、野生の個体と交雑しているのは疑いない。おそらくどの家畜でも、野生個体がいないところや野生集団が駆除された地域に導入されるまでは、家畜化の初期段階ではこのような遺伝子流動が起こっていただろう。

従順性の比較的高いトナカイは、肉や枝角や皮の供給源として頼りにできるだけではなく、野生の個体を狩る際に囮として用いることもできた。実際、初期のトナカイ飼いが消費したトナカイ肉の大部分は野生個体のものだったと考えられる。家畜トナカイはかなり得がたいものだったので、極端な状況下ならさておき、食肉用に殺すのは割に合わなかったのだ[31]。トナカイを殺すのをためらう傾向は、現代のトナカイ牧畜民にも残っている。彼らは、近代国家が押しつける市場経済を何とかしりぞけ続けている。

どの時点で、トナカイが荷物を運んだりそりを引いたりするのに使用されるようになったのかは知られていない。いずれも、単に群れを管理する場合に比べて高度な家畜化が要求される。特に枝角が生えている雄は危険なので、おそらくその時点で枝角を刈るのが一般的になっただろう[32]。そりを引かせるのが日常的になってからしばらくして、一部のトナカイ民、特に、東シベリアのエヴェンキ族などのツングース系民族がトナカイに乗るようになった[33]。彼らはモンゴル人やトルコの騎馬民族と接触した経験から乗馬用の鞍になじみがあり、それを器用に改造してトナカイ用の鞍を作り出した[34]。この鞍にはあぶみはないが、その替わりとなる特別な道具を用いてトナカイにまたがりバランスをとる。騎乗者の安全のためには枝角の後方に伸びている部分を切っておくのが重要である。サンタの場合、その必要はないわけだが。

トナカイの乳は脂肪分が高く濃い。トナカイ飼いはこの乳を昔から利用してきたが、利用度はさまざまである[35]。トナカイの搾乳はウシの搾乳よりもずっと骨の折れる作業であり、時間もはるかにかかる。そのうえ量もわずかしか得られない。とはいうものの、トナカイ乳を消費しているということから、トナカイの家畜化がかなり進んでいるのがわかる。

過去、「トナカイ民」たちは遊牧部族であったし、今日でもそうだが、その民族的背景や文化的慣習はさまざまである。西半球での人間とトナカイの関係は、一世紀前にアラスカに家畜トナカイが導入されるまでは、野生トナカイを狩ることだけに限られていた。[36] しかしトナカイが家畜化されていた東半球では、トナカイ牧畜民はそれぞれトナカイに関連する民族特有の慣習をもっている。

サーミ族（フィン－ウゴル語派の言語を話し、以前はラップ人と呼ばれた）は時には数千頭にもなる最大のトナカイの群れを擁している。トナカイは主として交通手段として用いられ（乗用のそりを引かせる）、荷物運搬用にもされている。[37] サーミ族のトナカイ群はひとところに固められておらず、広い範囲に散らばっている。そのため他のトナカイ遊牧民の群れに比べて捕食者からの攻撃に弱い。サーミ族は伝統的に肉や皮、腱など、トナカイの多くの部分を利用してきたが、乳は利用しないのが一般的である。

ネネツ族は伝統的には家族単位の小さな群れを擁し、トナカイをもっとしっかり保護していた。しかしネネツ族（とそのトナカイ）はソビエト時代に集産化され、現在では大きな群れを共有している。[38] 伝統的に、ネネツ族は家畜トナカイの群れを維持する一方で野生トナカイを狩っていた。また、家畜トナカイを管理するために、サモエド犬を動員していた。サモエド犬は、トナカイを集めおそらく捕食者から守るために、ネネツ族を含めサモエード人が作出した品種である。[39] ネネツ族はトナカイを主に食肉用と交通手段にしている。サーミ族と同様にトナカイに随行し、肥沃な放牧場を求めて広大なツンドラ地帯を長距離移動する。

サーミ族やネネツ族とは異なり、エヴェンキ族はタイガで暮らし、そのトナカイは暖かめの気温と森林環境に適応している。エヴェンキ族は六〇頭以下の小さなトナカイ群を擁し、トナカイの肉を食べるのは他に食物が得られないときだけである。[40] エヴェンキ族はトナカイを乗用にも用い、柔らかくあぶみのない鞍を生み出している。また、サーミ族やネネツ族に比べて大量のトナカイ乳を利用する。

エヴェン族はエヴェンキ族との関連が深いが、ツンドラのさらに北方で生活している。彼らもまたトナカイを乗用に用い、伝統的に小さな群れを家族で維持してきた。エヴェンキ族とは異なり、輸送には犬ぞりを用いてきた。[41] エヴェン族とエヴェンキ族はどちらもツングース語族に属する言語を話し、高度に家畜化されたトナカイに関する慣習面でも共通点があるので、ツングース族としてまとめられることが多い。さまざまなトナカイ遊牧民のなかでも、ツングース族はトナカイの騎乗に最も熟達している。[42]

このように文化的慣習がさまざまなのは、トナカイが独立に家畜化されたことを示しているのだろうか？　あるいは、家畜化が起こったのはただ一回だけであり、その後たまたま文化的に分散したのを表しているのだろうか？　ある仮説では、トナカイの家畜化は南シベリアの鹿石が見られる地域、おそらくアルタイ山脈の地域で一度だけ起こったとされる。[43] その地域から家畜トナカイの利用が北方に拡散し、フェノスカンジアや北シベリアのツンドラで暮らす人々の間に広まったと考えられた。これは「単一起源仮説」と呼ばれている。

単一起源仮説に反対して、トナカイの家畜化はユーラシアの複数の個所で独立に起こったと主張する意見もあり、[44]「多起源仮説」と呼ばれる。近年の遺伝子研究は、家畜化は少なくとも二カ所（フェノスカンジアとロシア）で起こったとする「修正多起源仮説」を支持する。[45] フェノスカンジアではサーミ族がトナカイを家畜化し、トナカイ関連の慣習はロシアとは独立に発達した。[46] だがロシアではネネツ族からエヴェンキ族まで、それぞれのトナカイ遊牧民の慣習と民族性はさまざまである。この観点から、現時点では決定的なものではないとはいえ、シベリアの西部と東部で独立に家畜化が行われたという証拠が得られていることに注目したい[47]。ネネツ族などのサモエード族とエヴェンキ族やエヴェン族などのツングース族とで、トナカイに関する慣習が異なっているのは、それによって部分的に説明できるかもしれない。

## 家畜トナカイ 対 野生トナカイ

トナカイは家畜化の初期段階にあり、最も家畜化されている集団でも野生集団からの遺伝子移入を受けている。そのため、家畜化形質を対象とする自然選択の効果は弱まるし、もちろん人為選択の効果も抑えられている。ブタやウシ、ヒツジ、ヤギでも、家畜化初期には野生個体と近接していたのだが、トナカイの現在の状態を見れば、他の家畜の家畜化初期の状態もわかるものだろうか？　いくつかの理由から考えるに、トナカイの家畜化には特別な性質がある。最も注目すべきは、生息環境が苛酷であることだ。それが家畜化に関する何らかの改変を制限している可能性があるのだ。

しかしトナカイの家畜化にも、他の有蹄類の家畜化初期と同じ特徴がある。家畜化された他の有蹄類では、人間の管理を受け始めた家畜化の初期段階にはみな同じ特徴があった。トナカイもそれに漏れないのである。これまで見てきたように、野生集団の管理の初期段階であるこの時期は、かなり長く続いた可能性がある。この段階では、野生集団と半家畜化集団との間にかなりの遺伝子移入があり、後者が自然分布している地域の境界から出るまで、それが続く。しかし、家畜化過程の最中にあるトナカイは野生集団に近接してはいるが、何らかの分岐は起こっている。この分岐が、単なる（特に食餌の変化に対する）表現型可塑性の反映なのか、あるいは遺伝的な分化がそれにある程度加わっているのか、そうだとすればそれがどの程度のものなのか、ほとんどの形質についてまだ解決されていない。

トナカイがかなりの人為選択を受けるようになったのはごく最近のことである。さらに、ひとくちに人為選択といっても、そのやり方は地域的にも部族内でも一様ではない。たとえば伝統的に、サーミ族のトナカイ集団の多くは、交配についてはほとんど管理されていなかった[48]。それにもかかわらず、家畜トナカイには家畜化形質的な特徴が、程度の違いはさまざまだが確実に現れている。たとえば体のサイズの退縮や鼻づらの短縮、そしておそらく四肢の短縮が見られるのだ[49]。また、トナカイ飼いは野生個体と家畜個体を何の苦労もせずに識別できるようだ。野生個体が家畜の群れに入り込むこともあるが、トナカイ飼いはそれを承認するのが伝統である。

毛色はおそらく家畜化過程に最も影響を受けている形質である。野生トナカイの毛色は集団によって異なるが、ほとんど黒に近い色からほとんど白に近い色までさまざまである。体の下側の腹部と尻、しばしば頸部(けいぶ)は色が明るく、四肢は色が暗いのが典型的である(わたしは野生のトナカイは新世界のもの、つまりカリブーしか見たことがないが、アラスカのツンドラトナカイはかなり明るい毛色である一方、ニューファンドランドや特にケベック州のガスペ半島のシンリントナカイは、かなり毛色が暗い。あまりにも違うので驚いた)。しかし、同じトナカイ集団内では、毛色の変異はほとんど見られない。

家畜トナカイでは、群れのなかで毛色がかなりバリエーションに富んでいる。毛色はさまざまで、野生個体には決して見られない斑模様もときどき出現する[50]。このように変異に富むのは、これまで見てきたように、自然選択が緩和されていることを示している。一般的に、哺乳類の毛色の場合、選択が緩和されているというのは、カムフラージュや隠蔽色を対象とする選択が弱くなることを意味する。家畜トナカイの場合、選択が緩くなったのは捕食されるのが減ったことを反映している可能性がある。

家畜トナカイであることの利点の一つは、人間が保護してくれるので捕食されにくくなるという点である。[51] 突然変異によって目立つ毛色になっても、野生個体ほど不利にはならないのだ。しかし人間の保護の程度もさまざまである。サーミ族の群れは広い範囲に散らばっていて、エヴェンキ族のコンパクトにまとまり監視されている群れよりも、保護するのが難しい。実際、サーミ族のトナカイには、野生集団とは対照的に毛色の変異がかなり捕食されている。それにもかかわらず、サーミ族のトナカイには、野生集団とは対照的に毛色の変異がかなり見られる。ということは、この場合、そしておそらく他の場合でも、捕食圧以外の選択圧がもともとあるはずで、それが除去されることで毛色の変異が現れると説明できるだろう。

トナカイの毛色の選択に影響を及ぼす要因として一つ重要なのは、ブユやカ、そしてフェノスカンジアの場合は特にウシバエなど、寄生性の昆虫である。[52] 真夏にはトナカイはカにかなり悩まされ、わずかにパッチ状に雪が残る避難場所を探しまわるため、餌を食べられないほどである。このうるさいカのせいでカリブーが集団で暴走することさえある。だが、ウシバエ（ヒフバエ属）はもっとひどい。ウシバエはトナカイの前肢などの毛に卵を産みつける。トナカイはグルーミングして産みつけられた卵をなめ取るが、取りきれなかった幼虫は皮膚に移動して奥に潜り込み、筋肉などの組織内に穿孔する。皮膚にはコブのような膨らみができ、感染症を起こして膿がたまることもある。羽化したハエは皮膚に穴を開けて出てくる。ウシバエの感染は肉や皮を台なしにし、成長を阻害するので、家畜トナカイには、イベルメクチンなどの広域寄生虫駆除薬が投与される[53]［イベルメクチンは大村智博士が発見した物質をもとに創製された薬剤。博士はこの功績で二〇一五年にノーベル賞を受賞した］。

何らかの理由により、ウシバエは明るい毛色のトナカイを好んで襲う。フェノスカンジアの野生トナカイに暗色の傾向があるのはそのためかもしれない。[54] しかし、薬を投与された家畜トナカイはウシバエという災いから保護されているため、明るい毛色は、もはや自然選択のうえで不利ではないのである。サーミ族のトナカイは、捕食圧がかかっているにもかかわらず、毛色にかなりの変異が見られる。これは、ウシバエの感染による選択圧が緩和されているためだとして、ある程度は説明できるかもしれない[55]。

捕食にせよ寄生にせよ、選択圧の緩和だけでは、家畜トナカイの毛色変異を完全には説明できない。毛色の突然変異のなかには、文化によっては野生型の毛色よりも好まれるものもある。たとえば、サーミ族にとって白い毛皮は価値がある[56]。小さな家畜集団ではよく起こることだが、遺伝子のボトルネック効果によって、一つあるいはそれ以上の毛色に関する突然変異遺伝子の頻度が増加し、毛色の変異が拡大することもありうる。

## トナカイにおける家畜化と性選択

性選択の減少と、それによる性差の減少もまた家畜化過程にはつきものだ。シカ科の性差で最も顕著なのは枝角と体のサイズである。シカ科の種では、雄の枝角のサイズと配偶相手をめぐる雄間闘争の程度との間には相関関係がある。ノロジカやホエジカなど、最も成功した雄でも比較的少数の雌としか交尾しない種では、角は小さい。ワピチやアカシカでは、雄間闘争がもっとハードであり、比較的少数の雄がほとんどの雌を独占する。このような種では、交尾に関わることに多くのエネルギーが投入されるので、大きな枝角をもっているのである。わたしの手元に、息子がワピチの枝角の横に立った写真がある。イエローストーン国立公園のラマーバレーで見つけたものだ。息子は当時一八歳で身長一八〇センチメートル以上だったが、根元を地面に刺した枝角は、カーブしているにもかかわらず、息子の背丈と同じくらいの高さだった。さらに、ものすごく重かった。雄のカリブーの枝角はもっとでかく、もっと重い。実際、カリブーの雄の枝角はシカ科のなかで体のサイズに比べて最大なのである。ということは、雄のカリブーは交尾相手をめぐるハードな雄間闘争を経験しているのだろう[57]。

　そうすると、家畜トナカイの枝角は著しく退縮していると考えてもいいはずだ。わたしは時間と労力を費やしてそのような証拠を探しまわったが、何も見つけられなかった。この件については研究がまったく行われていないようなので、できるかぎり多くの写真を見ることにした。数百枚の写真を観察したが、形や曲がり方が普通と違う枝角の数例を除き、野生トナカイとの明らかな違いは見つけられなかった。トナカイの家畜化による進化の現時点では、性選択圧はまだそれほど緩和されていないようである。おそらく、家畜化の初期段階ではそれが当然なのだろう。通常、若い雄を間引くことから性選択圧の緩和が始まる。それが最も顕著になるのは、人間の手で交配相手を選ぶようになったときである。家畜化過程がかなり進まないとそうはならない。トナカイの家畜化は、概してまだそこまで進行していないようである[58]。

　性選択と性的二型に関しては、進化を広い範囲で吟味すべきであり、トナカイは特に参考になる。性的二型が出現するのは、選択によって雌雄の表現型が異なる方向に進むときである。標準的な自然選択により雌雄に差ができて性的二型が生じる場合もあれば、「性選択」と呼ばれる特殊な自然選択によって生じる場合もある。ここでは後者に絞って考えてみよう。

　性的二型を作り出すためには、枝角など特定の形質によって片方の性のみが利益を得るだけでは十分ではない。ある形質によって片方の性が利益を得ることと、それに加えて、もう一方の性の適応度が同じ形質によって有害な影響を被ることが必要になる。たとえば雌鶏にとってはいいが、雄鶏にとってはよくないし、逆もまた然り、というわけだ。これは「性拮抗的選択」と呼ばれる。全生物の全形質について考えてみると、性拮抗的選択は稀にしかない。特別なケースなのだ。片方の性である形質の選択が行われると、両性の表現型が変化することがしばしばある。両者は同じ種に属しているからだ。つまり、片方の性の表現型にどのような変化が起きても、遺伝的かつ発生的な相関関係により、もう片方の性の表現型も便乗してしまうのである。[59] 残念なことに、一般向けの進化の説明では、多くの場合、この重要なポイントが見落とされている。第13章で論じるように、人間の進化については特にそうだ。

本章では、性選択に少なくとも何らかの性拮抗的選択が含まれる状況について考えてみたい。ウシ科動物の角とシカ科動物の枝角を比べてみれば、性拮抗性にもさまざまな度合いがあることが明らかである。ウシの洞角もシカの枝角も、交尾相手をめぐる雄間闘争（同性間選択）において重要な役割を果たしている。先に書いたように、ウシ科の洞角は一生はえかわらない構造で、角の成長にはほとんどエネルギーが必要ない。ところが枝角は毎年脱落し、毎年新たに成長してくる。これには相当なエネルギーが費やされる。洞角にはコストがあまりかからないため、ウシ科の頭部装備（ヘッドギア）には進化的な性拮抗性が少ない。ウシ、ヒツジ、ヤギ、アンテロープなど、ウシ科動物の雌の多くが、雄に比べて小さめとはいえ角を有しているのは偶然ではない。ウシ科の雌の角は場合によっては適応的であるという証拠もあるが、[60] ウシ科の雌で角の出現率が高いことと、シカ科の雌で枝角の出現率が低いことについて、表現型の便乗が果たす役割に関してはあまり考察されてこなかった。

シカ科の枝角に関しては、かなりコストがかかる構造であるため、性拮抗性がもっと濃厚である。そのため、表現型の便乗はあまり起こらないことが期待できる。トナカイはシカ科のなかで唯一、雌にも枝角が生えている。これは興味深いことだ。適応主義的な傾向のある人なら、雌のトナカイにとっても枝角が何か適応的である証拠を探すだろう。たとえば、枝角が雌の順位を確立する役割を果たすのだと提唱する人たちもいる。[61] しかし、社会的で順位制をもつ他のシカでは、雌には枝角がなく、またトナカイでも大半の雌に枝角がない集団もあるのだ。[62] 枝角のない雌たちは、優位性を枝角なしでも区別できるようである。

ということは、雄の枝角を進化させるような強い選択圧がかかった一方で、雌の枝角を排除するような選択圧はそれほどかからず、雌雄ともに枝角に関わる遺伝子をもっていて、雌では枝角が単なる副産物として生じたのかどうか、検討してみたほうがよさそうである。世界規模で比べてみると、トナカイ集団によって枝角のサイズが著しく異なっているので、表現型便乗仮説が検証できるはずだ。もしこの仮説が正しいなら、雄の枝角が最大の集団では雌の枝角も最大であり、また雌に枝角がない集団では雄の枝角は最小になることが予想される。

## 家畜化とトナカイの行動

ベリャーエフを思い出してみよう。ベリャーエフによれば、身体的な形質ではなく、従順性が高まるという行動の変化こそが、家畜化の先駆けとなる変化だった。ということは、家畜化のごく初期段階にあるといっても、家畜トナカイは野生トナカイより従順であり、しかもそれは単に前者が人間のそばで育ち、人間に馴れているからではないという証拠が見つかると考えられる。つまり、表現型可塑性だけではなく、野生型の状態に比べて遺伝的に変化しているという証拠が必要なのだ。それを実証するには対照群も含めた実験が必要だが、残念ながらトナカイはそうした実験を（少なくとも直接的に）行うのには適していない。だが幸いにも、間接的な方法ならば、家畜化による従順性への影響を評価することができる。

ヨーロッパ全土において、以前はトナカイが分布していたが、一掃されてしまったり個体数が激減してしまった地域で、トナカイの集団を復元しようという試みが行われている。再導入するのに最も手っ取り早いのは家畜トナカイを移入することである。野生トナカイがまだ残っている地域に移入すれば、野生の祖先由来の遺伝子と家畜の祖先由来の遺伝子の両方をもつ集団ができることになる。その集団内では、個体によってそれらの遺伝子の割合は異なっていると考えられる。家畜個体と、ずっと野生のままの個体とは遺伝的に異なっているので、ある個体が野生由来と家畜由来の遺伝子をどのような割合でもつかは測定可能である。その意味で注目したいのは、ノルウェーのトナカイ集団では、逃走距離（人間が徐々に接近していくときにトナカイが逃げ出す距離）と家畜由来の遺伝子の割合との間に、高い相関関係が見られることだ。完全に野生の集団に属し、野生由来の遺伝子のみをもつ個体は、家畜由来の遺伝子の割合が高い個体に比べて、逃走距離がかなり大きいのである[63]。

したがって、現在では野生化しているトナカイでも、真に野生のトナカイに比べれば従順性を保っており、家畜化されたことを示す行動面での徴候を保持しているのだ。こうした群れは現在大規模に狩られており、群れによっては一〇〇年近くも狩られ続けているというのに、それでもなお行動面で家畜化による特徴が残っているのだ。進化の過程というものはどれもそうだが、家畜化も、このような初期段階でさえ、いったん始まったら慣性でそのまま進み続けてしまう。簡単に反転できるものではないのである。

## トナカイは過小評価されていた

トナカイといえば、クリスマスソング《赤鼻のトナカイ》のルドルフぐらいしか知らないようなわたしたちにとって、北方の多くの民族がどれほどトナカイに頼って生活しているのか、実感するのは難しい。彼らが暮らしている苛酷な環境では、寒さに対して素晴らしく適応している野生や家畜のトナカイがいなかったら、生きていけない民族も多い。フェノスカンジアやシベリアの多くの地域では、トナカイは今日に至るまで陸上での唯一の交通手段である。

旧石器時代後期の大半の時期を通じて、トナカイはユーラシア人にとって主要な食物だったが、洞窟画にはあまり描かれていないことからすると、オーロックスやウマ、バイソンほど高い敬意を払われてはいなかったと思われる。神聖視されることもなかったようだ。だが家畜化が始まった頃、その見解は変化した。青銅器時代の巨石に彫り込まれた空を飛ぶトナカイからも、それは明らかである。エヴェンキ族やエヴェン族など、現代のシベリアの部族の信仰にも、このモチーフは重要なものとして登場する。[64] サンタの空飛ぶトナカイは、もとはといえばこの神話から派生したものだと信じる向きもある。個人的にはそうは思わない。だが、わたしは一度ならず「スクルージのようなやつ」と呼ばれたことがあるような人間である。

トナカイは家畜化されたのが遅く、偶蹄類の家畜としては最も新しい。トナカイは家畜化過程のかなり初期段階にあるので、ウシやヒツジ、ヤギ、そしてウマが人間の支配下に置かれるようになった当初の様子を洞察するための、またとない手がかりを与えてくれる。また、家畜トナカイは、家畜化による表現型のいくつかの特徴に関して、その出現のタイミングについて有益な情報を与えてくれる。まず、家畜トナカイによって、「行動上の変化（特に従順性）が最初に生じる」というベリャーエフの仮説の正しさがさらに裏付けられる。野生化したトナカイでは、家畜化によって得た表現型のなかでも最後まで消えずに残っている特徴が、従順性である。家畜化されたトナカイの表現型で最初に起こる身体的変化は、体のサイズがやや小さくなることと、毛色の変異がかなり増えることである。体のサイズが減少するというのは、イヌでもウシでも、家畜化された他の動物の考古学的な記録と一致する。毛色の変異の増加も他の動物で起こったことと矛盾しないし、キツネの実験で起こったこととも一致する。性的二型の縮小など、家畜化による表現型の他の特徴はまだ出現し始めたかどうかという段階だが、まもなく状況は変化するはずだ。なぜなら、トナカイの畜産が産業化されるのは不可避であり、トナカイが自分で交尾相手を選ぶ機会は徐々に失われていくだろうから。もしもトナカイの人工授精が行われるようになれば、それは、人間の文化的生活の一形態の終焉を告げる重要な道標である。交尾をトナカイ任せにしていた遊牧民の生活は、それ自体が慈しみ大切にすべきものなのだというのに。

# 第10章　ラクダ

ヒトコブラクダとフタコブラクダ。どちらも家畜化なんぞとうてい無理そうな相手である。ヒトコブラクダは怒りっぽいので有名で、怒るとひどく咬みついてくる。単にいらいらしている程度のときは、すさまじい悪臭を放つ痰を、狙い定めて吐きかけてくる。ラクダは本当にでかい。家畜化された動物たちのなかではオーロックスに次ぐ大きさである。四肢の長さではヒトコブラクダはどのウマにも負けず、その脚で最大六〇〇キログラム近くにもなる巨体を支えている。フタコブラクダのほうは四肢が短めではあるが、体はヒトコブラクダよりもたくましい。こんな堂々とした生きものを家畜化したとは、昔の人たちは何とまあ大したことを成し遂げたものだろうか。

つい最近まで、わたしは動物園でしかラクダを直接見たことはなかった。動物園では野生動物と一緒に展示されているのが普通である。「動物と触れ合おう」コーナーにはヒツジやヤギなど家畜化された動物たちがいて、そこにラクダの親戚である南アメリカ産のリャマやアルパカはよくいるのに、ラクダはいないのだ。ラクダの恐ろしげな体躯や不作法な気質を考えれば、そのほうがいいだろう。家畜ラクダにはいまだにどこかしら野生っぽい雰囲気がある。そんなわけで、ラクダに乗りたいなど思ったこともなかったのだが、二〇一一年四月のある日、気がついたらヒトコブラクダの背中に乗っていた。

予期していた通り、いい乗り心地ではなかった。ラクダに乗って出かけるダイブサファリツアーとはなんて素敵な、と思って予約を入れたのだ。エジプトのシナイ半島海岸からダイバーがあまりいない紅海の辺鄙（へんぴ）なあたりまで行くには、ラクダに乗る以外に選択肢がなかったのである（というのはわたしの思い込みで、二日目にはキャンプしていた場所に四輪駆動車がやってきた）。乗って数分後にはもう後悔していた。まず、ラクダの上に乗って戦慄した。相手（雌のラクダ）は四肢を折り曲げて座るというお決まりの姿勢だったのだが、そこに登った時点ですでに地面ははるか遠くになった。これはまずい。両足をぶざまに広げてラクダの巨大な胸部にまたがっているのが何とも居心地が悪い。特に股間の筋肉が差し迫った危険にさらされている。鞍は木製の枠に粗い布をかぶせただけのもので、座り心地はまったくよくない（図10・1）。

ウマやラバやロバに乗るのだって特に楽しいと思ったことはなかったが、こいつはそれどころではなく、かなりひどいことになりそうだ。ラクダが後肢から先に立ちあがったので、前方に投げ出されてラクダの首にキスしそうになる。鞍の前縁にあるまっすぐ立ちあがった出っ張りがしっかり受け止めてくれたので、屈辱的なことにはならずにすんだ。とはいえ、股間の具合はひどくなるばかり。ダイビングのインストラクターは地元のベドウィンだったのだが、わたしの様子を見ておもしろがるのがまたしゃくにさわる。でも、今後ラクダが立ちあがるときは鞍の前縁の出っ張りに両手でつかまるように、とアドバイスしてくれたので、それに従った。気を楽にして楽しめ、ともいわれたが、それはできない相談だ。

図 10.1　昔ながらのものではない荷（スキューバ用具）を積んだラクダ（シナイ半島のダハブ付近にて著者撮影）

ラクダがすっかり立ちあがると、二階から地面を見下ろしているように感じた。道中、紅海の真上に切り立つように思える急斜面を登ることが何度もあった。そのたびに地面から遠すぎるという感覚がますます強くなるばかり。急斜面を登るなんて不意打ちもいいところだ。ラクダは平坦な砂漠の地表に特化したものであり、硬くて足を滑らせやすい岩場向きではないのではないか？　この考えは基本的には正しいのがわかった。ラクダ自身の行動がそれを物語っていたのである。

岩の斜面に来るたびにラクダたちは立ち止まり、難所に立ち向かっていく気はないようだった。だが、同行のラクダ引きが、携えた棒で急かして岩の斜面に向かわせようとするので、しぶしぶ従うのだった。岩の斜面を登りたくもなければ、降りるのも嫌がる。実際、降りるのが嫌いだからこそ岩の急斜面に登りたくないのだろうと推量した。足を滑らせて落ちてしまわないかという恐怖が原因で、岩の急斜面を降りるのが嫌なのだとすれば、わたしだって岩の急斜面を降りたくなんかない。

途中で、ラクダから降りてしまおうと本気で思った。なんて恥ずかしいやつとベドウィンに思われてもかまうもんか。しかし、実際問題としてそれは不可能だった。ラクダは硬い岩の上ではひざまずかないし、立ったままのラクダから安全に降りる方法などないので、どうしようもない。ラクダ引きが脇腹をビシッと叩いて急かすたびに、わたしたち（この時点で自分はラクダと一体化していた）はぶかっこうに降りていき、案の定、よろけたり滑ったりした。歯をくいしばって落ちる場所を探す。ラクダと逆方向に落ちるのが理想的である。ラクダがはるか下に広がる海に転がり落ちて自分は山側に落ちればいいと思っていた。

平坦な砂漠が続くところは、快適というにはほど遠くはあったが、はるかにましだった。インストラクターは、ラクダに乗るのはロッキングチェアーに座るようなものだといったが、それは適切なたとえとはいえない。もしもラクダがロッキングチェアーだというなら、欠陥ありのロッキングチェアーだ。船乗りのいう「横揺れ」のように左右に揺れ、もちろん前後にも揺れるのである。本書を書くために調査をしていて初めて知ったのだが、ラクダが歩くとこのように複数の方向に揺れるのは、「側対歩（ペース）」という独特の歩法をとるためだった（付録4参照）。

有蹄類のほとんどは、ゆっくり歩く「常歩（ウォーク）」と全速力で走る「襲歩（ギャロップ）」の中間のスピードでは、「速歩（トロット）」という歩法をとる。速歩では、四肢は対角線上の二本が一緒に動く。右後肢と左前肢、次に左後肢と右前肢、といった具合である。二回の動きでサイクルが完結するので二節歩法と呼ばれる。側対歩も二節歩法だが、同じ側の前後の肢が一緒に動く。左後肢と左前肢、次に右後肢と右前肢、という具合である。ラクダはゆっくり歩くときも全速力で走るときも、どのスピードでも側対歩である。これはラクダ独特の性質で、ほとんどの有蹄類は速駆けするときはギャロップになる。側対歩では必然的に体が左右に揺れ、スピードが上がれば上がるほど騎乗者にとっては危険になる。わたしの乗ったラクダが後ろのラクダからしょっちゅうつつかれ、そのたびにスピードを上げていたので、この危険性がよくわかった。側対歩とその結果生じる横揺れにより、乗り手は酔ってしまう。「砂漠の船」というラクダの異名にふさわしい効能がつけ加わるというものだ。

ラクダに乗ったときに想起したのは、「ラクダは大勢がよってたかって作り出したウマだ」という古諺（こげん）である。大勢が口を出すとろくなものはできないという意味で、ぶざまなできそこないとしてラクダが持ち出されている。だがこれは偏狭な西洋的見解である。ラクダはぶざまなウマなどではない。それどころか、多くの点でウマよりも優れている。重い荷物を載せられるし、しかもウマが絶対に行けないような、地球上で最も荒涼とした場所にまで荷物を運んでいけるのだ。この点でラクダに勝るものはかつて存在しなかった。そのため、ベドウィンは何世紀にもわたり、車輪を使った輸送手段を使わずに暮らしていた。

ラクダ

彼らの生活の場である砂漠では、車輪による輸送手段はラクダよりも劣っていたからだ[1]。ようやく状況が変わったのは、第二次世界大戦中に四輪駆動車が導入されてからのことだ。

体の外見的な点では、ラクダにはウマに比べて難があるかもしれない。長く間延びした鼻の下、ぐちゃっとつぶれたような口元は、いかにもまぬけっぽく見える。また、背中のコブは、特に片方に曲がっているときなどは、西欧人にとっては不健康な腫れものに見える。ごつごつした「ひざ」や長くて曲がった太い首が審美的な面でポイントを稼ぐものでないのは確実である。全体的に、ラクダの姿形はドクター・スースの絵本に出てくる動物のようだ〔ドクター・スースはアメリカの絵本作家で、動物が主人公の作品が多い〕。だがわたしは、ラクダには威厳のようなものがあると思っている。顎をわずかに上向けたさまは自信に満ちている。荷物を積まずに歩く様子はまさに堂々としている。わたしの目には、側対歩は速歩よりエレガントに見える。もちろん自分が地に足をつけた状態で見たときの話だが。

だが、ラクダの属性として最も驚くべきは、あれだけ体が大きく力が強いにもかかわらず、ときどきつばを吐いたり咬みついたりするとはいえ、従順であることだ。野生の祖先は家畜以上に扱いにくかっただろうに、それを十分な管理下において荷物を運搬させ、さらに搾乳までするようになったなんて、いったいどうしてそんなことができたのだろうか？　しかし、事実ラクダは家畜化されている。ヒトコブラクダはすべての集団が家畜化されてしまい、本当の意味で野生の集団はもう存在しなくなってしまった。

## ラクダ科の生物学的な特徴

ヒトコブラクダ（*Camelus dromedarius*）はラクダ科のなかで現在まで存続している数少ないメンバーの一つである。以前、ラクダ科の動物は、特にその誕生の地である北米ではもっと繁栄していた。中新世

**図 10.2** ヒトコブラクダの現在の地理的分布

から更新世まで（二〇〇〇万〜二〇〇万年前）、ラクダ科は北米大陸で最も普通に見られ、多様化した草食動物だった。現在、ラクダ科は北米には生息せず、南米やアジア、アフリカにしかいないが、このような状況になったのは進化の歴史においてはごく最近のことである。

普通、「ラクダ」といえばヒトコブラクダが思い浮かぶ。このラクダは北アフリカやアラビア、西アジアの熱く乾燥した地域に生息している（図10・2）。フタコブラクダ（*Camelus bactrianus*）は、モンゴルのゴビ砂漠や中国北部とその隣接地域といった、寒冷で乾燥した地域に生息している。この旧世界の二種のラクダはしばしば「真のラクダ」と呼ばれる。両者の祖先は、三〇〇万年前よりも最近に北米からベーリング陸橋を渡って北東アジアに至り、その後南方や西方に移動していった。

ラクダ科の系統樹の他の枝に当たるリャマ類は、北米からパナマ地峡を通って南方に移動し、アンデス山脈やパタゴニアなど、南米の寒冷で乾燥した地域に適

図 10.3　ラクダとウシの休息時の姿勢

応した。リャマ類の野生種はグアナコ（*Lama guanicoe*）とビクーニャ（*Vicugna vicugna*）の二種、家畜化されたものはアルパカとリャマの二種類である。ラクダ科で生き残っているのはこれで全部である。

ラクダ科動物は、野生でも家畜でも、偶蹄類に典型的な二本指の四肢をもち、かかとは二重滑車構造である。しかしそれ以外は、偶蹄類のなかでは異例な点が多い。ブタほどではないが、それでもやはり異例であることに違いはない。たとえば、これまでの章で紹介したウシ科（ウシ、ヒツジ、ヤギなど）やシカ科（シカ、トナカイなど）の反芻動物とは歯が著しく違っている。ラクダ科は初期の偶蹄類に見られた犬歯を保持しているが、他の現生偶蹄類では、ブタを除き、犬歯は失われている。ラクダに咬みつかれてやっかいな理由の一つがこれだ。切歯と前臼歯が一本ずつ犬歯のように先のとがった牙状になっているのもやっかいの種（たね）である。ラクダの消化管には三つの胃があるが、反芻動物なら四つである。ラクダ科動物も反芻するが、これはウシ科やシカ科の反芻動物とは別に、独自に進化したものである。

腰と後肢の構造も異例である。休息時、四肢を胴体の下に曲げ込み、肘関節と膝関節の両方を地面につける独特の姿勢をとるのはこのためだ。他の偶蹄類では、肘関節はほぼ地面につくが、膝関節は地面につかない（図10・3）。蹄がないのも偶蹄類ではラクダ科のみである。二本の指の先は蹄のかわりに弾力のあるパッド状の構造で覆われていて、他の偶蹄類のような蹄のあるものよりも指を広げることができる。カリブーはかなり指を広げられるが、ラクダにはかなわない。指先が蹄のかわりにパッドで覆われているのは、進化によって二次的に得られた形質であり、最初のラクダ科動物には蹄があった。[2]蹄が幅広いパッドに置き換わったことにより側対歩が安定化したといわれている。[3]しかし、経験からすれば、ラクダの足のパッドは安定化という点では適応が不完全だとわたしは言いたい。

## ラクダ科の歴史

ラクダ科が進化の舞台に初登場したのは始新世で、約四五〇〇万年前のことだ。[4]ウシ科のように本格的に多様化し始めたのは、約二〇〇〇万年前の中新世初期である。その頃、北米の森林が開けたサバンナに置き換わった。幅広く多様化したラクダ科動物は、中新世を通じて繁栄し続けた。その頃のラクダ科のなかで巨大で有名なのは、剣歯のような歯の生えたティタノティロプス（*Titanotylopus*）、それよりもさらに巨大で体重が二トン近く、コブのあったメガティロプス（*Megatylopus*）、そして最大のメガカメルス（*Megacamelus*）などである。逆に極端に小さいのは、小型のガゼルぐらいしかなかったステノミルス（*Stenomylus*）である。奇妙なものとしては、極度に鼻づらの長いフロリダトラグルス（*Floridatragulus*）がいた。かなり首の長いものも数種いて、「キリンのように首の長いラクダ類」と総称されている。

ラクダ科の系統樹で残りの二本の枝は、中新世中期（約一一〇〇万年前）に分岐したものだ。[5]リャマ類すべての祖先であるヘミアウケニア（*Hemiauchenia*）は約三〇〇万年前（鮮新世と更新世の境界）に南米に移動した。一方、旧世界ラクダの祖先たちもすべてがほぼ同じ頃に北米を出て、ベーリング陸橋を通ってアジアに移動した。フタコブラクダとヒトコブラクダは、アジアへの移住に先立って分岐していた可能性もある。[6]

## ヒトコブラクダの家畜化

ヒトコブラクダには、家畜化されたことを示す身体的な形跡はほんのわずかしかないが、荒涼とした環境下で生息するものが多いことを考えれば、それも当然だろう。ラクダが家畜化されたのはアラビア半島だということで専門家の意見は一致しているようだが、年代については、早くて五〇〇〇年前から遅くて三〇〇〇年前まで意見の相違がある。[7] いずれにせよ、ラクダはアラビア半島から徐々に北アフリカや西アジアに拡散し、北インドやパキスタンにまで到達した。

ラクダはもともとは食肉用として家畜化されたようだが、元来は荷物運搬用だったという主張もある。[8] 体のほとんどの部分は利用可能で、特に皮は二次産物として重要であり、衣服や毛布、住居に用いられている。糞も（燃料として）重要な資源だったし、乳も利用される。しかし、家畜ラクダが本領を発揮してその利用が広がったのは、輸送能力が活用されるようになってからである。ヒトコブラクダは最大で約二七〇キロもの荷を長距離運ぶことができる。とんでもない重さである。少しでも荷を載せるには、ラクダが従順でなければならない。最低限、いやいやながらでも協力してもらう必要があるからだ。少なくとも荷を積んでいる最中ずっと座っていてくれないと困る。輸送用ラクダの草分けになったのは、おそらく、つばを吐いたり咬んだりすることの最も少ないラクダだったろう。荷を積み終わったら立ちあがってもらわなくてはならない。ずっと座ったままでいるのは、ラクダのとるかなり効果的な抵抗手段である。

交易路を切り開いたのはこのような輸送用のラクダだった。最初は銅の鉱石や製錬された銅を運び、次はアラビア半島南部からエジプトやレバント地方に香を運び、のちに塩や奴隷を乗せてサハラ砂漠を渡った。[9] 歴史的に最も重要なのは、アラビアから西アジアを通ってペルシャ（現在のイラン）に至るルートだろう。ペルシャでは、ヒトコブラクダの荷と、その親戚に当たるフタコブラクダが東から運んできた荷が交換された。フタコブラクダが通ってくる東方のルートは、のちにシルクロードとして知られるようになったもので、遠く中国からアラビアへ、そして最終的にはローマにまで至る交易路だった。シルクロードが利用されていたのは紀元前一五〇〇年～紀元一四五〇年頃だが、この間ずっと、車輪を使った乗りものには適さない道だった。シルクロードはラクダが通ってできた道(トレイル)のネットワークだったのだ。この交易路のネットワークが先例のない貿易のグローバル化を引き起こすのだが、その重要な要因はラクダのパワーだったのである。

ある時点で、誰か勇敢な人物がラクダに乗ろうと決心した。もしかしたら消耗品扱いの奴隷が強制的に乗せられたのかもしれない。そのうち、人を乗せたラクダが騎兵隊として軍事的に重要な機能を果たすことになった。ラクダの騎兵隊とウマの騎兵隊が初めて相対したときのことを想像してみよう。きわめて重要な心理的アドバンテージがラクダ騎兵隊の側にあったのは確かである。それは人間だけの問題ではなかった。ウマも、自分よりかなり大きな敵にわざわざ立ち向かっていく気にはならなかった。ペルシャのキュロス大王は、リュディア王国のクロイソス王との戦い（紀元前五四七年）で、この心理的アドバンテージをいち早く利用した。ある会戦中、数で圧倒的に負けていたのでいささかやけくそになったキュロス大王は、荷物運搬用のラクダを騎兵隊に仕立て、歩兵隊の前を行かせたのだ。期待通りだった。リュディア軍のウマはパニックを起こして逃げ惑ったのである。(10)

イスラム教徒の征服戦争や十字軍の戦いで、ヨーロッパの騎馬隊はアラブのラクダ騎兵隊に打ち負かされたが、ヨーロッパ人はその経験を生かした。ナポレオンはエジプト遠征でラクダ騎兵隊を活用したし、のちのアルジェリア「鎮圧」の際には、フランスのラクダ騎兵隊がきわめて重要な役割を果たした。英国もラクダ騎兵隊をうまく訓練し、北アフリカ征服、特に一九世紀末のマフディー戦争におけるオムドゥルマンの戦いでは、ラクダ騎兵隊が決定的な効果をもたらした。

米国も一九世紀半ばにラクダ隊を作ろうとしたが、これは失敗に終わった[11]。南北戦争が始まると、このラクダたちは野に放たれて自活するに任された。しかし、野生化したラクダは米国南西部では結局絶滅してしまった。ヒトコブラクダが乾燥環境に素晴らしく適応していることを考えれば、これは驚きである。だがオーストラリアでは野生化したラクダは内陸部で生きながらえ、実際、その土地に生える植物を食べ尽くしそうなほど増えている[12]。今日、最も野生的なヒトコブラクダは、オーストラリア内陸部に生息する集団なのである。

ヒトコブラクダを家畜化したのはベドウィンだった。ラクダはベドウィンの文化の中心的な役割を保持している。現在ではかなり象徴的なものだとはいえ、昔は、定住者である商人社会から香料交易の支配権を奪取することを手始めに、ベドウィンの優位性を示すためにラクダは必須の役割を果たしていた。ベドウィンは、ペトラやパルミラという素晴らしき砂漠都市が建設された時期に隆盛を極めたが、遊牧部族だったので、王制や国家のようなものはついぞ樹立しなかった。そのかわり互いに争い合って、ついに香料交易の支配権を失ってしまった。

ヒトコブラクダを家畜化してからまもなく、ベドウィンは車輪のある乗りものを打ち捨ててしまい、第二次世界大戦の終わりに四輪駆動車が広く利用可能になるまで、車を使った輸送に対してかたくなに抵抗し続けた。第二次世界大戦後は、ベドウィンの生活圏を含め、多くの地域でヒトコブラクダの必要性はどんどん失われていった。だが実用性が衰えたといっても、ラクダは文化の象徴として中心的な役割を持ち続けている。ベドウィンは相変わらず自らを「ラクダの民」と呼んでいる。

ラクダの品評会には長い歴史があるが、近年はドッグショー的な派手派手しい催しになり、審査員がラクダの姿形を詳細に吟味するようになっている。しかし、ラクダの品評会にはどんなドッグショーよりも多額の金が賭けられる。ラクダレース、すなわち競駝（けいだ）の賭け金はそれ以上に高額である。ただし、競駝が行われるようになったのは最近であり、ベドウィンの伝統的な活動ではまったくない[13]（とはいうものの、今ではベドウィンのアイデンティティーの象徴的なよりどころとして重要な役割を果たしている）。競馬が王者のスポーツであるならば、競駝はアラブの首長のスポーツである。一部の首長は傑出した最高級の競走馬のオーナーでもある。ドバイの現在の首長であるムハンマド・ビン・ラーシド・アール・マクトゥームは、英国のニューマーケットを本拠地とするゴドルフィンという競走馬管理組織の設立者である（「ゴドルフィン」という名称はサラブレッドの始祖となった三頭の雄ウマのうち一頭の名にちなんだもの）。競駝への注力もこれに劣らず、最先端の繁殖施設であるドバイ・ラクダ繁殖センターを設立している。このセンターでは、日常業務として体外受精が行われ、ラクダのクローン作製に成功している[14]。

ラクダのスピードは最大で時速約七二キロにも達し、ウマにも匹敵する。ただし側対歩のことを考えると、人間が乗ってそのスピードを出すのは、馬の場合よりもかなり難しい。また、ラクダはウマよりもはるかに持久力が高い。ラクダは時速四〇キロで一時間は走り続けられるが、ウマにそんなことをさせたら死んでしまうだろう。競駝は競馬より長時間勝負になるのである。そのため騎手にとっては競馬よりも危険性が高い。ラクダの騎手は、従来からパキスタンやバングラデシュ、スーダン、モーリタニアの貧しい人々から「勧誘」してくることになっていた。競馬と同様、騎手が小柄であればあるほどよいので、かなり若者、というより実際は子どもが動員される。一九九〇年代の終わりに、アラブ首長国連邦で子どもの騎手の死亡事故が少なからず発生し、それが競駝のイメージ戦略上大問題となったため、対応策としてロボットジョッキーが導入された[15]。

## 野生ヒトコブラクダから家畜ヒトコブラクダへ

トナカイでもそうだったように、ヒトコブラクダを家畜化したのは、定住生活を送る農耕民ではなく、遊牧生活を送る狩猟採集民兼牧畜民だった。[16] トナカイと同じくラクダも苛酷な環境に生息しており、人間から十分に餌をもらわずに何とか生きのびていかなければならない。今日でもなお、ほとんどの家畜ヒトコブラクダは家畜化以前とまったく変わらず自分で餌をあさっている。わたしが参加した小さなキャラバンのラクダたちは、野営地で荷を降ろされると遠くまで散らばり、まばらに生える植物を探しにいった。人間がそれを邪魔するようなことは決してなかった。あたりには何もさえぎるものなどないのに、一〇倍の双眼鏡で見まわしても、一ダースはいたラクダのうち見つかったのは一頭だけ、それすらものすごく遠くにいた。好きに徘徊させておくなんて、と最初はちょっと不安になってしまった。ラクダに乗るのがどれほど嫌なことだったとしても、歩いて帰るなんて考えたくもなかったのだ。ラクダ引きは、必要なときには戻ってきているから大丈夫だという。だが、自活できるのなら、なぜ戻ってくるのだろうか? 大局的に考えて、そんな明らかに自活できる生きものが、いったいどうしてわざわざ人間の支配下に入るようなことをしてきたのか、理解しがたかった。何か自発的な理由があってラクダの側が始めたに違いない。

だがそう考えても疑問は残る。おそらく長きにわたって、ラクダには狩人を避けたいという動因があっただろうに、いったい何がそれを打ち負かすほどラクダを人間に惹きつけたのだろうか? トナカイを家畜化したのがトナカイの狩人だったように、ラクダを家畜化したのもラクダの狩人だった。人間が管理する水に誘惑されたのか、それとも食べるもののない時期に餌をもらえるのが魅力的だったのか、あるいは塩などの必須のミネラルに惹かれたのだろうか。何に引き寄せられたにせよ、ヒトコブラクダはついに完全に釣りあげられ、野生集団が絶滅してしまうに至ったのだ。アラビアや北アフリカや西アジアで見かけるラクダは、まったく束縛されず自由にうろついていたとしても、家畜化された動物なのである。

家畜ヒトコブラクダはおそらく身体的には野生の祖先にかなり似ていると推測できる。いまだに祖先とまったく同じような生活を送っていて、以前と変わらぬ自然選択の枠組み内にあるのだ。ラクダの体格に対する人為選択のウェイトは軽いままだと考えるのが妥当だろう。例外は、最近、かなりの人為選択圧にさらされるようになった競駝用のラクダである[17]。

家畜ヒトコブラクダの毛色は明るい黄褐色から暗い茶色までさまざまだが、これも野生型と同じままだと考えられる。一部の地域では白いラクダがかなり珍重されるが、これは昔からかなり珍しい[18]。インドのラージャスターンで白いラクダが発見されたが、人々が覚えているかぎりでは、それがその地域で最初の白い個体だという。アラビア半島では白いラクダが積極的に育種されており、他の地域よりはよく見かけられるが、それでもなお珍しいことに変わりはない[19]。またアラビアではメラニズム（メラニン色素形成過多）で黒化した個体が賞賛されるが、これも比較的稀である[20]。米国ではウマにあるような白と茶色のぶち模様のラクダが作出されたが、アラビアや北アフリカにはぶちのラクダは事実上存在しない。

ヒトコブラクダの野生の祖先は、トーマスラクダ（*Camelus thomasi*）である[21]。ヒトコブラクダよりもかなり大型だったようだ[22]。体のサイズは在来種によってさまざまである。サイズの縮小度合いには生息環境（による自然選択）や近年では人為選択が関係しているからだ[23]。アフリカとアジアでは品種開発はまだ初期段階だが、印象的な表現型が新たに出現した地域もいくつかある。たとえばアラビアでは紅海沿岸のラクダは内陸部のラクダよりもかなり小型である（ありがたくも、わたしが乗ったラクダは内陸出身ではなかった）。競駝用品種のアセイルは四肢と首が非常に細く、乳房が未発達である[24]。乳房は競駝用品種開発の足かせとなっている。

ヒトコブラクダの品種は、初期には、平地、丘陵、沿岸などといった生息場所の生態学的条件に基づいて分類された[25]。それに続き、乳用、食肉用、輸送用、競駝用など、貢献する機能の種類に注目して原品種のタイプを分類しようという試みも行われた[26]。近年のある分類では、四つの品種グループが認められた。食肉用・乳用・肉乳兼用・競駝用の四つである[27]。アラビアのマガヒームなどの一部の品種はサブタイプ（亜型）への分化の途中にあり、将来的には複数の品種に分かれることが予想される[28]。現在行われているラクダの品種の開発によって、過去に行われてきた他の有蹄類の品種開発の様子がうかがえる。

## フタコブラクダ

ラクダの隊商（キャラバン）が中国からシルクロードを通って西へ向かう際、冬に出発するのが普通だった。氷点下の気温に耐え抜いて、標高の高いステップやゴビ砂漠、内陸アジアの高山地方を通っていったわけだ[29]。ヒトコブラクダにはとても耐えられない。これは限られた区間の話ではなく、実際にはシルクロードの大半が同様の状況だったので、荷物を運ぶのにはフタコブラクダが利用された[30]。

ヒトコブラクダもフタコブラクダも、哺乳類、特に大型哺乳類ならほとんど耐えられないような極度に苛酷な環境で生き抜くことができる。ラクダは進化によって特別な解剖学的構造や生理的特性を手に入れているからだ。まず何といってもラクダの象徴であるコブ。コブにつまっている脂肪が予備のエネルギー源となるので、特に悪条件でさえなければ、何も食べずに数週間は生きながらえる。外見的にはあまり目立たないが、生理的にも特別な性質を有している。ほとんどの哺乳類とは異なり、ラクダの体温は一日のうちで三四℃から四一℃まで変化することもある。体温を上下させることで、体を温めたり冷やしたりするのに必要なエネルギーをかなり節約しているのだ[31]。また他の偶蹄類に比べて耐塩性がかなり高く（ヒツジャウシの八倍）、塩分濃度の高い食物や水分を摂取可能である。[32] さらに、血糖値は他の偶蹄類の約二倍である。高い血糖値に加えて塩分摂取量が多ければ、人間も含め、たいていの哺乳類なら重症の高血圧症と糖尿病を併発してしまうだろうが、ラクダはどちらの病気にも縁がないようだ。

こういった適応形質はヒトコブラクダとフタコブラクダの両方に共通しているが、後者はさらに寒さに対する適応形質ももっている。フタコブラクダはヒトコブラクダと同様に極度の高温と乾燥に耐えなければならず、それに加えて、風や雪に吹きさらしで氷点下になる気温にも長期間にわたって耐えなければならないのだ。それには長い毛が密に生えた冬毛がとても役に立つ。冬毛は状況の変化に応じて一度にごっそり落とすこともできる。フタコブラクダの生息地では冬には水が得られない。きわめて寒く乾燥しているので雪は融解せずに一気に蒸発してしまう。昇華という現象である。そこでフタコブラクダは、他の生きものなら低体温症になってしまうほど多量の雪を食べて、水分を入手しなくてはならない。

フタコブラクダの英名はバクトリアンキャメルだが、「バクトリアン（バクトリアの）」は誤った呼び名である。アリストテレスがフタコブラクダの原産地を誤解して「バクトリアのラクダ」と呼んだために、この名称が使われるようになったのである。[33] 当時、ギリシャ人が「バクトリア」と呼んでいた地域は、北はパミール高原、南はヒンドゥークシュ山脈、西はアムダリヤ（古代名オクスス）川にはさまれた地域で、現在のアフガニスタン北部に当たる。アリストテレスが生きていた紀元前四世紀に、フタコブラクダがバクトリアにいたのは確かだろうが、原産地はその地域ではなかった。家畜化はおそらくもっと東方の、モンゴル南部や中国北部からカザフスタン東部で始まったと考えられる。[34]

## フタコブラクダの家畜化

フタコブラクダの家畜化が起こった時期や場所については、現在わかっていることからは、明確に断言できることはほとんどない。だが紀元前四〇〇〇年頃までには、フタコブラクダはもともとの分布域の外側、特にトルクメニスタンに現れ始めた[35]。そこから西方（と南方）に向かってじわじわと移動し続け、家畜フタコブラクダは紀元前三〇〇〇〜二〇〇〇年のいつかの時点でアフガニスタンに到達し、紀元前二〇〇〇年頃にはパキスタンに到達した[36]。イランはフタコブラクダ誕生の地だと主張されることもあるが[37]、フタコブラクダがイランに現れたのはパキスタンよりもあとのことである。紀元前一〇〇〇年頃まではアッシリアにも見られるようになった。おそらく、シャルマネセル三世などアッシリア王国を統べる歴代の強大な支配者たちへの貢物としてイランから贈られてきたのだろう。

ダニエル・ポッツによれば、イランでもアッシリアでも、フタコブラクダの主な利用法は、その地域にすでに存在していたヒトコブラクダとの雑種を作ることだったという[38]。フタコブラクダの雄とヒトコブラクダの雌をつがわせるのが普通だった。その結果生まれてくるのは、コブが一つで両親どちらの種よりも大きく強靱なスーパーラクダである。この雑種は力が強く、積載能力が五〇〇キロ近くと高かったために珍重された。雑種のラクダの生理的形質は二種のラクダの中間的なものだったかもしれない。そうだとすると、通常はどちらのラクダも生息していないような環境条件下でもうまくやっていけたかもしれない。やがて、雑種作成はイランから西はシリアやアナトリア、東はアフガニスタン西部まで広がった。

雑種が作成されていたこの地帯の東側は、事実上ラクダといえばすべてがフタコブラクダの地域であり、その大半は家畜化されている。大型哺乳類のなかには絶滅の危機に瀕したものが多いが、野生のフタコブラクダもその一つである。ジャイアントパンダよりもフタコブラクダのほうが野生の個体数が少なく、一

**図 10.4　野生フタコブラクダの現在の分布域**
（ウーナ・ライサネンとIUCN Red List 2010の厚意により掲載）

○○○頭に満たない。地球上でも辺鄙なところのうえないわずかな地域にしか残っていないのである[39]（図10・4）。

野生フタコブラクダと家畜フタコブラクダの相違点で最も印象的なのは、背丈である。野生個体はかなりほっそりとして四肢が長く、ヒトコブラクダによく似ている[40]。家畜個体は四肢が短めでかなりどっしりしている。これまで見てきたように、四肢の短縮は家畜化の特徴である。体全体のサイズの縮小も一般的には起こるが、フタコブラクダの家畜化の場合は逆のことが起こったようだ。これは、フタコブラクダでは積載能力の向上を目指した選択が行われたことを反映しているのかもしれない。家畜化の最中に、コブにも何かが起こったようである。野生フタコブラクダのコブは円錐状で、基部の幅が広く、先端にいくに従って細くなっている。一方、家畜フタコブラクダのコブは円錐状というより円柱状である[41]。

行動面の違いとして、家畜個体のほうがもちろん従順性が高い。野生個体は極端に警戒心が強く人間を嫌っているが、これは何世紀にもわたって人間に徹底的に狩られてきたことの反映だろう。このような行動面の違いのほうが身体的な違いよりも目立っている。ヒトコブラクダと同様、フタコブラクダの場合も、家畜化されても野生の祖先と同じくらい苛酷な環境にさらされていたために、解剖学的・生理的な面で家畜化に関連する表現型の変化は抑えられているのだ。

## ラクダの運命

ヒトコブラクダもフタコブラクダも、トナカイと同じように、地球上で元来人間が住めなかった領域を居住可能にしてくれた。それに加えて、ラクダは世界をつなげる役割も果たしてくれた。イエメンから中国に至る交易路のネットワークはラクダ二種の比類のない生理的能力に決定的に依存していたのであり、広大な砂漠や凍りついたステップや険しい山々を越える陸路の旅が可能になったのはラクダあってのことである。

ヒトコブラクダとフタコブラクダはほぼ同じ時代に家畜化されたようだが、他の家畜に比べてかなり最近のことである。ラクダのあとに家畜の箱船に搭乗したのは、まだ半家畜化されたにすぎないともいわれるトナカイしかいない。先に乗り込んでいた他の大半の種と同じく、種を永続させるのは家畜化されたものだけだろう。野生のヒトコブラクダは絶滅して久しく、野生のフタコブラクダは悲しい運命に陥る瀬戸際にあるが、家畜化されたラクダたちはうまく生きながらえていくだろう。二〇一〇年のデータでは、家畜ヒトコブラクダは約一五〇〇万頭、家畜フタコブラクダは約二〇〇万頭だった[42]（一方、野生フタコブラクダは一〇〇〇頭に満たないのだ）。人間が作りあげた世界では、家畜化されるのは損にならない。野生のままでいるのはぜいたくなことなのだ。大型哺乳類にとって、野牛動物として生きていくのは難しくなっていくばかりだろう。

# 第11章　ウマ

ウマは家畜動物のなかで最もカリスマ性があり、このうえなく敬意を払われてもいる。もちろん、イヌを熱烈に支持する人たちもいるし、ネコにも熱烈な愛好者がいる。だがネコは、先の章で見てきたように、ひどく嫌われることもある。イヌには我慢ならんという人はネコよりは少ないとはいうものの、人類の大半はイヌに特に関心を抱いてはいない。ところが、ウマとほんのちょっとでも触れ合った人は、少なくとも賞賛するようになる。いや普通はそれどころではなく、畏敬の念さえ抱いてしまうのだ。

わたしも確かにウマの気品と優美さは評価している。ただし賞賛度は最小だ。おそらく人格形成期の嫌な経験が影を落としているのだろう。初めてのガールフレンドにいいとこ見せようとしたのだ。[1] そういうわけで、わたしはウマについては並外れた公平さでもって臨む。人間が文明を築けたのはウマのおかげだというような仰々しい主張にはかなり懐疑的である。とはいえ、大げさな表現はさておき、ウマが人間の歴史にかなりの影響を及ぼしてきたことは疑いない。

ウマなくしては、中国からカンボジア、またオーストリアからローマに至る都市文化に対し、騎馬遊牧民が長きにわたって多大な脅威をもたらすことはなかっただろう。脅威が最高潮に達したのはチンギス・ハーンとその子孫が破壊の限りを尽くしたときである。イスラムが最初に勢力拡大した際には、ラクダと同じくらいウマも活躍した。イスラム帝国による征服に伴ってアラビア語も普及していき、やがて、北方から押し寄せてきた、さらに大規模な別の文化の波と相対することになった。ウマによって拡大してきたその文化とともに広まったのが、インド・ヨーロッパ語族という諸言語で、この言語には事実上すべてのヨーロッパ言語と、イランからインドにかけて用いられていた多数の言語も含まれていた。車輪などの他の多くの文化的要素と同じく、この語族は中央アジアのステップを起源としてそこから地理的に拡大していったのだが、その拡大はウマに多くを負うものだった。[2]

その後、ヨーロッパ人が新世界を征服した。ウマをまったく知らなかったネイティブ・アメリカンは、当初、この見知らぬ獣を畏れ怯えた。アステカ族やインカ族のほうが人数では大幅に上回っていたにもかかわらず征服に成功したのは、この心理的な要因が大きく影響したからである。しかし、長期的な意味でもっと重要だったのは、武力衝突の際にウマがもたらす実際的なメリットである。ほどなくネイティブ・アメリカンは自らの文化にウマを取り入れ、それによって大きな展開がもたらされた。複数の騎馬部族が誕生し、それまで人間が住んでいなかった北米大陸のステップ（グレートプレーンズと呼ばれている）に進出していったのである。これらの部族は、バッファロー狩りをしてティピーに住むという一八〜一九世紀の遊牧民のイコン的な存在になり、優れた騎兵として歴史に名を残してもいる。天然痘などヨーロッパから持ち込まれた疾病が猛威をふるったにもかかわらず、ヨーロッパ人の猛攻撃を何年ものあいだ勇ましくもしりぞけた部族も、多くはないが存在した。

人間の歴史へのウマの影響は、ウマがかつてなかったほどの移動性をもたらしてくれたことに起因する。以前は何週間もかかっていた遠隔地への旅路が数日単位の行程になり、何日もかかっていた距離が数時間で行き着けるものになった。一九世紀に旅の手段として列車が出現するまでは、何千年もの間、ウマの能力の限界が陸路の輸送の限界でもあった。二〇世紀に自動車が一般的になるまで、輸送手段としてのウマがその座を譲ることは、実質的にはなかった。ウマを利用した輸送の名残は、今日でも主要道路の配置に見て取ることができる。多くの道路はかつてウマが通った道に沿って敷設されているのである。また自動車のエンジンの作業能力を表す尺度として、「馬力」という語が相変わらず使われているのもそうだ。

移動性が高まったことで、文化交流や品物の輸送、経済的な相互依存のネットワークが拡大した。一言でいえば「グローバル化」が起こったのである。いつものことだが、グローバル化によってそれまでに類のない好機を得たのは強い力をもつ少数の者であり、彼らは自分たちよりも力の劣る多数の者たちを支配するようになった。その際、武力を行使することも多かったが、その武力はウマの機動力に頼ったものだった。ウマによって戦争のあり方が大刷新されたのだ。

輸送や戦争においてウマが重要な役割を果たすようになったのを知ったら、ウマを最初に家畜化した人たちは驚いたことだろう。大昔、ウマはウシなどの家畜有蹄類とまったく同じように扱われていた。ブタやウシ、ヒツジ、ヤギと同様、ウマももともとは食肉用に家畜化された。[3] ウマを家畜化したのはウマを狩っていた人たちだったのである。

ウマが狩りの獲物になったのは少なくとも六万年前、ネアンデルタール人の時代のことである。四万年前に初期の現生人類がネアンデルタール人に取って代わると、ウマ狩りはそれ以前に増して盛んに行われるようになった。[4] 南ヨーロッパのクロマニヨンの野営地の遺跡から動物の死骸が見つかっているが、大型

図 11.1　ウマを描いたアルタミラの洞窟画（© iStock.com/siloto）。

動物のなかでトナカイに次いで多かったのがウマである。野生のウマはオーリニャック文化期のペシュ・メルル洞窟（三万一〇〇〇年前）からソリュートレ文化期とマドレーヌ文化期のアルタミラ洞窟（一万八〇〇〇年～一万四五〇〇年前）に至るまで、洞窟画に記録されている[5]（図11・1）。しかしその後、西ヨーロッパではウマの個体数が減少し、それに従ってウマの消費量も減少した。最後までウマを狩っていたのは、東方のユーラシアのステップの民族だった。

ユーラシアのステップ地方では、家畜化される以前、野生のウマは長きにわたり重要なタンパク質源とされてきた[6]。家畜化によって、食料としての供給が安定することになったのだが、家畜化過程のごく初期にウマに対する見方が変化した。農場の他の家畜とは異なり、食肉源ではなく、敬意を払われる対象になったのである。しかもこの移行はかなり急速に進んだ。今日、欧米系のほとんどの人たちは、イヌと同様にウマの肉を食べるなどと聞いただけで仰天してしまうだろう[7]。ではいったいどのようにして、ウマはこれほど速く食料貯蔵庫から逃げおおせたのだろうか？

タイミングである程度は説明できる。ウマの家畜化が始まったのは他の動物に比べて遅かったのである。ブタやウシ、ヒツジ、ヤギが農場で飼われるようになってから数千年経ってようやく、アジアのステップでタルパン[8]（*Equus ferus*）とも呼ばれた野生のウマを馴らそうという試みが行われた。したがって、ウマが家畜にされ始めた地域の多くでは、食肉用の家畜がすでに十分いたのである。だがそれだけではない。ウマが輸送方面で役立ったのも重要な要因だった。車輪付きの乗りものを引かせるもよし、人間が直接乗るもよし。これを最初の一歩として、ウマは農場の他の家畜だけではなくイヌと比べてもはるかに高い地位への階段を上り始めたのである。

次の段階は戦争への組み込みである。ウマの利用は弾道兵器の発明と肩を並べるほどの革新的な出来事だった。青銅器時代の戦闘馬車（チャリオット）から中世の騎士たちの馬上槍試合まで、はたまたクリミア戦争などもっと大規模な一九世紀の紛争に至るまで、結果を大きく左右したのはウマの質だった。また、ウマに乗っていない歩兵は、敵の騎兵に対して決定的に不利な状況に置かれた。騎兵と歩兵の区別が地位の違いになったのも無理はない。地位が高い者ほどウマに乗るのが当たり前だった。貴族はウマにまたがり、農民は自分の足頼みで、それぞれ戦いに赴いたのである。貴族階級が積極的に戦いに加わらなくなってからは、ウマに乗るという特権を駆使したのは指揮官と比較的少数の選ばれた騎兵のみだった。戦いにおいて騎兵が重要な役割を果たさなくなってからずっとあとには、高位の指揮官の偉大さの象徴として、ブロンズの騎馬像が造られていた。

騎馬像はその後すたれたが、地位の象徴としてのウマの価値は、アナクロニズムとはいえ、いまだに残っている。極度に時代錯誤的な英国貴族を除けば、誰でもキツネ狩りにはいささか不快感を抱くだろうが、ドレサージュ〔声や手綱をほとんど用いずにウマを操る馬場馬術〕や特にサラブレッドの競馬は、上流階級の地位を称えるものとして残存している。「サラブレッド（高貴なる純血種）」という語自体がまさに「王者のスポーツ」を支える上流階級的な価値観を物語っている。あとで説明するが、この価値観は進化の知恵に反している。サラブレッドの育種家は人為選択と自然選択の歴史においてごく稀な例外を生み出せたにすぎないのである。たとえばウシの育種家が産乳量の多さを対象とした人為選択で成功したり、イヌの育種家が体のサイズや被毛の質、頭の形などなど、彼らの望む形質を対象とした人為選択で成功したりしたのとはえらく対照的である。ここ数十年というもの、サラブレッドの育種家はより速いウマを生み出せないでいる。サラブレッドは進化の袋小路につき当たってしまったように見える。

しかし、それでもなお、ウマがたどってきたのは栄光の道のりである。ウマに起こった進化の冒険談(サーガ)は、動物の種の歴史としてはかなりよく記録されている。それはとても長い話であり、まだ恐竜が地上を闊歩(かっぽ)していた頃から始まる。

## ウマの進化

ウマはウマ科のわずかな生き残りであるだけではない。奇数本の蹄をもつ哺乳類である奇蹄目というグループ全体のなかの、わずかな生き残りでもある。奇蹄類はかつて陸上で優占的な動物群だった。奇蹄類の最初の化石の証拠は五五〇〇万年前（始新世初期）のものだが、[9] その頃すでに奇蹄類はウマ科を含む複数の科にはっきりと分岐していた。ということは、最初の奇蹄類はそれより何百万年も前には出現していたはずだ。分子レベルの証拠により、奇蹄目の最初のメンバーは恐竜が絶滅した六五〇〇万年前より以前に出現したことが示されている。[10] だが、他の哺乳類のグループと同様、奇蹄類が本領を発揮して爆発的に

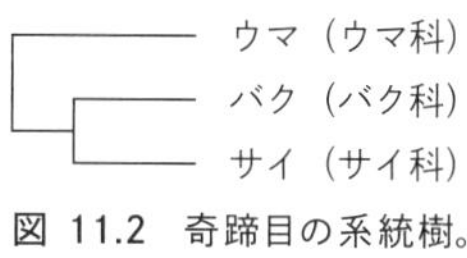


**図 11.2　奇蹄目の系統樹。現存する科のみを示す。**

多様な種に進化したのは、恐竜が消滅したあとのことである。

恐竜絶滅のあとに空いた草食動物のスペースを部分的に埋めたのが奇蹄類である。ティタノテリウム類（ブロントテリウム類）、カリコテリウム類、インドリコテリウム類は、かつて存在した陸上の哺乳類のなかでも最大級だった。しかし、初期の奇蹄類にはさまざまなサイズのものが見られ、生息環境もさまざまだった。何百万年もの間、奇蹄類は草食動物として優占的だったのである。ところが、約二五〇〇万年前に事態が変化し始める。その頃から奇蹄類の種数はどんどん減少し、現在生き残っているのは比較的少数の種だけである。そのなかにはウマやロバなどのウマ科、四種のバク類を含むバク科、五種のサイ類を含むサイ科が含まれている。そのほとんどに対して、人間は消滅への下り坂を滑っていくのに手を貸している。事実、家畜ウマとシマウマ一種を除き、哺乳類の系統樹上でかつては大きな枝であったこのグループの生き残りは、系統樹上から消滅しつつある（図11・2）。

奇蹄類と偶蹄類は、まとめて「有蹄類」と呼ばれることもあるが、別々の目に分けられている。両者は、ある重要な形質が異なることで区別される。体重のほとんどがかかる足の中軸である。偶蹄類では、これまでの章で見てきたように、足の中軸が第三指と第四指の間を通り、奇蹄類では、足の中軸は第三指を通っている。そのように一見すると単純で取るに足らない違いが、草食獣のこの二つの大きなグループを分かつ特徴になっている。これもまたもや進化の保守的な面を物語っている。まず体重を支える中軸が確立したあとに、有蹄類は二つの異なる道筋へと進化した。そして、進化の累積的な性質（すでにあるものをもとにして変化を重ねていく性質）によって時とともに多様化し、これら二つの系統は二つの異なる目（科の上位の分類群）を形成するに至ったのだ〔有蹄類が単系統か多系統かについてはまだ決着がついていない〕。

偶蹄類には、肢端を動かすための二重滑車構造と、イノシシ科を例外としてすべてがもつ複雑な胃という、二つの進歩した特徴が見られるが、奇蹄類にはどちらも見られない。ウマ科は、奇蹄類のなかでは唯一、偶蹄類と匹敵する移動性とスピードを備えた科である。草原が広がるにつれて他の奇蹄類が衰退したあともウマ科が長きにわたって栄えたのは、これが理由の一つかもしれない。シマウマがヌーと同じくらい移動性が高いのは、シマウマの四肢が比較的長いからだ。四肢の伸長は、現生のウマの進化において主要な点の一つである。

シマウマはヌーと同様に草を食むが、消化の仕方は完璧に異なっている。ヌーを含む偶蹄目ウシ科のメンバーは複雑な構造の胃をもち、消化のほとんどを胃で行う。シマウマを含む奇蹄類の胃は単純な構造である。奇蹄類の草食動物としての主要な適応は後腸で起こっている。後腸に原生動物とバクテリアからなる高密度の生物相があり、それら微生物がセルロースを分解しているのである[11]。しかし、糞を分析すれば明らかなように、この適応は反芻動物の胃ほど効率的ではない。ヌー（とウシ）の糞は排泄時にはほとんど液体で、食物源はほんのわずかしか含まれていない。一方、シマウマ（やウマやロバ）の糞は、丸い小さなかたまりが未消化の草でつながったものだ。しかし、それを補うために、シマウマなどのウマ科動物は効率的な咀嚼と急速な消化を行い、大量の食料を消費する。実際、ウシやその他の反芻動物なら餓死しかねないほど栄養分に乏しい草でも、ウマ科なら食料にして十分生きながらえることができる。

ウマの進化は、人類の進化と同様、多かれ少なかれ一直線かつ漸進的なものであり、始新世の熱帯多雨林に多く見られたキツネ大の雑食動物から、更新世の平原に生息していた大型の草食動物へと進化していったと長らく考えられていた。[12] 進化は木の枝が分岐していくように起こるというのがダーウィンの考え方だったが、進化生物学者でさえ、ウマの進化にこのダーウィン流の概念をすぐにはあてはめられなかった。ウマもロバも哺乳類に属する一本の枝の末端にある葉にすぎず、そしてその枝は昔は激しく枝分かれしていてたくさんの葉が茂っていた、というイメージが確立するまでには、ずいぶん長い時間がかかったのである（付録5参照）。

更新世初期（約二〇〇万年前）は、真のウマが繁栄した最後の時代だった。北アメリカにいたウマ類だけでも五〇種を超えていたという見積もりもあるが、数種にまとめてしまう極端な見積もりもある。[13] 更新世初期に実際どれほど多くの種がいたにせよ、ウマ類は北アメリカの脊椎動物相のなかでことのほか多様かつ豊富であった。だが、更新世の終わり（一万二〇〇〇年前）には事態は明らかに変化した。[14] 約一万年前、北アメリカ最後のウマは、マンモスやラクダや地上性のオオナマケモノなど、数多の大型哺乳類とともに死滅した。[15]

そういうわけで、過去一万年間というもの、唯一の野生のウマ（実際は、唯一の野生のウマ科）は東半球にしか生息していなかったのだ。痛ましくも皮肉なことではないか。ラクダと同様に、北アメリカこそが約五五〇〇万年もの間ずっとウマの進化の中心地であり、ウマ科の多様性と隆盛を生み出す中心だったからだ。[16] 数種のウマ科動物が海面の下がった時期にベーリング陸橋を渡って旧世界に移動したのは比較的近年で、ここ五〇〇万年以内のことである。移動の結果誕生したのが、現代のシマウマや、アジアやアフリカの野生ロバである。[17] 家畜ウマの野生の祖先であるエクウス・フェルス（*Equus ferus*）はそれよりあとに移動し、北半球の大半にまで分布域を拡大し、その後一万年にわたり繁栄を続けた。[18] 家畜化されるようになった時代まで野生ウマが生き残っていたのは旧世界の一部だけだった。その後、コロンブスとそれに続くスペイン人探検家たちのおかげで、ウマは新世界に戻ってきた。新世界で人間のもとから逃げ出したウマの子孫はムスタングと呼ばれ、「野生のウマ」と称されることも多いが、野生ウマではなく家畜ウマが野生化したものである。

エクウス・フェルスがどこまでを含むのかについては異論がある。専門家によっては、家畜ウマの直接の祖先であるタルパンだけではなく、モウコノウマ（プルジェヴァリスキーウマ）と呼ばれるモンゴルの野生ウマもこの種に含める。モウコノウマは、エクウス・フェルス・プルジェヴァルスキイ（*Equus ferus przewalskii*）というユーラシアの野生ウマであるタルパンはエクウス・フェルス・フェルス（*Equus ferus ferus*）だとするのである。これに対し、モウコノウマは亜種ではなく、エクウス・プルジェヴァルスキイ（*Equus przewalskii*）という種だとする専門家もいる。この場合、ウマ属（*Equus*）は二種が生き残っていることになる。[19] いずれにせよ、家畜ウマはすべてがタルパンから生じたものである。モウコノウマは家畜ウマのもとにはならなかったが、家畜化にどのような効果があったのか判断する際の比較対象として役立ってくれる。

## ウマの家畜化

おそらく人間は、ウマ狩りを通してウマの行動の微妙な差異を知るようになったと考えられる。ウマの家畜化が可能になったのは、そうやってあらかじめ知識を得ていたからだろう。だが当時、ウマ狩りはたとえばウシ狩りやブタ（イノシシ）狩りほど広く行われてはいなかった。野生ウマの生息していたユーラシアの寒温帯のステップと呼ばれる草原は、年間を通して人間が生活するのはほぼ無理な環境だったからである。さらに、約二万年前の最後の大氷河期が終わって以来、この草原は着々と退縮していき、それに伴ってウマも減少していった。北半球全体を通じてステップは密林に置き換わっていったのだが、草原を好むタルパンの生息に密林は適さなかったのだ。

野生ウマのなかには、ステップ以外の地域で何とか生きのびた集団もあったとはいえ、大多数はごく狭い範囲に閉じ込められたような状態だった。ヨーロッパやトルコ、コーカサス地方にあった高山草原や湿地草原など、隔離されて孤立した草地である。[20] 約八〇〇〇年前でも残っていたのは、まだ広く残っていたユーラシアのステップに生息するウマの集団だった。ステップのさまざまな民族はこのウマを長らく狩りの対象としていた。[21] ステップの諸民族にとって、馬肉は動物性タンパク質の大半を占めることもあった。[22]

七八〇〇年前頃、家畜ウシと家畜ヒツジが西方（ドナウ川下流域）からステップに移入され、急速に東方に広がって、ヴォルガ川とウラル川流域のステップにまで達した。[23] これは西部ステップの人々に重大な文化的変化をもたらした。家畜動物が富や権力と結びつけられるようになっていったのである。ウマを最初に家畜化した人が、もしすでにウシやヒツジを飼っていたとしたら、家畜小屋にさらにウマを加える必要性を感じたのはなぜだろうか？ デイヴィッド・W・アンソニーによれば、その理由は、ステップの草原にはウマのほうが適応しており、食物を特に補わずとも冬をやり過ごすことができたからだという。[24] 冬場の肉の供給源として、ヒツジやウシよりもウマのほうが当てにできたのである。最初のウマ食いとして、食料としての野生ウマの管理に成功したのは誰だったのだろうか？ これにはさまざまな意見がある。[25] 近年の研究により候補に挙がってきたのは北カザフスタンのボタイ族だが、[26] それ以外にも、広大なステップ地域のどこかで独立に家畜化が行われていた可能性もある。[27]

ウマの家畜化の最初期段階では、野生馬をある程度管理するだけだった。何千年にもわたって、ステップで暮らす多数の部族がそのような管理を行ってきたのかもしれない。ボタイ族は、ステップ文化において乗馬術を完成させ磨きをかけた最初の部族だった。およそ五五〇〇年前のことである。[28] 初期のトナカイ民が家畜トナカイを用いて野生トナカイを狩ったのと同じように、ボタイ族はまず乗馬術を生かして野生ウマを狩っていた。[29] ボタイ族はヒツジやウシを家畜として飼っていた地域からは遠く離れていたので、馬肉にかなり頼っていた。彼らが家畜化したウマは、そのまま食肉にするのではなく、食肉用のウマを獲得する手段として価値あるものとされた。ボタイ族にとっては、馬乳、特に発酵させた馬乳酒（クミス）の供給源としても家畜ウマは重要だった。[30]

乗馬が西方に広がるにつれ、異なる用途が生じてきた。ヴォルガ川・ウラル川流域のステップでは、ウマは何よりもまずヒツジやウシを駆り集めるのに用いられ、その効率を格段に向上させた。[31] 乗馬は輸送方法として好まれたというにはほど遠く、いわんや王者のスポーツでもなく、上流階級の人々には二〇〇〇年以上ものあいだ避けられていた。地位の顕示としては乗馬ではなくチャリオットのほうが好まれたのである。[32] スポークのある車輪の発明により、チャリオットによる旅行が約四〇〇〇年前には可能になっていた。かつて、扱いにくい戦闘馬車には円盤状の車輪が使用されていたが、この画期的な改良型車輪がそれに取って代わったのだった。[33] 軽量高速型のチャリオットは特に戦場で役立った。ステップだけではなく、南方の都市化が進んでいた近東文化にとってもそうだった。[34] ウマに引かせたチャリオットを中心として精鋭戦闘馬車部隊が編成され、それが近東では数世紀にわたって戦場で大活躍した。青銅器時代にはウマ引きチャリオットが地位や富と結びつけられるようになり、スコットランドから中国に至るまで、ウマとセットのチャリオット、あるいはチャリオット単独が、身分の高い人の墓の副葬品として人気を博すことになり、時代が下がるにつれてその傾向は強まっていった。[35]

行き当たりばったりの襲撃ではなく、組織化された騎馬部隊が有力な役割を果たすようになったのは、約三〇〇〇年前以降のことである[36]。それを可能にしたのは、走るウマの背中からも正確に射出できる短弓の発明だった[37]。以前はもっと長い弓が作られていたが、チャリオットに乗る射手向きのものだった。騎兵隊の出現により戦争は運命的な転回点を迎え、世界史の流れは計り知れないほどの影響を受けた。ウマの名声は急上昇し、乗馬は王者のスポーツとなる道を順調に歩み始めたのだ。

## ウマの家畜化の特殊性

ウマの家畜化過程には、独特な性質がある。トナカイが家畜化されたのはウマよりも最近のことだが、意図的に野生のトナカイを家畜トナカイの群れに導入し、野生集団がいなくなるまでそれが続けられた[38]。ウマの家畜化では、初期の頃から野生の血を入れ続けることにより、家畜ウマのスピード、体力、知性といった性質を増強しようとしていたようだ[39]。

これを実行したことによる明らかな障害は、従順性が低下したことだ。古代のウマの育種家は、家畜ウマの群れに野生の雌のみを迎え入れることによってこの問題点を多少は改善することができた[40]。家畜動物の原種となった野生動物では、多くの場合、雌に比べ雄はかなり攻撃的で扱いにくい。このためウシやブタ、ヒツジ、ヤギなどの家畜の群れを作る際、野生の雄は比較的少数だけが使用された。しかし、ウマの家畜化の過程では、野生の雄を排除するという極端な傾向が見られた。実際、遺伝的に見ると、遺伝子を提供した野生の雄ウマは初っ端に用いられた数頭だけに限定されてしまうほどである[41]。

野生の雌ウマを家畜ウマの群れにときどき導入したので、初期の家畜ウマは野生の祖先と比べてほとんど差がなかったかもしれない。そのせいで考古学研究では事態が複雑になってしまっているが、考古学者も優秀なもので、骨格以外の手がかり（埋葬や堆肥、歯の摩耗など）を用いて、家畜化過程における重要な出来事が起きた時期を決定している。ヒツジやヤギと同じように、ウマの家畜化の指標の一つとして重要なのは、通常の分布域外や、狩りがまったく行われなかった地域で見つかるウマの遺体である[42]。

ウマの骨はおよそ五〇〇〇年前から、人間の定住に伴い、ドナウ川下流流域に現れ始める[43]。コーカサス山地周辺の、現在のジョージア、アルメニア、アゼルバイジャンなどのあたりでも同様である[44]。この範囲の拡大が、ボタイ文化が栄え、かつ乗馬術が出現した時代に起こったのは重要である。それからすぐ後、ウマの骨はヨーロッパの大半の地域やトルコ（アナトリア）、イラン、インド、メソポタミアで見つかるようになる[45]。家畜ウマは紀元前一六七五年頃（エジプト第二中間期）にはエジプトに到達していた[46]。その後、新王国時代には南方に広がってヌビアに達し、さらに西方へ向かって北アフリカの大部分にまで広がった。

そうこうする間に、家畜ウマは東方にも向かってステップを横切り、中国北西部を目指した[47]。家畜ウマが中国に到達する頃（約四〇〇〇年前）までには、おそらくチャリオットを引くのに使われるようになっていた[48]。特に東方（そして北方）へと広がっていく間に、野生の雄ウマとの間でかなり交雑が行われた[49]。

## 家畜化の特徴

モンゴルの野生ウマ（モウコノウマ）と同様に、ユーラシアの野生ウマ（タルパン）はずんぐりした体型で、家畜化された子孫と比べて足が短めだった[50]。頭部は大きめで首が太かった。タルパンの毛色には、洞窟画[51]や一般的な生物地理学的な根拠、遺伝的な再構成[52]が示唆するように、おそらく多少のバリエーションがあっただろう。ユーラシアの野生ウマの分布域内にはステップが含まれている。ステップの大部分に

図 11.3　モンゴルの野生ウマ

生息していたユーラシアの野生ウマは、モンゴルの野生ウマと似たような薄墨色、すなわち灰色がかった茶色のグルジャと呼ばれる毛色をしていたと思われる。背筋から尾のつけねまでは鰻線（まんせん）と呼ばれる濃い色の筋が走っていた。肩に沿って暗い縞があり、四肢の色は濃いめだった。特に注目したいのは、どの野生ウマもたてがみが暗色でブラシのような短い剛毛からなっていたことだ。家畜ウマの長くうねるようなたてがみとは異なっていたのである[53]。

モウコノウマと野生化したウマから、家畜ウマの祖先の社会行動を推察することが可能である。彼らは優位な雄一頭と数頭の雌、およびその子からなる小さな群れで生活していた。優位雄の生活は平穏無事にはすまない。オオカミから人間に至るまで、捕食者を避けなければならないだけでなく、群れを乗っ取る機会をうかがう独り者の雄からの圧力に常にさらされているのである。ライバルをかわすにはかなりの時間とエネルギーを割かなければならない。容赦のない血みどろの闘争では、噛みつかれたり蹴られたりして体が傷つくリスクもある。時には自分の群れで成熟した雄ウマから身を守らなければならないこともある。ただし、群れのなかで、雌といいちゃいちゃする様子が目に余るようになったり優位雄への敬意が不十分になったりした雄は、追い出されてしまうのが常である。雌ウマたちからは片時も目が離せない。雌たちはあいびきの機会をうかがう魅力的な若い雄の手練手管には免疫がないのだ。成功を手にするのは、まめに努力する好戦的な雄なのである。ウマを家畜化していた人間たちが、野生の雄ウマが自分の群れに近づかないようにしたがったのも無理もない。

雌のタルパンは雄に比べてかなり社交的かつ素直であり、管理もずっと楽だった。従順性の最も高い雌は、攻撃性が最も低かった。人間が近づくことに耐えられた個体が人間のいる環境に最も適応的だったのはいうまでもない。そういった雌が自然選択でも人為選択でも選ばれた。従順性を対象とした人為選択によって、ウマは人間からの指示にますます敏感になっていった。それが積もり積もって、賢いハンスというウマが生み出されもした。ハンスは簡単な計算ができるように見えたが、ただし飼い主が一緒にいるときだけだった。実は飼い主のごくかすかな（かつ無意識的な）合図を拾っていたのだった。[54] 人間の出す合図に対するウマの敏感さは、イヌほどの高みに達してはいないが、ネコやブタ、ウシ、ヒツジやヤギよりもかなり優れているのである。[55]

家畜化過程が始まってからかなり時間が経っても、家畜ウマと野生のウマは行動でしか区別できなかったと思われる。従順であれば家畜というわけだ。ウマに人が乗り始めた頃には、毛色のバリエーションはかなり豊かになっていて、さまざまな毛色が入り混じる個体もよく見られた。どの個体も薄墨色だったのが、茶色、栗色、黒色、白色が現れ、さらにそのさまざまな組み合わせによって、白毛の混じる粕毛（かすげ）、濃色部分と白色部分が斑に大きく分かれる駁毛（ぶちげ）なども現れた。[56] ここでもおなじみの要因が働いている。野生型の毛色を選択する自然選択の圧力が弱まり、また遺伝的浮動もあって、珍しい突然変異が生じる頻度が高まったのである。[57] しかし、人為選択もまた新たな毛色を増やすのに一役買っている。家畜化過程の割に早い時期でも、ウマの育種家たちは、珍しい毛色や模様の個体を増やそうと努力したのだ。これは、単に新しもの好きという人間に一般的に見られる性質のためでもあるし、また、審美的な要素が働いたのも疑いない。そして、現実的な金銭面での理由ももちろんあった。変わった毛色のウマのほうが、ありふれた毛色のものよりもおそらく高い値がついたのだろう。

イヌと同様に、この人為選択はかなり強力である。自然選択は有害な遺伝子を排除する方向に働くが、人為選択がこの効果を打ち消してしまったため、新たに発現した毛色や模様のなかには難聴や夜盲症、結腸の欠陥といった有害な形質と関連するものもあった。[58] このような関連性は多面発現と呼ばれ、関係する遺伝子が特に発生過程における毛色の決定だけに関わるのではなく、もっと一般的な生理的な面にも関係しており、多数の形質の発生に影響していることを反映している。またもやセット販売である。[59]

家畜ウマにおいて最も傑出した改変の一つは、たてがみである。他の野生のウマ科動物と同様に、野生のウマのたてがみは短い剛毛からなるブラシ状のものだ。ところが、家畜化過程をたどるうちに、たてがみの毛は長くなり、今日見られるような柔らかい毛が長く垂れ下がる装飾的なものになったのである。野生のウマ科動物の剛毛からなるたてがみは、大型捕食動物から首に噛みつかれた際にある程度は命を守ってくれるのではないかと考えられている。もしそうならば、家畜ウマのたてがみが長くなったのは自然選択の圧力が弱まった結果ということになる。だが、家畜ロバはおおむね野生型のたてがみを保持していることから考えると、ウマのたてがみがここまで変わったのは、人間の美的な好みのほうが重要な役割を果たしたためのようだ。[60]

## 在来種と品種

家畜ウマは、分布域が拡大するに従って複数の在来種へと分かれていった。そして一九世紀初頭には、それら在来種を土台として品種の構築が始まった。いわゆる原始的な品種の多くは実際、今日まで在来種の状態にとどまっているのである。エクスムア・ポニー、アイスランディック・ホース（側対歩馬（ペーサー））、ノルウェジャン・フィヨルド、ウェルシュ・マウンテン、そしてカマルグなどがそうである。それぞれの名前は、こういった在来種が進化した地域に由来している。新世界のムスタング、チンコティーグ・ポニー、そして中南米のさまざまなクリオロタイプもまた在来種だと見るべきだろう。オーストラリアのブランビーも同様である。これら在来種の大半は、タイミングや段階は異なるが、それぞれの来歴のどこかの時点で野生化したものであり、今日まで野生あるいは半野生状態を保っているのである。

野生化した在来種のなかには、エクスムア・ポニーのように、程度はさまざまではあるが、野生の祖先に似た毛色や体型を示すものもいる。特に野生的な性質の強い在来種は、カルパチア地方（ルーマニアとポーランド）産のフツル・ポニーとスペイン産のソライアの二種である。後者については、タルパンの直系の子孫であり家畜化を経験していない可能性もあると示唆されている[61]。しかし、たてがみを見れば、この主張が誤っていることがわかる。ソライアには他の「原始的」な在来種と同様に長いたてがみが生えている。これは過去の家畜化の名残なのである[62]（図11・4）。

ユーラシアの野生ウマは、過剰な狩猟と家畜ウマとの交雑とがあいまって、おそらく一八世紀には事実上絶滅していただろう。だが、もっと後まで生き残っていたという主張もある。よくいわれるのは、最後の個体が一九世紀後半にモスクワ動物園で死んだということだ[63]（図11・5）。しかしこの個体には長いたてがみがあった。一八〇六年、（ソライアを除いて）野生で生息する最後の野生ウマだと推定される複数

図 11.4　ソライア

図 11.5　「最後の」タルパン。たてがみが長かった。

の個体が、ポーランドのビャウォヴィエジャの森で捕獲されて地元の農夫に売られた。薄墨色に濃色の筋が背中に入るという形質は真の野生ウマのものであったとはいえ、このウマたちは野生化以前におそらく地元の家畜ウマと交雑していたと思われる。さらに野生化して在来種に分岐したあとには、意図的に家畜ウマとの交雑に用いられた。

ビャウォヴィエジャのウマのことを知った生物学者タデウシュ・ヴェトゥラニは、そのウマたちをもとに野生ウマを遺伝的に再現しようと試みた。その結果生まれたのがコニックである。このウマは毛色とサイズは野生ウマに似ているが、それ自身は野生ウマではない[64]。またしてもたてがみが動かぬ証拠である。のちにヘック兄弟（オーロックスを復活させようとした。第7章参照）がコニックをはじめとした「原始的品種」を用い、怪しげな遺伝学的手法を適用して野生ウマの再現を目指した[65]。兄弟によるオーロックスの再現が成功したとはいえなかったのと同様、野生ウマの再現もとても成功といえるものではなかった。家畜化の過程は、いったんはずみがついてしまったらそう簡単にもとに戻せるようなものではない。ウマとてその例外ではないのである（図11・6および11・7）。

育種家の手によって劇的に変わるものとしては、毛色の他にサイズがある。ユーラシアの野生ウマは広大な範囲に分布しており、おそらく地域によってかなりサイズにバリエーションが見られただろうが、現代のウマの基準に照らせば平均してかなり小柄なほうに収まるだろう[66]。最初の頃は家畜化によってさらに小型のものも作り出されたらしい。もし初期の馬乗りが平均的なオランダ人男性と同じくらいの体格だったとすれば、ウマにまたがったら足が地面について引きずるほどだったろう[67]。しかしそれ以降、事態は劇的に変化した。近代の輓馬（ばんば）、たとえばベルジャンやクライズデール、シャイアなどは巨大で体重は一トンを超し、体高もそれに見合って高い。ペルシュロンもまた大型の輓馬で、中世の軍馬や馬上槍試合用のウ

図 11.6　コニック（© iStock.com/RuudMorijn.）

図 11.7　ヘック・ホース（ヘック兄弟の作出したウマ）

図 11.8　トイ・ホース

マが祖先だといわれている[68]。対極に位置するのがシェットランド・ポニーやダートムーア・ポニー、ハフリンガーをはじめとする品種で、野生のウマよりもかなり小さなものである。最近、イヌでいえばトイ・ドッグと同様の、真の意味での矮小型のウマが、コンパニオンアニマル用や生物医学研究用に開発されている[69]（図11・8）。

品種のサイズはその品種がどんな目的のために開発されたかをおおむね反映している。車両などを引く輓用のウマは大型になる傾向がある。中型の品種、たとえばルシターノ（騎馬闘牛で使用される）、リピッツァ、アラブ、クォーターホース、スタンダードブレッド、モルガン、アパルーサなどは、騎乗用あるいは軽馬車引き用に開発されたものである。小型の品種（ポニー）はしばしば炭坑での運搬に使用された。悲惨な生活ではないか。エミール・ゾラは名作『ジェルミナール』で、鉱山の入口をくぐってから一度も日の光をおがんだことのない炭坑馬の苦境を描いている。

英語圏では品種はしばしば気性によって区別されて

いる。気性の違いは地理的な起源によるものだとされることも多いが、それは間違いだ。輓馬は従順なため「コールドブラッド（冷血種）」と呼ばれる。騎馬は若干気難しいので「ウォームブラッド（温血種）」と呼ばれる。三つめのカテゴリーは「ホットブラッド（熱血種）」である。これにはアラブ、バルブ（北アフリカのバーバリー海岸地方から名づけられた）、そして有名なトルクメニスタンのアハルテケなどが属する。ホットブラッドはその名が暗示するように、興奮しやすいため扱いづらく、また南方の温暖な気候の地方産である傾向がある。

サラブレッドの名高い特徴の多くは、このスレンダーで脚の長いホットブラッド、特にアラブから受け継がれたものである。ホットブラッドの敏感な気性は、長い脚や小さな頭部とともに、若年期の典型的な特徴であることが示唆されている。ホットブラッドではそういった特徴が成体になっても維持されているのである。[70] この観点から見ると、サラブレッドの作出はペドモルフォーシス（幼形進化）に負うところが大きい。視点を広げると、ウマの家畜化と品種の分化のすべての段階においてヘテロクロニー（異時性）の果たした役割を研究するのは意義深いと思われる。

## サラブレッドの奇妙なケース

サラブレッドはウマの進化の頂点だと考える人も多い。なるほど確かに、ウマの進化に対して人間がどれほど加担したのかを最も体現しているのがサラブレッドであるが、それを頂点とみなすかどうかは見解の問題である。なぜなら、サラブレッドはおそらくイヌ科以外の家畜化されたどの品種よりも、「遺伝的な純粋性」という問題をはらむ旧態依然とした考え方を反映しているからだ。この考え方には、生物学的な観点から見て問題があり、それゆえ進化的な観点から見ても問題がある。健全な集団には遺伝的多様性が不可欠な条件なのだ。「遺伝的な純粋性」という考え方が旧態依然としているのは、親のもつ形質が液体のように混ざり合って子に伝わるという、貴族階級以外が捨て去った遺伝説（混和式遺伝モデル）をもとにしているからだ。このメンデル以前のモデルによれば、純系に属するもの以外と交配すると、その品種が（あるいは場合によっては王家の血統が）受け継いできた優れた形質が薄まってしまうことになる。メンデルは混和式遺伝モデルに対し、親から子に伝わるのは原子のように不可分の粒子的な存在、すなわち遺伝子であると考えた。これが粒子式遺伝モデルである。この近代的モデルによれば、異系交配は概してとてもよいものであり、異系交配により遺伝子の新たな組み合わせが生じる。遺伝的に大当たりといえるものが生じる可能性もある。

近代的な粒子式遺伝モデルのもう一つの結論は、「平均への回帰」といわれる統計的現象である。これによれば、優秀な親から生まれる子は親よりも平均に近くなる。このような傾向が見られる理由は、足の速さなどの一見単純な特徴は、実は複数の運動生理的な特徴が組み合わさったものであり、また個々の形質は多数の遺伝子に影響を受けるからである。それぞれをただ足し合わせれば結果が決まるというわけではないのだ[71]。それゆえ、レースで優勝するウマは、多くの遺伝子が偶発的にめったにない組み合わせになった結果、生まれたのである。また、それぞれの遺伝子は独立に受け継がれたものでもある。そして、繁殖により複雑な形質を得るのは、毛色のような単純な形質を得る場合とは対極的に、宝くじを引くようなものなのだ。望ましい形質をもつ個体のみを掛け合わせることにより、くじのオッズを高めることはできる。そういったやり方はサラブレッドの育種の初期段階では特に効果を上げた。しかし、やがて折り返し点に達し、効果が見られなくなってしまうのである。そうなったら、品種改良の最良な方法としては、「新しい血」を導入してオッズを上げることしかない。長い目で見ればサラブレッド以外の品種（おそらくアラブやバルブ、アハルテケなど）とランダムに交配するのが、レースでの競走力を向上させる最良の方法なのだ。

ありあまるほどの証拠から、サラブレッドはこの折り返し点に到達したものと考えられる。トレーニング手法が改良され、薬剤によるあらゆる種類の補助が行われているにもかかわらず、レースのタイムはこの五〇年というもの向上していない[72]。そして、この限られたくじのなかでさえも、平均への回帰は進み続ける。三冠王を含め、レースで素晴らしい成績をおさめたウマは、種馬としてはそれほど成功しないのがしばしばである[73]。実際、くじびきに貢献することすらできない個体の数はものすごく多い。さまざまな種類の生殖不能症が見られるのである[74]。彼らは悲しいことに「役立たずの種馬」と呼ばれている[75]。さらに、妊娠しても誕生に至らないケースは二〇%にのぼる。出産に至ったとしても多くは死産になり、生まれてきても一年以内に死んでしまう個体がものすごく多い[76]。役立たずの種馬や流産や死産は、行きすぎた近親交配の徴である。遺伝子の組み合わせがあまりにも制限されてしまい、品種の健全さを保つことができなくなっているのだ。これもまた、交配相手を品種外に求めたほうがよい理由の一つである。

だが、レースでの競走力が改善されないのは遺伝学的な問題だけが関わることではない。もっと悪いことを示してもいる。近年の研究により、レースでの競走力に関連する遺伝子にはものすごく多数のバリエーションがあることが判明している[77]。表現型のレベルにも目を向けなければならない。特に「表現型の統合」と呼ばれる現象には要注意だ[78]。生物体は複数の部分の単なる寄せ集めではなく、それぞれの部分が体系的に統合されたものなのである。そのため、ある部分に起きた変化が他の多数の部分に影響を与えることもあるのだ。サラブレッドは心臓と肺が度外れて大きくなるように進化しており、有酸素運動能力が増大している。巨大になった心臓と肺を収めるには巨大な胸腔が必要だ。だが巨大な胸腔は胃や腸を圧迫し、その結果、有害な影響が生じてしまう。さらに、典型的なアラブからそのまま受け継いだサラブレッドのほっそりした脚や小さめの足に対し、その体はあまりにも大きすぎる。サラブレッドは上部が極端に重すぎるのである。それが巡りめぐって、脚の負傷が高頻度で発生することになり、それが命取りになる場合も多い。[79]体型上の欠陥によって、サラブレッドの競走力には限界が設定されているのかもしれない。また、動物福祉への関心が高まっていることからすれば、体型上の欠陥に対する懸念はますます大きくなる。いまや、未来のサラブレッドの進化について徹底的に考え直すべき段階に来たのである。

## ウマのゲノミクス

二〇〇九年、最初の多少なりとも完璧なウマのゲノムが決定された。トワイライトという雌のサラブレッドから得られたものである。[80]家畜動物のゲノムではよくあることだが、この画期的な成果は人間の疾患の解明に役立つ可能性のあるものとして賞賛された。だが、たちまち起こったのは、ウマゲノム(「サラブレッドゲノム」といったほうが適切だが)のうち、どの部分がレースでの競走力に関連するのか突きとめようという競争だった。つまり、もっと効率的に勝ち馬を繁殖させようということだ。[81]基本的には、ゲノムスクリーニングで該当する遺伝子を発見しようという発想である。しかし、ウマの運動生理に関わっていると思われる遺伝子は多数あり、それらの遺伝子間には複雑な相互作用があるだけでなく、[82]そのような遺伝子が知られていなかったことを考慮すれば、当時巻き起こった興奮はいささか時期尚早だった。それにもかかわらず、何千もの遺伝子が候補として挙げられ、最初のものは当然のごとく「スピード遺伝子」と名づけられてしまった。[83]正確を期するならば、「大多数のサラブレッドの遺伝的バックグラウンド(スピード以外の表現型に関連する遺伝子の対立遺伝子の組み合わせ)を考慮に入れるなら、短距離走のスピードを向上させるが、長距離ではまったく利益をもたらさない類の対立遺伝子」となるだろう。この遺伝子は、筋肉の発達で重要な役割を果たすミオスタチンをコードしている[84]。

サラブレッドにはミオスタチンの対立遺伝子が二種類ある。一つは野生型の対立遺伝子で、持久力をもたらすものだ。もう一つは突然変異型で、短距離でのスピードを促進するものである。ここでは持久力をもたらす対立遺伝子を「*e*対立遺伝子」とし、短距離走的なスピードに関係する突然変異遺伝子を「*s*対立遺伝子」としよう。遺伝子型*ee*の両親から*e*対立遺伝子を受け継いだウマは長距離レースでよい成績を出す傾向にあり、遺伝子型*ss*の両親から*s*対立遺伝子を受け継いだウマは短距離レースでよい成績を出す傾向がある。そして、*e*と*s*の対立遺伝子を一つずつもつウマ（ヘテロ接合体と呼ばれる）は中距離のレースが得意な傾向にある[85]（人間の走者でも、これとは異なる遺伝子ではあるが、筋肉の発達に関わる遺伝子について、これと同じような結果が得られる[86]）。

*e*対立遺伝子を野生型と呼んだのは、この遺伝子がウマの他の品種にも見られるからであり、またごく最近まで、サラブレッドの大半の遺伝子型は*ee*であったからでもある[87]。この組み合わせはかつて勝ち組だった。一九世紀の競馬はかなりの長距離で争われていて（むしろ競駝に似ていた）、一〇マイル（約一六キロメートル）にもなることもしばしばだったのである。その後、レース距離は次第に短縮され、今日、米国でサラブレッドの出場するレースは最長でも一・五マイル（ニューヨークのベルモントステークス）、ほとんどのレースは一マイル近くというところまで来てしまった。もしもあなたが一九世紀のサラブレッドだったとしたら、絶対*ee*になりたいと思っていただろう。突然変異遺伝子*s*は、サラブレッド種の始祖となった雌ウマのうちの一頭がもっていたものである。この遺伝子の頻度はしばらくの間、集団内で低く保たれていた。ところが一九五〇年代になると、ニアークティックという雄ウマが両親からこの遺伝子を

受け継ぎ、この雄ウマが突然変異遺伝子をもつ雌ウマと交配したことにより、一九六一年にノーザンダンサーが誕生した。ノーザンダンサーは現代で最も影響力の大きな種馬の一頭となったのである[88]。そして「選択的一掃（強い選択圧によって特定の変異が集団内に広まり、多様性が低下すること）」として知られる現象が起きてレース環境が変化した結果、*s*対立遺伝子の頻度が急速に増加したのである。

二〇〇九年以降、他の多数のウマ品種についても、ゲノムの塩基配列が部分的に決定され、品種間の機能的な差異を生み出す遺伝的基盤を探求する下地となった。点突然変異（一塩基多型 SNP（スニップ））が何千個も特定されるとともに、塩基の挿入や欠失（インデル）も多数同定された。特筆すべきは、毛色や歩法（たとえば速歩のとき、斜対速歩か側対速歩かなど）、体のサイズなどに関連する多数のスニップである[89]。

本書で考察する多数の他の家畜と同様に、遺伝子のコピー数の変異も顕著に見られる[90]。知覚認知と代謝に関係する遺伝子では、コピー数変異（CNV）が特によく見られる。知覚認知に関わるコピー数変異は品種間の気性の違いと関係すると推測されているが、わたしとしてはそれほどの相関関係があるとは思えない。

二〇一二年、クォーターホースのゲノムが発表された[91]。この品種は米国の農場の典型的な使役馬で、ロデオで標準的に用いられる品種でもある。米国では登録数は約三〇〇万頭。この数字は他のどの品種よりも抜きん出ている。クォーターホースは短距離レースでのスピードを対象とする選択により作出されたので、作出の過程でサラブレッドと交配され、その遺伝子も受け継いでいる。だが、もっと重要なのは、クォーターホースは役畜など、農場での仕事との相性を対象に選択されたということだ。農場で働くウマには穏やかさが必要であり、また、人馬一体となって臨機応変に協力できる性質がなくてはならない。

サラブレッドとクォーターホースでは選択の方向性が異なっているため、両者のゲノムを比較すればなかなかおもしろいことがわかってくるだろう。本書の執筆時点では予備的な結果がいくらか得られているだけである。それによれば、今さら驚くことでもないが、クォーターホースはサラブレッドよりも近親交配の度合いが低いことが示唆されている。近い将来、ウマの品種間のゲノムを比較することにより、人為選択や創始者効果、遺伝的浮動、交雑が、サラブレッドやクォーターホースのみならず、他のさまざまなウマの品種の開発にいかに影響を与えたかが明らかにされるに違いない。新たなゲノム情報はまた、過去にミトコンドリアDNAやY染色体から得られた情報を補強し、ウマの家畜化の歴史を明らかにすることに役立つだろう（付録6参照）。

## 愛される理由

本書を執筆中の現在、ニューヨークではセントラルパークの有名な馬車について論争が巻き起こっている。問題になっているのは、この馬車を引く大型の輓馬たちにとって、硬い舗装道路、汚染された空気、交通量の多さなどなどといった労働環境は酷なものかどうか、ということである。新市長はセントラルパークの馬車を禁止することを公約に掲げている。思うに、もし馬車を引くのがロバだったら反対の声はここまで大きなものになっただろうか？　もしかしたらそもそも反対の声自体があがらなかったかもしれない。しかし、もしもロバ車だったなら、その魅力はかなり低下してしまうだろう。ロバはウマほど魅惑的ではないのである。

ウマが魅惑的であることの理由の一部は、とにかく体が美しく堂々として存在感があることと、動きが優雅なことである。本書で扱う他の家畜動物と違い、家畜化過程でこのような特徴が高められたのはウマだけなのだ。ずんぐりした体に短い脚、短いたてがみのモウコノウマは家畜ウマの野牛の祖先に非常によく似ているが、欧米人のほとんどは、セントラルパークで馬車を引くウマと比べて見劣りがすると思うだろう。現代のサラブレッドと比べるとますますそうである。これがウシになると逆転する。スペインの闘牛用品種を含め、いま存在するウシはどれもオーロックスと比べると見劣りがしてしまう。

しかし、ウマが魅惑的である理由は他にもある。歴史的に社会的地位の高さと結びつけられてきたからだ。青銅器時代のチャリオットの乗り手から始まり、貴族階級の騎士で最高潮に達し、その後も、時代錯誤的だとはいうものの、キツネ狩りやドレサージュなど、いわゆる「王者のスポーツ」へと受け継がれている。セントラルパークのヴィクトリア朝風に飾り立てられたウマと馬車は、この類の時代錯誤的なステータスシンボルのなかでも、最も大衆的なものといえるだろう。

だが、結局、ウマが家畜のなかで最も尊重されるようになったのは、人間の交通手段として利用価値があったからである。現在、この利用価値は急激に失われてしまったが、それにもかかわらず、わたしたちの文化的な意識のなかでは、ウマは以前と変わらず深く敬意を抱かれる対象であり続けている。実際、実用的な価値が衰えるに従い、ウマの価値は上昇しているようなのだ。このことだけから考えてみても、かつて繁栄を謳歌した奇蹄類の残党であるサイやバク、ロバ、野生のウマが完全に消滅してしまったとしても、その後長きにわたって家畜ウマは残っていくだろう。

# 第12章 齧歯類

一五三二年、ピサロがインカ帝国を征服した。それからほどなく、ヨーロッパの人家では一風変わった齧歯類が見られるようになった。最初はスペイン、次いでベルギー(当時はスペイン領だった)。その後はイングランドやフランス、その他、西ヨーロッパの各地域にも出現し始めた[1]。あまりにも変わっていたので、この動物は齧歯類とはみなされなかった。確かにラット(ドブネズミやクマネズミ)やマウス(ハツカネズミ)といったヨーロッパ産の典型的な齧歯類には似ていなかった。たとえば尾はもうネズミとは全然違っていて、かろうじて認められる程度の尾しかなかったのだ。また体型もネズミ類とはほど遠かった。だがおそらく、こういった相違点一つ一つ同じくらい重要なのは、この生きものが全体的に、何というか不快なものには見えなかったということだろう。とにかく、齧歯類にしてはひたすら可愛く抱きしめたいと思ってしまうようなやつだったのだ。そんなわけで、新世界からやってきたこの目新しい生きものは、ヨーロッパでは家の中に連れ込まれるようになった。在来の親戚たちは断固として追い出されてきたというのに。

齧歯類の仲間だとは思えなかったため、当時のヨーロッパ人は、新世界から移入されたこの生物に対し、齧歯類以外でよく知っていて似ている生きものになぞらえた名前をつけようとした。ところが、ヨーロッパに生息するおなじみの生きもののなかに、ぴったりくるものはなかった。ドイツ語圏・フランス語圏・英語圏で、まあ近いかなと考えられたのはブタだった。というわけで、この生きものはミニチュアのブタに見立てられたのである。

この新世界産の齧歯類はある意味でブタっぽいところがあったのである。尾はネズミのような長くむき出しのものではなく、短く毛の生えたブタの尾によほど似ていた。体型もどことなくブタっぽく、ずんぐりした体に短い四肢、頭は若干大きめだった。鳴き声がブタに似ていると思った人もいたかもしれない。いずれにせよ、フランス語圏でもドイツ語圏でも英語圏でも、ブタをモデルとすることに落ち着き、それぞれの言語で「ブタ」を意味する語を含む名で呼ぶようになったのである。フランス語では「コション・ダンド（西のインドのブタ）」、ドイツ語では「メアーシュヴァインチン（海の子ブタ）」、そして英語では「ギニー・ピッグ（ギニアのブタ）」だ（日本語ではモルモット。テンジクネズミとも呼ばれる）。ところがスペインではこれに異議を唱え、「コネヒージョ・デ・インディアス（インドの小さなウサギ）」と呼んだ。わたしはスペイン語のほうに軍配を上げたい。モルモットはブタというよりはウサギのほうによほど似ていると思うのだ。系統的な関係でもウサギのほうがずっと近い。

分類学の開祖である偉大なるカール・フォン・リンネは、英語・ドイツ語・オランダ語サイドに与して（くみ）いた。リンネはモルモットに明らかにブタ的なものを見て取り、ラテン語で「小さなブタ」を意味する *porcellus* という語を種小名に採用した。リンネはしかしモルモットが間違いなく齧歯類であることを熟練によって看破し、マウスと同じハツカネズミ属(*Mus*)に組み込んだ。だが、そのせいで事態はかなり間違った方向に進んでしまった。モルモットはのちにテンジクネズミ属(*Cavia*)に入れられたが、種小名はリンネによるものがそのまま用いられたので、学名は*Cavia porcellus*となった。

モルモット(ギニー・ピッグ)の名前で何とも不可解なのは「ギニー」という部分である。数多の「学説」が提出されたが、誰もが納得するようなものはまだ一つもない[2]。ここではいちいち紹介しないが、モルモットはギニア産ではないと記しておけば十分だろう。ギニアはアフリカ西部にあるが、モルモットはアンデス山脈西部のインカ人の土地からやってきたのである。

「ギニアのブタ(ギニー・ピッグ)」という語には混乱が重なっているので、学名に立ち返ったほうがよいだろう。後半の種小名ではなくて前半の*Cavia*という属名のほうである。原産地では思いもよらなかった表現型をいくつも作り出してしまったほどに価値を見出した愛好家たちの例に倣い、わたしはモルモットを「ケイビー」と呼びたい。

新世界にやってきたケイビーたちは、原産地では屋内に生息していた。そこでケイビーたちには専用の部屋が割り当てられ、人間の住居内を自由に動きまわるものもいたが、それは料理されるまでの話。ペルーではケイビーはペットではなく、食材だったのである。食用目的で、ケイビーはヨーロッパにやってくるより前、五〇〇〇年以上もすでに家畜化されてきたのだった。家畜化の様子はあとで探ることにして、まずは家畜化以前の進化の歴史をひもといてみよう。ケイビーが齧歯類として最初に家畜化されたのはなぜなのか、手がかりが見つかるかもしれない〔著者は「ケイビー」としているが、以後、日本で一般的に用いられる「モルモット」という名称を用いることにする〕。

## 哺乳類のなかでも成功した齧歯類

一九九〇年代に、一部の分類学者がモルモット（ケイビー）を齧歯目から追い出そうとしたが[3]、その試みは大して成功しなかった。モルモットは確固として齧歯類の傘下に入れられたままだ[4]。とはいえ巨大な傘ではある。哺乳類の全体の四〇%、有胎盤類のうちではほぼ半分が齧歯類なのだ〔哺乳類のうち、胎盤が発達するのが有胎盤類。カモノハシなどの単孔類とカンガルーなどの有袋類以外のグループが含まれる〕。マウスやラットといった典型的な齧歯類以外にも、ハタネズミ、レミング、ハムスター、スナネズミ、ホリネズミ、マスクラットもいる。リスやシマリスも齧歯類だし、マーモット、プレーリードッグ、ヤマネもそう。さらにヤマアラシ、ビーバー、チンチラ、アグーチ、ヌートリア、カピバラ、もちろんモルモットも含まれる。一般的な読者になじみのあるのはこのなかのわずかだけだろう。もっとなじみは薄いだろうが、他にはメクラネズミ、ヤマビーバー、タケネズミ、タテガミネズミ、イワマウス、パカ、ビスカーチャ、フチア、ヨシネズミ、デバネズミ、トゲネズミ、カンガルーネズミ、トビネズミ、グンディ、デグー、トビウサギなども含まれる。齧歯目には三〇以上の科が含まれ（哺乳類のなかでは断トツの科数である）、ここで挙げた種はそのいずれかに属している。

齧歯類はまた個体数でも哺乳類のなかで一番である。成功の秘訣は、めまぐるしく生きて早死にし、子だくさんなことだ。ハツカネズミの最長寿者（メトセラ）は飼育下で四年以上生きながらえた。野生のハツカネズミはたいてい一年経たずに死んでしまう。だが生殖方面ではこの短い寿命のなかで大仕事を成し遂げる。一歳のハツカネズミは曾曾曾祖父母であり、かつ現役で子をなしている可能性がある。もし野放しだったら個体数が爆発的に増えることになるわけだ。しかし、ハツカネズミを含め齧歯類のほとんどは野放図に増えたりはしない。食物連鎖の下のほうに位置し、幅広い動物の栄養源にされてしまう。ヘビやタカ、イタチやキツネに至るまでが、ハツカネズミの個体数増加を食い止める。野生のハツカネズミは老衰で死ぬことはない。

モルモットとその近縁種は齧歯類の原則から逸脱する傾向にあり、あるいは少なくともかなり融通を利かせている。比較的ゆっくり生き、死ぬのは比較的年をとってから、そして子どもの数も少なめで、齧歯類以外の典型的な哺乳類のほうによほど近い。この違いの帰結の一つが、マウス系の齧歯類はモルモット系の齧歯類に比べ、進化する力が潜在的にかなり強いということだ。つまりマウス型齧歯類はモルモット型齧歯類よりも遺伝的に大きな変化を経験しているのである(5)。遺伝的な変化率の違いが表現型の違いが表現型の進化においてどのように現れてくるかはまったく別の話である。マウス型齧歯類がモルモット型齧歯類よりも表現型が多様だという証拠は存在しない。まったくその反対である。遺伝子の進化率の相違は、モルモット型齧歯類よりもマウス型齧歯類のほうが種数が多いことをある程度は説明してくれる(6)。

マウス型齧歯類とモルモット型齧歯類は、齧歯類のスペクトルの両端に当たると間違いなく推測できるだろう。両グループは齧歯類の系統樹内でかなり隔たったところに位置している。かなり前から進化の道を別々に歩んできたのである。分かれてからかなり経っているにもかかわらず、マウスとモルモットを含む齧歯類は、ホリネズミからビーバーに至るまで、いくつかの共通の特徴をもっている。なかでも最も特徴的なのは、上顎と下顎に二本ずつある驚異的な切歯である。この歯は一生継続して伸び続けるので、堅いものをかじって常にすり減らさなければならない。それを怠れば、下顎の切歯は口蓋を突き抜けて脳にまで達してしまうだろう。齧歯類の切歯の他の特徴は、エナメル化しているのが前面だけという点である。後面はエナメルよりもかなり柔らかい象牙質からなる。ものをかじると象牙質が摩耗するので、その結果、先端部では表側のエナメル質が鑿(のみ)のように鋭利になるのである。つまり、齧歯類の切歯は単に伸び続けるだけでなく、常に鋭く研がれているわけだ。

齧歯類の分類が食肉類や偶蹄類などに比べてかなりややこしいことになっているのは、想像に難くない。それに応じて論争も多数巻き起こっている。齧歯類の分類は論争の多い分野だが、それは論争好きの人たちが引き寄せられるからではなく、論争すべきことが多くあるからだ。今日に至るまで事態は解決からはほど遠いが、齧歯類系統樹の主な分枝については意見が一致しつつある。ここではドロテ・ユションらによる系統樹を取りあげよう[7]。

化石と分子（時計）による証拠からは、最初の齧歯類の出現についてかなり矛盾する年代が提示されている。化石の証拠は恐竜が消滅した頃、あるいはその直後（六五〇〇万〜五五〇〇万年前）が起源だと示唆している[8]。一方、DNAの塩基配列の相違に基づいた初期の研究では、齧歯類が他の哺乳類から分岐した年代はもっと古いと示されており、もしそうなら、齧歯類は恐竜がまだ地球上をのし歩いていた頃にその足下をちょろちょろしていたことになる[9]。最近の研究では、初期の研究よりも長い塩基配列を対象に、かつ多量のデータが用いられている。それにより得られた分岐年代は、化石の証拠から得られる年代にもっと近いものであり、納得できる[10]。ではここで、齧歯類、特にモルモットの進化におけるいくつかの重要な（おおよその）年代を挙げてみよう。

地球上で恐竜の支配が終わりに近づく頃、今から約七〇〇〇万〜六五〇〇万年前、哺乳類の新たなクレードが出現した。齧歯類とウサギ類を含むグループであり、まとめてグリレス類と呼ばれている[11]。齧歯類とウサギ類はそのすぐあと、約六三〇〇万年前に分岐し、齧歯類は多様化を始めた（図12・1）。五五〇〇万年前には齧歯類の主要な三つのクレードが存在していた。リス系のクレード（これが最初に分岐した）、マウス系のクレード、そしてモルモット系のクレードである。このモルモット系のクレードには、

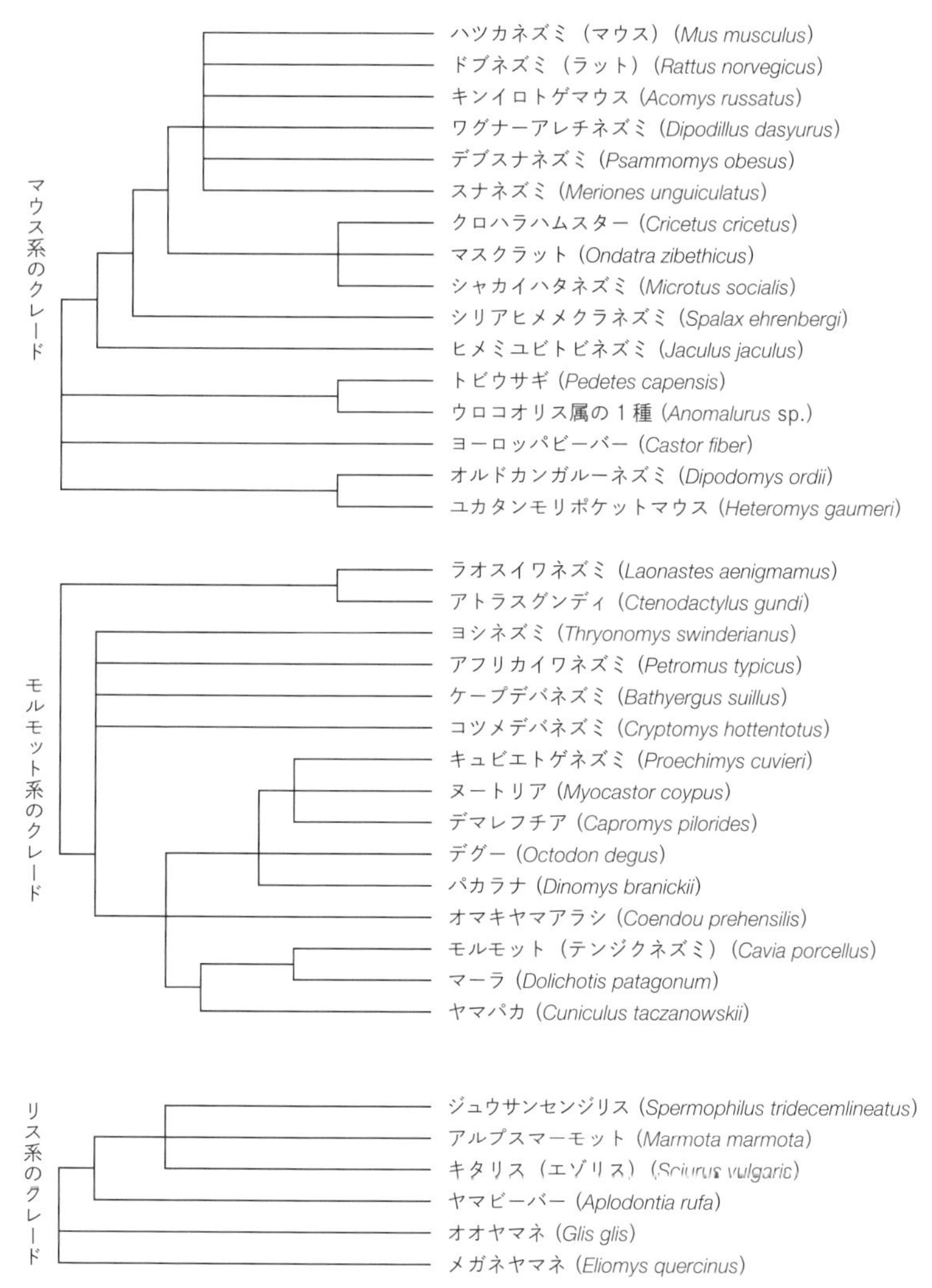


**図 12.1** 齧歯目の系統樹（Blanga-Kanfi et al. 2009, 3 より）

旧世界のヤマアラシとデバネズミなども含まれ、まとめてヤマアラシ顎類（顎の筋肉の配置による名称）と呼ばれている[12]。

ヤマアラシ顎類は他の齧歯類と同じくまずアフリカに出現した。四三〇〇万年前頃、モルモット型のヤマアラシ顎類は、アフリカから南米大陸へと移住し（おそらく島伝いに渡っていったのだろう）、旧世界ヤマアラシやデバネズミ類と進化的に袂を分かつことになった[13]。当時、南アメリカ大陸はオーストラリア大陸と同様に、他の大陸からほとんど隔離された状態であり、独自の哺乳類相が存在していた。オーストラリアと同じように南米の哺乳類も多くは有袋類だった。モルモット型齧歯類がやってきたときには、食肉類（ネコ、イヌ、クマなど）も、偶蹄類（ブタ、ウシ、シカ、ラクダ）も奇蹄類（ウマ、サイ、バク）もいなかった（霊長類はモルモット型齧歯類と同じ頃に同じルートをたどってやってきた[14]）。

この新天地には小型哺乳類が入り込めるようなニッチがたくさん空いていたため、モルモット型齧歯類は、アフリカでは無理だった生活様式を進化させる可能性を手に入れ、実際にそのように進化したのである。南アメリカへの移住のあと、モルモット型齧歯類は、表現型の多様性を獲得した。それは、種数がずっと豊富で（遺伝的に）急速に進化するマウス型齧歯類をはるかに超えるものだった。巨大化したものもいた。ジョセフォアルティガシア（*Josephoartigasia*）は過去現在を通じて最大の齧歯類であり、オーロックスほどのサイズだった。フォベロミス（*Phoberomys*）はバイソンほどの大きさだった。水中に進出したもの（カピバラ、パカ、ヌートリア）もいれば、樹上に居を構えたもの（新世界ヤマアラシ）もいた[15]。

乾燥した土地から離れなかったものも、それまでの齧歯類をしのぐほどに多様化することができた。深い森で地に落ちた果実を食べるように特殊化した脚の長いパカやアグーチ、草原に適応してでかすぎるノウサギのような姿になったマーラ、寒冷なアンデス高地に適応して稠密な毛皮（毛囊あたり六〇本もの毛が生える）を進化させたチンチラなどがいる。チンチラはその毛皮のために高い代償を払うはめになった。ピサロの征服後、ほどなくヨーロッパ人がチンチラの毛皮をやたらに欲しがるようになったのである。[16] 図12・2はこのように多様化したモルモット型齧歯類の系統関係を表したものである。

テンジクネズミ科にはマーラ属（*Dolichotis*）や、現生では最大の齧歯類であるカピバラ（*Hydrochoerus hydrochoerus*）のほか、テンジクネズミ属の多数のモルモット類などが含まれる（図12・3）。テンジクネズミ属は、南アメリカのアマゾン川流域以外の各地の草原環境に分布している。主に草本を食べる草食動物であり、新世界において生態学的にはウシと同等の役割を占めている。[17]

## モルモットの家畜化

テンジクネズミ属のどの種が家畜モルモットの野生の祖先なのかは、長らく謎とされてきた。近年得られた遺伝学的証拠によって、ペルーテンジクネズミ（*Cavia tschudii*）こそが祖先であることが示されている。ペルーテンジクネズミは現在もアンデス中西部のチリ北部からコロンビアに至る、標高三〇〇〇～四〇〇〇メートルの地域に生息している。[18] 野生のテンジクネズミはきわめて社会的であり、通常、雄一匹と複数の雌と若い子どもたちの群れで生活している。群れは明確なテリトリーをもち、その中で食料をあさる。生い茂った草原に大規模なトンネルを掘り、眠るときにはそこに引っ込み、捕食者から逃げたりする。[19]

家畜化は過去に一度だけ、ペルー南部のどこかで起こったようだ。家畜化過程は早くとも九〇〇〇～六〇〇〇年前に始まった可能性がある。[20] この間に、野生のモルモットは中央アンデスの民族にとって主要な肉の供給源となった。家に連れてこられて、あとで食べるために飼われたものもいただろう。あるいは、

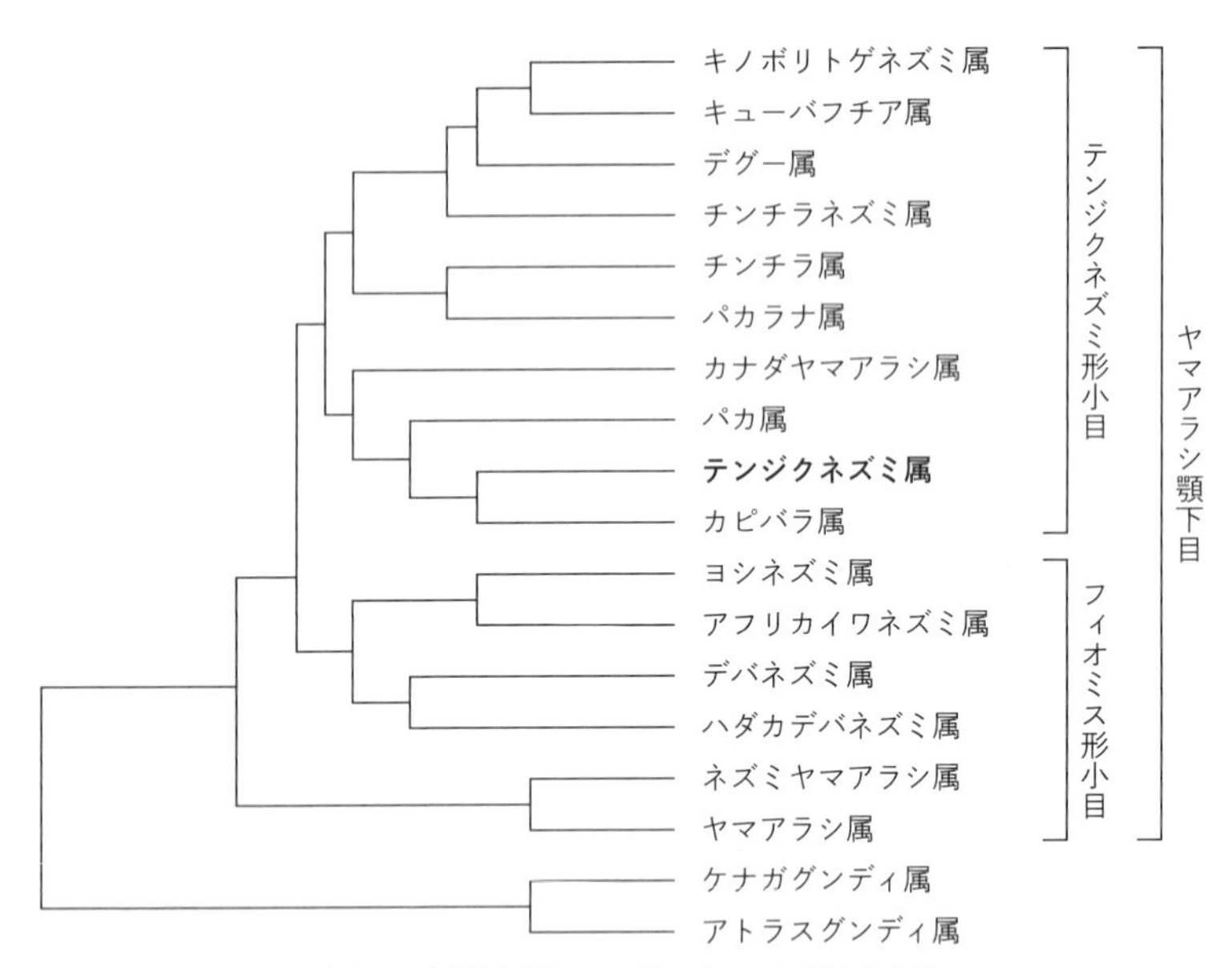


図 12.2 ヤマアラシ形亜目の系統樹（Blanga-Kanfi et al. 2009 より）

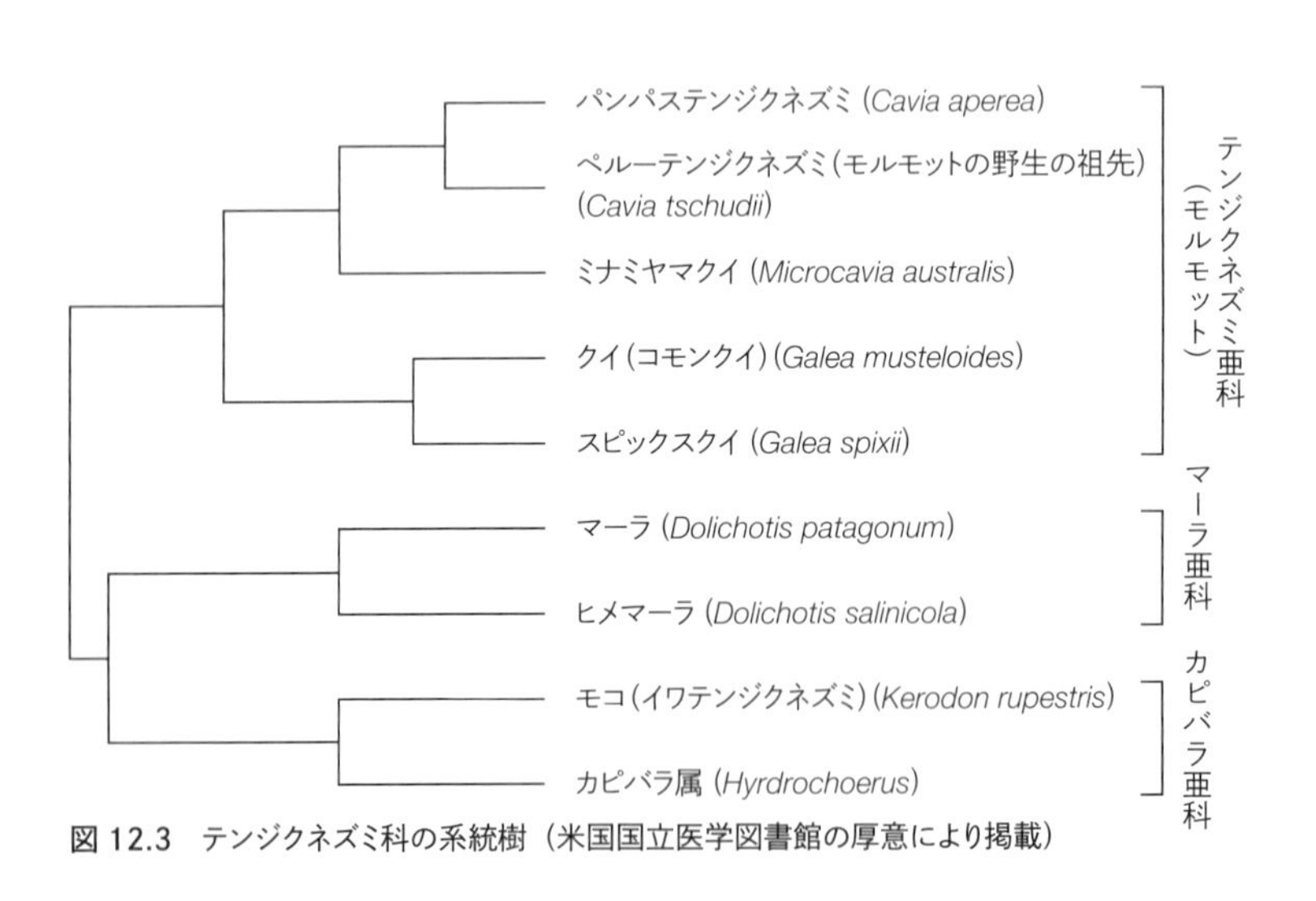


図 12.3 テンジクネズミ科の系統樹（米国国立医学図書館の厚意により掲載）

食料（残飯）がたくさんあったり捕食者に食われにくいなどの理由で、人間の居住地周辺の地域が特に居心地がいいことを見出し、イヌやネコ、ブタと同じように、モルモット自身が家畜化過程を始めたのかもしれない。

アンヘル・スポトルノは、モルモットの積極的な管理には三段階からなる過程があったのではないかとしている。[21] 第一の最も長い段階はヨーロッパ人による征服まで続き、最初に家畜化が行われた場所から家畜モルモットが広がっていくにつれて、いくつかのローカルな在来種を生み出すことになった。そのような在来種のうちコロンビアのクリオロ、ボリビアのナティバ、チリとペルーのアンディナなどは、「クレオール種」と呼ばれることもある。食肉用に人為選択された結果、クレオール種は野生の祖先よりもかなり大きくなっている。[22] 野生モルモットに比べ、クレオール種は頭骨が若干短く、毛色変異が大きい。[23]

家畜化の第二段階は、モルモットがヨーロッパに移出されたときに起こった。ヨーロッパでモルモットはペットにされ、のちに実験動物にもなった。ペットとしての役割を果たすにつき、家畜モルモットはもちろん食肉用とされていたときとはかなり異なる選択を受けることになった。新たな選択体制はまず人への従順性を高めることと、毛皮の外見に集中した。一九世紀にモルモットのブリーダー協会（イヌやネコの協会と似たような組織）が設立された頃までには、モルモットは世界中に分布し、毛の色やその他の毛質の種類が豊富になっていた。この多様な表現型から、ブリーダーは幅広く多様な色模様や毛の長さを作り出すように体系的に選択を行い始めたのである。[24]

人為選択による収斂進化の程度がどれほどであろうとも、現代のほとんどのモルモット品種の被毛の性質は、現代のイヌやネコ、ウサギ、さらにヒツジやヤギにまで似ている。たとえば、いまやモルモットにもダルメシアンや三毛、ブラック・アンド・タン〔イヌの毛色で、黒ベースに目の上や口元などに褐色の部分があるもの」がいるし、メリノ（巻毛）やレックス（著しく短毛）もいれば、完全に毛のないものも二品種いる。シャムのような毛色のヒマラヤン、アビシニアンもいる。ローデシアン・リッジバックというイヌの品種と同じように、背筋に沿って逆毛が生えているものまでいる[25]（図12・4）。

図12.4　モルモット

哺乳類では毛の発生に関わる分子の代謝経路が高度に保存されていることを考えれば、そのような収斂進化は当然予期されるべきものだ[26]。これもまた相同によって促進される収斂進化の一例である。二〇世紀初頭、ウィリアム・キャッスルやシューアル・ライトなどの先駆的な遺伝学者たちは、この保守性をうまく利用した。ライトは哺乳類全体における毛色の複雑な遺伝を解明するためにモルモットをモデル生物として用いたのである[27]。

モルモットはそれ以外にも多くの目的で実験に用いられた。「モルモット」という語が、知らないうちに実験の被験者にされてしまった人を言外に指すようになったほどだ。モルモットは今でもある種の医学研究では実験動物として役立っている[28]。だが遺伝学の分野ではほどなく、モルモットの実験動物としての役割は、ずっと繁殖スピードの速い親戚たちに奪われることになった。ラット、それにマウスである。

一方、故郷の南アメリカでは、まったく異なる目的のために、モルモットの新たな改良品種が作り出されていた。この新しい南アメリカ産の品種は、肉量を増やすように改良され、サイズが大きくなったのである[29]（これがスポトルノのいう家畜化の第三段階である）。ペルーのタンボラダやエクアドルのアウクイなど、改良された食肉品種は、クレオール種やヨーロッパ産の品種の二倍を軽く超えるサイズである。このように肉量を増加させようとする努力には拍車がかかるものだ。

## モルモットの脳や行動に対する家畜化の影響

すでに見てきたように、家畜化された哺乳類は野生の祖先よりも脳が比較的小さくなるのが通常である。モルモットにもこれがあてはまるようだ[30]。ある研究でわかったことだが、齧歯類の学習についてのある標準的なテストで、脳が小さめであるにもかかわらず、家畜モルモットが野生モルモットと同じくらいの成績を出した[31]。別に驚くべきことではない。家畜動物における脳のサイズの減少が、認知に関わる領域で起こっているとは限らないからである。実際、感覚能力や運動技能に関わる領域のサイズが減少している可能性が高い。

家畜化の結果は、これまで見てきたように、従順性だけではなく、社会的寛容性や社会性一般の向上をも引き起こす。社会的寛容性の向上は、ネコやフェレットなど、もともと単独性だった生きものでは特に目立つものだが、イヌのようにすでに社会的だった生きものでも、家畜化によって野生の祖先よりもっと社会的になる。イヌと同じく、モルモットも家畜化以前からすでに社会的だったが、家畜化過程を経るにつれて社会性がさらに向上したのかもしれない。家畜モルモットは野生モルモットよりも攻撃性が低く、社会的な相互作用の際に見られるストレス反応も低い[32]。さらに、野生モルモットの雄の成体は他の雄に対して不寛容で、自分の息子でさえも成熟したら殺しかねないほどだが、家畜モルモットでは複数の雄をグループにしてもまったく問題ないのである[33]。

では次に、かなり異なる道筋で家畜化された、マウス型の齧歯類の研究を見てみよう。

## ハツカネズミ（マウス）

ハツカネズミ（*Mus musculus*）は速く生き若く死に、多くの子を作るというアプローチで進化する典型である。個体数を爆発的に増加させられるというハツカネズミの能力は、彼らの成功への鍵の一つであるが、行動面での表現型可塑性が驚くほど高いのもまた別の鍵である。[34] この形質の組み合わせにより、ハツカネズミは究極の進化的日和見主義者となっている。雑草のようにはびこる哺乳類ともいえる。ハツカネズミはもともとアジアで広範囲に自然分布していたのだが、それをはるかに超える範囲まで拡散したさまは、まさに雑草のようだ。南極以外のすべての大陸と、世界中のほとんどの島々を征服している。人間が気づかずに拡散の手助けをしてしまったという点でも雑草と同じである。人間の居住によって生み出された新たなタイプのニッチを、ハツカネズミは哺乳類として初めて完璧に活用したのだ。

新たに開発されたハツカネズミの片利共生的な習性は、彼らの表現型可塑性の現れだった。以前は岩場や洞窟に生息していたのだが、人間の住居や穀物倉のほうが快適なことを見出し、元の根城に戻ろうとはしなかったのである。彼らの運命は人間の運命に左右されることになった。不本意ながらパートナーにされてしまった人間が敵意をあからさまにしてきたにもかかわらず、少なくともこれまでのところは、ハツカネズミにとってはうまく事が運んでいた。今日に至るまで、わたしたちはハツカネズミの大多数を害獣とみなし、駆除しようと多大な努力を払ってきた。だが完全に失敗している。

これまで見てきたように、わたしたちが家畜化した哺乳類の多く、たとえばイヌやネコ、ブタなどは、片利共生的な段階を通過してきている。だが、片利共生生物のうち、家畜化されるようになったのはごく

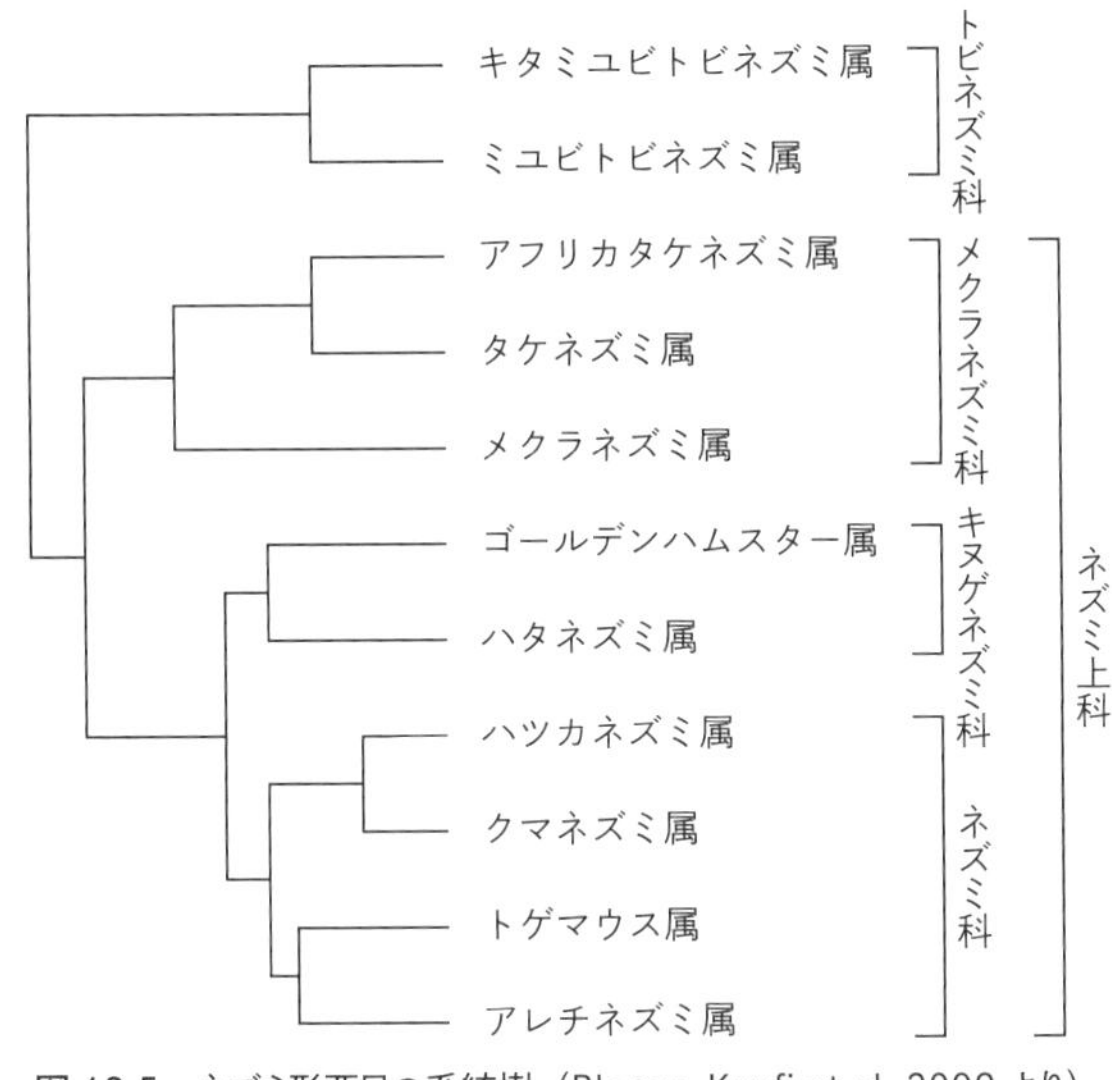

**図 12.5**　ネズミ形亜目の系統樹（Blanga-Kanfi et al. 2009 より）

少数派だ。ゴキブリからイエスズメやアライグマまで、わたしたちのまわりにいる多くの片利共生生物は、本質的には野生のままである。それでもやはり、片利共生生物は、もし機会があれば、ただひたすら人間のすぐ側にいて接近しやすいというだけで、容易に家畜化されてしまう。ハツカネズミについては、ごく最近そのような機会があった。

## マウス型齧歯類からハツカネズミへ

ハツカネズミとその他の「典型的なマウス」はすべてネズミ科に属している。ネズミ科には、ラット（ドブネズミなど）やスナネズミなどなど、ハツカネズミ以外にもそれはもう多くの種が含まれている。実際、ネズミ科は齧歯類のなかで最大の科であるのみならず、哺乳類全体のなかでも最大の科であり、一一〇〇以上の種を擁しているのである。[35] ネズミ科は中新世のどこか（二五〇〇万〜二〇〇〇万年前）で他のマウス型齧歯類から分岐した。マウスとラットが分岐したのは一五〇〇万〜一〇〇〇万年前、そしてハツカネズミ属（*Mus*）が出現したのは約六〇〇万年前である[36]（図12・5）。

ハツカネズミ属が進化したのはインド亜大陸である。インド亜大陸はハツカネズミを含め、同属の多くのメンバーの分布の中心である[37]。新石器時代が始まる頃まで、一万二〇〇〇〜一万年前までに、ハツカネズミには四つの亜種が存在していた。パキスタン西部のステップのイエハツカネズミ（*Mus musculus domesticus*）、インド北部のヨウシュハツカネズミ（*Mus musculus musculus*）、インド北東部（現在のバングラデシュ）のクリイロハツカネズミ（*Mus musculus castaneus*）、インド中央部と南部のバクトリアハツカネズミ（*Mus musculus bactrianus*）である。この四亜種はどれも、それぞれ異なる地域で人間に片利共生するようになった。イエハツカネズミは肥沃な三日月地帯で農業が発達するに従って拡大していった。ヨウシュハツカネズミは中央アジアと、二つめの文明のゆりかごである中国に侵入した。クリイロハツカネズミは東南アジアに広がり、バクトリアハツカネズミは大部分が亜大陸内にとどまった[38]。

四〇〇〇年前には、イエハツカネズミとヨウシュハツカネズミはいずれもヨーロッパに到達していたが、そこに至るルートは異なっていた[39]。イエハツカネズミは近東からの農業の拡大により、ヨウシュハツカネズミはウマの引く荷馬車によってアジア中央部と西部のステップを横切ってやってきた。東ドイツの国境が、主に西ヨーロッパに生息するイエハツカネズミと中央ヨーロッパ産のヨウシュハツカネズミのおおその境界線になっている。過去五〇〇年の間に、ヨウシュハツカネズミではなくイエハツカネズミが、南北アメリカ、オーストラリア、ニュージーランド、サハラ砂漠以南のアフリカ、インド洋・太平洋地域の島々に達した。これらの地域を探検し、征服しようと西ヨーロッパから出かけた船に乗って移動したのである。

人間とハツカネズミの間の交流は、主にネズミ側に利益をもたらした。長年にわたって害獣とされてきたことを考えると、ハツカネズミをペットにしようと思う人がいたなんて驚きである。だが、実際そのように考えた人がいたわけだ。たぶん上流階級の人あたりなら、害獣であるハツカネズミと遭遇した経験があまりなく、生理的な不快感を感じることもなかったのだろう。そんな人たちがハツカネズミの家畜化過程を開始したのである。最初は中国だった。早くも三〇〇〇年前には斑模様のハツカネズミを皇族の女性が飼育していたという文献がある。[40] 約二一〇〇年前（漢王朝）、中国ではハツカネズミ育種家が黄色いハツカネズミのみならず、かの有名な「コマネズミ」をも作り出していた。コマネズミは、内耳に異常が起こった結果、くるくると独楽（こま）のように（あるいは踊るように）回るので、この名で呼ばれている。[41]

ペットとして品種改良されたハツカネズミは、「ファンシーマウス」として知られている。ご先祖たちとは違ってペット愛好家に愛玩（ファンシー）されているからだ。一八世紀までは日本がファンシーマウスの開発をリードしていた。なかにはヨーロッパに連れていかれた個体もいて、特にヴィクトリア朝の英国でもてはやされた。日本では、東アジアのヨウシュハツカネズミをもとに、東南アジアのクリイロハツカネズミもある程度交雑に用いられ、さまざまなファンシーマウスが作出された。このヨウシュハツカネズミとクリイロハツカネズミの雑種が英国に輸入されたのである。英国在来のイエハツカネズミは、英国でのファンシーマウス系統にはほとんど貢献していない。だが、ファンシーマウスが科学的な目的に利用され始めると、イエハツカネズミも交雑に加えられるようになった。実際、実験用ハツカネズミのゲノムの大部分はイエハツカネズミである。そこに少数派ではあるがヨウシュハツカネズミのものが加わり、さらにほんのひとさじ、クリイロハツカネズミのものが加わっている。[42] 混合比率は実験用ハツカネズミの系統により多少異なっている。

実験用ハツカネズミは、異なるゲノムの混じった遺伝的に多様な状態からスタートし、高度の近親交配が行われて多数の系統が作られ、遺伝的な多様性が分離されることになった。つまり、実験用ハツカネズミ全体としては遺伝的に多様であるが、それぞれの系統内は均一化し、多様性が失われているのである。近親交配は家畜動物ではよくあることだが、実験用ハツカネズミではこの過程が極限まで進められたのである。同腹の雌雄間での兄妹交配を繰り返すことにより、多くの系統ですべての遺伝的変異が消滅するに至っているのである。そうやってできた高度な近交系は、生物医学的研究で、特に疾病に関する遺伝的条件を他の条件と切り離せるという点において、きわめて価値が高いことがわかっている。

各系統内での遺伝的変異はほとんどなく、同系統ならばどの個体も遺伝的にほぼ同一の状態だが、系統同士を比べればかなりの遺伝的変異があり、表現型変異も多く見られる。たとえば従順性は系統間で明らかに異なっている[43]。それでもなお、実験用ハツカネズミのなかで最も従順性の低い系統でさえ、野生のイエハツカネズミに比べれば従順性が高い。ファンシーマウスは従順性が最も高い。

野生ハツカネズミと実験用ハツカネズミ（そしてファンシーマウス）の身体的な違いで最も目立つのは体のサイズである。実験用ハツカネズミの系統で体の小さめなものでさえ、野生ハツカネズミの二倍の重さがある。実験用ハツカネズミはまたカウチポテト族でもある。回し車を置いてやると、野生ハツカネズミのほうが実験用ハツカネズミよりも車を回す時間がかなり長く、また速度も速い。野生ハツカネズミの運動能力の高さは、心室の大きさに現れている[44]。筋力もまた運動能力の指標になる。前足でひもにつかまってぶら下がっていられる時間を計測すれば筋力が測定できる。実験用ハツカネズミがぶら下がっていられるのは三〇～四〇秒間である。一方、野生ハツカネズミのほうは、ぶざまにぶら下がったままでは終わらず、ひもをよじ登って頂上まで行ってしまう。計測不可能なのである[45]。野生ハツカネズミは跳躍力も素晴らしく、スティーヴン・オースタッドはポップコーンがはじけるさまにたとえている。[46] 実験用ハツカネズミではこの能力は除去されてしまっている。ポップコーンのたとえでいうなら、電子レンジ用のポップコーン袋の底にはじけずに残ったトウモロコシの粒が、実験用ハツカネズミだ。科学者もハツカネズミ愛好家もはじけないハツカネズミを好むのである。いずれにせよ、はじける能力をもっていたハツカネズミは、家畜化へ向かうストックから跳び出して自由への道を進んだのだ。

運動能力の低下は家畜化された哺乳類の特徴だが、低下がここまで著しいのはハツカネズミだけである。実験用ハツカネズミに見られるその他の家畜動物的な表現型としては、脳のサイズの縮小がある。[47] また、眼のサイズも野生の祖先に比べてかなり小さくなっている。これは、家畜動物における脳の縮小は感覚に関する領域で生じたものであり、認知に関する領域が縮小しているわけではない、という見解に一致している。

生殖方面でも実験用ハツカネズミは典型的な家畜哺乳類的性質を示し、野生の祖先に比べて性成熟が早く、一腹仔数も増加している。[48] また老化も早い。[49] つまり、実験用ハツカネズミは速く生きて若く死に、多くの子を残すという戦略をとっている。同様の戦略をすでに限界にまで進めていた野生ハツカネズミをも、はるかに凌駕するほどなのだ。

## 遺伝的変異なしの表現型変異

実験用の近交系ハツカネズミで最も近交度（近親交配の度合い）の高いものでは、同系統内の個体はすべて事実上のクローンであり、そのような系統は「同質遺伝子系統（アイソジェニック）」と呼ばれる。遺伝的に同質ならば表現型も均一になるはずだ。環境変異を除去するために高度に標準化された様式で飼育されるのだから、なおさらである。ところがどっこい、遺伝的にも環境条件でも均一な実験用ハツカネズミにも、かなりの表現型変異が見られるのである。[50] たとえば体重について。同質遺伝子系統ハツカネズミを高度に標準化された条件下で飼育しても、体重にはかなりのばらつきが現れる。遺伝子や環境が表現型に及ぼす影響を特定しようとして実験を行う場合、この変異はものすごく不都合である。

遺伝子と環境に加えて第三の要因があると考えなければ、このような変異の説明がつかない。この第三の要因は、以前は発生過程におけるノイズ（ゆらぎ）と呼ばれ、発生には偶然的にランダムに変化する性質があるからだ、などと説明されてきた。しかし近年になって、このノイズの裏にあるメカニズムが解明されてきた。重要な手がかりの一つは、この第三要因が大きく作用するのは出生前だということだ。発生が関わる要因のうち、先天的であり一生継続するものでありながら遺伝的でないのは、いったいどんなものだろうか？（答えが気になる方は、付録7をご覧ください）

### ラット（ドブネズミやクマネズミ）

生理的な嫌悪感でいうなら、ラットはマウス以上である。体が大きいからというだけではなく、長らく疾病や黒死病（ペスト）などの悪疫と結びつけられてきたからだ。だがここで主に扱うドブネズミ（*Rattus norvegicus* 英語ではブラウンラットやノルウェーラットと呼ばれるが、ニューヨークでは「下水ラット」とも呼ばれる）については、疾病、特に黒死病と関連づけるのは不当である。黒死病を引き起こすバクテリアはラットに寄生するノミが運んだのだが、そのノミはドブネズミではなくクマネズミ（*Rattus rattus* ブラックラット）に寄生していたのである。ドブネズミはこの件に関して逆に人間に貢献したのに、正当に評価されていない。ヨーロッパや米国ではクマネズミのほうが先に人間に片利共生するようになっていたのだが、体の大きめなドブネズミがクマネズミを追い出した結果、クマネズミの分布域がかなり縮小したのである。

ドブネズミやクマネズミは、ハツカネズミよりも遅れて人間の居住地にやってきた。ドブネズミはハツカネズミとは異なり、本来の生息環境であるモンゴルや中国北部の平原で、人間とは片利共生しない状態で繁栄を続けている。[51] クマネズミは森林地帯から南下し、中国南部や東南アジアにやってきた。[52] ドブネズミは穴居性だが、クマネズミは樹上性であり木登りがうまい。もし地下室でネズミを見かけたならおそらくドブネズミで、屋根裏ならクマネズミだろう（カリフォルニア州では、後者を「ルーフラット（屋根のネズミ）」と呼んだりする）。地下室でも屋根裏でも、かなり小さいネズミだったらそれはハツカネズミである。

ドブネズミやクマネズミのなかにはいまだに「野生のまま」にとどまっているものもいるが、先輩であるハツカネズミと同様に、人間のそばで快適に暮らすようになるものもいた。片利共生的な生活を選んだものは、まもなく人間の移動や貿易のルートに沿って、最初は陸路、やがて海路により広がっていった。最初にヨーロッパに到達したのはクマネズミである。おそらく早くとも二四〇〇年前のことだ。[53] ローマ時代（西暦二〇〇〜三〇〇年頃）にはイングランドに達した。ドブネズミがヨーロッパに侵入したのはそれから一世紀後、中世のことである。その後、徐々に先駆者を追い出し始め、ヨーロッパとのちには北米の大部分に広がっていった。

## 害獣からペットへ、そしてさらに

ドブネズミの学名の種小名 *norvegicus* は誤解に基づいている。英国のナチュラリストがドブネズミはノルウェー由来だとし、当時はそれが通念として受け入れられていたのである。[54] 英語圏ではドブネズミのことをいまだにノルウェーラットと呼ぶのが一般的だが、本書ではこの名称は用いないことにする。

ネズミ科のメンバーであることから予想できるように、ドブネズミもクマネズミも「速く生き若く死に、子を多く残す」をモットーとして生活しており、そのため害獣としては手ごわい相手である。初めて現れて以来、ヨーロッパ人の多くはネコやイヌに頼ってドブネズミやクマネズミの増殖を抑えようとしてきたが、あまり成功はしなかった。上流階級の人たちにはもっと効果的な手段を講じる余裕があり、捕鼠職人を雇うことも多かった。捕鼠職人のなかでもそれほど良心的とはいえない連中は、生け捕りにしたドブネズミをネズミいじめという血なまぐさい見世物用に売って、さらに儲けたりもした。ネズミいじめとは、穴の中に複数のネズミと一匹のイヌ（たいていはテリア）を一緒に入れ、イヌが全部のネズミを殺し終わるまでにどのくらいの時間がかかるか賭けるというものである。

ヴィクトリア女王お抱えの捕鼠職人にジャック・ブラックという男がいた。ブラックは、生け捕りにしたドブネズミを、ジミー・ショーというドブネズミいじめの大手興行主に売ることが多かった。だが才覚に富んだブラックは、金儲けのためのまた別の方法を編み出した。普通と違う毛色のドブネズミを馴らして、ペットとして売ろうというのである。リボンで飾ってリードもつければ、ヴィクトリア朝の上流階級のご婦人たちには大受けというわけだ。[55] しばらくすると、リボンをつけた愛玩用ドブネズミ（ファンシーラット）はステータスシンボルになった。まもなく、別の毛色系統から頭が黒で体は白いドブネズミが開発され、ハツカネズミ愛好家がファンシーマウスとともにファンシーラットを品評会に出すことを許諾したのである。一九七〇年代にはついに英国ファンシーラット協会が設立され、ドブネズミの交配に力が入れられるようになった。この頃には、ドブネズミは実験用動物として普及しており、特に（行動）心理学分野で学習の実験によく用いられるようになっていた。

ジャック・ブラックが有害な先祖をテリアの餌に差し出していた時代から二〇〇年も経たないうちに、ドブネズミの子孫たちはかなり多様化した。たとえば、家畜ドブネズミでは毛色にかなりの変異が見られる。特筆すべきは、(色素がなくなって)白色の現れる頻度や面積が増加したことである。これは家畜化ではよく見られる現象だ。白色は特に実験用ドブネズミでよく見られる。

家畜ハツカネズミと同様、家畜ドブネズミでは心臓などの内臓が小さめである。[56] 家畜ハツカネズミや家畜モルモットと同様に、家畜ドブネズミでも野生の祖先よりも早い時期に性成熟に達する。[57] さらに、家畜ドブネズミは野生ドブネズミとは異なり、繁殖が季節的なものではなくなっていて、一年中繁殖可能である。

行動的な相違点はさらに著しい。予想に違わず、家畜ドブネズミは野生の片利共生的ドブネズミよりも明らかに従順性が高く、また互いに近寄ることに対する耐性がはるかに高い。[58] 家畜ドブネズミはまた、社会的な関係においても、社会性とは関係ない新奇な環境に出会ったときでも、怖がったりびくびくしたりする度合いが低い。[59] また、野生のドブネズミよりも探索心が旺盛で、標準化された学習課題の成績がよい。[60]

## ドブネズミの実験的家畜化

ノヴォシビルスクの研究所におけるベリャーエフの研究成果としては、養殖場のキツネの実験が最も有名だが、それに劣らず重要なのがドブネズミの実験的家畜化である。[61] ドブネズミは世代時間が短く、そのため短期間に進化する可能性をもっているという点では、キツネよりも決定的に有利である。ドブネズミの実験は数十年遅れてスタートしたにもかかわらず、人為選択を始めてからの世代数はキツネをはるかに超えている。

ドブネズミの場合も、従順性を対象として選択が行われた[62]。

選択によって二種類の系統が樹立された。一つは防衛的攻撃性の低減を目指して選択されたもので、ここでは以後「家畜化系統」と呼ぶことにする。もう一つは防衛的攻撃性の増大を目指して選択されたもので、以後「野生系統」と呼ぶ。実験開始後の早い段階で、両系統の人間に対する反応の仕方には目覚ましい差が見られるようになった。家畜化系統のドブネズミでは、人間に対する攻撃性の低減がすぐに見られるようになった。第七一～七二世代で、この系統のドブネズミはたやすく手で扱えるようになった[63]。この世代の両系統の雄と、人為選択を行っていない野生のドブネズミの雄を用いて、攻撃性の査定が行われた。攻撃の対象には、実験用ドブネズミとして普及していたウィスター系統（ウィスター研究所で選択交配されたドブネズミの系統）の個体を用いた。家畜化系統の個体はウィスター系統の個体に対する攻撃性も低かった。ただし、野生のドブネズミ個体と野生系統の個体では、ウィスター系統の個体に対する攻撃性について、差はそれほど大きくはなかった[64]。

養殖場のキツネを用いた実験で特筆すべきことの一つに、従順性を目的に行った人為選択によって引き起こされた行動面と身体面での変化の相関関係が挙げられる。ドブネズミの家畜化実験でも、同様の相関した変化が観察された。人為選択を受けたドブネズミに見られた、相関関係のある行動面での変化のなかには、実験用ドブネズミの家畜化で起こったことをそっくり再現するものもあった。たとえば、従順性を対象として選択されたドブネズミでは、野生系統の個体よりも、新奇な環境下で見られる不安の度合いが低かった。また、家畜化系統のドブネズミは、野生系統に比べて探索心が旺盛で、空間学習課題で高い成績をおさめた[65]。

家畜化系統のドブネズミにはまた、家畜化に起因する性的発達の典型的な変化が見られた。野生系統のものよりも早い時期に性成熟に達し、また、野生系統のものが繁殖期が特定の季節だけに限られているのに対して、家畜化系統のものは一年中性的に活発なのである。[66]

キツネとドブネズミの両方で、相関関係のある反応のなかで最も注目すべきものは、ホルモンに関するものである。ベリャーエフによれば、従順性を対象として行った選択により現れた、相関関係のある反応の多くは、ホルモンの変化、特にHPA系（ストレス反応を調節する系）に関わるものが引き起こしているからである。そして、実際、このストレス関連ホルモンのレベルは、キツネの場合と同様、従順性を対象として選択したドブネズミでも低減しているのである。[67] 視床下部－下垂体－副腎系（HPA系）のすべての段階のホルモンレベル、および、ホルモンレベルを安定化させるフィードバックメカニズムが影響を受けている。さらに、家畜化系統のドブネズミでは、ストレスホルモンであるコルチゾルを放出する副腎皮質が、野生系統のドブネズミよりも実際に小さくなっているのだ。[68]

相関して現れる多数の行動面での変化が、攻撃性低減を目指す選択によって引き起こされたこのホルモンの変化と関連しているのは明らかである。たとえば探索行動の増加はおそらくストレス反応の低減を反映したものだろう。なじみのない環境下でストレスを強く感じているドブネズミは、その場で動かなくなるか逃げ出すかのどちらかである。新奇な環境を探索するには感情的にかなりリラックスすることが必要だ。学習能力が高まっているのも、単に不安が低減したことによって学習課題に集中できるようになったからかもしれない。さまざまな学習課題において、ドブネズミやハツカネズミが不安を感じている、あるいは「緊張して」いると、リラックスしている場合より成績が悪くなることはかなり以前から知られている。[69]

## 主題(テーマ)と変奏(バリエーション)

家畜化された齧歯類には、イヌやウマなど、他の哺乳類でも家畜化に際して見られる表現型の特徴が多く見られるが、興味深い相違点もある。では、相違点から見ていこう。ほとんどの家畜化された哺乳類は、フタコブラクダを重要な例外として、少なくとも初期段階では野生の祖先よりも体が小さくなる（イヌやウマ、ブタでは、家畜化過程の後半で、人為選択により野生の祖先よりも大型の品種が作出されている）。しかし、齧歯類の三種（モルモット、ハツカネズミ、ドブネズミ）については、どれも家畜化の初期段階から大きくなっている。齧歯類と非齧歯類の間に見られるこの違いは、体のサイズが進化的にはきわめて変化しやすいものであることを示唆する。家畜化された動物では、体のサイズは主に人間の都合を反映しているのかもしれない。昔の人間は、大型の家畜動物に対してサイズを小さくして扱いやすくしたいと思うのが一般的だった。だが、モルモットのように小さな家畜に対しては、サイズを大きくしたほうが肉の生産には都合がよかった。とはいうものの、家畜ハツカネズミや家畜ドブネズミでサイズが大きくなった原因ははっきりしていない。

モルモット、ハツカネズミ、ドブネズミには、いずれも発生・発達の終了が早まることによる性成熟の加速（プロジェネシス）の徴候が見られる。これは家畜哺乳類に特有の特徴である。ところが一方で、ネオテニーが見られるという報告はない（おそらくモルモットをつぶさに調べればネオテニーが起こっているかどうか判明するだろう）。ネオテニーが起こらないという点で、齧歯類は他の家畜哺乳類とは異なっている。

家畜齧歯類と他の家畜哺乳類の共通点は、相違点よりもずっと多い。毛色については、ハツカネズミやドブネズミを含め、野生の齧歯類にはかなりの多様性が見られる。[70] しかし、家畜齧歯類にはそれ以上の毛色変異が見られ、なかには自然界では決して見られないものもある。さらに、家畜化の色である白色は、他の家畜哺乳類全般と同様に、家畜齧歯類でもよく見られる。

家畜化された齧歯類と他の哺乳類に見られる行動面での収斂進化も、同様に明確である。家畜化の不可欠条件は従順性である。本書で見てきた他の動物すべてと同様に、家畜化されたモルモットもハツカネズミもドブネズミも、野生の祖先よりも人間に対して従順で人馴れしやすい。この齧歯類三種はいずれも同種の他個体に対する攻撃性も低減している。こういった行動面での変化は、家畜キツネの場合と同様に、モルモットやドブネズミでもストレス反応の低減と関係している。

ドブネズミ、キツネ、ラクダなど、系統的には遠く隔たった哺乳類が、家畜化により収斂進化して似たような表現型を示すようになるのは実に驚くべきことだ。これは、従順性を対象とする同じような選択が行われてきたことを反映するものとして、ある程度は説明できる。しかし、従順性を対象とした選択だけでは、家畜動物で白い毛色が多いことや社交性が向上することは説明がつかない。そういった収斂進化は、哺乳類全体に共通する相同性を反映しているのだ。たとえばストレス反応は高度に保存されている。また、恐怖や攻撃などの情動を生み出すもとになる脳の構造やニューロンのネットワークも、社会的な関わりをもつ必要性があるという点も哺乳類全体に共通している。[71] 人間もまた、こうした情動に関わる脳の構造やニューロンのネットワークを他の哺乳類と共有している。次の章で見るように、人間は家畜動物と共通の情動的特徴をもっている。それを根拠として、人間は自身をも家畜化（自己家畜化）したのだと主張する向きもある。

カンジは驚くべき類人猿（ボノボ）である。米国ジョージア州にあるヤーキーズ霊長類研究センターで管理されているコロニーで生まれ、生後すぐにマタタという優位雌に引き取られた（さらわれたといったほうがいいかも）。たまたま、マタタはレキシグラム（図形文字）を用いて人間とコミュニケーションすることを教わっているところだった。レキシグラムでは図形の記号（シンボル）一つが一語を表している。マタタはその手のことをやるにはちょっと年をとりすぎていて、あまりよい生徒ではなかったのだが、カンジは並外れて飲み込みがよかった。マタタの訓練中、カンジはそのへんをうろついていて、別に注意を払っている様子はなかった。ところが実は横目で見ていたらしく、しっかり観察し学習していたことがあとでわかったのだ。本格的にトレーニングを受けるようになったカンジは、三〇〇個を優に超す記号の意味を覚え、それを用いて人間に要求を伝えることができた。また、英語の話し言葉も数千語以上を理解できた。スクリーンに表示された図形をタッチして、耳で聞いた英語をレキシグラムに翻訳してみせたのである。さらにすごいのは、義理の妹のパンバニーシャと、普通のチンパンジー語を用いて電話で会話もできたことだ。二人は噂話をするのが好きだった[1]。

実はチンパンジーは二種に分かれている。動物園で普通に見られるのがパン・トログロディテス（*Pan troglodytes*）で、個体数が多く分布域も広い。「チンパンジー」というのは普通はこの種を指す。カンジは、もう一種のパン・パニスクス（*Pan paniscus*）に属している。個体数がかなり少なく、コンゴの森林の限られた地域にのみ生息する「ボノボ」である。ボノボは以前「ピグミーチンパンジー」と呼ばれていたが、普通のチンパンジーより背丈が低いわけではない（かつて「ピグミー」という名で知られた背の低い民族と同じ森で生活していたことから名づけられたのかもしれない）。ボノボはチンパンジーに比べてかなり細身だ。手足が長く、細い首に狭い肩幅、胸板も薄い。チンパンジーは屈強でたくましい体躯をしているが、ボノボはまったくそうではない。頭部もかなり小さく、口元や眼窩上隆起の突出がチンパンジーに比べて目立たない。頭頂部には長い毛がたっぷり生え、自然に真ん中分けになっている。

チンパンジーとボノボの違いで近年最も注目を集めているのは、体つきではなくてその行動である。身体的な違いよりも行動面での違いのほうが顕著であり、そこから人類の進化についてどんなことが読み取れるか、多くの議論を生んでいる。

ボノボが注目を集めるようになるまでは、人間の行動の進化を推測するには、チンパンジーをモデルにするのが最適だと考えられていた。特に、チンパンジーが組織だった計画的な方法で他の霊長類を狩ることが発見されてからは、その傾向が強まった[2]。この発見は、男性は狩りに行くものだという物語にうまくつながったし、その物語から練りあげられた社会生物学的な説明（特に行動面の性差について）にもピッタリはまっていたのである[3]。他にもこの物語にうまくあてはまったのは、チンパンジーの雄が暴力的だという事実である。個体としてのみならず群れとしても暴力的であり、隣接する群れのテリトリーに乗り込んで襲撃をしかけるのだ。この群れ間闘争がまた身の毛のよだつもので、人間の戦争の源泉ではないかと取り沙汰されたりしてきた[4]。

ではボノボはどうか？　ボノボは類人猿のヒッピーと呼ばれたりする。実際、ボノボはヒッピーの理想を体現しており、人間のどのヒッピーも足下にも及ばない。ボノボは平和主義であるだけではなく、人間のどんなニンフォマニアでもかなわないほどセックスに没頭するのである。数時間とおかず、少なくとも濃厚な前戯ぐらいはするのが当たり前である。奔放なセックスはまた完全な乱交でもあり、とっかえひっかえだ。性別にも無差別である。ボノボでは雌同士のセックスが特に盛んだが、ボノボの社会はその行動をもとにして組織化されているのだと考えている人も多い[5]。マッチョで家父長制的なチンパンジーとはきわめて対照的に、ボノボは女性優位な社会に生きているのである。カンジも含めて雄のボノボは雌に比べれば大柄で力も強いが、チンパンジーの性差に比べれば大した差ではない。言い換えれば、ボノボはチンパンジーよりも性的二型性が顕著ではないのである。さらに、雄のボノボがサイズでどれだけ勝っていようが、セックスで結びついた雌のボノボたちの結束の固さがそれを圧倒してしまうのだ[6]。

養殖場のキツネの実験に触発されたブライアン・ヘアらは、チンパンジーとボノボの身体的・行動的相違について包括的な説明を提案した。ボノボは要するに自己家畜化されているのだというのである[7]。ヘアらの仮説によれば、ボノボは、今よりもチンパンジー寄りの状態を出発点として、従順性の高いものが自然選択されてきたのだという。ただし、ヘアらは従順性と低レベルの攻撃性とを同等のものとみなしているが、キツネの家畜化プロジェクトで見てきたように、従順性の要素として、攻撃性の低下と少なくとも同じくらい重要なのは、恐怖の低減である。実際、攻撃性の低下は主に恐怖反応が低下したことによる副産物かもしれないのだ。というのも、人間に対する動物の攻撃のほとんどは自然界では防御的なものだからである。

とはいうものの自己家畜化仮説は魅力的であり、ここでじっくり検討する価値がある。ヘアらのある論文では最初にこんなことが報告されている。ボノボもチンパンジーも、乳児と若者は同じように社交的かつ非攻撃的である。ところが、年齢が上がるにつれてチンパンジーは不寛容かつ攻撃的になっていく一方で、ボノボはおおむね若者レベルの社交性を維持するのである。[8] ヘアらは、養殖場のキツネやイヌと同様に、ボノボでも、若者並みに低い攻撃性が選択の対象になったのではないか、そしてこの選択と関連して、形態的な面でのペドモルフォーシス（幼形進化）的な変化が引き起こされたのではないかと推論している。[9]

ボノボがペドモルフォーシス的なチンパンジーであるという考えは、実際、自己家畜化仮説よりもずいぶん前に出てきたものであり、ボノボはペドモルフォーシス的ではあるが自己家畜化は起きていないという可能性もある。[10] とはいうものの、ヘアらの自己家畜化仮説は、ボノボにある程度のペドモルフォーシスが起こっていると予測している。

ブライアン・シェイは、ボノボの腕、脚、胴体、頭骨にネオテニーの証拠を見出した。[11] のちに最も注意を引いたのは頭骨だが、頭骨のペドモルフォーシスの証拠は、今のところはせいぜい決定的ではないというところである。[12] 実際には、チンパンジーとボノボの頭骨にヘテロクロニー（発生過程で形質発現の時期や速度が変化すること）的な差異があるという証拠はわずかしかなく、ボノボの頭骨がペドモルフォーシス的だという証拠はさらに少なく、ボノボの頭骨がネオテニー的だという証拠はほとんどないのである。[13]

ボノボの頭骨でペドモルフォーシス的な特徴の候補といえそうなのは、小さめの頭部、平たい顔面、そして低い眼窩上隆起だろう。[14] 頭部以外にはネオテニー的といったほうがいい特徴がある。多くのボノボには尾てい骨のあたりに白い毛が房になって生えているが、チンパンジーではこの毛は子どもにしか見られない[15]。この種の色素脱失（色素が抜け落ちて毛色が薄くなること）は、これまで見てきたように家畜化により現れる表現型であり、従順性を対象とした選択の副産物としてしばしば現れる。ボノボの性差が減少しているのもまた、自己家畜化仮説の証拠とみなせるのかもしれない[16]。ボノボでは、体のサイズ面だけでなく、犬歯のサイズにも性差の減少が見られる[17]。しかし、ペドモルフォーシスにより自己家畜化が起こったことを示す最良の証拠は、行動面に見られる。

　子ども時代から思春期を通じ、ボノボはチンパンジーよりも母親に依存している。チンパンジーと比べて自立していないのである。この点、ボノボはチンパンジーより人間のほうに近いともいえる[18]。この依存は、社会的なタスクでも非社会的なタスクでも、ボノボの認知の発達はチンパンジーに比べて遅いという事実と関係しているかもしれない[19]。社会的なタスクに関して特に興味深いのは、社会的地位を示す手がかりに注意を向けるようになるのが、ボノボでは遅いことだ。若いチンパンジーは、群れのメンバーで誰がより寛容で他のメンバーよりも食物を分けてくれそうか、即座に学ぶ。非寛容な個体に請うのは攻撃を誘発してしまうので、避けるべきだと学習するのである。ボノボでは、そういった識別を学習して潜在的な攻撃者の前で自重するようになるのは、ずっと遅い[20]。この学習の遅れは恐怖反応の発達の遅滞の反映かもしれない。また、ボノボは空間認知タスク、道具使用、因果関係の習得についても発達が遅い。どれも現実の社会を理解するうえで、特に食物の獲得に関わる重要なことばかりである[21]。

　ヘアらは、この認知の発達の遅れは情動（おそらく恐怖）の発達の遅れとつながっており、また子ども特有の情動を保持することこそがボノボをこれほど社交的かつ協力的にしているのだと考察している[22]。成体のボノボは確かに、子どもレベルの（高い）遊び好きと（低い）攻撃性を保持している[23]。

| ペドモルフォーシス（幼形進化）<br>（祖先では幼体のみに見られた形質が<br>成体になっても維持される） | ペラモルフォーシス（過成進化）<br>（祖先には存在しなかった新たな形質が<br>成体になって出現する） |
|---|---|
| プロジェネシス<br>（発生・発達の終了時期が早まる）<br>ネオテニー<br>（発生・発達速度が遅くなる）<br>後転位<br>（発生・発達の開始時期が遅れる） | ハイパモルフォーシス<br>（発生・発達の終了時期が遅れる）<br>加速<br>（発生・発達速度が速くなる）<br>前転位<br>（発生・発達の開始時期が早まる） |

図 13.1　進化におけるヘテロクロニー（異時性）的な変化の分類

この仮説を検証するためには、二種の共通祖先についてもっとよく知らなければならないだろう。ボノボとチンパンジーは二〇〇万〜一〇〇万年前にそれぞれの進化の道を歩み始めたが、化石の証拠が不十分であることもあり、どちらが共通祖先に近いのかは明らかになっていない[24]。そこで、ボノボが共通祖先と比較してペドモルフォーシス的だ（後転位・ネオテニー・プロジェネシスのうち少なくとも一つが起こっている）という仮説を考察するだけではなく、チンパンジーが共通祖先と比較してペラモルフォーシス的である（前転位・加速・ハイパモルフォーシスのうち少なくとも一つが起こっている）かどうかも考慮する必要がある（図13・1）。

## 人類は自己家畜化したのだろうか？

ヘアらはまた、かなりよく似たタイプの自己家畜化が人類の進化過程でも起こり、それによって、わたしたち独自の特徴、特に互いに協力するという（霊長類のなかでは）他の追随を許さない能力や、極度に社会的であることが説明できるのだとも提案している。要するに自己家畜化仮説によれば、イヌの家畜化の過程では、ボノボと人類の進化の両方にあった多くの重要な特徴が繰り返されたというわけだ。チンパンジーとボノボの共通祖先についてより、人類の祖先についてのほうがよくわかっているので、人類の進化は類人猿とイヌが収斂進化したのかどうか検証するための最善の手がかりとなる。この章では、人類がペドモルフォーシス化した類人猿であることを示す証拠に焦点をあて、次の章では、人間の社会的行動において自己家畜化の果たす役割について考えてみたい。

人類の進化におけるペドモルフォーシス（ネオテニー）の役割を初めて示唆したのは、ドイツの人類学者アルベルト・ネフである。[25]ネフは、チンパンジーと人間では幼児同士のほうが大人同士よりもずっと似ていると記している。スティーヴン・J・グールドはこのアイデアをさらに詳しく掘り下げた。[26]グールドは、直立姿勢、まばらな体毛、小さな歯、大きな眼、大きな頭部といった人間ならではの特徴は、他の霊長類に比して発生の速度が遅い、すなわち遅滞の結果であると論じている。[27]その後の研究により、事態はもっと複雑であることがわかってきた。だが、人類のペドモルフォーシスの証拠を詳しく見る前に、まずはヒトという種をもっと広く、霊長類全体の文脈の中で系統学的に位置づけてみよう。

## 哺乳類の系統樹中の霊長類の分枝

ボノボとヒト（*Homo sapiens*）は霊長目に属している。本書では初めて扱う分類群である。図13・2で示すように、これまで見てきた家畜化された種のなかでは、齧歯類やウサギ類が霊長類に最も近縁である。プレシアダピス（*Plesiadapis*）など、明白に霊長類だといえる最古の化石は五八〇〇万～五五〇〇万年前（暁新世）のものである。[28]分子遺伝学的な証拠は、霊長類が出現した時代はもっと前の九〇〇〇万～八〇〇〇万年前だと示している。[29]恐竜時代が終わりを告げるよりも前のことだ。

わたしたち霊長類は多くの面で哺乳類のなかでも独特である。嗅覚は他の大半の哺乳類に比べて貧弱だが、視覚は最先端を行き、特に奥行き知覚や色覚が優れている。形態的な必然として、顔は比較的平坦で、

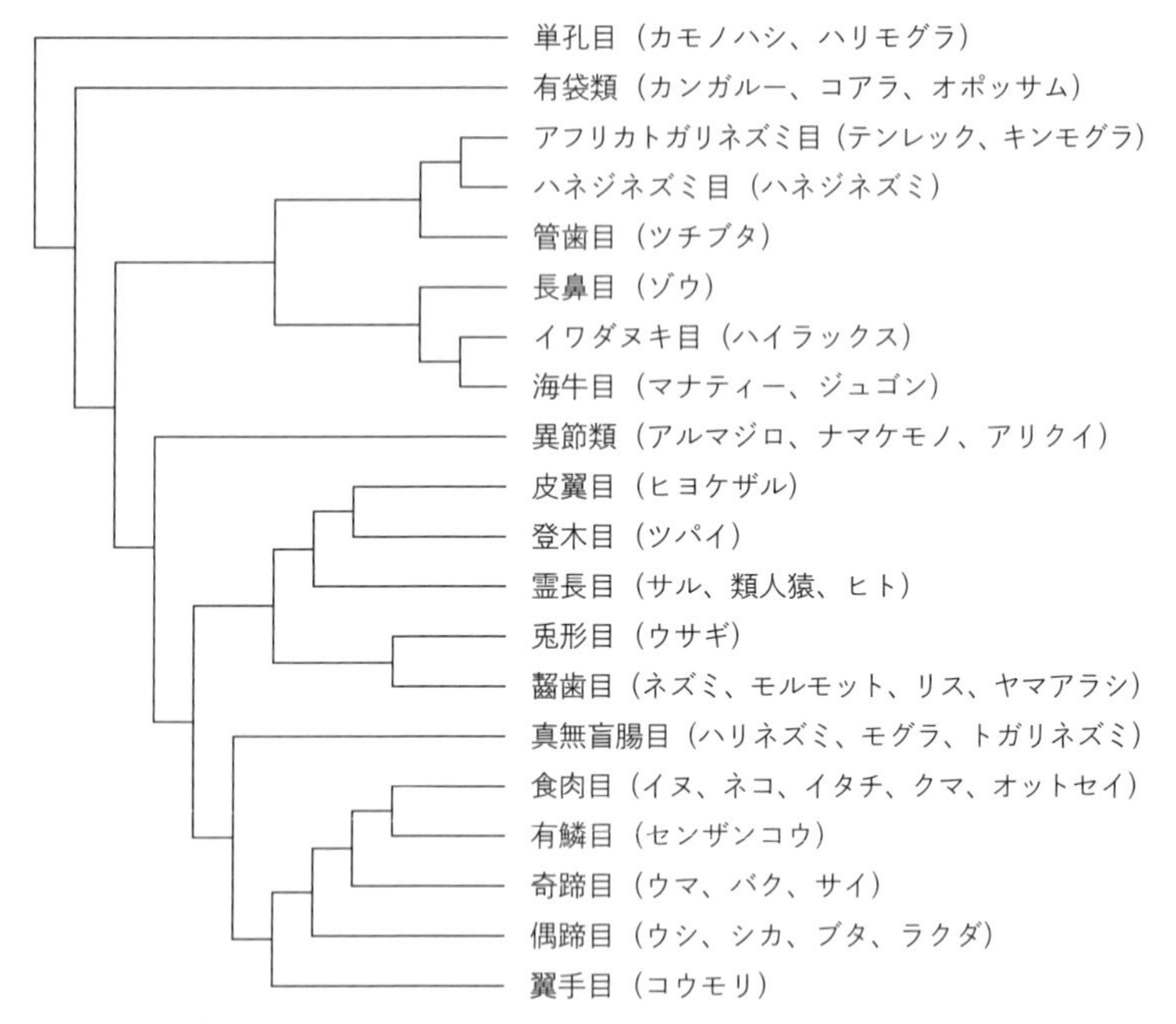


**図 13.2　哺乳類の系統樹**

〔有袋類は 7 目に分けられる。異節類は被甲目（アルマジロ）と有毛目（ナマケモノ、アリクイ）の 2 目に分けられる。また、この系統樹には示されていないが、鯨類（クジラやイルカ）も哺乳類であり、鯨目、あるいは偶蹄目とまとめて鯨偶蹄目とされる。〕

目は顔の前面にあって前向きになっている。齧歯類と同じく、霊長類も五本指という原始的な状態を保持している。だが齧歯類と違って、霊長類の手と足の親指は他の指と向かい合い（母指対向性）、枝をつかむことができる。これは霊長類が樹上性の動物として進化を始めたためである。霊長類の大半は現在でも樹上性である。また霊長類は他の哺乳類のような鉤爪ではなく平爪をもっており、肉厚の指の腹は柔軟で触覚が非常に鋭い。個人識別に用いられる指紋は、指の腹にある皮膚隆線からなる模様だが、雪の結晶並みに多様なパターンの指紋があるのは人間だけではない。ほとんどの霊長類にも指紋がある。

他の哺乳類の脳に比べ、わたしたち霊長類の脳は体のサイズの割に大きい。[30] 特にいわゆる知的な行動の大部分を支える大脳が、他の哺乳類よりもよく発達している。[31] おそらくこのように進化の過程で脳が発達したことに関連するのだろうが、一般的に霊長類は他の同じサイズの哺乳類よりも成長が遅く長命であり、[32]そのため学習する機会をたっぷりもてる。霊長類の大脳皮質の発達が、哺乳類のなかで最も社会的な目であることと関係していると考えている研究者もいる。[33] 多くの霊長類にとっての学習とは、社会的な学習なのだ。

霊長目の分枝はさらに二本の分枝、つまり亜目に分けられる（図13・3）。片方の枝は最も原始的な霊長類（キツネザル、ガラゴ、ロリス、ポトなど）で、曲鼻猿類と呼ばれる。このグループには、先に挙げた霊長類の典型的な特徴が一つあるいは複数欠けているものもいれば、そういった特徴があまり発達していないものもいる。もう一方の枝はサルや類人猿としておなじみのもの全部とわたしたち自身を含み、まとめて直鼻猿類と呼ばれている。曲鼻猿類と直鼻猿類が分岐したのは暁新世、六〇〇〇万～五五〇〇万年前のことである。[34] 約三五〇〇万年前（漸新世）にまた分岐が起こり、直鼻猿類は、新世界に生息することになる広鼻猿類と旧世界に残る狭鼻猿類に分かれた。[35] わたしたちに関係するのは後者である。

三五〇〇万〜三三〇〇万年前、当時は熱帯多雨林だったサハラに生息していたエジプトピテクス(*Aegyptopithecus*)は、重要な移行種で、新世界ザルの特徴を多くもつ旧世界ザルである。[36] 特に重要なのは、明らかに昼行性の果実食性だったことだ。前方を向く大きな眼をもち、嗅覚は(曲鼻猿類に比べて)若干退化していた。[37] 次の大きな分岐は約二二〇〇万年前に起き、旧世界ザル(ヒヒ、オナガザル、コロブス、マンガベイなど)とホミノイド(テナガザル、オランウータン、チンパンジー、ゴリラ、ヒト)が分かれた。プロコンスル(*Proconsul*)は移行種で、旧世界ザルとホミノイドの両方の特徴を有していた。後者に関して最も注目すべきなのは尾を完全に失っていたことで、これはホミノイドに独特な形質である。[38]

「ホミノイド」「ホミニド」「ホミニン」という語の意味は過去現在を通じて安定していない。ここでは、「ホミノイド」とは霊長目のヒト上科を指すものとする〔「上科」は「目」より下で「科」より上の分類階級〕。現生のメンバーには、テナガザル、オランウータン、ゴリラ、チンパンジー、ボノボ、ヒトが含まれる(つまりホミノイドは「類人猿」とほぼ同義である)。一九〇〇万〜一六〇〇万年前、ホミノイド(ヒト上科)の枝からまずテナガザルが分かれ、その残り(オランウータン、ゴリラ、チンパンジー、ボノボ、ヒト)はホミニド(ヒト科)としてまとめられている。その後、オランウータンが一五〇〇万〜一三〇〇万年前に分岐し、次にゴリラ(九〇〇万〜七〇〇万年前)、そして最後にチンパンジーとボノボが分岐した(七〇〇万〜五〇〇万年前)。ヒト、ボノボ、チンパンジーは、ヒト亜科を構成し、「ホミナイン」と呼ばれる。ヒトとその系統に属する絶滅したメンバーは「ホミニン(ヒト族)」と呼ばれる(図13・4)。

他の霊長類の大半と同じく、ホミノイドもアフリカの密生した熱帯多雨林で進化したが、約一六〇〇万〜一四〇〇万年前頃、気候の変化により乾燥が進むにつれ、開けた疎林に移動するものもいた。ホミノイドが最初にアジアに移住したのもこの頃のことである。[39]

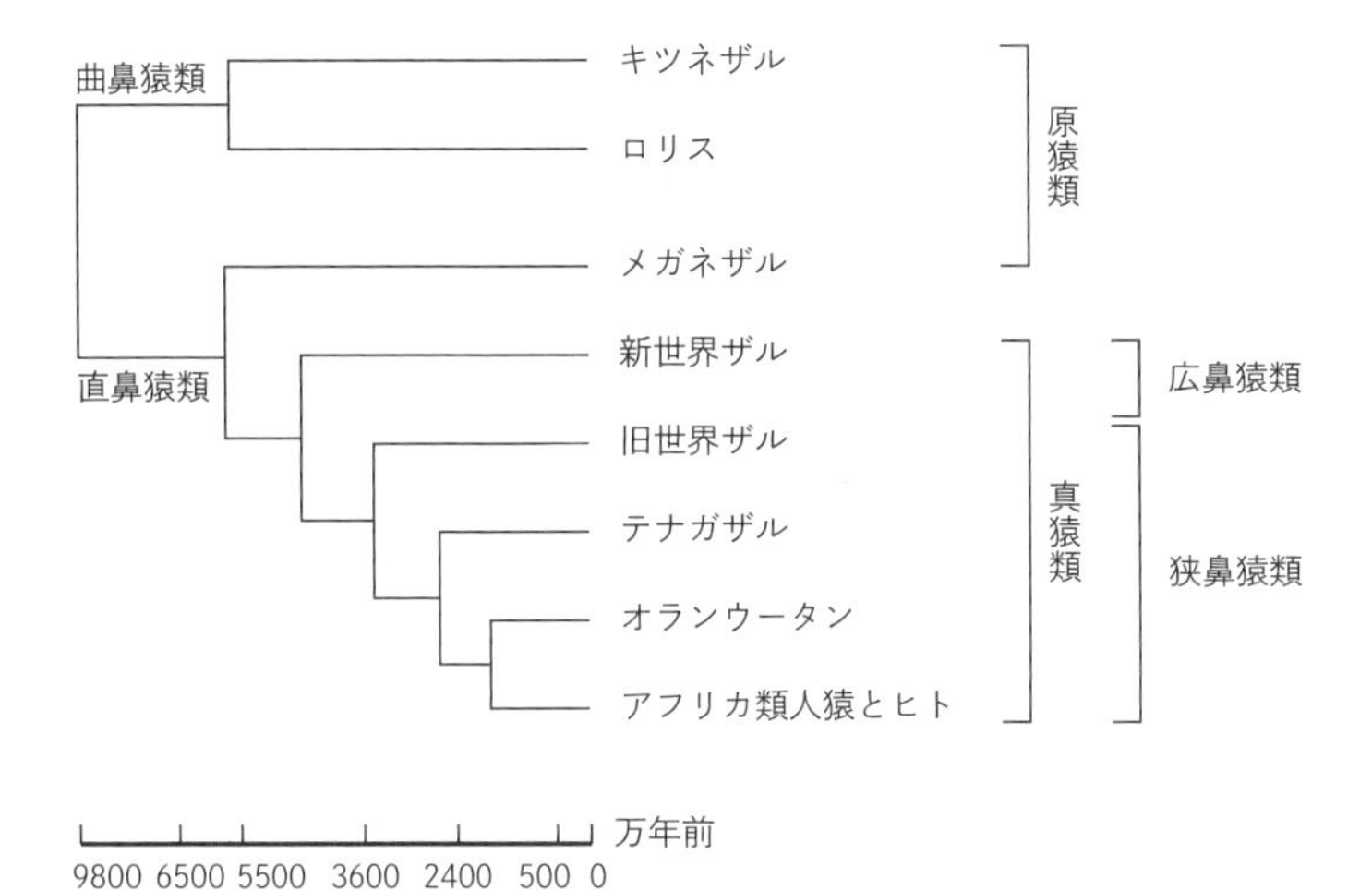


**図 13.3** 霊長目の系統樹。大まかな分岐を示したもの。(*LIFE* 8e, Fig. 33.27, W. H. Freeeman & Co. 2007 より)。

〔霊長類は以前から「原猿類」「真猿類」の 2 グループに分けられてきたが、メガネザルは系統的にキツネザルやロリスよりも真猿類に近いことが判明した。そのため、かつての「原猿類」からメガネザルを除いたものを「曲鼻猿類」、「真猿類」にメガネザルを加えたものを「直鼻猿類」と呼ぶようになってきた〕

| | |
|---|---|
| **ホミノイド（ヒト上科）** | テナガザル、オランウータン、ゴリラ、チンパンジー、ボノボ、ヒト |
| **ホミニド（ヒト科）** | オランウータン、ゴリラ、チンパンジー、ボノボ、ヒト |
| **ホミナイン（ヒト亜科）** | チンパンジー、ボノボ、ヒト |
| **ホミニン（ヒト族）** | ヒトに至る系統と、チンパンジーとボノボに至る系統が分岐した後の化石人類すべて、および現生人類 |

**図 13.4** 本章で用いる「ヒト上科」「ヒト科」「ヒト亜科」「ヒト族」の定義

## ホミニドからホミニンへ

一九五〇年のこと、進化の「現代的総合」の立役者の一人であるエルンスト・マイアが、ある重要な発表をコールド・スプリング・ハーバー研究所で行い、それが人類の起源の研究を何十年も遅らせることになった[40]。マイアは人類の化石を直接研究したことなどなかったのに、その時点までに発見されていた化石のすべてを、無理矢理まとめて三種に押し込めてみせ、その三種が一直線につながるとした。ウマの進化の時代遅れのイメージ（第11章および付録5と6参照）とよく似ている。威光まぶしきマイアに気圧された人類学者たちは、畏縮したあまり、その後に発見した化石に名前をつけるのを躊躇するようになってしまった。ましてや、新たな学名を打ち立てるなどとんでもないことだった。その結果、人類の進化について、本書で見てきた他の種の系統樹のように枝分かれしたものではなく、はしごを一段一段昇るように直線的に進んできたというイメージが作りあげられたのである。

あまりにも長い時間がかかりはしたが、幸い、人類学者たちもついにマイアに授けられたくびきから脱することができた。その結果、人類進化のイメージは様変わりした。人類は直線的に進化してきたわけではない。人類の系統樹は枝分かれを繰り返したやぶのようなもので、そこには多数の系譜があり、その一つがわたしたち人間に至るものである。わたしたちから見れば、分枝の何本かはわたしたちに向かって進んでくるが、大半は横へそれていく。重要なのは、過去七〇〇万年を通じてずっと、ネアンデルタール人が絶滅するまでは、常に複数種のホミニンが共存していたことだ。

残念ながら、人類とチンパンジー・ボノボの系統が分岐したと考えられている時期の化石記録はきわめて乏しい。その時期、東アフリカにはかなり異なる二種が生息していた。サヘラントロプス・チャデンシス（*Sahelanthropus tchadensis*）とオロリン・トゥゲネンシス（*Orrorin tugenensis*）である。サヘラントロプス（七〇〇万～六〇〇万年前）は一個の頭骨のみが発見されている。この頭骨はチンパンジーにも似ていないし、特にホミニンっぽいわけでもない。脳のサイズはチンパンジー程度だった[41]。オロリンのほうは頭骨以外に体の骨格も多少は見つかっている。オロリンは二足歩行をすることがあったかもしれない[42]。しかし、サヘラントロプスもオロリンもおそらく地上よりは樹上で過ごす時間のほうが長かっただろう。

最初期のホミニンとして三番目の候補者、かつ化石の証拠が最も得られているのは、アルディピテクス（*Ardipithecus*）、通称「アルディ」である。アルディには実際には二種、アルディピテクス・ラミダス（*Ardipithecus ramidus*）とアルディピテクス・カダッバ（*Ardipithecus kadabba*）がいた。アルディは五八〇万～四四〇万年前頃に東アフリカに生息していた[43]。これは人類とチンパンジーの系統が分岐したあとのことである。アルディの体格はチンパンジーぐらいで、脳のサイズもチンパンジー大だった。形質の組み合わせが興味深く、上半身は類人猿によく似ている一方で、下半身はホミニンのほうに近かった[44]。地上でも樹上と同じく快適に過ごせたようである。

サヘラントロプス、オロリン、アルディピテクスのうち、最古のホミニンにふさわしいのはどれなのか、これを書いている時点で意見は割れている。大半の人類学者はアルディが最適だと考えているようだが、かなりけんか腰の論争が続いている。ざっと七〇〇万～四〇〇万年前あたりの化石がもっと発見されなければ、最終的な評価を下すのは難しいだろう。

四〇〇万年前から現在までは、化石の記録はもっと充実している。最初に登場するのはアウストラロピテクス属（*Australopithecus*）で、少なくとも八種がいた。最古のもの（四二〇万年前）はアウストラロピテクス・アナメンシス（*Australopithecus anamensis*）である[45]。頭骨に関してアナメンシスはまったく類人猿的だが、完全に二足歩行性であり、人間と同じように直立して歩いていた。アナメンシスは森林環境に棲んでいたので、木々の間を縫って歩き、ごちそうとして彼らを狙う数多くの大型捕食者の気配が少しでもあれば、木に登って逃れたであろうことは間違いない。歯から、食物のほとんどは穀物やナッツ、根、果実だったと考えられる。

アウストラロピテクスの化石で最も有名なのは、アウストラロピテクス・アファレンシス（*Australopithecus afarensis*）の女性で、「ルーシー」という愛称で呼ばれている。[46] ルーシーとその一族は約三八〇万〜三〇〇万年前に、東アフリカの開けた疎林に生息していた。おそらく、地上と樹上の両方で、果実や葉、その他比較的柔らかい植物質を食べていただろう。しかし、ルーシーの食事には肉も含まれていたことが最近発見された。さらに、アファレンシスのメンバーは石器を用い、骨や皮から肉をこそげ落としたり、太い骨を割って栄養分の多い骨髄を取り出したりしていた。[47] ということは、アファレンシスはおそらくホミニンとして初めて肉を食い、初めて道具を用いたのである。道具の一部を携えて移動したかもしれない。この発見以前は、石器が最初に作られたのは約一五〇万年前のことであり、かつ道具を作ったのはわたしたちのホモ属（*Homo*）のメンバーだけである、というのが大方の意見だったのだ。

地上を歩いた最後のアウストラロピテクスと考えられる化石が、ごく最近発見された。アウストラロピテクス・セディバ（*Australopithecus sediba*）と名づけられたこの種が東アフリカに生息していたのは、一九〇万年前というごく最近のことだ。アウストラロピテクスはもっと早くに死に絶えてしまったと考えられていた。またこれはホモ属の最初のメンバーが出現したのとほぼ同じ頃である。[48] アウストラロピテクス属の他の種と同様、セディバは人類的な特徴と類人猿的な特徴の両方をモザイクのように併せ持っている。だが、同属の他のメンバーよりは、人類的な特徴を多く備えていた。特記すべきは腰椎の湾曲度合いが強くなっていることで、これは同属のそれ以前のメンバー以上に二足歩行の傾向が強くなったことを示している。また、手の骨に変化が見られるのも重要で、手先の器用さが増大し、道具をもっとよく使えるようになったことが示唆される。[49] ところがセディバの脳は、アウストラロピテクス属のなかでは大きな方ではあるものの、この属の範囲内に収まるものだった。

## ホモ属の最初のメンバー

わたしたちの属するホモ属はアウストラロピテクス属の時代の終わり頃に進化してきた。ホモ属の二種(一九〇万~一四〇万年前のホモ・エルガステル *Homo ergaster* と一八〇万~四万年前のホモ・エレクトス *Homo erectus*)が出現した年代は、アウストラロピテクス・セディバの生存年代とほぼ重なっている。[50] この二種よりも生存年代が古く、ホモ属に分類されることが多い三番目の種は、ホモ・ハビリス(*Homo habilis*)だ。「ハビリス」は「器用なヒト」といった意味である。この種は石器を作った最初のホミニンだと長らく考えられていた。[51] その功績はもはや他種に奪われてしまったわけだが、「器用なヒト」が石器作製技術を発展させたのは確かである。ホモ・ハビリスが作ったのはオルドワン石器として知られるもので、基本的に二つのタイプがある。彼らは手ごろなサイズの石英と珪岩を用い、巧みに石を打ち割った。鋭利な剥片(剥片石器)は皮から肉をこそげ落とすのに用いたと思われる。多数の剥片を打ち欠いたあとに残った石核(石核石器)はチョッパーと呼ばれ、狩りや争いを解決する際に武器として用いられた。[52] これだけの技術をものにしていたホモ・ハビリスの脳は、アウストラロピテクス属の脳に比べて五〇%ほど大きかった。[53]

また、ホモ・ハビリスの顔もそれ以前のホミニンより平らだったが、原始的な特徴も多く保持していた。体格は現代人の半分に満たず、類人猿のような短い下肢と長い腕を備えていた。肉が食事の重要な部分を占めてはいたが、自身もサーベルタイガーなど多くの捕食者の重要な獲物になっていた。獲物を捕って肉を食うよりは自分が獲物になって食われるほうが多かったのである。

ホミニンのなかでも、ホモ・エルガステル（「働くヒト」）には特に興味をそそられる。特に見事な標本（ほぼ完全なのである）がニューヨークのアメリカ自然史博物館に展示されている。ケニアのトゥルカナ湖畔で発見されたことから「トゥルカナ・ボーイ」と呼ばれるこの標本（一五〇万年前）には、長い下肢やヒト的な胸部など、多数の進化した特徴が見られる。トゥルカナ・ボーイとその一族は、おそらく長距離を走ることができる優秀なハンターだっただろう[54]。ホモ・エルガステルの特徴で最も際立っているのは体のサイズで、現生人類に匹敵するほどの大きさだった。トゥルカナ・ボーイの年齢の見積もりはさまざまで、骨と臼歯の発達度合いをもとに、死んだときの年齢は八〜一二歳だったと推定されているが、そのとき、すでに身長一六〇センチメートルだった。ホモ・エルガステルは暑い気候にふさわしく、背が高くほっそりしていたのである。トゥルカナ・ボーイはおそらく体毛が少なめで、たっぷり汗をかいたことだろう[55]。

ホモ・エルガステルの他の進化した特徴としては、以前のホミニンに比べて性的二型性が目立たなくなっていることが挙げられる[56]。男女間のサイズの違いはアウストラロピテクスよりも小さくなっているが、それでもなおヒトよりは差が大きい。

ホモ・エルガステルは発達した石器作製技術を駆使していた。彼らの作ったものはアシューリアン石器と呼ばれ、以前のオルドワン石器よりも刃部が長かった[57]。また、アシューリアン石器のハンドアックス（握斧）は左右対称なのが特徴である。また、しばしば骨や枝角といった柔らかめの素材を用いて仕上げられ、さらに精度の高いものとなっていた。

## 出アフリカ

アフリカから出て行ったホミニンは複数いるが、そのなかで先頭を切ったのがホモ・エレクトスである。ホモ・エレクトスはついにはアジア一円に広がった。アフリカ以外では、ジョージアのドマニシの小さな町にある遺跡でホミニンの最古の化石（約一八〇万年前）が発見された[58]。ドマニシ原人には、ホモ属としては原始的な特徴が多く見られ、アウストラロピテクスからの移行的な状態であることを示している。ホモ・エレクトスはユーラシア大陸で多数の異なる集団に分化した。その分類的位置づけについては同意は得られていない。最初に発見されたジャワ原人（一六〇万年前）がアジアのホモ・エレクトスの原型である[59]。北京原人（八〇万〜七〇万年前）はそれよりあとのアジア系統の代表種である[60]。

近年、インドネシアのフローレス島で小型のホモ属の化石が発見された。俗に「ホビット」とも呼ばれるこの化石は、ホモ・エレクトスの系統の最後のものである可能性もある。だが、発見された標本が形態学的に他のホモ・エレクトスとかなり異なっていることから、ホモ・フロレシエンシス（*Homo floresiensis*）という新種とされた[61]。小型であること以外に注目したいのは、一万四〇〇〇年前まで生存していたことである。ホモ・エレクトスがとっくの昔にホモ属の他のメンバーに取って代わられたと考えられていた年代だ。実際、それよりもかなり前から、フローレス島の近隣にはホモ・サピエンスが広く生息していたのである（図13・5）。

ヨーロッパ最古のホモ属の化石（一二〇万〜一一〇万年前）のいくつかは、ホモ・アンテセッサー（*Homo antecessor*）という種に入れられている[62]。この種がホモ・エレクトスとホモ・ハイデルベルゲンシス（*Homo heidelbergensis* ハイデルベルク人）をつなぐものだと考えている人もいる。ホモ・ハイデルベルゲンシスは、それ以前のホモ属の種と比較して脳容積の増大が顕著なことで有名な種である[63]。ホモ・ハ

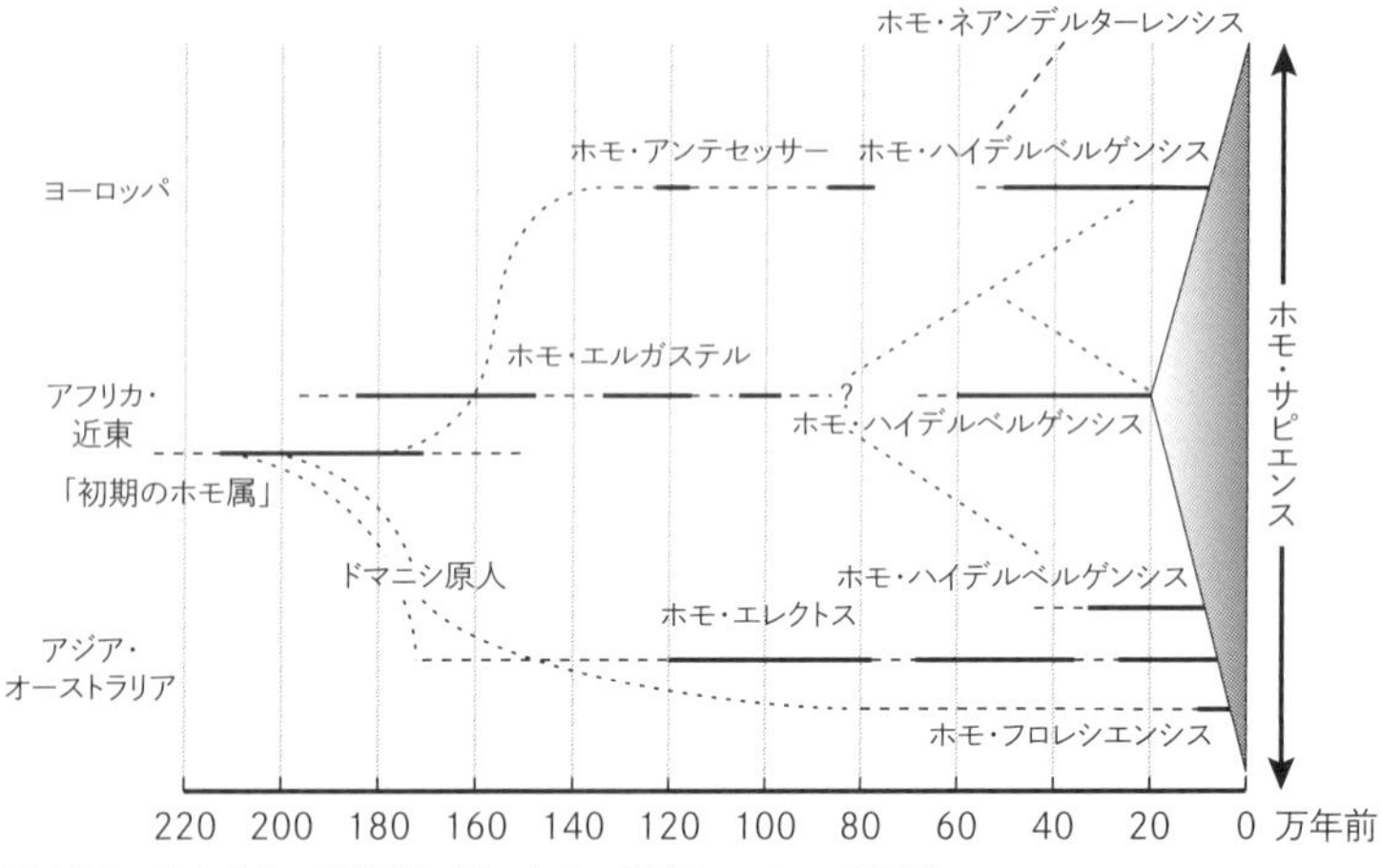


**図 13.5　おおよその時間軸に沿ったホモ属（*Homo*）の系統樹**
（“Before the Emergence of Homo Sapiens” by Giorgio Manzi 2011 より）

イデルベルゲンシスはアフリカ起源であるが、前のホモ・エレクトスと同じく、アフリカから出て行った種である。この種はついにはアフリカのみならずユーラシア全土に拡散するに至った。

ネアンデルタール人（*Homo neanderthalensis*）とホモ・サピエンスは、デニソワ人と呼ばれる他の種と同様に、ホモ・ハイデルベルゲンシスから進化してきたと考えられている。まず最初に、ホモ・ハイデルベルゲンシスの系統のなかで、おそらくヨーロッパに移動した集団からネアンデルタール人が分岐した（六〇万～三五万年前[64]）。約二〇万年前、ホモ・ハイデルベルゲンシスのなかで、アフリカに生息していた集団からホモ・サピエンスが分岐した。ホモ・サピエンス、つまりわたしたちのアフリカからの壮大な移動（出アフリカ）は七万～六万年前に始まった。ネアンデルタール人とホモ・サピエンスの身長は同じくらいだったが、前者のほうが体重が重く体格がたくましかった。脳のサイズは出生時点では同じくらいだったが、大人ではネアンデルタール人のほうがホモ・サピエンスよりも脳が若干大きかった[65]。

以上、人類の進化をざっと見わたしてみた。では次は自己家畜化仮説について考えてみたい。特に、約七〇〇万年前、人類とチンパンジーの系統が分岐したあとに起こったことに注目しよう。

## 人類進化におけるヘテロクロニー

まず、人類進化においてヘテロクロニーの果たした役割について考えてみよう。まず、ヘテロクロニーについて念を押しておきたい。ヘテロクロニーは発生・発達過程で形質発現のタイミングや速度が変わることであり、いくつかのタイプがあるが、発生過程の変更による進化には他にもさまざまなものがあり、ヘテロクロニーはその一部にすぎない[66]。人類進化のすべてがヘテロクロニーによるとするのは無理があり、大きな間違いなのである。とはいうものの、人類進化の過程でヘテロクロニー的な変化が起こったという証拠はたっぷりある。ただし、グールドが主張するほど大量にあるわけではない。自己家畜化仮説を考慮に入れれば、特に気になるのはペドモルフォーシス（幼形進化）の証拠である。さらに、ネオテニー、つまり発生速度の低下についても注目したい。

チンパンジーやボノボに比べて、人間はかなり未発達な状態で生まれてくるのは確かである。ボノボでも新生児の動きはぎくしゃくしていて、滑稽といえないでもない。だが、人間の新生児のどうしようもなく哀れで無力なさまに比べれば、ボノボの新生児の動きはバレエのように優雅ではある。人間の新生児は顔をしかめ、笑い、泣き声をあげて悩みを訴え、手足を激しくばたつかせる。どれも、発達中の神経と筋肉をせいいっぱい使って、その時点でできることをやった結果である。人間のほうがボノボやチンパンジーよりも妊娠期間がやや長いことを考えると、新生児がこのようになるのはとりわけ印象的である[67]。人間の胎児の神経と筋肉の発達は、わたしたちに最も近い親戚に比べて、減速されている（ネオテニーが起きている）のだ。幼児期についても同様である。たとえば、他の類人猿に比べて骨の発達（骨化）が顕著に遅れているし[68]、成長も遅滞している[69]。

人間でもチンパンジーでも、思春期には急激に身長が伸びる「成長スパート」が見られるが、これはチンパンジーのほうが低い年齢で開始する[70]。注目したいのは、トゥルカナ・ボーイ（ホモ・エルガステル）とホモ・エレクトスの成長スパートの開始時期が、（骨の発達から判断して）人間よりもチンパンジーのほうに近いことだ[71]。また、人間の思春期は、最も近縁なチンパンジーやボノボに比べると引き伸ばされているので、性成熟に達する年齢は人間のほうが高いことになる。この点で、わたしたちは家畜化された動物とは確実に違っている。家畜では、ネオテニーだけではなく、発生・発達の終了が早まることによる性的発達の加速（プロジェネシス）もペドモルフォーシスに貢献しているのである。人間のペドモルフォーシスには、プロジェネシスという要素が欠けている。

というわけで、体の発達全体でネオテニーが起きていることには重要な意味があるのだが、詳細を検討する段になると、話はもっと複雑になる。ではここで、機能解剖学的な面における明らかに人間的な特徴に関して、ネオテニーを検討してみたい。まずは二足歩行について。大型類人猿では、成体よりも幼児のほうが二足歩行をする頻度が高い。ネフとグールドが二足歩行による移動をネオテニー的な特徴としたのはそのためだ。しかし、人間の二足歩行には明らかに非類人猿的な複数の適応が関係している[72]。前に見たように、四〇〇万年以上前のアルディピテクスにそういった変化の一部がすでに現れていた[73]。骨盤の変形、腰椎の湾曲度合いの増大、下肢の伸長、足の構造の変化などがその特徴だが、これらはアウストラロピテクスでさらに発達した。そしてホモ・エレクトスが登場する頃には、二足歩行による移動はほぼ人間と同様の段階になっていた[74]。

二足歩行に関連する解剖学的な変化のなかで特に目立つものは、骨盤で見られる。骨盤の変化はネオテニー、あるいはペドモルフォーシスの他の要素を示しているのだろうか？　手短にいえば答えは「否」である。実際、最近の研究によってまったく逆であることが示唆されている。人間の幼児の骨盤は、アウストラロピテクス属の成人の骨盤によく似ている（そしてアウストラロピテクスの成人の骨盤はチンパンジーやボノボの骨盤によく似ている）のだ[75]。そういうわけで、人間の骨盤は、人類と人類に最も近縁な類人猿の共通祖先の骨盤と比べて、ペラモルフォーシス（過成進化）的なのである。実際、人類の骨盤の進化には、祖先の発生過程に新たな発生過程がつけ加えられて発生・発達の終了時期が遅くなる「ハイパモルフォーシス（過形成）」、発生速度が上昇する「加速」、発生開始が早まる「前転位」）というペラモルフォーシスの三つの要素がすべて見られるという証拠がある[76]。

二足歩行に関するその他の解剖学的な変化は、頭骨が脊柱の真上に位置するようになったのに関係している。頭骨の後頭部には後頭顆（こうとうか）という突起があって、脊柱前端の頸椎と関節をなしているのだが、人間ではこの後頭顆が著しく変形している。直立二足歩行をするわたしたちの顔が前方を向いているのはそのためである。人間の後頭顆は類人猿の幼児とはまったく似ていない[77]。わたしたちの長い下肢と大きな足もまたペラモルフォーシス的であり、ペドモルフォーシス的ではない特徴である。

## 脳についてはどうだろうか？

人間の特徴として、わたしたちが最も誇りをもつのも当然なのは、特大サイズの脳である。胎児の発生中および生後数年間において、人間の脳の成長は他の類人猿に比べてきわめて速い（加速されている）。

しかし脳の成長が速いといっても、成人の脳のサイズで比べるなら、実際のところはチンパンジーやボノボの成長よりは遅いのである。[78] では、わたしたちの脳の発達は実はペドモルフォーシス的なのだろうか？いや、そんなことはない。成人の脳のサイズで比べたときにわたしたちの脳の成長が類人猿よりも遅いのは、人間の成人の脳が非常に大きいからである。それは成長が急速であるからだけではなく、その成長速度が長期間維持されるからでもある。これはペラモルフォーシスの一つであり、ハイパモルフォーシス（発生・発達の終了時期が遅いこと）と呼ばれる。

ボノボ・チンパンジーと人類が分岐したあと、人類の系統が進化していく間に発生過程が変化したのだが、変化は徐々にかつ一定の速度で起こったわけではない。むしろ、ある時期に比較的急速に変化し、それに続いて安定した状態が長期にわたって続くというパターンが特徴だった。アウストラロピテクスの脳はチンパンジー並みだった。ということは、分岐してから五〇〇万年間、人類の系統で脳のサイズはほとんど変化しなかったわけだ。ホモ属の最初のメンバー（ハビリス、エルガステル、エレクトス）の脳は、（加速あるいはハイパモルフォーシス、あるいはその両方によって）アウストラロピテクスの脳よりも顕著に大きくなっていた。しかしその後、ホモ・ハイデルベルゲンシスの出現までは再び長期にわたって安定した状態が続いた。その次に目立った変化が起こったのは、五〇万年前にネアンデルタール人が登場したときのことである。

人類の脳の進化にはまた、進化の保守的な面と、すでにあるものをいじくりまわしてやりくりする（ティンカリング）という自然選択の性質とがうまく映し出されている。二足歩行の成立が脳の増大よりもかなり前に起こったという偶然的事実は、人類の進化に重大な結果をもたらした。その一つが「出産のジレンマ」である。[79] 効率的な二足歩行には幅の狭い骨盤が必要である。一方、脳のサイズが大きいために新生児の頭部も大きい。分娩時にはこの大きな頭部が骨盤を通り抜けなければならないのだ。脳が増大するより前に骨盤の進化が起こったために、骨盤のサイズのせいで新生児の脳のサイズが制限されることになった。それでもなお新生児の頭は大きく、骨盤の幅が最大になる箇所に合わせて四分の一回転するという危ない過程を経なければ、出てこられないのだ[80]。

人間の出産は、他の現生の類人猿よりもずっと困難で危険である。類人猿では新生児の頭部に対して骨盤のサイズには十分にゆとりがある。アウストラロピテクスでもそうだった。ホモ属の初期のメンバー(エルガステルやエレクトスなど)は、こと出産に関しては中間的な状態だったろう。骨盤は狭く、脳はアウストラロピテクスよりも大きかったが、同属のあとのメンバーよりは小さかった。だが、脳の大きなネアンデルタール人にとって、わたしたちと同様に分娩は何かと困難なものだったと考えられる[81]。

もちろん、人類の脳はサイズの増大以外にも多くの点で進化している。わたしたちがチンパンジーの系統と分岐して以来、さまざまなタイプの神経再構成が起こっているのは疑いないが、そういった変化は化石記録に痕跡を残さない。しかし、近年の研究により、わたしたちの脳の発達には、チンパンジーやボノボと比較していくつか興味深い相違点があることが見出された。特筆すべきは、その相違点のいくつかが、人間の脳にネオテニー的なパターンがあることを示していることだ。大脳新皮質、特に前頭葉の最前方の部分である前頭前野に注目しよう。計画や高次機能など、わたしたちの最も高度な知的能力一般に関わっている部分である(図13・6)。

図13・7は大脳皮質の典型的なニューロンを模式的に表したものである。長く伸びる一本の突起は軸索である。この軸索を通して、すぐ隣のニューロンへ、時には遠く離れたニューロンへ、電気信号が伝えられる。軸索の伝導速度はミエリンという物質によって左右される。ミエリンは軸索を覆う髄鞘という構造

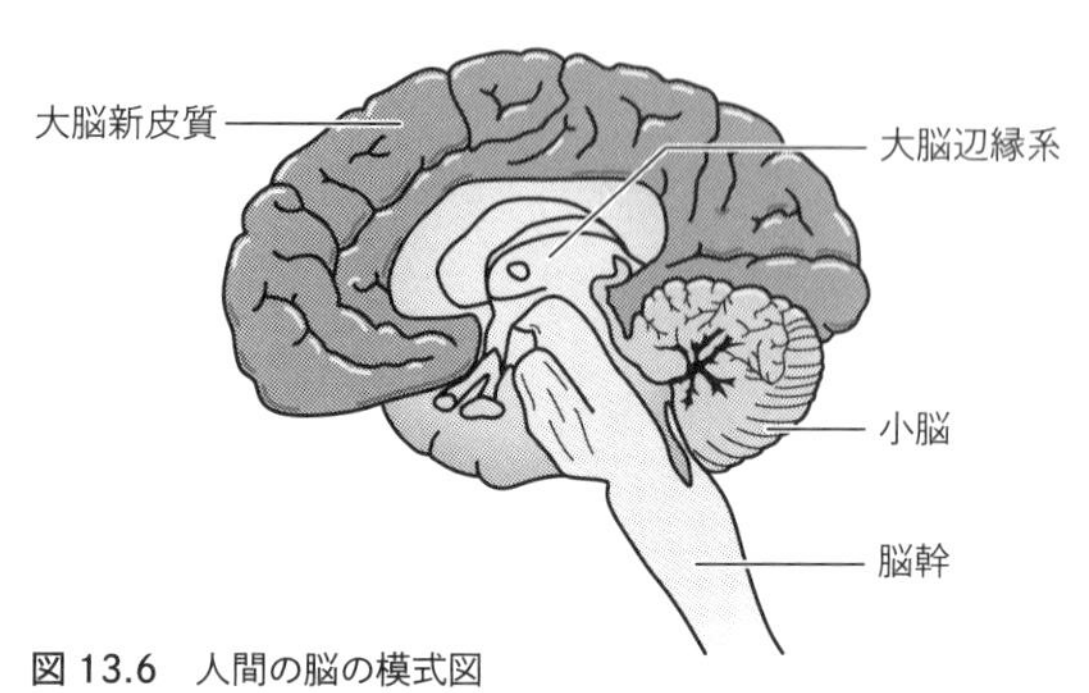


**図 13.6　人間の脳の模式図**

に含まれる物質で、絶縁体として働いて電気信号が漏れるのを防ぎ、電気信号が速く伝わるのを助ける。ニューロンの髄鞘が形成されるタイミングが発生過程では重要である。髄鞘が形成されることによって電気信号の伝わる速度が速く効率的になる。一方、髄鞘形成前には軸索の自由度が高く、他のニューロンとの接続をいろいろと「試して」みることができるが、形成後には自由度（可塑性）が低下する。このようなニューロンの可塑性が学習を容易にするのである。髄鞘形成後には可塑性がかなり低下し、それとともに、子どものときに備わっていた新しい情報を吸収する能力も失われる。そういうわけで、幼児期に前頭前野のニューロンの軸索に髄鞘が形成されるのが、チンパンジーよりも人間のほうがかなり遅い、というのは注目に値するのだ[82]。そして、これは認知に関わる脳の特定部分においてネオテニー的な発達が起きているという一例なのである。

脳のこの部分のネオテニー的な発達は、髄鞘形成だけではない。特定の遺伝子が活性化され、その遺伝子がコードするタンパク質が合成されることを遺伝子発現というが（付録7参照）、幹細胞をもとに細胞が分化して、特定のタイプの細胞（たとえば大脳皮質のニューロンなど）になっていく過程で、発現の程度が変化する遺伝子がある。この変化を手がかりにして、遺伝子発現パターンにおいてヘテロクロニーが起こって

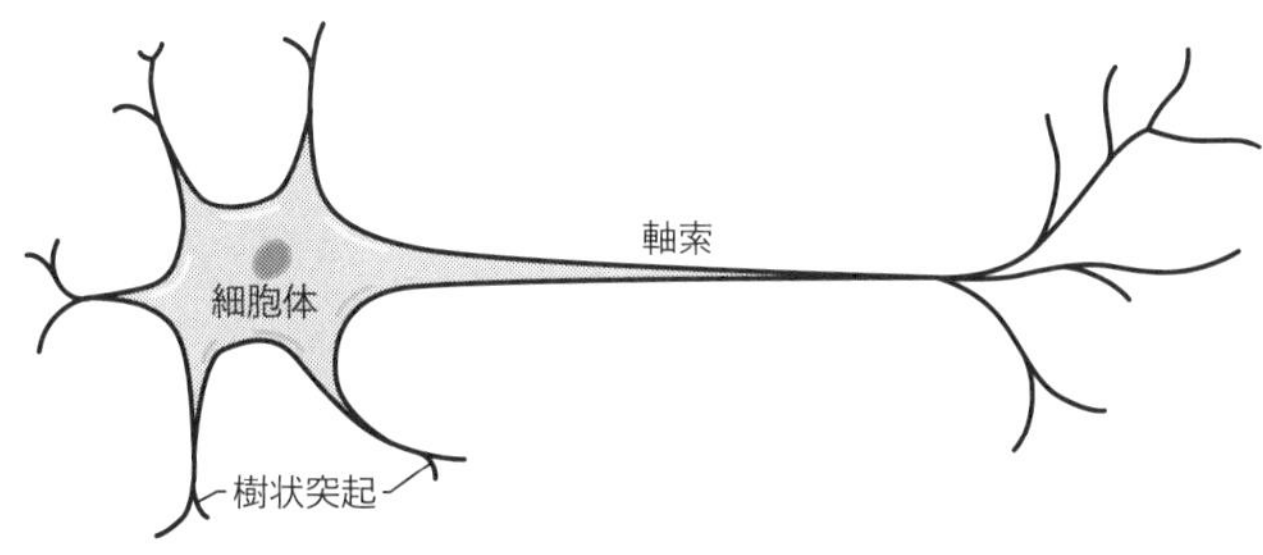


図 13.7　大脳皮質のニューロン（神経細胞）の模式図。ニューロンは樹状突起、細胞体、軸索からなる〔この図では髄鞘は省略されている〕。

いないかどうかを探索することが可能だ。

前頭前野では、そのようなヘテロクロニーの特に印象的な事例が起こっている。チンパンジーと比較して、人間では神経の発達に関わる多数の遺伝子の発現にヘテロクロニーが起こり、発現のタイミングがずれている。しかも、それらの遺伝子すべてについて、人間の成人における発現パターンはチンパンジーの幼児の発現パターンに似ているのである[83]。脳の成長が加速されているにもかかわらず、少なくとも前頭前野では、チンパンジーに比べて発達速度が遅い（ネオテニー）のだ。ただし、このネオテニー的な発現パターンの変化は脳全体に見られるわけではない。尾状核という大脳の別の部分では、遺伝子発現にネオテニーが起こっているという証拠は得られていない。

## ヘテロクロニー、遺伝子発現の調節、自己家畜化

人類の系統は、七〇〇万～五〇〇〇万年前にボノボ・チンパンジーの系統から分岐した。三五年以上前のことになるが、人間のタンパク質とチンパンジーのタンパク質がほぼ同一であることが判明し、その発見をもとに次のような提案がされた。人間とチンパンジーが進化によって大きく分岐したのは、遺伝子自体の変化よりも遺伝子の発現における変化に負うところが大きいはずだ、つまり、DNAの塩基配列のうち、タンパ

ク質をコードする領域に起きた突然変異ではなく、非コード領域に起きた突然変異が鍵を握っているというのである。[84] 当時、このアイデアは物議を醸したが、支持者は着実に増えていき、大勢が合意する共通見解のようなものになっていった。ヒトゲノムが二〇〇三年、チンパンジーゲノムが二〇〇五年に解読完了したことにより、チンパンジーと人間のDNAを直接比較することができるようになり、最近の研究結果は明らかにこの共通見解を後押ししているように見える。ただし、非コード領域の重要性が過剰に強調されすぎだと声高に異議を唱える人たちもいる。[85] わたしは異議ありサイドに若干共感している。理由の一つは、タンパク質コード領域の塩基配列（遺伝子）が転写・翻訳されて合成されたタンパク質のなかには、他の遺伝子の発現に影響を与えるものが多いからだ。[86] つまり、非コード領域だけではなくタンパク質コード領域も遺伝子発現を調節しているのである。

この論争に限ったことではなく、一九七〇年代からこのかた、進化的分岐の説明は遺伝子発現の変化を強調する方向へシフトしているように思われる。この状況は、進化生物学で発生が注目されるようになったことと符合している。というのも、複雑な種の進化には発生過程をいじくって変更すること（ティンカリング）が大きくからんでいるのだ。脳や行動など、さまざまな解剖学的構造や生理学的なメカニズムは、発生過程で作られていく。発生過程の変更のうち、ある重要なカテゴリーに属するのが、こういった構造やメカニズムの形成のタイミングや速度が変化するもの、一言でいうとヘテロクロニーなのである。人類が他の類人猿から分岐して以来、いくつかの遺伝子の発現が改変され、その結果、こういったヘテロクロニー的なずれが特に脳で引き起こされた。いまや、どの遺伝子がそのように変更されたのかをある程度は同定できるようになっている。

浮かび上がってくる図式は、グールドが提案したような、ネオテニーだけでかたがつくようなものではない。ペドモルフォーシスの範囲ですべてが説明できるわけでもない。人類の進化にはペドモルフォーシスと同じくらい、加速を含むペラモルフォーシスも関わっているという証拠がある。実際、直立二足歩行や巨大な脳など、わたしたちとチンパンジーやその他の類人猿とを大きく隔てている形質は、ペラモルフォーシス的なのである。それにもかかわらず、人類が進化してくる過程でペドモルフォーシスを引き起こすヘテロクロニー的な変更が起こったという証拠は山のようにある。たとえば、脳では部分的に髄鞘形成が遅くなっている。前例のないほど高いわたしたちの学習能力にはおそらくそれが関係している。

また、類人猿に比べて人間の性差が縮小しているのも興味深い。性差の縮小は二〇〇万年前に始まったようだ[87]。家畜化された動物で見てきたが、ネオテニー的な変化が特に雄で顕著に起こって雄の外見が雌に近づき、その結果、性差が縮小したというのがよくある話だ。家畜では、体全体のサイズの他に犬歯の長さでも性差の縮小が目立っている[88]。ボノボを含む他の大半の類人猿の雄に比べると、人間の男性の体はかなり貧弱だ。類人猿のうち、性差という点で人間が最もよく似ているのは、最小限の性差しかないテナガザルである。だからこそ注目したいのは、テナガザルが筋金入りの一大一妻主義者であり、そのため一夫多妻のゴリラやオランウータン、乱婚的なチンパンジーやボノボと比べて強い性選択を受けていないことだ。

全体的に、多くの家畜化された動物に比べ、人類の進化についてはネオテニーの証拠はかなり少ない。イヌの進化ではネオテニーの証拠がかなり見つかっているのだが、それに遠く及ばないのは確かである。だからといって自己家畜化仮説が打ち捨てられてしまうわけではないが、イヌと人間の収斂進化が大げさにいうほどのものではなかったという可能性が、この事実によって示唆されるのは確かである。しかし、自己家畜化仮説によって予測される最も重要な収斂進化は、行動や情動に関するものである。オオカミからイヌへの進化は、主に従順性の高いものが選択されることによって進んできた。人間がチンパンジー・ボノボとの共通祖先から進化してきた過程で、情動面でそれと同様のことが起こったのだろうか？　人間はその意味で家畜化されているのだろうか？　もしそうなら、いわゆる人間らしさというものは、「チンパンジーらしさ」よりも「ボノボらしさ」のほうに似ているのだろうか？　次章はこの疑問をテーマとして考えてみたい。

# 第14章　人間――II　社会性

一九八六年のある日、メイン州のロームという小さな町でのこと。クリストファー・ナイトは家を出て近くの森に向かい、それきり行方をくらました。友人、家族、親戚、その他の知人たちの前から姿を消してしまったのである。家族仲はよくなかったようで、失踪届は出されずじまいだったのは本人にとっては幸いだった。探さないでほしい、とにかく一人になりたい、誰とも接触したくない、というクリストファーの思いは不思議なほどかなえられた。一九九〇年代のいつ頃か単独行のハイカーとちょっとやりとりしたのを除けば、二〇一三年の三月に至るまで二七年もの間、社会的相互作用なしで過ごしたのである。何が何でも人と接触するのを避けるべく、冬場は雪に残した足跡をたどられるのを恐れるあまり、野営地のまわりから決して離れようとしなかった。煙を出したら居場所が知れると思って、火も焚かずに耐えたのである。

社会との関わりを完全に断ち切って自給自足できていたなら、死ぬまでそのまま過ごしていただろう。

だがクリストファーは漁も狩りもせず、必要なものはすべて、夜の間に近隣の山小屋やキャンプ場から略奪して手に入れていた。違法な食料調達を何度も何度も繰り返したあげく、ついに現場を押さえられたのである。

火なしでメイン州の冬を乗り切ったのもすごい話だが、それ以上に驚異的なのは、二七年間、人間と直接接触せずに生き抜いてきた点だ。わたしたち人間はきわめて社会的な生きものである。ほとんどの人は、毎日、人との相互作用をかなりもたないと精神の健康を保てない。独房監禁がほとんど拷問にも等しいのはそのためである。普通の人なら深く心をさいなまれてしまう。だが、クリストファー・ナイトなら独房監禁を神の恵みだと感じることだろう。

人間は霊長類のなかで最も社会性が高いのだが、その度合いにはかなりの個人差がある。きわめて社会性が高く、眠っているとき以外はひっきりなしに他人との相互作用が必要な人から、クリストファーや真の隠遁者（宗教的な理由によるものであれ、他の理由であれ）など、社会性が極度に低い人まで、かなりの幅があるのだ。とはいうものの、社会性最高と最低の間のちょうど真ん中の位置が平均というわけではない。平均的な人は社会性が高いほう寄りである。社会性が極度に低い隠遁者のほうが、社会性が極度に高い人よりも、平均から大きく隔たっているわけである。人間の社会性や社交性にはかなりの幅があるわけだが、それにしてもクリストファー・ナイトはかなり例外的なタイプである。

内向的か外交的かという性格特性を、社交性の大まかな尺度として用いることができる。内向的な人に比べ、外交的な人は精神の健康を保つために社会的な相互作用を多く必要とする。実際、内向的な人には人との相互作用から解き放たれて一人になる時間がある程度は必要で、そうしないと心理的に落ち着けないのだ。[1] わたしも内向的なので、個人的な感想としては、クリストファーの選択はたいていの人ほどには不可解だとは思わない。多人数を相手にしたり、あるいは人数が少なくても人と濃密な交流をもったりしたあとは、特に孤独になりたくてたまらなくなる。一番くつろげるのは一人になれたときであり、そういう時間がもてない日は消耗する。若い頃は、アルバイトで暮らしを立てて一人で生きていければいいなと夢想していた。冬はアラスカのキャビンで過ごすことにあこがれた。だが、一九七一年、一七歳のとき、バックパックを背にイエローストーン国立公園へ単独行をしたことで夢からさめ、と同時にそれまで抱いていたセルフイメージが砕け散った。

もともと単独行の予定ではなかった。友人と一緒に二週間のハイキングを計画していたのだが、どたんばになって相手にキャンセルされてしまったのだ。冒険行をやめようかともちらっと考えたが、一人でもやっていけるという見当違いの自信に後押しされ、計画を実行したのだ。友人の車で行くはずだったので、まず交通手段を何とかしなければならない。予算的にはグレイハウンドバス一択である。多数のバス停を経由しながら、四〇時間かけてカリフォルニア州サクラメントからワイオミング州ジャクソンホールまで行く。国立公園バスに乗り換えてイエローストーンのオールドフェイスフル近くまで進み、そこからハイキングのスタートである。

大型サイズの国立公園バスの車内には運転手のみ、乗客はゼロだった。最後尾に陣取ることにした。グレイハウンドバスには四〇時間以上乗っていたが、その間ほとんど、活動過多で超おしゃべり好き、かつ深刻なメンタル的トラブルを抱えた若い女性に悩まされっぱなしだったので、静かな時間をもてるのがありがたく、空っぽの国立公園バスは安息の地だった。ところが、中年というより年配寄りの女性運転手が外交的で、前へおいでとインターホンで呼ぶ。しぶしぶ応じるしかなかった。

運転手（ジュディとしよう）は以前、フロリダ州デイド郡でスクールバスの運転手をしていたそうだ。

ジュディはすぐにわたしを会話に引きずりこんだ。ありがたいことにジュディは一人でどんどん会話を進めるタイプで、わたしが口をはさむ必要はほとんどなかった。そうはいっても、音声ガイドを流しましょうか、とジュディが尋ねてきた際、二つ返事で承諾した。そのときまで、会話の中で最小限の役割さえ果たさずにすむように言い訳をさがしていたので、まさに渡りに船である。これで完璧にリラックスできる。

キャンプ場までおよそ九〇分の道すがら、音声ガイドからたくさんの情報が得られた。主に自然史的なものと、さまざまな場所に関する地元の言い伝えだった。北米大陸分水嶺をまたぐ位置にある小さな湖についての話をよく覚えている。こんな感じだった。一九世紀初頭のある日、ジム・ブリッジャーという有名な山男がそこでちょっと一休みし、じっと湖を見つめた。それから湖とおしゃべりを始め、ひとしきり話したところで尋ねる。「おまえさんは池かな、それとも湖かい?」明らかにむかついた様子の湖、すっくと立ちあがると断固とした調子で「わしゃあ湖だい(アイザ・レイク)」と答えた。そんなわけで、この地味な水域に「アイザ湖」なんていう妙な名前がついたんだと。

この話を聴いたときは、「ブリッジャーって、山男にしてはちょっと口数が多すぎだなあ。そんなにおしゃべりしっぱなしじゃあ、自分の声がうるさいんじゃないか?」と考えたものだ。しかし、その二日後、完璧に一人になって四八時間近く過ぎた頃、他に誰もいないのにもかかわらず、ノンストップでしゃべり続ける自分がいた。オールドフェイスフルから一六キロ足らずの地点を出発点とする数日のハイキングだが、人里離れた山奥には人気(ひとけ)がなかった。労働者の日〔米国の法定休日で、九月の第一月曜日〕も過ぎ、シーズンも終わりの頃である。オールドフェイスフル・ロッジとその近辺は別として、公園にいるのはわずかな観光客と最小限のスタッフだけだった。

こんなことになるなんて。一人旅ではあったが、そこまで一人っきりになるつもりではなかった。じきに不安になり、その二日後には心理状態はめちゃくちゃだった。自分相手の会話はどんどんいかれていったが、ある意味そのおかげで、グリズリーに何かされるんじゃないかという妄想を押しとどめていられた。

片道一週間のハイキングのあと、オールドフェイスフルまでヒッチハイクで戻ってくるつもりだった。だが、完全に孤独な三日間を過ごしてくじけてしまい、引き返すことにした。足早に出発点へと戻る道すがら、独り言のボリュームは上がりっぱなし。行きに三日かかった道程を帰りは一日でこなすことができた。ついに舗装された道路が見えたとき、それまでの不安な気持ちと同じくらい強烈な安心感を覚えた。暗かったので道路のすぐ脇でキャンプした。それまで想像したことさえない、普通なら絶対にやらないことをやったのである。

次の朝、日の出とともに起きだして荷造りをし、オールドフェイスフルに向かった。舗装路が我が道である。数キロ進んだあたりで待ち望んでいたものが見えた。公園バスだ。ドアが開いて乗り込む。ジュディが親しげに迎えてくれた。オールドフェイスフルに着くと、間欠泉の次の噴出予定が近く、人々が集まっていた。全然そんなキャラではないのだが、わたしもさっそく仲間入りし、人づきあいを大いに楽しんだ。誰とも知らぬ人たちの平凡な会話に一心に耳を傾け、めったにしないことだが知らない人と会話さえした。その夜はぜいたくして、実際なけなしのドルをはたき、ロッジの一番安い部屋に泊まった。

次の日、ジュディのバスで帰路についた。ジュディは（小額ではあったが）運賃をただにしてくれた。わたしたちはずっと話をしていた。今度はわたしも会話にまともに参加した。ジャクソンホールに着いてジュディと別れるときは泣きそうだった。ウェスタンユニオンのオフィスを探して、ばつが悪かったけれども両親に電報を打ち、家までのバス代を送ってくれるように頼み、次の日にはそこを脱出した。恥ずかしくはあったが、気分は晴れ晴れとしていた。

十代の頃のあの経験、イエローストーンでの災難からわかるのは、社交性が極端に低い人であっても、精神的な健康を保つには社会的な相互作用が必要だということである。なぜなら、社会的な相互作用はわたしたち人間らしさのまさに中核の一部になっているからである。もっというなら、人間ご自慢の知性ではなく、社交性こそが、わたしたちが地球を支配するうえで最も重要な要因なのである。

わたしたちに最も近い親戚であるチンパンジーや、特にボノボは、高度に社会的な生きものであるが、人間に比べれば隠遁者である。もしもボノボが、人間にとっては普通の人口密度で過ごすことになったとしたら、いくらボノボが平和的だといってもかなりのストレスを受け、社会的な秩序などかけらも現れないだろう。雄がペニスをぶつけあうペニスフェンシングや雌同士の性器のこすり合い（日本人研究者は「ほかほか」とも呼ぶ）、オーラルセックスやカーマ・スートラなみの異性間性交渉をいくら行ったとしても、大虐殺が続くのを阻止することはできないだろう。しかし最近まで、他の類人猿とわたしたちの違いについて取り沙汰する際、社会性は軽く扱われてきた[2]。そのかわりに強調されてきたのはヒトの大きな脳、言語、手先の器用さ、直立二足歩行である。どれも重要な要因ではある。しかし、こういった特徴があったとしても、もしもわたしたちの社会性がボノボと同程度だったとしたら、イアン・タッターソルの言葉を借りるなら、ヒトは「地球の支配者[3]」にはなっていなかっただろう。わたしたちが過剰に社会的なのは、従順性を対象とする自然選択が行われたことによって自己家畜化されてきたためだろうか？

## 「なんでもそうとは限らない[4]」

わたしたちの社会的な傾向について自然選択がいったいどこまで関わったのか、その範囲を自信をもって見定めるのは、進化生物学における標準的な証拠に少しでも近いものを適用しようとすれば、とんでもなく難しい。とはいえ、そのような困難はきわめてよくあるものである。どの生物のどの形質についても、それが進化してくるにあたって自然選択が果たしてきた役割を特定するためには、多大な独創性と努力が必要になる。まず、現存する形質が何らかの選択によって生じたのかどうかを決定しなくてはならない。次に、ある形質を対象とする選択（selection for a trait）なのか、ある形質の結果的な選択（selection of a trait）なのかを区別しなくてはならない。つまり、選択の対象となった形質と、それに関連する副産物的な形質を区別する必要があるのだ。実験室など管理された環境下で人為選択をする際には、これは容易に区別できる。野外研究でも実験的な操作を行うことがあり、細心の注意を払い時間と労力を費やしたものからは、説得力のある事例が多数得られている。[5] 家畜化についての研究は、これまで見てきたように両方の要素が組み合わさったものである。

祖先と子孫の形質の状態がわかれば、家畜化による進化の場合と同じように、大いに手助けになるのはもちろんだ。人類の形質のうち、歯や骨、脳のサイズなど化石化するものは、認知や感情など化石化しない形質に比べてかなり恵まれた状況にある。行動はその中間的なものだが、骨よりは認知のほうに近い。行動は化石化しないが、行動により作り出されたもののなかには化石化するものもあるからだ。

実験による対照群が十分に得られない場合は、実験室であれ野外の研究であれ、問題への次善のアプローチは系統学と生態学の情報を組み合わせることだ。これは「比較法」というもので、[6] 物理的な環境や生物学的環境、あるいは社会的環境において、ある特定の面だけが異なる環境に生息する近縁種を比較することである。このように系統関係に基づき、近縁種を生態学的に比較することにより、ある特定の形質を対象とする選択について予備的な推測が可能になる。残念ながら、ヒトは比較法には適さないことが多い。わたしたちヒトはホモ属の唯一の生き残りであり、現生の最も近縁な生物から分岐したのは七〇〇万〜五

○○万年前だからである。これを「サンプル数1（N-of-1）」問題と呼ぼう。サンプルが一つしかなくて比較対象がないという意味である。

人類進化の研究には「サンプル数1」問題が必ずついてまわるわけではない。どの形質を検討するかによって事情は変わる。前章で見てきたように、比較法は脳全体のサイズや大脳新皮質のサイズなどの形質には効果的に適用できる。この場合、ヒトと他の霊長類を比較するのはまったくもって妥当なことだし、霊長類以外のどの哺乳類を比較対象にもってきてもかまわない。そういった形質に関わる発生過程は深いレベルで保存されているからである。「サンプル数1」問題が特に大きく立ちはだかってくるのは、言語など、ヒトに特有の形質や、進化心理学者が仮定している、ヒトの認知的な適応の多くについてである。(7) では、人間の自己家畜化仮説は、言語のように「サンプル数1」問題が深刻な他の形質に関与するのだろうか？　それとも、「サンプル数1」問題が問題とはならない脳のサイズのような形質に関与するのだろうか？　あとで少し考察してみることにしよう。

しかし、他にも、人間の認知的な適応の評価を大いに複雑にする要因がある。わたしたちの認知的生活において文化が果たす巨大な役割である。自己家畜化仮説は、適応は生物学的なものであり、自然選択の結果によるものだと主張する。しかし、人間のもつどんな認知能力でも、その形成には文化が関わっている。莫大な文化の力が人間の認知の発達に影響を及ぼすのだとすれば、人間の複雑な認知的・情動的形質の発達において、純粋に生物学的な適応の要素を（文化的な適応に対立するものとして）区別するのは生やさしいことではない。通常、そういった試みで探求されるのは「文化的普遍性（カルチュラル・ユニバーサル）（全人類の文化に共通して見られる要素）」であり、それは自然選択と関係があるとされている。(8) しかし、この推論は明白とはいいがたい。文化的普遍性があったとしても、自然選択以外の理由による普遍性ということもありうる。(9) 対照的に、ヒトにおいて、能動的な活動によって選択された形質の最良の証拠として挙げられるのが、乳糖不耐性などの形質だが、これは文化的普遍性のある形質ではない[10]。

人間の認知的な進化に関しては多くの疑問があるが、こういった理由から、主流の進化生物学的な基準からすれば、満足な答えが得られることは永遠にないかもしれない。過去の選択が何を対象にしてきたかに関しては特にそうだ。自己家畜化仮説がこうした部類に属するものかもしれないことは最初から認めておいたほうがよい。

いま述べたような支障があるので、自己家畜化仮説は謙虚になったほうがよいという忠告もあがっているわけだが、これを完璧に無視している人のなんと多いことよ。特に、あるかなきかの証拠を頼りに、ある形質が適応的だと決め込んで、人間性について大胆な主張をしようとする向きがそうである。主流の進化生物学では、説得力のある証拠を提出することが求められる。それが基準である。ところが、人間行動学も社会生物学も進化心理学も、そのような基準を能天気にも無視してしまう傾向が圧倒的に大きいのである。進化心理学者は多くの点で最もたちの悪い違反者である。進化心理学はそれに先立つ分野とは異なる前提に拠っており、十分な証拠が必要だという経験主義的な批判をきわめて効果的に遮断しているのである（付録8参照）。

比較法を適用するためには生物学的情報が必要だが、進化心理学ではそのかわりに第一原理を立てるというアプローチを採用している。よくあるのは、更新世の不特定の時期に人類がどのような環境下に置かれていたかを決め込み、それを前提としてリバースエンジニアリング（逆行分析）という手法によって、自然選択がどのように「人間の心／脳に影響を及ぼしたはず」かを推察するのである[11]。

## リバースエンジニアリングができるものだろうか？

リバースエンジニアリングとは、時計やラジオなどの人工物やコンピューターのプログラムなどを分解し、各パーツが全体の機能にどう影響しているのかを解明するという手法である。これを進化に応用する場合、まず最初に行うのは、問題（ここでは、環境におけるある特徴）を決定することだ。表現型の「デザイン」はその問題に対する解決策である。次に、最適化基準を適用し、最適な解決策を構築する。最後に、この最適な解決策への寄与という点からパーツのデザイン（表現型の特徴）を説明する、といった具合である。

リバースエンジニアリング分析を生物学の領域にまで拡張できるかどうかは、進化によってできた生体構造が人工的にデザインされたものにどの程度似ているかにかかっている。そして、類似性は確かにあるので、生物学的な適応が起こっている可能性を示唆するうえで、リバースエンジニアリングが少なくとも限定的ではあるが役に立つと正当化することはできる。しかし、この類似性はしばしばまったくの表面的なものであり[12]、進化心理学の適応主義者的な主張を支えるにはとてもじゃないが重みが足りない。

生物学の領域でのリバースエンジニアリングに課される、ある種の制限について考えてみよう。進化の保守的な性質から直接生じる制限である。進化はゼロからスタートして最適なものを生み出すのではなく、すでに存在している発生過程に手を加える（ティンカリング）だけだ、という事実である。進化の歴史に深く依存するこの性質のために、エンジニアリング的な観点からすると、生物の複雑な表現型の形質はうんざりするほどごちゃごちゃである。人間の脳とて事情は同じである。

ドイツの解剖学者ルートヴィッヒ・エディンガーは脊椎動物の脳の相同性を見出すパイオニアだった。この相同性をもとに、エディンガーは脳の進化の歴史を再構築しようとした[13]。魚類から哺乳類に至るまでの過程で、脳幹の上に複数の層をつけ加えて脳が進化したという概念を提案したのである。一九六〇年代には、神経科学者のポール・マクリーンが、ヒトの脳は彼が爬虫類の脳と呼ぶ状態を土台として進化してきたという包括的な仮説を提唱し、脳を進化の段階に対応する三つの部分に分けた[14]。

マクリーンが「爬虫類の脳」と呼んだ、前脳の最も原始的な部分には、彼によれば、種特異的な儀式的・本能的行動や、呼吸など恒常性機能の基盤となる部分が含まれている。解剖学的には、この爬虫類の脳は脳幹とそれに付随する基礎的な構造のことだと考えてよい。爬虫類の脳の外側には二つめの部分があり、マクリーンはこれを「辺縁系」と呼んだ。これにはニューロンの集まった多数の領域が含まれており、領域間は相互に連絡している。辺縁系は性的なものから感情的なものまで、情動的反応を支えている。マクリーンは、辺縁系は最初の哺乳類の出現時に進化したものだと考え、これを「古い哺乳類の脳」と呼んだ。三つめの部分は「新皮質」と呼ばれるもので、マクリーンによればこれが見られるのは霊長類だけである。新皮質は辺縁系を覆い、言語や抽象化、計画、その他の高次脳機能の基盤となる。

この「三位一体脳」仮説には多くの問題がある。たとえば、爬虫類脳の一部は魚類を含むすべての脊椎動物に見られるし[15]、辺縁系の一部は爬虫類にも存在する[16]。また、新皮質をもつのは霊長類だけではない[17]。しかし何よりも大きな問題点がある。この仮説は爬虫類を出発点として脳の進化を語っているが、実は脳の進化はそれよりもずっと前から始まっていたのである。近年のエヴォデヴォ研究により、単に脳自体だけではなく、人間ご自慢の新皮質までもが、最初に脳をもつことになった扁形動物の脳と相同性をもっていることが判明した。この動物とわたしたちの共通祖先は五億年前、カンブリア大爆発以前に生存していた[18]。扁形動物が出現してから魚類が出現するまでの間に、脳の進化では多くのことが起こっているし、魚類が出現してから爬虫類が出現するまでの間にはさらに多くのことが起こっている。進化の過程には、すでにあるものに手を加えて改造する（ティンカリング）という保守的な性質があるが、わたしたちの脳には、おそらく他のどの器官よりも、その性質が反映されている。

実際、脳の改造は脳ができる以前の段階にまでたどることができる。これは、現生のクラゲに見られるような、少数のニューロンのネットワークだけで構成されている神経系のことだ。このような段階でも、わたしたちのもつ脳のようにネットワークが複雑な構造に変わった段階でも、ニューロンは本質的には同じである。だが、ニューロンが特に効率的だから変わっていないというわけではない。クラゲから受け継いだニューロンは、電気信号を伝えるという観点からはきわめて出来が悪い[19]。不出来でもクラゲにとっては問題ない。クラゲがやるべきことをやるにはわずかなニューロンだけで足りるからである。わたしたちも含め、多数の複雑な生物にとっては、ニューロンは最適とはとてもいえない。軸索がミエリン化して髄鞘をもつようになったのは進化の過程で間に合わせ的に起こったものであり、その結果、状態はある程度は改善されている。

もしわたしたちのニューロンがもっと効率的に電気信号を伝えることができるものだったら、これほど大きな脳は必要なかっただろう。そして、もしこれほど大きな脳がなかったならば、皮質のニューロンは誕生した場所から身を落ち着ける場所へとはるかな長旅をする必要もなかっただろう。でなければ、わたしたちがさまざまな神経学的な障害に悩まされることもなかったはずだ[20]。脳の表面に位置するニューロンでさえ、脳の奥深くで生成されてから表面まで移動してこなければならず、これもまた、非効率的な相同性の一つである[21]。ちょっと気の利いた電気技師がニューロンを作るなら、最終的に必要となる場所の近くで生成されるようにするはずだ。

わたしたちの脳の神経回路も、非効率的なものが多い。ゼロからデザインされたものではなく、再利用した素材と応急処置で追加した部分のつぎはぎなのだ。ゲアリー・マーカスはこれをいみじくも「クルージ」〔その場しのぎの間に合わせで作ったもののこと〕と呼んでいる。[22] 言語に関する神経回路など、われらが最も貴いとする脳の部分にまでクルージは入り込んでいる。[23] 脳形成における主要な原理の一つは、「ニューロンの再利用」である。ある機能をもつように進化した神経回路が、進化の過程でリサイクルされ、違う目的に利用されたり配置換えされたりして、まったく異なる役割を果たすようになるのである。[24] 全能の神がデザインした脳ならリバースエンジニアリングが可能になるはずだが、進化により作り出された脳はそう簡単にはいかないのである。

## 自己家畜化仮説は「なぜなに物語」以上のものだろうか?

主流の進化生物学には厳格な基準があり、またリバースエンジニアリングという別ルートからその基準を回避するのが不可能であるとすると、自己家畜化仮説を検証する方法はいったいどういうものだろうか? あるいは、これはよくある「なぜなに物語」でしかないのだろうか? わたしは違うと思う。原則として、少なくとも、脳の構造や内分泌系で保存されている(つまり、共通祖先がもっていた形質がさまざまな種に受け継がれている)相同的な形質を、この仮説の検証に利用することができる。それらを用いて「サンプル数1」問題を克服し、比較法をまっとうに適用できるはずだ。

自己家畜化仮説の穏健なバージョンは、ヒトもボノボも、従順性という点において、多くの家畜化された動物に見られるのと同じ選択を経験してきており、チンパンジー的な状態に比べれば従順性が高くなっているというものである。本質的にチンパンジーは、わたしたちが家畜化された集団になる前の野生の祖先として扱われる。それを基準として、自己家畜化の効果を見積もるのである。それゆえ、ヒトとボノボはチンパンジーよりも向社会的であることが期待される。

ヘアはさらに論を進め、従順性はペドモルフォーシスによって得られたとする。[25] イヌや養殖場のキツネ実験が念頭にあるのは間違いない。実際、ヘアはヒトとイヌが収斂進化していることを示すのに特に熱心である。家畜化された他の動物についてもペドモルフォーシスがあったことはこれまで見てきた通りである。しかし、すべてがそうだというわけではない。実験的に家畜化されたラットは従順性が高まったが、ペドモルフォーシス的になってはおらず、少なくとも明白にそうなっているわけではない。本書では一貫して系統関係を重要視しているので、ヒトなどの霊長類は、イヌやキツネなどの食肉類よりも、ラットなどの齧歯類のほうに近縁であると一言いっておこう。というわけで、ペドモルフォーシスという要素は穏健バージョンの自己家畜化仮説にとっては重要ではないといえるかもしれない。

強硬派の自己家畜化仮説（わたしはこちらのほうに興味を引かれる）では、従順性を対象とする選択による収斂進化は、神経内分泌系の変化によって起こったとする。その変化は一方ではヒト（とボノボ）、もう一方ではイヌやネコ、ラットなどの家畜化された動物に、並行して起こったというのである。言い換えれば、行動だけではなく、内分泌系と脳にも収斂進化による相同的な要素があることが期待される。

内分泌系のなかでも特に関連性が強いのは、ストレス反応の支えとなる視床下部－下垂体－副腎系（HPA系）である。これは哺乳類のみならず全脊椎動物で高度に保存されている。[26] 脳に関しては、哺乳類全般で情動行動に関わる神経回路を含む辺縁系に注目すべきだろう。[27]

わたしたちの情動的な活動の中心に辺縁系があることは、大脳皮質をもたずに生まれてくる稀な例を見るとよくわかる。注目すべきことに、このような人にも人間的な情動や感情的な行動がすべて備わっているのである。[28] この人たちは全般的に十分幸福で社会的によく順応しているように見える。脳が全部備わっている人に比べて若干情愛が深いかもしれない。実験的に大脳皮質を取り除いたマウスでも、通常のマウスが示す情動行動はすべて見られる。[29] もしもヒトやボノボにおいて、従順性を対象とする選択が実際に起きていて、そのためにヒトの行動がイヌなどの家畜動物と同様のものに収斂進化しているのだとしたら、辺縁系にその証拠が残されているはずだ。

穏健バージョンの自己家畜化仮説もある意味でおもしろいと思う。われらヒトの成功を、高い社会性と協力的な行動をするという他に類のない能力に帰する、斬新な説明を提供してくれるからだ。従来、わたしたちがどうやって地球を支配するに至ったかを説明する際には、ヒトの知性ばかりがひたすら強調されてきた。特大サイズに見える人間の大脳新皮質でこそ、大きな進化が起こったと考えるのがこのような見方である。近年、知性のある特定の面が最も注目を集めるようになってきた。それは社会的知性である。

## 社会性と社会的知性

霊長類は最も社会的な哺乳類の一つであり、また最も知能が高い哺乳類の一つでもある。わたしたちヒトは霊長類のなかで最も賢く、また最も社会的でもある。ここに何らかの関連性はあるだろうか？ 多くの研究者が、あると確信している。霊長類を扱った調査では、多数の研究で大脳新皮質のサイズとその種が生活している集団のサイズとの間に相関があるという結果が得られている。[30] 新皮質のサイズと集団サイズとの間の相関から、ヒトの巨大な新皮質は複雑な社会的相互作用をうまくこなすことを対象とする選択が起こった結果である、と考える研究者もいる。[31]

この観点によれば、集団が大きいほど社会的相互作用が複雑になり、それには政治的な手際のよさが必要となり、そうすると大脳新皮質にあるようなニューロンがもっと多く必要になると考えられる。わたしたちヒトの新皮質が最大なのは、最も複雑な社会的相互作用を営み、それゆえ社会環境のなかでうまく渡っていくために多大な「マキャベリ的知性」が必要であり、当然ニューロンも大量に必要だからだ、というのである。[32]

これがもっともらしい「なぜなに物語」ではないのは確かである。この場合は比較法をうまく適用できるからだ。しかし、神経生物学的な観点からは問題がいくつかある。まず最初に、脳全体のサイズや脳の特定領域のサイズが、ある特定の行動や認知機能に対して因果的重要性をもつと仮定している点だ。サイズは大まかな尺度であり、計算能力に直接関係するものではない。[33]また、脳のサイズと認知機能との相関について、そう簡単に因果関係を打ち立てられるものではない。[34]この場合、その点が特に問題となる。というのも、複数の種のデータを比較すると、集団サイズと大脳新皮質のサイズの間に相関関係はあるものの、集団サイズが大きくなっても新皮質のサイズはごくわずかしか変化していないのだ。[35]新皮質は物質的・生態的な環境を含めた多岐にわたるものごとについての学習に関わる領域であり、社会環境だけに関わっているわけではないことを考えれば、それは予測できるだろう。

最近、霊長類について広く行われた研究では、社会的関係をやりくりする能力を対象とする選択の結果、大脳新皮質のサイズが変化したという証拠は、ほとんど見出されなかった。[36]さらに、霊長類のみならず他の哺乳類も含めた調査によれば、脳全体のサイズから大脳新皮質のサイズが予測できることがわかり、ヒトの大脳新皮質もその予測の範囲内に収まるのである。[37]つまり、霊長類では脳全体のサイズに対する各部分のサイズの比率が高度に保存されているのだから、人間の脳において、社会的な計算のすべてを行っている大脳新皮質は、認知機能にまったく無関係な部分も含む脳の他の部分に比べて特に大きいわけではないのである。また、前頭葉（人間の最高次認知機能の場であるとされる部位）も、霊長類の標準からして特に大きくはない[38]。さらに驚くべきことに、人間の脳を構成するニューロンのうち、大脳新皮質にあるのはわずか一九％のみで、この数字は他の霊長類と大して変わらないのだ[39]。絶対数で見れば、人間の大脳新皮質にあるニューロンの数は他のどの霊長類よりも多いのだが、比率で見れば、大脳新皮質のニューロンの比率が特に高いというわけではない。

### 競争か協力か

社会的知性仮説は、競争的な社会的相互作用に重きを置いている。確かに、わたしたちの競争的な相互作用は哺乳類のなかで最も複雑ではあるが、一方で、他の哺乳類と比べてわたしたちの特色が最もはっきり現れているのは、協力的な社会的相互作用である。家を建てるにせよゲームをするにせよ、たとえば話し合って目標を定めたり、活動を組織化するといったような協力活動には、計算的な要素が含まれている。しかし、集団で協力して何かを行うということは、何よりもその前に、協力して事を行おうという意志がまずあるはずである。つまり、適切な動機が存在するはずなのだ。この動機の土台となるのは情動的な好みである。自己家畜化仮説によれば、情動（主に恐怖や攻撃性）の変化が人間の認知面での進化の原動力だったのだという。仲間の人間がそばにいるときに感じる恐怖や攻撃性が低下していること、つまり従順性が高まっていることこそが、わたしたちの協力的相互作用の基礎となっているのだ。

ここで、ヒトとチンパンジーの協力的傾向を比較するのが役に立つだろう。ドイツのライプツィヒにあるマックス・プランク進化人類学研究所のマイケル・トマセロらが多くの研究を行っているので、それについて紹介していこう。トマセロは協力的相互作用として重要な基準を三つ挙げている[40]。第一に、参加者それぞれが共同の目標を承知し、その目標に対する責任感を共有していなければならない。第二として、参加者がその目標の達成のために相補的な役割を流動的に果たす意欲をもっていなければならない。第三の基準は互いに助け合うこと、つまり、参加者が自らの特定の役割を果たすだけではなく、必要な際には仲間がその役割を果たすのを進んで助けなければならない。

霊長類の多くは集団活動に参加するが、真に協力的な行動に必要なこの三つの基準を満たす活動はわずかしかない。協力の例としてしばしば喧伝されるのは、チンパンジーが集団で行う狩りだ。この狩りでは、一頭の「勢子役」が獲物を特定の方向へ追い立て、複数の「妨害役」が獲物の逃げる方向がそれないようにし、最後に「待ち伏せ役」がひそかに近づいて獲物を殺す。[41] だが、ヘンリケ・モルとトマセロは、「勢子役」「妨害役」「待ち伏せ役」という語は、チンパンジーの狩りで実際に起こっていることに対して過剰に擬人的な解釈をしている可能性があるとして、説得力に満ちた議論をしている。[42]

集団で行う狩りは目標や計画が共有されていなくても達成できるかもしれない。むしろ、各個体がそのときどきに特定の場所から獲物をただ追いかけているだけなのだ。各個体の位置は前もって取り決められたわけではまったくなく、それぞれが空間的に単に最も取りやすい位置に移動するだけなのである。狩りの最中、チンパンジーが互いの行動に反応しているのは確かだが、そこには真の協力的行動の特徴となるような「共同性」(専門用語でいうなら「志向性の共有」)はないのである。実験室での研究は、チンパンジーの狩り行動について、この過剰な解釈をそぎ落とした説を裏付けている。

人間が育てたチンパンジーの若者を被験者として、人間と協力する能力について、まず問題解決ゲームで、次に純粋に社会的なゲームでテストした。問題解決ゲームではチンパンジーはうまくやったが、ただしうまくいったのは人間が常にいるときだけだった。ちょっとでも中断があると、人間をパートナーとしてゲームを再開することができなかったのである。純粋に社会的なゲームでは、協力的行動はまったく始まりもしなかった[43]。一方、人間の子ども（一八～二四ヵ月）を被験者とした実験では、まったく異なる結果が得られた。問題解決ゲームにも社会的ゲームにも子どもは熱心に協力した。大人がゲームに参加するのをやめたときには、子どもたちは大人を再び参加させてパートナーにすることを強く望んだ。ということは、生後一八ヵ月までには、人間の子どもは共有された目標に向かって熱心に協力して献身するようになっており、協力的行動の最初の基準を満たすようになっているわけである。チンパンジーでは、共同作業へのそのような関わりはまったく見られない。他の実験では、人間の子どもは第二（相補的な役割を果たすこと）と第三（相互に助け合うこと）の基準をも満たしているが、チンパンジーの若者はそうではないことが示されている[44]。

協力的行動にはコミュニケーションが必要である。人間の言語によるコミュニケーションは、もちろん、比類のないものである。だがそれだけではなく、人間はまた協力するという意図をもって非言語コミュニケーションを行う能力でも、チンパンジーより優れている。まだ言語スキルをそれほど獲得していない子どもでも、もっと年齢の高いチンパンジーよりも上手にコミュニケーションをとって協力することができる。たとえば、チンパンジーはさまざまなジェスチャーを行う。しかし、指さしをして他の個体の注意をそちらに向けさせるという行動は、いまだかつて報告例がないのである[45]。人間の子どもは、一二ヵ月までには指さしによって自分が何をしたいのか示すだけではなく、大人が欲しがっていると思われるもののありかを示すこともあるのだ[46]。これほど幼いときでさえ、人間の子どもは非功利的な理由から他者に情報を与えようとする意欲をもっている。しかしチンパンジーは、人間相手であれ他のチンパンジー相手であれ、このようなやり方で情報を共有しようとすることにまったく興味を示さない。

ということは、この七〇〇万～五〇〇〇万年の間に、人間とチンパンジーの心理にはかなりの相違が生じているわけだ。進化によるこの分岐はもともと情動的なものだったのか、それとも計算的なもの（社会的知性）だったのだろうか？　この問いかけは、実は間違った二分法を前提としている。明らかに、人間においては情動も知能のどちらも、さらには情動的知能も同様に、チンパンジーに比べて変化しているのだ。しかし自己家畜化仮説では、進化の口火を切った心理的変化は情動面だったとされている。[47]人類の進化のどこかの時点で、他個体に対してより寛容になり他個体の存在に対する攻撃性や恐怖が低下した個体が、複数生じてきたというのである。この点で、わたしたちの進化は本書で語ってきたイヌやその他の家畜動物の進化と軌を一にしている。

ボノボはヒトよりもずっとチンパンジーに近縁である。ブライアン・ヘアらは、ボノボとチンパンジーについて興味深い一連の実験を行っている。まず社会的寛容性を調べ、次に共同目標を達成する能力があるかどうかを調べたのである。[48]社会的寛容性については、一緒に食物を与えることで検証した。食物を独り占めしたいという衝動が生じることを考えれば、これは情動的に緊張が生じうる状況である。果物を一枚の皿に載せて与えると、チンパンジーはこの衝動にあっさりと屈した。ところがボノボは難なく果物を分け合い、熱のこもった性的な戯れをするという特有の行動でもって、緊張を緩和したのである。ボノボはチンパンジーに比べて互いに対する寛容性が高く、明らかにストレスもあまり感じないようだった。

次に、ボノボ同士、あるいはチンパンジー同士をペアにして、協力して共通の目標を達成する能力をテストした。一緒にロープを引っ張り、二枚の皿を引き寄せるという課題である。二枚のうち一枚だけに食物が載っている場合、チンパンジーはまったく協力しようとせず、その結果、食物を手に入れられなかった。ところがボノボはうまく協力して皿を引き寄せ、食物を互いに分け合ったのである。二枚の皿に両方とも食物が載っていて独り占めが不可能な場合は、チンパンジーもボノボもうまくロープを引っ張って課題を達成した。一般的に、競争的な状況における認知的課題は、ボノボもチンパンジーも同じようにこなすことができる。協力が必要な場合、ボノボはチンパンジーよりもよい結果を出す。さらに、ボノボはまったく初対面の相手とも食物を分け合うことができる。これは人間と同様の行動だが、チンパンジーにはこれができない[49]。これらの実験が示しているのは、協力という点でボノボのほうが優れているのは、ボノボのほうが社会的寛容性が高いことと関係があるということである。ラットでもイヌでも、家畜化された哺乳類では社会的寛容性が高くなっているのが特徴である。

## 寛容性が高くなる方向に収斂進化が起こっているのだろうか?

ヘアらは、自己家畜化過程で寛容性が進化するには、特別な神経内分泌系の変化が必要になるわけではないということを強調している。寛容性の進化は、脳の発達がペドモルフォーシス的であることによって社会的行動が幼若化した結果として起こった、というのだ[50]。これは自己家畜化仮説の穏健バージョンである。わたしがこれを「穏健」と呼ぶのは、広範な環境条件下で、移動が制限されている場合にペドモルフォーシスによって攻撃性の低下を対象とする選択が行われることをほのめかすだけだからである[51]。

ヘアは、穏健バージョンの自己家畜化仮説を裏付ける二種類の証拠について議論している。どちらも、ヒトやボノボ、イヌなどの家畜哺乳類の間に収斂進化が起こっていることを指摘するものだ。一つめの証拠は、当然のことだが、行動面での類似性、特に攻撃性の低下についてのものである。

イヌはオオカミよりもかなり攻撃性が低い。オオカミの群れ同士がかちあうと、生死に関わる事態になることが多い[52]。一方、野生化したイヌの群れでは、肉体的な実力行使に至るのは稀である[53]。群れ内部での攻撃性も、オオカミのほうがイヌよりも高い。米国のドッグ・ランでは、ほとんどあるいはまったくの初対面のイヌ同士が出会うことも多いが、イヌ間の相互作用はほとんどが友好的なものだ。もしオオカミが同様の状況に置かれたとしたら、たとえ人間に育てられた個体であっても、最強に手に負えないピットブルさえおとなしく見えてしまうほどの攻撃性を発揮することだろう。

本書で見てきたように、ネコやフェレットなどその他の食肉類の自己家畜化過程でも、同様に攻撃性が低下しており、アライグマはその初期過程にある。またモルモットでも、野生の祖先に比べて社会的に寛容であるのは前に書いた通りである。仮にチンパンジーの状態が祖先的なものだとすれば、ヒトの攻撃性は祖先よりも低下していることになるし、それより程度は低いがボノボでも同様である。これは確かに自己家畜化仮説と矛盾しないが、しかし、証拠として説得力があるとはとてもいえない。

二つめの証拠は、ペドモルフォーシスである。ヘアは時折、ヒトやボノボやイヌで見られるペドモルフォーシスの証拠を、自己家畜化を裏付けるものとして扱っている。しかし、ペドモルフォーシス的な情動の発達と、それに関連し、その土台となる神経内分泌系に話を絞るべきなのだ[54]。イヌではその両方についての十分な証拠がある。さらに、攻撃性の高さあるいは低さを対象として選択されたマウスでは、予想通り、社会的行動の発達にヘテロクロニー的な変化が見られている。しかしながら、実験的に家畜化されたラットではそのような変化は観察されていない。ボノボでは行動の発達面でペドモルフォーシスが見られるようだが、ヒトではそのような証拠はわずかしかない。全体的にいうと、どの家畜哺乳類も野生の祖先より従順だが、その一方で、ペドモルフォーシスについては、かなり見られるものからほとんど見られないものまで、その程度はさまざまだ。ペドモルフォーシスは家畜化された表現型に普遍的に見られる要素ではないのである。私見では、自己家畜化仮説にとって、強硬バージョンの場合でさえも、ペドモルフォーシスは実は必要不可欠な要素ではないと思う。

自己家畜化仮説の強硬バージョンは、イヌやネコのような家畜化された種や、ヒトやボノボのように自己家畜化が起こったと推測される種では、神経と内分泌系が同時進行的に変化したものと予測している。内分泌系という要素は最もアプローチしやすく、キツネやラットで行われてきた家畜化実験からはすでに有益な結果が得られており、その結果をもとに、さらに研究が進められている。キツネとラットは系統的にかなり遠く、六〇〇〇万年以上前に分岐して以来、別々に進化してきた。しかしそれでも、家畜化によって、相同な生理的ストレス反応に変化が引き起こされたという点で、興味深い類似性が見られる。自己家畜化仮説の強硬バージョンでは、チンパンジーと比べて、ヒトやボノボでも同様の変化が起こっていると推測している。ボノボとチンパンジーでは、社会的な問題が生じた場合の内分泌系の反応が異なっていることを示唆する研究もある。競争的な状況に対し、チンパンジーの雄ではテストステロンのレベルが上昇するが、ボノボではそのような上昇は見られないというのだ[55]。そのような状況下でチンパンジーがボノボよりも攻撃的なのは、テストステロンのレベルの上昇によるのかもしれない[56]。

辺縁系はまだ注目されるようになったばかりであり、特に扁桃体、および扁桃体と脳の他の部位との連絡についての研究が行われ始めている。ここでのテーマと特に関連性が高いのは、最近行われたヒト上科の比較研究である。複数の死体解剖から、ヒトの扁桃体部分は霊長類のなかでは特にボノボによく似ていることが示されている[57]。他の研究では、ボノボとチンパンジーでは扁桃体と脳の他の部位との連絡経路に違いがあることが認められた[58]。またヒトでは、扁桃体と大脳皮質との連絡の強さも[59]、扁桃体の体積も[60]、個人の社会的ネットワークのサイズと関連するという結果が得られている。これらの結果を発表した研究者のなかには、こういった解剖学的な相違と、ヒト、ボノボ、チンパンジーにおける共感性、向社会的行動、さらには性的行動の相違との関係について推測している人もいる。だが、それは時期尚早だとわたしは思う。ヒト上科において、脳と行動の間にこのような関係があると確信するには、この手の研究をもっとたくさん行わなければならない。自己家畜化仮説の強硬バージョンについていうなら、たとえばオオカミとイヌについて、そのような相違があることを明確にするのが肝要だろう。

## 家畜化を行う者自身が家畜化されたのか？

十分な知識が得られているわけではないので、穏健バージョンにせよ強硬バージョンにせよ、自己家畜化仮説に評決を下すのはまだまだ早すぎる。だが、一種の評価基準として、また将来の研究を促す刺激として、自己家畜化仮説は、人類の進化についての従来的な考え方に対する対照的な観点を、重要な二つの点に関して提供しているのだ。一つは、人間のいわゆる「高等な」認知機能やその基盤となる神経回路から、哺乳類すべてが共有する、情動的な行動を支える脳の部位へと、注目する点が変わってきたということだ。もう一つは、人間の社会的行動の進化に拍車をかけてきたのは何かと考える際に、従来では競争的な相互作用ばかりが取り沙汰されてきたが、それよりもむしろ、協力的なあるいは向社会的な面を重要視するという点である。目標を共有し、そのために協力するという他に類を見ない能力こそが、わたしたちと他の霊長類との最大の違いなのである。そして、協力して努力してきたからこそ、わたしたちはかつて進化してきたどの生命体よりも絶大な力をもつようになったのである。どんな生物も環境を変える潜在的な力をもっているものだ。だが、わたしたち人間のその能力は比類なく、ますます増大するばかりである。その結果、人間は集団で環境そのものを構築するまでになってしまったのだ。将来の進化のほとんどは、人間が作り出した環境で起こるだろう。地球上の生命は人新世（じんしんせい）という新たな時代に入ったのだ。わたしたちが家畜化した動物たちは、この新時代の先駆者なのである。

# 第15章　人新世

人間は、ヒトという種が誕生して以来、ほぼ全歴史を通じて、地球上の動物相のなかではマイナーな存在だった。もしも、一〇万年前に異星の博物学者がはるばるやってきて、地球全体の全生命についてほぼ完璧な調査を行ったとしたら、当時（そして今も）地球で優勢な生命体はバクテリアだと突きとめるだろう。このナチュラリストを仮にアリスと呼ぶが、海を調べたアリスは、まずはプランクトンなど、小さな生物の膨大なバイオマスに驚愕し、次にオキアミなどの甲殻類に感銘を受けたはずだ。大きめの生物のなかでは、特に魚類の多様性や個体数に印象づけられただろう。

アリスは、陸上についての最終的な報告では、植物と菌類が顕著に目立つという結論を出しただろう。いわゆる動物のなかでは、まず昆虫の豊富さと多様性に圧倒されただろう。昆虫は現在でも陸上の動物としては最も成功したグループである。わたしたちが脊椎動物と呼ぶ生きもののなかで最もアリスの印象に残ったのは鳥類だろう。哺乳類についても最終報告に一節を設けて触れただろうが、一章をまるまる割くほどではない。哺乳類の節の大部分は齧歯類（マウスやラットなど）についてだろう。翼手類（コウモリ）はかなりの部分を占めたかもしれない。また、偶蹄類（ウシなど）や奇蹄類（ウマなど）、長鼻類（ゾウ）には、サイズが大きいがために一段落分かそこらは割いたかもしれない。

アリスは霊長類に間違いなく気がついただろうが、気に留めたのは個体数や生物地理的分布が限られていることだ。霊長類のなかで、最も注目すべきは樹上生活をするものである。ただし、地上生活を送るものも少ないが存在する、とアリスはメモしただろう。そのなかには、一風変わった直立二足歩行をするものがいた。直立二足歩行をする霊長類はユーラシア大陸とアフリカ大陸の各地で見られたが、どの地域でも特に個体数が多いわけではなかった。アリスが慧眼の持ち主ならば、この直立二足歩行霊長類には種類があり、ユーラシア大陸ではおそらく四種類、アフリカ大陸には一種類がいることに気がついただろう。アフリカの直立二足歩行類は個体数が少なく、生態学的な重要度が低いため、最終報告では脚注で触れる程度になっただろう。異星のナチュラリストであるアリスは聡明かつ優れた観察眼をもってはいたが、このアフリカの直立二足歩行霊長類がいつか地球を支配するとは、予想だにしなかっただろう。

もしもアリスが三万年後（現在から七万年前）にやってきたとしたら、ヒト（アフリカの直立二足歩行類）については、脚注ですら触れなかったかもしれない。研究者によれば、その頃、大規模な噴火（トバ火山）の直接的・間接的影響により、ヒトはほとんど消滅しかかっていたからである。[1] しかしわたしたちは生きのび、大噴火から一万年も経たないうちに、アフリカ東部、南部、北部で見られるようになった。といっても、異星のナチュラリストの興味を引くほどの個体数ではなかった。ところが、その後の約五万年は人間にとっていい時代であり、人口が増えるに従い、他の生物に対して直接的・間接的に与える影響も増大していった。人間の繁栄は生物の進化にも直接的な影響を及ぼしており、そのなかでも特にドラマチックなのは、多数の植物の作物化と動物の家畜化である。

いったい何が、アフリカの動物相の取るに足らない一部でしかなかった動物を、このように世界規模で進化を引き起こす強大な力の持ち主にしたのだろうか？　特に、人間はいったいどうやって家畜化を行えるようになったのだろうか？　これらの疑問点に取り組む前に、人間の進化について、前章の話の続きを見てみるとしよう。約二〇万年前、ヒトという種が出現したその後のことである。

## 人間の台頭

わたしたち人間、すなわちヒト（*Homo sapiens*）は、約二〇万年前にアフリカの東側のどこかで誕生した。[2]アフリカという舞台に登場した当時、わたしたちは大声をはりあげるというよりはかすかにささやくような状態だったといえる。同時期に存在していた他のヒト科人類に比べ、わたしたちの身体的な特徴としておそらく最も際立っていたのは、人類学者のいう（頑健さとは対照的な）「優美さ」である。全体的に体がほっそりして、歯は小さく骨は細く、強力な筋肉に欠けていた。また同属のなかでは四肢が長めでもあった。行動的な特徴としては、まだそれほど大したものではなかっただろうが、言語スキルの前段階的なものがあっただろう。

のちに行われた人間の大移動について、ミトコンドリアDNAを利用した研究によって判明したことのうち、要点を紹介しておこう。ただしミトコンドリアDNAでは母系しかたどれないことを思い出してもらいたい。出アフリカとその後の分散が起こった時期の推定にはかなりのばらつきがあるが、それは、ミトコンドリアゲノムの特定部分における突然変異率に関する仮定が、研究者によって異なっているからである。以下は、主にフィリップ・エンディコットらによるレビューをもとにしたものである。[3]

出アフリカのルートには二つの可能性がある。一つは、シナイ半島を通って中東へ抜けるもので、もう一つは、紅海の南側からサウジアラビアを通って南西アジアへ抜けるものである。[4] 南西アジアから先は、人類は割と急速にインドに移動し、東南アジアを通って、四万年前までに、おそらくそれよりも数千年前にはオーストラリアに入ったと考えられる。[5] それとは別に、もっと短いルートで南西アジアからアナトリア（小アジア）を通って南東ヨーロッパに入ったのは四万年前である。ヨーロッパ西部あるいは南西部から中央アジアに入ったのはやや遅れて約三万年前のことだ。南東ルートから中国に入ったのも同じ頃である。二万年前までには、シベリア北東部に到達していた。そこから、さらに東へ向かってベーリング陸橋を通り、北米へ向かった者たちもいた。北米に最初に到達したと推定される時期はさまざまである。控えめに見積もって一万四〇〇〇年前というところだが、もっと早かったかもしれない。南西アジアからオーストラリアへの移住と同様に、北米大陸の北西部から南米大陸の最南端まで急速に、おそらく太平洋沿岸を通って広がっていった。

人間が初めてユーラシアに到達したとき、ヒト科の他の種が少なくとも二種生息していた。ヨーロッパと西アジアにはネアンデルタール人、そして東方にはデニソワ人がいた。第三の種、おそらくホモ・エレクトスがいたという証拠もある。彼らと出会ったとき、何が起こっただろうか？　どのような交流があっただろうか？　考古学的な証拠だけではこういった疑問を解くのに大して役に立たないが、ゲノムの証拠が幾ばくかの手がかりを与えてくれる。

技術が飛躍的に発展したため、ゲノム学者は化石からもDNAを抽出することができるようになった。その結果、すでにネアンデルタール人とデニソワ人の完全なゲノムが手に入っている。[6] このゲノム情報からは、ヒトとネアンデルタール人とデニソワ人は、近くにいたときでも、概して互いに混じり合うことはなかったことが示唆される。だが、いつもそうだったわけではない。時には密会が行われたのである。ヨーロッパ人および一部のアジア人のゲノムには、ネアンデルタール人のDNAが二〜四％入っているし、オーストラリアのアボリジニーや一部の太平洋諸島の人々にはデニソワ人のDNAが六％入っている。[7] アジア人の多くは、デニソワ人のDNAをわずかに（〇・二％）もち、ネイティブ・アメリカンも同様である。どのデータも、先に説明した人間の移動ルートと一致している。

ネアンデルタール人とデニソワ人が分岐したのは約三〇万年前だが、その後、彼らの間でも密会が行われていた。また、デニソワ人のゲノムには、それよりももっと前の、第四の未知のヒト科とのあいびきの痕跡も見られる。相手はホモ・エレクトスだった可能性がある。[8] アフリカ人の集団には、ネアンデルタール人やデニソワ人、あるいは未知の第四のヒト科の痕跡はまったくないことに注目したい。このような交雑はすべて、出アフリカのあとに起こったのである。

## 狩猟採集から農業へ

三万年前までに、ネアンデルタール人は、完全にではないにせよ、ほとんど姿を消してしまった。デニソワ人も同様である。特に、ネアンデルタール人がなぜ絶滅したのかについては、あれこれと憶測されている。それはわたしたち人間のせいであり、優れた文化によって親戚たるネアンデルタール人を打ち負かしてしまったのだという者もいる。[9] オオカミをイヌにすることによって競争で決定的に優位になったのだという推測もある。[10] しかし、それにはかなり親密な人間とイヌの関係が必要だったはずだ。自己家畜化の段階よりもかなり先に進んだ状態である。イヌの家畜化について研究している専門家の多くは、当時の人間とイヌとの関係性はそこまでではなかったと考えている。気候の変化がネアンデルタール人にとってよい方向に作用しなかったのは確かである[11]。

人間がユーラシアに入ったのは、気候が途方もなく変動する時期のことだった。急激な温暖化や寒冷化が起こり、氷河は前進や後退をし、降水パターンも変化した。約二万年前は、二〇〇万年前から続いていた氷河時代のなかでも、気候は最も寒冷だった。ヨーロッパの大部分と北アジアは氷に覆われていた。海面は現在より一二〇メートルほども低かった。その後、気候が温かくなり始めると、寒さに適応した植物や動物は北方に退却し、以前はもっと南方に生息していた動物相や植物相に取って代わられた。

一万五〇〇〇年前までには、近東の大部分はエデンの園のような状態になっていた[12]。狩猟採集生活には理想的な状況であり、また当時の人間はそれ以外の生活をしたことはなかった。特に採集にはうってつけだった。イチジクやさまざまなマメ、コムギなどの野草やヒョウタン。ヒョウタンは便利な入れものにもなった。何百年もの間、人間の集団はこういった植物の生態についてさまざまな知識を得てきた[13]。この知識は、定住的な生活へ向かうための基礎となった。収穫物が余ったら、ある程度は貯蔵された。一万二〇〇〇年前には農業革命が進行中だった。ヤギやウシ、ヒツジ、ブタが人間に支配されようとしていた。その結果、わたしたち人間という種の、そして究極的には地球上の生命すべての運命を決する事態に至るのである。

## では何が変わったのか？

わたしたちはどうやって、進化の歴史のなかではほんのわずかな時間で、これほど強大な支配力をもつに至ったのだろうか？　この疑問に取り組むには、まず、人間の進化において非常に重要な出来事の一つについて考えてみるのが手助けとなるだろう。人類学者が文化的現代性（あるいは行動的現代性）と呼ぶものである。[14]

アフリカでホモ・サピエンスが最初に出現してから、考古学的な証拠として、明白に人間のものだと思われる洗練された文化的なものが見出されるようになるまでには、少なくとも一〇万年の開きがある。そうした洗練の指標として考古学者が探索するのは、埋葬や小舟による航海、骨や角など石以外の材料の多用などの証拠である。さらに、彩色し細工を施した装飾品が見つかれば、身体装飾という特に象徴的な行動が行われていたことの証拠になる。

ヒトの最初の化石の出現と、明らかに人間が作ったと考えられる最初の加工物の出現が年代的にずれていることから、解剖学的には現代型であるヒト（解剖学的現代人）と、行動的・文化的に現代型であるヒト（文化的現代人）との間には線引きができると考えられる。何が前者から後者への移行を引き起こしたのかについて、推論が多数挙げられている。[15]論争の中心は、いつ、そしてどの程度の速さで移行したかということである。ある学説では、約五万年前に「大躍進」あるいは「人間革命」が起こったと主張している。[16]だが考古学者の多くはこれに異議を唱えている。象徴的行動を示す証拠は、いまや一〇万年前にまでさかのぼって発見されているからだ。なかには、もっと早かったと考え、文化的現代人への移行はもっとゆるやかに起こったとする人たちもいる。[17]移行年代問題についてどの学説を支持するかにより、解剖学的現代人から文化的現代人への移行を引き起こした要因についてどんな説明を擁護することになるか、自ずと決まってくる。その説明は、概して、生物学的な進化を重視する派と文化的な進化を重視する派の二つのカテゴリーに分けられる。

どちらの陣営にもさまざまな意見をもつ人がおり、重視する度合いの問題だともいえる。「生物学派」でもほとんどは文化的要因の役割をある程度は認めるし、「文化派」でもほとんどは生物学的要因の役割をある程度は認めるのだ。さらに、生物学的進化と文化的進化の両方の要因を率直に組み合わせるという第三の陣営もあり、これに賛同する人が増加中である。この第三のカテゴリーを「生物文化的進化派」としよう。生物文化的なアプローチは、人間による支配には文化的進化が最重要だと認める一方で、生物学的進化が常に役割を果たしており、さらにもっと重要なこととして、生物学的進化と文化的進化の間に複雑な相互作用があるという見方をするものである。

## ヒトゲノムに答えを探す

生物学派は一般的に、解剖学的現代人から文化的現代人への移行について、「大躍進」説を支持する。ある突然変異によって脳の発達に重大な変化が起こり、それが言語能力をもたらしたために移行が起こったとするのがよくある考え方である。[18] *FOXP2*遺伝子の発見は、この考え方の支持者たちによって大歓迎された。正確にいうなら、ヒトとチンパンジーで*FOXP2*遺伝子に違いがあることが注目されたのである。[19]

*FOXP2*遺伝子はフォークヘッドボックスタンパク質（FOXP）という転写因子をコードしている。[20]このタンパク質はFOXPとして二番目に発見されたものなのでFOXP2と呼ばれる。*FOXP2*遺伝子はヒトでは複数の組織で発現しているが、なかでも脳で顕著である。特に重要視されているのは、この遺伝子の突然変異が重症の発話障害・言語障害と関連していることだ。[21]さらに、鳴鳥でこの遺伝子を不活性化したところ、歌の発達を妨げる影響が現れた。[22]この証拠に基づき、チンパンジーゲノムから*FOXP2*遺伝子を探し出してヒトの*FOXP2*遺伝子と比較したところ、両者の間に二カ所の違いが見つかった。点突然変異が二カ所あり、その結果、FOXP2タンパク質を構成するアミノ酸が二個異なっ

ていたのである。[23] チンパンジーのFOXP2遺伝子は他の霊長類のものと似ているので、ヒトがチンパンジーから分岐したあとに、ヒトのFOXP2遺伝子に変化が起こったのだと考えられた。そこから推論されて、この変化がわたしたち独自の言語能力の進化に関わっているのではないかと提案されたのである。

ほとんどの人類学者は、言語が人間独自の属性であるという意見に同意し、チンパンジーにはない属性であるだけでなく、ネアンデルタール人にもなかったと考えている。ところが、ネアンデルタール人もデニソワ人も、ヒトとまったく同じFOXP2遺伝子をもっていたという驚きの結果が得られた。[24] ということは、ヒトのFOXP2遺伝子がすべての鍵を握っているわけではないのかもしれないし、言語の進化はヒトという種が誕生する以前から始まっていたのかもしれない。その両方の可能性もある。いずれにせよ、もし実際に大躍進があったとしても、ヒトにおいてFOXP2遺伝子はFOXP2タンパク質のアミノ酸配列を置換させはしたが、大躍進を引き起こした張本人ではありえない。[25]

もちろん、FOXP2遺伝子では人間の誕生を説明できないといっても、生物学派の立場が弱まるわけではない。急速な解析を可能にする次世代シークエンス技術の到来によって膨大なデータが得られるようになり、それをもとにヒトゲノムに隠された財宝を探し出そうという試みが行われている。もともと、FOXP2遺伝子のケースのように、ヒトとチンパンジーのゲノムを比較し、両者の違いを生じさせているものを探すのが第一段階だった。DNAのコード領域と非コード領域を比較してどちらの変化が有意であるか決定しようという観点から、ヒトとチンパンジーの全ゲノムを比較する研究がいくつか行われた。最近のレビューで出された結論は、ヒトとチンパンジーでは、神経の発達に関係する部分では非コード領域の違いのほうが顕著であり、一方、免疫機能と嗅覚に関する部分ではコード領域の違いのほうが顕著であるというものだった。[26]

ゲノムに隠された財宝を識別する手段としてよく使われているのは、ヒトとチンパンジーが分岐して以来、DNAの特定の部分の塩基配列がどの程度の差を生じているかを計測するという方法である。ある研究では、ゲノムのなかで、チンパンジーを含め哺乳類で高度に保存されているが、ヒト特有の変化が見られる部分を二〇二カ所同定した。[27] HAR（human accelerated regions ヒト加速領域）と呼ばれるこの領域は、方向性をもつ選択の痕跡かもしれない。だとすれば、いったい何がわたしたちとチンパンジーの違いを生じさせているのか、その手がかりを与えてくれる可能性がある。[28] HARのほとんどは非コード領域内にある。HARのなかで最も変異のスピードが速かったのは、HAR1という領域である。これはタンパク質のアミノ酸配列を指定しないという意味で非コード領域であるが、生理的活性のある大きなRNA二分子の鋳型となる領域である。[29] 特に興味深いのは、これらのRNA分子の活性が、大脳皮質の発達において重要な時期である七〜一九週の胎児で高いということだ。[30] HAR1はヒトゲノムに隠された財宝の一つなのだろうか？

ここで紹介したヒトとチンパンジーのゲノムの比較には、ヒトの独自性を考えるうえで、どれも根本的な問題がある。ヒトとチンパンジーの分岐は少なくとも五〇〇万年前に起こったのだが、それ以後、多数の種が誕生した。まずアルディピテクス、オロリン、サヘラントロプス、次に多種のアウストラロピテクス属、そして多数のホモ属。ホモ属のなかで先に現れたのはホモ・ハビリス、ホモ・エルガステル、ホモ・エレクトスなどで、続いてホモ・アンテセッサー、ホモ・ゲオルギクス（*Homo georgicus*）、ホモ・ハイデルベルゲンシスが出現した。その後、ネアンデルタール人、デニソワ人、そしてわたしたちヒトが誕生した。ヒトとチンパンジーのゲノムの比較により、わたしたちとチンパンジーとの違いを引き起こしたものの手がかりが得られるのは確かではある。しかし、わたしたちヒトの独自性は何によるのか、特にどうやってわたしたちが家畜化をする者となったのかについての手がかりは、それほど得られない。そのためには、わたしたちともっと近縁の種のゲノム情報が必要である。

幸いなことに、近年、ネアンデルタール人とデニソワ人の（核）ゲノムの塩基配列が決定された。おかげで、ヒトゲノムとの比較ができるようになったのである。今のところ、ゲノムのなかで、ヒトがネアンデルタール人やデニソワ人、あるいはその両方とわずかに異なる部分が八〇カ所同定されている。[31] この違いが、ヒトゲノムのなかで最も貴重な財宝なのだろうか？　文化的現代人の進化はどのように起こったのか、その答えはここにこそあるのだろうか？　わたしたちがどうやって家畜化する者になったのか、答えてくれるのだろうか？　生物学派の多くは、その通り、と答える。しかし、それ以外のところに答えを探し求め、文化的現代人の進化を解明しようとする人たちもいる。

## 文化的進化という側面

ここでまた、空想的な思考実験を考えてみよう。宇宙人という異邦人(エイリアン)ではなく、それとは別の種類の異邦人が出てくるものだ。一七七六年あたりのニューヨークから現代のニューヨークに、タイムトラベルでやってきた異邦人である。われらが異邦人のアレックスはニッカーボッカー、つまりニューヨークの貴族階級みたいなものの一員だ〔ニッカーボッカーとは、ニューヨークがニューアムステルダムと呼ばれていた頃のオランダ移民の子孫のこと〕。現在のマンハッタン中心部に現れたアレックスは、目を白黒させ、混乱すると同時に自分が異邦人であると感じることだろう。一七七六年のアメリカの文化に適応していても、今のニューヨークの状態にはまったく対処できないだろう。

まず第一に、社会規範が変化している。一七七六年には、女性やアフリカ系アメリカ人、そしてどの民族であっても土地所有者でなければ選挙権はなく、政治的な立場はかなり弱かった。女性は大体は家にいるものとされ、街中ではあまり見かけられなかった。また、アレックスは非ヨーロッパ人の男性と街中で出くわしたこともなかっただろう。当時、ニューヨークはすでにアメリカのなかで最も国際的な都市だったが、東アジア人やラテンアメリカ人、アフリカ人などは、もしいたとしてもごく少なかった。ニューヨークにはすでに(「自由な」)アフリカ系アメリカ人の集団がいたとはいえ、一七七六年には奴隷制度の影がまだそこら中に残っていたので、目立たないようにしていた。富裕層のニューヨーカーに限れば、黒人と出会ってはいただろうが、それは何よりもまず家の使用人としてであった。

とにかく人間が多いのにアレックスは圧倒されるに違いない。そのうえ、テクノロジーの発達によるものが氾濫している。初めて道路を渡ろうとしたときには、轢き殺されたり、大怪我を負ったりするかもしれない。まったく経験したことのないような、とんでもないスピードで飛ばしまくる自動車の流れに、もうどうしていいかわからない。屋内に引き込まれた水道、電灯、電話、エレベーター、サイレンなど、どれもとまどうばかり。飛行機や携帯電話、イヤフォン、iPadには、もうすっかりお手上げだ。アレックスの脳内の配線は実際わたしたちとは異なっているだろう。[32] 脳の配線の違いが、文化的進化の一つの現れなのである。

文化的進化の特徴の一つは、生物学的進化に比べてスピードが速いことだ。二〇世代も経たないうちに、アメリカの文化は計り知れないほどに変化した。その期間中に、生物学的進化はそれほど進まなかった。生物学的進化に比べて文化的進化が相対的に速いのは、両者のダイナミクスが根本的に違うことを反映している。

生物学的進化がダーウィニズム(ダーウィン説)と呼ばれるのに対し、文化的進化はしばしばラマルキズム（ラマルク説）と呼ばれる。「ダーウィニズム」とは、遺伝する変異（突然変異）は環境条件、ひいては適応とは関係なく、ランダムに起きるということを意味している。この意味で、方向性はない。ラマルキズムのダイナミクスはまったく異なっている。環境が変異（技術革新）を誘発し、その環境下では、ランダムに生じる変異よりも、環境が誘発する変異のほうが生存率を高め、適応的である可能性がはるかに高いとするものである。この意味で、ラマルク的進化には方向性がある。ある方向に導かれるともいえる。どんな文化であれ、文化的財産（知識）が漸進的に増加していくのはラマルク的である。

しかし、同様に重要なのは、適応的な変異が集団内に伝達されていくときの方法が異なることだ。ダーウィン的なダイナミクスでは、伝達は親から子へと伝わるのみである。つまり、垂直に伝達される。そのため、世代時間によって制限されるのだが、人間の世代時間はきわめて長いのである。文化の伝達にも垂直的なものがあるが、それに加えて斜め方向（親以外から次の世代への伝達）や水平方向（同じ年代の個人から個人への伝達）もある。このように多様な方法で伝達されるため、文化が変化するスピードは尋常ではないほどに急速になり、疫病の大流行ほどのスピードにまで加速することもありうる。たいていの文化的変化はもちろんそこまで速くはないが、それでも常に、遺伝子に基づいた生物学的な進化よりも速いのである。[33]

文化的変化が相対的に速いことから生じる結果として、まず挙げられるのは、人間の表現型、特に行動が進化する可能性が大いに高まることだ。人間の生物学的進化は世代時間によって制限されている。人間の世代時間は哺乳類のなかでも最長のほうだが、文化的進化のおかげで、わたしたちは、ネズミさえかなわないほど速く、物理的環境に対応できる。文化を介して物理的環境に対応する例が広く見られるので、人間の適応の多くは、文化的環境への適応ということになる。

文化自体は個人の特質ではない。文化は、複数の個人からなる社会の集団的な特質である。ここで「社会」というのは、それぞれの活動が統合され組織化されている複数の個人の集まりを指している。これもまた、文化的進化が生物学的進化とは根本的に異なるところだ。集団で活動するという性質こそが、人間を支配者の地位へと押しあげたのである。このことはどれほど強調しても足りないぐらいだ。仮に、初期の人間が今のわたしたちの一〇倍賢かったとしても、単独行動が常であったならば、家畜化を行う側にはならなかっただろう。[34] わたしたちが自己家畜化を経て家畜化する者になったかどうかはさておき、家畜化を行う側としての地位につくにあたって、わたしたちの高度な社会性を可能にした情動面での変化のほうが、知性よりもよほど重要だったのだ。

では、文化的進化に関するこういった事実を、本章の最初のほうに挙げた疑問とつなげてみよう。「ヒトが文化的現代人の状態になり、最終的に家畜化を行う側になったのには、いったいどのような要因があったのだろうか？」という疑問である。この疑問の後半のほうから先に考えてみたい。

狩猟採集生活から農耕生活への移行は、人間の進化の歴史のなかで、将来を決する出来事だった。農業は、認知面で特異な突然変異が起こった孤独な天才による発見ではなかった。むしろ、集団として文化的な探求を行った結果である。環境の変化により狩猟がしにくくなったことへの対応だという研究者もいるし、植物を採集して管理しやすくなるように状況が変化したことを重視する研究者もいる。[35] いずれにせよ、最初に近東、のちに中国ほかいたるところで、人間社会は長期間にわたる協働によって、その地に生息する植物に関する詳細な知識を手に入れ、その集合知を用いて、コムギ（およびトウモロコシ、オオムギ、ライムギ、イネなどの草本）やマメ類、ヒョウタン、イチジクなどの果物を管理するようになり、食物供給の安定化と供給量の増加を図った。

食肉については、前に見てきたように、同様の目的のために、ウシやヒツジ、ヤギ、ブタを管理するさまざまな方法が創始され、農耕が行われるようになるとますます定住傾向が強くなった。その時点から、文化的進化に特徴的なフィードフォワード的ダイナミクスにより、先述の植物や動物に対する管理の度合いはますます高くなっていき、ついには、作物化・家畜化だとはっきり認められるほどになったのである。家畜化の開始も、その先の過程のさまざまなどの段階も、ただひたすら文化的進化によって押し進められてきた。それならば、なぜ生物学派は、解剖学的現代人から文化的現代人への進化を説明するのに、文化的進化以外の何かが必要だと確信しているのだろうか？　文化的進化がすべてやってのけたのではないだろうか？　この疑問に正面から取り組む前に、文化的な現代性を説明するための第三の重要な選択肢について考える必要がある。生物文化的進化である。

## 生物文化的進化

生物文化的アプローチでは、文化的現代人が進化するにあたり、また、人間が家畜化を行う者としての地位を獲得するにあたり、文化的進化が最重要の役割を果たしたと認めながら、その一方で、生物学的進化も絶えず働いていたという見方をする。さらに重要なのは、この生物文化的な観点では、生物学的進化と文化的進化間での複雑な相互作用を重視していることである。理論的な枠組みはいくつかあるが、いずれもこのカテゴリーに属する。ここでは、遺伝子－文化の共進化と呼ばれる枠組みについて考えてみたい[36]。酪農を行う集団でラクトース（乳糖）耐性が進化したという、典型的な例で説明するのが最もわかりやすいだろう。

第7章で書いたように、ヨーロッパやインド、アフリカで最初に酪農を始めた人たちは、他の地域の人々同様にラクトース不耐症だった。ラクトースを消化できず、すぐに胃腸の具合が悪くなってしまうため、カルシウムや乳脂肪分やタンパク質を含み、水分も補給できるという牛乳の恩恵を十分に受けられなかったのである。酪農という文化的な技術革新により新たな文化的環境が登場し、その環境下でラクトースの消化能力を対象とする自然選択が起こった。ラクトースを消化できない人、牛乳を少しでも飲んだら消化管から即座にかつ暴力的に排出されてしまう人たちは、酪農集団内の自然選択では不利であり、子どもの数も少なかった。この選択の結果、酪農への依存度の高い集団内では、ラクトース耐性をもたらしてくれる突然変異が急速に広がった。これに関連する現象として、農耕の開始に伴うグルテン耐性の進化が挙げられる[37]［グルテンはコムギなどの穀類に含まれるタンパク質成分］。

この二つは遺伝子－文化の共進化の例だが、まず文化的進化が最初に起こり、それに続いて生物学的進化が起こったという点に注目したい。この順番は、わたしがこれまで調べたかぎりでは、遺伝子－文化の共進化のどの例にもあてはまっている。「文化－遺伝子の共進化」、あるいはもっと平易に「文化が推進する生物学的進化」としたほうが用語として適切ではないかと思う。

文化が推進する生物学的進化の他の例として、複数の疾病が挙げられる。その多くは家畜動物に由来するものだ。ジャレド・ダイアモンドによれば、結核と麻疹（はしか）はウシが起源だそうだ[38]。他に、仮説段階ではあるが、ライノウイルス感染症、A型インフルエンザ、おたふく風邪、ロタウイルス感染症、百日咳、ジフテリアなども、家畜動物に由来する可能性が考えられている[39]。

家畜化による間接的な結果として、人間が被ることになった災難も複数ある。定住者が増えて人口密度が高まり、それが病原体の感染にとっては理想的な環境となったのである[40]。片利共生的な齧歯類は、人類史上の三大病原体である天然痘、ペスト、チフスを媒介した[41]。村落や都市ができたことによって、人間は過去に例を見ないほど近接して暮らすようになり、同時にこのような齧歯類との距離も近くなった。マラリアもまた、農耕が開始されて村落での生活が始まるようになって初めて流行するようになった感染症である[42]。

ヒトゲノムは、家畜化によるこういった副産物の影響を受けてきた。農耕が開始され都市が出現して以来、先述の疫病にさらされた人間集団では、程度は異なるものの耐性が進化している。たとえば黒死病（ペスト）が大流行した結果、人間の免疫系は進化した。特にトル様受容体という、病原体を認識しブロックするためのタンパク質をコードする遺伝子に変化が生じた[43]。黒死病の流行歴のあるユーラシア人集団では、選択によって、このタンパク質の遺伝子がペストへの耐性をもたらすものに変化したことが、ゲノムに現れている。他に、麻疹とマラリアでも、それらに耐性をもたらす適応的変化がゲノムに生じている[44]。北米と南米の先住民が天然痘にさらされたときの例で如実に示されているように、疫病を経験したことのない集団は経験した集団に比べて脆弱である[45]。これもまた文化－遺伝子の共進化である。文化が自然選択を促すような環境をもたらし、その結果、遺伝子に変化が生じたのだ。

文化的進化が人間の生物学的進化を推進するようになったのは、農業革命が起こるよりもかなり前である。実際、ヒトがアフリカという舞台に登場した約二〇万年前よりもずっと前のことなのだ。ヒトが登場する以前に起きた文化的革新として、特に画期的だったのは料理の開始である。料理は消化しやすくするための処置であり、肉でも植物でも料理したほうがカロリーの摂取効率が高くなる。料理の開始時期がいつ頃なのかについてはさまざまな説があるが、二五万年前か、それよりもっと早い時期から、ホモ属が日常的に料理を行っていたという点では広く意見が一致している。料理開始以来、人類が料理に適応して生物学的に変化してきたことを示す証拠が当然見つかるはずである。料理への適応としては、顎の筋肉の退化[46]や、歯のエナメル質の厚さや臼歯のサイズの減少[47]などが可能性として挙げられている。リチャード・ランガムは、料理によって人類の脳のサイズが顕著に増加した可能性もあるとしている[48]（付録9参照）。料理という文化的革新に対するこうした生物学的な反応もまた、文化的進化が生物学的進化を推進する例である。

文化によって推進される生物学的進化のこのようなダイナミクスは、「ヒトが文化的現代人になり、最終的に家畜化を行う地位を獲得したのには、どういう要因があったのか？」という最初の疑問に、どのように関わってくるのだろうか？　まず、示唆されるのは、関連する認知的進化に自然選択がどのような役割を果たしたにせよ、その自然選択は、文化がもたらした回避不可能な事態によって引き起こされたのだろうということである。つまり、文化的進化が推進力となり、自然選択がそれに引っ張られたというわけだ。近年、この「文化ファースト、生物学セカンド」というダイナミクスにより、結果として人間の自己家畜化は前章で述べた段階よりもさらに先まで押し進められていたという説が提唱されている。

## 人間の文化的環境への適応としての自己家畜化

この独特の自己家畜化仮説は、マイケル・ドアとエヴァ・ヤブロンカが提唱した、より大きな共進化的な枠組みの一部であり、この枠組みには言語の進化理論も含まれている[49]。ドアとヤブロンカはまず、ここ数十万年の間、人間の認知的・情動的な進化を引き起こしている環境は、なによりもまず文化的状況によってもたらされているという前提から出発している。原始的な言語（原言語）は文化的ダイナミクスから立ち現れた人間の認知能力の一つであり、生物学的進化はあくまで二次的に、ボールドウィン効果（第4章で述べた）に類似した過程を通して、わたしたちの言語能力を安定化させて高めたにすぎないとする。

言語の進化に対するこのような見方は、スティーブン・ピンカーなどの進化心理学者が擁護し、広く受け入れられてきた見方とは大きく異なっている。進化心理学的な見方によれば、言語は特殊化した心のモジュールである。[50] このモジュールはおそらく、$FOXP2$遺伝子のような単一のあるいは複数の突然変異を起源として人間の系統樹に登場したと考えられる。この突然変異に限ったことではないが、どの突然変異ももともとはある特定の個人に生じ、その後ヒトという種内に急速に広まったものである。言語に関わるこの突然変異が土台となって、人間の文化は現代型の文化の状態にまで複雑化し、おそらくそれが大躍進（と推定されているもの）の土台となった。進化心理学ではよくあることだが、これは生物学ファースト（あるいは遺伝子ファースト）的な見方である。

ドアとヤブロンカは、この議論を基本的に逆転させている。彼らによれば、先に来たのは文化的進化である。言語は文化的環境への二次的適応だった。ドアとヤブロンカが強調するのは、言語は個人の形質ではなく、還元できない集合的な形質だということだ。それゆえ、言語能力をもった単一の突然変異個体が出現したとしても、その個体は自分自身に話しかけるしかないわけだから、ダーウィン的ダイナミクスのなかでは自然選択上の利点をもたない。言語を発達させるどんな潜在能力があろうとも、それが発達するためには、その能力を作動させる文化的な言語環境があらかじめ存在していなければならない。この見解を立証するために、ドアとヤブロンカはカンジというボノボを引き合いに出している。カンジはレキシグラム（図形文字）を用いて人間の三歳児と同レベルのコミュニケーションをとれる。ただし、このとき用いる言語は、人間がすでに発明したものだけである。カンジが人間の文化的環境の枠をはみ出して能力を発揮することは決してなかった。これは、ボノボなど類人猿の認知能力が不足しているからではない。言語を獲得するのに必要な文化的な足場を集団で作り出すのに必要な、集団としての能力が欠けているからである。この文化的な足場は、それ自体、文化的進化の累積的な効果によって得られたものだ。

ヤブロンカとドアの観点によれば、言語は汎用ではなく特殊な目的専用の適応であることも含め、人間の他の認知とよく似ている。[51] さらに、言語の進化と情動の進化は密接に関係している。特に、言語の進化にはある情動的な前提条件が必要である。言語による情報の共有が可能になる段階にまで、集団での協力を押し進めて安定化するためには、情動の高度なコントロールと社会的感性（恥や罪悪感、決まり悪さなど、「より高度な」社会的情動として表される）が根本的に必要だったのである。ヤブロンカとドアは、このさらなる（おそらく人間特有の）情動的な進化を、自己家畜化の特殊な形態だとみなしている。そういった自己家畜化は、今度はわたしたちの言語能力がさらに進化することによって強化され、それによって人間の情動的世界がさらに広がり、ユーモアや社会的アイデンティティー、意志などを含むまでになった。メタファーを使うことにより、わたしたちの情動的反応はますます研ぎ澄まされ、さらに複雑な社会的状況にふさわしいものになったのである。

このような見解は確かに魅力的であり、進化心理学という窮屈な枠組みを鮮やかに超えてみせるものではある。しかしあいにく、そのままでは、この言語–情動の共進化仮説は、進化心理学における多くの「理論」と同じ欠点を抱えている。「サンプル数1」問題である。仮説を検証する方法を考え出すのが困難なのだ。文化は人間特有のものではないが、人間レベルの文化は地球の生命の歴史上、前例がない。人間の文化的進化は唯一無比であり、その特徴ゆえに、ドアとヤブロンカのような提案を（主流の進化生物学の基準を用いて）評価するとなると、特に難しいのである。

それにもかかわらず、ドアとヤブロンカは、自己家畜化は人間の文化的進化の原因であるだけではなく、結果でもあるという興味深い見解を示唆している。そして、言語とその他の高次認知能力に関して、特に過去二〇万年においては、文化の因果的な役割が顕著だというのである。確かに、人間が家畜化を行う側として急速に台頭した理由を説明するには、まず文化に目を向けるべきだろう。人間が地球上で最も優勢な大型動物になったのは、文化的資源があったからこそである。それを示す例の一つがイヌやネコ、オーロックスなどなどの哺乳類を進化的に改変したことであるのは、本書で見てきた通りである。わたしたちが支配者になれたのは、生物学者が通常理解している意味での「適応」の結果ではなく、環境の側を自分たちの目的に適応させたからであり、家畜化はその一例なのである。

## 家畜化と人間のニッチ（生態的地位）

「ニッチ」は生態学における重要な構成概念であり、適応という進化的な概念の中心的な要素でもある。簡単にいえば、ニッチとは、特定の種あるいは集団が生息している物理的・生物的な環境条件の総体である。物理的環境には気温や降水量、標高、土壌の状態などが含まれる。生物的環境には食物資源、捕食者、競争相手、寄生者などが含まれる。従来の考え方では、ニッチを規定する物理的・生物的条件はあらかじめ与えられた（既存の）ものであり、生物はそれに適応しなくてはならないとされてきた。ということは、適応とはニッチにどうやって収まるかという問題である。リーフィーシードラゴンのようなカムフラージュは、この観点から見た適応の典型である。

リチャード・ルウォンティンは、進化生物学における生物と環境の関係のこのようなとらえ方に対し、長らく異議を唱えてきた[52]。第一に、ニッチの定義の問題があるというのである[53]。どの環境にも、物理的・生物的な変数が無数にあり、所与の生物に関係するのはその一部分だけである。ということは、ある生物のニッチをその生物だけで定義することはできない。さらに、能動的に働きかけて自身のニッチを作り出している生物も多い。たとえば哺乳類の多く、特に齧歯類などは穴の中で生活しているが、それは自分たちが掘って作ったものである。この穴内部の環境的条件は、穴なしの場合と比べて大きく異なっている。穴を掘る生物は新たなニッチを作り出している、あるいは構築している。穴を掘ることにより環境を変化させ、克服すべき自然選択の枠組みを変化させているのだ。

ニッチの構築は生物に広く見られる。[54] 哺乳類のなかでもビーバーは模範的なニッチ構築者であり、環境を巧みに操作して自分たちの目的に合ったものにする。プレーリードッグのような社会性のある齧歯類は地下に複雑な構造を作り出し、そこから遠く離れることはほとんどない。地下にプレーリードッグの「街」があると土壌の条件や水はけの状態などが変化するため、地上の草原(プレーリー)までも、「街」が地下にある領域はそうでない領域に比べてはっきりと異なっている。

プレーリードッグの例が示すように、社会性(群居性)はニッチ構築の効果を大きく増幅することがある。その頂点の一つが、シロアリなどの社会性昆虫によって成し遂げられている。世界中どこでも、熱帯の草原にはシロアリの建築した見事なアリ塚が見られ、有名な構築物となっている。アリ塚内では気温と湿度だけではなく、酸素や二酸化炭素濃度も細かく調節されている。それ以上に印象的なのは、ハキリアリが地下に作る、複雑で時には数千平方メートルにもわたって広がる構造物だろう。

だが、最高のニッチ構築者はわたしたち人間である。人間は環境に対して適応するというよりは環境を適応させている。人間のニッチは人間自身が作り出したものである。植物の作物化や動物の家畜化は、この点で、影響力の強い成果の一つであった。

## 革命のあとに

農耕は誕生してからすぐに急速に広がり、ついにはほぼすべての社会を飲み込んでしまったが、辺境では伝統的な狩猟採集社会が残された。農耕は、以前は普遍的だった狩猟採集生活を周辺に追いやり、多大な影響を与えた。その結果の一つが定住生活と、それによりもたらされた都市の生活である。これはヒトという種の歴史における新たな展開だった。大規模な集落の形成は宗教的生活に大きな変化をもたらした。アニミズムは、自然界をもっと階層的にとらえて投影するものに取って代わられ、その霊的な（スピリチュアルな）土台となるものが想定された。神の誕生である。この宗教的な展開は政治的な展開と密接に関係していた。特に、階級制の強い社会組織では、最高指導者が地上における神の代理人あるいは神の顕現として機能することがしばしばだった。このような宗教的変化がさらに大きな社会の社会的秩序を維持するうえで決定的な役割を果たしたのは疑いない[55]。

人間が都市環境に集中することにより、芸術や技術など、文化的進化のペースが大きく加速した。芸術的な革新は都市や宮廷内に限定されることが多かった一方で、技術の発達は普及して広い範囲に影響を及ぼした。そして、人口が急速に増加した。人口増加とともに人間がさらに集中し、技術はますます発達した。このフィードフォワード的なダイナミクスは今日に至るまで続いている。

このダイナミクスが人間以外の自然界に与える影響はますます大きくなっていった。わたしたち人間が生態的状況を支配し、他の生物はその中で進化するようになった。多くの生物は、この人間が作り出した新たな環境に適応できず、ニッチ構築もできなかった。人間は、狩猟採集民でさえも、他の多くの生物に悪影響を与えてきている。生態的な天秤のバランスがとれるような黄金時代など存在しなかった。オーストラリアに人間が到達したのちに多数の大型哺乳類が絶滅したし[56]、南米・北米に人間が達したときも同様である。[57] 特に島々は、大型の島でさえも脆弱だった。ニュージーランドではマオリ族が達したあとにモアが、マダガスカルでは人間が居住するようになってからエピオルニスが、ほどなく姿を消したのである。ポリネシアの小さな島々では、鳥類の絶滅がそれ以上のスピードで進行した。

しかし、農業革命後、人間の足跡はさらに巨大になり、その結果、自然界の大部分が踏み潰された。農耕を行うには、自然の植生を除去した土地が必要である。人口が増加するにつれて、その土地も拡大する。技術革新によって、近場にいる野生生物をますます効率的に搾取できるようになった。しかし、人間の技術や人口増加による間接的な効果は、もっと広範囲にわたる結果をもたらしている。それが積もり積もったのが気候の変化であり、原子力施設が世界規模の大惨事を引き起こす可能性でさえ、現実のものとして存在している。

今日、手つかずの自然などどこにもない。辺境の極地も、熱帯雨林の最深部も、不毛な砂漠も、広大な海洋のどこであっても、すべてに人間が触れた形跡が深く残っている。人間の影響力の広がりを示す目安の一つは絶滅率である。いま現在、絶滅率は跳ね上がっている。地球生命の歴史上、過去二〇億年以上の間にそれほど絶滅率が上がったのはわずか五回だけで、「大絶滅」と呼ばれている。[58] 過去の大絶滅を引き起こしたのは、大規模な地質学的な出来事や天体の衝突、あるいはその両方だった。だが、現在起こりつつある六回目の大絶滅はすべてわたしたちのせいなのだ。[59]

わたしたちは、生物的環境内で優勢な構成要素であるだけでなく、地球上の物理的環境にまでインパクトを与える主要な存在になってしまった。地質学的な力を及ぼしてしまうことさえある。実際、地球に対する人間の物理的なインパクトを認めて、地質学的に名称を与えようという考え方が一般的になりつつある。氷河時代（およそ二六〇万年前～一万二〇〇〇年前あたり）は更新世と呼ばれている。それに続く氷河時代後の時期は完新世と呼ばれている。今、農業革命の始まった時期以降を新たな地質年代として名づけようという動きがある。「人新世（アントロポセン）」というのがその名称で、人間の時代という意味である。[60]

一〇万年前に超知性的な異星人がやってきたときには気にも留められなかったような生きものが、一つの地質年代をも作るほど、自然界に強大な力を及ぼすようになったのである。何と並外れた旅路だろうか。

# エピローグ

家畜化は進化過程の一つである。その意味で、家畜化は特に例外的な事象ではないのだが、ただし、人間が意識的に方向づけるという点では特別である。しかし、これまで見てきたように、多くの（というより、おそらく大部分の）家畜化はありふれた自然選択によるものだ。ネコやイヌが好例だが、ある動物の個体が、人間のいる環境に入り込んだほうが都合がいいと気がついたときに、家畜化が始まったのである。そうすることにより、そのパイオニアたちは自然選択や遺伝的浮動の条件を変え、自分たちとその子孫はその新たな条件に従うことになったのだ。

ベリャーエフが強調したように、人間を資源として利用するための鍵となったのは、人間の接近に対して耐える能力、一言でいうなら従順性である。ベリャーエフは、養殖場のキツネに対して強い人為選択を行うという実験により、従順性の進化を圧縮した。自然選択ならばもっとゆっくりと徐々に起こる過程を原理的に証明してみせたのである。

本書で述べてきた動物の多くについては、長きにわたる自己家畜化の時期がまずあった。人間が人為選択によって影響力を行使するようになったのはその後の話である。ネコの自己家畜化はおそらく一万年以上前に始まったが、ごく一部の個体が多大な人為選択にさらされるようになってから、まだ一〇〇年も経っていない。レフコイや近年のシャムのような、最近開発されたフリークス的な品種は例外として注目すべきだが、イエネコは毛色や社交性以外の点では野生の祖先にきわめてよく似ているのである。

人為選択の結果が最も顕著に現れているのはイヌである。ウシやヒツジ、一部のブタやウマの品種でも、人間の手が加えられたことが如実に見て取れる。ヤギはそれほどでもない。トナカイやラクダは人為選択の影響を比較的被らないままである。祖先の頃と同様の厳しい環境に限って生息しているのが理由の一つだろう。

有蹄類(ブタ、ウシ、ヒツジ、ヤギ、ラクダ、トナカイ、ウマ)については、若い雄の間引きが人為選択の始まりとなった可能性がある。間引きは性選択の軽減という意図せぬ結果を生み、雄同士の競争の軽減によって性差も減少することになった。人間が配偶者(つがいの相手)を選択する役割を肩代わりし、性選択がさらに軽減されるようになったのは、家畜化過程でもかなりあとのほうなのが一般的である。人間が配偶者選択の特権を行使するようになると、進化のスピードは大幅に加速された。ベリャーエフやトルートらも、そのようにして、わずか四〇世代強の間にキツネの行動を目覚ましく変化させることに成功したのである。

それに関連して、鼻づらの短縮や毛色の変化、垂れ耳の出現などといった身体的な変化も起こったが、それは従順性を対象とする選択の副産物である。これらの形質は、発生・発達過程でリンクしているからだ。イヌでもブタでも、本書で述べてきた動物の多くで同じ特徴がセットで出現する傾向が見られるのは、進化に深い保守性があることの証明である。保存された発生過程の一部は、従順性を対象とする選択によって影響を受ける部分も含め、哺乳類に広く共通している。また、色素脱失に関係する部分のように脊椎動物に広く共通する部分もあれば、ニューロンの発達など、動物に広く共通している部分もある。

従来、家畜化された哺乳類で起こったような収斂進化を議論する際、環境の類似性が強調されてきた。この場合は人間のいる環境という点である。しかし、哺乳類で保存され共有された発生過程がなければ、そのような収斂進化が起こる可能性はもっと低くなる。言い換えるなら、発生過程が保存されているということは、こういった類似性を作り出すにあたって、自然選択はそれほど働いていないということである。

本書で紹介したように、家畜化によって入念に作られた収斂的な形質の多くはペドモルフォーシス（幼形進化）的である。発生のスピードの全体的な低下（ネオテニー）や発生・発達の早期終了による性成熟の加速（プロジェネシス）が組み合わさっている場合も多い。だが、ネオテニーは家畜化すべてに共通するものではない。モルモットなどの家畜化された齧歯類にネオテニーが見られないのがその証拠である。家畜化すべてに共通する唯一の特徴は従順性であり、ネオテニーは従順性に至る一つの道である。ネオテニーは、ストレス反応と、おそらくそれに加えて辺縁系の重要な神経回路の発達を減速する。それにより、若者的な幼い行動が維持され、その結果、従順になるのである。

このことから、人間自身の家畜化という疑問点が生じる。わたしたら人間は自己家畜化を行ったのだろうか？　特にイヌの家畜化で起こったのと本質的に同様のことが、人間がチンパンジーから分岐して進化していくなかで、反復されたのだろうか？　興味深い考え方ではあるが、現時点では確信をもって答えを出すことはできない。人間とボノボの両方、あるいはどちらか片方について、チンパンジーよりも向社会的であることを示すだけでは十分でないのは確かである。人間のペドモルフォーシスの証拠（といっても、どれも決定的なものではない）が、自己家畜化仮説を強力に支持するわけでもない。自己家畜化仮説の最強の証拠は、エヴォデヴォ的な観点からいうなら、発生過程の変化に見られる収斂性だということになるだろう。人間が他の全哺乳類と共有する神経内分泌系の形質の特徴において、家畜化された哺乳類に特有の変化が人間にも見られるかどうかである。もしそれが見られなければ、人間の自己家畜化は、最近の人間の進化を説明するための単なる思わせぶりなメタファーでしかない。

最終的にどうなるにせよ、自己家畜化仮説は、わたしたちの非凡な知性だけではなく、情動面での各構成要素（そのどれもが同じく非凡である）にも目を向けさせるように、視点を新たに方向づけるという意味で価値のある仮説である。わたしたちの向社会的な情動傾向は、グループで協力して行動するという比類なき能力を人間にもたらしてくれ、それがついには文化を創り出す能力ももたらしてくれたのである。この意味で、知性は二次的なものだ。わたしたちよりもずっと知性的な、たとえばスポックのような生物でも、動機なしではわたしたちが成し遂げた成果にはたどりつけなかっただろう。

ヒトという種がアフリカに出現するよりもずいぶん前に起こった文化の夜明けはきわめて重要だった。文化とともに新たな進化のダイナミクスが登場した。それは自然選択による進化の特徴だけではなく、独自の特色も新たに備えており、そのダイナミクスゆえに、文化的進化は生物学的進化に比べて加速したのである。わたしたちは生物学的な進化を続けており、これからも進化を止めることはない。だが、いまや地質学的なスケールで自分の目的に合わせて環境を形成するという先例のない能力も含め、文化的進化によるダイナミクスが人間のあり方に及ぼす影響はますます強くなっている。植物の作物化や動物の家畜化はわたしたちの増大する優位性の結果であり、またいわゆる文明が生まれる原因として決定的なものだったのである。

【付録1】第5章の補足A

# 「現代的総合」は「拡張された総合」へ向かうのか？

近年、進化生物学は激動の時代を迎えており、めまぐるしく進展している。過去二〇年の間に新たな研究分野がいくつも出現した。とはいえ、それがもつ潜在的な重要性については論争中である。一九三〇〜四〇年代にかけて「現代的総合（modern synthesis）」と呼ばれる歴史的運動が盛りあがりを見せ、「進化の総合説」という統一見解が確立されていった。いま論争されているのは、新たな研究分野の出現によって進化の総合説の枠組みにどの程度の修正が必要になるか、ということである。現代的総合は実に記念碑的な偉業であり、深い敬意を受けるに値する。何よりもまず、ダーウィンのダーウィニズムにぽっかり開いていた穴を、遺伝学理論を取り込むことによって埋めたのである。ダーウィンは、形質がどうやって遺伝するのかを説明する適切な理論を構築することはついにできなかった。また、同時代人であったモラヴィアの修道士グレゴール・メンデルが遺伝の研究を行い、それは後に近代遺伝学の基礎となったのだが、ダーウィンはそんな研究がなされていることに気づきもしなかった。結果として、ダーウィニズムとメンデリズムは別々に発展し、二〇世紀の最初の一〇年間、両者は反目することも多かったのである。現代的総合は両者をシームレスに融合させてその食い違いを解決したのだから、進化の総合説こそが正統派ダーウィニズムだとみなされるようになったのも不思議ではない。

また、現代的総合により、古生物学や系統分類学など、生物学の他の領域もうまく統合された。そういうわけで、進化の総合説を「総合」と呼ぶのは決して大げさではないのである。しかし、生物学の大きな分野である発生学（受精卵がどうやってイヌやウマやヒトになるかを研究する分野）があからさまに除外されており、その理由自体が議論の的になっている。現代的総合のおそらく主要な唱道者であった、そして最も熱烈な一人であったことが確実なエルンスト・マイアいわく、発生生物学者も招待したのだが、向こうから参加を断ってきたのだと。当時の発生生物学者のほとんどの見解は、それとはまったく異なっていた。招待といってもしぶしぶながらのものであり、何かと条件がつけられていたというのである。いずれにせよ、コンラッド・ウォディントンをはじめとして先見の明のある複数の人たちが、どちらの分野にとっても必須なのだと主張して統合するように懇願した[1]にもかかわらず、発生生物学と進化生物学はそれぞれ独立に発生あるいは進化を続けていった。発生生物学はダーウィンのダーウィニズムにおいて重要な役割を果たしたものなので、それが進化の総合説から除外されたことは、進化生物学の進化にとって重大な影響をもたらすことになった。ウォディントンはそこをよくわかっていたのである。

ウォディントンの目指したものは、最近になって、進化発生生物学と呼ばれる総合的研究プログラムという形で実現されてきている。evolution（進化）とdevelopment（発生）の頭の部分をとって「エヴォデヴォ（evo devo）」と省略されることが多い。本文ですでに述べたが、今のところ、エヴォデヴォの重要性は論争を巻き起こしている。よくある反応は、エヴォデヴォは大げさに宣伝しすぎであり、進化の総合説を特段ゆるがすようなものではない、というものだ。このような態度をとっているのは一部の集団遺伝学者である。概して、進化に関わる事柄で「理論家」として権威をもてるのは自分たちだけだと考えている人たちだ。ジェリー・コインは特にこのような態度の強硬な擁護者である。[2]

その対極にあるのは、リンジー・クレイグのような、進化の総合説を徹底的にオーバーホールする必要がある、と主張する人たちである。[3] 両者の間には、ブライアン・ホール、ゲルト・ミュラー、ショーン・キャロル、マッシモ・ピグリウッチなど、多数のさまざまな進化学者が点々と散らばって立っている。彼らは両極端な見解を拒絶し、その代わりに「拡張された総合(extended synthesis)」を求めている。[4] 彼らのゴールは、エヴォデヴォやゲノミクス、エピジェネティクスなど近年の分子生物学の発展の力を借りて、硬直したように見える枠組みをゆるめることである。率直にいえば、わたしはこのあたりに共感する。いずれにせよ、家畜化過程を解明するにはエヴォデヴォが決定的な役割を果たすことになるだろう。[5]

## 遺伝子と表現型

拡張された総合を切望する人たちに共通する心情の一つは、すでに見てきたように、進化生物学にとっては新参者である遺伝理論の影響が大きくなりすぎて主客転倒状態になり、いわば、イヌを振り回す尻尾になっているということである。現代的総合以来、進化に関する論考は時とともに遺伝子中心になっていった。いまや、進化とは形態が変化することではなく、遺伝子頻度が変化することと定義するのが標準的である。遺伝子中心主義の典型は、ジョージ・ウィリアムズが提案しリチャード・ドーキンスが広く普及させた、「進化を遺伝子中心の視点で理解する」考え方だ。それによれば、進化は終始一貫して遺伝子間の競争である。[6] つまり、個々の生物体ではなく、遺伝子こそが進化の真の主体であるというのだ。生物体は単なる乗りもの(ビークル)にすぎず、遺伝子はそれに乗って一時的に同盟を組み、ますます回り道になるばかりの戦いを行っているのである。

エヴァデヴァの支持者の一部を含め、遺伝子中心的なアプローチを批判する人たちは、このアプローチは、ダーウィンのみならずマイアのような現代的総合の構築者たちまでが関心をもっていたことの大部分、なかでも、生物の形態や形態の複雑さに変化をもたらしたのはいったい何か、ということを置き去りにしているではないか、と嘆いている。この批判の根拠となるのは、ある個体のもつ遺伝子(つまり遺伝子型)は、自然選択が働きかける対象である、身体的・行動的形質の総体である表現型と、直接的に一対一対応はしない、という観察だ。進化にとって遺伝子自体は選択過程で見えるものではなく、むしろ進化が見ているのは表現型のほうなのだ。メアリー・ジェイン・ウェスト－エバーハートは「表現型が先を行き、遺伝子がその後に続く」とまで言っている。[7] これはいったいどういうことだろうか? 生物の発生過程には可塑性があり、環境の変化に対してまず最初に起こるのは、この発生の可塑性による適応である。発生過程の変化によって表現型が変化し、その表現型が自然選択を受け、それにより遺伝子にも変化が生じる。エバーハートの言葉はこういう意味なのだ。

表現型中心的な考え方を強化しているのは、議論の余地のない二つの事実だが、この事実は遺伝子中心的な考え方による進化からは問題ありとされる。一つは、表現型が大きく変化していても、ゲノムには小さな変化しか見られないことが多いというものである。ペキニーズは祖先であるオオカミから大きく変化しているが、遺伝的な変化はごくわずかである。もう一つは、先の事実と逆に、遺伝子レベルの進化の多くは表現型にほとんどあるいはまったく影響しないということである。たとえばカブトガニの系統は、数億年間ほとんど変化していないが、ゲノムは節足動物一般に典型的なスピードで進化し続けている。[8]

## ゲノミクス

発生生物学は進化の総合説に組み込まれなかったのだから、エヴォデヴォが、一般に認められた現在の見解に異議を申し立てるのは当然だ。しかし、ゲノミクスならもっとスムーズに進化の総合説に溶け込めそうである。特にごく最近の遺伝子中心的な考え方には親和性が高そうだ。だが、現代的総合において考えられたように、遺伝子は純粋に抽象的な存在である。当時、遺伝子がDNAで構成されていることは誰も知らなかった。そして進化の総合説がますます遺伝子中心的になってきてさえも、遺伝子に対する見方は一九三〇年代以来アップデートされていない。たとえば集団遺伝学では、遺伝子は概して実体のない抽象的なものである。分子生物学が明らかにした物質としての遺伝子という考え方を、進化の総合説はいまだに受け入れていない。しかし、物質としての遺伝子、DNAからなる遺伝子を、エヴォデヴォは完全に受け入れ取り込んでいる。そして、ゲノミクスとエヴォデヴォという二つの研究領域は、互いに補い合うよい関係なのである。

## ［付録2］第5章の補足B
# ゲノミクスと系統樹

全ゲノムの比較により、ゲノム中の塩基配列の進化するスピードは、部分によって大幅に異なっていることが明らかになった。この進化スピードの違いは、家畜動物の品種の系統樹を含め、系統樹を再構成するのに役に立つ。ゲノムのなかには高度に保存されていて、進化が大変遅い部分もある。かと思えば、ほとんど保存されておらずに比較的速く進化するような部分もある。系統樹のなかでも、何千万年にもわたって進化してきた枝を再構成するには、保存性の高い配列を利用するほうが適している。一方、数万年の進化を経てできた枝を再構成するには、保存性の低い配列のほうが適している。

ゲノムのうち保存性の高いのは遺伝子の部分、すなわちタンパク質のアミノ酸配列をコードしている領域である。この領域は高いレベルの「正常化」あるいは「純化」選択にさらされており、タンパク質のアミノ酸配列に影響を与えるような突然変異は、排除されるのが普通である。[1] 元のタンパク質よりも有利になるような変異を引き起こす突然変異は例外だが、そのような変異はきわめて稀だ。哺乳類では、タンパク質のアミノ酸配列をコードする領域はゲノム中のわずか一〜二％であり、残りの部分は非コード領域である。[2]

ゲノムの非コード領域のなかには、コード領域よりも進化スピードの遅い部分もあり、「超保存領域」と呼ばれている。[3] しかし、非コード領域の大部分はコード領域に比べて保存の程度が低い。純化選択にあまりさらされていないのである。だが、この比較的保存されていない広大な非コード領域の進化スピードにはかなりの幅がある。比較的急速に進化している非コード領域には、トランスポゾンと呼ばれる領域も含まれる。これはゲノム内を移動可能な部分でもある。[4] 突然変異率が最も高いのはマイクロサテライトである。これは、数塩基を単位とする短い塩基配列が何度も（数回〜数十回）反復して並んでいるものである。[5] マイクロサテライトは進化スピードが速いために、進化の歴史を決定する際に非常に役立つツールの一つであり、たとえばイヌの品種の進化の研究などに用いられている。

ゲノミクス以前、つまり、核内に含まれるDNAの全塩基配列が解析・比較できるようになる前にも、DNAの情報は、進化の研究にツールとして利用されていた。主に用いられていたのはミトコンドリアDNAである。実は、動物はそれぞれ二種類のゲノムをもっている。核内に含まれるDNAからなる核ゲノムと、ミトコンドリアゲノムである。ミトコンドリアは核外（細胞質）にある細胞小器官で、細胞が必要とするエネルギーの大部分を生み出している。核内にあるDNAとは別に、ミトコンドリアには独自のDNAがあり、これを核ゲノムに対してミトコンドリアゲノムと呼ぶ。ミトコンドリアゲノムは核ゲノムに比べてきわめてサイズが小さく、また、核ゲノムの大部分よりも保存の度合いが低く、進化のスピードが速いという特徴もある。そのため、家畜化など、比較的短い期間で起こった進化の分析に適している。実際、ゲノミクス以前は、家畜化された哺乳類の起源を識別するには、ミトコンドリアゲノムを解析するのが最上の手段だった。

ミトコンドリアゲノムは確かに有用なのだが、重大な限界がある。核DNAとは異なり、ミトコンドリアDNAは母系のみを通じて伝えられていく。そのため、場合によっては遺伝的影響を拾い出せないこともあるのだ。たとえば、イヌの家畜化初期には雄オオカミと雌イヌの交尾が普通に行われていた可能性があるが、その影響はミトコンドリアDNAには残らない。実際、そういった野生型の雄と家畜化された雌の間での性的交渉は、家畜化された哺乳類で全般的によく起こっていたのである。

幸いにも補正する手立てはある。だがそれが十分に利用できるようになったのはごく最近、ゲノミクスが大躍進してからだ。Y染色体を用いる手法である。Y染色体はかなり小さな染色体で遺伝子の数もごく少ないが、サイズの小ささからしても遺伝子の数が少なすぎるという点で変わっている。Y染色体の大部分はジャンクのなかでもまさしくジャンクなDNAからなっている。このジャンクは表現型に影響しないので、行き当たりばったりに変異する。大部分は自然選択の網にはひっかからないのである。そのため、Y染色体の突然変異は速いスピードで蓄積し、その変異率はミトコンドリアDNAと同程度である。

ミトコンドリアDNAを用いた分析とY染色体のDNAを用いた分析を組み合わせることにより、家畜化された哺乳類の歴史について、多くのことがわかってきた。しかし、近年、全ゲノム情報が解読できるようになって、家畜化についての知見は桁違いに増えた。そのおかげで、家畜化の過程でDNAがどのように変化したのかを探り、家畜の進化の歴史をより精密に再構成できるようになってきたのである。

〔付録3〕第7章の補足

# 在来種から品種へ

人間の保護のもとで分布を拡大するにつれ、家畜ウシはそれぞれの土地で遺伝的に分化していったため、二〇〇〇年前頃には、家畜ウシの二亜種であるゼブ牛にもタウルス牛にもそれぞれ多数の在来種ができていた。各地方に残っていた野生のオーロックスが家畜ウシ（特にゼブ牛）と交雑したことが、在来種の分化にある程度は寄与したかもしれない。だが、在来種の分化のほとんどは、遺伝的浮動や、その地方の環境に文化的にも生理的にも適応したことによるものだった。それぞれの在来種は品種のプロトタイプであり、後にそれを素材として育種が行われるようになり、十九世紀には近代的な品種が開発されたのである。

品種という概念はヨーロッパで最初に作り出されたものだ。そのため、在来種から品種への移行が最も明確に規定できるのは、ヨーロッパである。ゼブ牛の場合、土地によって特徴の異なるものが存在するのだが、その多くはかなり最近まで在来種の段階にとどまっていた。タウルス牛も東アジアでは同じような状況だった。タウルス牛のヨーロッパ起源の在来種は、ヨーロッパ以外の地域に今日でもいくつか残っている。たとえば、南北アメリカ大陸のクリオロ系の家畜ウシは、実際は在来種である〔「クリオロ」はスペインから持ち込まれた家畜や作物をもとにして、ラテンアメリカで作られた品種を指す。「クレオール」と同義〕。ロデオ（荒牛を乗りまわしたり投げ縄で捕らえたりするスポーツ）で人気のあるコリエンテ、フロリダ・クラッカー、メキシコ湾岸地域のパイニーウッズ、ブラジルのクリオロ・ラジェアーノ、テキサス・ロングホーンなどの品種がそうだ。どれも、一五世紀に始まった新世界征服の間に主にスペインから持ち込まれて放し飼いされたウシの子孫である。それぞれ新たな環境で、たいていは辺境の不毛の地に適応してきたものであり、人間による管理の程度は場所によって異なっていた。

クリオロ系在来種の遺伝子構成は、予想通り大部分がヨーロッパ系のウシ由来である。主に南ヨーロッパの在来種で、地中海ルートを通ってヨーロッパに到達し、南ヨーロッパの大部分に広がったものだ[1]。概して、この南ヨーロッパ産の家畜ウシは、北方ルートによりヨーロッパに到来したものに比べてあまり管理されていなかった。そして、南ヨーロッパにはいわゆる原始的品種が多く、なかにはツダンカ、サヤグエサ、パフナ（以上スペイン産）や、マロネーザ（ポルトガル産）のようにオーロックスにかなりよく似ているものもいる。

スペインの闘牛用の品種は、もともと同じ目的で育種されたカマルグ種のウシと同様、かなり小さいとはいえ角や体格がオーロックスによく似ていることにも注目したい。他に、オーロックスにはあまり似ていないが、南ヨーロッパ産のもっと古い品種であるイタリアのキアニナやマルキジアーナなどもいる。どちらの品種についても、ゼブ牛からの遺伝子移入があったという証拠が得られている。イベリア半島のウシに由来するクリオロ系品種にも、程度はさまざまだがゼブ牛の遺伝子移入があったという証拠がある[2]。また、クリオロ系品種にも、程度はさまざまだがゼブ牛の遺伝子移入があったという証拠がある。

リオロ系品種には、アフリカから直接新世界に移入されたアフリカ産タウルス牛由来の遺伝情報ももつものがいるかもしれない。[4] もっと最近の話をいえば、クリオロ系品種のなかには(特にテキサス・ロングホーン)、イギリス産品種との交配を経てきたものもいる。[5]

北ヨーロッパでは、最古の品種にさえ人間による影響はもっと深く及んでいる。特に乳牛ではそれが顕著である。たとえばアイスランド産のウシがそうだ。もともと一〇〇〇年以上前にヴァイキングが連れてきて以来、ずっと隔離されていた在来種に由来するのだが、[6] 独特な毛色を除けば、まさに典型的な乳牛なのだ。ジャージーとガーンジーは、それぞれ育種された島にちなんで名づけられた品種で、島で長いあいだ隔離されてきたが、それにもかかわらずむしろ典型的な乳牛である。肉牛や荷物運搬用、多目的用の品種に比べ、乳牛からはオーロックス的な性質が概してかなり取り除かれている。その他、北ヨーロッパには、山岳地方などの厳しい環境に適応した、在来種由来の比較的古い品種がいる。スイスアルプス産のブラウン・スイス(ブラウンフィー)、ドイツ産のハルツ・レッド、スコットランド産のハイランド、ピレネー山脈産のブロンド・ダキテーヌ、アイルランド産のデクスターなどがそうだ。[7]

ゼブ牛の品種のほとんどは、各地の在来種から比較的最近になって作り出されたものである。通常、品種名は原産地を表している。たとえばギルはインドのグジャラート州カチャワール半島のギル丘陵、グゼラはインドのグジャラート州、レッド・シンディはパキスタンのシンド州、オンゴールはインドのアンドヒャ・プラデシュ州オンゴール、カンクレーはインドのグジャラート州カンクレージである。概して、ゼブ牛では乳牛や輓牛などに特化した育種があまり行われていない。肉牛についてはとくにそうだ。[8] ゼブ牛の品種はかなりの割合が多目的用である。レッド・シンディとサヒワールは主に乳牛用で、ゼブ牛には数少ない特化した品種である。搾乳される品種のほとんどは、荷物運搬用としても大いに利用されているのである。[9] また、インドのゼブ牛の糞は、森林伐採により木材が手に入らない地域では、燃料として重要である。[10]

しかし、交雑によるアフリカ系品種の開発は、異なるコースをたどった。ごく最近まで、ほとんどの牛は定住農民ではなく遊牧民たちが所有していた。そのため、品種は地理的な位置よりも部族との関係が深い傾向がある。ただし、地理的な要因と部族的な要因が一致することも多い。多くの遊牧民にとって、ウシは少なくとも部分的には一種の通貨として機能しており、そのせいで遊牧民の間ではウシを食べるという行為が抑制されている。一方、アンコーレ種などでは象徴的な機能が実用的な機能を上回り、酪農などの各種用途には使われなくなっている。特に雄ウシは何よりも地位の象徴とされている。[11]

ゲノミクス以前の研究では、家畜ウシはタウルス牛とゼブ牛という二つの基本的な品種グループに分けられていた（図7A・1）。ところが近年のある研究により、アフリカ産タウルス牛が第三の大きな品種グループとなることがわかった。[12] この第三のグループの存在は、北アフリカ原産のオーロックスから遺伝子移入があったことを反映しているのかもしれないが、あるいは単にユーラシア大陸のタウルス牛の品種から長期にわたって隔離されていたことを反映している可能性もある。サンガ牛など、ゼブ牛とタウルス牛の交雑による品種はまた別のクラスターを形成する。[13]

インドのゼブ牛の品種グループの系統には、遺伝子構成中に地理的な影響が明らかに見られる。[14] ヨーロッパ系タウルス牛の品種グループには、地理的な影響はそれほど強く現れていないが、それは人間が伝播に関わっているためである。とはいうものの、ヨーロッパ系品種は北ヨーロッパ、中央ヨーロッパ、イベリア半島というグループに明確に分かれる（図7A・2）。それとは別に、東ヨーロッパのポドリアの草原地帯（ステップ）のウシも一つのまとまりを形成している。[15] ポドリアンは、遺伝的に近東[16]や中央アジア[17]のウシと近

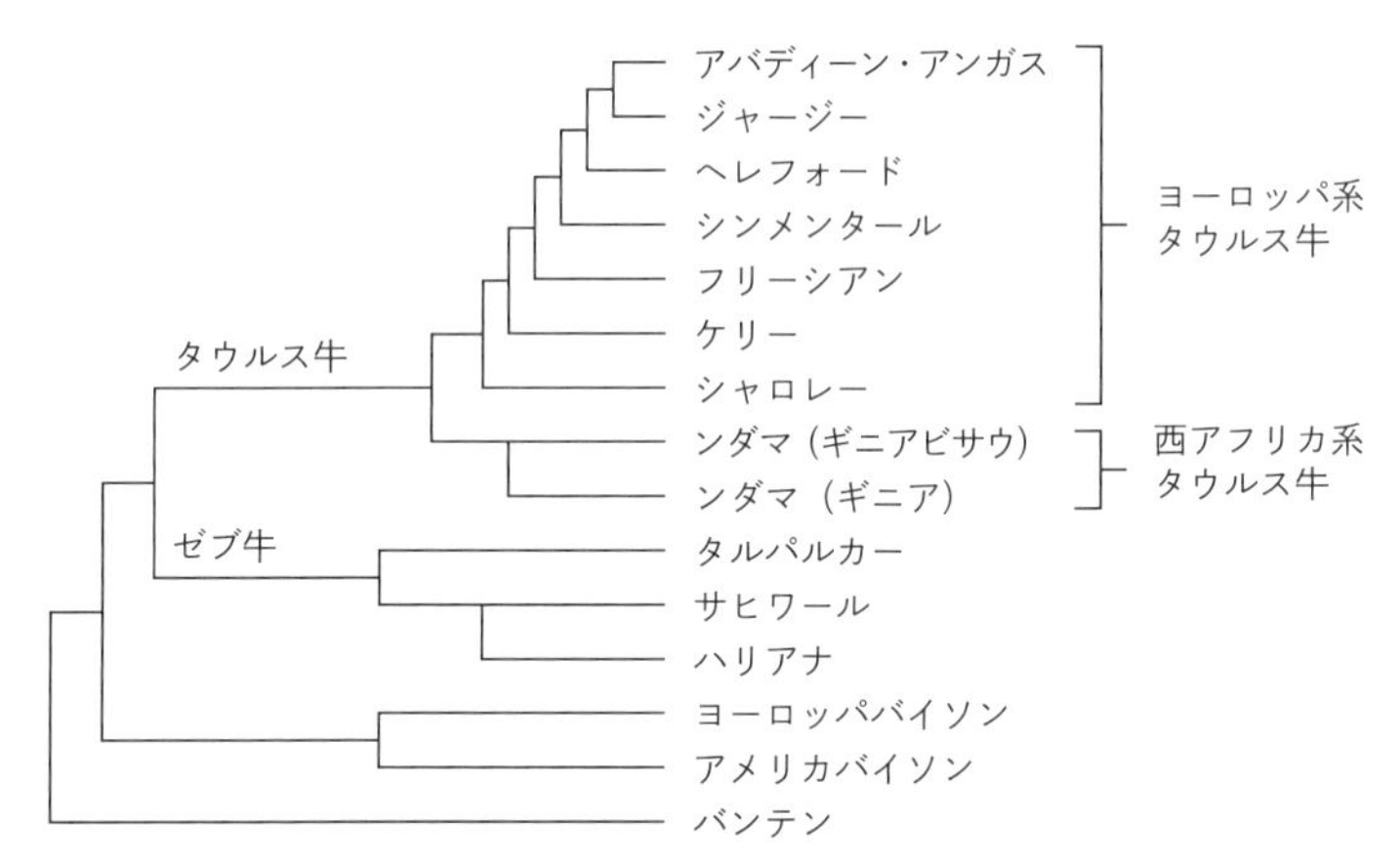


**図 7A.1**　家畜ウシの系統樹。ほとんどの家畜ウシはタウルス牛系統とゼブ牛系統に分かれる
（MacHugh et al. 1997, 1079, fig.3 より）

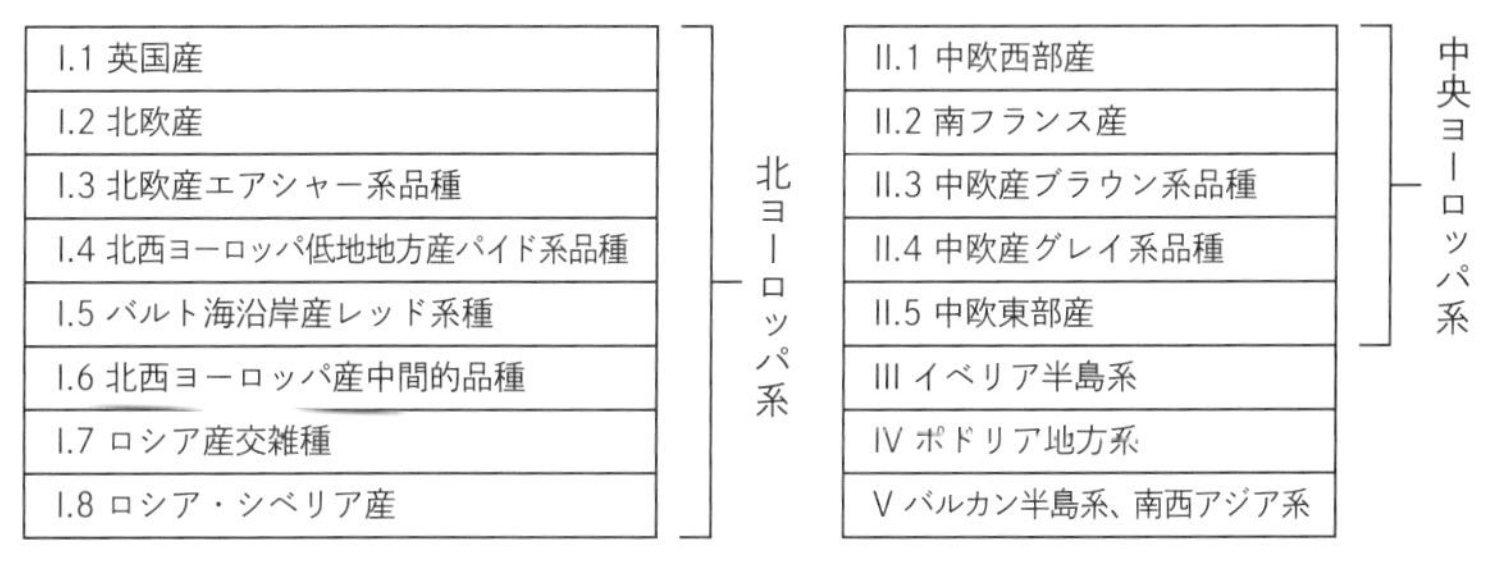


**図 7A.2**　ヨーロッパ系家畜ウシは、北ヨーロッパ系、中央ヨーロッパ系、イベリア半島系、ポドリア地方系、バルカン半島系という5つのクラスターに分かれる。
（Felius et al. 2011, 685 より）

いことが示されている。ポドリアンのなかには、中央イタリアまで進出したものもおり、その子孫にはマレンマナなどが含まれる。[18] おそらくエトルリア人の移住に伴ったのか、あるいはローマ時代の交易によるものかもしれない。[19]

より細かく見ると、フランスでは多くの北方系、南方系、さらにそれとはまた別のアルプス系品種が近接して生息し、交雑が行われている。中央フランスとドイツの間には境界線を引くことができ、それより北では南方系の品種は一般的ではない。この境界線がヨーロッパ大陸へのローマ帝国の影響が及んだ限界と一致するのは、おそらく偶然ではないだろう。また、フランスなどヨーロッパ系のウシでは、品種によって肉牛と乳牛が明確に分かれているわけではない。たとえばヨーロッパ系のブタは、品種によってベーコンタイプやラードタイプなどがはっきり分かれているが、それに比べるとウシではかなりあいまいなのである。これは、ヨーロッパでも、食肉用のショートホーンからの搾乳など、ウシはかなり最近まで多目的に用いられてきたことを示唆している。地理的な差異はゼブ系品種ほど明確には現れていないが、それでもなお機能的な区分よりも重要である。[20]

【付録4】第10章の補足

# ラクダの側対歩

ラクダは側対歩（ペース）をする点で有蹄類のなかでは独特である。ゆっくり歩くとき、やや足を速めるとき、最高速度で走るとき、どんなときも常に側対歩だ[1]。歩法にもいろいろあるなかで、いったい側対歩の何がそれほどラクダに好都合なのだろうか？　側対歩のほうがエネルギー効率がよくなる何かがあるのだろうか？　ある仮説によれば、確かにその何かは存在するという。長い四肢が関係するというのだ[2]。この仮説の支持者は、チーターが側対歩であり、アフガン・ハウンドなど四肢の長い犬種も側対歩であるという事実を指摘する。しかし、チーターもアフガン・ハウンドも側対歩になるのは歩くときだけだ。キリンも側対歩だといわれるが、これは間違っている[3]。実際は、側対歩でもトロットでもなく、キリン独特の歩法をとる。ということは、ラクダが側対歩なのは、四肢が長いからだけではなさそうである。

ウマもまた四肢の長い動物であり、この点、参考になりそうだ。ウマはスピードによって異なる歩法をとり、常歩（ウォーク）、速歩（トロット）、駈足（キャンター）、襲歩（ギャロップ）の順にスピードが速くなる。さらに、ウマは最高速度以外ではさまざまな歩法をとることが可能である。特に注目したいのは、トロットのスピードを出すときに、斜対速歩（左前肢と右後肢、右前肢と左後肢、というふうに対角線上の二本が一緒に動く速歩）ではなく、側対速歩（側対歩による速歩）になるウマもいるということだ。馬種すべてを見わたしてみると、大半は斜対速歩だが、アイスランド産のポニーでは側対速歩のほうが普通である（だが、斜対速歩のウマも側対速歩のウマも、高速では自然にギャロップになる。スタンダードブレッド種のウマの競走はトロット限定なので、両者ともに競走ではギャロップしないようにしっかり調教しなければならない）。このことから、ウマの歩法には遺伝的な要素が関係しているのが予測される。[4]そして実際、斜対速歩するウマの子どもは斜対速歩し、側対速歩するウマの子どもは側対速歩する傾向が見られる。[5]最近、斜対速歩するウマと側対速歩するウマの遺伝的な差異が同定された。この差異は、脊髄から四肢に情報を伝えるニューロンにおけるインパルスの発生パターンに影響を及ぼすのだという。[6]

ウマの歩法の遺伝性に関する研究から考えると、ラクダの側対歩はエネルギー効率などとは別の面から説明できるかもしれない。おそらく、ラクダの独特の歩法は、単に祖先形質が保持されていることを示しているだけではないだろうか。ラクダの足跡の化石がこの点で参考になる。ヒトコブラクダやフタコブラクダが出現する数百万年前、両者の祖先が側対歩していたことが明らかに示されているのだ。[7]側対歩はラクダが進化するなかで保存されてきた特徴のようである。もし本当にラクダの足裏の幅広いパッドが側対歩を安定させるために進化したのだとすれば、行動的形質がその後の形態的進化を方向づけたわけだ。そのようなことが起こったのはこれが初めてではない。[8]そして、形態的変化が生じると行動が変更されにくくなる。仮に人間がミニチュアラクダやトイラクダを作ったとしよう。体が小さくなったとしても、小型のラクダたちも側対歩をすることだろう。

## ［付録5］ 第11章の補足A

# ウマの進化

化石が発見されている最初のウマ科動物はキツネぐらいの大きさで、雑食動物に典型的な歯列を備えていた。[1]歯列構成は、上顎と下顎それぞれに切歯三対、犬歯一対、前臼歯四対、後臼歯三対で、どれも人間の歯と同じように歯冠は短かった。また、原始的な哺乳類の指の数は五本だが、この初期のウマ科動物はそこからすでに逸脱し、第一指を失っていた。この地味な動物は熱帯雨林の下生えを棲みかとしていた。果実や柔らかい葉に加えて、おそらく昆虫などの小さな動物も食べていただろう。

およそ五〇〇〇万年前、初期のウマ科動物の一部が硬めの植物質を食べるように特殊化し始め、それに伴って歯列が変化した。特に顕著なのは、前臼歯が一本消失したことと、最後方の前臼歯が変形して後臼歯化したことだ。[2]また、ジャンプに適応しており、後肢の指がさらに一本減少していた。[3]強調しておきたいのだが、この新たなウマ科動物は最初のウマ科動物に取って代わったわけではない。新たなウマ科動物の出現後も、最初のウマ科動物はわずかに変化しながら二〇〇〇万年存続したのである。

その後の一四〇〇万年間（始新世と漸新世）、ウマ科には新種が多数出現した。その一部は歯の変形が進んで粗剛な植物質を摂食できるようになった[4]。特に重要なのは歯が長くなったこと、つまり歯冠が高くなったことと、後臼歯の隆線が増えて咬合面の面積が増大したことである。こういった変化は一般的ではあったが、必ずしもすべての種で見られたわけではない。同様に、四肢の伸長も一般的だったが、すべての種で見られたわけではない[5]。約二四〇〇万年前（漸新世と中新世の境界期）、気候変動により樹木で覆われていない地域が拡大し、温帯では、進化により新たに出現した草本が優占的になり始めた[6]。この新たな生息環境の出現がきっかけとなって、偶蹄類の複数の科と同様に、ウマ科動物も急速に種分化を始めたようだ。新しい種のうちいくつかは、この新しい植生に対応するようにどんどん特殊化していったが、この時点ではあいかわらず森林内に生息しているものも多かった。草本を食べるように特殊化したものでは、歯冠の長さや脚の長さ、体のサイズがさらに増大していった[7]（図11A・1）。

プレーリー（草原）に進出したもののうち、少なくとも一属（パラヒップス *Parahippus*）はポニー程度の大きさに近づいていた[8]。この属は現生のウマに似て細長い頭骨をもち、後臼歯や後臼歯化した前臼歯は歯冠が長く咬合面のパターンが複雑で、草をすりつぶすのに適していた。指の数はまだ三本だったが、体重の大部分は真ん中の指（第三指）で支えており、この指には蹄のような変化も見られた。中新世の全期間を通じて草原は拡大し続け、それに伴ってウマの種のいくつかの系統では脚が長くなり、第三指以外の指が退化し、歯列は草を食物とするのにますます適したものに特殊化していった[9]。五〇〇万年前（鮮新世の始まり）までには、北アメリカにはそのような特徴をもったウマの種が多数見られるようになり、三五〇〇万年前までには、現生のウマと同じぐらいのサイズになる属もいくつか出現していた[10]。

その一つがウマ属（エクウス *Equus*）であり、現生のウマやロバ、シマウマはこの属の仲間である。

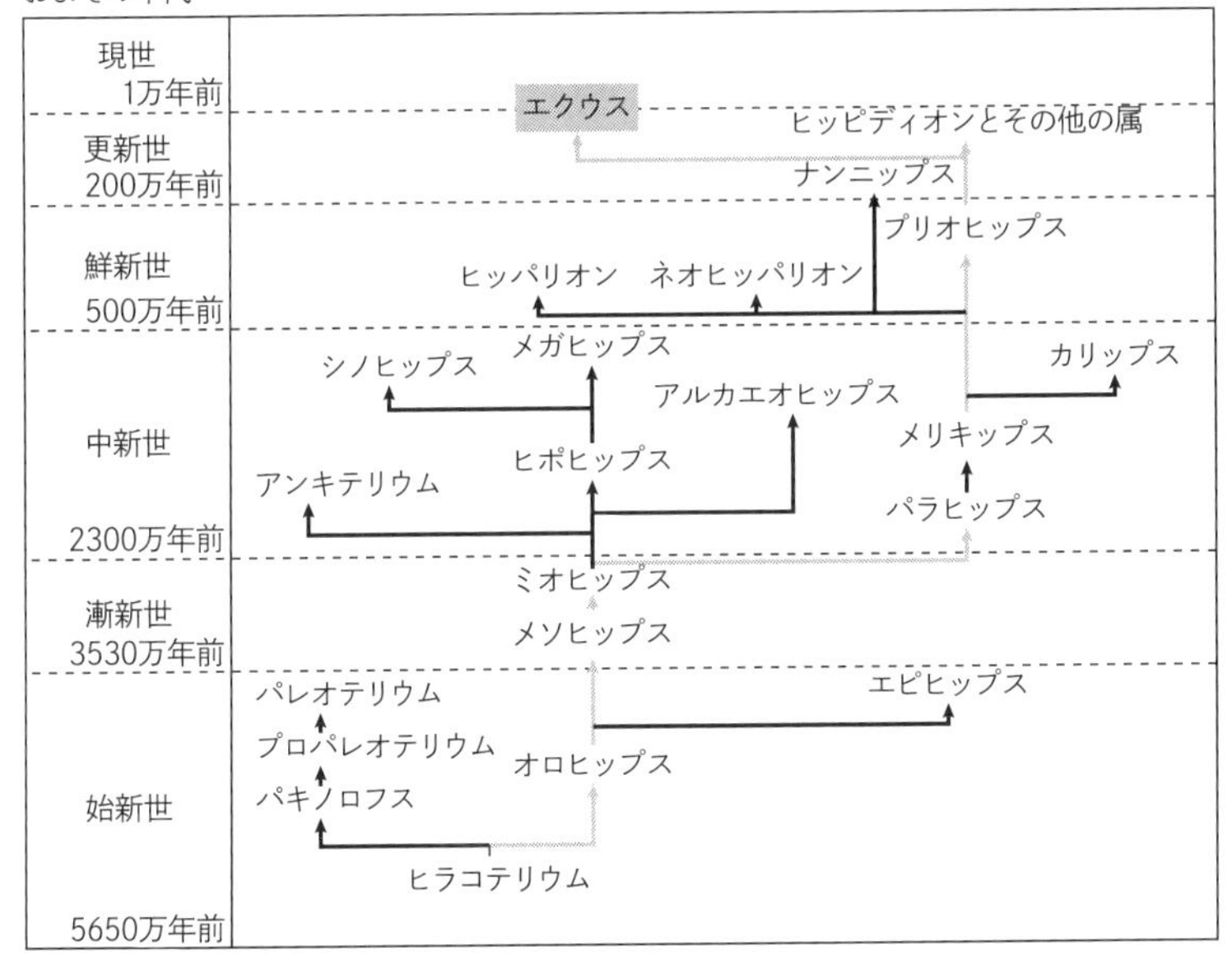


図11A.1　ウマ科の系統樹。一直線ではなく分岐している。

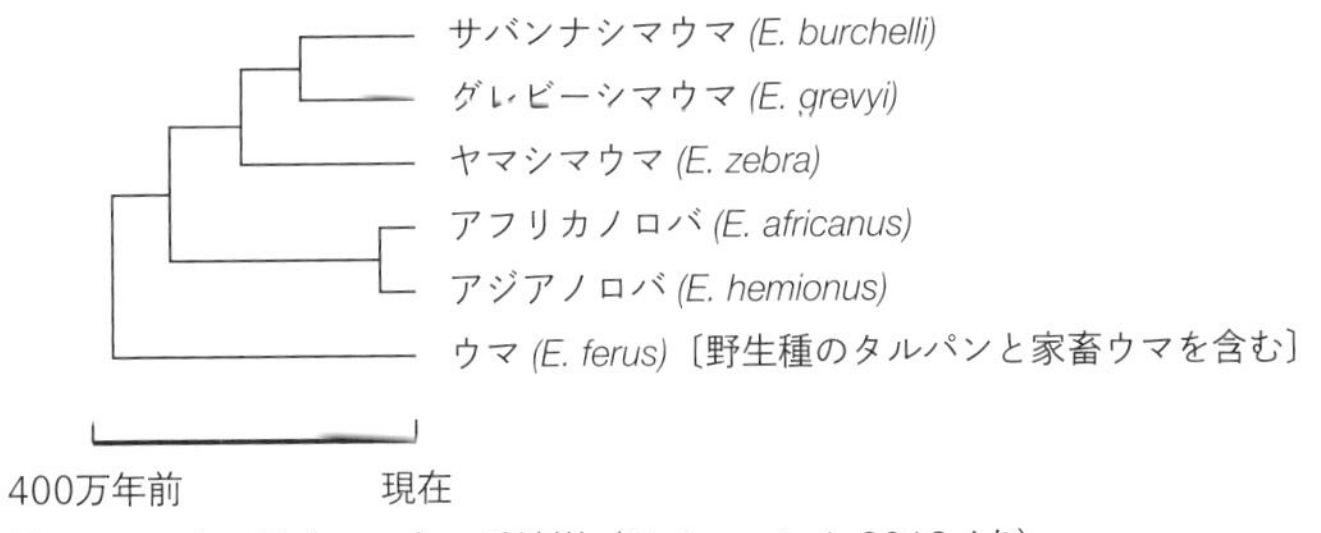


図11A.2　ウマ属 (*Equus*) の系統樹 (Steiner et al. 2012 より)

現生のウマ類の類縁関係については議論されている。[11] ここでは、スタイナーらが二〇一二年に発表した系統樹を紹介するが、この系統樹が決定版だというわけではない（図11A・2）。スタイナーらによれば、最初の分岐点でシマウマ三種がウマ属の他のメンバーから分かれる。最後の分岐点では狭義のウマがアフリカノロバ（ヌビアノロバとソマリノロバ）、およびアジアノロバ（たとえばオナガーやクーラン）から分かれている。

［付録6］第11章の補足B

# ウマ品種の系統

　どの家畜動物でも、系統関係を解明する際にはミトコンドリアDNAの馬力が大いに頼りになる。もちろんウマの在来種や品種でも事情は同じである。Y染色体もかなり役に立つが、ミトコンドリアDNAに比べるとかなり制限がある。ミトコンドリアDNAの分析により、家畜ウマの起源となった地域はどこかを探り、そこからウマがどういうルートでヨーロッパや中国、エジプトへと拡散していったのかをたどることが可能になる。家畜ウマの分布域が拡大していく際、野生の雌ウマとの交雑が頻繁に行われたこともこの分析から判明している。また、Y染色体の分析により、分布域拡大期に野生の雄ウマの寄与はなかったこと、また、最初に家畜化された集団でも野生の雄ウマの寄与はきわめて限られていたことが示されている。だが、品種の分岐の過程をたどるには、ミトコンドリアDNAやY染色体ではなく、全ゲノムデータや、核ゲノムの各所に散在し進化速度の速い（突然変異率の高い）マイクロサテライトDNAを用いる必要がある。そのような研究はまだかなり予備的な状態にある。

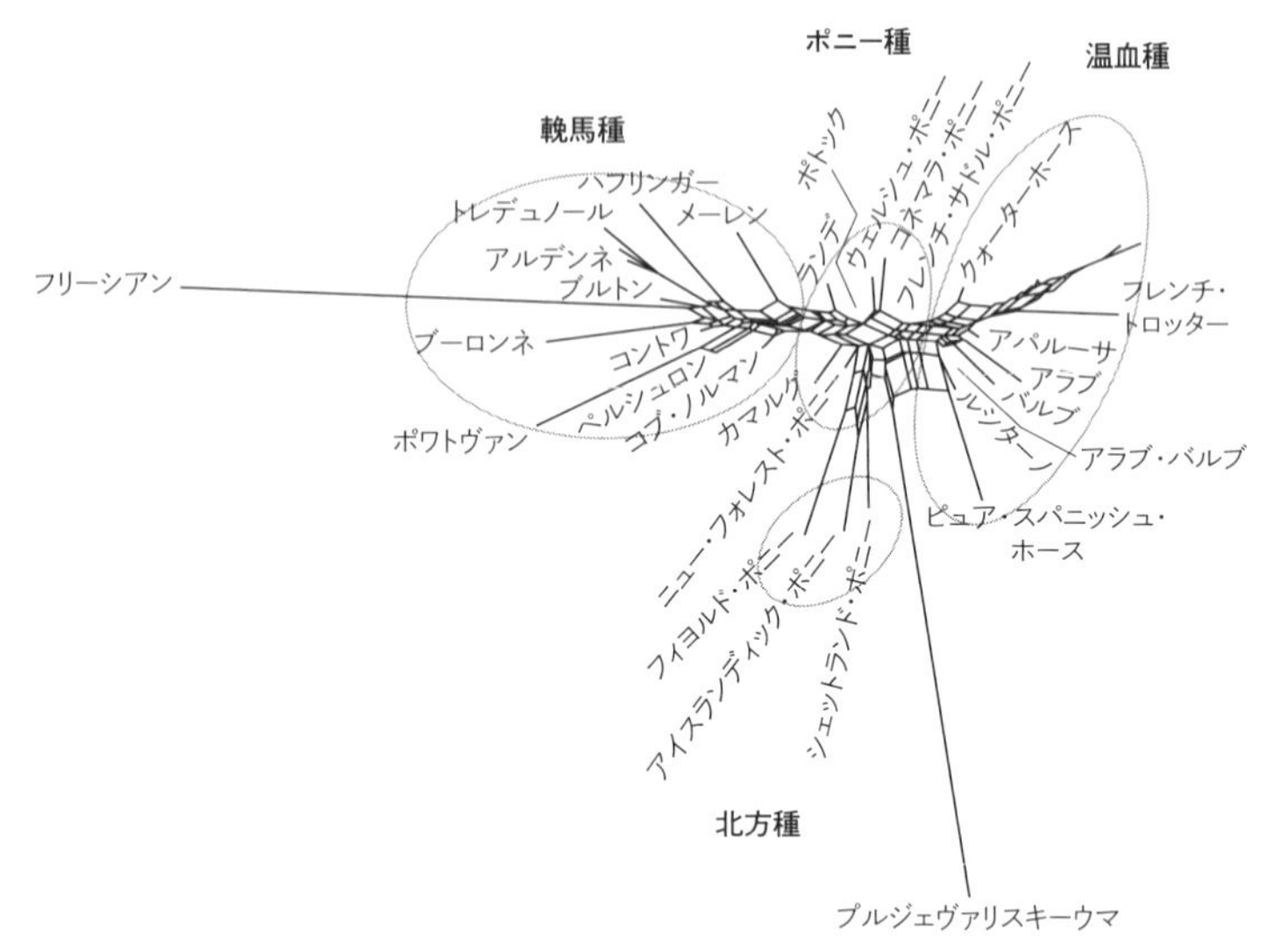


**図11B.1　マイクロサテライトのデータに基づいたフランス産ウマ品種の一部の系統関係**
(Leroy et al., *Genetics Selection Evolution*, 2009, 6, fig. 1 より)

　他の家畜動物と同様に、ウマ品種の系統樹を作成するにあたり、交雑が事態をかなり複雑にする。たとえば、サラブレッドは複数の輓系種や騎乗種の作出に寄与しているのである。このように系統樹の枝と枝の間で混合が生じているためにわかりにくくなっているとはいうものの、それでもなお、品種のクラスターやさらには全体の系統樹において、枝がどこでどのように分岐したのかを示す目印がすっかり隠されているわけではない。現在のところは、最大限頑張って、品種を何とかクラスターに分けることができる。近年行われたある研究では四つのクラスターが認められた[1](図11B・1)。

　第一のクラスターは北方の在来種・品種からなり、アイスランディック・ポニー、フィヨルド・ポニー、シェットランド・ポニーなどが含まれている。第二の明確なクラスターはヨーロッパの残りの地域のポニーからなり、ウェルシュ・ポニー、コネマラ・ポニー、ニュー・フォレスト・ポニー、フレンチ・サドル・ポニーなどが含まれる。小型のウマが二つのクラスターに分かれていることから、地理的条件の重要性がわかる。第三のクラスターは輓馬からなり、アルデンネ、ブルトン、コントワなどが含まれている(たまたまだが、サンプルを採取された輓馬はすべてフランス産だった)。最後のクラスターは、主として騎乗用で以前は軽馬車を引くのに用いられていた、いわゆる温血種を多く含むものである。このクラスターにはクォーターホース、ルシターノ、アパルーサ、フレンチ・トロッターなどのほか、アラブも含まれる。

ごく最近、一塩基多型(SNP)に着目し、さらに多様な品種についてゲノムワイド関連解析(GWAS)を行うことにより、ウマ品種の系統樹が構築された[2](図11B・2)。新たに判明したことのなかでも特に注目したいのは、原始的で古い品種であり系統樹の根元近くに位置すると考えられるステップの二品種(トゥバと蒙古馬)と、ノルウェジャン・フィヨルド、フィンホース、シェットランド、アイスランディックといった複数の北方品種が一つのクラスターになることである。どの品種も長らく隔離されてきた歴史をもつものだ。また、イベリア半島の二品種(アンダルシアンとルシターノ)は新世界産の品種のいくつかとクラスターを形成するのだが、フロリダ・クラッカーや在米種のクリオロ種はこのクラスターには属さない。また、西ヨーロッパ産品種のクラスターには大型の輓馬種(ペルシュロン、シャイア、クライズデール)と共に小型の二品種(エクスムア・ポニーとニュー・フォレスト・ポニー)が含まれている。最後のクラスターはサラブレッドとの交雑を反映するもので、イタリアのマレンマーノとハノーヴァー(後者はもともとドイツ産である)の他に、米国産のモルガンとクォーターホースを含む。

ここで紹介した品種の系統樹はまだごく予備的なものであり、ウマ品種間の系統関係の再構成への第一歩だとみなさなければならない。地理的な条件が大きく影を落としているのは明らかだと思える。という

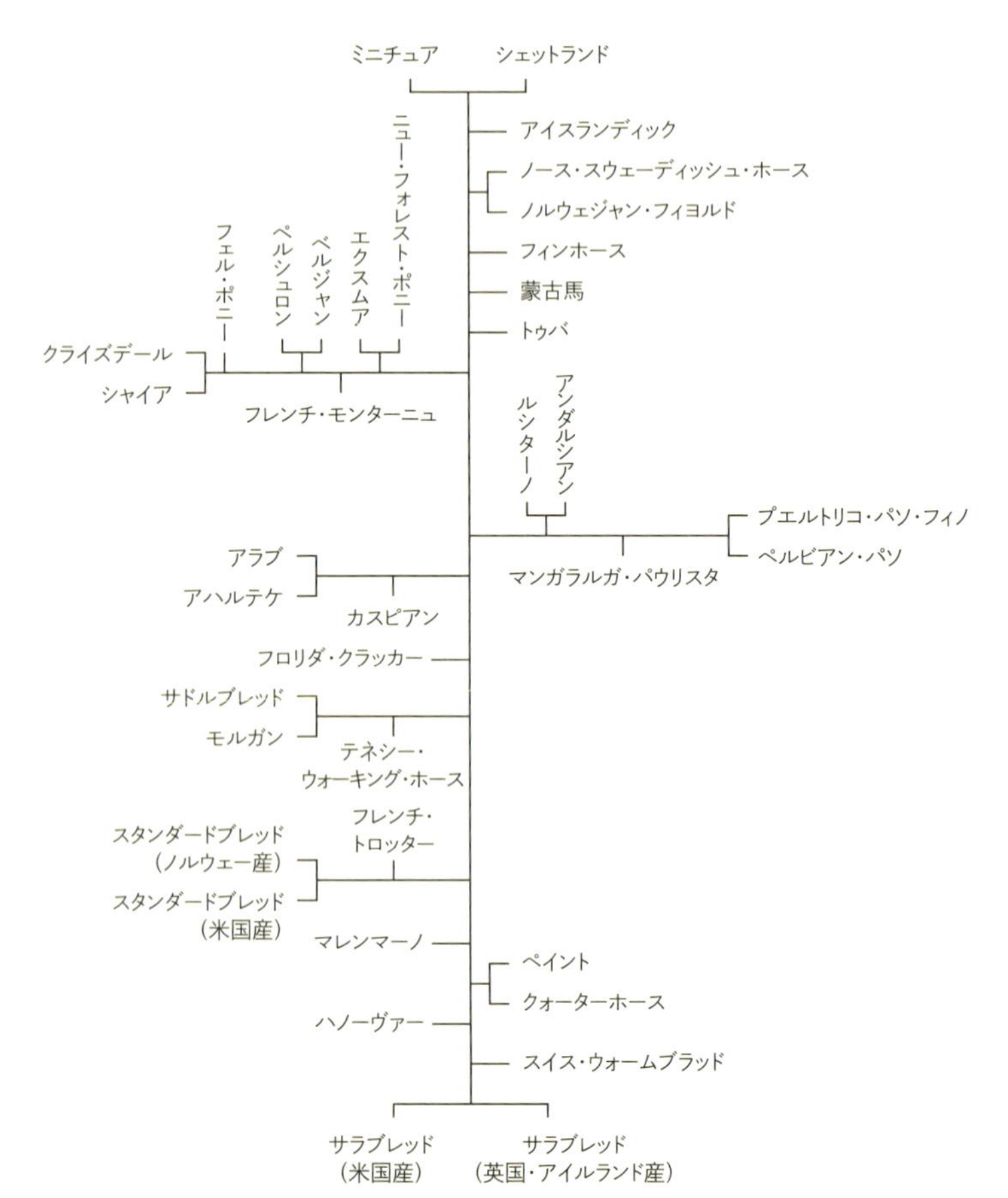


**図11B.2** ゲノムワイド関連解析（GWAS）で同定されたSNPに基づく世界のさまざまなウマ品種の系統関係（Petersen et al. 2013, 7, fig. 2 より）

ことは、人間の歴史、特に征服や貿易がからむのも関係しているだろう。たとえば体の大きさや体型に現れる品種の機能的な特質は、それほど重要ではないようだ。異なる地域でも、比較的原種に近い在来種をもとにしたり交雑を行ったりすることにより、同じように変化した形質が進化してきたからである。

［付録7］第12章の補足

# エピジェネティクスという次元

遺伝情報は塩基配列という形でDNAに保持されている。塩基にはアデニン（A）、チミン（T）、グアニン（G）、シトシン（C）の四種類があるので、遺伝情報はこの四種類の文字を線状に（一次元的に）並べたものとして表すことができる。だがDNAを含め、生化学的な分子は、実際には立体的な（三次元的な）構造をとっている〔DNAは、ヌクレオチドと呼ばれる構成単位が鎖状につながったヌクレオチド鎖二本からなっている。ヌクレオチド一分子は塩基・糖（デオキシリボース）・リン酸が各一つずつ結合したものである。DNAのヌクレオチド鎖は二重らせん構造をとる〕。そして、DNAの三次元的な構造の性質によって、どの遺伝子が「発現」するかが決まる。すなわち、どの遺伝子が活性化してその情報をもとにタンパク質が合成されるかは、DNAの立体構造によって決定されるのである。このDNAの立体構造は、塩基配列だけで決まるわけではない。「エピジェネティクス」とは、DNAの塩基配列の変化なしで遺伝子の発現を調節する仕組みのこと、あるいはその仕組みを研究する学問領域のことである。これは生物学の比較的新しい分野であり、遺伝子発現の長期的な制御の仕組みを解明しようとするものだ。遺伝子発現のエピジェネティックな制御は、DNAや、DNAがきっちりと巻きついているヒストンというタンパク質に、メチル基やアセチル基が結合する（これを「化学修飾」と呼ぶ）形で行われている。[1] この化学修飾によって、DNAの立体構造が変化するのである。

哺乳類では、エピジェネティックな変化の大部分は出生前に起こる。多くのエピジェネティックな変化は環境条件によって誘発されるので、身体的な環境や社会的な環境への応答として、ある特定の遺伝子に特定のエピジェネティックな変化が生じると予測できる場合もある。だが、エピジェネティックな変化には基本的にランダムに生じるものもある。実験に用いられる同質遺伝子系統（アイソジェニック）のマウスには、同系統なら別個体でも遺伝情報は同一であるにもかかわらず、実に多様な表現型変異が見られる。この変異は、エピジェネティックな変化がランダムに生じることによるものだとして説明できるかもしれない。[2]

エピジェネティクスは発生学に莫大な影響を与えている。たとえば、毛母細胞でも血球でもニューロンでも、あなたの体を構成するどんな細胞もすべて遺伝的に同一なのに、細胞によって表現型は大きく異なっている。表現型が異なるのは、エピジェネティックな面での差異があるからである。だが、エピジェネティクスは進化を理解するうえで役に立つだろうか？　この問題に対する興味は、特にエヴォデヴォのコミュニティーで高まっている。マリオン・ラムとエヴァ・ヤブロンカはエピジェネティクスと進化学を統合しようというこの試みの先駆者であり、エピジェネティクスは進化生物学にとって不可欠であると断固として主張している。[3] 一方、ジェリー・コインなど、ダーウィニズム的正統派進化論の守護者たちのほうも同じように強硬に、時に卒倒するほどの勢いで激昂し、ナンセンスの極みだと反対している。[4] 旗色が良いのはヤブロンカとラムのほうのようだ。[5]

議論の中心になっているのはエピジェネティックな遺伝である。エピジェネティックな遺伝がどの程度普遍的なのか、そして進化に関係するのかどうか、ということだ。エピジェネティックな遺伝とは、DNAの塩基配列の変化を伴わないエピジェネティックな変化が起こった状態が次世代に伝わり、その結果、遺伝子発現度の変化が次世代に伝わることである。エピジェネティックな変化が細胞分裂を経ても受け継がれることは、よく知られている。ある細胞で、DNAやヒストンが化学修飾されることによりエピジェネティックな目印がつけられると、その細胞の子孫(娘細胞)はすべてそのエピジェネティックな変化を受け継ぐ。血球の前駆細胞からニューロンができないのはそのためである。これは体細胞におけるエピジェネティックな遺伝(エピジェネティックな状態の継承)である。だが、エピジェネティックな遺伝が、塩基配列というDNAの一次元的な構造のように、親から子へと世代を経て受け継がれることもあるのだろうか? それが起こるためには、次世代へ受け継がれる唯一の細胞群、すなわち生殖細胞である精子や卵細胞に、エピジェネティックな目印が存在していなければならない。さらに、このエピジェネティックな目印が受精卵に伝達される必要もある。これは生殖細胞系列のエピジェネティックな遺伝、あるいは世代を経て伝えられる(継世代的な)エピジェネティックな遺伝と呼ばれている。

世代を経て伝えられるエピジェネティックな遺伝がさまざまな植物や動物で起こっているという証拠は、十分に見出されている。養殖場で飼育されたキツネでもそうだ。養殖場のキツネや、ウマなど多くの家畜動物の前頭部に頻出する白斑(星とも呼ばれる)は、標準的なメンデル遺伝では説明のつかない方式で遺伝する。この証拠がまさにエピジェネティックな遺伝が起こることを示しているのだ[6]。

だが、エピジェネティックな遺伝が進化に関与しているというためには、前提条件が二、三必要である。まず、エピジェネティックな変異(エピジェネティックな変化による変異)が非常に多様であること。次に、このエピジェネティックな変異が遺伝的変異（塩基配列の変化による変異）とは独立して起こることである。同質遺伝子系統のマウスはこの両方を満たしてくれる。さらにいうなら、純系マウスでは、そのようなエピジェネティックな変異を人為的に選択することによって、特定の毛色の変異体の出現頻度を高めることに成功しているのだ[7]。とはいうものの、今日までの証拠は、エピジェネティックな遺伝が植物や単純な生物では普通に見られる一方で、哺乳類やその他の脊椎動物ではかなり珍しいことを示している[8]。

［付録8］第14章の補足

# 進化生物学・進化人類学・進化心理学

人間の心／脳の適応を作りあげるわたしたちの能力に関して、もっと謙虚に考えたほうがよいという忠告は、「進化心理学者」と自称する者たちに無視された。彼らはまったく躊躇することなく、主流の進化生物学的な基準からすれば脆弱な証拠でしかないものに基づいて、ありとあらゆる人間の認知的な適応を証明できたと主張している。しかし、進化心理学は、主流の進化生物学の枠組みの外で生まれ育ってきたものなのである。進化心理学は、信憑性を失った行動主義の枠組みに取って代わる、統一的で堅固な枠組みを探し求める心理学者たちが発展させてきたのだ[1]。

そんなわけで、当然ながら進化心理学の「進化」は非常に底が浅い[2]。たとえば、進化心理学の開始よりも前に、主流の進化生物学では発生学がからむ展開が起こっていたのに、進化心理学者たちはそれを十分に認めていない。進化心理学者がゲノムの証拠を持ち出すのはきわめて限られている。また、系統再構成のための方法論やツールがますます洗練されていっているというのに、それにはまったく気がついていないようである。この点で、進化心理学は進化人類学と著しく対照的な状況にある。進化人類学では、比較法を適用する際に必須のエヴォデヴォやゲノミクス、系統を再構成するテクニックがますます中心的になってきているのだ。[3]

進化心理学の基本的な前提には、問題を抱えたものがいくつかある。その一つが「進化的適応環境（EEA）」というものだ。それによれば、人間の心は更新世における問題を解決するように進化したのであり、「進化的適応環境」とは、そのような適応をもたらした環境のことである。現代の環境は更新世の環境とはかなり異なるものになっているのに対し、人間は更新世の環境に適応した状態のままであり、環境の変化と進化にずれが生じてしまっている。そのため、人間の心は現代の環境からもたらされる問題にまだ対処できないでいるのだという。[4] この仮定には三つの問題点がある。一つは方法論的なもの、あと二つは事実に関するものである。

方法論的な問題点は、EEAという仮定を立てたことにより、進化心理学は否定的な証拠を見ないですましているということだ。あるデータがリバースエンジニアリングによる予測に合わなければ、それはEEAと現在の環境が食い違っているからだと説明し、その一方で、データが予測を支持するものであれば、それはこの二つの環境間に類似点が残っているからだと結論づけるのである。EEAという仮定があるおかげで、原則的に、進化心理学の大部分は経験主義的なアプローチを拒めるようになっている。事実に関する問題点の一つは、EEAとして提案されているのが更新世の環境だということである。更新世の環境は激しく変動したことで悪名高い。[5] 変動しまくる条件を平均化するなど、どだい無理な話なのに、進化心理学では更新世の平均的な環境を求め、それに人間の心が適応したものとしている。[6] 事実に関するもう一つの問題点は、更新世以降、人間はかなり進化したということだ。[7] 実際、第15章で見てきたように、一万二〇〇〇年前の農業革命以来、人間はかなりの進化を遂げている。人間の心／脳の進化が更新世の間に停止したと納得できるような証拠はない。

また、進化心理学者たちは、進化生物学の膨大な文献のなかから入念に選り分けたものを用いて、独自の「教義」を作り出している。[8] それだけではない。そうやって選び出した文献の一つであるジョージ・C・ウィリアムズの『適応と自然選択』では、適応（「～を対象とする選択」による産物）は「厄介な」概念であると述べているが、進化心理学では、この中心教義をどういうわけか見逃してさえいるのだ。[9]「厄介な」という語は科学論文であまり見かけるものではなく、英語を操る並外れた能力をもつウィリアムズがこの語を軽々しく用いたのではないはずである。

この聞き慣れない語によってウィリアムズが何を意味したか、よく考えてみたい。「厄介な」の暗示する主要な意味は「重荷となる」「酷な」「きびしい」「厳重な」「苦痛を与える」などである。反対語には「心地よい」「適度の」「落ち着いた」「感じの良い」などがある。ウィリアムズが、すでに記述したような適応を用いた推論の障害に気づいていたのは明らかである。ウィリアムズが特に熱心に警戒していたのは、当時（一九六〇年代）広く普及していた、群選択（群淘汰）による適応というお手軽な主張である。こういった主張は、安定的な集団のサイズなど、集団の形質にとって利益になると考えられる（あるいは想像できる）ものをベースにすることが多かった。

ウィリアムズにとって適応とは、主張はやさしいが論証は困難なものである。その手の主張をしようとすれば、証明するという厄介な重荷がのしかかる。適応は最初から仮定すべきものでないのは確かであるというのだ。進化心理学者は、ウィリアムズを崇拝する一方で、そのメッセージをどういうわけか無視した。それどころかまったく逆に、（EEAでの推定上の条件から、リバースエンジニアリングした結果をもとにして）自分たちが判別できた認知的形質や行動的傾向（たとえば人間の好戦的傾向やレイプ、認知面で性差があると推定されることなど）が適応的であると推定している。[10] 進化心理学は、進化生物学で推論する際の標準的な基準に縛られていないため、グールドとルウォンティンがラドヤード・キップリングの有名な作品になぞらえて「なぜなに物語」と呼んだようなものになりがちである。[11]

進化心理学が創り出した「なぜなに物語」のなかでも言語道断なものとして、人間の性差に関するものがある。よくある進化心理学的なお話では男女の差が強調され、男性と女性は異なる種に属しているとまで思わせられる。しかし、第13章で見たように、ヒト科の系統では、性差（性的二型）は明らかに減少している。三〇〇万年前頃からすでにその傾向が見られる。哺乳類の標準から見ても、霊長類の標準やヒト科の標準から考えても、人間の性差はかなり小さいほうなのだ。この事実は、自己家畜化仮説と矛盾はしないが、自己家畜化仮説の決定的な証拠となるものではない。またこの事実は、心理学的性差を含め、人間の性差についての「適応主義者のロジック」に基づく憶測に飛びついてしまいがちな人に、待ったをかけるものでもある。[12]

[付録9] 第15章の補足

# 火の使用とその結果

人類は二五万年前には火を使えるようになったというのが、一般的に受け入れられている見解である。人類学者のなかには、火の使用の起源をもっと前の三〇万~五〇万年前までさかのぼらせたいと思っている人が多い。さらに論争を呼びそうだが、リチャード・ランガムはさらに古い年代を提案し、人類の火の使用は、ホモ・エレクトスとホモ・エルガステルがアフリカやユーラシアで繁栄していた一五〇万年前のことだとしている[1]。

ランガムの見解では、料理は人類の生物学的進化に多大な影響を及ぼし、その結果、歯のサイズの縮小、消化管の全体的な短縮などが起こったという。以前は消化に振り分けられていたエネルギーを、脳の成長など、他の用途に充てられるようになったというのである。実際、ランガムは、ホミニン（ヒト族）の脳のサイズ増大については、料理が発明されたことが大きく寄与したとしている。この点で、ランガムは脳のサイズ増大を説明する「高価な組織仮説」に頼っている[2]。

高価な組織仮説では、消化管に費やされるエネルギーと、脳に費やされるエネルギーとがトレードオフの関係にあるものとする。消化管は脳に次いでエネルギー消費の大きい組織だからである。この仮説の支持者によれば、霊長類やその他の哺乳類では、消化管サイズと脳のサイズの（どちらも体の大きさに対する相対的なもの）間に負の相関関係が見られるともいう。大きな脳と長大な消化管の両方をもつことはできない、というわけだ。

以前から、肉にウェイトを置いた食事をするようになったおかげで消化管の短縮が可能になったと推測されていた。ウシが四室の胃をもっているように、植物質は消化にかなり手間がかかるためだ。高価な組織仮説の擁護者は、肉を中心とする食事によって、消化管に割いていたエネルギーを脳に流用できるようになったため、脳の成長が可能になったのだと考えている。ランガムによれば、単に肉を食べるだけでは十分ではなく、料理されることが必要だという。さらに、真に重要な食物の変化は塊茎や塊根といったイモ類など（ジャガイモ、ヤムイモ、キャッサバ、マニオク、カブなど）が加わったことだそうだ。こういった食物に含まれるデンプンは分子構造が複雑で、料理されて初めて消化可能になるのである[3]。ランガムによれば、料理した塊茎などが加わって多くのカロリーを摂れるようになったからこそ、ホミニンの脳は増大可能になったのである。

# 謝辞

コメントや助言を寄せてくださった多くの研究者の方々に心から感謝いたします。アンナ・クケコヴァ（第1章［キツネ］と第2章［イヌ］）、レイモンド・コッピンガー（第2章［イヌ］）、グレガー・ラーソン（第2章［イヌ］と第6章［ブタ］）、デニス・A・ターナー（第3章［ネコ］と第4章［その他の捕食者］）、マッシモ・ピグリウッチ（第5章［進化について考えてみよう］）、デイヴィッド・W・バート（第7章［ウシ］）、ジェームズ・W・キジャス（第8章［ヒツジとヤギ］）、クヌート・H・ロード（第9章［トナカイ］）、ロビン・ベンドレー（第10章［ラクダ］）、デイヴィッド・W・アンソニー（第11章［ウマ］）、スティーヴン・N・オースタッド（第12章［齧歯類］）、アンヘル・スポトルノ（第12章［齧歯類］）、ジェフリー・シュウォーツ（第13章［人間――I　進化］と第14章［人間――II　社会性］）。本書を上梓できたのはこの方々の御助力あってこそです。

W・W・ノートン社の担当編集者であるジャック・ラップチェックにも感謝を捧げます。本書の企画の開始時から熱心にサポートしてくださったのみならず、豊かな経験から正確な判断をしてくださいました。ジャックのアシスタントであるテレシア・コワラの勤勉さとたゆまぬ快活さは貴重な宝物です。並外れて優秀な原稿整理編集者であるステファニー・ヒーバートの管理にも大いにお世話になりました。

友人たちにも謝辞を申し上げます。物怖じしないヒッピーのようなローリ・キャナテラと何度か《ジェパディー!》を見て過ごした夜、刺激的な会話は、本書には関係ないけれども忘れがたい思い出です。ジーンとマイケル・ウィリアムズは途方もなく寛大なもてなしをしてくださいました。本書の仕上げ段階中は、カリフォルニア州ラフィエットの丘陵地にある彼らの牧歌的なゲストハウスでお世話になりました。ジーンの素晴らしい料理も堪能させていただきました。

最後に、ポーリーン・バーンズ（別名「パペット・マスター」）には特に感謝しています。彼女なしではカリフォルニアに滞在することはかなわなかったでしょう。

# 訳者あとがき

本書『家畜化という進化』は、リチャード・C・フランシスによる *Domesticated: Evolution in a Man-Made World* の全訳である。「家畜化」といっても畜産の本というわけではない。本書の大きなテーマは、「進化」である。畜産で扱うウシやウマなども含め、イヌやネコなど人間と関わりの深い動物、そして人類の進化について、近年得られた知見を元に、家畜化という視点から考え直そうという野心的な書籍である。

## 進化とは

「進化」という語は日常でも使われることが多いが、その意味はどれほど正確に理解されているだろうか。進化とは、生物の遺伝的な性質が世代を経て変化していくことだ。ある個体が一生の間に変化しても、それは進化ではない（ポケモンの変化は進化ではなく変態である）。地球上にいま多様な生物が存在するのも、進化という現象あってこそだ。わたしたち人間ももちろん進化の産物である。

## 家畜化という進化

本書のトップバッターは、意外にもキツネである。なぜキツネ?とまず疑問に思われるだろう。シベリアに追放された不遇の科学者ベリャーエフが、信念を賭けてある実験を行った。毛皮を取るために養殖されているキツネのなかから、人間が近づいても恐れたり攻撃したりしてこないような、従順性の比較的高いキツネを選びだし、交配させたのだ。何世代か繰り返すうちに、キツネたちは人間を見て尾を振ったり顔をなめたりし始めた。また、選択の基準は従順性だけだったのに、キツネの耳の形、被毛の色や模様、骨格までもが変化したという。このキツネたちは、選択によって従順性が高まる方向に進化し、従順性以外の形質も変化したのである。オオカミからイヌへの進化でも同様のことが起きたのだと考えられる。

一般に「家畜」とは、肉や乳などを利用するために人間が飼育し、繁殖させる動物のことだ。ブタ、ウシ、ヒツジ、ヤギ、ウマなどがこれに含まれる。日本ではあまりなじみがないが、ラクダやトナカイも家畜にされている（ニワトリやミツバチなど哺乳類以外の動物で家畜化されているものもいるが、本書では扱わない）。野生動物と異なり、家畜動物は人間のすぐ近くにおり、野生のものに比べて密度の高い状態で飼育され、また、人間に繁殖を（ある程度は）管理される。一般的な「家畜」ではなくても、このような条件にあてはまるものは、広い意味で「家畜化」されていると言える。イヌやネコ、フェレット、マウスなどがこれにあたる。

家畜化で重要な役割を果たすのは人間による繁殖の管理、つまり人為選択である。かのダーウィンは、人為選択による成果を参考にして、自然界では自然環境を原因とする選択が行われて生物が進化すると考え、自然選択説を練り上げた。自然選択も人為選択も進化の原動力の一つになるのである。イヌはオオカミから、ネコはヤマネコから、ブタはイノシシから、ウシはオーロックスから、それぞれ家畜化という進化を経た結果、今のような生物になったのだ。ベリャーエフのキツネ実験は、この家畜化という進化の過程を再現し、進化のメカニズムを追求する目的で行われたものだったのである。

家畜化された哺乳類は食肉目（イヌ、ネコ、フェレット）、偶蹄目（ブタ、ウシ、ヒツジ、ヤギ、ラクダ、トナカイ）、奇蹄目（ウマ）、齧歯目（マウス、ラット、モルモット）という複数の分類群にわたっているが、奇妙に共通した形質をもっている。野生の原種に比べて、高い従順性のほか、毛色や模様の多様化、性差の減少、体のサイズの低下などの変化が生じているのである。なぜこのように共通した変化が見られるのだろうか？　家畜化には他にも謎がある。ウマが家畜になった一方で、なぜシマウマは家畜にならなかったのだろうか？　イヌはどうやって人間の意図を読み取る力を得たのだろうか？　大型犬が寿命が短いのはなぜ？　家畜化を進化の観点から見れば、このような疑問への答えが（少なくともその手がかりが）得られる。

## 人類の進化

人間は文明社会を構築したという点で比類なき存在ではある。だが文明化は人間だけの力で成し遂げられたのではない。種々の作物や家畜の力なくしてはできなかったことだ。家畜なしでは人間の歴史は語れないのである。また、人類自身の進化を考えるうえでも家畜化は重要な概念となる。家畜化の過程で共通して生じる変化のなかに人類進化の過程でも起こったものがあることから、「自己家畜化」が人類の進化で大きな役割を果たしたとも考えられるのだ。本書の後半では、自己家畜化と人類の進化について考察されている。

## 「従順性」について

本書のキーワードの一つは「従順性」である。これは tameness の訳語である。tameness には「飼い馴らされていること」「人馴れしていること」などの意味もあるが、二〇一七年に発表された国立遺伝学研究所の研究に従って「従順性」という語をあてた。この研究では、野生マウスの集団をもとに、人の手を恐れずに近づき、ある程度の「能動的従順性（active tameness）」を示すマウスを選んで交配することを繰り返し、高い「能動的従順性」を示すマウスの集団をつくった。ベリャーエフのキツネ実験のマウス版とも言えるが、従順性に関わるゲノム領域を同定し、さらにイヌのゲノムとの比較も行っているところが新しい。能動的従順性を示すマウスとイヌはゲノム内に相同領域をもっていた。また、この領域内にはセロトニン（脳内で働く神経伝達物質）の量を調節する遺伝子が存在することから、従順性や家畜化にこの遺伝子が関与していることも示唆されている。ちなみに、二〇一八年には、米国・中国・ロシアなどの共同研究により、ベリャーエフのキツネ実験をもとに、キツネのゲノムが解析され、従順性に関わる遺伝子の一つが同定されている。

## 分類について

生物は階層的に分類されている。分類の基本的な階級を上位から並べると「界・門・綱・目・科・属・種」となる。たとえば人間（ヒト）の分類上の位置づけは「動物界・脊索動物門・哺乳綱・霊長目・ヒト科・ヒト属・ヒト」と書ける。「類」という語もよく用いられるが、これは特定の分類階級によらず、単にグループであることを示す便利な語である。英語で名詞の後につけて複数形にする「-s」と似たような働きをするものだと思ってよい。「類」は「綱」や「目」の代わりに使われることが多い。たとえば「哺乳類」は「哺乳綱」のこと、「食肉類」は「食肉目」のことである。

種や上位の分類群にはラテン語（あるいはラテン語化されたギリシア語）で「学名」がつけられている。学名に対して日本語の生物名は「和名」、英語の生物名は「英名」である。種の和名や英名には名づけのルールがないに等しい。英語圏は範囲が広く複数の国にわたるため、同一生物に対する複数の英名があることも多く、英名と学名を単純に対応させられない場合が多い。これに対し、和名はある程度標準化され統一されている。特に哺乳類については、日本哺乳類学会が「世界哺乳類標準和名目録」を作成し、現生の全哺乳類の標準和名を提案している。本書では、原書で学名が表示されている現生哺乳類については、この目録に従って和名を表示した。

分類の最小単位は「種」であるが、種をさらに「亜種」に分ける場合もある。また、家畜化されている動物では、種を「在来種」「品種」に分けることが多い。「亜種」「在来種」「品種」はいずれも種の下位のグループである。「亜種」は自然発生的であるが、「在来種」「品種」には人間が関わっている点が異なる。ウマなどでは、品種名を「アラブ種」のように「種」をつけて表記することもある。本書では、イヌの品種名は主にジャパンケネルクラブに、ネコの品種名は日本獣医師会の「猫：種類コード表」に従って表記した。その他の動物の品種名の表記は『世界家畜図鑑』『世界家畜品種事典』などを参考にした。

最後になりましたが、本書の翻訳にあたり、白揚社の阿部明子氏には大変お世話になりました。スケジュールを遅らせる訳者を辛抱強く叱咤激励して下さり、また、各種情報のチェックや訳文のブラッシュアップなどに多大な力を貸して下さいました。本書の翻訳の機会を与えて下さり、心より感謝しております。

## 主な参考文献


バーナード・ウッド『人類の進化』馬場悠男訳、丸善出版、２０１４年
遠藤秀紀『哺乳類の進化』東京大学出版会、２００２年
川田伸一郎他「世界哺乳類標準和名目録」『哺乳類科学』第58巻別冊（1―53頁）、２０１８年
倉谷滋『形態学』丸善出版、２０１５年
Ｊ・クラットン＝ブロック『図説 動物文化史事典』増井久代訳、原書房、１９８９年
正田陽一監修『世界家畜図鑑』講談社、１９８７年
正田陽一監修『世界家畜品種事典』東洋書林、２００６年
日本進化学会編『進化学事典』共立出版、２０１２年
ケネス・Ｊ・マクナマラ『動物の発育と進化』田隅本生訳、工作舎、２００１年

11 Gould and Lewontin 1979.

12 進化心理学をベースとした、ヒトの性差に関する節操のない推察の例としては Geary 1995 などが挙げられる。

## 付録 9　第15章の補足

※参考文献リストは第15章と共通。

**註**

1 Wrangham 2009.

2 たとえば Aiello and Wheeler 1995 を参照。

3 Wrangham and Conklin-Brittain 2003.

## 付録6　第11章の補足B

※参考文献リストは第11章と共通。

**註**

1　Leroy et al. 2009.
2　Petersen et al. 2013.

## 付録7　第12章の補足

※参考文献リストは第12章と共通。

**註**

1　Francis 2011.
2　Wong, Gottesman, and Petronis 2005; Feinberg and Irizarry 2010.
3　Jablonka and Lamb 1998, 2005.
4　Coyne 2009. コインのブログにはヤブロンカへの個人攻撃的な批評が書かれている。Why Evolution Is True, http://whyevolutionistrue.wordpress.com.
5　Danchin et al. 2011 を参照。Richards, Bossdorf, and Pigliucci 2010; Bonduriansky and Day 2008.
6　Trut, Oskina, and Kharlamova 2009.
7　Rakyan and Whitelaw 2003.
8　Jablonka and Raz 2009.

## 付録8　第14章の補足

※参考文献リストは第14章と共通。

**註**

1　これはToobyとCosmidesが広めたサンタ・バーバラ学派の進化心理学、つまり、括弧付きの「進化心理学」のことである。未来の進化心理学はこのような欠陥に縛られる必要はない。
2　Buller 2005; Richardson 2007; Francis 2004; Lloyd and Feldman 2002; Bolhuis et al. 2011.
3　たとえばGunz 2012; Giger et al. 2010; Kuhn 2013を参照。
4　Barkow, Cosmides, and Tooby 1992.
5　Loulergue et al. 2008; Martrat et al. 2007.
6　Tooby and Cosmides 2005.
7　Richerson, Boyd, and Henrich 2010; Meisenberg 2008. 歯のサイズの変化についてはLoring, Rosenberg, and Hunt 1987を参照。
8　Cosmides and Tooby 1997. 基本的なテキストで最も重要なものはWilliams 1966 (*Adaptation and Natural Selection*) である。
9　進化心理学者たちによれば、ウィリアムズは群レベルの適応だけが厄介であると主張しているというが、これは誤解である。ウィリアムズは群選択に関しては腹に一物あったのだが、ウィリアムズの主張する適応の厄介さという概念は、群選択だけに限ったものではなかったのである（Williams 1966, 4を参照）。ウィリアムズはわたしの学位論文審査委員会のメンバーだった。当時、多くの社会生物学者が（今日の進化心理学者のように）ウィリアムズを守護聖人としていたので、1979年、この件について彼に尋ねてみたところ、ウィリアムズとしては群選択だけでなく全面的に適用するつもりで、適応は厄介な概念だと主張しているということだった。しかし、彼の行動にはこの主張を裏切るものもあった。当時、ウィリアムズは『アメリカン・ナチュラリスト』誌の編集者だったのだが、社会生物学的傾向のある極端な適応主義者の一部がこの研究誌を根城とするようになったのは、ウィリアムズの責によるところが大きい。
10　ウィリアムズが特にターゲットとしたのはWynne-Edwards（たとえば1963, 1978）である。

15　Felius et al. 2011. ポドリアンはグレー・ステップ牛と呼ばれることもある。
16　Pellecchia et al. 2007.
17　ゼブ牛とタウルス牛の雑種には、シベリアのヤクート地方の極度に寒冷な気候に適応したヤクート牛も含まれる（Kantanen et al. 2009）。
18　Pellecchia et al. 2007. 古くはヘロドトスがエトルリアとの関係を支持していた。
19　Maretto et al. 2012; Pariset et al. 2010; Negrini et al. 2007 および D'Andrea et al. 2011 は、野生のトスカナ産品種について言及している。Achilli et al. 2009 は、多くのイタリア産品種の成立に地元のオーロックスの雌が貢献したという証拠を挙げている。
20　Blott, Williams, and Haley 1998.

## 付録4　第10章の補足

※参考文献リストは第10章と共通。

### 註

1　Dagg 1974.
2　Webb 1972. Janis, Theodor, and Boisvert 2002 は、側対歩なら脚同士が邪魔にならず、歩幅を大きくすることができると論じている。
3　Janis, Theodor, and Boisvert 2002; Pfau et al. 2011.
4　Promerová et al. 2014.
5　Becker, Stock, and Distl 2011; Zwart 2012.
6　Andersson et al. 2012.
7　Webb 1972.
8　ラクダの胸郭の幅が比較的狭いのも、側対歩への適応だと考えられている。

## 付録5　第11章の補足A

※参考文献リストは第11章と共通。

### 註

1　Froelich 1999, 2002. ウマの進化をこのように簡潔にまとめるにあたって、Kathleen Hunt の書いたインターネット上の文章にずいぶんお世話になった。興味のある読者にお薦めしたい。"Horse Evolution," TalkOrigins Archive, last modified January 5, 1995, http://www.talkorigins.org/faqs/horses/horse_evol.html.
2　MacFadden 2005.
3　MacFadden and Hulbert 1988.
4　MacFadden and Hulbert 1988; MacFadden 1976.
5　Prothero and Shubin 1989.
6　ウマの進化におけるこの時期の代表的なものはパラヒップスとメリキップスである。
7　こういった形質はメリキップス、およびその後すぐに多様化し分岐していった多くの近縁な種に見られる（Simpson 1961）。
8　MacFadden and Hulbert 1988.
9　当時の北アメリカで普通に見られたウマ科動物であるディノヒップスがその典型である（Hulbert 1989）。
10　Janis, Damuth, and Theodor 2002.
11　George and Ryder 1986; Lindsay, Opdyke, and Johnson 1980; McFadden 2005; Steiner and Ryder 2011; Steiner et al. 2012.

2　たとえば Coyne 2005 (Carroll 2005a のレビュー)、Hoekstra and Coyne 2007 など。正統派ダーウィニズムを冒涜するものとしてコインが特に反対しているのは、群選択、同所的種分化、複合突然変異、生物学的種概念への代案、エピジェネティックな遺伝、ライトの平衡推移説 (あるいは集団遺伝学についてのR・A・フィッシャーの観点から逸脱したものすべて) である。
3　Craig 2009.
4　Pigliucci 2007; Pigliucci and Muller 2010; Carroll 2005b; Carroll 2008; Hall 2004; Tauber 2010.
5　エヴォデヴォ的観点の行動への拡張は Toth and Robinson 2007 を参照。
6　Williams 1966; Dawkins 1976.
7　West-Eberhard 2003, 2005.
8　Lavoué et al. 2010.

## 付録2　第5章の補足B

※参考文献リストは第5章と共通。

### 註

1　点突然変異の中の同義置換と非同義置換の区別は重要である。遺伝暗号には重複があり、複数のコドンが同一のアミノ酸を指定する場合があるため、突然変異が起きてもアミノ酸は変化しないこともあり、そのような突然変異を同義置換と呼ぶ。こういった突然変異は選択に対して中立的であると言ってよい。これに対し、非同義置換ではアミノ酸が置換する。アミノ酸の置換は選択に対して中立的な場合とそうでない場合がある。
2　非コード領域のなかで、転写による rRNA や tRNA 合成のもとになる部分はしばしば「RNA 遺伝子」と呼ばれるが、この名称はもともとの遺伝子概念を大きく拡大したものである。
3　Dermitzakis, Reymond, and Antonarakis 2005.
4　Keller 1984; McClintock 1987.
5　これは2〜6塩基対を単位とする短い直列重複 (タンデムリピート) である。

## 付録3　第7章の補足

※参考文献リストは第7章と共通。

### 註

1　Ginja et al. 2010; Magee et al. 2002.
2　ゼブ牛とポルトガル産のウシとの雑種については Cymbron et al. 1999 を参照。新世界への輸送に先立ち、イタリア産のウシにアフリカ産のウシが与えた影響については Negrini et al. 2007 を参照。
3　Miretti et al. 2004.
4　Mirol et al. 2003.
5　Ginja et al. 2010.
6　Kidd and Cavalli-Sforza 1974.
7　Ajmone-Marsan, Garcia, and Lenstra 2010; Del Bo et al. 2001; Maudet, Luikart, and Taberlet 2002.
8　Mukesh et al. 2004.
9　N. R. Joshi and Phillips 1953; B. Joshi, Singh, and Gandhi 2001. インドでは、ヨーロッパ産の乳牛品種との交雑により、搾乳にさらに特化した品種が構築されつつある (McDowell 1985)。
10　Harris 1992.
11　Wurzinger et al. 2006.
12　Gautier, Laloë, and Moazami-Goudarzi. 2010.
13　近東やヨーロッパの一部、南米、さらに北米でも雑種は普通に見られる。
14　Manwell and Baker 1980.

92.
Roberts, R. G., R. Jones, . . . and M. A. Smith. (1994). The human colonisation of Australia: Optical dates of 53,000 and 60,000 years bracket human arrival at Deaf Adder Gorge, Northern Territory. *Quaternary Science Reviews* 13 (5): 575–83.
Sankararaman, S., S. Mallick, . . . and D. Reich. (2014). The genomic landscape of Neanderthal ancestry in present-day humans. *Nature* 507 (7492): 354–57.
Sankararaman, S., N. Patterson, . . . and D. Reich. (2012). The date of interbreeding between Neandertals and modern humans. *PLoS Genetics* 8 (10): e1002947.
Shipman, P. (2012). Do the eyes have it? Dog domestication may have helped humans thrive while Neandertals declined. *American Scientist* 100: 198–205.
Smith, B. D. (2007). Niche construction and the behavioral context of plant and animal domestication. *Evolutionary Anthropology: Issues, News, and Reviews* 16 (5): 188–99.
Stedman, H., B. Kozyak, . . . and M. Mitchell. (2004). Myosin gene mutation correlates with anatomical changes in the human lineage. *Nature* 428: 415–18.
Sterelny, K. (2011). From hominins to humans: How sapiens became behaviourally modern. *Philosophical Transactions of the Royal Society. B: Biological Sciences* 366 (1566): 809–22.
Tattersall I. (2004). What happened in the origin of human consciousness? *Anatomical Record. Part B, New Anatomist* 276(1): 19–26.
Tattersall, I., and J. H. Schwartz. (2009). Evolution of the genus *Homo*. *Annual Review of Earth and Planetary Sciences* 37 (1): 67–92.
Weisdorf, J. L. (2005). From foraging to farming: Explaining the Neolithic revolution. *Journal of Economic Surveys* 19 (4): 561–86.
Wheeler, M., and A. Clark. (2008). Culture, embodiment and genes: Unravelling the triple helix. *Philosophical Transactions of the Royal Society. B: Biological Sciences* 363 (1509): 3563–75.
Wilson, E. O. (2012). *The Social Conquest of Earth*. New York: Norton.（エドワード・O・ウィルソン『人類はどこから来て、どこへ行くのか』斎藤隆央訳、化学同人、2013年）
Wolfe, N. D., C. P. Dunavan, and J. Diamond. (2007). Origins of major human infectious diseases. *Nature* 447 (7142): 279–83.
Wrangham, R. (2009). *Catching Fire: How Cooking Made Us Human*. New York: Basic Books.（リチャード・ランガム『火の賜物―ヒトは料理で進化した』依田卓巳訳、NTT出版、2010年）
Wrangham, R., and N. Conklin-Brittain. (2003). "Cooking as a biological trait." *Comparative Biochemistry and Physiology. A, Molecular & Integrative Physiology* 136 (1): 35–46.
Wroe, S., and J. Field. (2006). A review of the evidence for a human role in the extinction of Australian megafauna and an alternative interpretation. *Quaternary Science Reviews* 25 (21): 2692–703.
Zhang, J., D. M. Webb, and O. Podlaha. (2002). Accelerated protein evolution and origins of human-specific features: Foxp2 as an example. *Genetics* 162 (4): 1825–35.
Zilhao, J. (2006). Neandertals and moderns mixed, and it matters. *Evolutionary Anthropology: Issues, News, and Reviews* 15 (5): 183–95.

## 付録1　第5章の補足A

※参考文献リストは第5章と共通。

**註**

1　Hall 1992 はウォディントンの経歴をうまくまとめている。

92.
Laland, K. N., J. Kumm, and M. W. Feldman. (1995). Gene-culture coevolutionary theory: A test case. *Current Anthropology* 36 (1): 131–56.
Lewontin, R. C. (1983). The organism as the subject and object of evolution. *Scientia* 118 (1–8): 65–95.
MacDermot, K. D., E. Bonora, . . . and S. E. Fisher. (2005). Identification of FOXP2 truncation as a novel cause of developmental speech and language deficits. *American Journal of Human Genetics* 76 (6): 1074–80.
Marean, C. W., M. Bar-Matthews, . . . and H. M. Williams. (2007). Early human use of marine resources and pigment in South Africa during the Middle Pleistocene. *Nature* 449 (7164): 905–8.
Maricic, T., V. Gunther, . . . and S. Pääbo. (2013). A recent evolutinary change affects a regulatory element in the human *FOXP2* gene. *Molecular Biology and Evolution* 30 (4): 844–52.
McBrearty, S., and A. S. Brooks. (2000). The revolution that wasn't: A new interpretation of the origin of modern human behavior. *Journal of Human Evolution* 39 (5): 453–63.
Meyer, M., M. Kircher, . . . and S. Pääbo. (2012). A high-coverage genome sequence from an archaic Denisovan individual. *Science* 338 (6104): 222–26.
Odling-Smee, F. J., K. N. Laland, and M. W. Feldman. (2003). *Niche Construction: The Neglected Process in Evolution. Princeton*, NJ: Princeton University Press.（Odling-Smee, Laland, Feldman『ニッチ構築—忘れられていた進化過程』佐倉統ほか訳、共立出版、2007年）
Organ, C., C. L. Nunn, . . . and R. W. Wrangham. (2011). Phylogenetic rate shifts in feeding time during the evolution of *Homo*. *Proceedings of the National Academy of Sciences USA* 108 (35): 14555–59.
Pääbo, S. (2014). The human condition—A molecular approach. *Cell* 157 (1): 216–26.
Pearce-Duvet, J. M. C. (2006). The origin of human pathogens: Evaluating the role of agriculture and domestic animals in the evolution of human disease. *Biological Reviews* 81 (3): 369–82.
Perreault, C. (2012). The pace of cultural evolution. *PLoS One* 7 (9): e45150.
Perry, G., J. Tchinda, . . . and C. Lee. (2006). Hotspots for copy number variation in chimpanzees and humans. *Proceedings of the National Academy of Sciences USA* 39: 8006–11.
Petraglia, M., R. Korisettar, . . . and K. White. (2007). Middle Paleolithic assemblages from the Indian subcontinent before and after the Toba super-eruption. *Science* 317 (5834): 114–16.
Pickrell, J., and D. Reich. (2014). Towards a new history and geography of human genes informed by ancient DNA. *bioRxiv*. http://biorxiv.org/content/early/2014/03/21/003517.
Pinker, S. (1991). Rules of language. *Science* 253 (5019): 530–35.
Pollard, K. S., S. R. Salama, . . . and D. Haussler. (2006). Forces shaping the fastest evolving regions in the human genome. *PLoS Genetics* 2 (10): e168.
Pollard, K. S., S. R. Salama, . . . and D. Haussler. (2006). An RNA gene expressed during cortical development evolved rapidly in humans. *Nature* 443 (7108): 167–72.
Reich, D., R. E. Green, . . . and S. Pääbo. (2010). Genetic history of an archaic hominin group from Denisova Cave in Siberia. *Nature* 468 (7327): 1053–60.
Richerson, P. J., R. Boyd, and J. Henrich. (2010). Gene-culture coevolution in the age of genomics. *Proceedings of the National Academy of Sciences USA* 107 (suppl. 2): 8985–

*Neurology* 460 (2): 266–79.
Finlayson, C. (2005). Biogeography and evolution of the genus *Homo*. *Trends in Ecology & Evolution* 20 (8): 457–63.
Gage, K. L., and M. Y. Kosoy. (2005). Natural history of plague: Perspectives from more than a century of research. *Annual Review of Entomology* 50: 505–28.
Green, R. E., J. Krause, . . . and S. Pääbo. (2010). A draft sequence of Neanderthal genome. *Science* 328: 710–22.
Green, R. E., J. Krause, . . . and S. Pääbo. (2006). Analysis of one million base pairs of Neanderthal DNA. *Nature* 444: 330–36.
Green, R. E., A.-S. Malaspinas, . . . and S. Pääbo. (2008). A complete Neandertal mitochondrial genome sequence determined by high-throughput sequencing. *Cell* 134: 416–26.
Greger, M. (2007). The human/animal interface: Emergence and resurgence of zoonotic infectious diseases. *Critical Reviews in Microbiology* 33 (4): 243–99.
Gupta, A. K. (2004). Origin of agriculture and domestication of plants and animals linked to early Holocene climate amelioration. *Current Science* 87 (1): 54–59.
Haesler, S., C. Rochefort, . . . and C. Scharff. (2007). Incomplete and inaccurate vocal imitation after knockdown of FoxP2 in songbird basal ganglia nucleus Area X. *PLoS Biology* 5 (12): e321.
Haygood, R., C. C. Babbitt, . . . and G. A. Wray. (2010). Contrasts between adaptive coding and noncoding changes during human evolution. *Proceedings of the National Academy of Sciences USA* 107 (17): 7853–57.
Henshilwood, C., F. d'Errico, . . . and Z. Jacobs. (2004). Middle Stone Age shell beads from South Africa. *Science* 304: 404.
Hovers, E., S. Ilani, . . . and B. Vanermeersch. (2003). An early case of color symbolism: Ochre use by modern humans in Qafzeh cave 1. *Current Anthropology* 44 (4): 491–522.
Hutchinson, G., and R. MacArthur. (1959). A theoretical ecological model of size distributions among species of animals. *American Naturalist* 93: 117–25.
Jablonka, E., S. Ginsburg, and D. Dor. (2012). The co-evolution of language and emotions. *Philosophical Transactions of the Royal Society B: Biological Sciences* 367 (1599): 2152–59.
Jablonski, D. (1986). Background and mass extinctions: The alternation of macroevolutionary regimes. *Science* 231 (4734): 129–33.
Karmiloff-Smith, A. (1995). *Beyond Modularity: A Developmental Perspective on Cognitive Science*. Cambridge, MA: MIT Press.（A・カミロフ－スミス『人間発達の認知科学―精神のモジュール性を超えて』小島康次・小林好和訳、ミネルヴァ書房、1997年）
Klein, R. G. (1995). Anatomy, behavior, and modern human origins. *Journal of World Prehistory* 9 (2): 167–98.
Klein, R. G. (2002). *The Dawn of Human Culture*. New York: Wiley.（リチャード・G・クライン『5万年前に人類に何が起きたか?―意識のビッグバン』鈴木淑美訳、新書館、2004年）
Kolbert, E. (2014). *The Sixth Extinction: An Unnatural History*. New York: Holt.（エリザベス・コルバート『6度目の大絶滅』鍛原多惠子訳、NHK出版、2015年）
Krause, J., C. Lalueza-Fox, . . . and S. Pääbo. (2007). The derived *FOXP2* variant of modern humans was shared with Neandertals. *Current Biology* 17 (21): 1908–12.
Kwiatkowski, D. P. (2005). How malaria has affected the human genome and what human genetics can teach us about malaria. *American Journal of Human Genetics* 77 (2): 171–

59　たとえば Eldredge 2001 を参照。一般向けの説明としては Kolbert 2014 がよく書けている。

60　「人新世」という語を特に支持しているのは、大気化学者でノーベル賞受賞者であるパウル・クルッツェンである（たとえば Crutzen 2006 を参照）。

**参考文献**

Aiello, L. C., and P. Wheeler. (1995). The expensive-tissue hypothesis: The brain and the digestive system in human and primate evolution. *Current Anthropology* 36 (2): 199–221.

Amadio, J. P., and C. A. Walsh. (2006). Brain evolution and uniqueness in the human genome. *Cell* 126 (6): 1033–35.

Ambrose, S. H. (1998). Late Pleistocene human population bottlenecks, volcanic winter, and differentiation of modern humans. Journal of Human Evolution 34 (6): 623–51.

Banks, W. E., F. d'Errico, . . . and M.-F. Sánchez-Goñi. (2008). Neanderthal extinction by competitive exclusion. *PLoS One* 3 (12): e3972.

Barnes, E. (2005). *Diseases and Human Evolution.* Albuquerque: University of New Mexico Press.

Barnosky, A., P. Koch, . . . and A. Shabel. (2004). Assessing the causes of late Pleistocene extinctions on the continents. *Science* 306: 70–75.

Bellah, R. N. (2011). *Religion in Human Evolution: From the Paleolithic to the Axial Age.* Cambridge, MA: Harvard University Press.

Bolhuis, J. J., G. R. Brown, . . . and K. N. Laland. (2011). Darwin in mind: New opportunities for evolutionary psychology. *PLoS Biology* 9 (7): e1001109.

Chandler, S. (1993). Are rules and modules really necessary for explaining language? *Journal of Psycholinguistic Research* 22 (6): 593–606.

Clark, A. (2007). Re-inventing ourselves: The plasticity of embodiment, sensing, and mind. *Journal of Medicine and Philosophy* 32 (3): 263–82.

Crutzen, P. J. (2006). *The "Anthropocene."* Berlin: Springer.

Dawkins, R. (2012). The descent of Edward Wilson. *Prospect*, June.

D'Errico, F., L. Backwell, . . . and P. B. Beaumont. (2012). Early evidence of San material culture represented by organic artifacts from Border Cave, South Africa. *Proceedings of the National Academy of Sciences USA* 109 (33): 13214–19.

Diamond, J. (1997). *Guns, Germs, and Steel.* New York: Norton.（ジャレド・ダイアモンド『銃・病原菌・鉄』倉骨彰訳、草思社文庫、2012 年）

Diamond, J. (2002). Evolution, consequences and future of plant and animal domestication. *Nature* 418: 700–707.

Dor, D., and E. Jablonka. (2001). How language changed the genes: Toward an explicit account of the evolution of language. *New Essays on the Origin of Language* 133: 147–73.

Eldredge, N. (2001). "The Sixth Extinction." American Institute of Biological Sciences. http://www.actionbioscience.org/evolution/eldredge2.html.

Enard, W., M. Przeworski, . . . and S. Pääbo. (2002). Molecular evolution of *FOXP2,* a gene involved in speech and language. *Nature* 418: 369–71.

Endicott, P., S. Y. Ho, . . . and C. Stringer. (2009). Evaluating the mitochondrial timescale of human evolution. *Trends in Ecology & Evolution* 24 (9): 515–21.

Feldman, M. W., and K. N. Laland. (1996). Gene-culture coevolutionary theory. *Trends in Ecology & Evolution* 11 (11): 453–57.

Ferland, R. J., T. J. Cherry, . . . and C. A. Walsh. (2003). Characterization of Foxp2 and Foxp1 mRNA and protein in the developing and mature brain. *Journal of Comparative*

Wheeler and Clark 2008 は、認知発達の文化への具現化について広く一般的に論じている。
33 Perreault 2012.
34 この点について、ウィルソンの『人類はどこから来て、どこへ行くのか』(Wilson 2012) は特によく書けている。かつてウィルソンの社会生物学を支持していた人の一部は、血縁選択を批判し群選択を喧伝しているとしてこの著作を厳しく批判している。群選択の喧伝に対し、ドーキンスのような正統派ネオダーウィニズム主義者の憤激が沸き起こっている。ドーキンスは "The Descent of Edward Wilson" (Dawkins 2012) と題して、『人類はどこから来て、どこへ行くのか』を素晴らしく辛辣に批評している。うまい駄洒落とはいえないが〔"The Descent of Edward Wilson" はダーウィンの著作 "The Descent of Man (人間の由来)" にかけた題。descent には「由来」の他に「転落」や「堕落」という意味もある〕。
35 Weisdorf 2005 は諸説を調査し、うまくまとめている。
36 遺伝子 - 文化の共進化についての代表的な説明は Feldman and Laland 1996; Laland, Kumm, and Feldman 1995; Richerson, Boyd, and Henrich 2010 を参照。これらのアプローチの欠点は、どれも基本的に集団遺伝学理論の延長であり、それゆえ垂直伝播を想定していることである。ミーム学はまったく異なる枠組みであり、一般向けの文献には浸透しているが、真剣に考えている進化生物学者はほとんどいない。ひどく循環論法的なものを除けばいまだに「ミーム」は定義がなく、生産的な研究プログラムが立ち上げられてもいない。
37 Perry et al. 2006.
38 Diamond 1997, 2002. Wolfe, Dunavan, and Diamond 2007 も参照。
39 しかし、Pearce-Duvet 2006 は、これらの疾患の起源に関するデータをもっと控えめに解釈している。
40 Diamond 2002.
41 Barnes 2005.
42 Greger 2007.
43 Wolfe, Dunavan, and Diamond 2007.
44 Kwiatkowski 2005.
45 ペストについては Gage and Kosoy 2005 を参照。
46 Stedman et al. 2004.
47 Organ et al. 2011.
48 Wrangham and Conklin-Brittain 2003.
49 Dor and Jablonka 2001; Jablonka, Ginsburg, and Dor 2012.
50 Pinker 1991. モジュール仮説は進化心理学の中心をなすものである。言語に関するモジュール仮説の批評は Chandler 1993 を参照。モジュール仮説全般的な批評は Karmiloff-Smith 1995 を参照。
51 この点、ドアとヤブロンカの理論は、モジュール仮説全般、および特に言語に応用された場合のモジュール性に対するもっと一般的な反応と一致している (たとえば Bolhuis et al. 2011 を参照)。
52 Lewontin 1983 は、ルウォンティンの「構成主義」説の解説として特に重要である。
53 従来、関連性のある環境的な各変数は、その生物のニッチの一つの次元とみなされた。その集積が、Hutchinson and MacArthur's (1959) が定義した「n次元超空間」としてのニッチである。
54 ニッチの構築の総合的な説明、およびそのテーマの現代的な解釈に大きな影響を与えた説明については、Odling-Smee, Laland, and Feldman 2003 を参照。
55 Bellah 2011 は、宗教の進化全般と社会組織の影響についてのよい紹介となっている。
56 この絶滅に人間が果たした役割は論争中である。たとえば Wroe and Field 2006 を参照。
57 これもまた同様に意見の相違がある。新世界の大型動物相の絶滅において、人間や気候の変化が果たした役割が相対的にどの程度の影響をもたらしたかについては論争中である。Barnosky et al. (2004) はバランスよくこの話題を扱っている。
58 Jablonski 1986.

2　Tattersall and Schwartz 2009; Finlayson 2005.
3　Endicott et al. 2009.
4　前掲書
5　Roberts et al. 1994 は、人類がオーストラリアに最初に到達したのは約 6 万〜 5 万 5000 年前だと見積もっている。
6　ネアンデルタール人の核ゲノムについては Green et al. 2006, 2010 を参照。ネアンデルタール人のミトコンドリアゲノムについては Green et al. 2008 を参照。デニソワ人の核ゲノムについては Meyer et al. 2012 を参照。
7　メラネシア人のもつデニソワ人由来の DNA については Reich et al. 2010 を参照。ヨーロッパ人とアジア人のもつネアンデルタール人由来の DNA については Green et al. 2010 を参照。Sankararaman 2012, 2014.
8　Pickrell and Reich 2014.
9　この見解を指示する代表的な論文は Banks et al. 2008 である。異議は Zilhão 2006 を参照。Zilhão は、ネアンデルタール人はたいていの人類学者が認めるよりもずっと文化的に洗練されていた、とかなり以前から主張している。
10　Shipman 2012.
11　ネアンデルタール人およびその獲物は寒冷な気候に適応していた。
12　Gupta 2004.
13　Smith 2007.
14　わたしは「行動的現代性」よりは「文化的現代性」のほうを好む。「文化的現代性」という語は、何にせよわたしたちを現代的にした集団的な性質を反映しているからである。
15　この話題に興味のある方は、まず Sterelny 2011 を読んでみるとよい。よくできたレビューであり、結論に至る議論も丁寧である。
16　たとえば Tattersall 2004; Klein 2002.
17　たとえば、貝類や甲殻類の初期の利用については Marean et al. 2007 を参照。骨の初期の利用（南アフリカのブロンボス洞窟）については Henshilwood et al. 2004 を参照。オーカー〔鉄の酸化物を含む帯黄色の土〕の象徴的使用については Hovers et al. 2003 を参照。貝殻製のビーズについては D'Errico et al. 2012 を参照。文化的現代性の進化について、McBrearty and Brooks 2000 は異論を立て、より漸進主義的な説明をしている。
18　Klein 1995.
19　Enard et al. 2002.
20　Ferland et al. 2003.
21　MacDermot et al. 2005.
22　Haesler et al. 2007.
23　Zhang, Webb, and Podlaha 2002.
24　ネアンデルタール人にヒトと同じタイプの *FOXP2* 遺伝子があるのを見出したのは Krause et al. 2007 である。デニソワ人について同様の報告をしたのは Meyer et al. 2012 である。
25　Maricic et al. 2013 は、ネアンデルタール人やデニソワ人とは共有されていない、ヒトの *FOXP2* 遺伝子の新たなシスエレメントを報告している。ただしその機能的な意義はまだ立証されていない。
26　Haygood et al. 2010.
27　Pollard, Salama, King, et al. 2006.
28　Pollard, Salama, Lambert, et al. 2006.
29　Amadio and Walsh 2006.
30　Pollard, Salama, Lambert, et al. 2006.
31　Pääbo 2014.
32　現代のエレクトロニクス技術による現代人の脳や認知への影響については、Clark 2007 を参照。

(1): 121–25.
Tomasello, M., A. P. Melis, . . . and E. Herrmann. (2012). Two key steps in the evolution of human cooperation: The interdependence hypothesis. *Current Anthropology* 53 (6): 673–92.
Tooby, J., and L. Cosmides. (2005). "Conceptual Foundations of Evolutionary Psychology." In *The Handbook of Evolutionary Psychology*, edited by D. M. Buss, 5–67. Hoboken, NJ: Wiley.
Warneken, F., F. Chen, and M. Tomasello. (2006). Cooperative activities in young children and chimpanzees. *Child Development* 77 (3): 640–63.
Warneken, F., M. Grafenhain, and M. Tomasello. (2012). Collaborative partner or social tool? New evidence for young children's understanding of joint intentions in collaborative activities. *Developmental Science* 15 (1): 54–61.
Warneken, F., and M. Tomasello. (2006). Altruistic helping in human infants and young chimpanzees. *Science* 311 (5765): 1301–3.
Williams, G. (1966). *Adaptation and Natural Selection*. Princeton, NJ: Princeton University Press.
Wimsatt, W. C., and J. R. Griesemer. (2007). "Reproducing Entrenchments to Scaffold Culture: The Central Role of Development in Cultural Evolution." In *Integrating Evolution and Development: From Theory to Practice*, edited by R. Sansom and R. N. Brandon, 227–323. Cambridge, MA: MIT Press.
Wobber, V., B. Hare, . . . and P. T. Ellison. (2010). Differential changes in steroid hormones before competition in bonobos and chimpanzees. *Proceedings of the National Academy of Sciences USA* 107 (28): 12457–62.
Wobber, V., S. Lipson, . . . and P. Ellison. (2012). "Species Differences in the Ontogeny of Testosterone Production between Chimpanzees and Bonobos." Paper presented at the 81st Annual Meeting of the American Association of Physical Anthropologists.
Wobber, V., R. Wrangham, and B. Hare. (2010a). Application of the heterochrony framework to the study of behavior and cognition. *Communicative & Integrative Biology* 3 (4): 337–39.
Wobber, V., R. Wrangham, and B. Hare. (2010b). Bonobos exhibit delayed development of social behavior and cognition relative to chimpanzees. *Current Biology* 20 (3): 226–30.
Wynne-Edwards, V. C. (1963). Intergroup selection in the evolution of social systems. *Nature* 200: 623–26.
Wynne-Edwards, V. C. (1978). "Intrinsic Population Control: An Introduction." In *Population Control by Social Behavior*, edited by F. J. Ebling and D. M. Stoddart, 1–22. London: Institute of Biology.
Yoshida, A., K. Kobayashi, . . . and T. Endo. (2001). Muscular dystrophy and neuronal migration disorder caused by mutations in a glycosyltransferase, POMGnT1. Developmental Cell 1 (5): 717–24.

## 第15章　人新世

### 註

1　トバ火山の噴火によって人類がほとんど絶滅しかかっていたという見解を最初に主張したのは Steven Ambrose である (Ambrose 1998)。これに対する異議は Petraglia et al. 2007 および Endicott et al. 2009 を参照。

evolution. *Mankind Quarterly* 48 (4): 407–44.
Mineta, K., K. Ikeo, and T. Gojobori. (2008). "Gene Expression in the Brain and Central Nervous System in Planarians." In *Planaria: A Model for Drug Action and Abuse*, edited by R. B. Raffa and S. M. Rawls, 13–19. Austin, TX: Landes Bioscience.
Moll, H., and M. Tomasello. (2007). Cooperation and human cognition: The Vygotskian intelligence hypothesis. *Philosophical Transactions of the Royal Society. B: Biological Sciences* 362 (1480): 639–48.
Noda, A. O., K. Ikeo, and T. Gojobori. (2006). Comparative genome analyses of nervous system-specific genes. *Gene* 365: 130–36.
Norenzayan, A., and S. J. Heine. (2005). Psychological universals: What are they and how can we know? *Psychological Bulletin* 131 (5): 763.
Panksepp, J. (1982). Toward a general psychobiological theory of emotions. *Behavioral and Brain Sciences* 5 (3): 407–22.
Panksepp, J. (1988). "Brain Emotional Circuits and Psychopathologies." In *Emotions and Psychopathology*, edited by M. Clynes and J. Panksepp, 37–76. New York: Plenum.
Panksepp, J. (1998). *Affective Neuroscience: The Foundations of Human and Animal Emotions*. New York: Oxford University Press.
Panksepp, J. (2003). At the interface of the affective, behavioral, and cognitive neurosciences: Decoding the emotional feelings of the brain. *Brain and Cognition* 52 (1): 4–14.
Panksepp, J., L. Normansell, . . . and S. M. Siviy. (1994). Effects of neonatal decortication on the social play of juvenile rats. *Physiology & Behavior* 56 (3): 429–43.
Pinker, S. (1999). How the mind works. *Annals of the New York Academy of Sciences* 882 (1): 119–27.
Reznick, D. N., and C. K. Ghalambor. (2005). Selection in nature: Experimental manip-ulations of natural populations. *Integrative and Comparative Biology* 45 (3): 456–62.
Richardson, R. C. (2007). *Evolutionary Psychology as Maladapted Psychology*. Cambridge, MA: MIT Press.
Richerson, P. J., R. Boyd, and J. Henrich. (2010). Gene-culture coevolution in the age of genomics. *Proceedings of the National Academy of Sciences USA* 107 (suppl. 2): 8985–92.
Rilling, J. K., J. Scholz, . . . and T. E. Behrens. (2012). Differences between chimpanzees and bonobos in neural systems supporting social cognition. *Social Cognitive and Affective Neuroscience* 7 (4): 369–79.
Russell, J. A. (1994). Is there universal recognition of emotion from facial expressions? A review of the cross-cultural studies. *Psychological Bulletin* 115 (1): 102.
Semendeferi, K., E. Armstrong, . . . and G. W. Van Hoesen. (1998). Limbic frontal cortex in hominoids: A comparative study of area 13. *American Journal of Physical Anthropology* 106 (2): 129–55.
Tan, J., and B. Hare. (2013). Bonobos share with strangers. *PLoS One* 8 (1): e51922.
Tattersall, I. (2012). *Masters of the Planet: Seeking the Origins of Human Singularity*. New York: Palgrave Macmillan.（イアン・タッターソル『ヒトの起源を探して―言語能力と認知能力が現代人類を誕生させた』河合信和・大槻敦子訳、原書房、2016年）
Tomasello, M. (2008). "Why Don't Apes Point?" In *Variation, Selection, Development: Proving the Evolutionary Model of Language Change*, edited by R. Eckhardt et al., 375. Trends in Linguistics Studies and Monographs 197. New York: Mouton de Gruyter.
Tomasello, M., and M. Carpenter. (2007). Shared intentionality. *Developmental Science* 10

the Mousterian." In *Dynamics of Learning in Neanderthals and Modern Humans, vol. 1, Cultural Perspectives*, 105–13. New York: Springer.
Leroi, A., M. R. Rose, and G. V. Lauder. (1994). What does the comparative method reveal about adaptation? American Naturalist 143 (3): 381–402.
Lewontin, R. C. (2001). *It Ain't Necessarily So: The Dream of the Human Genome and Other*
*Illusions*, 2nd ed. New York: New York Review of Books.
Linden, D. J. (2008). Brain evolution and human cognition: The accidental mind. *Willamette Law Review* 45: 17.
Lloyd, E. A., and M. W. Feldman. (2002). Evolutionary psychology: A view from evolutionary biology [commentary]. *Psychological Inquiry* 13 (2): 150–56.
Loring, C., R. Rosenberg, and D. Hunt. (1987). Gradual change in human tooth size in the late Pleistocene and post-Pleistocene. *Evolution* 41 (4): 705–20.
Losos, J. B., T. W. Schoener, . . . and D. A. Spiller. (2006). Rapid temporal reversal in predator-driven natural selection. *Science* 314 (5802): 1111.
Losos, J. B., T. W. Schoener, and D. A. Spiller. (2004). Predator-induced behaviour shifts and natural selection in field-experimental lizard populations. *Nature* 432: 505–8.
Loulergue, L., A. Schilt, . . . and J. Chappellaz. (2008). Orbital and millennial-scale features of atmospheric CH4 over the past 800,000 years. *Nature* 453 (7193): 383–86.
Macdonald, D., and G. Carr. (1995). "Variation in Dog Society: Between Resource Dispersion and Social Flux." In *The Domestic Dog, Its Evolution, Behaviour and Interactions with People*, edited by J. Serpell, 199–216. Cambridge: Cambridge University Press.（ジェームス・サーペル『ドメスティック・ドッグ―その進化・行動・人との関係』森裕司監修、武部正美訳、チクサン出版社、1999年）
MacLean, P. D. (1970). "The Triune Brain, Emotion, and Scientific Bias." In The *Neurosciences: Second Study Program*, edited by F. O. Schmitt, 336–49. New York: Rockefeller University Press.
MacLean, P. D. (1982). "On the Origin and Progressive Evolution of the Triune Brain." In *Primate Brain Evolution: Methods and Concepts*, edited by E. Armstrong and D. Falk, 291–316. New York: Plenum.
MacLean, P. D. (1990). *The Triune Brain in Evolution: Role in Paleocerebral Functions*. New York: Plenum.（ポール・D・マクリーン『三つの脳の進化』新装版、法橋登訳、工作舎、2018年）
Marcus, G. (2009). *Kluge: The Haphazard Evolution of the Human Mind*. New York: Houghton Mifflin Harcourt.（ゲアリー・マーカス『脳はあり合わせの材料から生まれた―それでもヒトの「アタマ」がうまく機能するわけ』鍛原多惠子訳、早川書房、2009年）
Martins, E. P., and T. F. Hansen. (1997). Phylogenies and the comparative method: A general approach to incorporating phylogenetic information into the analysis of interspecific data. *American Naturalist* 149 (4): 646–67.
Martrat, B., J. O. Grimalt, . . . and T. F. Stocker. (2007). Four climate cycles of recurring deep and surface water destabilizations on the Iberian margin. *Science* 317 (5837): 502–7.
Mech, L. D. (1994). Buffer zones of territories of gray wolves as regions of intraspecific strife. *Journal of Mammalogy* 75 (1): 199–202.
Mech, L. D., L. G. Adams, . . . and B. W. Dale. (1998). *The Wolves of Denali*. Minneapolis: University of Minnesota Press.
Meisenberg, G. (2008). On the time scale of human evolution: Evidence for recent adaptive

transcriptomes in primates. *Genome Biology and Evolution* 2: 284–92.
Gigerenzer, G. (1997). "The Modularity of Social Intelligence." In *Machiavellian Intelligence II: Extensions and Evaluations*, edited by Andrew W. Whiten and R. W. Byrne, 264–88. Cambridge: Cambridge University Press.（アンドリュー・ホワイトゥン、リチャード・バーン『マキャベリ的知性との心の理論の進化論II―新たなる展開』友永雅己ほか監訳、ナカニシヤ出版、2004年）
Gleeson, J., and C. Walsh. (2000). Neuronal migration disorders: From genetic diseases to developmental mechanisms. *Trends in Neurosciences* 23 (8): 352–59.
Gould, S. J., and R. Lewontin. (1979). The spandrels of San Marco and the Panglossian paradigm: A critique of the adaptationist programme. *Proceedings of the Royal Society. B: Biological Sciences* 205: 581–98.
Gray, R. (1987). "Faith and Foraging: A Critique of the 'Paradigm Argument from Design.'" In *Foraging Behavior*, edited by A. C. Kamil et al., 69–140. New York: Plenum.
Gunz, P. (2012). Evolutionary relationships among robust and gracile australopiths: An "evo-devo" perspective. *Evolutionary Biology* 39 (4): 472–87.
Hare, B. (2011). From hominoid to hominid mind: What changed and why? *Annual Review of Anthropology* 40 (1): 293–309.
Hare, B., A. P. Melis, . . . and R. Wrangham. (2007). Tolerance allows bonobos to outperform chimpanzees on a cooperative task. *Current Biology* 17 (7): 619–23.
Hauser, M. D., N. Chomsky, and W. T. Fitch. (2002). The faculty of language: What is it, who has it, and how did it evolve? *Science* 298 (5598): 1569–79.
Healy, S., and C. Rowe. (2007). A critique of comparative studies of brain size. *Proceedings of the Royal Society. B: Biological Sciences* 274 (1609): 453–64.
Heintz, C., L. Caporael, . . . and W. Wimsatt. (2013). "Scaffolding on Core Cognition." In *Developing Scaffolds in Evolution, Culture, and Cognition*, edited by L. R. Caporael et al., 209–28. Cambridge, MA: MIT Press.
Herculano-Houzel, S. (2009). The human brain in numbers: A linearly scaled-up primate brain. *Frontiers in Human Neuroscience* 3: 31.
Herrmann, E., J. Call, . . . and M. Tomasello. (2007). Humans have evolved specialized skills of social cognition: The cultural intelligence hypothesis. *Science* 317 (5843): 1360–66.
Herrmann, E., B. Hare, . . . and M. Tomasello. (2010). Differences in the cognitive skills of bonobos and chimpanzees. *PLoS One* 5 (8): e12438.
Holekamp, K. E. (2007). Questioning the social intelligence hypothesis. *Trends in Cognitive Sciences* 11 (2): 65–69.
Humphrey, N. K. (1976). "The Social Function of Intellect." In *Growing Points in Ethology*, edited by P. P. G. Bateson and R. A. Hinde, 303–17. Cambridge: Cambridge University Press.
Kaas, J. H. (1987). The organization of neocortex in mammals: Implications for theories of brain function. *Annual Review of Psychology* 38 (1): 129–51.
Kirby, S., M. Dowman, and T. L. Griffiths. (2007). Innateness and culture in the evolution of language. *Proceedings of the National Academy of Sciences USA* 104 (12): 5241–45.
Kriegstein, A., and S. Noctor. (2004). Patterns of neuronal migration in the embryonic cortex. Trends in Neurosciences 27: 392–99.
Kudo, H., and R. Dunbar. (2001). Neocortex size and social network size in primates. *Animal Behaviour* 62: 711–22.
Kuhn, S. L. (2013). "Cultural Transmission, Institutional Continuity and the Persistence of

Clutton-Brock, T., and P. H. Harvey. (1980). Primates, brains and ecology. *Journal of Zoology* 190 (3): 309–23.

Cory, G. A., Jr. (2002). "Reappraising MacLean's Triune Brain Concept." In *The Evolutionary Neuroethology of Paul MacLean. Convergences and Frontiers*, edited by Gerald A. Corey Jr. and Russel Gardner, 9–27. Westport, CT: Prager.

Cosmides, L., and J. Tooby. (1997). "Evolutionary Psychology: A Primer," Center for Evolutionary Psychology. http://www.cep.ucsb.edu/primer.html.

Dennett, D. C. (1994). "Cognitive Science as Reverse Engineering: Several Meanings of 'Top-Down' and ' Bottom-Up.'" In *Logic, Methodology and Philosophy of Science IX*, edited by D. Prawitz et al. 679–89. Studies in Logic and the Foundations of Mathematics 134. Amsterdam: North-Holland.

Dennett, D. C. (1995). *Darwin's Dangerous Idea: Evolution and the Meanings of Life*. New York: Simon & Schuster. (ダニエル・C・デネット『ダーウィンの危険な思想―生命の意味と進化』山口泰司ほか訳、青土社、2000年)

Denver, R. J. (1999). Evolution of the corticotropin-releasing hormone signaling system and its role in stress-induced phenotypic plasticity. *Annals of the New York Academy of Sciences* 897 (1): 46–53.

Denver, R. J. (2009). Structural and functional evolution of vertebrate neuroendocrine stress systems. *Annals of the New York Academy of Sciences* 1163 (1): 1–16.

Dunbar, R. I. M. (1998). The social brain hypothesis. *Evolutionary Anthropology* 6: 178–90.

Dunbar, R. I. M., and S. Shultz. (2007). Evolution in the social brain. *Science* 317 (5843): 1344–47.

Edinger, L. (1900). *The Anatomy of the Central Nervous System of Man and of Vertebrates in General*. Philadelphia: F. A. Davis.

Edinger, L., and H. W. Rand. (1908). The relations of comparative anatomy to comparative psychology. *Journal of Comparative Neurology and Psychology* 18 (5): 437–57.

Elfenbein, H. A., and N. Ambady. (2002). On the universality and cultural specificity of emotion recognition: A meta-analysis. *Psychological Bulletin* 128 (2): 203.

Endler, J. A. (1986). *Natural Selection in the Wild*. Princeton, NJ: Princeton University Press.

Felsenstein, J. (1985). Phylogenies and the comparative method. *American Naturalist* 125: 1–15.

Finlay, B. L., and R. B. Darlington. (1995). Linked regularities in the development and evolution of mammalian brains. *Science* 268 (5217): 1578–84.

Finlay, B. L., R. B. Darlington, and N. Nicastro. (2001). Developmental structure in brain evolution. *Behavioral and Brain Sciences* 24 (2): 263–78.

Fitch, W. T. (2005). The evolution of language: A comparative review. *Biology and Philosophy* 20 (2–3): 193–203.

Fitch, W. T. (2012). Evolutionary developmental biology and human language evolution: Constraints on adaptation. *Evolutionary Biology* 39 (4): 613–37.

Francis, R. C. (2004). *Why Men Won't Ask for Directions: The Seductions of Sociobiology*. Princeton, NJ: Princeton University Press.

Gavrilets, S., and A. Vose. (2006). The dynamics of Machiavellian intelligence. *Proceedings of the National Academy of Sciences USA* 103 (45): 16823–28.

Geary, D. C. (1995). Sexual selection and sex differences in spatial cognition. *Learning and Individual Differences* 7 (4): 289–301.

Giger, T., P. Khaitovich, . . . and S. Pääbo. (2010). Evolution of neuronal and endothelial amygdaloid complex and basolateral division in the human and ape brain. *American Journal of Physical Anthropology* 134 (3): 392–403.

Barger, N., L. Stefanacci, . . . and K. Semendeferi. (2012). Neuronal populations in the basolateral nuclei of the amygdala are differentially increased in humans compared with apes: A stereological study. *Journal of Comparative Neurology* 520 (13): 3035–54.

Barkow, J., L. Cosmides, and J. Tooby, eds. (1992). *The Adapted Mind: Evolutionary Psychology and the Generation of Culture*. New York: Oxford University Press.

Barton, R. A., and C. Venditti. (2013). Human frontal lobes are not relatively large. *Proceedings of the National Academy of Sciences USA* 110 (22): 9001–6.

Bickart, K. C., M. C. Hollenbeck, . . . and B. C. Dickerson. (2012). Intrinsic amygdala-cortical functional connectivity predicts social network size in humans. *Journal of Neuroscience* 32 (42): 14729–41.

Bickart, K. C., C. I. Wright, . . . and L. F. Barrett. (2010). Amygdala volume and social network size in humans. *Nature Neuroscience* 14 (2): 163–64.

Boero, F., B. Schierwater, and S. Piraino. (2007). Cnidarian milestones in metazoan evolution. *Integrative and Comparative Biology* 47 (5): 693–700.

Boesch, C., and H. Boesch. (1989). Hunting behavior of wild chimpanzees in the Tai National Park. *American Journal of Physical Anthropology* 78 (4): 547–73.

Bolhuis, J. J., G. R. Brown, . . . and K. N. Laland. (2011). Darwin in mind: New opportunities for evolutionary psychology. *PLoS Biology* 9 (7): e1001109.

Bratman, M. E. (1992). Shared cooperative activity. *Philosophical Review* 101 (2): 327–41.

Brooks, D., and D. McLennan. (1991). *Phylogeny, Ecology and Behavior: A Research Program in Comparative Biology*. Chicago: University of Chicago Press.

Bruce, L., and T. Neary. (1995). The limbic system of tetrapods: A comparative analysis of cortical and amygdalar populations. *Brain, Behavior and Evolution* 46 (4–5): 224–34.

Buller, D. J. (2005). *Adapting Minds: Evolutionary Psychology and the Persistent Quest for Human Nature*. Cambridge, MA: MIT Press.

Butler, M., and A. King. (2004). Phylogenetic comparative analysis: A modeling approach for adaptive evolution. *American Naturalist* 164: 683–95.

Byrne, R. W., and N. Corp. (2004). Neocortex size predicts deception rate in primates. *Proceedings of the Royal Society. B: Biological Sciences* 271: 1693–99.

Byrne, R. W., and A. Whiten, eds. (1989). *Machiavellian Intelligence: Social Expertise and the Evolution of Intellect in Monkeys, Apes, and Humans*. Oxford: Oxford University Press.（リチャード・バーン、アンドリュー・ホワイトゥン『マキャベリ的知性と心の理論の進化論―ヒトはなぜ賢くなったか』藤田和生ほか監訳、ナカニシヤ出版、2004年）

Cain, S. (2013). *Quiet: The Power of Introverts in a World That Can't Stop Talking*. New York: Random House.（スーザン・ケイン『内向型人間のすごい力―静かな人が世界を変える』古草秀子訳、講談社+α文庫、2015年）

Cariboni, A., and R. Maggi. (2006). Kallmann's syndrome, a neuronal migration defect. *Cellular and Molecular Life Sciences: CMLS* 63 (21): 2512–26.

Charvet, C. J., R. B. Darlington, and B. L. Finlay. (2013). Variation in human brains may facilitate evolutionary change toward a limited range of phenotypes. *Brain, Behavior and Evolution* 81 (2): 74–85.

Charvet, C. J., and B. L. Finlay. (2012) Embracing covariation in brain evolution: Large brains, extended development, and flexible primate social systems. *Progress in Brain Research* 195: 71–87.

35 Charvet and Finlay 2012; Charvet, Darlington, and Finlay 2013.
36 Charvet and Finlay 2012.
37 Finlay, Darlington, and Nicastro 2001; Finlay and Darlington 1995（発生過程の保存を含む）。
38 Barton and Venditti 2013.
39 Herculano-Houzel 2009.
40 Moll and Tomasello 2007 より。これは Bratman 1992 を修正したものである。トマセロはヴィゴツキーによる知性論の支持者である。レフ・セミョノヴィッチ・ヴィゴツキーはロシアの偉大なる発達心理学者だ。ヴィゴツキーによれば認知の発達には社会的／文化的環境が中心的な役割を果たし、発達中の子どもはそのような環境を蓄積的に内在化していく。Tomasello 2008; Tomasello and Carpenter 2007 も参照。
41 Boesch and Boesch 1989.
42 Moll and Tomasello 2007; Hermann et al. 2010.
43 Warneken, Chen, and Tomasello 2006.
44 Warneken, Chen, and Tomasello 2006; Warneken and Tomasello 2006.
45 Tomasello 2008; Hermann et al. 2007.
46 Warneken, Grafenhain, and Tomasello 2012.
47 Hare et al. 2007; Tomasello et al. 2012. キツネの家畜化実験を根拠として、ヘアは視床下部 - 下垂体 - 副腎系（HPA系）と大脳辺縁系各部について変化を探すことを提案しているが、そうした変化は自己家畜化仮説では必須の要素ではない。この仮説の強硬派はそうした変化が中心的かつ必須であるとするだろう。
48 Hare et al. 2007.
49 Tan and Hare 2013.
50 Hare 2011; Wobber, Wrangham, and Hare 2010a.
51 Wobber et al. 2012.
52 Mech 1994; Mech et al. 1998.
53 Macdonald and Carr 1995.
54 Hare 2011.
55 Wobber et al. 2010.
56 競争的な状況でボノボのコルチゾルのレベルが上昇するという事実があり、これはキツネやイヌ、ラットにおける社会的刺激に対するストレス応答の低下の証拠と一致するかもしれないし、しないかもしれない。
57 Semendeferi 1998; Barger, Stefanacci, and Semendeferi 2007; Barger et al. 2012.
58 Rilling et al. 2012.
59 Bickart et al. 2012.
60 Bickart et al. 2010.

## 参考文献


Aiello, L. C., and R. I. Dunbar. (1993). Neocortex size, group size, and the evolution of language. Current *Anthropology* 34 (2): 184–93.

Anderson, M. L. (2010). Neural reuse: A fundamental organizational principle of the brain. *Behavioral and Brain Sciences* 33 (4): 245–66.

Aoki, K. (1986). A stochastic model of gene-culture coevolution suggested by the "culture historical hypothesis" for the evolution of adult lactose absorption in humans. *Proceedings of the National Academy of Sciences USA* 83 (9): 2929–33.

Barger, N., L. Stefanacci, and K. Semendeferi. (2007). A comparative volumetric analysis of

の文化的普遍的な情動表出については Elfenbein and Ambady 2002 を参照。懐疑的な意見については Russell 1994 を参照。

9　たとえば、Kirby, Dowman, and Griffiths 2007 によれば、言語の特質のなかで真に普遍的なのは、文化によって伝達されるということだけである。彼らや Wimsatt and Griesemer 2007 の分析は、「足場（スキャフォルディング）」という概念によるもので、文化的環境は言語獲得やその他の認知的行動を可能にするだけではなく、それらを構造的に支える足場になっていると強調している。この観点では、文化的普遍性は文化的足場の一般的特徴にすぎない。Heintz et al. 2013 も参照。

10　たとえば Aoki 1986.

11　Dennett（1994, 1995）はリバースエンジニアリングを熱烈に応援している。Pinker 1999 も参照。Dennett も Pinker もバックグラウンドは認知科学や心の哲学であることに注意したい。認知科学や心の哲学ではリバースエンジニアリングがよく用いられ、それほど疑わしくはないにしても若干乱用気味だといえる。

12　Gray 1987; Gould and Lewontin 1979.

13　Edinger 1900; Edwin and Rand 1908.

14　MacLean 1970; MacLean 1982, 1990 も参照。

15　Cory 2002.

16　Bruce and Neary 1995.

17　Kaas 1987.

18　神経系における高度に保存された遺伝子発現パターンについては Noda, Ikeo, and Gojobori 2006 を参照。Mineta, Ikeo, and Gojobori 2008 も参照。

19　Linden 2008; Boero, Schierwater, and Piraino 2007.

20　Gleeson and Walsh 2000. 筋ジストロフィーは、ニューロンの移動に伴う危険に帰因する疾病の一例である（Yoshida et al. 2001）。カルマン症候群も同様である（Cariboni and Maggi 2006）。

21　Kriegstein and Noctor 2004.

22　Marcus 2009.

23　Marcus 2009; Fitch 2012.

24　Anderson 2010.

25　Wobber, Wrangham, and Hare 2010b.

26　Denver 1999, 2009.

27　Panksepp 1982, 1988, 1998.

28　Panksepp 2003.

29　Panksepp et al. 1994.

30　Humphrey 1976; Aiello and Dunbar 1993; Dunbar 1998; Clutton-Brock and Harvey 1980; Kudo and Dunbar 2001. Dunbar and Shultz 2007 は社会的知性という概念をさらに精緻化している。一方、Healy and Rowe 2007; Holekamp 2007 は批評している。社会的知性仮説は人間の認知能力をモザイク的観点から見たものの一つだと考えるべきである。この観点は社会生物学者や進化生態学者、進化心理学者など、さまざまな適応主義者に膾炙している。モザイク的観点では、自然選択は制限されずに特定の認知能力を最適化する方向に働く。これに反対するのが共分散的観点である。共分散的観点では、社会的認知能力など特定の認知能力は、知能全般が高まる方向への選択によってパッケージとして進化する。後者の立場は特に発生メカニズムの保存を強調する点で、エヴォデヴォのほうに一致する。

31　Byrne and Corp 2004.

32　Byrne and Whiten 1989; Gravilets and Vose 2006. Gigerenzer 1997 は部分的に批評している。

33　Healy and Rowe 2007.

34　Francis 2004.

tionary Anthropology 37. Cambridge: Cambridge University Press.
Wilson, A. C., S. S. Carlson, and T. J. White. (1977). Biochemical evolution. *Annual Review of Biochemistry* 46 (1): 573–639.
Wobber, V., R. Wrangham, and B. Hare. (2010a). Application of the heterochrony framework to the study of behavior and cognition. *Communicative & Integrative Biology* 3 (4): 337–39.
Wobber, V., R. Wrangham, and B. Hare. (2010b). Bonobos exhibit delayed development of social behavior and cognition relative to chimpanzees. Current Biology 20 (3): 226–30.
Wood, B., and M. Collard. (1999). The human genus. *Science* 284 (5411): 65–71.
Wrangham, R., and L. Glowacki. (2012). Intergroup aggression in chimpanzees and war in nomadic hunter-gatherers. *Human Nature* 23 (1): 5–29.
Wrangham, R., and D. Peterson. (1996). *Demonic Males: Apes and the Origins of Human Violence*. Boston: Houghton Mifflin.（リチャード・ランガム、デイル・ピーターソン『男の凶暴性はどこからきたか』山下篤子訳、三田出版会、1998年）
Wrangham, R., and D. Pilbeam. (2001). “African Apes as Time Machines.” In *All Apes Great and Small*, edited by B. M. F. Galdikas et al., 5–17. New York: Kluwer Academic.
Wynn, T., and W. C. McGrew. (1989). An ape’s view of the Oldowan. Man 24 (3): 383–98.
Zollikofer, C. P. E., and M. S. Ponce de León. (2010). The evolution of hominin ontogenies. *Seminars in Cell & Developmental Biology* 21 (4): 441–52.

## 第14章　人間——II　社会性

### 註

1　Cain 2013.
2　例外は、エドワード・O・ウィルソンの『人類はどこから来て、どこへ行くのか』である（Wilson 2012）。
3　実は、これはタッターソルの本の書名である（Tattersall 2012）〔原題は *Masters of the Planet*（邦題は『ヒトの起源を探して』）〕。そして、わたしが辛い経験から学んだように、このこと〔社会性が高いために人間が地球の支配者になれたということ〕は、必ずしもタッターソルが考え出したものではないし、立証したものでもない。.
4　「なんでもそうとは限らない」はガーシュウィン兄弟のオペラ《ポーギーとベス》のなかの曲であり、登場人物のスポーティング・ライフが聖書に書かれた話に疑問を投げかけている。リチャード・レウォンティンは、同じタイトルの著作で、ヒトゲノム計画が医学に「奇跡」をもたらすのだという信奉者たちの期待に対し疑いを表明している（Lewontin 2001）。この節では、進化生物学を人間のあり方に安易に適用するという、進化心理学にありがちな態度に対する懐疑を示すために、レウォンティン風にこのフレーズを用いた。
5　Endler 1986; Losos, Schoener, and Spiller 2004; Losos et al. 2006; Reznick and Ghalambor 2005; Butler and King 2004.
6　Felsenstein 1985; Martins and Hansen 1997. 適応的推論に関する比較法の限界については Leroi, Rose, and Lauder 1994 を参照。Brooks and McLennan 1991 は、行動学への比較法の応用について書かれた書籍である。
7　Buller 2005; Hauser, Chomsky, and Fitch 2002; Fitch 2005.
8　Cosmides and Tooby 1997. 文化的普遍性の議論がしばしば見落としているのは、一般的な文化的過程の普遍性のなかには、生得的に見えるものもあるということである。推定上の言語的な文化的普遍性については Kirby, Dowman, and Griffiths 2007 を参照。Norenzaayan and Heine 2005 は、文化的普遍性を繊細に分析し、価値のあるものとないものの選別を試みている。推定上

Simons, E. L., E. R. Seiffert, . . . and Y. Attia. (2007). A remarkable female cranium of the early Oligocene anthropoid *Aegyptopithecus zeuxis* (Catarrhini, Propliopithecidae). *Proceedings of the National Academy of Sciences USA* 104 (21): 8731–36.

Smith, N. G., M. T. Webster, and H. Ellegren. (2002). Deterministic mutation rate variation in the human genome. *Genome Research* 12 (9): 1350–56.

Somel, M., H. Franz, . . . and P. Khaitovich. (2009). Transcriptional neoteny in the human brain. *Proceedings of the National Academy of Sciences USA* 106 (14): 5743–48.

Stanford, C. B. (1999). *The Hunting Apes: Meat Eating and the Origins of Human Behavior*. Princeton, NJ: Princeton University Press.（クレイグ・B・スタンフォード『狩りをするサル―肉食行動からヒト化を考える』瀬戸口美恵子・瀬戸口烈司訳、青土社、2001年）

Stewart, C.-B., and T. R. Disotell. (1998). Primate evolution—In and out of Africa. *Current Biology* 8 (16): R582–88.

Suwa, G., B. Asfaw, . . . and T. D. White. (2009). The *Ardipithecus ramidus* skull and its implications for hominid origins. *Science* 326 (5949): 68, 68e1–7.

Suwa, G., R. T. Kono, . . . and T. D. White. (2009). Paleobiological implications of the *Ardipithecus ramidus dentition. Science* 326 (5949): 69, 94–99.

Tardieu, C. (1998). Short adolescence in early hominids: Infantile and adolescent growth of the human femur. *American Journal of Physical Anthropology* 107 (2): 163–78.

Tattersall, I. (2007). "Homo ergaster and Its Contemporaries." In *Handbook of Paleoanthropology*, edited by W. Henke and I. Tattersall, 1633–53. New York: Springer.

Tattersall, I., and J. H. Schwartz. (2009). Evolution of the genus *Homo*. *Annual Review of Earth and Planetary Sciences* 37 (1): 67–92.

Tobias, P. V. (1987). The brain of *Homo habilis*: A new level of organization in cerebral evolution. *Journal of Human Evolution* 16 (7): 741–61.

Vekua, A., D. Lordkipanidze, . . . and M. Tappen. (2002). A new skull of early *Homo* from Dmanisi, Georgia. *Science* 297 (5578): 85–89.

Walker, R., K. Hill, . . . and A. M. Hurtado. (2006). Life in the slow lane revisited: Ontogenetic separation between chimpanzees and humans. *American Journal of Physical Anthropology* 129 (4): 577–83.

Wallis, J. (1997). A survey of reproductive parameters in the free-ranging chimpanzees of Gombe National Park. *Journal of Reproduction and Fertility* 109 (2): 297–307.

Wang, W., R. H. Crompton, . . . and W. I. Sellers. (2004). Comparison of inverse-dynamics musculo-skeletal models of AL 288-1 *Australopithecus afarensis* and KNM-WT 15000 *Homo ergaster* to modern humans, with implications for the evolution of bipedalism. *Journal of Human Evolution* 47 (6): 453–78.

Ward, C. V., A. Walker, and M. Teaford. (1991). *Proconsul* did not have a tail. *Journal of Human Evolution* 21 (3): 215–20.

Weidenreich, F. (1935). The *Sinanthropus* population of Choukoutien (Locality 1) with a preliminary report on new discoveries. *Bulletin of the Geological Society of China* 14 (4): 427–68.

White, T. D., B. Asfaw, . . . and G. Wolde-Gabriel. (2009). *Ardipithecus ramidus* and the paleobiology of early hominids. *Science* 326 (5949): 64, 75–86.

Williams, F., L. Godfrey, and M. Sutherland. (2003). "Diagnosing Heterochronic Perturbations in the Craniofacial Evolution of *Homo* (Neandertals and Modern Humans) and *Pan* (*P. troglodytes* and *P. paniscus*)." In *Patterns of Growth and Development in the Genus Homo*, edited by J. L. Thompson et al., 295. Cambridge Studies in Biological and Evolu-

Parish, A. R., R. de Waal, and D. Haig. (2000). The other "closest living relative": How bonobos (Pan paniscus) challenge traditional assumptions about females, dominance, intra- and intersexual interactions, and hominid evolution. *Annals of the New York Academy of Sciences* 907 (1): 97–113.

Penin, X., C. Berge, and M. Baylac. (2002). Ontogenetic study of the skull in modern humans and the common chimpanzees: Neotenic hypothesis reconsidered with a tridimensional procrustes analysis. *American Journal of Physical Anthropology* 118 (1): 50–62.

Perelman, P., W. E. Johnson, . . .and J. Pecon-Slattery. (2011). A molecular phylogeny of living primates. *PLoS Genetics* 7 (3): e1001342.

Pickering, R., P. H. G. Dirks, . . . and L. R. Berger. (2011). *Australopithecus sediba* at 1.977 Ma and implications for the origins of the genus *Homo*. *Science* 333 (6048): 1421–23.

Plavcan, J., and C. Van Schaik. (1994). Canine dimorphism. *Evolutionary Anthropology* 2 (6): 208–14.

Ponce de León, M. S., L. Golovanova, . . . and C. P. Zollikofer. (2008). Neanderthal brain size at birth provides insights into the evolution of human life history. *Proceedings of the National Academy of Sciences USA* 105 (37): 13764–68.

Reader, S. M., and K. N. Laland. (2002). Social intelligence, innovation, and enhanced brain size in primates. *Proceedings of the National Academy of Sciences USA* 99 (7): 4436–41.

Reno, P. L., R. S. Meindl, . . . and C. O. Lovejoy. (2003). Sexual dimorphism in *Australopithecus afarensis* was similar to that of modern humans. *Proceedings of the National Academy of Sciences USA* 100 (16): 9404–9.

Richmond, B. G., and W. L. Jungers. (2008). *Orrorin tugenensis* femoral morphology and the evolution of hominin bipedalism. *Science* 319 (5870): 1662–65.

Rightmire, G. P. (1998). Human evolution in the Middle Pleistocene: The role of *Homo heidelbergensis*. *Evolutionary Anthropology* 6 (6): 218–27.

Rightmire, G. P. (2004). Brain size and encephalization in early to Mid-Pleistocene *Homo*. *American Journal of Physical Anthropology* 124 (2): 109–23.

Rosati, A. G., and B. Hare. (2012). Chimpanzees and bonobos exhibit divergent spatial memory development. *Developmental Science* 15 (6): 840–53.

Rosenberg, K., and W. Trevathan. (1995). Bipedalism and human birth: The obstetrical dilemma revisited. *Evolutionary Anthropology* 4 (5): 161–68.

Rosenberg, K., and W. Trevathan. (2002). Birth, obstetrics and human evolution. *BJOG: An International Journal of Obstetrics and Gynaecology* 109 (11): 1199–1206.

Rozzi, F. V. R., and J. M. B. de Castro. (2004). Surprisingly rapid growth in Neanderthals. *Nature* 428 (6986): 936–39.

Schrago, C. G., and C. A. M. Russo. (2003). Timing the origin of New World monkeys. *Molecular Biology and Evolution* 20 (10): 1620–25.

Segerdahl, P., W. Fields, and S. Savage-Rumbaugh. (2005). *Kanzi's Primal Language: The Cultural Initiation of Primates into Language*. Basingstoke, UK: Palgrave Macmillan.

Shea, B. T. (1983). Paedomorphosis and neoteny in the pygmy chimpanzee. *Science* 222 (4623): 521–22.

Shea, B. T. (1986). Scapula form and locomotion in chimpanzee evolution. *American Journal of Physical Anthropology* 70 (4): 475–88.

Shea, B. T. (1989). Heterochrony in human evolution: The case for neoteny reconsidered. *American Journal of Physical Anthropology* 80 (suppl. 10): 69–101.

Leigh, S. R., and B. T. Shea. (1995). Ontogeny and the evolution of adult body size dimorphism in apes. *American Journal of Primatology* 36 (1): 37–60.
Lieberman, D. E., J. Carlo, . . . and C. P. E. Zollikofer. (2007). A geometric morphometric analysis of heterochrony in the cranium of chimpanzees and bonobos. *Journal of Human Evolution* 52 (6): 647–62.
Lockley, M., and P. Jackson. (2008). Morphodynamic perspectives on convergence between the feet and limbs of sauropods and humans: Two cases of hypermorphosis. *Ichnos* 15 (3–4): 140–57.
Lovejoy, C. O., G. Suwa, . . . and T. D. White. (2009). The pelvis and femur of *Ardipithecus ramidus*: The emergence of upright walking. *Science* 326 (5949): 71–71e6.
Lyn, H., and E. S. Savage-Rumbaugh. (2000). Observational word learning in two bonobos (*Pan paniscus*): Ostensive and non-ostensive contexts. *Language & Communication* 20 (3): 255–73.
Macho, G. A., D. Shimizu, . . . and I. R. Spears. (2005). *Australopithecus anamensis*: A finite-element approach to studying the functional adaptations of extinct hominins. *Anatomical Record. Part A, Discoveries in Molecular, Cellular, and Evolutionary Biology* 283 (2): 310–18.
Mayr, E. (1950). Taxonomic categories in fossil hominids. *Cold Spring Harbor Symposia on Quantitative Biology* 15: 109–18.
McHenry, H. M. (1994). Behavioral ecological implications of early hominid body size. *Journal of Human Evolution* 27 (1): 77–87.
McIntyre, M. H., E. Herrmann, . . . and B. Hare. (2009). Bonobos have a more human-like second-to-fourth finger length ratio (2D:4D) than chimpanzees: A hypothesized indication of lower prenatal androgens. *Journal of Human Evolution* 56 (4): 361–65.
McPherron, S. P., Z. Alemseged, . . . and H. A. Bearat. (2010). Evidence for stone-tool-assisted consumption of animal tissues before 3.39 million years ago at Dikika, Ethiopia. *Nature* 466 (7308): 857–60.
Miller, D. J., T. Duka, . . . and D. E. Wildman. (2012). Prolonged myelination in human neocortical evolution. *Proceedings of the National Academy of Sciences USA* 109 (41): 16480–85.
Minugh-Purvis, N., and K. J. McNamara, eds. (2002). *Human Evolution through Developmental Change*. Baltimore: Johns Hopkins University Press.
Mitteroecker, P., P. Gunz, and F. L. Bookstein. (2005). Heterochrony and geometric morphometrics: A comparison of cranial growth in *Pan paniscus* versus *Pan troglodytes*. *Evolution and Development* 7 (3): 244–58.
Montagu, M. F. A. (1955). Time, morphology, and neoteny in the evolution of man. *American Anthropologist* 57 (1): 13–27.
Naef, A. (1926). Uber die Urformen der Anthropomorphen und die Stammesgeschichte des Mendschenschadels. *Naturwissenschaften* 14: 445–52.
Neubauer, S., and J.-J. Hublin. (2012). The evolution of human brain development. *Evolutionary Biology* 39 (4): 568–86.
Palagi, E., and G. Cordoni. (2012). The right time to happen: Play developmental divergence in the two Pan species. *PLoS One* 7 (12).
Parish, A. R. (1994). Sex and food control in the “uncommon chimpanzee”: How bonobo females overcome a phylogenetic legacy of male dominance. *Ethology and Sociobiology* 15 (3): 157–79.

Gould, S. J. (1977). *Ontogeny and Phylogeny*. Cambridge, MA: Harvard University Press.（スティーヴン・J・グールド『個体発生と系統発生―進化の観念史と発生学の最前線』仁木帝都・渡辺政隆訳、工作舎、1987年）

Gould, S. J. (1992). *Ever since Darwin: Reflections in Natural History*. New York: Norton.（スティーヴン・ジェイ・グールド『ダーウィン以来―進化論への招待』浦本昌紀・寺田鴻訳、ハヤカワ文庫、1995年）

Grine, F. E., P. S. Ungar, and M. F. Teaford. (2006). Was the Early Pliocene hominin "*Australopithecus*" *anamensis* a hard object feeder? *South African Journal of Science* 102 (7 & 8): 301–10.

Gruber, T., Z. Clay, and K. Zuberbuhler. (2010). A comparison of bonobo and chimpanzee tool use: Evidence for a female bias in the *Pan* lineage. *Animal Behaviour* 80 (6): 1023–33.

Gunz, P., S. Neubauer, . . . and J.-J. Hublin. (2010). Brain development after birth differs between Neanderthals and modern humans. *Current Biology* 20 (21): R921–22.

Haile-Selassie, Y. (2001). Late Miocene hominids from the middle Awash, Ethiopia. *Nature* 412 (6843): 178–81.

Haile-Selassie, Y., and G. WoldeGabriel. (2009). *Ardipithecus kadabba: Late Miocene Evidence from the Middle Awash, Ethiopia*. Berkeley: University of California Press.

Hall, B. K. (2003). Evo-devo: Evolutionary developmental mechanisms. *International Journal of Developmental Biology* 47 (7/8): 491–96.

Hare, B. (2007). From nonhuman to human mind: What changed and why? *Current Directions in Psychological Science* 16 (2): 60–64.

Hare, B., V. Wobber, and R. Wrangham. (2012). The self-domestication hypothesis: Evolution of bonobo psychology is due to selection against aggression. *Animal Behaviour* 83 (3): 573–85.

Hoekstra, H. E., and J. A. Coyne. (2007). The locus of evolution: Evo devo and the genetics of adaptation. *Evolution* 61 (5): 995–1016.

Hohmann, G., and B. Fruth. (2000). Use and function of genital contacts among female bonobos. *Animal Behaviour* 60 (1): 107–20.

Jerison, H. (1973). *Evolution of the Brain and Intelligence*. New York: Academic Press.

Johanson, D., and T. White. (1979). A systematic assessment of early African hominids. *Science* 203 (4378): 321–30.

Kay, R. F., C. Ross, and B. A. Williams. (1997). Anthropoid origins. *Science* 275 (5301): 797–804.

King, M.-C., and A. C. Wilson. (1975). Evolution at two levels in humans and chimpanzees. *Science* 188 (4184): 107–16.

Kivell, T. L., J. M. Kibii, . . . and L. R. Berger. (2011). *Australopithecus sediba* hand demonstrates mosaic evolution of locomotor and manipulative abilities. *Science* 333 (6048): 1411–17.

Leakey, L. S., P. V. Tobias, and J. R. Napier. (1964). A new species of the genus *Homo* from Olduvai Gorge. *Nature* 202 (4927): 7–9.

Leakey, M. G., C. S. Feibel, . . . and A. Walker. (1998). New specimens and confirmation of an early age for *Australopithecus anamensis*. *Nature* 393 (6680): 62–66.

Lee, R. B., and I. DeVore, eds. (1969). *Man the Hunter*. Chicago: Aldine.

Leigh, S. R. (2004). Brain growth, life history, and cognition in primate and human evolution. *American Journal of Primatology* 62 (3): 139–64.

Carbonell, E., J. M. B. de Castro, . . . and J. L. Arsuaga. (2008). The first hominin of Europe. *Nature* 452 (7186): 465–69.

Carlson, K. J., D. Stout, . . . and L. R. Berger. (2011). The endocast of MH1, Australopithecus sediba. Science 333 (6048): 1402–7.

Carrier, D. R. (1984). The energetic paradox of human running and hominid evolution [and comments and reply]. *Current Anthropology* 25 (4): 483–95.

Carroll, S. B. (2005). Evolution at two levels: On genes and form. *PLoS Biology* 3 (7): e245.

Carroll, S. B. (2008). Evo-devo and an expanding evolutionary synthesis: A genetic theory of morphological evolution. *Cell* 134 (1): 25–36.

Charnov, E. L., and D. Berrigan. (1993). Why do female primates have such long lifespans and so few babies? Or life in the slow lane. *Evolutionary Anthropology: Issues, News, and Reviews* 1 (6): 191–94.

Clegg, M., and L. C. Aiello. (1999). A comparison of the Nariokotome *Homo erectus* with juveniles from a modern human population. *American Journal of Physical Anthropology* 110 (1): 81–93.

Cobb, S., and P. O'Higgins. (2004). Hominins do not share a common postnatal facial ontogenetic shape trajectory. *Journal of Experimental Zoology. Part B: Molecular and Developmental Evolution* 302 (3): 302–21.

Collard, M. (2002). "Grades and Transitions in Human Evolution." In *The Speciation of Modern Homo Sapiens*, edited by T. Crow, 61–102. Oxford: Oxford University Press.

Coppens, Y. (2006). The bunch of ancestors. *Transactions of the Royal Society of South Africa* 61 (1): 1–3.

Coyne, J. A. (2005). Switching on evolution. *Nature* 435 (7045): 1029–30.

Craig, L. R. (2009). Defending evo-devo: A response to Hoekstra and Coyne. *Philosophy of Science* 76 (3): 335–44.

De Waal, F. (1995). Bonobo sex and society. *Scientific American* 272 (3): 82–88.

De Waal, F., and F. Lanting. (1997). *Bonobo: The Forgotten Ape*. Berkeley: University of California Press.（フランス・ドゥ・ヴァール『ヒトに最も近い類人猿ボノボ』フランス・ランティング写真、加納隆至監修、藤井留美訳、TBSブリタニカ、2000年）

Dubois, E., P. W. M. Trap, and G. Stechert. (1894). *Pithecanthropus erectus: Eine menschenaehnliche Uebergangsform aus Java*. Batavia, Netherlands: Landesdruckerei.

Dunbar, R. I. M. (1998). The social brain hypothesis. *Evolutionary Anthropology* 6: 178–90.

Dunbar, R. I. M. (2003). The social brain: Mind, language, and society in evolutionary perspective. *Annual Review of Anthropology* 32 (3): 163–81.

Finlay, B. L., and R. B. Darlington. (1995). Linked regularities in the development and evolution of mammalian brains. *Science* 268 (5217): 1578–84.

Finlayson, C. (2005). Biogeography and evolution of the genus *Homo*. *Trends in Ecology & Evolution* 20 (8): 457–63.

Frayer, D. W., and M. H. Wolpoff. (1985). Sexual dimorphism. *Annual Review of Anthropology* 14 (1): 429–73.

Giger, T., P. Khaitovich, . . . and S. Pääbo. (2010). Evolution of neuronal and endothelial transcriptomes in primates. *Genome Biology and Evolution* 2: 284–92.

Gordon, A. D., D. J. Green, and B. G. Richmond. (2008). Strong postcranial size dimorphism in *Australopithecus afarensis*: Results from two new resampling methods for multivariate data sets with missing data. *American Journal of Physical Anthropology* 135 (3): 311–28.

Smith, Webster, and Ellegren 2002 を参照。組織特異的に発現する *FOXP2* 遺伝子のエンハンサーとなる非コード領域については Carroll 2008 を参照。特に非コード領域のシスエレメントの必要性に関する理論的議論は Carroll 2005 を参照。当然のことながら Coyne はこのエヴォデヴォ的な見方に異議を唱えている（Coyne 2005; Hoekstra and Coyne 2007 など）。Hoekstra and Coyne 2007 への反論は Craig 2009 を参照。

86 これらコード領域の遺伝子の転写・翻訳により、ある種の転写因子として働くタンパク質が合成される。この転写因子は、非コード領域にある調節領域に結合して、DNA から mRNA への転写を調節するものである。

87 McHenry 1994; Plavcan and Van Schaik 1997. Reno et al. 2003 によれば、この性差の縮小が始まったのはもっと早く、アウストラロピテクスですでに起こっていたという。

88 Plavcan and Van Schaik 1997.

参考文献


Alba, D. (2002). "Shape and Stage in Heterochronic Models." In *Human Evolution through Developmental Change*, edited by N. Minugh-Purvis and K. J. McNamara, 28–50. Baltimore: Johns Hopkins University Press.

Ambrose, S. H. (2001). Paleolithic technology and human evolution. *Science* 291 (5509): 1748–53.

Begun, D. R. (2005). *Sivapithecus* is east and *Dryopithecus* is west, and never the twain shall meet. *Anthropological Science* 113 (1): 53.

Begun, D. R., C. V. Ward, and M. D. Rose. (1997). "Events in Hominoid Evolution." In *Function, Phylogeny, and Fossils: Miocene Hominoid Evolution and Adaptations*, edited by D. R. Begun et al., 389–415. New York: Plenum.

Berge, C. (1998). Heterochronic processes in human evolution: An ontogenetic analysis of the hominid pelvis. *American Journal of Physical Anthropology* 105 (4): 441–59.

Berger, L. R., D. J. de Ruiter, . . . and J. M. Kibii. (2010). *Australopithecus sediba*: A new species of Homo-like australopith from South Africa. *Science* 328 (5975): 195–204.

Bloch, J. I., and D. M. Boyer, D. M. (2002). Grasping primate origins. *Science* 298 (5598): 1606–10.

Boesch, C., and H. Boesch. (1989). Hunting behavior of wild chimpanzees in the Tai National Park. *American Journal of Physical Anthropology* 78 (4): 547–73.

Bogin, B. A. (1997). Evolutionary hypotheses for human childhood. *American Journal of Physical Anthropology* 104 (S25): 63–69.

Bogin, B. A., and B. H. Smith. (1996). Evolution of the human life cycle. *American Journal of Human Biology* 8: 703–16.

Bolk, L. (1926). *Das Problem der Menschwerdung* [The problem of human development]: *Vortrag gehalten am 15. April 1926 auf der XXV. Versammlung der Anatomischen Gesellschaft zu Freiburg*. Freiburg, Germany: Fischer.

Bramble, D. M., and D. E. Lieberman. (2004). Endurance running and the evolution of *Homo*. *Nature* 432 (7015): 345–52.

Brosnan, S. F. (2010). Behavioral development: Timing is everything. *Current Biology* 20 (3): R98–100.

Brown, P., T. Sutikna, . . . and R. Due. (2004). A new small-bodied hominin from the Late Pleistocene of Flores, Indonesia. *Nature* 431: 1055–61.

Brunet, M., F. Guy, . . . and P. Vignaud. (2005). New material of the earliest hominid from the Upper Miocene of Chad. *Nature* 434 (7034): 752–55.

に従っている。
55 Bramble and Lieberman 2004; 発汗と放熱については Carrier 1984 を参照。
56 アウストラロピテクスの性的二型については Collard 2002; Gordon, Green, and Richmond 2008 を参照。初期のホモ属における性的二型性の低下については Frayer and Wolpoff 1985 を参照。
57 たとえば Ambrose 2001.
58 Vekua et al. 2002.
59 ジャワ原人の発見者たちはジャワ原人をホモ属に入れず、ピテカントロプス (*Pithecanthropus*) という新属に入れた (Dubois, Trap, and Stechert 1894)。
60 Weidenreich 1935.
61 Brown 2004.「ホビット」が発見されると、その分類的位置づけをめぐって人類学界は大騒ぎになった。小頭症の現代型人類だと主張する向きもあったが、その見解はもはや支持されていない。
62 Carbonell et al. 2008.
63 Rightmire 2004. ホモ・ハイデルベルゲンシスはまた最初の汎存種〔2大陸以上にまたがって分布する種〕であり、ユーラシア大陸とアフリカ大陸に分布した (Tattersall and Schwartz 2009)。
64 Finlayson 2005. Rightmire 1998 によれば、ヒトとネアンデルタール人はホモ・ハイデルベルゲンシスからほとんど同時に種分化した。
65 Ponce de León et al. 2008. 大人の脳を比べるとネアンデルタール人のほうが大きいのは、ネアンデルタール人のほうがヒトよりも成長が速いためである (Rozzi and de Castro 2004; Gunz et al. 2010 も参照)。
66 たとえば Hall 2003 を参照。
67 Wallis 1997. チンパンジーの妊娠期間は平均 225 日である。
68 Zollikofer and Ponce de León 2010.
69 Bogin 1997.
70 Walker et al. 2006.
71 Bogin and Smith 1996; Zolliker and Ponce de León 2010. トゥルカナ・ボーイの成長率はアウストラロピテクスにも近い (Tardieu 1998)。ナリオコトメ遺跡で発見された別のホモ・エルガステルの化石の成長率については Clegg and Aiello 1999 を参照。
72 たとえば、ヒトの足は類人猿の足に比べてハイパモルフォーシス（過形成）である (Lockley and Jackson 2008)。
73 たとえば、アルディがナックル・ウォーク〔類人猿の行う四足歩行で、拳を軽く握って指の中節骨の背面に体重をかけて歩くこと〕をしていたという証拠はない (Lovejoy et al. 2009)。
74 Wang et al. 2004.
75 Berge 1998.
76 Berge 1998.
77 Minugh-Purvis and McNamara 2002.
78 Leigh 2004. 他のホミニドと比較したヒトの脳の成長率については Neubauer and Hublin 2012 を参照。
79 Rosenberg and Trevethan 1995.
80 Rosenberg and Trevethan 2002.
81 Ponce de León et al. 2008.
82 Miller et al. 2012.
83 Somel et al. 2009; 霊長類全体の比較は Giger et al. 2010 も参照。
84 King and Wilson 1975. この発想は、コード領域だけではヒトとチンパンジーの分岐が説明できないという認識によるところが大きい (Wilson, Carlson, and White 1977)。
85 ヒトとチンパンジーの分岐におけるDNA の非コード領域の重要性を示すゲノムの証拠については

れる一般的な基準からすれば、そういった三者間の比較ははなはだしく不適切である。系統遺伝学でいうところの頑健性が欠けているのである。

25 Naef 1926; Bolk 1926.

26 Gould 1977; Montagu 1955 も参照。

27 Gould 1992, chap. 7.

28 プレシアダピスとその子孫は、カルポレステスなどの暁新世に生息していた古いタイプの霊長類と区別するために、「現代型霊長類」(または真霊長類) と呼ばれることもある。Bloch and Boyer 2002.

29 Perelman et al. 2011. これらの年代は、現生霊長類系統の分岐年代の推定をもとにしている。

30 Finlay and Darlington 1995.

31 Jerison 1973.

32 Charnov and Berrigan 1993.

33 Dunbar 1998, 2003; Reader and Layland 2002.

34 Bloch and Boyer 2002 (現代型霊長類)。Perelman et al. 2011 は、分子 (DNA) データを根拠にこれよりも早い年代を見積もっている。

35 Schrago and Russo 2003.

36 Kay, Ross, and Williams 1997.

37 Simons et al. 2007.

38 Ward, Walker, and Teaford 1991.

39 Begun, Ward, and Rose 1997. Begun 2005 は、アジアに最初に霊長類が出現したのは 1600 万〜 1500 万年前と見積もっている。Stewart and Disotell 1998 は DNA データを根拠にそれより早い年代を見積もっている。

40 Mayr 1950. マイアの無知な発表が人類学に与えた負の影響については、Tattersall and Schwartz 2009 でよく議論されている。

41 Brunet et al. 2005.

42 Richmond and Jungers 2008.

43 Haile-Selassie 2001; Haile-Selassie and WoldeGabriel 2009; 最も注目されているのはラミダスであり、通称「アルディ」は通常はラミダスを指す (White et al. 2009 など)。2009 年には『サイエンス』誌のある号が丸ごとアルディ特集だった。

44 アルディの二足歩行については Lovejoy et al. 2009 を参照。アルディの頭骨は類人猿とホミニンの両方の特徴をもつ (Suwa, Asfaw, et al. 2009; Suwa, Kono, et al. 2009; Coppens 2006)。

45 M. G. Leakey et al. 1998; Macho et al. 2005. アウストラロピテクス・アナメンシスの食性に関する推論については Grine, Ungar, and Teaford 2006 を参照。

46 この化石がルーシーと名づけられたのは、彼女を発見した日に発見者がビートルズの《ルーシー・イン・ザ・スカイ・ウィズ・ダイアモンド》を聴いていたからである (Johanson and White 1979)。

47 McPherron et al. 2010.

48 Berger et al. 2010.

49 Kivell et al. 2011; 脳については Carlson et al. 2011 を参照。

50 Pickering et al. 2011.

51 L. S. Leakey, Tobias, and Napier 1964. ホモ・ハビリスの分類的な位置づけは論争中である。多くの研究者はホモ・ハビリスをホモ属に入れるのは適切ではないと考えている (Wood and Collard 1999; Tattersall and Schwartz 2009 など)。

52 Wynn and McGrew 1989.

53 Tobias 1987.

54 Tattersall and Schwartz 2009. ホモ・エルガステルとホモ・エレクトスを単一の種とみなす意見もある (たとえば Bogin and Smith 1996)。この観点ではホモ・エルガステルはホモ・エレクトスのアフリカ産の亜種である。本書は両者が別種であるというタッターソルの意見 (Tattersall 2007 など)

Wright, S. (1917a). Color inheritance in mammals: Results of experimental breeding can be linked up with chemical researches on pigments—Coat colors of all mammals classified as due to variations in action of two enzymes. *Journal of Heredity* 8 (5): 224–35.
Wright, S. (1917b). Color inheritance in mammals: V. The guinea-pig—Great diversity in coat-pattern, due to interaction of many factors in development—Some factors hereditary, others of the nature of accidents in development. *Journal of Heredity* 8 (10): 476–80.
Wu, S., W. Wu, . . . and C. L. Organ. (2012). Molecular and paleontological evidence for a post-Cretaceous origin of rodents. *PLoS One* 7 (10): e46445.

## 第13章　人間――I　進化

### 註

1　Lyn and Savage-Rumbaugh 2000. 特に重要なのは、ボノボが視覚情報なしで聴覚情報による接触のみで互いに学び合えるという点である。カンジについてさらに詳しい情報はSegerdahl, Fields, and Savage-Rumbaugh 2005も参照。
2　Boesch and Boesch 1989.
3　女性は採集に行くというわけだ（Stanford 1999）。Lee and DeVore 1969は、人間の性質についてのこの見解の原本的なものである。
4　Wrangham and Peterson 1996; Wrangham and Glowacki 2012.
5　Parish 1994; De Waal 1995; Hohmann and Fruth 2000.
6　Parish, De Waal, and Haig et al. 2000.
7　Hare, Wobber, and Wrangham 2012.
8　Wobber, Wrangham, and Hare 2010a, 2010b; Hare, Wobber, and Wrangham 2012.
9　Hare, Wobber, and Wrangham 2012.
10　Shea 1986; Wrangham and Pilbeam 2001.
11　Shea 1983.
12　Penin, Berge, and Baylac 2002; Shea 1989. いくつかの研究では、ヘテロクロニーの証拠は見出されなかった。ましてペドモルフォーシスやネオテニーの証拠も見つからなかった（Williams, Godfrey, and Sutherland 2003; Mitteroecker, Gunz, and Bookstein 2005）。頭骨にペドモルフォーシスの何らかの証拠を見出した研究もあるが、全体的なものではない。たとえばLieberman et al. 2007は神経頭蓋（脳を容れる部分）に中程度のペドモルフォーシスを、それより程度の低いペドモルフォーシスを顔面に見出した。しかし逆のパターンを見出した研究もある（Cobb and O'Higgins 2004; Alba 2002）。
13　Lieberman et al. 2007. このタイプのヘテロクロニーは後形成あるいは後転位と呼ばれる。
14　Wrangham and Pilbeam 2001.
15　Hare, Wobber, and Wrangham 2012.
16　Leigh and Shea 1995; McIntyre et al. 2009.
17　Leigh and Shea 1995. ボノボの頭骨も、チンパンジーに比べて性的二型性が低下している。
18　Hare, Wobber, and Wrangham 2012.
19　Brosnan 2010; Rosati and Hare 2012.
20　Wobber, Wrangham, and Hare 2010a, 2010b.
21　Gruber, Clay, and Zuberbühler 2010.
22　Hare, Wobber, and Wrangham 2012.
23　Hare 2007; Palagi and Cordoni 2012; Wobber, Wrangham, and Hare 2010a, 2010b.
24　Shea 1989; De Waal and Lanting 1997; Wrangham and Pilbeam 2001はゴリラをアウトグループとした解析結果のみからボノボの派生形質を論証している。しかしこの種の系統推測で用いら

ed for reduced aggressiveness toward humans. *Physiology & Behavior* 53 (2): 389–93.

Sokal, R. R., N. L. Oden, and C. Wilson. (1991). Genetic evidence for the spread of agriculture in Europe by demic diffusion. *Nature* 351: 143–45.

Spotorno, A. E., G. Manríquez, . . . and J. Wheeler. (2007). "Domestication of Guinea Pigs from a Southern Peru–Northern Chile Wild Species and Their Middle Pre-Colombian Mummies." In *The Quintessential Naturalist: Honoring the Life and Legacy of Oliver P. Pearson*, edited by D. A. Kelt et al., 367–88. Berkeley: University of California Press.

Spotorno, A. E., J. C. Marín, . . . and C. Rivas. (2006). Ancient and modern steps during the domestication of guinea pigs (*Cavia porcellus* L.). *Journal of Zoology* 270 (1): 57–62.

Spotorno, A., J. P. Valladares, . . . and H. Zeballos. (2004). Molecular diversity among domestic guinea-pigs (Cavia porcellus) and their close phylogenetic relationship with the Andean wild species *Cavia tschudii. Revista Chilena de Historia Natural* 77 (2): 243–50.

Springer, M. S. (1997). Molecular clocks and the timing of the placental and marsupial radiations in relation to the Cretaceous-Tertiary boundary. *Journal of Mammalian Evolution* 4 (4): 285–302.

Steinberg, E. K., J. L. Patton, and E. Lacey. (2000). "Genetic Structure and the Geography of Speciation in Subterranean Rodents: Opportunities and Constraints for Evolutionary Diversification." In *Life Underground: The Biology of Subterranean Rodents*, edited by E. A. Lacey et al., 301–31. Chicago: University of Chicago Press.

Steppan, S., R. Adkins, and J. Anderson. (2004). Phylogeny and divergence-date estimates of rapid radiations in muroid rodents based on multiple nuclear genes. *Systematic Biology* 53: 533–53.

Suckow, M. A., K. A. Stevens, and R. P. Wilson. (2011). *The Laboratory Rabbit, Guinea Pig, Hamster, and Other Rodents*. London: Academic Press.

Sullivan, J., and D. Swofford. (1997). Are guinea pigs rodents? The importance of adequate models in molecular phylogenetics. *Journal of Mammalian Evolution* 4 (2): 77–86.

Thaler, L. (1986). "Origin and Evolution of Mice: An Appraisal of Fossil Evidence and Morphological Traits." In *The Wild Mouse in Immunology*, edited by M. Potter et al., 3–11. Berlin: Springer.

Trut, L., I. Oskina, and A. Kharlamova. (2009). Animal evolution during domestication: The domesticated fox as a model. *BioEssays* 31 (3): 349–60.

Voloch, C. M., J. F. Vilela, . . . and C. G. Schrago. (2013). Phylogeny and chronology of the major lineages of New World hystricognath rodents: Insights on the biogeography of the Eocene/Oligocene arrival of mammals in South America. *BMC Research Notes* 6 (1): 160.

Waddell, P. J., N. Okada, and M. Hasegawa. (1999). Towards resolving the interordinal relationships of placental mammals. *Systematic Biology* (1999): 1–5.

Wahlsten, D., P. Metten, and J. C. Crabbe. (2003). A rating scale for wildness and ease of handling laboratory mice: Results for 21 inbred strains tested in two laboratories. *Genes, Brain and Behavior* 2 (2): 71–79.

Wing, E. S. (1986). "Domestication of Andean Animals." In *High Altitude Tropical Biogeography*, edited by F. Vuilleumier and M. Monasterio, 246–64. New York: Oxford University Press.

Wong, A. H. C., I. I. Gottesman, and A. Petronis, A. (2005). Phenotypic differences in genetically identical organisms: The epigenetic perspective. *Human Molecular Genetics* 14 (suppl. 1): R11–18.

Lewejohann, L., T. Pickel, . . . and S. Kaiser. (2010). Wild genius—domestic fool? Spatial learning abilities of wild and domestic guinea pigs. *Frontiers in Zoology* 7 (1): 9.

Lockard, R. B. (1968). The albino rat: A defensible choice or a bad habit? *American Psychologist* 23 (10): 734.

McCormick, M. (2003). Rats, communications, and plague: Toward an ecological history. *Journal of Interdisciplinary History* 34 (1): 1–25.

Mess, A. (2007). The guinea pig placenta: Model of placental growth dynamics. *Placenta* 28 (8): 812–15.

Miller, R. A., J. M. Harper, . . . and S. N. Austad. (2002). Longer life spans and delayed maturation in wild-derived mice. *Experimental Biology and Medicine* 227 (7): 500–508.

Morales, E. (1995). *The Guinea Pig: Healing, Food, and Ritual in the Andes*. Tucson: University of Arizona Press.

Naumenko, E. V., N. K. Popova, . . . and A. L. Markel. (1989). Behavior, adrenocortical activity, and brain monoamines in Norway rats selected for reduced aggressiveness towards man. *Pharmacology Biochemistry and Behavior* 33 (1): 85–91.

Nolan, P. M., P. J. Sollars, . . . and M. Bućan. (1995). Heterozygosity mapping of partially congenic lines: Mapping of a semidominant neurological mutation, *Wheels* (*Whl*), on mouse chromosome 4. *Genetics* 140 (1): 245–54.

Oskina, I., I. Plyusnina, and A. Y. Sysoletina. (2000). Effect of selection for behavior on the pituitary-adrenal function of norway rats *Rattus norvegicus* in postnatal ontogeny. *Journal of Evolutionary Biochemistry and Physiology* 36 (2): 161–69.

Oskina, I., L. Prasolova, . . . and L. Trut. (2010). Role of glucocorticoids in coat depigmentation in animals selected for behavior. *Cytology and Genetics* 44 (5): 286–93.

Panksepp, J. (1998). *Affective Neuroscience: The Foundations of Human and Animal Emotions*. New York: Oxford University Press.

Pantalacci, S., A. Chaumot,. . . and V. Laudet. (2008). Conserved features and evolutionary shifts of the EDA signaling pathway involved in vertebrate skin appendage development. *Molecular Biology and Evolution* 25 (5): 912–28.

Pigière, F., W. Van Neer, . . . and M. Denis. (2012). New archaeozoological evidence for the introduction of the guinea pig to Europe. *Journal of Archaeological Science* 39 (4): 1020–24.

Plyusnina, I., and I. Oskina. (1997). Behavioral and adrenocortical responses to open-field test in rats selected for reduced aggressiveness toward humans. *Physiology & Behavior* 61 (3): 381–85.

Plyusnina, I. Z., M. Y. Solov'eva, and I. N. Oskina. (2011). Effect of domestication on aggression in gray Norway rats. *Behavior Genetics* 41 (4): 583–92.

Rakyan, V., and E. Whitelaw. (2003). Transgenerational epigenetic inheritance. *Current Biology* 13: R6.

Reuveni, E. (2011). The genetic background effect on domesticated species: A mouse evolutionary perspective. *Scientific World Journal* 11: 429–36.

Richards, C. L., O. Bossdorf, and M. Pigliucci. (2010). What role does heritable epigenetic variation play in phenotypic evolution? *BioScience* 60 (3): 232–37.

Sachser, N. (1998). Of domestic and wild guinea pigs: Studies in sociophysiology, domestication, and social evolution. *Naturwissenschaften* 85 (7): 307–17.

Shishkina, G. T., P. M. Borodin, and E. V. Naumenko. (1993). Sexual maturation and seasonal changes in plasma levels of sex steroids and fecundity of wild Norway rats select-

genotype. A reason for the limited success of a 30 year long effort to standardize laboratory animals? *Laboratory Animals* 24 (1): 71–77.
Gärtner, K. (2012). A third component causing random variability beside environment and genotype. A reason for the limited success of a 30 year long effort to standardize laboratory animals? *International Journal of Epidemiology* 41 (2): 335–41.
Goto, T., A. Tanave, . . . and T. Koide. (2013). Selection for reluctance to avoid humans during the domestication of mice. *Genes, Brain and Behavior* 12 (8): 760–70.
Guichón, M., and M. Cassini. (1998). Role of diet selection in the use of habitat by pampas cavies Cavia aperea pamparum (Mammalia, Rodentia). *Mammalia* 62 (1): 23–36.
Harper, J. M., S. J. Durkee, . . . and R. A. Miller. (2006). Genetic modulation of hormone levels and life span in hybrids between laboratory and wild-derived mice. *Journals of Gerontology. Series A, Biological Sciences and Medical Sciences* 61 (10): 1019–29.
Hedges, S., P. Parker, . . . and S. Kumar. (1996). Continental breakup and the ordinal diversification of birds and mammals. *Nature* 381: 226–29.
Heinrichs, S., M. Stenzel-Poore, . . . and E. Merlo Pich. (1996). Learning impairment in transgenic mice with central overexpression of corticotropin-releasing factor. *Neuroscience* 74 (2): 303–11.
Hoekstra, H. (2006). Genetics, development and evolution of adaptive pigmentation in vertebrates. *Heredity* 97 (3): 222–34.
Huchon, D., O. Madsen, . . . and E. Douzery. (2002). Rodent phylogeny and a timescale for the evolution of Glires: Evidence from an extensive taxon sampling using three nuclear genes. *Molecular Biology and Evolution* 19: 1053–65.
Jablonka, E., and M. J. Lamb. (1998). Epigenetic inheritance in evolution. *Journal of Evolutionary Biology* 11 (2): 159–83.
Jablonka, E., and M. J. Lamb. (2005). *Evolution in Four Dimensions: Genetic, Epigenetic, Behavioral, and Symbolic Variation in the History of Life.* Cambridge, MA: MIT Press.
Jablonka, E., and G. Raz. (2009). Transgenerational epigenetic inheritance: Prevalence, mechanisms, and implications for the study of heredity and evolution. *Quarterly Review of Biology* 84 (2): 131–76.
Keane, T. M., L. Goodstadt, . . . and M. Goodson. (2011). Mouse genomic variation and its effect on phenotypes and gene regulation. *Nature* 477 (7364): 289–94.
Krinke, G. J., ed. (2000). *The Laboratory Rat.* San Diego, CA: Academic Press.
Kruska, D. (1988). Effects of domestication on brain structure and behavior in mammals. *Human Evolution* 3 (6): 473–85.
Kumar, M. L., and G. A. Nankervis. (1978). Experimental congenital infection with cytomegalovirus: A guinea pig model. *Journal of Infectious Diseases* 138 (5): 650–54.
Künzl, C., S. Kaiser, . . . and N. Sachser. (2003). Is a wild mammal kept and reared in captivity still a wild animal? *Hormones and Behavior* 43 (1): 187–96.
Künzl, C., and N. Sachser. (1999). The behavioral endocrinology of domestication: A comparison between the domestic guinea pig (*Cavia aperea* f. *porcellus*) and its wild ancestor, the cavy (*Cavia aperea*). *Hormones and Behavior* 35 (1): 28–37.
Langton, J. (2007). *Rat: How the World's Most Notorious Rodent Clawed Its Way to the Top.* New York: St. Martin's Press.
Laviola, G., and M. L. Terranova. (1998). The developmental psychobiology of behavioural plasticity in mice: The role of social experiences in the family unit. *Neuroscience & Biobehavioral Reviews* 23 (2): 197–213.

Blanchard, R. J., and D. C. Blanchard. (1977). Aggressive behavior in the rat. *Behavioral Biology* 21 (2): 197–224.
Blanchard, R. J., K. J. Flannelly, and D. C. Blanchard. (1986). Defensive behaviors of laboratory and wild *Rattus norvegicus*. *Journal of Comparative Psychology* 100 (2): 101.
Blanga-Kanfi, S., H. Miranda, . . . and D. Huchon. (2009). Rodent phylogeny revised: Analysis of six nuclear genes from all major rodent clades. *BMC Evolutionary Biology* 9: 71.
Boice, R. (1981). Behavioral comparability of wild and domesticated rats. *Behavior Genetics* 11 (5): 545–53.
Bonduriansky, R., and T. Day. (2008). Nongenetic inheritance and its evolutionary implications. *Annual Review of Ecology, Evolution, and Systematics* 40 (1): 103.
Botchkarev, V. A., and A. A. Sharov. (2004). BMP signaling in the control of skin development and hair follicle growth. *Differentiation* 72 (9–10): 512–26.
Boursot, P., J. Auffray, . . . and F. Bonhomme. (1993). The evolution of house mice. *Annual Review of Ecology and Systematics* 24 (1): 119–52.
Cairns, R. B., J.-L. Gariépy, and K. E. Hood. (1990). Development, microevolution, and social behavior. *Psychological Review* 97 (1): 49–65.
Castle, W. (1954). Coat color inheritance in horses and in other mammals. *Genetics* 39 (1): 35.
Catzeflis, F. M., J.-P. Aguilar, and J.-J. Jaeger. (1992). Muroid rodents: Phylogeny and evolution. *Trends in Ecology & Evolution* 7 (4): 122–26.
Catzeflis, F. M., C. Hanni, . . . and E. Douzery. (1995). Molecular systematics of hystricognath rodents: The contribution of sciurognath mitochondrial 12S rRNA sequences. *Molecular Phylogenetics and Evolution* 4: 357–60.
Churakov, G., M. K. Sadasivuni, . . . and J. Schmitz. (2010). Rodent evolution: Back to the root. *Molecular Biology and Evolution* 27 (6): 1315–26.
Clark, B. R., and E. O. Price. (1981). Sexual maturation and fecundity of wild and domestic Norway rats (*Rattus norvegicus*). *Journal of Reproduction and Fertility* 63 (1): 215–20.
Coyne, J. A. (2009). Evolution's challenge to genetics. *Nature* 457 (7228): 382–83.
Danchin, É., A. Charmantier, . . . and S. Blanchet. (2011). Beyond DNA: Integrating inclusive inheritance into an extended theory of evolution. *Nature Reviews. Genetics* 12 (7): 475–86.
D'Erchia, A. M., C. Gissi, . . . and U. Arnason. (1996). The guinea-pig is not a rodent. *Nature* 381: 597–600.
Dunnum, J. L., and J. Salazar-Bravo. (2010). Molecular systematics, taxonomy and biogeography of the genus Cavia (Rodentia: Caviidae). *Journal of Zoological Systematics and Evolutionary Research* 48 (4): 376–88.
Feinberg, A. P., and R. A. Irizarry. (2010). Stochastic epigenetic variation as a driving force of development, evolutionary adaptation, and disease. *Proceedings of the National Academy of Sciences USA* 107 (suppl. 1): 1757–64.
Francis, R. C. (2011). *Epigenetics: How Environment Shapes Our Genes*. New York: Norton.（リチャード・C・フランシス『エピジェネティクス―操られる遺伝子』野中香方子訳、ダイヤモンド社、2011年）
Garland, T., H. Schutz, . . . and G. van Dijk. (2011). The biological control of voluntary exercise, spontaneous physical activity and daily energy expenditure in relation to obesity: Human and rodent perspectives. *Journal of Experimental Biology* 214 (2): 206–29.
Gärtner, K. (1990). A third component causing random variability beside environment and

64 Plyusnina, Solov'eva, and Oskina 2011.

65 Oskina, Plyusnina, and Sysoletina 2000; Plyusnina and Oskina 1997.

66 Shishkina, Borodin, and Naumenko 1993.

67 Pylusnina and Oskina 1997; Oskina et al. 2010; Albert et al. 2008, 2009.

68 Albert et al. 2008 の研究より。これはノヴォシビルスクで行われたものとは完全に独立した研究である。

69 上位のストレスホルモンである副腎皮質刺激ホルモン放出因子が過剰発現する遺伝子組換えマウスは、学習能力が劣っている (Heinrichs et al. 1996)。

70 Hoekstra 2006.

71 Panksepp 1998.

**参考文献**

Adkins, R., E. Gelke, . . . and R. Honeycutt. (2001). Molecular phylogeny and divergence time estimates for major rodent groups: Evidence from multiple genes. *Molecular Biology and Evolution* 18: 777–91.

Albert, F. W., Ö. Carlborg, . . . and S. Pääbo. (2009). Genetic architecture of tameness in a rat model of animal domestication. *Genetics* 182 (2): 541–54.

Albert, F. W., O. Shchepina, . . . and S. Pääbo. (2008). Phenotypic differences in behavior, physiology and neurochemistry between rats selected for tameness and for defensive aggression towards humans. *Hormones and Behavior* 53 (3): 413–21.

Alroy, J. (1999). The fossil record of North American mammals: Evidence for a Paleocene evolutionary radiation. *Systematic Biology* 48 (1): 107–18.

Antoine, P.-O., L. Marivaux, . . . and A. J. Altamirano. (2012). Middle Eocene rodents from Peruvian Amazonia reveal the pattern and timing of caviomorph origins and biogeography. *Proceedings of the Royal Society. B: Biological Sciences* 279 (1732): 1319–26.

Aplin, K. P., T. Chesser, and J. ten Have. (2003). Evolutionary biology of the genus *Rattus*: Profile of an archetypal rodent pest. *ACIAR Monograph Series* 96: 487–98.

Arnold, A. P. (2009). The organizational-activational hypothesis as the foundation for a unified theory of sexual differentiation of all mammalian tissues. *Hormones and Behavior* 55 (5): 570–78.

Asher, M., E. de Oliveira, and N. Sachser. (2004). Social system and spatial organisation of wild guinea pigs (*Cavia aperea*) in a natural population. *Journal of Mammology* 85 (4): 788–96.

Asher, R. J., J. Meng, . . . and M. J. Novacek. (2005). Stem Lagomorpha and the antiquity of Glires. *Science* 307 (5712): 1091–94.

Austad, S. (2002). A mouse's tale. *Natural History*, April.

Belyaev, D., and P. Borodin. (1982). The influence of stress on variation and its role in evolution. *Biologisches Zentralblatt* 101 (6): 705–14.

Berkenhout, J. (1795). *Synopsis of the Natural History of Great Britain and Ireland*. London: P. Elmsly.

Blanchard, D. C., N. K. Popova, . . . and E. M. Nikulina. (1994). Defensive reactions of "wild-type" and "domesticated" wild rats to approach and contact by a threat stimulus. *Aggressive Behavior* 20 (5): 387–97.

Blanchard, D. C., G. Williams, . . . and R. J. Blanchard. (1981). Taming of wild *Rattus norvegicus* by lesions of the mesencephalic central gray. *Physiological Psychology* 9 (2): 157–63.

31 Lewejohann et al. 2010. 残念ながら、この比較研究では *C. aperea*（パンパステンジクネズミ）を家畜モルモットの祖先と仮定していたが、実際は違う。*C. aperea* は低地性の種だが、家畜モルモットの真の祖先である *C. tschudii*（ペルーテンジクネズミ）はご想像通り高地性の種である。*C. aperea* と *C. tschudii* は確かに近縁ではあるが、この研究は *C. tschudii* を用いてやり直すべきだ。

32 Künzl and Sachser 1999; Künzl et al. 2003.

33 Sachser 1998; Asher, de Oliveira, and Sachser 2004.

34 Laviola and Terranova 1998; Cairns, Gariépy, and Hood 1990.

35 Steppan, Adkins, and Anderson 2004.

36 Thaler 1986.

37 Boursot et al. 1993.

38 前掲書

39 Sokal, Oden, and Wilson 1991.

40 N. Royer, "The History of Fancy Mice," American Fancy Rat & Mouse Association, last modified March 5, 2014, http://www.afrma.org/historymse.htm.

41 Nolan et al. 1995.

42 Keane et al. 2011; Reuveni 2011.

43 Wahlsten, Metten, and Crabbe 2003; Goto et al. 2013.

44 Garland et al. 2011.

45 Austad 2002.

46 前掲書

47 Kruska 1988.

48 Miller et al. 2002.

49 Miller et al. 2002; Harper et al. 2006.

50 Gärtner 1990, 2012.

51 Krinke 2000.

52 Aplin, Chesser, and ten Have 2003.

53 McCormick 2003.

54 この学名は John Berkenhout が *Synopsis of the Natural History of Great Britain and Ireland* (1795) で授与したものである。

55 Langton 2007.

56 Lockard 1968.

57 Clark and Price 1981.

58 R. J. Blanchard, Flannelly, and Blanchard 1986.

59 D. C. Blanchard et al. 1981.

60 Boice 1981.

61 Belyaev and Borodin 1982.

62 必然的なことだが、ドブネズミの従順性評価にはキツネとは異なる尺度が用いられる。キツネの従順性は、すでに述べたように、単に人間が近接しても闘争・逃走反応を起こさず耐えられるかどうかで評価される。ドブネズミの場合は防衛的攻撃という特定の種類の攻撃に注目し、ドブネズミの入ったケージに手袋をした手を差し入れ（ドブネズミに逃げ場はない）、その際の反応で従順性を評価する（Naumenko et al. 1989; Plyusnina and Oskina 1997）。食物や配偶相手、テリトリーなどの資源を確保する際に見られる、相手に危害を加えるための攻撃に対し、防衛的攻撃は、その名からわかるように、動物が脅威にさらされたときに見られるものである（R. J. Blanchard and Blanchard 1977）。

63 Plyusnina, Solov'eva, and Oskina 2011. 第 35 世代での状態について D. C. Blanchard et al. 1994 を参照して比較せよ。

## 第12章　齧歯類

### 註

1　Pigière et al. 2012; Morales 1995.

2　「ギニー」は西アフリカのギニア海岸に由来するという説がある。ギニアは大西洋を渡って南米に行き来する船の補給地だったが、ヨーロッパ人はモルモットはそこから来たと誤解したのである。他には、「ギニー」は「ガイアナ」がなまったものだという説もある。ガイアナは南米からヨーロッパへ向かう船の出港地だった。

3　D'Erchia et al. 1996; ミトコンドリア DNA を根拠として移動すべしとした。

4　Sullivan and Swofford 1997.

5　Catzeflis, Aguilar, and Jaeger 1992; Steppan, Adkins, and Anderson 2004.

6　Adkins et al. 2001. 他の要因として、齧歯類には穴掘り習性と分布が限られる傾向があるため、異所的種分化を起こしやすいことも挙げられる（Steinberg, Patton, and Lacey 2000）。

7　Huchon et al. 2002; Blanga-Kanfi et al. 2009; Churakov et al. 2010.

8　Alroy 1999.

9　たとえば Hedges et al. 1996; Springer 1997; Waddell, Okada, and Hasegawa 1999 を参照。

10　Huchon et al. 2002; Wu et al. 2012.

11　Huchon et al. 2002; Asher et al. 2005.

12　Catzeflis et al. 1995. ヤマアラシ顎類では内側咬筋が眼窩下孔を通って反対側の骨に付着している。この配置はこの系統独特なものだが、機能的な意義は（もしあるとしても）不明である。

13　Antoine et al. 2012; Voloch et al. 2013.

14　Voloch et al. 2013.

15　旧世界ヤマアラシも新世界ヤマアラシもヤマアラシ顎類だが、ヤマアラシ顎類のなかの異なる枝に属しているため、鋭いトゲは収斂進化の一例であるが、これは共通祖先から受け継いだ共有形質をもつために生じた可能性のほうが高い。

16　Spotorno et al. 2004.

17　Guichón and Cassini 1998.

18　Spotorno et al. 2006; Dunnam and Salazar-Bravo 2010.

19　Asher, de Oliveira, and Sachser 2004.

20　Wing 1986.

21　Spotorno et al. 2006.

22　前掲書

23　Spotorno et al. 2007.

24　Suckow, Stevens, and Wilson 2012.

25　"Where the Ridgebacks Roam," TexCavy's Guinea Pig Pages, http://www.texcavy.com.

26　Botchkarev and Sharov 2004. 脊椎動物の色素形成を扱った一般的な論文については Hoekstra 2006 を参照。また Pantalacci et al. 2008 も参照。

27　Castle 1954; Wright 1917a, 1917b.

28　モルモットは特に性的発達の研究（Arnold 2009）と胎児と胎盤の相互作用の研究（Kumar and Nankervis 1978; Mess 2007）で大きな役割を果たしている。その他の医学研究でモルモットの重要性が大きいのは神経管欠損である。このような研究にモルモットがラットやマウスよりも好まれる理由の一つは、人間同様に〔同程度の体の大きさの動物に比べて〕長い妊娠期間をもつからである。

29　Spotorno et al. 2006.

30　Kruska 1988.

Sherratt, A. (1983). The secondary exploitation of animals in the Old World. *World Archaeology* 15 (1): 90–104.
Shoemaker, L., and A. Clauset. (2014). Body mass evolution and diversification within horses (family Equidae). *Ecology Letters* 17 (2): 211–20.
Shorrocks, B. (2007). *The Biology of African Savannahs*. Oxford: Oxford University Press.
Simpson, G. (1961). *Horses*. Garden City, NY: Anchor.（ジョージ・ゲイロード・シンプソン『馬と進化』原田俊治訳、どうぶつ社、1989年）
Skorkowski, E. (1970). Tarpans. *Wszechswiat*, no. 7/8: 207–8.
Sommer, R. S., N. Benecke, . . . and U. Schmölcke. (2011). Holocene survival of the wild horse in Europe: A matter of open landscape? *Journal of Quaternary Science* 26 (8): 805–12.
Steiner, C. C., A. Mitelberg, . . . and O. A. Ryder. (2012). Molecular phylogeny of extant equids and effects of ancestral polymorphism in resolving species-level phylogenies. *Molecular Phylogenetics and Evolution* 65 (2): 573–81.
Steiner, C. C., and O. A. Ryder. (2011). Molecular phylogeny and evolution of the Perissodactyla. *Zoological Journal of the Linnean Society* 163 (4): 1289–1303.
Tchernov, E., and L. Horwitz. (1991). Body size diminution under domestication—Unconscious selection in primeval domesticates. *Journal of Anthropological Archaeology* 10: 54–75.
Thieme, H. (2005). “The Lower Palaeolithic Art of Hunting.” In *The Hominid Individual in Context: Archaeological Investigations of Lower and Middle Palaeolithic Landscapes, Locales and Artefacts*, edited by C. Gamble and M. Porr, 115–32. London: Routledge.
Valladas, H., J. Clottes, . . . and N. Tisnerat-Laborde. (2001). Palaeolithic paintings: Evolution of prehistoric cave art. *Nature* 413 (6855): 479.
Wade, C. M., E. Giulotto, . . . and K. Lindblad-Toh. (2009). Genome sequence, comparative analysis, and population genetics of the domestic horse. *Science* 326 (5954): 865–67.
Warmuth, V., A. Eriksson, . . . and A. Manica. (2012). Reconstructing the origin and spread of horse domestication in the Eurasian steppe. *Proceedings of the National Academy of Sciences USA* 109 (21): 8202–6.
Warmuth, V., A. Eriksson, . . . and A. Manica. (2011). European domestic horses originated in two Holocene refugia. *PLoS One* 6 (3): e18194.
Weinstock, J., E. Willerslev, . . . and C. Bravi. (2005). Evolution, systematics, and phylogeography of Pleistocene horses in the New World: A molecular perspective. *PLoS Biology* 3 (8): e241.
Williamson, S., and R. Beilharz. (1998). The inheritance of speed, stamina and other racing performance characters in the Australian Thoroughbred. *Journal of Animal Breeding and Genetics* 115 (1–6): 1–16.
Wilson, A. J., and A. Rambaut. (2008). Breeding racehorses: What price good genes? *Biology Letters* 4 (2): 173–75.
Wisher, S., W. R. Allen, and J. L. N. Wood. (2006). Factors associated with failure of Thoroughbred horses to train and race. *Equine Veterinary Journal* 38 (2): 113–18.
Zeder, M. A. (2006). “Archaeological Approaches to Documenting Animal Domestication.” In *Documenting Domestication: New Genetic and Archaeological Paradigms*, edited by M. A. Zeder et al., 171–81. Berkeley: University of California Press.

73–78.
Mihlbachler, M. C., F. Rivals, . . . and G. M. Semprebon. (2011). Dietary change and evolution of horses in North America. *Science* 331 (6021): 1178–81.
Moorey, P. R. S. (1986). The emergence of the light, horse-drawn chariot in the Near-East c. 2000–1500 BC. *World Archaeology* 18 (2): 196–215.
Morris, L. H. A., and W. R. Allen. (2002). Reproductive efficiency of intensively managed Thoroughbred mares in Newmarket. *Equine Veterinary Journal* 34 (1): 51–60.
Mostard, K., D. Goodwin, . . . and S. Wendelaar Bonga. (2009). "Initial Evidence of Behavioural Paedomorphosis in Horses." *In Universities Federation for Animal Welfare (UFAW) International Symposium 2009: Darwinian Selection, Selective Breeding and the Welfare of Animals, Bristol, UK, 22–23 Jun 2009.* Bristol, UK: UFAW.
Olsen, S. L. (2006). "Early Horse Domestication on the Eurasian Steppe." In *Documenting Domestication: New Genetic and Archaeological Paradigms*, edited by M. A. Zeder et al., 245–69. Berkeley: University of California Press.
Orlando, L., J. L. Metcalf, . . . and F. Morello. (2009). Revising the recent evolutionary history of equids using ancient DNA. *Proceedings of the National Academy of Sciences USA* 106 (51): 21754–59.
Outram, A. K., N. A. Stear,. . . and R. P. Evershed. (2009). The earliest horse harnessing and milking. *Science* 323 (5919): 1332–35.
Outram, A. K., N. A. Stear, . . . and R. P. Evershed. (2011). Horses for the dead: Funerary foodways in Bronze Age Kazakhstan. *Antiquity* 85 (327): 116–28.
Petersen, J. L., J. R. Mickelson, . . . and A. S. Borges. (2013). Genome-wide analysis reveals selection for important traits in domestic horse breeds. *PLoS Genetics* 9 (1): e1003211.
Pigliucci, M., and K. Preston, eds. (2004). *Phenotypic Integration: Studying the Ecology and Evolution of Complex Phenotypes.* Oxford: Oxford University Press.
Prescott, G. W., D. R. Williams, . . . and A. Manica. (2012a). Quantitative global analysis of the role of climate and people in explaining late Quaternary megafaunal extinctions. *Proceedings of the National Academy of Sciences USA* 109 (12): 4527–31.
Proops, L., M. Walton, and K. McComb. (2010). The use of human-given cues by domestic horses, Equus caballus, during an object choice task. *Animal Behaviour* 79 (6): 1205–9.
Prothero, D. R. (1993). "Ungulate Phylogeny: Molecular vs. Morphological Evidence." In *Mammal Phylogeny, vol. 2, Placentals*, edited by F. S. Szalay et al., 173–81. New York: Springer.
Prothero, D. R., and N. Shubin. (1989). "The Evolution of Mid-Oligocene Horses." In *The Evolution of Perissodactyls*, edited by D. R. Prothero and R. M. Schoch, 142–75. New York: Clarendon.
Pruvost, M., R. Bellone, . . .and M. Hofreiter. (2011). Genotypes of predomestic horses match phenotypes painted in Paleolithic works of cave art. *Proceedings of the National Academy of Sciences USA* 108 (46): 18626–30.
Raulwing, P., and J. Clutton-Brock. (2009). The Buhen horse: Fifty years after its discovery (1958–2008). *Journal of Egyptian History* 2 (1–2): 1–2.
Renfrew, C. (1998). "All the King's Horses." In *Creativity in Human Evolution and Prehistory*, edited by S. Mithen, 192. London: Routledge.
Shaughnessy, E. L. (1988). Historical perspectives on the introduction of the chariot into China. *Harvard Journal of Asiatic Studies* 48 (1): 189–237.

Koch, P. L., and A. D. Barnosky. (2006) Late quaternary extinctions: State of the debate. *Annual Review of Ecology, Evolution, and Systematics*, 37: 215–50.

Krueger, K., B. Flauger, . . . and K. Maros. (2011). Horses (*Equus caballus*) use human local enhancement cues and adjust to human attention. *Animal Cognition* 14 (2): 187–201.

Kurten, B. (1980). *Pleistocene Mammals of North America*. New York: Columbia University Press.

Kuznetsov, P. (2006). The emergence of Bronze Age chariots in eastern Europe. *Antiquity* 80 (309): 638–45.

Laing, J., and F. Leech. (1975). The frequency of infertility in Thoroughbred mares. *Journal of Reproduction and Fertility. Supplement*, no. 23: 307–10.

Langlois, B. (1980). Heritability of racing ability in Thoroughbreds—A review. *Livestock Production Science* 7 (6): 591–605.

Le Douarin, N., and C. Kalacheim. (1999). *The Neural Crest*. Cambridge: Cambridge University Press.

Lei, C. Z., R. Su, . . . and H. Chen. (2009). Multiple maternal origins of native modern and ancient horse populations in China. *Animal Genetics* 40 (6): 933–44.

Leroy, G., L. Callède, . . . and X. Rognon. (2009). Genetic diversity of a large set of horse breeds raised in France assessed by microsatellite polymorphism. *Genetics, Selection, Evolution: GSE* 41 (1): 5.

Levine, M. A. (1998). Eating horses: The evolutionary significance of hippophagy. *Antiquity* 72: 90–100.

Levine, M. A. (1999). Botai and the origins of horse domestication. *Journal of Anthropological Archaeology* 18 (1): 29–78.

Levine, M. A. (2005). "Domestication and Early History of the Horse." In *The Domestic Horse. The Evolution, Development and Management of Its Behaviour*, edited by D. S. Mills and S. M. McDonnell, 5–22. Cambridge: Cambridge University Press.

Lindgren, G., N. Backstrom, . . . and H. Ellegren. (2004). Limited number of patrilines in horse domestication. *Nature Genetics* 36 (4): 335–36.

Lindsay, E. H., N. D. Opdyke, and N. M. Johnson. (1980). Pliocene dispersal of the horse *Equus* and late Cenozoic mammalian dispersal events. *Nature* 287: 135–38.

Lorenzen, E. D., D. Nogués-Bravo, . . . and R. Nielsen. (2011). Species-specific responses of Late Quaternary megafauna to climate and humans. *Nature* 479 (7373): 359–64.

Ludwig, A., M. Pruvost, . . . and M. Hofreiter. (2009). Coat color variation at the beginning of horse domestication. *Science* 324 (5926): 485.

MacFadden, B. J. (1976). Cladistic analysis of primitive equids, with notes on other perissodactyls. *Systematic Biology* 25 (1): 1–14.

MacFadden, B. J. (2005). Fossil horses—Evidence for evolution. *Science* 307 (5716): 1728–30.

MacFadden, B. J., and R. C. Hulbert. (1988). Explosive speciation at the base of the adaptive radiation of Miocene grazing horses. *Nature* 336 (6198): 466–68.

MacFadden, B. J., L. H. Oviedo, . . . and S. Ellis. (2012). Fossil horses, orthogenesis, and communicating evolution in museums. *Evolution: Education and Outreach* 5 (1): 29–37.

McGivney, B. A., J. A. Browne, . . . and E. W. Hill. (2012). MTSN genotypes in Thoroughbred horses influence skeletal muscle gene expression and racetrack performance. *Animal Genetics* 43 (6): 810–12.

McMiken, D. (1990). Ancient origins of horsemanship. *Equine Veterinary Journal* 22 (2):

Gingerich, P. D. (1991). Systematics and evolution of early Eocene Perissodactyla (Mammalia) in the Clarks Fork Basin, Wyoming. *Contributions from the Museum of Paleontology* 28 (8): 181–213.

Goodwin, D., M. Levine, and P. D. McGreevy. (2008). Preliminary investigation of morphological differences between ten breeds of horses suggests selection for paedomorphosis. *Journal of Applied Animal Welfare Science* 11 (3): 204–12.

Grigson, C. (1993). The earliest domestic horses in the Levant?—New finds from the fourth millennium of the Negev. *Journal of Archaeological Science* 20 (6): 645–55.

Groves, C. P. (1994). "Morphology, Habitat, and Taxonomy." In *Przewalski's Horse: The History and Biology of an Endangered Species*, edited by L. Boyd and K. A. Houpt, 39–60. Albany: State University of New York Press.

Grund, B. S., T. A. Surovell, and S. K. Lyons. (2012). Range sizes and shifts of North American Pleistocene mammals are not consistent with a climatic explanation for extinction. *World Archaeology* 44 (1): 43–55.

Heck, H. (1952). The breeding-back of the Tarpan. *Oryx* 1 (7): 338–42.

Hediger, H. K. (1981). The Clever Hans phenomenon from an animal psychologist's point of view. *Annals of the New York Academy of Sciences* 364 (1): 1–17.

Hendricks, B. L. (2007). *International Encyclopedia of Horse Breeds*. Norman: University of Oklahoma Press.

Hill, E. W., R. G. Fonseca, . . . and L. M. Katz. (2012). *MSTN* genotype (g.66493737C/T) association with speed indices in Thoroughbred racehorses. *Journal of Applied Physiology* 112 (1): 86–90.

Hill, W. G., and L. Bunger. (2004). Inferences on the genetics of quantitative traits from long-term selection in laboratory and domestic animals. *Plant Breeding Reviews* 24 (2): 169–210.

Hofreiter, M., and T. Schöneberg. (2010). The genetic and evolutionary basis of colour variation in vertebrates. *Cellular and Molecular Life Sciences* 67 (15): 2591–603.

Hulbert, R. C., Jr. (1989). "Phylogenetic Interrelationships and Evolution of North American Late Neogene Equinae." In *The Evolution of Perissodactyls*, edited by D. R. Prothero and R. M. Schoch, 176–93. New York: Clarendon.

Janis, C. M., J. Damuth, and J. M. Theodor. (2002). The origins and evolution of the North American grassland biome: The story from the hoofed mammals. *Palaeogeography, Palaeoclimatology, Palaeoecology* 177 (1–2): 183–98.

Jeffcott, L., P. Rossdale, . . . and P. Towers-Clark. (1982). An assessment of wastage in Thoroughbred racing from conception to 4 years of age. *Equine Veterinary Journal* 14 (3): 185–98.

Kavar, T., and P. Dovč. (2008). Domestication of the horse: Genetic relationships between domestic and wild horses. *Livestock Science* 116 (1–3): 1–14.

Kelekna, P. (2009). *The Horse in Human History*. Cambridge: Cambridge University Press.

Kim, H., T. Lee, . . . and H. Kim. (2013). Peeling back the evolutionary layers of molecular mechanisms responsive to exercise-stress in the skeletal muscle of the racing horse. *DNA Research* 20 (3): 287–98.

Kim, N. (2011). "Cultural Attitudes and Horse Technologies: A View on Chariots and Stirrups from the Eastern End of the Eurasian Continent." In *Science between Europe and Asia: Historical Studies on the Transmission, Adoption and Adaptation of Knowledge*, edited by F. Günergun and D. Raina, 57–73. New York: Springer.

Bökönyi, S. (1978). The earliest waves of domestic horses in East Europe. *Journal of Indo-European Studies* 6 (1–2): 17–76.
Bökönyi, S. (1987). History of horse domestication. *Animal Genetic Resources Information* 6 (1): 29–34.
Bökönyi, S. (1991). "Late Chalcolithic Horses in Anatolia." In *Equids of the Ancient World*, vol. 2, edited by R. H. Meadow and H.-P. Uerpmann, 123–31. Beihefte zum Tubinger Atlas des Vorderen Orients. Reihe A, Naturwissenschaften, 19/2. Wiesbaden: Reichert.
Bower, M. A., B. A. McGivney, . . . and E. W. Hill. (2012). The genetic origin and history of speed in the Thoroughbred racehorse. *Nature Communications* 3.
Brooks, S. A., S. Makvandi-Nejad, . . . and N. B. Sutter. (2010). Morphological variation in the horse: Defining complex traits of body size and shape. *Animal Genetics* 41: 159–65.
Brown, D., and D. Anthony. (1998). Bit wear, horseback riding and the Botai site in Kazakhstan. *Journal of Archaeological Science* 25 (4): 331–47.
Cai, D., Z. Tang, . . . and H. Zhou. (2009). Ancient DNA provides new insights into the origin of the Chinese domestic horse. *Journal of Archaeological Science* 36 (3): 835–42.
Carter, S., and F. Hunter. (2003). An Iron Age chariot burial from Scotland. *Antiquity* 77 (297): 531–35.
Cieslak, M., M. Pruvost, . . . and A. Ludwig. (2010). Origin and history of mitochondrial DNA lineages in domestic horses. *PLoS One* 5 (12): e15311.
Cieslak, M., M. Reissmann, . . . and A. Ludwig. (2011). Colours of domestication. *Biological Reviews* 86 (4): 885–99.
Clutton-Brock, J. (1974). The Buhen horse. *Journal of Archaeological Science* 1 (1): 89–100.
Clutton-Brock, J. (1992). *Horse Power: A History of the Horse and the Donkey in Human Societies*. Cambridge, MA: Harvard University Press.（J・クラットン＝ブロック『図説 馬と人の文化史』桜井清彦監訳、清水雄次郎訳、東洋書林、1997 年）
Denny, M. W. (2008). Limits to running speed in dogs, horses and humans. *Journal of Experimental Biology* 211 (24): 3836–49.
Dergachev, V. (1989). Neolithic and Bronze Age cultural communities of the steppe zone of the USSR. Antiquity 63 (241): 793–802.
Doan, R., N. Cohen, . . . and S. V. Dindot. (2012). Identification of copy number variants in horses. *Genome Research* 22 (5): 899–907.
Doan, R., N. D. Cohen, . . . and S. V. Dindot. (2012). Whole-genome sequencing and genetic variant analysis of a Quarter Horse mare. *BMC Genomics* 13 (1): 78.
Eynon, N., J. R. Ruiz, . . . and A. Lucia. (2011). Genes and elite athletes: A roadmap for future research. *Journal of Physiology* 589 (13): 3063–70.
Froehlich, D. J. (1999). Phylogenetic systematics of basal perissodactyls. *Journal of Vertebrate Paleontology* 19 (1): 140–59.
Froehlich, D. J. (2002). Quo vadis eohippus? The systematics and taxonomy of the early Eocene equids (Perissodactyla). *Zoological Journal of the Linnean Society* 134 (2): 141–256.
George, M., and O. A. Ryder. (1986). Mitochondrial DNA evolution in the genus *Equus*. *Molecular Biology and Evolution* 3 (6): 535–46.
Gimbutas, M. (1990). "The Collision of Two Ideologies." In *When Worlds Collide: Indo-Europeans and Pre-Indo-Europeans*, edited by J. A. C. Greppin and T. L. Markey, 171–78. Ann Arbor, MI: Karoma.

れは遺伝が高度にランダムであることの証拠なのだが、ウマ市場はこのことを受け入れられないままである (Wilson and Rambaut 2008)。
76 Wisher, Allen, and Wood 2006; Jeffcott et al. 1982.
77 Langlois 1980; Williamson and Beilharz 1998.
78 Pigliucci and Preston 1984; Denny 2008.
79 負傷の犠牲になったとして最も有名なのはバーバロとラフィアンである。
80 Wade et al. 2009.
81 E. W. Hill et al. 2012.
82 H. Kim et al. 2013.
83 E. W. Hill et al. 2012.
84 Binns, Boehler, and Lambert 2010; E. W. Hill et al. 2012; McGivney et al. 2012.
85 Binns, Boehler, and Lambert 2010; E. W. Hill et al. 2012.
86 Eynon et al. 2011.
87 Bower et al. 2012.
88 前掲書
89 Wade et al. 2009; Petersen et al. 2013.
90 Doan, Cohen, Sawyer, et al. 2012.
91 Doan, Cohen, Harrington, et al. 2012.

**参考文献**

Anthony, D. W. (2009). *The Horse, the Wheel, and Language: How Bronze-Age Riders from the Eurasian Steppes Shaped the Modern World*. Princeton, NJ: Princeton University Press.（デイヴィッド・W・アンソニー『馬・車輪・言語』東郷えりか訳、筑摩書房、2018 年）

Anthony, D. W. (2013). "Horses, Ancient Near East and Pharaonic Egypt." In *The Encyclopedia of Ancient History*, edited by R. S. Bagnall et al., 3311–14. Malden, MA: Wiley-Blackwell.

Anthony, D. W., and D. R. Brown. (2011). The secondary products revolution, horse-riding, and mounted warfare. *Journal of World Prehistory* 24 (2): 131–60.

Archer, R. (2010). "Chariotry to Cavalry: Developments in the Early First Millennium." In *New Perspectives on Ancient Warfare*, edited by G. G. Fagan and M. Trundle, 57. History of Warfare 59. Leiden, Netherlands: Brill.

Azzaroli, A. (1983). Quaternary mammals and the "end-Villafranchian" dispersal event—A turning point in the history of Eurasia. *Palaeogeography, Palaeoclimatology, Palaeoecology* 44 (1): 117–39.

Bellone, R. R. (2010). Pleiotropic effects of pigmentation genes in horses. *Animal Genetics* 41: 100–110.

Bendrey, R. (2011). Some like it hot: Environmental determinism and the pastoral economies of the later prehistoric Eurasian steppe. *Pastoralism* 1 (1): 1–16.

Bendrey, R. (2012). From wild horses to domestic horses: A European perspective. *World Archaeology* 44 (1): 135–57.

Benecke, N., S. Olsen, . . . and L. Bartosiewicz. (2006). Late prehistoric exploitation of horses in central Germany and neighboring areas—the archaeozoological record. *BAR International Series* 1560: 195.

Binns, M. M., D. A. Boehler, and D. H. Lambert. (2010). Identification of the myostatin locus (MSTN) as having a major effect on optimum racing distance in the Thoroughbred horse in the USA. *Animal Genetics* 41: 154–58.

44 Bökönyi 1978, 1991.
45 Anthony 2009; Bökönyi 1987. レバント地方における最初の家畜ウマの証拠については Grigson 1993 も参照。
46 Anthony 2013. 有名なブーヘンのウマは、エジプトにおける最初期の家畜ウマの証拠を提供してくれる (Clutton-Brock 1974; Raulwing and Clutton-Brock 2009)。
47 Cai et al. 2009.
48 これは殷の時代の少し前のことだっただろう。
49 Lei et al. 2009; Warmuth et al. 2012.
50 Groves 1994; Olsen 2006.
51 Pruvost et al. 2011.
52 Hofreiter and Schöneberg 2010.
53 Bökönyi 1987; Groves 1994.
54 Hediger 1981.
55 Krueger et al. 2011; Proops, Walton, and McComb 2010.
56 Ludwig 2009.
57 Cieslak et al. 2011.
58 Bellone 2010.
59 結局、このセット販売は発生過程と深く関係している (つまり発生初期からセットになっている)。たとえば、メラノサイトは胚の神経堤細胞に由来する。神経堤細胞は、さらに硬骨、軟骨、神経に分化する (Le Douarin and Kalcheim 1999) ため、神経堤の発生に何らかの変化が起これば、皮膚の色のみならずこれら他の組織にも影響が及ぶ可能性が高い。
60 雄同士の競争では首への噛みつきが高頻度で見られ、また雄の犬歯が大型であることから考えると、ブラシ状のたてがみは雄間競争 (同性内選択) で役立っているのではないかとわたしは思う。もしそうならば、家畜ウマの長いたてがみは性選択の減少をある程度は反映しているのかもしれない。
61 Hendricks 2007.
62 Olsen 2006.
63 Skorkowski 1970.
64 P. H. J. Maas, "Recreating Extinct Animals by Selective Breeding," The Sixth Extinction, last modified October 2, 2011, http://extinct.petermaas.nl/extinct/articles/selectivebreeding.htm.
65 Heck 1952.
66 Olsen 2006.
67 Tchernov and Horwitz 1991.
68 ウマ品種間のサイズ差を定量化しようとする試みについては Brooks et al. 2010 を参照。
69 Petersen et al. 2013.
70 Goodwin, Levine, and McGreevy 2008; Mostard et al. 2009.
71 エピスタシス〔ある遺伝子が異なる座の遺伝子の発現を抑制あるいは隠蔽する現象〕など、遺伝子の非相加的効果が長期の選択に関してどのような影響を及ぼすかについては W. G. Hill and Bunger 2004 を参照。
72 ウマ愛好家は、サラブレッドの育種は単にスピードだけでなくレース能力向上を目指したものであると性急に反論してくるが、スピードがレース能力のなかでも重要な要素であることは明らかである。
73 多数の人が史上二番目の競走馬だと認めるシガーは生殖不能症だった。
74 Morris and Allen 2002. Laing and Leech 1975 (雌ウマ).
75 逆に、最も成功した種馬のなかには競走馬として特に傑出してはいなかったものがいる。これは種付け料と子ウマの価格の問題 (本質的には競馬界での市場の機能に関わる問題) につながる。両者はまったく調和していない。つまり、子ウマの価格と生涯の勝利数との相関関係はきわめて低いのだ。こ

14 Shoemaker and Clauset 2014; Kurten 1980.
15 北米の他の大型動物相の絶滅に関して、人間による捕食と気候の変化が果たした相対的な役割について議論されている（Grund, Surovell, and Lyons 2012; Prescott et al. 2012a; Lorenzen et al. 2011; and Koch and Barnosky 2006）。
16 Mihlbachler et al. 2011.
17 Orlando et al. 2009; Weinstock et al. 2005.
18 Azzaroli 1983.
19 Clutton-Brock 1992 はモンゴルとユーラシアの野生ウマを亜種だとしている。一方、Groves 1994 ではこれらを別種とみなしている。これらの野生ウマは 70 万年以上前に分岐したものだ。
20 Benecke et al. 2006; Sommer et al. 2011; Bendrey 2012. Warmuth et al. 2011 はイベリアにも別のレフュジア〔遺存種が生息するごく狭い範囲の地域〕があるという証拠を挙げている。
21 ステップに暮らす民族は、彼らが作った墳丘墓の名にちなんで「クルガン」と総称されていた（Gimbutas 1990）。しかし文化的にも民族的にも多様であるとの認識が高まるにつれ、この語は用いられなくなってきた。
22 Levine 1998; Olsen 2006; Anthony 2009.
23 Anthony 2009; Dergachev 1989.
24 Anthony 2009; see also Levine 2005; Bendrey 2011.
25 Bökönyi 1978（ウクライナ）; Anthony 2009（ポントス・ステップ）; Levine 1999, 2005; Olsen 2006; 概観は Bendrey 2012 を参照。
26 Levine 2005; Outram et al. 2009.
27 この他、カスピ海と黒海のすぐ北側のポントス・ステップもウマの初期の家畜化が行われた地域の候補である。Anthony 2009 は、人間の墓所にヒツジやウシとともにウマが捧げものとして埋められていたことから、その地域ではウマの管理が早くも 7000 年前には開始していた可能性があると確信している。Warmuth et al. 2011 は、イベリアのウマ集団の遺伝的多様性の高さを根拠としてイベリアでの独自の家畜化を提唱している。しかし遺伝的多様性は、系統的に離れた群れとの最近の交雑など多数の過程が原因となりうるため、家畜化の起源についての信頼できる指標ではない。
28 Outram et al. 2009.
29 Brown and Anthony 1998; ウマ狩りについては Levine 2005 も参照。
30 この頃までに、多くのステップ文化にとって馬乳は重要な必需食料になっていた。
31 Anthony and Brown 2011.
32 Renfrew 1998; Anthony 2009; N. Kim 2011.
33 Sherratt 1983; Anthony 2009.
34 アッシリア人による初期のチャリオット使用については Moorey 1986 を参照。また、中国に初めて到達した家畜ウマはチャリオットを引いていたという証拠については Shaughnessy 1988 を参照。
35 各地域の副葬品としてのチャリオットについて、スコットランドについては Carter and Hunter 2003、東ヨーロッパは Kuznetsov 2006、中国は Shaughnessy 1988、ステップは Outram et al. 2011 を参照。
36 Kelekna 2009; Anthony 2009; Clutton-Brock 1992.
37 McMiken 1990; Archer 2010; Anthony 2009.
38 Warmuth et al. 2012.
39 家畜ウマの群れに野生の雌を計画的に導入することにより、ステップの厳しい環境に耐える頑健さを家畜ウマでも維持することができた。
40 Cieslak et al. 2010. これは従順性と頑健さのトレードオフを扱う一つの方法だった。
41 Lindgren 2004; Wade et al. 2009; Kavar and Dovč 2008.
42 Sherratt 1983. この指標の有用性に関する制限については Zeder 2006 を参照。
43 Anthony and Brown 2011.

Oxford: Clarendon.
Sharp, N. C. (2012). Animal athletes: A performance review. *Veterinary Record* 171 (4): 87–94.
Tinson, A., K. Kuhad, . . . and J. Al-Masri. (2007). "Evolution of Camel Racing in the United Arab Emirates, 1987–2007." In *Proceedings of the International Camel Conference "Recent Trends in Camelids Research and Future Strategies for Saving Camels," Rajasthan, India, 16–17 February 2007*, edited by T. Gahlot, 144–50.
Trinks, A., P. Burger,. . . and J. Burger. (2012). Bactrian camels (*Camelus bactrianus*): Ancient DNA reveals domestication process: The case of the two-humped camel. In *Camels in Asia and North Africa*, edited by E.-M. Knoll and P. Burger, 79–86. Veröffentlichungen zur Sozialanthropologie 18. Vienna: Austrian Academy of Sciences.
Uerpmann, H.-P. (1999). Camel and horse skeletons from protohistoric graves at Mleiha in the Emirate of Sharjah (UAE). *Arabian Archaeology and Epigraphy* 10 (1): 102–18.
Uerpmann, M., and H.-P. Uerpmann. (2012). "Archeozoology of Camels in South-Eastern Arabia." In *Camels in Asia and North Africa*, edited by E.-M. Knoll and P. Burger, 109–22. Veröffentlichungen zur Sozialanthropologie 18. Vienna: Austrian Academy of Sciences Press.
Wani, N. A., U. Wernery, . . . and J. Skidmore. (2010). Production of the first cloned camel by somatic cell nuclear transfer. *Biology of Reproduction* 82 (2): 373–79.
Wardeh, M. (2004). Classification of the dromedary camels. *Journal of Camel Science* 1: 1–7.
Webb, S. D. (1972). Locomotor evolution in camels. Forma et Function 5: 99–112.
Webb, S. D. (1977). A history of savanna vertebrates in the New World. Part I: North America. *Annual Review of Ecology and Systematics* 8 (1): 355–80.
Zwart, M. (2012). The gene that gates horse gaits. *Journal of Experimental Biology* 215 (23): v–vi.

## 第11章　ウマ

### 註

1　黒いクォーターホースで、プリンスという名の短気なウマだったが、彼女がおもしろ半分で、鞍なしで乗ってよと譲らなかったのだ。結果は予想通りである。
2　Anthony 2009.
3　Levine 1999; Olsen 2006; Outram et al. 2009.
4　Thieme 2005.
5　Valladas et al. 2001; Pruvost et al. 2011.
6　Anthony 2009.
7　Levine 1998.
8　「タルパン」という語は野生のウマを意味するチュルク語に由来する。
9　Froehlich 1999; Gingerich 1991; Prothero 1993.
10　Steiner and Ryder 2011.
11　Shorrocks 2007. ウマが草本を食べて生きていけるのは、腸内で消化する以前の咀嚼に負うところもかなり大きい。咀嚼によって草本の消化率が上昇する。大きく歯冠の長い臼歯と強力な顎はそのための重要な適応形質である。
12　博物館におけるウマの進化の従来の展示方法に関する議論は MacFadden et al. 2012 を参照。
13　Weinstock et al. 2005.

Grigson, C. (2012). Camels, copper and donkeys in the early iron age of the Southern Levant: Timna revisited. Levant 44 (1): 82–100.

Hare, J. (1997). The wild Bactrian camel *Camelus bactrianus ferus* in China: The need for urgent action. *Oryx* 31 (1): 45–48.

Irwin, R. (2010). *Camel*. London: Reaktion.

Janis, C. M., J. M. Theodor, and B. Boisvert. (2002). Locomotor evolution in camels revisited: A quantitative analysis of pedal anatomy and the acquisition of the pacing gait. *Journal of Vertebrate Paleontology* 22 (1): 110–21.

Khalaf, S. (1999). Camel racing in the Gulf: Notes on the evolution of a traditional cultural sport. *Anthropos* 94 (1–3): 85–106.

Khalaf, S. (2000). Poetics and politics and newly invented traditions in the Gulf: Camel racing in the United Arab Emirates. *Ethnology* 39 (3): 243–61.

Köhler-Rollefson, I. (1993a). About camel breeds: A reevaluation of current classification systems. *Journal of Animal Breeding and Genetics* 110 (1–6): 66–73.

Kuz'mina, E. E. (2008). *The Prehistory of the Silk Road*. Philadelphia: University of Pennsylvania Press.

Leese, S. L. (1927). *A Treatise on the One-Humped Camel: In Health and Disease*. Stamford, England: Haynes and Sons.

Nabhan, G. P. (2008). Camel whisperers: Desert nomads crossing paths. *Journal of Arizona History* 49 (2): 95–118.

Nagy, P., J. Skidmore, and J. Juhasz. (2013). Use of assisted reproduction for the improvement of milk production in dairy camels (*Camelus dromedarius*). *Animal Reproduction Science* 136 (3): 205–10.

Nowak, M. A., M. C. Boerlijst, . . . and J. M. Smith. (1997). Evolution of genetic redundancy. *Nature* 387: 167–71.

Peters, J. (1997). The dromedary: Ancestry, history of domestication and medical treatment in early historic times. *Tierärztliche Praxis. Ausgabe G, Grosstiere/Nutztiere* 25 (6): 559–65.

Peters, J., and A. von den Driesch. (1997). The two-humped camel (Camelus bactrianus): New light on its distribution, management and medical treatment in the past. *Journal of Zoology* 242 (4): 651–79.

Pfau, T., E. Hinton, . . . and J. R. Hutchinson. (2011). Temporal gait parameters in the alpaca and the evolution of pacing and trotting locomotion in the Camelidae. *Journal of Zoology* 283 (3): 193–202.

Potts, D. (2004). Camel hybridization and the role of *Camelus bactrianus* in the ancient Near East. *Journal of the Economic and Social History of the Orient* 47 (2): 143–65.

Promerová, M., L. S. Andersson, . . . and L. Andersson. (2014). Worldwide frequency distribution of the "Gait keeper" mutation in the *DMRT3* gene. *Animal Genetics* 45 (2): 274–82.

Prothero, D. R. (2009). Evolutionary transitions in the fossil record of terrestrial hoofed mammals. *Evolution: Education and Outreach* 2 (2): 289–302.

Raziq, A., and M. Younas. (2006). White camels of Balochistan. *Science International (Lahore)* 18 (1): 47.

Sapir-Hen, L., and E. Ben-Yosef. (2013). The introduction of domestic camels to the Southern Levant: Evidence from the Aravah Valley. *Tel Aviv* 40 (2): 277–85.

Schaller, G. B. (1998). *Wildlife of the Tibetan Steppe*. Chicago: University of Chicago Press.

Schmidt-Nielsen, K. (1964). *Desert Animals: Physiological Problems of Heat and Water*.

野生の祖先は、今日の野生フタコブラクダよりも、今日存在する家畜フタコブラクダのほうに似ていたかもしれない。

41 Irwin 2010

42 Faye 2013.

## 参考文献


Abdallah, H., and B. Faye. (2012). Phenotypic classification of Saudi Arabian camel (Camelus dromedarius) by their body measurements. *Emirates Journal of Food and Agriculture* 24 (3): 272–80.

Al-Ali, A., H. Husayni, and D. Power. (1988). A comprehensive biochemical analysis of the blood of the camel (*Camelus dromedarius*). *Comparative Biochemistry and Physiology. B, Comparative Biochemistry* 89 (1): 35–37.

Al-Swailem, A. M., K. A. Al-Busadah, . . . and E. Askari. (2007). Classification of Saudi Arabian camel (Camelus dromedarius) subtypes based on RAPD technique. *Journal of Food, Agriculture & Environment* 5 (1): 143.

Andersson, L. S., M. Larhammar, . . . and G. Hjälm. (2012). Mutations in DMRT3 affect locomotion in horses and spinal circuit function in mice. *Nature* 488 (7413): 642–46.

Becker, A.-C., K. Stock, and O. Distl. (2011). Genetic correlations between free movement and movement under rider in performance tests of German Warmblood horses. *Livestock Science* 142 (1): 245–52.

Ben-Yosef, E., R. Shaar, . . . and H. Ron. (2012). A new chronological framework for Iron Age copper production at Timna (Israel). *Bulletin of the American Schools of Oriental Research* 367: 31–71.

Bener, A., F. H. Al-Mulla, . . . and A. Azhar. (2005). Camel racing injuries among children. *Clinical Journal of Sport Medicine* 15 (5): 290–93.

Bulliet, R. W. (1990). *The Camel and the Wheel.* New York: Columbia University Press.

Caine, D., and C. Caine. (2005). Child camel jockeys: A present-day tragedy involving children and sport. *Clinical Journal of Sport Medicine* 15 (5): 287–89.

Cui, P., R. Ji, . . . and H. Zhang. (2007). A complete mitochondrial genome sequence of the wild two-humped camel (Camelus bactrianus ferus): An evolutionary history of Camelidae. *BMC Genomics* 8: 241.

Dagg, A. I. (1974). The locomotion of the camel (*Camelus dromedarius*). *Journal of Zoology* 174 (1): 67–78.

Drucker, A. G., G. P. Edwards, and W. K. Saalfeld. (2010). Economics of camel control in central Australia. *Rangeland Journal* 32 (1): 117–27.

Edwards, G. P., K. Saalfeld, and B. Clifford. (2005). Population trend of feral camels in the Northern Territory, Australia. *Wildlife Research* 31 (5): 509–17.

Farrokh, K. (2007). *Shadows in the Desert: Ancient Persia at War.* Oxford: Osprey.

Faye, B. (2013). "Classification, History and Distribution of the Camel." In *Camel Meat and Meat Products*, edited by I. T. Kadim et al., 1–6. Oxford: CAB International.

Frifelt, K. (1990). A third millennium kiln from the Oman Peninsula. *Arabian Archaeology and Epigraphy* 1 (1): 4–15.

Frifelt, K. (1991). The Island of Umm an-Nar, vol. 1, *Third Millenium Graves*. Jutland Archaeological Society Publications. Århus, Denmark: Arhus University Press.

Gauthier-Pilters, H., and A. I. Dagg. (1981). *The Camel, Its Evolution, Ecology, Behavior, and Relationship to Man.* Chicago: University of Chicago Press.

6 前掲書

7 ラクダの家畜化初期の年代についてはFrifelt 1990, 1991を参照。それ以降の年代についてはM. Uerpmann and Uerpmann 2012; H.-P. Uerpmann 1999を参照。

8 M. Uerpmann and Uerpmann 2012は後者を主張している。乳目的で家畜化されたという仮説もある。Bulliet 1990を参照。

9 銅運搬におけるラクダの役割についてはSapir-Hen and Ben-Yosef 2013を参照。Grigson 2012; Ben-Yosef et al. 2012.

10 Farrokh 2007.

11 Nabhan 2008.

12 Drucker, Edwards, and Saalfeld 2010; Edwards, Saalfeld, and Clifford 2005も参照。

13 Khalaf 1999, 2000.

14 Wani et al. 2010.

15 競駝の騎手の事故についてはBener et al. 2005を参照。Caine and Caine 2005; Tinson et al. 2007も参照。

16 Bulliet 1990.

17 Sharp 2012. ラクダの乳についてはNagy, Skidmore, and Juhasz 2013も参照。

18 Raziq and Younas 2006.

19 Al-Swailem et al. 2007. 白いラクダは米国でも育種されている（"White Camel Breeding Program," Lost World Ranch, http://lostworldranch.com/white-camel-breeding-program.php）。

20 Abdallah and Faye 2012.

21 Peters 1997; Gauthier-Pilters and Dagg 1981.

22 イスラエルのティムナ渓谷でで発見された素晴らしい地層についてはUerpmann and Uerpmann 2012を参照。Grigson 2012; Ben-Yosef et al. 2012も参照。

23 たとえばWardeh 2004を参照。

24 Al-Swailem et al. 2007.

25 Leese 1927.

26 Köhler-Rollefson 1993a.

27 Wardeh 2004.

28 Al-Swailem et al. 2007.

29 Kuz'mina 2008.

30 前掲書

31 Schmidt-Nielsen 1964.

32 Al-Ali, Husayni, and Power 1988.

33 アリストテレス『動物誌』第2巻、第1章［498b9］。

34 Cui et al. 2007; Trinks et al. 2012はもっと西方寄りが起源だとする。Schaller 1998.

35 Potts 2004.

36 前掲書

37 Peters and von den Driesch 1997.

38 Potts 2004.

39 中国にはフタコブラクダが400～500頭ほど残存しているという報告がある（Hare 1997）。

40 Nowak et al. 1997. 家畜フタコブラクダと現存する野生フタコブラクダの比較については、以下の重要な点に留意せよと警告されている。野生フタコブラクダ集団は広い範囲に散在するが、どの集団も家畜フタコブラクダの直近の祖先であると証明されてはいない。野生フタコブラクダと家畜フタコブラクダのゲノムにはかなり大きな相違（約3%）があることから、家畜フタコブラクダの野生の祖先は、現存する野生フタコブラクダとは異なる亜種だった可能性が考えられる。それゆえ、家畜フタコブラクダの

88.
Røed, K. H., Ø. Flagstad, . . . and C. Vilà, C. (2008). Genetic analyses reveal independent domestication origins of Eurasian reindeer. *Proceedings of the Royal Society. B: Biological Sciences* 275 (1645): 1849–55.
Roed, K. H., O. Holand, . . . and M. Niemenen. (2002). Reproductive success in reindeer males in a herd with varying sex ratio. *Molecular Ecology* 11 (7): 1239–43.
Rue, L. L. (2004). *The Encyclopedia of Deer: Your Guide to the World's Deer Species Including Whitetails, Mule Deer, Caribou, Elk, Moose and More*. Minneapolis, MN: Voyageur Press.
Stankowich, T., and T. Caro. (2009). Evolution of weaponry in female bovids. *Proceedings of the Royal Society. B: Biological Sciences* 276 (1677): 4329–34.
Stokkan, K.-A., L. Folkow, . . . and G. Jeffery. (2013). Shifting mirrors: Adaptive changes in retinal reflections to winter darkness in Arctic reindeer. *Proceedings of the Royal Society. B: Biological Sciences* 280 (1773): 20132451.
Storli, I. (1996). On the historiography of Sami reindeer pastoralism. *Acta Borealia* 13 (1): 81–115.
Straus, L. G. (1987). "Hunting in Late Upper Paleolithic Western Europe." In *The Evolution of Human Hunting*, edited by M. H. Nitecki and D. V. Nitecki, 147–76. New York: Plenum.
Straus, L. G. (1996). "The Archaeology of the Pleistocene–Holocene Transition in Southwest Europe." In *Humans at the End of the Ice Age: The Archaeology of the Pleistocene–Holocene Transition*, edited by L. G. Strauss et al., 83–99. New York: Plenum.
Timisjärvi, J., M. Nieminen, and A.-L. Sippola. (1984). The structure and insulation properties of the reindeer fur. *Comparative Biochemistry and Physiology. A, Physiology* 79 (4): 601–9.
Tveraa, T., P. Fauchald, . . . and N. G. Yoccoz. (2003). An examination of a compensatory relationship between food limitation and predation in semi-domestic reindeer. *Oecologia* 137 (3): 370–76.
Vitebsky, P. (2005). *The Reindeer People: Living with Animals and Spirits in Siberia*. Boston: Houghton Mifflin.
Weladji, R., Ø. Holand, . . . and A. Kosmo. (2005). Sexual dimorphism and intercohort variation in reindeer calf antler length is associated with density and weather. *Oecologia* 145 (4): 549–55.
Yamin-Pasternak, S. (2010). Shroom: A cultural history of the magic mushroom. *Ethnobiology Letters* 1: 26–27.
Zhang, W. Q., and M. H. Zhang. (2012). Phylogeny and evolution of Cervidae based on complete mitochondrial genomes. *Genetics and Molecular Research: GMR* 11 (1): 628–35.

## 第10章　ラクダ

### 註

1　Bulliet 1990.
2　Prothero 2009.
3　Janis, Theodor, and Boisvert 2002.
4　Webb 1977.
5　Cui et al. 2007 も参照。

the time of crash. *Polar Research* 19 (1): 49–56.
Kuntz, D., and S. Costamagno. (2011). Relationships between reindeer and man in southwestern France during the Magdalenian. *Quaternary International* 238 (1–2): 12–24.
Laufer, B. (1917). The Reindeer and Its Domestication. Lancaster, PA: Corinthian Press.
Lincoln, G. A. (1992). Biology of antlers. *Journal of Zoology* 226 (3): 517–28.
Markusson, E., and I. Folstad. (1997). Reindeer antlers: Visual indicators of individual quality? *Oecologia* 110 (4): 501–7.
Mazzullo, N. (2010). "More than Meat on the Hoof? Social Significance of Reindeer among Finnish Saami in a Rationalized Pastoralist Economy." In *Good to Eat, Good to Live With: Nomads and Animals in Northern Eurasia and Africa*, edited by F. Stammler and H. Takakura, 101–22. Northeast Asian Study Series 11. Sendai, Japan: Center for Northeast Asia Studies, Tohoku University.
Meiri, M., A. M. Lister, . . . and I. Barnes. (2014). Faunal record identifies Bering isthmus conditions as constraint to end-Pleistocene migration to the New World. *Proceedings of the Royal Society. B: Biological Sciences* 281 (1776): 20132067.
Mirov, N. (1945). Notes on the domestication of reindeer. *American Anthropologist* 47 (3): 393–408.
Moore, C. C. (1934). *The Night before Christmas: (A Visit from St. Nicholas)*. New York: Courier Dover.（クレメント・C・ムーア『クリスマスのまえのばん』わたなべしげお訳、福音館書店、1996年ほか）
Müller-Wille, L., D. Heinrich, . . . and V. Vladimirova. (2006). "Dynamics in Human-Reindeer Relations: Reflections on Prehistoric, Historic and Contemporary Practices in Northernmost Europe." In *Reindeer Management in Northernmost Europe*, edited by B. C. Forbes, et al., 27–45. Ecological Studies 184. Berlin: Springer.
Oksanen, A., M. Nieminen, . . . and K. Kumpula. (1992). Oral and parenteral administration of ivermectin to reindeer. *Veterinary Parasitology* 41 (3): 241–47.
Packer, C. (1983). Sexual dimorphism: The horns of African antelopes. *Science* 221 (4616): 1191–93.
Patou-Mathis, M. (2000). Neanderthal subsistence behaviours in Europe. *International Journal of Osteoarchaeology* 10 (5): 379–95.
Pitra, C., J. Fickel, . . . and C. Groves. (2004). Evolution and phylogeny of Old World deer. *Molecular Phylogenetics and Evolution* 33 (3): 880–95.
Puputti, A.-K., and M. Niskanen. (2009). Identification of semi-domesticated reindeer (*Rangifer tarandus tarandus*, Linnaeus 1758) and wild forest reindeer (*Rt fennicus*, Lönnberg 1909) from postcranial skeletal measurements. *Mammalian Biology—Zeitschrift für Säugetierkunde* 74 (1): 49–58.
Reimers, E. (2011). Antlerless females among reindeer and caribou. *Canadian Journal of Zoology* 71 (7): 1319–25.
Reimers, E., K. H. Roed, and J. E. Colman. (2012). Persistence of vigilance and flight response behaviour in wild reindeer with varying domestic ancestry. *Journal of Evolutionary Biology* 25 (8): 1543–54.
Rødven, R., I. Männikkö, . . . and I. Folstad. (2009). Parasite intensity and fur coloration in reindeer calves—Contrasting artificial and natural selection. *Journal of Animal Ecology* 78 (3): 600–607.
Røed, K. H., Ø. Flagstad, . . . and A. K. Hufthammer. (2011). Elucidating the ancestry of domestic reindeer from ancient DNA approaches. *Quaternary International* 238 (1–2): 83–

Enloe, J. G. (2003). Acquisition and processing of reindeer in the Paris Basin. *BAR International Series* 1144: 23–32.

Espmark, Y. (1964). Studies in dominance-subordination relationship in a group of semi-domestic reindeer (*Rangifer tarandus* L.). *Animal Behaviour* 12 (4): 420–26.

Estes, R. D. (1991). The significance of horns and other male secondary sexual characters in female bovids. *Applied Animal Behaviour Science* 29 (1): 403–51.

Fitzhugh, W. W. (2009). Stone shamans and flying deer of northern Mongolia: Deer goddess of Siberia or chimera of the steppe? *Arctic Anthropology* 46 (1–2): 72–88.

Flagstad, Ø., and K. H. Roed. (2003). Refugial origins of reindeer (*Rangifer tarandus* L.) inferred from mitochondrial DNA sequences. *Evolution* 57 (3): 658–70.

Folstad, I., and A. Karter. (1992). Parasites, bright males, and the immunocompetence handicap. *American Naturalist* 139: 603–22.

Forbes, B. C., and T. Kumpula. (2009). The ecological role and geography of reindeer (*Rangifer tarandus*) in northern Eurasia. *Geography Compass* 3 (4): 1356–80.

Forbes, B. C., F. Stammler, . . . and E. Kaarlejärvi. (2009). High resilience in the Yamal-Nenets social-ecological system, West Siberian Arctic, Russia. *Proceedings of the National Academy of Sciences USA* 106 (52): 22041–48.

Francis, R. C. (2004). *Why Men Won't Ask for Directions: The Seductions of Sociobiology*. Princeton, NJ: Princeton University Press.

Gordon, B. (2003). Rangifer and man: An ancient relationship. *Rangifer* 23 (special issue no. 14).

Grøn, O. (2011). Reindeer antler trimming in modern large-scale reindeer pastoralism and parallels in an early type of hunter-gatherer reindeer herding system: Evenk ethnoarchaeology in Siberia. *Quaternary International* 238 (1–2): 76–82.

Guthrie, R. D. (1968). Paleoecology of the large-mammal community in interior Alaska during the late Pleistocene. *American Midland Naturalist* 79 (2): 346–63.

Hassanin, A., and E. J. Douzery. (2003). Molecular and morphological phylogenies of Ruminantia and the alternative position of the Moschidae. *Systematic Biology* 52 (2): 206–28. Hayden, B., S. Bowdler, K. W. Butzer, M. N. Cohen, . . . and J. Kamminga. (1981). Research and development in the Stone Age: Technological transitions among hunter-gatherers [and comments and reply]. *Current Anthropology* 22 (5): 519–48.

Heggberget, T. M., E. Gaare, and J. P. Ball. (2010). Reindeer (*Rangifer tarandus*) and climate change: Importance of winter forage. *Rangifer* 22 (1): 13–31.

Hogg, C., M. Neveu, . . . and G. Jeffery. (2011). Arctic reindeer extend their visual range into the ultraviolet. *Journal of Experimental Biology* 214 (12): 2014–19.

Holand, Ø., H. Gjøstein, . . . and R. Weladji. (2004). Social rank in female reindeer (*Rangifer tarandus*): Effects of body mass, antler size and age. *Journal of Zoology* 263 (4): 365–72.

Ingold, T. (1980). *Hunters, Pastoralists, and Ranchers: Reindeer Economies and Their Transformation*. Cambridge: Cambridge University Press.

Ingold, T. (1986). Reindeer economies: And the origins of pastoralism. *Anthropology Today* 2 (4): 5–10.

Irving, W., and W. L. E. de Bonniville. (1884). *Knickerbocker History of New York*. New York: Lovell.

Jacobsen, B. W., J. E. Colman, and E. Reimers. (2011). The frequency of antlerless females among Svalbard reindeer. *Rangifer* 18 (2): 81–84.

Krupnik, I. (2000). Reindeer pastoralism in modern Siberia: Research and survival during

Andrén, H., J. D. Linnell, . . . and T. Kvam. (2006). Survival rates and causes of mortality in Eurasian lynx (*Lynx lynx*) in multi-use landscapes. *Biological Conservation* 131 (1): 23–32.

Aronsson, K.-Å. (1991). *Forest Reindeer Herding AD 1–1800*. Archaeology and Environment 10. Umea, Sweden: Umea University.

Ashman, T. L. (2003). Constraints on the evolution of males and sexual dimorphism: Field estimates of genetic architecture of reproductive traits in three populations of gynodioecious *Fragaria virginiana*. *Evolution* 57 (9): 2012–25.

Bahn, P. G. (1977). Seasonal migration in south-west France during the late glacial period. *Journal of Archaeological Science* 4 (3): 245–57.

Baskin, L. M. (2000). Reindeer husbandry/hunting in Russia in the past, present and future. *Polar Research* 19 (1): 23–29.

Baskin, L. M. (2010). Differences in the ecology and behaviour of reindeer populations in the USSR. *Rangifer* 6 (2): 333–40.

Berglund, A. (2013). Why are sexually selected weapons almost absent in females? *Current Zoology* 59 (4): 564–68.

Brännlund, I., and P. Axelsson. (2011). Reindeer management during the colonization of Sami lands: A long-term perspective of vulnerability and adaptation strategies. *Global Environmental Change* 21 (3): 1095–105.

Bricker, H. M., P. Mellars, and G. L. Peterkin. (1993). Introduction: The study of Palaeolithic and Mesolithic hunting. *Archeological Papers of the American Anthropological Association* 4 (1): 1–9.

Buck, L. T., and C. B. Stringer. (2014). Having the stomach for it: A contribution to Neanderthal diets? *Journal of Quaternary Science* 96: 161-7.

Burrows, E. G., and M. Wallace. (1999). *Gotham: A History of New York City to 1898*. New York: Oxford University Press.

Caro, T., C. Graham, . . . and M. Flores. (2003). Correlates of horn and antler shape in bovids and cervids. *Behavioral Ecology and Sociobiology* 55 (1): 32–41.

Chenoweth, S. F., H. D. Rundle, and M. W. Blows. (2008). Genetic constraints and the evolution of display trait sexual dimorphism by natural and sexual selection. *American Naturalist* 171 (1): 22–34.

Clutton-Brock, T. (1982). The functions of antlers. *Behavior* 79: 108–25.

Cronin, M. A., S. P. Haskell, and W. B. Ballard. (2010). The frequency of antlerless female caribou and reindeer in Alaska. *Rangifer* 23 (2): 67–70.

Cronin, M. A., L. Renecker, . . . and J. C. Patton. (1995). Genetic variation in domestic reindeer and wild caribou in Alaska. *Animal Genetics* 26 (6): 427–34.

DePriest, P. T., and H. F. Beaubien. (2011). "Case Study: Deer Stones of Mongolia after Three Millennia." In *Biocolonization of Stone: Control and Preventive Methods: Proceedings from the MCI Workshop Series*, edited by A. E. Charola et al., 103–8. Smithsonian Contributions to Museum Conservation 2. Washington, DC: Smithsonian Institution Scholarly Press.

Douglas, R., and G. Jeffery. (2014). The spectral transmission of ocular media suggests ultraviolet sensitivity is widespread among mammals. *Proceedings of the Royal Society. B: Biological Sciences* 281 (1780): 20132995.

Dugan, F. M. (2008). Fungi, folkways and fairy tales: Mushrooms and mildews in stories, remedies and rituals, from Oberon to the Internet. *North American Fungi* 3: 23–72.

34 Mirov 1945.
35 Mirov 1945; Laufer 1917.
36 Cronin et al. 1995.
37 Brännlund and Axelsson 2011.
38 Forbes et al. 2009; Forbes and Kumpula 2009; Krupnik 2000.
39 Ingold 1986; Müller-Willie et al. 2006.
40 Baskin 2000, 2010.
41 Vitebsky 2005.
42 Mirov 1945.
43 Laufer 1917; Mirov 1945 および Gordon 2003 も参照。
44 Mirov 1945; Storli 1996 におけるレビュー。
45 Røed et al. 2008.
46 前掲書
47 Røed et al. 2011.
48 Mazullo 2010.
49 Puputti and Niskanen 2009.
50 Rødven et al. 2009; Baskin 2010.
51 Andrén et al. 2006; Tveraa et al. 2003.
52 Folstad and Karter 1992.
53 Oksanen et al. 1992.
54 Rødven et al. 2009.
55 前掲書
56 R. Harris, "The Deer That Reigns," *Cultural Survival Quarterly* 31.3 (Fall 2007), http://www.culturalsurvival.org/publications/cultural-survival-quarterly/finland/deer-reigns.
57 性選択と枝角サイズとの関係の一般的な議論は Clutton-Brock 1982 および Caro et al. 2003 を参照。トナカイの性選択については Røed et al. 2002 を参照。
58 この観点で、サーミ族のトナカイを最も家畜化が進んでいるエヴェンキ族のトナカイと比較するとおもしろいだろう。
59 Ashman 2003; Chenoweth, Rundle, and Blows 2008; Francis 2004.
60 Berglund 2013; Stankowich and Caro 2009; Packer 1983; Estes 1991.
61 Lincoln 1992. これとは別に、雌の枝角は、食物が不足する冬に若い雄と競争する際に役立つとする仮説も提唱されている (Espmark 1964; Holand et al. 2004)。
62 Jacobsen, Colman, and Reimers 2011 は、枝角なしの雌を含む集団の遺伝的浮動による進化を提案している。また Weladji et al. 2005 によれば、枝角の消失は不十分な環境条件への対応である。Cronin, Haskell, and Ballard 2010; Reimers 2011 も参照。
63 Reimers, Røed, and Colman 2012.
64 Vitebsky 2005.

**参考文献**


Airaksinen, M. M., P. Peura, . . . and F. Stenbäck. (1986). Toxicity of plant material used as emergency food during famines in Finland. *Journal of Ethnopharmacology* 18 (3): 273–96.

Allen, W. (1996). "Shamanic Manipulation of Conspecifics: An Analysis of the Prehistory and Ethnohistory of Hallucinogens and Psychological Legerdemain." In *Foods of the Gods: Eating and the Eaten in Fantasy and Science Fiction*, edited by G. Westfahl et al., 39. Athens: University of Georgia Press.

Zeder, M. A., B. D. Smith, and D. G. Bradley. (2006). Documenting domestication: The intersection of genetics and archaeology. *Trends in Genetics* 22 (3): 139–55.
Zohary, D., E. Tchernov, and L. Horwitz. (1998). The role of unconscious selection in the domestication of sheep and goats. *Journal of Zoology* 245: 129–35.

## 第9章　トナカイ

### 註

1 Burrows and Wallace 1999.
2 Irving and de Bonniville 1884.
3 Moore 1934.
4 Allen 1996, reviewed in Dugan 2008.
5 Yamin-Pasternak 2010.
6 Fitzhugh 2009. レビューは DePriest and Beaubien 2011 を参照。
7 Vitebsky 2005.
8 Vitebsky 2005 の鹿石についての議論が参考になる。
9 この初期のシカには枝角があった（Pitra et al. 2004）。
10 たとえば Markusson and Folstad 1997 など。
11 Zhang and Zhang 2012.
12 Meiri et al. 2014; Guthrie 1968.
13 地衣類は人間には毒である。トナカイにとっては毒ではないが、栄養分はそれほどなく、他にいい食物がないときに消費するのが普通である（Heggberget, Gaare, and Ball 2010; Airaksinen et al. 1986）。
14 ネアンデルタール人にもこの習慣があったかもしれない（Buck and Stringer 2014）。
15 Rue 2004.
16 Timisjärvi, Nieminen, and Sippola 1984.
17 Hogg et al. 2011 による。ただし Douglas and Jeffery 2014 によれば、紫外線の知覚は哺乳類ではそれほど珍しくない。
18 Hogg et al. 2011. 網膜の紫外線感受性の季節的変化については Stokkan et al. 2013 を参照。
19 Hogg et al. 2011.
20 Bahn 1977.
21 ネアンデルタール人の食餌におけるトナカイの肉の役割については Enloe 2003 を参照。人間（マドレーヌ文化）の食餌におけるトナカイの肉については Patou-Mathis 2000 を参照。
22 Straus 1996. トナカイ猟における槍投げ器の使用については Bricker, Mellars, and Peterkin 1993 を参照。
23 Hayden et al. 1981.
24 Straus 1987.
25 Kuntz and Costamagno 2011.
26 Baskin 2010.
27 Flagstad and Røed 2003.
28 トナカイは「半家畜」と表現されることもある。つまり完全には家畜化されていないということである。
29 Mirov 1945; Aronsson 1991.
30 Røed et al. 2008.
31 Ingold 1980; Grøn 2011.
32 Grøn 2011.
33 Mirov 1945; Vitebsky 2005.

Ryder, M. L. (1983). A re-assessment of Bronze-Age wool. *Journal of Archaeological Science* 10 (4): 327–31.
Sanchez Belda, A., and S. Trujillano. (1979). *Spanish Breeds of Sheep*. Madrid: Publicaciones de Extension Agraria.
Shea, J. J. (1998). Neandertal and early modern human behavioral variability: A regional-scale approach to lithic evidence for hunting in the Levantine Mousterian. *Current Anthropology* 39 (S1): S45–78.
Sherratt, A. (1981). *Plough and Pastoralism: Aspects of the Secondary Products Revolution.* New York: Cambridge University Press.
Singh, S., S. Kumar Jr., . . . and S. Kumar. (2013). Extensive variation and sub-structuring in lineage A mtDNA in Indian sheep: Genetic evidence for domestication of sheep in India. *PLoS One* 8 (11): e77858.
Slijper, E. (1942). Biologic-anatomical investigations on the bipedal gait and upright posture in mammals, with special reference to a little goat, born without forelegs. *Proceedings of the Koninklijke Nederlandsche Akademie van Wetenschappen* 45: 288–95.
Smith, P., and L. K. Horwitz. (1984). Radiographic evidence for changing patterns of animal exploitation in the Southern Levant. *Journal of Archaeological Science* 11 (6): 467–75.
Speth, J. D., and E. Tchernov. (2001). "Neandertal Hunting and Meat-Processing in the Near East." In *Meat-Eating and Human Evolution*, edited by C. B. Stanford and H. T. Bunn, 52–72. Oxford: Oxford University Press.
Tapio, M., M. Ozerov, . . . and J. Kantanen. (2010). Microsatellite-based genetic diversity and population structure of domestic sheep in northern Eurasia. *BMC Genetics* 11: 76.
Tresset, A., and J.-D. Vigne. (2011). Last hunter-gatherers and first farmers of Europe. *Comptes Rendus Biologies* 334 (3): 182–89.
Vigne, J. D. (2011). The origins of animal domestication and husbandry: A major change in the history of humanity and the biosphere. *Comptes Rendus Biologies* 334 (3) 171–81.
Vigne, J. D., I. Carrère, . . . and J. Guilaine. (2011). The early process of mammal domestication in the Near East: New evidence from the Pre-Neolithic and Pre-Pottery Neolithic in Cyprus. *Current Anthropology* 52 (suppl. 4): S255–71.
West-Eberhard, M. J. (2003). *Developmental Plasticity and Evolution*. New York: Oxford University Press.
Zeder, M. A. (1999). Animal domestication in the Zagros: A review of past and current research. *Paleorient* 25 (2): 11–25.
Zeder, M. A. (2006). "Archaeological Approaches to Documenting Animal Domestication." In *Documenting Domestication: New Genetic and Archaeological Paradigms*, edited by M. A. Zeder et al., 171–81. Berkeley: University of California Press.
Zeder, M. A. (2008). Domestication and early agriculture in the Mediterranean Basin: Origins, diffusion, and impact. *Proceedings of the National Academy of Sciences USA* 105: 11597–604.
Zeder, M. A. (2011). The origins of agriculture in the Near East. *Current Anthropology* 52 (S4): S221–35.
Zeder, M. A. (2012). "Pathways to Animal Domestication." In *Biodiversity in Agriculture: Domestication, Evolution, and Sustainability*, edited by P. Gepts et al., 227. Cambridge: Cambridge University Press.
Zeder, M. A., and B. Hesse. (2000). The initial domestication of goats (Capra hircus) in the Zagros Mountains 10,000 years ago. *Science* 287: 2254–57.

Munro, N. (2004). Zooarchaeological measures of hunting pressure and occupation intensity in the Natufian. *Current Anthropology* 45 (S4): S5–34.

Naderi, S., H.-R. Rezaei, . . . and P. Taberlet. (2008). The goat domestication process inferred from large-scale mitochondrial DNA analysis of wild and domestic individuals. *Proceedings of the National Academy of Sciences USA* 105 (46): 17659–64.

Naderi, S., H.-R. Rezaei, . . . and for the Econogene Consortium. (2007). Large-scale mitochondrial DNA analysis of the domestic goat reveals six haplogroups with high diversity. *PLoS One* 2 (10): e1012.

Otte, M., F. Biglari, . . . and V. Radu. (2007). The Aurignacian in the Zagros region: New research at Yafteh Cave, Lorestan, Iran. *Antiquity* 81 (311): 82–96.

Pemberton, J. M., J. A. Smith, . . . and P. Sneath. (1996). The maintenance of genetic polymorphism in small island populations: Large mammals in the Hebrides [and discussion]. *Philosophical Transactions of the Royal Society. B: Biological Sciences* 351 (1341): 745–52.

Pereira, F., S. J. Davis, . . . and A. Amorin. (2006). Genetic signatures of a Mediterranean influence in Iberian Peninsula sheep husbandry. *Molecular Biology and Evolution* 23 (7): 1420–26.

Perkins, A., and C. E. Roselli. (2007). The ram as a model for behavioral neuroendocrinology. *Hormones and Behavior* 52 (1): 70–77.

Peter, C., M. Bruford, . . . and the Econogene Consortium. (2007). Genetic diversity and subdivision of 57 European and Middle-Eastern sheep breeds. *Animal Genetics* 38 (1): 37–44.

Peters, J., A. von den Driesch, . . . and M. Sana Segui. (1999). Early animal husbandry in the Northern Levant. *Paleorient* 25 (2): 27–48.

Pieters, A., E. van Marle- Köster, . . . and A. Kotze. (2009). South African developed meat type goats: A forgotten animal genetic resource? *Animal Genetic Resources Information* 44: 33–43.

Pirastru, M., C. Multineddu, . . . and B. Masala. (2009). The sequence and phylogenesis of the α-globin genes of Barbary sheep (*Ammotragus lervia*), goat (*Capra hircus*), European mouflon (*Ovis aries musimon*) and Cyprus mouflon (*Ovis aries ophion*). *Comparative Biochemistry and Physiology. D, Genomics and Proteomics* 4 (3): 168–73.

Polák, J., and D. Frynta. (2009). Sexual size dimorphism in domestic goats, sheep, and their wild relatives. *Biological Journal of the Linnean Society* 98 (4): 872–83.

Rezaei, H. R., S. Naderi, . . . and F. Pompanon. (2010). Evolution and taxonomy of the wild species of the genus *Ovis* (Mammalia, Artiodactyla, Bovidae). *Molecular Phylogenetics and Evolution* 54 (2): 315–26.

Robinson, M. R., and L. E. Kruuk. (2007). Function of weaponry in females: The use of horns in intrasexual competition for resources in female Soay sheep. *Biology Letters* 3 (6): 651–54.

Ropiquet, A., and A. Hassanin. (2005). Molecular phylogeny of caprines (Bovidae, Antilopinae): The question of their origin and diversification during the Miocene. *Journal of Zoological Systematics and Evolutionary Research* 43 (1): 49–60.

Ryder, M. L. (1964). The history of sheep breeds in Britain (continued). *Agricultural History Review* 12 (2): 65–82.

Ryder, M. L. (1981). A survey of European primitive breeds of sheep. *Annales de Génétique et de Sélection Animale* 13: 381–418.

maintain sexually selected genetic variation. *Nature* 502: 93–95.
Kaminski, J., J. Riedel, . . . and M. Tomasello. (2005). Domestic goats, Capra hircus, follow gaze direction and use social cues in an object choice task. *Animal Behaviour* 69 (1): 11–18.
Kijas, J. W., J. A. Lenstra, . . . and other members of the International Sheep Genomics Consortium. (2012). Genome-wide analysis of the world's sheep breeds reveals high levels of historic mixture and strong recent selection. *PLoS Biology* 10 (2): e1001258.
Kijas, J. W., J. S. Ortiz, . . . and the International Goat Genome Consortium. (2013). Genetic diversity and investigation of polledness in divergent goat populations using 52 088 SNPs. *Animal Genetics* 44 (3): 325–35.
Kusza, S., I. Nagy, . . . and S. Kukovics. (2008). Genetic diversity and population structure of Tsigai and Zackel type of sheep breeds in the Central-, Eastern- and Southern-European regions. *Small Ruminant Research* 78 (1): 13–23.
Luikart, G., H. Fernandez, . . . and P. Taberlet. (2006). Origins and diffusion of domestic goats inferred from DNA markers. In: *Documenting Domestication: New Genetic and Archaeological Paradigms*, edited by M. A. Zeder et al., 294–305. Berkeley: University of California Press.
Luikart, G., L. Gielly, . . . and P. Taberlet. (2001). Multiple maternal origins and weak phylogeographic structure in domestic goats. *Proceedings of the National Academy of Sciences USA* 98: 5927–32.
Makarewicz, C., and N. Tuross. (2012). Finding fodder and tracking transhumance: Isotopic detection of goat domestication processes in the Near East. *Current Anthropology* 53 (4): 495–505.
Marean, C. W. (1998). A critique of the evidence for scavenging by Neandertals and early modern humans: New data from Kobeh Cave (Zagros Mountains, Iran) and Die Kelders Cave 1 Layer 10 (South Africa). *Journal of Human Evolution* 35 (2): 111–36.
Matthee, C. A., and S. K. Davis. (2001). Molecular insights into the evolution of the family Bovidae: A nuclear DNA perspective. *Molecular Biology and Evolution* 18 (7): 1220–30.
Meadows, J. R. S., I. Cemal, . . . and J. W. Kijas. (2007). Five ovine mitochondrial lineages identified from sheep breeds of the Near East. *Genetics* 175 (3): 1371–79.
Meadows, J. R. S., S. Hiendleder, and J. W. Kijas. (2011). Haplogroup relationships between domestic and wild sheep resolved using a mitogenome panel. *Heredity* 106 (4): 700–706.
Meadows, J. R., K. Li, . . . and J. W. Kijas. (2005). Mitochondrial sequence reveals high levels of gene flow between breeds of domestic sheep from Asia and Europe. *Journal of Heredity* 96 (5): 494–501.
Milner, J., D. Elston, and S. Albon. (1999). Estimating the contributions of population density and climatic fluctuations to interannual variation in survival of Soay sheep. *Journal of Animal Ecology* 68 (6): 1235–47.
Moradi, M. H., A. Nejati-Javaremi, . . . and J. C. McEwan. (2012). Genomic scan of selective sweeps in thin and fat tail sheep breeds for identifying of candidate regions associated with fat deposition. *BMC Genetics* 13 (1): 10.
Morton, A. J., and L. Avanzo. (2011). Executive decision-making in the domestic sheep. *PLoS One* 6 (1): e15752.
Muigai, A. W. T., and O. Hanotte. (2013). The origin of African sheep: Archaeological and genetic perspectives. *African Archaeological Review* 30 (1): 39–50.

Coulson, T., E. Catchpole, . . . and B. Grenfell. (2001). Age, sex, density, winter weather, and population crashes in Soay sheep. *Science* 292 (5521): 1528–31.

Diez-Tascón, C., R. P. Littlejohn, . . . and A. M. Crawford. (2000). Genetic variation within the Merino sheep breed: Analysis of closely related populations using microsatellites. *Animal Genetics* 31 (4): 243–51.

Dong, Y., M. Xie, . . . and J. Liang. (2013). Sequencing and automated whole-genome optical mapping of the genome of a domestic goat (*Capra hircus*). *Nature Biotechnology* 31 (2): 135–41.

Drăgănescu, C. (2007). A note on Balkan sheep breeds origin and their taxonomy. Archiva *Zootechnica* 10: 90–101.

Dubeuf, J.-P., and J. Boyazoglu. (2009). An international panorama of goat selection and breeds. *Livestock Science* 120 (3): 225–31.

Feinberg, C. L. (1958). The scapegoat of Leviticus Sixteen. *Bibliotheca Sacra* 115 (460): 320–33.

Ferencakovic, M., I. Curik, . . . and K. Krapinec. (2013). Mitochondrial DNA and Y-chromosome diversity in East Adriatic sheep. *Animal Genetics* 44 (2): 184–92.

Fernández, H., S. Hughes, . . . and P. Taberlet. (2006). Divergent mtDNA lineages of goats in an Early Neolithic site, far from the initial domestication areas. *Proceedings of the National Academy of Sciences USA* 103 (42): 15375–79.

Fontanesi, L., F. Beretti, . . . and V. Russo. (2011). A first comparative map of copy number variations in the sheep genome. *Genomics* 97 (3): 158–65.

Fontanesi, L., F. Beretti, . . . and B. Portolano. (2009). Copy number variation and missense mutations of the agouti signaling protein (ASIP) gene in goat breeds with different coat colors. *Cytogenetic and Genome Research* 126 (4): 333–47.

Fontanesi, L., P. Martelli, . . . and B. Portolano. (2010). An initial comparative map of copy number variations in the goat (*Capra hircus*) genome. *BMC Genomics* 11: 639.

Fontanesi, L., A. Rustempašić, . . . and V. Russo. (2012). Analysis of polymorphisms in the agouti signalling protein (ASIP) and melanocortin 1 receptor (*MC1R*) genes and association with coat colours in two Pramenka sheep types. *Small Ruminant Research* 105 (1): 89–96.

Haber, A., and T. Dayan. (2004). Analyzing the process of domestication: Hagoshrim as a case study. *Journal of Archaeological Science* 31 (11): 1587–1601.

Haenlein, G. F. W. (2004). Goat milk in human nutrition. *Small Ruminant Research* 51 (2): 155–63.

Handley, L. L., K. Byrne, . . . and G. Hewitt. (2007). Genetic structure of European sheep breeds. *Heredity* 99 (6): 620–31.

Hatziminaoglou, Y., and J. Boyazoglu. (2004). The goat in ancient civilisations: From the Fertile Crescent to the Aegean Sea. *Small Ruminant Research* 51 (2): 123–29.

Hecker, H. M. (1982). Domestication revisited: Its implications for faunal analysis. *Journal of Field Archaeology* 9 (2): 217–36.

Horwitz, L. K., and G. K. Bar-Gal. (2006). The origin and genetic status of insular caprines in the eastern Mediterranean: A case study of free-ranging goats (*Capra aegagrus cretica*) on Crete. *Human Evolution* 21 (2): 123–38.

International Sheep Genomics Consortium, A. L. Archibald, . . . and X. Xun. (2010). The sheep genome reference sequence: A work in progress. *Animal Genetics* 41 (5): 449–53.

Johnston, S. E., J. Gratten, . . . and J. Slate. (2013). Life history trade-offs at a single locus

67　前掲書
68　逆転写とはRNAの情報をもとにDNAを合成することである。
69　Chessa et al. 2009.
70　Haenlein 2004.
71　Ceballos et al. 2009.

## 参考文献

Arbuckle, B. S. (2008). Revisiting Neolithic caprine exploitation at Suberde, Turkey. *Journal of Field Archaeology* 33 (2): 219–36.

Arbuckle, B. S., and L. Atici. (2013). Initial diversity in sheep and goat management in Neolithic south-western Asia. *Levant* 45 (2): 219–35.

Bibi, F., M. Bukhsianidze, . . . and E. S. Vrba. (2009). The fossil record and the evolution of Bovidae: State of the field. *Palaeontologica Electronica* 12 (3): 1–11.

Bibi, F., and E. Vrba. (2010). Unraveling bovin phylogeny: Accomplishments and challenges. *BMC Biology* 8 (1): 50.

Blackburn, H. D., S. R. Paiva, . . . and M. Brown. (2011). Genetic structure and diversity among sheep breeds in the United States: Identification of the major gene pools. *Journal of Animal Science* 89 (8): 2336–48.

Bollvåg, A. Ø. (2010). "Mitochondrial Ewe—Application of Ancient DNA Typing to the Study of Domestic Sheep (*Ovis aries*) in Mediaeval Norway." Master's thesis, University of Oslo, Norway.

Bruford, M.W., D. G. Bradley, and G. Luikart. (2003). DNA markers reveal the complexity of livestock domestication. *Nature Reviews. Genetics* 4: 900–910.

Cai, D., Z. Tang, . . . and H. Zhou. (2011). Early history of Chinese domestic sheep indicated by ancient DNA analysis of Bronze Age individuals. *Journal of Archaeological Science* 38 (4): 896–902.

Campbell, K., and C. Donlan. (2005). Feral goat eradications on islands. *Conservation Biology* 19 (5): 1362–74.

Catchpole, E. A., B. J. T. Morgan, . . . and S. D. Albon. (2000). Factors influencing Soay sheep survival. *Journal of the Royal Statistical Society. Series C, Applied Statistics* 49 (4): 453–72.

Ceballos, L. S., E. R. Morales, . . . and M. R. S. Sampelayo. (2009). Composition of goat and cow milk produced under similar conditions and analyzed by identical methodology. *Journal of Food Composition and Analysis* 22 (4): 322–29.

Chen, S.-Y., Y.-H. Su, . . . and Y.-P. Zhang. (2005). Mitochondrial diversity and phylogeographic structure of Chinese domestic goats. *Molecular Phylogenetics and Evolution* 37 (3): 804–14.

Chessa, B., F. Pereira, . . . and M. Palmarini. (2009). Revealing the history of sheep domestication using retrovirus integrations. *Science* 324 (5926): 532–36.

Clutton-Brock, T. (2009). Sexual selection in females. *Animal Behaviour* 77 (1): 3–11.

Clutton-Brock, T., and B. C. Sheldon. (2010). Individuals and populations: The role of long-term, individual-based studies of animals in ecology and evolutionary biology. *Trends in Ecology & Evolution* 25 (10): 562–73.

Coltman, D. W., J. G. Pilkington, . . . and J. M. Pemberton. (1999). Parasite-mediated selection against inbred Soay sheep in a free-living, island population. *Evolution* 53 (4): 1259–67.

学的現代人による捕食については Marean 1998; Shea 1998; Otte et al. 2007 を参照。また Munro 2004 はナトゥフ文化の人々による野生ヤギの捕食について記載している。

35 Hecker 1982; Zeder 1999; Zeder and Hesse 2000 による推定。しかし Arbuckle 2008 および Arbuckle and Atici 2013 は選別的な狩りが行われたのはもっと遅いとしている。

36 この配偶システムは一般に一夫多妻制と呼ばれる。Zeder 2006 および Vigne et al. 2011 を参照。

37 Fernández et al. 2006; Luikart et al. 2006.

38 Smith and Horwitz 1984; Zeder 2006; Zohary, Tchernov, and Horwitz 1998 によるが、もっと後の年代については Haber and Dayan 2004 を参照。これら表現型の変化のいくつか、特に餌の供給に関するもの（Makarewicz and Tuross 2012）は表現型可塑性として説明されている。現代の品種における性的二型の評価は Polák and Frynta 2009 を参照。

39 たとえば Coltman et al. 1999; Milner, Elston, and Albon 1999; Coulson et al. 2001; Clutton-Brock and Sheldon 2010; Catchpole et al. 2000 など。

40 Clutton-Brock 2009; Robinson and Kruuk 2007.

41 Ryder 1981; Catchpole et al. 2000.

42 Pemberton et al. 1996; Robinson and Kruuk 2007; Johnston et al. 2013.

43 Campbell and Donlan 2005.

44 Dubeuf and Boyazoglu 2009.

45 Pieters et al. 2009.

46 International Sheep Genomics Consortium et al. 2010; Chessa et al. 2009. ただし米国の品種にはあてはまらない（Blackburn et al. 2011）。

47 系統と地理の関係を示すシグナルは、ヒツジの品種では希薄だが（Meadows et al. 2005）、ヤギでは顕著であり、運搬しにくいウシの場合ではさらに顕著である。この違いは、ヤギの品種が地元の在来種から比較的最近に分岐したことにもよる。

48 Sanchez Belda and Trujillano 1979; Diez-Tascón et al. 2000.

49 Chessa et al. 2009.

50 Bruford, Bradley, and Luikart 2003. Kijas et al. 2012; Muigai and Hanotte 2013.

51 Handley et al. 2007.

52 Chessa et al. 2009.

53 Handley et al. 2007.

54 ウシと同様に、家畜ヒツジのヨーロッパへの道は、ドナウ川ルートと地中海ルートの二通りがあった。イベリア半島産品種については Pereira et al. 2006 を、アルプス産品種については Peter et al. 2007 を参照。

55 Chessa et al. 2009.

56 Peter et al. 2007. ヒツジについては Fontanesi et al. 2011 を、ヤギについては Fontanesi et al. 2012 を参照。

57 Ryder 1981; Ferencakovic et al. 2013; Drăgănescu 2007; Kusza et al. 2008.

58 Kijas et al. 2012; Moradi et al. 2012.

59 International Sheep Genomics Consortium et al. 2010. Kijas et al. 2013 はヤギのSNPの調査を行った。

60 Dong et al. 2013（下垂体）; International Sheep Genomics Consortium et al. 2010.

61 Fontanesi et al. 2010, 2011. ヤギの CNV 分析は Fontanesi et al. 2009 を参照。

62 Fontanesi et al. 2011, 2012.

63 Fontanesi et al. 2009（ヤギ）; Fontanesi et al. 2010（ヒツジ）.

64 Fontanesi et al. 2009.

65 前掲書

66 Dong et al. 2013.

for early Holocene cattle management in northeastern China. *Nature Communications* 4: 2755.

## 第 8 章　ヒツジとヤギ

### 註

1　スケープゴートは雄のみで、くじ引きで選ばれた（「レビ記」16 章 5 ～ 10 節 ; Feinberg 1958）。
2　スケープゴートは居住地から 10 マイル（約 16 キロ）のところで放たれ、戻ってこれないようにした (David Guzik, “Leviticus 16—The Day of Atonement,” *Enduring Word Media*, 2004, http://www.enduringword.com/commentaries/0316.htm)。
3　「マタイによる福音書」第 25 章 31 ～ 33 節。
4　Perkins and Roselli 2007. ヒツジは雄の同性愛研究のモデルシステムになっている。
5　Morton and Avanzo 2011.
6　Kaminski et al. 2005.
7　Slijper 1942.
8　Bibi et al. 2009; Bibi and Vrba 2010; Ropiquet and Hassanin 2005; Mathee and Davis 2001.
9　Pirastru et al. 2009.
10　北米のシロイワヤギは真のヤギではなく、ヤギ族でさえない。シャモア、カモシカ、ゴーラルなどを含むシャモア族の仲間であり、ヤギ族との類縁関係はヒツジよりも遠い。
11　Rezeai et al. 2010.
12　Peters et al. 1999.
13　Meadows et al. 2007; Meadows, Hiendleder, and Kijas 2011.
14　Vigne et al. 2011; Zeder 2012.
15　Arbuckle 2008.
16　Zeder 2008, 2011.
17　Zeder 2008. インドへの家畜ヒツジの最初の到来については Singh et al. 2013 を、アフリカへの最初の到来については Muigai and Hanotte 2013 を参照。
18　Zeder 2008; Chessa et al. 2009; Tresset and Vigne 2011.
19　Chessa et al. 2009.
20　前掲書
21　Ryder 1983; Sherratt 1981.
22　Chessa et al. 2009.
23　Cai et al. 2011; Muigai and Hanotte 2013; Chessa et al. 2009.
24　Chessa et al. 2009.
25　Chessa et al. 2009; Bollvåg 2010; Tapio et al. 2010.
26　Ryder 1964; Chessa et al. 2009.
27　Chessa et al. 2009.
28　Zeder 1999, 2006; Zeder and Hesse 2000.
29　Zeder 2008, 1999, ザグロス山脈北部と中央部も含む。
30　Naderi et al. 2007, 2008.
31　Fernández et al. 2006; Vigne 2011.
32　Zeder, Smith, and Bradley 2006; Luikart et al. 2001. 中国については、Chen et al. 2005 を参照。
33　Horwitz and Bar-Gal 2006; Zeder 2008; Hatziminaoglou and Boyazoglu 2004.
34　ネアンデルタール人による野生ヤギの捕食については Speth and Tchernov 2001 を参照。解剖

in Arabian Peninsula history. *Journal of Arabian Studies* 2 (2): 93–107.
Romero, I. G., C. B. Mallick, . . . and R. Villems. (2012). Herders of Indian and European cattle share their predominant allele for lactase persistence. *Molecular Biology and Evolution* 29 (1): 249–60.
Sherratt, A. (1981). *Plough and Pastoralism: Aspects of the Secondary Products Revolution*. New York: Cambridge University Press.
Sherratt, A. (1983). The secondary exploitation of animals in the Old World. *World Archaeology* 15 (1): 90–104.
Solounias, N., J. C. Barry, . . . and S. M. Raza. (1995). The oldest bovid from the Siwaliks, Pakistan. *Journal of Vertebrate Paleontology* 15 (4): 806–14.
Stapely, J., J. Reger, . . . and J. Slate. (2010). Adaptation genomics: The next generation. *Trends in Ecology and Evolution* 25 (12): 705–12.
Stothard, P., J.-W. Choi, . . . and S. Moore. (2011). Whole genome resequencing of black Angus and Holstein cattle for SNP and CNV discovery. *BMC Genomics* 12 (1): 559.
Stromberg, C. A. E. (2011). Evolution of grasses and grassland ecosystems. *Annual Review of Earth and Planetary Sciences* 39 (1): 517–44.
Tandon, R. K., Y. K. Joshi, . . . and K. Lal. (1981). Lactose intolerance in North and South Indians. *American Journal of Clinical Nutrition* 34 (5): 943–46.
Teasdale, M. D., and D. G. Bradley. (2012). "The Origins of Cattle." In *Bovine Genomics*, edited by J. Womack, 1–10 Ames, IA: Wiley-Blackwell.
Tsuda, K., R. Kawahara-Miki, . . . and T. Kono. (2013). Abundant sequence divergence in the native Japanese cattle *Mishima-Ushi* (*Bos taurus*) detected using whole-genome sequencing. *Genomics* 102 (4): 372–78.
Twiss, K. C., and N. Russell. (2009). Taking the bull by the horns: Ideology, masculinity, and cattle horns at Çatalhöyük (Turkey). *Paléorient* 35 (2): 19–32.
Van Vuure, C. (2005). *Retracing the Aurochs: History, Morphology and Ecology of an Extinct Wild Ox*. Sofia-Moscow: Pensoft.
Vigne, J.-D., and D. Helmer. (2007). Was milk a secondary product in the Old World Neolithisation process? Its role in the domestication of cattle, sheep and goats. *Anthropozoologica* 42 (2): 9–40.
Vigne, J.-D., J. Peters, and D. Helmer, eds. (2005). *The First Steps of Animal Domestication: New Archaeozoological Approaches*. Oxford: Oxbow.
Vivekanandan, P., and V. Alagumalai. (2013). *Community Conservation of Local Livestock Breeds*. Tamilnadu, India: SEVA.
Wolin, M. J. (1979). "The Rumen Fermentation: A Model for Microbial Interactions in Anaerobic Ecosystems." In *Advances in Microbial Ecology*, edited by M. Alexander, 49–77. New York: Springer.
Wurzinger, M., D. Ndumu, . . . and J. Sölkner. (2006). Comparison of production systems and selection criteria of Ankole cattle by breeders in Burundi, Rwanda, Tanzania and Uganda. *Tropical Animal Health and Production* 38 (7–8): 571–81.
Zeder, M. A. (2011). The origins of agriculture in the Near East. *Current Anthropology* 52 (S4): S221–35.
Zhan, B., J. Fadista, . . . and C. Bendixen. (2011). Global assessment of genomic variation in cattle by genome resequencing and high-throughput genotyping. *BMC Genomics* 12 (1): 557.
Zhang, H., J. L. Paijmans, . . . and L. Orlando. (2013). Morphological and genetic evidence

Meredith, R., J. Janecka, . . . and W. Murphy. (2011). Impacts of the Cretaceous Terrestrial Revolution and KPg extinction on mammal diversification. *Science* 334 (6055): 521–24.

Miretti, M., S. Dunner, . . . and J. Ferro. (2004). Predominant African-derived mtDNA in Caribbean and Brazilian Creole cattle is also found in Spanish cattle (*Bos taurus*). *Journal of Heredity* 95 (5): 450–53.

Mirol, P., G. Giovambattista, . . . and F. Dulout. (2003). African and European mitochondrial haplotypes in South American Creole cattle. *Heredity* 91 (3): 248–54.

Mukesh, M., M. Sodhi, . . . and B. Mishra. (2004). Genetic diversity of Indian native cattle breeds as analysed with 20 microsatellite loci. *Journal of Animal Breeding and Genetics* 121 (6): 416–24.

Murray, C., E. Huerta-Sanchez, . . . and D. G. Bradley. (2010). Cattle demographic history modelled from autosomal sequence variation. *Philosophical Transactions of the Royal Society. B: Biological Sciences* 365 (1552): 2531–39.

Negrini, R., I. Nijman, . . . and D. Bradley. (2007). Differentiation of European cattle by AFLP fingerprinting. *Animal Genetics* 38 (1): 60–66.

Pariset, L., M. Mariotti, . . . and A. Valentini. (2010). Relationships between Podolic cattle breeds assessed by single nucleotide polymorphisms (SNPs) genotyping. *Journal of Animal Breeding and Genetics* 127 (6): 481–88.

Pellecchia, M., R. Negrini, . . . and P. Ajmone-Marsan. (2007). The mystery of Etruscan origins: Novel clues from *Bos taurus* mitochondrial DNA. *Proceedings of the Royal Society. B: Biological Sciences* 274 (1614): 1175–79.

Pérez-Pardal, L., L. J. Royo, . . . and I. Fernández. (2010). Multiple paternal origins of domestic cattle revealed by Y-specific interspersed multilocus microsatellites. *Heredity* 105 (6): 511–19.

Pérez-Pardal, L., L. J. Royo, . . . and F. Goyache. (2010). Y-specific microsatellites reveal an African subfamily in taurine (*Bos taurus*) cattle. *Animal Genetics* 41 (3): 232–41.

Pinhasi, R., J. Fort, and A. J. Ammerman. (2005). Tracing the origin and spread of agriculture in Europe. *PLoS Biology* 3 (12): e410.

Polák, J., and D. Frynta. (2010). Patterns of sexual size dimorphism in cattle breeds support Rensch's rule. *Evolutionary Ecology* 24 (5): 1255–66.

Porto-Neto, L. R., T. S. Sonstegard, . . . and C. P. Van Tassell. (2013). Genomic divergence of zebu and taurine cattle identified through high-density SNP genotyping. *BMC Genomics* 14 (1): 876.

Qanbari, S., E. Pimentel, . . . and H. Simianer. (2010). A genome-wide scan for signatures of recent selection in Holstein cattle. *Animal Genetics* 41 (4): 377–89.

Raven, L.-A., B. G. Cocks, and B. J. Hayes. (2014). Multibreed genome wide association can improve precision of mapping causative variants underlying milk production in dairy cattle. *BMC Genomics* 15 (1): 62.

Rege, E. (2003). "Defining Livestock Breeds in the Context of Community-Based Management of Farm Animal Genetic Resources." In *Community-Based Management of Animal Genetic Resources: Proceedings of the Workshop Held in Mbabane, Swaziland, 7–11 May 2001*, 27–36. [New York: Food and Agricultural Organization of the United Nations.]

Rege, J. E. O. (1999). The state of African cattle genetic resources I. Classification framework and identification of threatened and extinct breeds. *Animal Genetic Resources Information* 25: 1–25.

Reilly, B. J. (2012). Revisiting Bedouin desert adaptations: Lactase persistence as a factor lutionary genetics of lactase persistence. *Human Genetics* 124 (6): 579–91.

Itan, Y., A. Powell, . . . and M. G. Thomas. (2009). The origins of lactase persistence in Europe. *PLoS Computational Biology* 5 (8): e1000491.

Janis, C. (2007). "Artiodactyla Paleoecology and Evolutionary Trends." In *The Evolution of Artiodactyls*, edited by D. R. Prothero and S. E. Foss, 292–315. Baltimore: Johns Hopkins University Press.

Joshi, B., A. Singh, and R. Gandhi, R. (2001). Performance evaluation, conservation and improvement of Sahiwal cattle in India. *Animal Genetic Resources Information* 31: 43–54.

Joshi, N. R., and R. W. Phillips. (1953). *Zebu Cattle of India and Pakistan*. New York: FAO.

Kantanen, J., C. Edwards, . . . and S. Stojanović. (2009). Maternal and paternal genealogy of Eurasian taurine cattle (*Bos taurus*). *Heredity* 103 (5): 404–15.

Kendall, T. (1998). *Proceedings of the Ninth Conference of the International Society of Nubian Studies*. Boston: Northeastern University.

Kidd, K., and L. Cavalli-Sforza. (1974). The role of genetic drift in the differentiation of Icelandic and Norwegian cattle. *Evolution* 28 (3): 381.

Lee, K. T., W. H. Chung, . . . and T. H. Kim. (2013). Whole-genome resequencing of Hanwoo (Korean cattle) and insight into regions of homozygosity. *BMC Genomics* 14 (1): 519.

Leonardi, M., P. Gerbault, . . . and J. Burger. (2012). The evolution of lactase persistence in Europe. A synthesis of archaeological and genetic evidence. *International Dairy Journal* 22 (2): 88–97.

Lewin, H. (2013). "Genomic Footprints of Selection after 50 Years of Dairy Cattle Breeding." Paper presented at the Plant and Animal Genome XXI Conference.

Liu, G. E., and D. M. Bickhart. (2012). Copy number variation in the cattle genome. *Functional & Integrative Genomics* 12 (4): 609–24.

Liu, G. E., Y. Hou, . . . and J. W. Keele. (2010). Analysis of copy number variations among diverse cattle breeds. *Genome Research* 39: 693–703.

Loftus, R., D. MacHugh, . . . and P. Cunningham. (1994). Evidence for two independent domestications of cattle. *Proceedings of the National Academy of Sciences USA* 91: 2757–61.

MacHugh, D. E., M. D. Shriver, . . . and D. G. Bradley. (1997). Microsatellite DNA variation and the evolution, domestication and phylogeography of taurine and zebu cattle (*Bos taurus* and *Bos indicus*). *Genetics* 146 (3): 1071–86.

Magee, D., C. Meghen, . . . and D. Bradley. (2002). A partial African ancestry for the Creole cattle populations of the Caribbean. *Journal of Heredity* 93 (6): 429–32.

Manwell, C., and C. Baker. (1980). Chemical classification of cattle. 2. Phylogenetic tree and specific status of the Zebu. *Animal Blood Groups and Biochemical Genetics* 11 (2): 151–62.

Maretto, F., J. Ramljak, . . . and G. Bittante. (2012). Genetic relationships among Italian and Croatian Podolian cattle breeds assessed by microsatellite markers. *Livestock Science* 150 (1–3): 256–64.

Maudet, C., G. Luikart, and P. Taberlet. (2002). Genetic diversity and assignment tests among seven French cattle breeds based on microsatellite DNA analysis. *Journal of Animal Science* 80 (4): 942–50.

McDowell, R. (1985). Crossbreeding in tropical areas with emphasis on milk, health, and fitness. *Journal of Dairy Science* 68 (9): 2418–35.

*Genetics* 41 (2): 128–41.
Götherström, A., C. Anderung, . . . and H. Ellegren. (2005). Cattle domestication in the Near East was followed by hybridization with aurochs bulls in Europe. *Proceedings of the Royal Society. B: Biological Sciences* 272 (1579): 2345–51.
Greenfield, H. J. (2010). The secondary products revolution: The past, the present and the future. *World Archaeology* 42 (1): 29–54.
Guthrie, R. D. (2005). *The Nature of Paleolithic Art.* Chicago: University of Chicago Press.
Hanotte, O., D. G. Bradley, . . . and J. E. O. Rege. (2002). African pastoralism: Genetic imprints of origins and migrations. *Science* 296 (5566): 336–39.
Harris, M. (1992). The cultural ecology of India's sacred cattle. *Current Anthropology* 33 (1): 261–76.
Harvey, C. B., E. J. Hollox, . . . and D. M. Swallow. (1998). Lactase haplotype frequencies in Caucasians: Association with the lactase persistence/non-persistence polymorphism. *Annals of Human Genetics* 62 (3): 215–23.
Hassanin, A., J. An, A. Ropiquet, . . . and A. Couloux. (2013). Combining multiple autosomal introns for studying shallow phylogeny and taxonomy of Laurasiatherian mammals: Application to the tribe Bovini (Cetartiodactyla, Bovidae). *Molecular Phylogenetics and Evolution* 66 (3): 766–75.
Hassanin, A., F. Delsuc, . . .and A. Couloux. (2012). Pattern and timing of diversification of Cetartiodactyla (Mammalia, Laurasiatheria), as revealed by a comprehensive analysis of mitochondrial genomes. *Comptes Rendus Biologies* 335 (1): 32–50.
Hayes, B. J., J. Pryce, . . . and M. E. Goddard. (2010). Genetic architecture of complex traits and accuracy of genomic prediction: Coat colour, milk-fat percentage, and type in Holstein cattle as contrasting model traits. *PLoS Genetics* 6 (9): e1001139.
Helmer, D., L. Gourichon, . . . and M. Sana Segui. (2005). "Identifying Early Domestic Cattle from Pre-Pottery Neolithic Sites on the Middle Euphrates Using Sexual Dimorphism." In *The First Steps of Animal Domestication: New Archaeozoological Approaches*, edited by J. D. Vigne et al., 86–95. Oxford: Oxbow.
Hijazi, S., A. Abulaban, . . . and G. Flatz. (1983). Distribution of adult lactase phenotypes in Bedouins and in urban and agricultural populations of Jordan. *Tropical and Geographical Medicine* 35 (2): 157–61.
Holden, C., and R. Mace. (2002). "Pastoralism and the Evolution of Lactase Persistence." *The Human Biology of Pastoral Populations*, edited by W. R. Leonard and M. H. Crawford, 280–307. Cambridge Studies in Biological and Evolutionary Anthropology 30. Cambridge: Cambridge University Press.
Hongo, H., J. Pearson, . . . and G. Ilgezdi. (2009). The process of ungulate domestication at Cayonu, southeastern Turkey: A multidisciplinary approach focusing on *Bos* sp. and *Cervus elaphus*. *Anthropozoologica* 44 (1): 63–78.
Hou, Y., G. Liu, . . . and C. Van Tassell. (2011). Genomic characteristics of cattle copy number variations. *BMC Genomics* 12 (1): 127.
Ikram, S. (1995). *Choice Cuts: Meat Production in Ancient Egypt.* Orientalia Lovaniensia Analecta 69. Leuven, Belgium: Peeters.
Ingram, C. J., M. F. Elamin, . . . and D. M. Swallow. (2007). A novel polymorphism associated with lactose tolerance in Africa: Multiple causes for lactase persistence? *Human Genetics* 120 (6): 779–88.
Ingram, C. J., C. A. Mulcare, . . . and D. M. Swallow. (2009). Lactose digestion and the evo-

D'Andrea, M., L. Pariset, . . . and F. Pilla. (2011). Genetic characterization and structure of the Italian Podolian cattle breed and its relationship with some major European breeds. *Italian Journal of Animal Science* 10 (4): 237–43.

Decker, J. E., S. D. McKay, . . . and L. Praharani. (2014). Worldwide patterns of ancestry, divergence, and admixture in domesticated cattle. *PLoS Genetics*, March 27.

Del Bo, L., M. Polli, . . . and M. Zanotti. (2001). Genetic diversity among some cattle breeds in the Alpine area. *Journal of Animal Breeding and Genetics* 118 (5): 317–25.

Edwards, C., R. Bollongino, . . . and T. Heupink. (2007). Mitochondrial DNA analysis shows a Near Eastern Neolithic origin for domestic cattle and no indication of domestication of European aurochs. *Proceedings of the Royal Society. B: Biological Sciences* 274: 1377–85.

Elsik, C. G., R. L. Tellam, and K. C. Worley. (2009). The genome sequence of taurine cattle: A window to ruminant biology and evolution. *Science* 324 (5926): 522–28.

Epstein, H. (1971). *The Origin of the Domestic Animals of Africa*, 1:185–455. New York: African Publishing Corporation.

Epstein, H., and I. L. Mason. (1984). "Cattle." In *Evolution of Domesticated Animals*, edited by I. L. Mason, 25. London: Longman.

Evans, A. (1921). On a Minoan bronze group of a galloping bull and acrobatic figure from Crete, with glyptic comparisons and a note on the Oxford relief showing the taurokathapsia. *Journal of Hellenic Studies* 41 (2): 247–59.

Evershed, R. P., S. Payne, . . . and M. M. Burton. (2008). Earliest date for milk use in the Near East and southeastern Europe linked to cattle herding. *Nature* 455 (7212): 528–31.

Fadista, J., B. Thomsen, . . . and C. Bendixen. (2010). Copy number variation in the bovine genome. *BMC Genomics* 11 (1): 284.

Felius, M. (1995). *Cattle Breeds: An Encyclopedia*. London: Trafalgar Square Books.

Felius, M., P. A. Koolmees, . . . and J. A. Lenstra. (2011). On the breeds of cattle—Historic and current classifications. *Diversity* 3 (4): 660–92.

Fernandez, M. H., and E. S. Vrba. (2005). A complete estimate of the phylogenetic relationships in Ruminantia: A dated species-level supertree of the extant ruminants. *Biological Reviews* 80 (2): 269–302.

Freeman, A., C. Meghen, . . . and D. Bradley. (2004). Admixture and diversity in West African cattle populations. *Molecular Ecology* 13 (11): 3477–87.

Fuller, D. Q. (2006). Agricultural origins and frontiers in South Asia: A working synthesis. *Journal of World Prehistory* 20 (1): 1–86.

Gautier, M., D. Laloë, and K. Moazami-Goudarzi. (2010). Insights into the genetic history of French cattle from dense SNP data on 47 worldwide breeds. *PLoS One* 5 (9): e13038.

Gautier, M., and M. Naves. (2011). Footprints of selection in the ancestral admixture of a New World Creole cattle breed. *Molecular Ecology* 20 (15): 3128–43.

Gerbault, P., A. Liebert, . . . and M. G. Thomas. (2011). Evolution of lactase persistence: An example of human niche construction. *Philosophical Transactions of the Royal Society. B: Biological Sciences* 366 (1566): 863–77.

Gilliam, A. E., I. M. Heilbron, . . . and S. J. Watson. (1936). Variations in the carotene and vitamin A values of the milk fat of cattle of typical English breeds. *Biochemical Journal* 30 (9): 1728–34.

Ginja, C., M. Penedo, . . . and L. Gama. (2010). Origins and genetic diversity of New World Creole cattle: Inferences from mitochondrial and Y chromosome polymorphisms. *Animal*

*USA* 103: 8113–18.

Bibi, F. (2013). A multi-calibrated mitochondrial phylogeny of extant Bovidae (Artiodactyla, Ruminantia) and the importance of the fossil record to systematics. *BMC Evolutionary Biology* 13 (1): 1–15.

Bibi, F., and E. Vrba. (2010). Unraveling bovid phylogeny: Accomplishments and challenges. *BMC Biology* 8 (1): 50.

Blott, S. C., J. L. Williams, and C. S. Haley. (1998). Genetic relationships among European cattle breeds. *Animal Genetics* 29 (4): 273–82.

Bollongino, R., J. Burger, . . . and M. G. Thomas. (2012). Modern taurine cattle descended from small number of Near-Eastern founders. *Molecular Biology and Evolution* 29 (9): 2101–4.

Bollongino, R., J. Elsner, . . . and J. Burger. (2008). Y-SNPs do not indicate hybridization between European aurochs and domestic cattle. *PLoS One* 3 (10): e3418.

Bolormaa, S., B. Hayes, . . . and M. Goddard. (2011). Genome-wide association studies for feedlot and growth traits in cattle. *Journal of Animal Science* 89 (6): 1684–97.

Bonfiglio, S., A. Achilli, . . . and L. Ferretti. (2010). The enigmatic origin of bovine mtDNA haplogroup R: Sporadic interbreeding or an independent event of *Bos primigenius* domestication in Italy? *PLoS One* 5 (12): e15760.

Bradley, D. G., R. T. Loftus, . . . and D. E. MacHugh. (1998). Genetics and domestic cattle origins. *Evolutionary Anthropology* 6 (3): 79–86.

Bradley, D. G., D. E. MacHugh, . . . and R. T. Loftus. (1996). Mitochondrial diversity and the origin of the African and European cattle. *Proceedings of the National Academy of Sciences USA* 93: 5131–35.

Bramanti, B., M. G. Thomas, . . . and J. Burger. (2009). Genetic discontinuity between local hunter-gatherers and central Europe's first farmers. *Science* 326 (5949): 137–40.

Burger, J., M. Kirchner, . . . and M. G. Thomas. (2007). Absence of the lactase- persistence-associated allele in early Neolithic Europeans. *Proceedings of the National Academy of Sciences USA* 104 (10): 3736–41.

Burke, E. (1998). *A Philosophical Enquiry into the Origin of Our Ideas of the Sublime and Beautiful: And Other Pre-evolutionary Writings*, edited by D. Womersley. London: Penguin.

Burt, D. (2009). The cattle genome reveals its secrets. *Journal of Biology* 8 (4): 36.

Canavez, F. C., D. D. Luche, . . . and S. S. Moore. (2012). Genome sequence and assembly of *Bos indicus*. *Journal of Heredity* 103 (3): 342–48.

Check, E. (2006). Human evolution: How Africa learned to love the cow. *Nature* 444 (7122): 994–96.

Chen, S., B.-Z. Lin, . . . and A. Beja-Pereira. (2010). Zebu cattle are an exclusive legacy of the South Asia Neolithic. *Molecular Biology and Evolution* 27 (1): 1–6.

Craig, O. E., J. Chapman, . . . and M. Collins. (2005). Did the first farmers of central and eastern Europe produce dairy foods? *Antiquity* 79 (306): 882–94.

Cymbron, T., A. R. Freeman, . . . and D. G. Bradley. (2005). Microsatellite diversity suggests different histories for Mediterranean and Northern European cattle populations. *Proceedings of the Royal Society. B: Biological Sciences* 272 (1574): 1837–43.

Cymbron, T., R. T. Loftus, . . . and D. G. Bradley. (1999). Mitochondrial sequence variation suggests an African influence in Portuguese cattle. *Proceedings of the Royal Society. B: Biological Sciences* 266 (1419): 597–603.

51 Check 2006; Holden and Mace 2002; Reilly 2012.
52 Harvey et al. 1998.
53 Romero et al. 2012.
54 Itan et al. 2009 は酪農はバルカン半島北部で始まったとしているが、Gerbault et al. 2011 は近東で始まったとしている。
55 Burger et al. 2007.
56 Gerbault et al. 2011.
57 Tandon et al. 1981; Romero et al. 2012.
58 Ingram et al. 2007.
59 Bayoumi et al. 1982.
60 Hijazi et al. 1983.
61 Elsik, Tellam, and Worley 2009. 使用された雌ウシの名は "L1 Dominette 01449" である(Burt 2009)。
62 Stothard et al. 2011 (ホルスタイン・ブラックアンガス)、Lee et al. 2013 (韓牛)、Canavez 2012 (ネロール種のゼブ牛)、Tsuda et al. 2013 (絶滅の危機に瀕している日本の見島牛)。
63 これらの研究は主にゲノムワイド関連解析 (GWAS) である。Bolormaa et al. 2011 は成長に関わる突然変異を発見した。Raven, Cocks, and Hayes 2014 は牛乳産生に関わる突然変異を同定した。Hayes et al. 2010 は毛色と乳脂肪分に関わる突然変異を同定した。
64 クリオロ牛に見られる選択の足跡については Gautier and Naves 2011 を参照。
65 Lewin 2013; Qanbari et al. 2010.
66 Qanbari et al. 2010.
67 Gautier and Naves 2011; Porto-Neto et al. 2013.
68 たとえば、Fadista et al. 2010; Liu et al. 2010; Hou et al. 2011; Zhan et al. 2011 を参照。
69 Stothard et al. 2011.
70 Stapely et al. 2010; Liu and Bickhart 2012. これには、CNV が引き起こす遺伝子構造の変化、遺伝子量効果、劣性遺伝子の選択への曝露など、多数の根拠がある。CNV はまた点突然変異よりもゲノムの大きな範囲に影響を及ぼす可能性がある。
71 Felius 1995.
72 Gilliam et al. 1936 はフリーシアン (ホルスタイン) とガーンジーのベータカロテン量を比較している。
73 Lewin 2013. 父親はポーニー・アーリンダ・チーフ (「チーフ」)、息子はウォークウェイ・チーフ・マーク (「マーク」) という名である。

## 参考文献


Achilli, A., S. Bonfiglio, . . . and O. Semino. (2009). The multifaceted origin of taurine cattle reflected by the mitochondrial genome. *PLoS One* 4 (6): e5753.

Achilli, A., A. Olivieri, . . . and U. Perego. (2008). Mitochondrial genomes of extinct aurochs survive in domestic cattle. *Current Biology: CB* 18: R157–58.

Ajmone-Marsan, P., J. F. Garcia, and J. A. Lenstra. (2010). On the origin of cattle: How aurochs became cattle and colonized the world. *Evolutionary Anthropology* 19 (4): 148–57.

Baig, M., A. Beja-Pereira, . . . and G. Luikart. (2005). Phylogeography and origin of Indian domestic cattle. *Current Science* 89 (1): 38–40.

Bayoumi, R. A. L., S. D. Flatz, . . . and G. Flatz. (1982). Beja and Nilotes: Nomadic pastoralist groups in the Sudan with opposite distributions of the adult lactase phenotypes. *American Journal of Physical Anthropology* 58 (2): 173–78.

Beja-Pereira, A., D. Caramelli, . . . and M. Lari. (2006). The origin of European cattle: Evidence from modern and ancient DNA. *Proceedings of the National Academy of Sciences* details/136721/0. ゼブ牛の野生の祖先は *Bos primigenius nomadicus* とされることもある。

18 カエサル『ガリア戦記』第6巻28節。

19 Loftus et al. 1994; Helmer et al. 2005.

20 Bradley et al. 1996, 1998; Hanotte et al. 2002; Perez-Pardal et al. 2010.

21 Achilli et al. 2008. しかし Decker et al. 2014 はアフリカ在来のオーロックスが若干混じっているとしている。

22 Zeder 2011; Bollongino et al. 2012.

23 Pinhasi, Fort, and Ammerman 2005; Edwards et al. 2007.

24 Teasdale and Bradley 2012.

25 Bramanti et al. 2009.

26 Cymbron et al. 2005; Beja-Pereira et al. 2006; Negrini et al. 2007. ヨーロッパ拡大中に現地のオーロックスとどの程度交雑したのかについては論争されている（Edwards et al. 2007; Bonfiglio et al. 2010; Pérez-Pardal et al. 2010; Götherström et al. 2005; Bollongino et al. 2008）。かいつまんで説明すると、ヨーロッパ在来のオーロックスからの遺伝子移入は比較的小規模で、主に雄ウシ由来だった。またほとんどは、家畜ウシが自由に移動できる傾向の強かった南ヨーロッパで起こった（たとえば Teasdale and Bradley 2012 を参照）。

27 Murray et al. 2010.

28 Fuller 2006.

29 Chen et al. 2010.

30 Baig et al. 2005.

31 約3500年前のことで、ゼブ牛はそこで1000年ほど前に到達していたタウルス牛と出会った（Zhang et al. 2013）。

32 Hanotte et al. 2002.

33 Ikram 1995.

34 Freeman et al. 2004; Hanotte et al. 2002.

35 Epstein and Mason 1984.

36 Ikram 1995; Kendall 1998.

37 Epstein 1971.

38 サンガ牛とゼブ牛の交雑種はゼンガ牛と呼ばれ、そのほとんどは東アフリカで見られる（J. E. O. Rege 1999）。

39 E. Rege 2003.

40 Vigne, Peters, and Helmer 2005.

41 Sherratt 1981, 1983.

42 たとえば Vigne and Helmer 2007 を参照。シェラットの仮説の総説的レビューは Greenfield 2010 を参照。

43 近東のオーロックスはヨーロッパのオーロックスよりもかなり小さかった（「きゃしゃ」だった）可能性があり（Edwards et al. 2007）、そのため乳搾りの最中おとなしくさせやすかったかもしれない。それでもなお、大勢で縛りつけ、人間が怪我をしないようにする必要はあったと思われる。

44 Evershed et al. 2008.

45 カルパチア盆地における酪農の証拠については、Craig et al. 2005 を参照。

46 Leonardi et al. 2012.

47 たとえば Edwards et al. 2007; Achilli et al. 2008; Bollongino et al. 2008 を参照。

48 Helmer et al. 2005 による。Polák and Frynta (2010) は、肩高の性差は縮小しているが体重の性差は縮小していないことを見出した。

49 Ingram et al. 2009; Itan et al. 2009.

50 Gerbault et al. 2011.

Academy of Sciences 106 (38): 16135–38.
Wood, J. D., M. Enser, . . . and F. M. Whittington. (2008). Fat deposition, fatty acid composition and meat quality: A review. *Meat Science* 78 (4): 343–58.
Wu, G.-S., Y.-G. Yao, . . . and Y.-P. Zhang. (2007). Population phylogenomic analysis of mitochondrial DNA in wild boars and domestic pigs revealed multiple domestication events in East Asia. *Genome Biology* 8 (11): R245.
Yuan, J., and R. Flad. (2005). New zooarchaeological evidence for changes in Shang Dynasty animal sacrifice. *Journal of Anthropological Archaeology* 24 (3): 252–70.
Zeder, M. A. (1982). The domestication of animals. *Reviews in Anthropology* 9 (4): 321–27.
Zeder, M. A. (2008). Domestication and early agriculture in the Mediterranean Basin: Origins, diffusion, and impact. *Proceedings of the National Academy of Sciences USA* 105 (33): 11597–604.
Zeder, M. A. (2011). The origins of agriculture in the Near East. *Current Anthropology* 52 (S4): S221–35.
Zeder, M. A. (2012). "Pathways to Animal Domestication." In *Biodiversity in Agriculture: Domestication, Evolution, and Sustainability*, edited by P. Gepts et al., 227. Cambridge: Cambridge University Press.
Zeuner, F. (1963). *A History of Domesticated Animals*. London: Hutchinson.（F. E. ゾイナー『家畜の歴史』国分直一・木村伸義訳、法政大学出版局、1983年）

## 第７章　ウシ

### 註

1　Burke 1998. 原著は "On the Sublime and Beautiful" (1757) である。邦訳は『崇高と美の観念の起源』（エドマンド・バーク著、中野好之訳、みすず書房、1999年）など。
2　Guthrie 2005 は第５章で、大型哺乳類を描いた洞窟画一般の動機について、美的な動機から魔術的思考、シャーマンの宗教的儀式まで、さまざまな観点から議論している。
3　家畜化の開始は、Helmer et al. 2005; Hongo et al. 2009; Twiss and Russell 2009 (雄ウシの頭部) によれば約１万500年前である。
4　旧約聖書「民数記」24章８節（「野牛の角」）。Richard L. Atkins のブログ *Atkins Light Quest* (http://www.atkinslightquest.com/Documents/Religion/Hebrew-Myths/Worship-of-Yahweh-as-a-Bull.htm.) の記事 "The Worship of Yahweh as a Bull" に引用。
5　Evans 1921.
6　Vivekanandan and Alagumalai 2013.
7　この種の闘牛は南フランスでランデーズ式と呼ばれる。
8　たとえば Wolin 1979 を参照。
9　Strömberg 2011.
10　Janis 2007.
11　Bibi 2013 は1930万～1660万年前、Hassanin et al. 2012 は2760万～2240万年前、Meredith et al. 2011 は1910万～1640万年前と推定している。
12　Solounias et al. 1995.
13　Bibi and Vrba 2010.
14　たとえば、シャモア、シロイワヤギ、カモシカ、ゴーラルなど。
15　Hassanin et al. 2013.
16　Cis van Vuure 2005.
17　"*Bos primigenius*," IUCN Red List of Threatened Species, http://www.iucnredlist.org/

103–28.
Meggitt, M. J. (1974). "Pigs are our hearts!" The Te exchange cycle among the Mae Enga of New Guinea. *Oceania* 44 (3): 165–203.
Mizelle, B. (2011). *Pig*. London: Reaktion Books.
Mona, S., E. Randi, and M. Tommaseo-Ponzetta. (2007). Evolutionary history of the genus *Sus* inferred from cytochrome b sequences. *Molecular Phylogenetics and Evolution* 45 (2): 757–62.
Nikitin, S. V., N. S. Yudin, . . . and V. I. Ermolaev. (2010). Differentiation of wild boar and domestic pig populations based on the frequency of chromosomes carrying endogenous retroviruses. *Natural Science* 2 (6): 527–34.
Oppenheimer, S. (2004). The "Express Train from Taiwan to Polynesia": On the congruence of proxy lines of evidence. *World Archaeology* 36 (4): 591–600.
Oppenheimer, S., and M. Richards. (2001). Fast trains, slow boats, and the ancestry of the Polynesian Islanders. *Science Progress* 84 (3): 157–81.
Ottoni, C., L. Girdland Flink, . . . and G. Larson. (2013). Pig domestication and human-mediated dispersal in western Eurasia revealed through ancient DNA and geometric morphometrics. *Molecular Biology and Evolution* 30 (4): 824–32.
Parés-Casanova, P. M. (2013). Sexual size dimorphism in swine denies Rensch's rule. *Asian Journal of Agriculture and Food Sciences* 1 (4): 112–18.
Peters, J., A. von den Driesch, . . . and M. Sana Segui. (1999). Early animal husbandry in the Northern Levant. *Paléorient* 25 (2): 27–48.
Porter, V. (1993). *Pigs: A Handbook to the Breeds of the World*. Ithaca, NY: Comstock.
Pukite, J. (1999). *A Field Guide to Pigs*. Helena, MT: Falcon.
Raichlen, D. A., and A. D. Gordon. (2011). Relationship between exercise capacity and brain size in mammals. *PLoS One* 6 (6): e20601.
Rehfeldt, C., I. Fiedler, . . . and K. Ender. (2000). Myogenesis and postnatal skeletal muscle cell growth as influenced by selection. *Livestock Production Science* 66 (2): 177–88.
Rehfeldt, C., M. Henning, and I. Fiedler. (2008). Consequences of pig domestication for skeletal muscle growth and cellularity. *Livestock Science* 116 (1–3): 30–41.
Röhrs, M., and P. Ebinger. (1999). Verwildert ist nicht gleich wild: Die Hirngewichte verwilderter Haussäugetiere [Feral animals are not really wild: The brain weights of wild domestic mammals]. *Berliner und Münchener tierärztliche Wochenschrift* 112 (6–7): 234–38.
Rose, K. D. (1982). Skeleton of *Diacodexis*, oldest known artiodactyl. *Science* 216 (4546): 621–23.
Rothschild, M., C. Jacobson, . . . and D. McLaren. (1994). "A Major Gene for Litter Size in Pigs." Paper presented at the Proceedings of the 5th World Congress on Genetics Applied to Livestock Production.
Rutherford, K. M. D., E. M. Baxter, . . . and A. B. Lawrence. (2013). The welfare implications of large litter size in the domestic pig I: biological factors. *Animal Welfare* 22 (2): 199–218.
Simoons, F. J. (1994). *Eat Not This Flesh: Food Avoidances from Prehistory to the Present*, 2nd ed. Madison: University of Wisconsin Press.（フレデリック・J．シムーンズ『肉食タブーの世界史』山内昶監訳、香ノ木隆臣ほか訳、法政大学出版局、2001年）
Vigne, J.-D., A. Zazzo, . . . and A. Simmons. (2009). Pre-Neolithic wild boar management and introduction to Cyprus more than 11,400 years ago. *Proceedings of the National*

151. Nashville, TN: Vanderbilt University Press.

Kruska, D. (1970). Comparative cytoarchitectonic investigations in brains of wild and domestic pigs. *Vergleichend cytoarchitektonische Untersuchungen an Gehirnen von Wild- und Hausschweinen* 131 (4): 291–324.

Kruska, D. (1972). A volumetric comparison of some visual centers in the brains of wild boars and domestic pigs. *Volumenvergleich optischer Hirnzentren bei Wild- und Hausschweinen* 138 (3): 265–82.

Kruska, D. (1988). "Mammalian Domestication and Its Effect on Brain Structure and Behavior." In *Intelligence and Evolutionary Biology*, edited by H. J. Jerison and I. Jerison, 211–50. Berlin: Springer.

Kruska, D., and M. Röhrs. (1974). Comparative-quantitative investigations on brains of feral pigs from the Galapagos Islands and of European domestic pigs. *Anatomy and Embryology* 144 (1): 61–73.

Kruska, D., and H. Stephan. (1973). Volumetric comparisons in allocortical brain centers of wild and domestic pigs. *Volumenvergleich allokortikaler Hirnzentren bei Wild- und Hausschweinen* 84 (3): 387–415.

Lai, F., J. Ren, . . . and L. Huang. (2007). Chinese white Rongchang pig does not have the dominant white allele of KIT but has the dominant black allele of MC1R. *Journal of Heredity* 98 (1): 84–87.

Lamberson, W., R. Johnson, . . . and T. Long. (1991). Direct responses to selection for increased litter size, decreased age at puberty, or random selection following selection for ovulation rate in swine. *Journal of Animal Science* 69 (8): 3129–43.

Larson, G., and J. Burger. (2013). A population genetics view of animal domestication. *Trends in Genetics* 29 (4): 197–205.

Larson, G., T. Cucchi, . . . and K. Dobney. (2007). Phylogeny and ancient DNA of *Sus* provides insights into Neolithic expansion in Island Southeast Asia and Oceania. *Proceedings of the National Academy of Sciences USA* 104 (12): 4834–39.

Larson, G., K. Dobney, . . . and E. Willerslev. (2005). Worldwide phylogeography of wild boar reveals multiple centers of pig domestication. *Science* 307 (5715): 1618–21.

Larson, G., R. Liu, . . . and N. Li. (2010). Patterns of East Asian pig domestication, migration, and turnover revealed by modern and ancient DNA. *Proceedings of the National Academy of Sciences USA* 107 (17): 7686–91.

Li, J., H. Yang, . . . and Y. P. Zhang. (2010). Artificial selection of the melanocortin receptor 1 gene in Chinese domestic pigs during domestication. *Heredity* 105 (3): 274–81.

Liu, G., D. G. Jennen, . . . and K. Wimmers. (2007). A genome scan reveals QTL for growth, fatness, leanness and meat quality in a Duroc-Pietrain resource population. *Animal Genetics* 38 (3): 241–52.

Lobban, R. A. (1998). Pigs in ancient Egypt. *MASCA Research Papers in Science and Archaeology* 15: 137–47.

Maselli, V., G. Polese, . . . and D. Fulgione. (2014). A dysfunctional sense of smell: The irreversibility of olfactory evolution in free-living pigs. *Evolutionary Biology* 41: 229–39.

Mayer, J. J., and I. L. Brisbin. (2008). *Wild Pigs in the United States: Their History, Comparative Morphology, and Current Status.* Athens, GA: University of Georgia Press.

Megens, H.-J., R. Crooijmans, . . . and M. Groenen. (2008). Biodiversity of pig breeds from China and Europe estimated from pooled DNA samples: Differences in microsatellite variation between two areas of domestication. *Genetics, Selection, Evolution: GSE* 40 (1):

Frantz, L. A., J. G. Schraiber, . . . and M. A. M. Groenen. (2013). Genome sequencing reveals fine scale diversification and reticulation history during speciation in *Sus*. *Genome Biology* 14 (9): R107.

Fraser, D., and B. K. Thompson. (1991). Armed sibling rivalry among suckling piglets. *Behavioral Ecology and Sociobiology* 29 (1): 9–15.

Gea-Izquierdo, G., I. Cañellas, and G. Montero. (2008). Acorn production in Spanish holm oak woodlands. *Forest Systems* 15 (3): 339–54.

Gibson, T. (2012). *Lard: The Lost Art of Cooking with Your Grandmother's Secret Ingredient*. Kansas City, MO: Andrews McMeel.

Giuffra, E., J. Kijas, . . . and L. Andersson. (2000). The origin of the domestic pig: Independent domestication and subsequent introgression. *Genetics* 154: 1785–91.

Gray, R., and F. Jordan. (2000). Language trees support the express-train sequence of Austronesian expansian. *Nature* 405: 1052–54.

Groenen, M. A., A. L. Archibald, . . . and H.-J. Megens. (2012). Analyses of pig genomes provide insight into porcine demography and evolution. *Nature* 491 (7424): 393–98.

Gustafsson, M., P. Jensen, . . . and T. Schuurman. (1999). Domestication effects on foraging strategies in pigs (*Sus scrofa*). *Applied Animal Behaviour Science* 62 (4): 305–17.

Harris, M. (1989). *Cows, Pigs, Wars, & Witches: The Riddles of Culture*. New York: Random House.（マーヴィン・ハリス『文化の謎を解く―牛・豚・戦争・魔女』御堂岡潔訳、東京創元社、1988 年）

Harris, M. (1997). "The Abominable Pig." In *Food and Culture: A Reader*, edited by C. Counihan and P. Van Esterik, 67–79. New York: Routledge.

Harris, M. (2001). *Cultural Materialism: The Struggle for a Science of Culture*, updated ed. Walnut Creek, CA: AltaMira.（マーヴィン・ハリス『文化唯物論―マテリアルから世界を読む新たな方法』長島信弘・鈴木洋一訳、早川書房、1987 年）

Held, S., J. J. Cooper, and M. T. Mendl. (2008). "Advances in the Study of Cognition, Behavioural Priorities and Emotions." In *The Welfare of Pigs*, edited by J. N. Marchant-Forde, 47–94. New York: Springer.

Jelliffe, D. B., and I. Maddocks. (1964). Notes on ecologic malnutrition in the New Guinea Highlands. *Clinical Pediatrics* 3 (7): 432–38.

Jeon, J.-T., Ö. Carlborg, . . . and K. Lundström. (1999). A paternally expressed QTL affecting skeletal and cardiac muscle mass in pigs maps to the IGF2 locus. *Nature Genetics* 21 (2): 157–58.

Johansson, A., G. Pielberg, . . . and I. Edfors-Lilja. (2005). Polymorphism at the porcine dominant white/KIT locus influence coat colour and peripheral blood cell measures. *Animal Genetics* 36 (4): 288–96.

Jones, G., M. Rothschild, and A. Ruvinsky. (1998). "Genetic Aspects of Domestication, Common Breeds and Their Origin." In *The Genetics of the Pig*, edited by M. F. Rothschild and A. Ruvinsky, 17–50. Wallingford, UK: CAB International.

Kim, S.-O., C. M. Antonaccio, . . . and A. Rosman. (1994). Burials, pigs, and political prestige in Neolithic China [and comments and reply]. *Current Anthropology* 35 (2): 119–41.

Kiple, K. F., and K. C. Ornelas, eds. (2000). *Cambridge World History of Food*. Cambridge: Cambridge University Press.（Kiple, Ornelas 編『ケンブリッジ世界の食物史大百科事典』（全 5 巻）石毛直道ほか監訳、朝倉書店、2004 — 2005 年）

Knipple, A., and P. Knipple. (2011). "Barbecue as Slow Food." In *The Slaw and the Slow Cooked: Culture and Barbecue in the Mid-south*, edited by J. R. Veteto and E. M. Maclin, domestication and selection revealed through massive parallel sequencing of pooled DNA. *PLoS One* 6 (4): e14782.

Baxter, E. M., K. M. D. Rutherford, . . . and A. B. Lawrence. (2013). The welfare implications of large litter size in the domestic pig II: Management factors. *Animal Welfare* 22: 219–38.

Bidanel, J.-P., D. Milan, . . . and H. Lagant. (2001). Detection of quantitative trait loci for growth and fatness in pigs. *Genetics, Selection, Evolution: GSE* 33 (3): 289–310.

Bruford, M. W., D. G. Bradley, and G. Luikart. (2003). DNA markers reveal the complexity of livestock domestication. *Nature Reviews. Genetics* 4 (11): 900–910.

Caro, T. (2005). The adaptive significance of coloration in mammals. *BioScience* 55 (2): 125–36.

Chen, K., R. Hawken, . . .and L. B. Schook. (2012). Association of the porcine transforming growth factor beta type I receptor (TGFBR1) gene with growth and carcass traits. *Animal Biotechnology* 23 (1): 43–63.

Cherel, P., J. Pires, . . . and P. Le Roy. (2011). Joint analysis of quantitative trait loci and major-effect causative mutations affecting meat quality and carcass composition traits in pigs. *BMC Genetics* 12 (1): 76.

Cieslak, M., M. Reissmann, . . . and A. Ludwig. (2011). Colours of domestication. *Biological Reviews* 86 (4): 885–99.

Clark, C. M. H., and R. M. Dzieciolowski. (1991). Feral pigs in the northern South Island, New Zealand. *Journal of the Royal Society of New Zealand* 21 (3): 237–47.

Clutton-Brock, J. (1999). *A Natural History of Domesticated Mammals*, 2nd ed. Cambridge: Cambridge University Press.

De Marinis, A. M., and A. Asprea. (2006). Hair identification key of wild and domestic ungulates from southern Europe. *Wildlife Biology* 12 (3): 305–20.

Dobney, K., T. Cucchi, and G. Larson. (2008). The pigs of Island Southeast Asia and the Pacific: New evidence for taxonomic status and human-mediated dispersal. *Asian Perspectives* 47 (1): 59–74.

Dohner, J. V. (2001). *The Encyclopedia of Historic and Endangered Livestock and Poultry Breeds*. New Haven, CT: Yale University Press.

Drake, A., D. Fraser, and D. M. Weary. (2008). Parent-offspring resource allocation in domestic pigs. *Behavioral Ecology and Sociobiology* 62 (3): 309–19.

Ekarius, C. (2008). *Storey's Illustrated Breed Guide to Sheep, Goats, Cattle and Pigs*. North Adams, MA: Storey.

Ervynck, A., K. Dobney, . . . and R. Meadow. (2001). Born free? New evidence for the status of *Sus scrofa* at Neolithic Çayönü Tepesi (Southeastern Anatolia, Turkey). *Paléorient* 27 (2): 47–73.

Fan, B., S. K. Onteru, . . . and M. F. Rothschild. (2011). Genome-wide association study identifies loci for body composition and structural soundness traits in pigs. *PLoS One* 6 (2): e14726.

Fang, M., X. Hu, . . . and N. Li. (2005). The phylogeny of Chinese indigenous pig breeds inferred from microsatellite markers. *Animal Genetics* 36 (1): 7–13.

Fang, M., G. Larson, . . . and L. Andersson. (2009). Contrasting mode of evolution at a coat color locus in wild and domestic pigs. *PLoS Genetics* 5 (1): e1000341.

Fernandez-Rodriguez, A., M. Munoz, . . . and A. I. Fernandez. (2011). Differential gene expression in ovaries of pregnant pigs with high and low prolificacy levels and identification of candidate genes for litter size. *Biology of Reproduction* 84 (2): 299–307.

ある。

45 Pukite 1999.

46 Caro 2005; Cieslak et al. 2011.

47 Cieslak et al. 2011.

48 「ランドレース」という品種名はいささか混乱を誘う。家畜化されたどの哺乳類でも大半の品種は在来種（ランドレース）に由来するのだが、ブタにはアメリカ・ランドレースやジャーマン・ランドレースなど、「ランドレース」のつく品種が多数ある。発端となったデンマーク・ランドレースが、程度は異なるものの他の全「ランドレース」品種の開発に貢献しているためだ。

49 中国在来の6タイプのブタにはいずれも毛色を黒色にする突然変異がある（Fang et al. 2009）。

50 Giuffra et al. 2000.

51 Mayer and Brisbin 2008; De Marinis and Asprea 2006. 家畜化による毛色がこのように保持されるのは、野生イノシシからの遺伝子移入がない場合はさらに顕著である。

52 Parés-Casanova 2013. 第三臼歯のサイズも性的二型のマーカーとなる（Albarella et al. 2006）。

53 家畜ブタの品種における性的二型パターンは、「雄が雌より大きな種では体のサイズの増加とともに性的二型の差が拡大する」というレンシュの法則に従わないのも特徴的である（Parés-Casanova 2013）。

54 ブタは、1539～40年のデ・ソトの探検の際に初めて北米にもたらされたのかもしれない（Mayer and Brisbin 2008）。

55 この点から、ブタのもう一つの性的二型的形質である第三臼歯のサイズもまた、発生後期に発達する形質だということに注目したい。

56 Fang et al. 2009.

57 Li et al. 2010; Yuan and Flad 2005.

58 Rothschild et al. 1994; Lamberson et al. 1991; Drake, Fraser, and Weary 2008.

59 Jeon et al. 1999; Fan et al. 2011; Rehfeldt et al. 2000; Rehfeldt, Henning, and Fiedler 2008; Chen et al. 2012.

60 Rutherford et al. 2013; Fernandez-Rodriguez et al. 2011; Baxter et al. 2013.

61 Giuffra et al. 2000.

62 Li et al. 2010; Fang et al. 2009も参照。

63 Johansson et al. 2005.

64 Lai et al. 2007.

65 Amaral et al. 2011; Cherel et al. 2011.

66 Bidanel et al. 2001.

67 Groenen et al. 2012; Amaral et al. 2011.

68 Liu et al. 2007.

69 Nikitin et al. 2010.

70 Megens et al. 2008.

71 前掲書

72 Gustafsson et al. 1999（母性的行動）、Fraser and Thompson 1991（ブタの新生児には小さな牙様の歯が生えている）。

73 Held, Cooper, and Mendl 2008.

## 参考文献

Albarella, U., A. Tagliacozzo, . . . and P. Rowley-Conwy. (2006). Pig hunting and husbandry in prehistoric Italy: A contribution to the domestication debate. *Proceedings of the Prehistoric Society* 72: 193–227.

Amaral, A. J., L. Ferretti, . . . and M. A. M. Groenen. (2011). Genome-wide footprints of pig

9 Zeuner 1963.

10 「豚、これは、ひずめが分かれており、ひずめが全く切れているけれども、反芻することをしないから、あなたがたには汚れたものである」(「レビ記」11 章 7 節)(訳文は『口語訳 旧約聖書』日本聖書協会、2015 年)

11 偶蹄類の最古の化石の一つとしてディアコデキシス (*Diacodexis*) が知られている (Rose 1982)。

12 Mizelle 2011.

13 Frantz et al. 2013. Mona, Randi, and Tommaseo-Ponzetta 2007 による推定。小さいサンプルサイズでの推定値は 500 万年前である。

14 Larson et al. 2005.

15 Zeder 1982, 2011, 2012.

16 Zeder 1982 (片利共生的なルート)、Clutton-Brock 1999 (人間の管理によるルート)。

17 Kim et al. 1994 (中国); Zeder 2008 (近東); Peters et al. 1999.

18 Groenen et al. 2012; Giuffra et al. 2000; Wu et al. 2007; Larson et al. 2005; Bruford, Bradley, and Luikart 2003; 一方 Larson and Burger 2013 は家畜化の場所を絞り込む方向の見解を示している。

19 Wu et al. 2007.

20 Ervynk et al. 2001 (アナトリア南東部のチャユヌ遺跡でサイズの変化した臼歯が見出された)。

21 Giuffra et al. 2000; Larson et al. 2005; Ottoni et al. 2013.

22 Larson et al. 2005; 遺伝的な近さ (遺伝的近縁関係) が証拠としては不十分であり誤りを導きかねない理由については、Larson and Burger 2013 を参照。

23 Vigne et al. 2009.

24 Oppenheimer 2004; Gray and Jordan 2000; Oppenheimer and Richards 2001 の「スローボート」仮説も参照。

25 Dobney, Cucchi, and Larson 2008.

26 Larson et al. 2007.

27 Larson et al. 2005.

28 Megens et al. 2008.

29 Larson et al. 2010.

30 Fang et al. 2005.

31 Porter 1993.

32 Fang et al. 2005.

33 Giuffra et al. 2000. 近年、状況は逆転しており、中国産品種を改良するためにヨーロッパ産品種が輸入されている (Megens et al. 2008)。

34 Jones, Rothschild, and Ruvinsky 1998.

35 Gea-Izquierdo, Cañellas, and Montero 2008.

36 Dohner 2001.

37 Clark and Dzieciolowski 1991.

38 Ekarius 2008.

39 たとえば Knipple and Knipple 2011; Wood et al. 2008 (科学的な分析); Gibson 2012 (ラードの使用量の増加)。

40 Mayer and Brisbin 2008.

41 Kruska and Röhrs 1974; Kruska 1988.

42 Röhrs and Ebinger 1999.

43 Kruska 1970, 1972; Kruska and Stephan 1973; 運動能力と脳のサイズとの関係については Raichlen and Gordon 2011 も参照。

44 Maselli et al. 2014. これは、複雑な形質の消失はしばしば不可逆的だというドローの法則の一例で

10th anniversary ed. New York: Freeman.（エブリン・フォックス・ケラー『動く遺伝子—トウモロコシとノーベル賞』石館三枝子・石館康平訳、晶文社、1987年）
King, M.-C., and A. C. Wilson. (1975). Evolution at two levels in humans and chimpanzees. *Science* 188 (4184): 107–16.
Lauder, G. V. (2012). "Homology, Form, and Function." In *Homology: The Hierarchial Basis of Comparative Biology*, edited by B. K. Hall, 151. San Diego, CA: Academic Press.
Lavoué, S., M. Miya . . . and M. Nishida. (2010). Remarkable morphological stasis in an extant vertebrate despite tens of millions of years of divergence. *Proceedings of the Royal Society. B: Biological Sciences*, published online before print September 29, 2010.
McClintock, B. (1987). *The Collected Papers of Barbara McClintock*. New York: Garland.
Pigliucci, M. (2007). Do we need an extended evolutionary synthesis? *Evolution* 61 (12): 2743–49.
Pigliucci, M., and G. B. Muller. (2010). *Evolution, the Extended Synthesis*. Cambridge, MA: MIT Press.
Shubin, N., C. Tabin, and S. Carroll. (2009). Deep homology and the origins of evolutionary novelty. *Nature* 457 (7231): 818–23.
Sire, J.-Y., and M.-A. Akimenko. (2004). Scale development in fish: A review, with description of sonic hedgehog (*shh*) expression in the zebrafish (*Danio rerio*). *International Journal of Developmental Biology* 48: 233–48.
Sire, J.-Y., and A. N. N. Huysseune. (2003). Formation of dermal skeletal and dental tissues in fish: A comparative and evolutionary approach. *Biological Reviews* 78 (2): 219–49.
Tauber, A. I. (2010). Reframing developmental biology and building evolutionary theory's new synthesis. *Perspectives in Biology and Medicine* 53 (2): 257–70.
Toth, A. L., and G. E. Robinson. (2007). Evo-devo and the evolution of social behavior. *Trends in Genetics* 23 (7): 334–41.
West-Eberhard, M. J. (2003). *Developmental Plasticity and Evolution*. Oxford: Oxford University Press.
West-Eberhard, M. J. (2005). Developmental plasticity and the origin of species differences. *Proceedings of the National Academy of Sciences USA* 102 (suppl. 1): 6543–49.
Williams, G. (1966). *Adaptation and Natural Selection*. Princeton, NJ: Princeton University Press.

## 第6章　ブタ

### 註

1　たとえば、ヴァイキング時代以前、スウェーデンの戦士はとさか部にイノシシの飾りのついた兜を被っていた（Simoons 1994）。
2　Kiple and Ornelas, 2000.
3　この目立つ仮面は通過儀礼で用いられる。
4　高地のマエ・エンガ族については Meggitt 1974 を参照。高地の部族のなかには、ブタを富の象徴にまつりあげ、タンパク質不足で栄養不良になろうともブタを食べようとしないものもある（Jelliffe and Maddocks 1964）。
5　Harris 1989, 1997, 2001.
6　Lobban 1998.
7　前掲書
8　Zeuner 1963; Lobban 1998.

Baum, D. A., S. D. Smith, and S. S. S. Donovan. (2005). The tree-thinking challenge. *Science* 310 (5750): 979–80.
Biémont, C., and C. Vieira. (2006). Genetics: Junk DNA as an evolutionary force. *Nature* 443 (7111): 521–24.
Carroll, S. B. (2005a). *Endless Forms Most Beautiful: The New Science of Evo Devo and the Making of the Animal Kingdom.* New York: Norton.（ショーン・キャロル『シマウマの縞 蝶の模様―エボデボ革命が解き明かす生物デザインの起源』渡辺政隆・経塚淳子訳、光文社、2007年）
Carroll, S. B. (2005b). Evolution at two levels: On genes and form. *PLoS Biology* 3 (7): e245.
Carroll, S. B. (2008). Evo-devo and an expanding evolutionary synthesis: A genetic theory of morphological evolution. *Cell* 134 (1): 25–36.
Coyne, J. A. (2005). Switching on evolution. *Nature* 435 (7045): 1029–30.
Craig, L. R. (2009). Defending evo-devo: A response to Hoekstra and Coyne. *Philosophy of Science* 76 (3): 335–44.
Davidson, E. H., and D. H. Erwin. (2006). Gene regulatory networks and the evolution of animal body plans. *Science* 311 (5762): 796–800.
Dawkins, R. (1976). *The Selfish Gene.* Oxford: Oxford University Press.（リチャード・ドーキンス『利己的な遺伝子』40周年記念版、日高敏隆ほか訳、紀伊國屋書店、2018年）
Dawkins, R. (2004). *The Ancestor's Tale: A Pilgrimage to the Dawn of Evolution.* Boston: Houghton Mifflin.（リチャード・ドーキンス『祖先の物語―ドーキンスの生命史』垂水雄二訳、小学館、2006年）
Dermitzakis, E. T., A. Reymond, and S. E. Antonarakis. (2005). Conserved non-genic sequences—An unexpected feature of mammalian genomes. *Nature Reviews. Genetics* 6 (2): 151–57.
Gisolfi, C. V., and M. T. Mora. (2000). *The Hot Brain: Survival, Temperature, and the Human Body.* Cambridge, MA: MIT Press.
Godfrey-Smith, P. (2009). *Darwinian Populations and Natural Selection.* Oxford: Oxford University Press.
Hall, B. K. (1992). Waddington's legacy in development and evolution. *American Zoologist* 32 (1): 113–22.
Hall, B. K. (2003). Descent with modification: The unity underlying homology and homo-plasy as seen through an analysis of development and evolution. *Biological Reviews* 78 (3): 409–33.
Hall, B. K. (2004). In search of evolutionary developmental mechanisms: The 30-year gap between 1944 and 1974. *Journal of Experimental Zoology. Part B: Molecular and Developmental Evolution* 302B (1): 5–18.
Hall, B. K., ed. (2012). *Homology: The Hierarchical Basis of Comparative Biology.* San Diego, CA: Academic Press.
Heffer, A., and L. Pick. (2013). Conservation and variation in Hox genes: How insect models pioneered the evo-devo field. *Annual Review of Entomology* 58: 161–79.
Helfman, G., B. B. Collette, . . . and B. W. Bowen. (2009). *The Diversity of Fishes: Biology, Evolution, and Ecology*, 2nd ed. Hoboken, NJ: Wiley-Blackwell.
Hoekstra, H. E., and J. A. Coyne. (2007). The locus of evolution: Evo devo and the genetics of adaptation. *Evolution* 61 (5): 995–1016.
Keller, E. F. (1984). *A Feeling for the Organism: The Life and Work of Barbara McClintock,*

Thomson, A. P. (1951). A history of the ferret. *Journal of the History of Medicine and Allied Sciences* 6 (Autumn): 471–80.
Thomson, G. M. (2011). *The Naturalisation of Animals and Plants in New Zealand*. Cambridge: Cambridge University Press.
Turney, P., D. Whitely, and R. Anderson. (1996). *Evolutionary Computation, Evolution, Learning and Instinct: One Hundred Years of the Baldwin Effect*. Cambridge, MA: MIT Press.
Waddington, C. H. (1953). Genetic assimilation of an acquired character. *Evolution* 7 (2): 118–26.
Waddington, C. H. (1956). Genetic assimilation of the bithorax phenotype. *Evolution* 10 (1): 1–13.
Waddington, C. H. (1961). Genetic assimilation. Advances in Genetics 1961 (10): 257–93.
Weber, B. H., and D. J. Depew. (2003). *Evolution and Learning: The Baldwin Effect Reconsidered*. Cambridge, MA: MIT Press.
West-Eberhard, M. J. (1989). Phenotypic plasticity and the origins of diversity. *Annual Review of Ecology and Systematics* 20: 249–78.
West-Eberhard, M. J. (2005). Developmental plasticity and the origin of species differences. *Proceedings of the National Academy of Sciences USA* 102 (suppl. 1): 6543–49.
Zeveloff, S. I. (2002). *Raccoons: A Natural History*. Washington, DC: Smithsonian Institution Press.

## 第5章　進化について考えてみよう

### 註

1 Dawkins 2004.
2 Helfman et al. 2009.
3 Sire and Huysseune 2003; Sire and Akimenko 2004.
4 例としてオニダルマオコゼ（オニオコゼ科）やアンコウ（カエルアンコウ科）などが挙げられる。
5 たとえば Hall 2003 を参照。
6 Shubin, Tabin, and Carroll 2009. エヴォデヴォ（進化発生生物学）の研究により、かなり遠く隔たった分類群（たとえば昆虫と脊椎動物など）の間にさえ、それ以前に考えられていたよりもはるかに多くの相同形質があることがわかってきた。
7 Lauder 2012 や Hall 2012 を参照。
8 Akam 1995; Davidson and Erwin 2006; Heffer and Pick 2013.
9 この点で Alan Wilson は先駆的だった。たとえば King and Wilson 1975 を参照。
10 遺伝子のなかには、調節領域に結合することで遺伝子発現に影響を与える転写因子をコードしているものもある。
11 Carroll 2005a, 2005b, 2008.
12 Biémont and Vieira 2006. しかし、ジャンクDNAには本当にジャンクなもの、つまり機能的にまったく無意味な反インテリジェントデザイン説的なものもある。
13 この点で Godfrey-Smith 2009 は好例である。Baum, Smith, and Donovan 2013 も参照。
14 Gisolfi and Mora 2000.

### 参考文献

Akam, M. (1995). Hox genes and the evolution of diverse body plans. *Philosophical Transactions of the Royal Society. B: Biological Sciences* 349 (1329): 313–19.

Hernádi, A., A. Kis, B. Turcsan, and J. Topál. (2012). Man's underground best friend: Domestic ferrets, unlike the wild forms, show evidence of dog-like social-cognitive skills. *PLoS One* 7 (8): e43267.

Hunt, B. G., L. Ometto, . . . and M. A. Goodisman. (2011). Relaxed selection is a precursor to the evolution of phenotypic plasticity. *Proceedings of the National Academy of Sciences USA* 108 (38): 15936–41.

Ikeda, T., M. Asano, . . . and G. Abe. (2004). Present status of invasive alien raccoon and its impact in Japan. *Global Environmental Research* 8 (2): 125–31.

Kruska, D. (1996). The effect of domestication on brain size and composition in the mink (Mustela vison). *Journal of Zoology* 239 (4): 645–61.

Lindeberg, H. (2008). Reproduction of the female ferret (*Mustela putorius furo*). *Reproduction in Domestic Animals* 43: 150–56.

Lodé, T. (1996). Conspecific tolerance and sexual segregation in the use of space and habitats in the European polecat. *Acta Theriologica* 41 (2): 171–76.

Lodé, T. (2008). Kin recognition versus familiarity in a solitary mustelid, the European polecat (*Mustela pistorius*). *Comptes Rendus Biologies* 331 (3) 248–54.

MacClintock, D. (1981). *Natural History of Raccoons*. New York: Scribner.

McGinnity, P., P. Prodohl, . . . and G. Rogan. (2003). Fitness reduction and potential extinction of wild populations of Atlantic salmon, Salmo salar, as a result of interactions with escaped farm salmon. *Proceedings of the Royal Society. Series B: Biological Sciences* 270 (1532): 2443–50.

Michler, F., and U. Hohmann. (2005). "Investigations on the Ethological Adaptations of the Raccoon (*Procyon lotor* L., 1758) in the Urban Habitat Using the Example of the City of Kassel, North Hessen (Germany), and the Resulting Conclusions for Conflict Management." Paper presented at the XXVII IUGB-CONGRESS, Hannover, Germany.

Morgan, C. L. (1896). *Habit and Instinct*. London: E. Arnold.

O'Regan, H. J., and A. C. Kitchener. (2005). The effects of captivity on the morphology of captive, domesticated and feral mammals. *Mammal Review* 35 (3–4): 215–30.

Osborn, H. F. (1896). A mode of evolution requiring neither natural selection nor the inheritance of acquired characters. *Transactions of the New York Academy of Sciences* 15: 141–42.

Pigliucci, M. (2001). *Phenotypic Plasticity: Beyond Nature and Nurture*. Baltimore: Johns Hopkins University Press.

Plummer, D. B. (2001). *In Pursuit of Coney*. Machynlleth, Wales: Coch-y-Bonddu Books.

Poole, T. B. (1972). Some behavioural differences between the European polecat, Mustela putorius, the ferret, M. furo, and their hybrids. *Journal of Zoology* 166 (1): 25–35.

Prange, S., S. D. Gehrt, and E. P. Wiggers. (2003). Demographic factors contributing to high raccoon densities in urban landscapes. *Journal of Wildlife Management* 67 (2): 324–33.

Sato, J. J., T. Hosoda, . . . and H. Suzuki. (2003). Phylogenetic relationships and divergence times among mustelids (Mammalia: Carnivora) based on nucleotide sequences of the nuclear interphotoreceptor retinoid binding protein and mitochondrial cytochrome *b* genes. *Zoological Science* 20 (2): 243–64.

Simpson, G. G. (1953). The Baldwin effect. *Evolution* 7 (2): 110–17.

Stearns, S. C. (1989). The evolutionary significance of phenotypic plasticity. *BioScience* 39 (7): 436–45.

40　Crispo 2007 では特によく議論されている。
41　Waddington 1953.
42　Waddington 1953, 1956, 1961.
43　West-Eberhard 2005 の表現型順応という概念は、遺伝的同化とボールドウィン効果の両方を包括するだろう。

## 参考文献


Baldwin, J. M. (1896). A new factor in evolution. *American Naturalist* 30: 441–51, 536–53.

Baldwin, J. M., H. F. Osborn, . . . and H. W. Conn. (1902). *Development and Evolution: Including Psychophysical Evolution, Evolution by Orthoplasy, and the Theory of Genetic Modes*. New York: Macmillan.

Blandford, P. R. S. (1987). Biology of the polecat Mustela putorius: A literature review. *Mammal Review* 17 (4): 155–98.

Bowman, J., A. G. Kidd, . . . and A. I. Schulte-Hostedde. (2007). Assessing the potential for impacts by feral mink on wild mink in Canada. *Biological Conservation* 139 (1): 12–18.

Crispo, E. (2007). The Baldwin effect and genetic assimilation: Revisiting two mechanisms of evolutionary change mediated by phenotypic plasticity. *Evolution* 61 (11): 2469–79.

Davison, A., J. D. S. Birks, . . . and R. K. Butlin. (1999). Hybridization and the phylogenetic relationship between polecats and domestic ferrets in Britain. *Biological Conservation* 87 (2): 155–61.

Dennett, D. (2003). “The Baldwin Effect: A Crane, Not a Skyhook.” In *Evolution and Learning: The Baldwin Effect Reconsidered*, edited by B. H. Weber and D. J. Depew, 66–79. Cambridge, MA: MIT Press.

Driscoll, C. A., J. Clutton-Brock, . . . and S. J. O’Brien. (2009). The taming of the cat. *Scientific American* 300 (6): 68–75.

Driscoll, C. A., D. W. Macdonald, and S. J. O’Brien. (2009). From wild animals to domestic pets, an evolutionary view of domestication. *Proceedings of the National Academy of Sciences USA* 106 (suppl. 1): 9971–78.

Fraser, D. J., A. M. Cook, . . . and J. A. Hutchings. (2008). Mixed evidence for reduced local adaptation in wild salmon resulting from interbreeding with escaped farmed salmon: Complexities in hybrid fitness. *Evolutionary Applications* 1 (3): 501–12.

Gehrt, S. D., and E. K. Fritzell. (1998). Resource distribution, female home range dispersion and male spatial interactions: Group structure in a solitary carnivore. *Animal Behaviour* 55 (5): 1211–27.

Hansen, S. W., and B. M. Damgaard. (2009). Running in a running wheel substitutes for stereotypies in mink (Mustela vison) but does it improve their welfare? *Applied Animal Behaviour Science* 118 (1): 76–83.

Harris, S., and D. W. Yalden. (2008). *Mammals of the British Isles: Handbook*. Southampton, UK: Mammal Society.

Hauver, S., B. T. Hirsch, . . . and S. D. Gehrt. (2013). Age, but not sex or genetic relatedness, shapes raccoon dominance patterns. *Ethology* 119 (9): 769–78.

Hemmer, H. (1990). *Domestication: The Decline of Environmental Appreciation*, 2nd ed. Translated by Neil Beckhaus. Cambridge: Cambridge University Press.

Heptner, V., and A. Sludskii. (2002). *Mammals of the Soviet Union*, vol. 2, part 1b, *Carnivores* (*Mustelidae and Procyonidae*). Washington, DC: Smithsonian Institution Libraries and National Science Foundation.

## 第4章　その他の捕食者

**註**

1　Gehrt and Fritzell 1998.
2　Hauver et al. 2013.
3　Zeveloff 2002.
4　Prange, Gehrt, and Wiggers 2003.
5　MacClintock 1981.
6　Ikeda et al. 2004.
7　Michler and Hohmann 2005.
8　West-Eberhard 1989; Pigliucci 2001; Stearns 1989; Hunt et al. 2011.
9　この他、クズリ、アメリカアナグマ、ラーテルなどもイタチ科の獰猛な捕食者である。
10　Harris and Yalden 2008, 485–87; Sato et al. 2003; Hernadi et al. 2012.
11　Blandford 1987; Heptner and Sludskii 2002.
12　Harris and Yalden 2008.
13　Lode 1996, 2008.
14　Sato et al. 2003; Hemmer 1990.
15　Hemmer 1990.
16　A. P. Thomson 1951.
17　S. Brown, "History of the Ferret," Small Mammal Health Series, VeterinaryPartner.com, http://www.veterinarypartner.com/Content.plx?P=A&A=496.
18　A. P. Thomson 1951.
19　Brown, "History of the Ferret"; Plummer 2001.
20　Davison et al. 1999.
21　Brown, "History of the Ferret"
22　G. M. Thomson 2011.
23　野生化したフェレットは同程度のサイズの捕食者がいないところに定着する傾向がある。
24　Poole 1972.
25　前掲書
26　Hernádi et al. 2012.
27　前掲書
28　Driscoll, Macdonald, and O'Brien 2009.
29　Lindeberg 2008.
30　O'Regan and Kitchener 2005.
31　前掲書
32　Hansen and Damgaard 2009.
33　Kruska 1996.
34　Bowman et al. 2007.
35　たとえば McGinnity et al. 2003 や Fraser et al. 2008 を参照。
36　「ボールドウィン効果」と呼んだのは、これに批判的だったジョージ・ゲイロード・シンプソンである (Simpson 1953)。この考え方は Baldwin 1896 で最初に詳しく説明されている。
37　たとえば Morgan 1896 や Osborn 1896 など。また Baldwin et al. 1902 も参照。
38　この議論は多くのところ、Crispo 2007 に端を発している。
39　たとえば Turney, Whitely, and Anderson 1996、Weber and Depew 2003 のさまざまな寄稿者たち、Dennett 2003 などがそうである。ボールドウィンが心理学者だったのが、この狭義の見解が生じた一因かもしれない。

meow vocalizations by domestic cats (*Felis catus*) and African wild cats (*Felis silvestris lybica*). *Journal of Comparative Psychology* 118 (3): 287.

O'Brien, S. J., and W. E. Johnson. (2007). The evolution of cats. *Scientific American* 297 (1): 68–75.

O'Brien, S. J., W. Johnson, . . . and M. Menotti-Raymond. (2008). State of cat genomics. *Trends in Genetics* 24 (6): 268–79.

O'Brien, S. J., M. Menotti-Raymond, . . .and J. A. M. Graves. (1999). The promise of comparative genomics in mammals. *Science* 286 (5439): 458–81.

O'Brien, S. J., and W. G. Nash. (1982). Genetic mapping in mammals: Chromosome map of domestic cat. *Science* 216 (4543): 257–65.

Pontius, J. U., J. C. Mullikin, . . . and K. McKernan. (2007). Initial sequence and comparative analysis of the cat genome. *Genome Research* 17 (11): 1675–89.

Schmidt-Küntzel, A., E. Eizirik, . . . and M. Menotti-Raymond. (2005). Tyrosinase and tyrosinase related protein 1 alleles specify domestic cat coat color phenotypes of the albino and brown loci. *Journal of Heredity* 96 (4): 289–301.

Serpell, J. A. (2000). "Domestication and History of the Cat." In *The Domestic Cat: The Biology of Its Behaviour*, 2nd ed., edited by D. C. Turner and P. Bateson, 179. Cambridge: Cambridge University Press.（デニス・C・ターナー、パトリック・ベイトソン編著『ドメスティック・キャット―その行動の生物学』森裕司監修、武部正美・加隈良枝訳、チクサン出版社、2006 年）

Stephens, G. (2001). *Legacy of the Cat: The Ultimate Illustrated Guide*, 2nd ed. San Francisco: Chronicle Books.（グロリア・スティーヴンス『世界のネコたち』山崎哲写真、山と溪谷社 2000 年）

Taylor, D. (1989). *The Ultimate Cat Book*. New York: Simon and Schuster.（デヴィド・テイラー『ネコの本』今泉みね子訳、日本テレビ放送網、1990 年）

Todd, N. B. (1977). Cats and commerce. *Scientific American* 237 (5): 100–107.

Van Valkenburgh, B., and C. B. Ruff. (1987). Canine tooth strength and killing behaviour in large carnivores. *Journal of Zoology* 212 (3): 379–97.

Vigne, J. D., J. Guilaine, . . . and P. Gérard. (2004). Early taming of the cat in Cyprus. *Science* 304 (5668): 259.

Wastlhuber, J. (1991). "History of Domestic Cat and Cat Breeds." In *Feline Husbandry. Diseases and Management in the Multiple-Cat Environment*, edited by N. C. Pedersen, 1–59. Goleta, CA: American Veterinary Publications.（Pedersen『猫の感染症』石田卓夫監訳、今野明弘・永田雅彦訳、チクサン出版社、1993 年）

Zatta, P., and A. Frank. (2007). Copper deficiency and neurological disorders in man and animals. *Brain Research Reviews* 54 (1): 19–33.

Zeuner, F. E. (1958). Dog and cat in the Neolithic of Jericho. *Palestine Exploration Quarterly* 90 (1): 52–55.

Zeuner, F. E. (1963). *A History of Domesticated Animals*. London: Hutchinson.（F. E. ゾイナー『家畜の歴史』国分直一・木村伸義訳、法政大学出版局、1983 年）

Zhigachev, A. I., and M. V. Vladimirova. (2002). Analysis of the inheritance of taillessness in the Baikuzino population of cats from Udmurtia. *Russian Journal of Genetics* 38 (9): 1051–53.

*of Small Animal Practice* 49 (4): 167–68.

Ingham, P. W., and M. Placzek. (2006). Orchestrating ontogenesis: Variations on a theme by sonic hedgehog. *Nature Reviews. Genetics* 7 (11): 841–50.

Johnson, W. E., E. Eizirik, . . . and S. J. O'Brien. (2006). The late Miocene radiation of modern Felidae: A genetic assessment. *Science* 311 (5757): 73–77.

Kehler, J. S., V. A. David, . . . and M. Menotti-Raymond. (2007). Four independent mutations in the feline fibroblast growth factor 5 gene determine the long-haired phenotype in domestic cats. *Journal of Heredity* 98 (6): 555–66.

Lange, A., H. L. Nemeschkal, and G. B. Muller. (2013). Biased polyphenism in polydactylous cats carrying a single point mutation: The Hemingway model for digit novelty. *Evolutionary Biology* 41: 262–75.

Lettice, L. A., A. E. Hill, . . . and R. E. Hill. (2008). Point mutations in a distant sonic hedgehog cis-regulator generate a variable regulatory output responsible for preaxial polydactyly. *Human Molecular Genetics* 17 (7): 978–85.

Linderholm, A., and G. Larson. (2013). The role of humans in facilitating and sustaining coat colour variation in domestic animals. *Seminars in Cell & Developmental Biology* 24 (6–7): 587–93.

Linseele, V., W. Van Neer, and S. Hendricks. (2007). Evidence for early cat taming in Egypt. *Journal of Archaeological Science* 34 (12): 2081–90.

Lynch, M. (1991). The genetic interpretation of inbreeding depression and outbreeding depression. *Evolution* 45 (3): 622–29.

Lyons, L. A., D. L. Imes, . . . and R. A. Grahn. (2005). Tyrosinase mutations associated with Siamese and Burmese patterns in the domestic cat (*Felis catus*). *Animal Genetics* 36 (2): 119–26.

Macdonald, D. W. (1983). The ecology of carnivore social behaviour. *Nature* 301 (5899): 379–84.

Málek, J. (1997). *The Cat in Ancient Egypt*. Philadelphia: University of Pennsylvania Press.

Mendl, M., and R. Harcourt. (2000). "Individuality in the Domestic Cat: Origins, Development and Stability." In *The Domestic Cat: The Biology of Its Behaviour*, 2nd ed., edited by D. C. Turner and P. Bateson, 47–64. Cambridge: Cambridge University Press. (デニス・C・ターナー、パトリック・ベイトソン編著『ドメスティック・キャット—その行動の生物学』森裕司監修、武部正美・加隈良枝訳、チクサン出版社、2006年)

Menotti-Raymond, M., V. A. David, . . . and S. J. O'Brien. (1999). A genetic linkage map of microsatellites in the domestic cat (*Felis catus*). *Genomics* 57 (1): 9–23.

Menotti-Raymond, M., V. A. David, . . . and K. Narfström. (2010). Widespread retinal degenerative disease mutation (rdAc) discovered among a large number of popular cat breeds. *Veterinary Journal* 186 (1): 32–38.

Menotti-Raymond, M., V. A. David, . . . and K. Narfström. (2007). Mutation in *CEP290* discovered for cat model of human retinal degeneration. *Journal of Heredity* 98 (3): 211–20.

Menotti-Raymond, M., V. A. David, . . . and S. J. O'Brien. (2009). An autosomal genetic linkage map of the domestic cat, *Felis silvestris catus*. *Genomics* 93 (4): 305–13.

Morris, D. (1999). *Cat Breeds of the World*. New York: Viking.

Natoli, E., and E. de Vito. (1991). Agonistic behaviour, dominance rank and copulatory success in a large multi-male feral cat, *Felis catus* L., colony in central Rome. *Animal Behaviour* 42 s(2): 227–41.

Nicastro, N. (2004). Perceptual and acoustic evidence for species-level differences in

*mestic Cats*. New York: Simon and Schuster.
Bradshaw, J., and C. Cameron-Beaumont. (2000). "The Signalling Repertoire of the Domestic Cat and Its Undomesticated Relatives." In *The Domestic Cat: The Biology of Its Behaviour*, 2nd ed., edited by D. C. Turner and P. Bateson, 67–93. Cambridge: Cambridge University Press.（デニス・C・ターナー、パトリック・ベイトソン編著『ドメスティック・キャット—その行動の生物学』森裕司監修、武部正美・加隈良枝訳、チクサン出版社、2006年）
Bradshaw, J. W., R. A. Casey, and S. L. Brown. (2012). *The Behaviour of the Domestic Cat*. Wallingford, UK: CABI.
Bradshaw, J. W. S., G. F. Horsfield, . . . and I. H. Robinson. (1999). Feral cats: Their role in the population dynamics of *Felis catus*. *Applied Animal Behaviour Science* 65 (3): 273–83.
Cafazzo, S., and E. Natoli. (2009). The social function of tail up in the domestic cat (*Felis silvestris catus*). *Behavioural Processes* 80 (1): 60–66.
Cameron-Beaumont, C., S. Lowe, and J. Bradshaw. (2002). Evidence suggesting preadaptation to domestication throughout the small Felidae. *Biological Journal of the Linnean Society* 75: 361–66.
Caro, T. M., and D. A. Collins. (1987). Male cheetah social organization and territoriality. *Ethology* 74 (1): 52–64.
Clutton-Brock, J. (1992). The process of domestication. *Mammal Review* 22 (2): 79–85.
Clutton-Brock, J. (1999). *A Natural History of Domesticated Mammals*. Cambridge: Cambridge University Press.
Courchamp, F., L. Say, and D. Pontier. (2000). Transmission of feline immunodeficiency virus in a population of cats (Felis catus). *Wildlife Research* 27 (6): 603–11.
Crowell-Davis, S. (2005). "Cat Behaviour: Social Organization, Communication and Development." In *The Welfare of Cats*, edited by I. Rochlitz, 1–22. Animal Welfare 3. Dordrecht, Netherlands: Springer.
Driscoll, C. A., J. Clutton-Brock, . . . and S. J. O'Brien. (2009). The taming of the cat: Genetic and archaeological findings hint that wildcats became house cats earlier—and in a different place—than previously thought. *Scientific American* 300 (6): 68–75.
Driscoll, C. A., M. Menotti-Raymond, . . .and D. W. Macdonald. (2007). The Near Eastern origin of cat domestication. *Science* 317: 519–23.
Fitzgerald, B., and B. Karl. (1986). Home range of feral house cats (Felis catus L.) in forest of the Orongorongo Valley, Wellington, New Zealand. *New Zealand Journal of Ecology* 9: 71–82.
Gandolfi, B., C. A. Outerbridge, L. G. Beresford, J. A. Myers, M. Pimentel, H. Alhaddad, . . and L. A. Lyons. (2010). The naked truth: Sphynx and Devon Rex cat breed mutations in KRT71. *Mammalian Genome* 21 (9–10): 509–15.
Geibel, L. B., R. K. Tripathi, . . . and R. A. Spitz. (1991). A tyrosinase gene missense mutation in temperature-sensitive type I oculocutaneous albinism. A human homologue to the Siamese cat and the Himalayan mouse. *Journal of Clinical Investigation* 87 (3): 1119.
Ginsburg, L., G. Delibrias, . . . and A. Zivie. (1991). On the Egyptian origin of the domestic cat. *Bulletin du Museum National d'Histoire Naturelle. Section C: Sciences de la Terre Paleontologie Geologie Mineralogie* 13: 107–14.
Goldberg, J. (2003). Domestication and behaviour. *Domestication et Comportement* 128 (4): 275–81.
Gunn-Moore, D., C. Bessant, and R. Malik. (2008). Breed-related disorders of cats. *Journal*

41 Jennifer Copley, "Naturally Occurring Cat Breeds, Cross-Breeds, and Recent Mutations," *Metaphorical Platypus* (blog), July 13, 2010, http://www.metaphoricalplatypus.com/articles/animals/cats/cat-facts/naturally-occurring-cat-breeds-cross-breeds-and-recent-mutations.
42 Pontius et al. 2007.
43 O'Brien and Nash 1982; Menotti-Raymond et al. 1999.
44 Kehler et al. 2007.
45 Geibel et al. 1991; Lyons et al. 2005.
46 Schmidt-Küntzel et al. 2005; Linderholm and Larson 2013.
47 Schmidt-Küntzel et al. 2005.
48 Albuisson et al. 2011; Lange, Nemeschkal, and Müller 2013.
49 たとえば Ingham and Placzek 2006 を参照せよ。
50 このシスエレメントは、制御する遺伝子（*shh*）からかなり離れているという点でいささか変わっている（Lettice et al. 2008; Albuisson et al. 2011）。
51 O'Brien et al. 1999; Menotti-Raymond et al. 2009.
52 たとえば、Menotti-Raymond et al. 2007, 2010 では、ネコを進行性網膜変性のモデルとして扱っている。
53 Zatta and Frank 2007.
54 Courchamp, Say, and Pontier 2000.
55 Macdonald 1983; Natoli and de Vito 1991.
56 Bradshaw et al. 1999; Fitzgerald and Karl 1986.
57 Macdonald 1983; Crowell-Davis 2005.
58 Bradshaw and Cameron-Beaumont 2000; Cafazzo and Natoli 2009.
59 Bradshaw and Cameron-Beaumont 2000.
60 Bradshaw and Cameron-Beaumont 2000; Bradshaw, Casey, and Brown 2012.
61 Nicastro 2004.
62 シルヴェスターの鳴き声は、今は亡きミスティーに比べれば静かである。第5章に書いた、アライグマに対してまったく構えた態度をとらなかった、あのミスティーである。ミスティーの鳴き声は驚くほど大きく神経に障り、特に電話中がひどかった。電話しているとミスティーが必ず最大限の声で鳴くもんだから、こちらも相手もいらいらがマックス状態という有様だった。

**参考文献**

Ahmad, M., B. Blumenberg, and M. F. Chaudhary. (1980). Mutant allele frequencies and genetic distance in cat populations of Pakistan and Asia. *Journal of Heredity* 71 (5): 323–30.

Albuisson, J., B. Isidor, . . . and S. Bezieau. (2011). Identification of two novel mutations in Shh long-range regulator associated with familial pre-axial polydactyly. *Clinical Genetics* 79 (4): 371–77.

Bateson, P. P. G. (2000). "Behavioural Development in the Cat." In *The Domestic Cat: The Biology of Its Behaviour*, edited by D. C. Turner and P. P. G. Bateson, 9–22. Cambridge: Cambridge University Press.（デニス・C・ターナー、パトリック・ベイトソン編著『ドメスティック・キャット―その行動の生物学』森裕司監修、武部正美・加隈良枝訳、チクサン出版社、2006 年）

Bateson, P. and Turner, D. C. (2014). "Postscript: Questions and Some Answers." In *The Domestic Cat: The Biology of Its Behaviour*, 3rd ed., edited by D. C. Turner and P. Bateson, 231–40. Cambridge: Cambridge University Press.

Beadle, M. (1979). *Cat: A Complete Authoritative Compendium of Information about Do-*

20 Serpell 2000. Serpell は、Ahmad, Blumenberg, and Chaudhary 1980 を引用して、もっと早い時期（4500 ～ 4100 年前）に、エジプトからインダス文明のハラッパへネコが輸出されていただろうと述べている。だが、それはエジプトでネコが流行した時期以前になるので、もしもこの「都会のネコ」が本当に家畜化されていたのだとしたら、西アジアからやってきたのだろう。

21 Driscoll et al. 2009. しかし Serpell 2000 は、ギリシャ人もローマ人もネズミを制圧するのにヨーロッパケナガイタチやフェレットを好んで用いたので、こっそり船に乗り込んだネコもいた可能性があると主張している（Beadle 1979 も参照）。いずれにせよ、ネコは船上の生活によく適応し、ネコの分布の世界的拡大にとって、船による輸送の果たした役割は非常に大きい（Todd 1977）。たとえば、オレンジ色の縞模様の雄に見られる伴性突然変異や雌の二毛（サビ猫）／三毛は、トルコ西部に由来するようであり、そこからヴァイキングの船でブルターニュやブリテン島、スカンジナビアへ運ばれた。

22 Zeuner 1963.

23 Driscoll et al. 2009.

24 Driscoll et al. 2007.

25 Wastlhuber 1991.

26 Morris 1999.

27 Morris 1999.

28 Taylor 1989.

29 美学的見地からするとレフコイはネコ版のETのように見えると思う。

30 Menotti-Reymond et al. 2007; Stephens 2001. G. Sutton, "Scottish Fold," Cat Fanciers' Association, http://www.cfa.org/Breeds/BreedsSthruT/ScottishFold/SFArticle.aspx. スコティッシュフォールドには軟骨関連の障害が多発し、耳の奇形はその一つにすぎない。他に四肢の成長不全や骨軟骨異形成症などが起こりうる（Gunn-Moore, Bessant, and Malik 2008）。

31 Zhigachev and Vladimirova 2002.

32 Gunn-Moore, Bessant, and Malik 2008; Stephens 2001.

33 Albuisson et al. 2011.

34 英国ネコ愛好家協会（BCFA）が動物虐待の観点から多指症のネコを認めていないのは、ありがたい話である（Dennis Turner, e-mail, February 5, 2014）。

35 これに関わる突然変異については Gandolfi et al. 2010 を参照。

36 O'Brien et al. 2008. 被毛の長さに関する *Fgf5* 遺伝子の突然変異については Kehler et al. 2007 を参照。

37 最後の二例はどうやって交雑を行ったのかはっきりしない。おそらく、二例とも雌がイエネコだったのだと思う。サーバルでもカラカルでも、誇り高い雌はイエネコの雄が上に乗るのを許したりしないだろう。イエネコの雄がどれだけ大胆でたくましくても無理な話である。しかし、この交雑にはまた別の現実的な問題がある。妊娠期間の異なる二種間で交雑が起こると各種の障害が生じるのである。さまざまな発生段階で流産することが多く、生まれてきたとしても特に雄は不稔性であることが多い。野心的なブリーダーはこのような障害にもめげず、国際ネコ協会（TICA）は新種を公式に認可している。実際、ベンガル（ベンガルヤマネコ×イエネコ）と縞模様のイエネコの交雑により、トイガーという新種も登場している。トラのような縞模様があるのでこう呼ばれる（toy おもちゃ+ tiger トラ）。人工授精を導入すれば、イエネコと本物のトラ（*Panthera tigris*）の交雑によってトラ縞のイエネコの作出も可能かもしれない。でもペットとしてはどうだろう。「番ネコ」ならいいかもしれないが。その意味では、子どもをサバンナやカラキャットに近づけたくないと思う親もいるだろう。

38 たとえば Lynch 1991 を参照。

39 実はタイのシャムは本国タイでは稀少になっている。わたしは地元の動物を展示する小さな「動物園」でこのネコを見た。

40 "Siam: America's First Siamese Cat," Rutherford B. Hayes Presidential Center, http://www.rbhayes.org/hayes/manunews/paper_trail_display.asp?nid=65&subj=manunews.

the parallel evolution between dogs and humans. *Nature Communications* 4: 1860.
Wang, X., R. Tedford, . . . and R. Wayne. (2004). " Ancestry-Evolutionary History, Molecular Systematics, and Evolutionary Ecology of Canidae." In *The Biology and Conservation of Wild Canids*, edited by D. W. Macdonald and C. Sillero-Zubiri, 38–54. Oxford: Oxford University Press.
Wayne, R., and B. vonHoldt. (2012). Evolutionary genomics of dog domestication. *Mammalian Genome* 23 (1): 3–18.
White, C. D., M. E. D. Pohl, . . . and F. J. Longstaffe. (2001). Isotopic evidence for Maya patterns of deer and dog use at preclassic Colha. *Journal of Archaeological Science* 28 (1): 89–107.
Williams, C. (1974). *Chinese Symbolism and Art Motifs: An Alphabetical Comprehensive Handbook on Symbolism in Chinese Art through the Ages*, 4th rev. ed. North Clarendon, VT: Tuttle.
Zimmerman, L. (2001). "Northern Plains Village." In *Encyclopedia of Prehistory*, edited by P. Peregrine and M. Ember, 377–88. New York: Kluwer Academic/Plenum.

## 第3章　ネコ

### 註

1　たとえば、スモークは同腹の4匹のうち唯一の雌だったので、ちやほやされていた。シルヴェスターは雄3匹のなかで一番小柄だったため、兄弟との競争に勝てず遅れをとっていた。そんなわけで、母ネコの飼い主たちはシルヴェスターをよそにやりたがっていた。一方、スモークや他の兄弟を手放すのには乗り気ではなかった。初期の体験が性格形成に果たす役割については Bateson (2000) および Mendl and Harcourt (2000) を参照。
2　食肉目でも霊長目でも、哺乳類では食餌に占める植物質の割合が大きいものほど消化管が長い。植物質は消化に手間がかかるからだ。陸生の食肉目の科のなかでも、ネコ科動物の消化管は最も短い。食餌が高タンパク質であることは味の好みにも反映されている。ネコ科動物は動物性タンパク質を摂ることで塩分を摂取するので、一般に塩味に対する感受性が低い。また、甘味はまったく感じない。
3　Van Valkenburgh and Ruff 1987.
4　雄が連携して狩りをすることが多い（Caro and Collins 1987)。
5　Johnson et al. 2006; O'Brien and Johnson 2007; O'Brien et al. 2008.
6　O'Brien et al. 2008.
7　Driscoll et al. 2007, 2009.
8　Cameron-Beaumont, Lowe, and Bradshaw 2002; Goldberg 2003.
9　Ginsburg et al. 1991; Clutton-Brock 1999.
10　Driscoll et al. 2009.
11　Zeuner 1958.
12　Vigne et al. 2004.
13　Serpell 2000; Driscoll et al. 2009.
14　Linseele, Van Neer, and Hendrickx 2007.
15　Clutton-Brock 1992, 1999.
16　Málek 1997.
17　Serpell 2000.
18　Driscoll et al. 2009.
19　Bateson and Turner 2014. このとき、社交性を高める方向の選択の結果として尾を立てるディスプレイが進化したのかもしれない、と彼らは推測している。

Prates, L., F. J. Prevosti, and M. Berón. (2010). First records of prehispanic dogs in southern South America ( Pampa-Patagonia, Argentina). *Current Anthropology* 51 (2): 273–80.

Raff, E., and R. Raff. (2000). Dissociability, modularity, evolvability. *Evolution and Development* 2: 235–37.

Rosenswig, R. M. (2006). Sedentism and food production in early complex societies of the Soconusco, Mexico. *World Archaeology* 38 (2): 330–55.

Savolainen, P., T. Leitner, . . . and J. Lundeberg. (2004). A detailed picture of the origin of the Australian dingo, obtained from the study of mitochondrial DNA. *Proceedings of the National Academy of Sciences USA* 101 (33): 12387–90.

Savolainen, P., Y. Zhang, . . . and T. Leitner. (2002). Genetic evidence for an East Asian origin of domestic dogs. *Science* 298: 1610–13.

Serpell, J., ed. (1995). *The Domestic Dog: Its Evolution, Behaviour and Interactions with People*. Cambridge: Cambridge University Press.（ジェームス・サーペル編『ドメスティック・ドッグ―その進化、行動、人との関係』森裕司監修、武部正美訳、チクサン出版社、1999年

Serpell, J. A. (2009). Having our dogs and eating them too: Why animals are a social issue. *Journal of Social Issues* 65 (3): 633–44.

Smith, B., and C. Litchfield. (2010). Dingoes (*Canis dingo*) can use human social cues to locate hidden food. *Animal Cognition* 13 (2): 367–76.

Smith, L., D. Bannasch, . . . and A. Oberbauer. (2008). Canine fibroblast growth factor receptor 3 sequence is conserved across dogs of divergent skeletal size. *BMC Genetics* 9 (1): 67.

Sutter, N. B., C. D. Bustamante, . . . and E. A. Ostrander. (2007). A single IGF1 allele is a major determinant of small size in dogs. *Science* 316 (5821): 112–15.

Thalmann, O., B. Shapiro, . . . and R. K. Wayne. (2013). Complete mitochondrial genomes of ancient canids suggest a European origin of domestic dogs. *Science* 342 (6160): 871–74.

Tito, R. Y., S. L. Belknap, . . . and C. M. Lewis. (2011). Brief communication: DNA from early Holocene American dog. *American Journal of Physical Anthropology* 145 (4): 653–57.

Van Noort, V., B. Snel, and M. Huynen. (2003). Predicting gene function by conserved co-expression. *Trends in Genetics* 19: 238–42.

Vaysse, A., A. Ratnakumar, . . . and C. T. Lawley. (2011). Identification of genomic regions associated with phenotypic variation between dog breeds using selection mapping. *PLoS Genetics* 7 (10): e1002316.

Vilà, C., P. Savolainen, . . . and R. K. Wayne. (1997). Multiple and ancient origins of the domestic dog. *Science* 276 (5319): 1687–89.

Vilà, C., J. Seddon, and H. Ellegren. (2005). Genes of domestic mammals augmented by backcrossing with wild ancestors. *Trends in Genetics* 21 (4): 214–18.

Vilà, C., C. Walker, . . . and H. Ellegren. (2003). Combined use of maternal, paternal and bi-parental genetic markers for the identification of wolf-dog hybrids. *Heredity* 90 (1): 17–24.

VonHoldt, B., J. Pollinger, . . . and R. Wayne. (2013). Identification of recent hybridization between gray wolves and domesticated dogs by SNP genotyping. *Mammalian Genome* 24 (1–2): 80–88.

VonHoldt, B., J. Pollinger, . . . and W. Huang. (2010). Genome-wide SNP and haplotype analyses reveal a rich history underlying dog domestication. *Nature* 39: 898–902.

Wang, G. D., W. Zhai, . . . and Y.-P. Zhang. (2013). The genomics of selection in dogs and

*Behavioural Processes* 92: 131–42.
Losey, R. J., V. I. Bazaliiskii, . . . and M. V. Sablin. (2011). Canids as persons: Early Neolithic dog and wolf burials, Cis-Baikal, Siberia. *Journal of Anthropological Archaeology* 30 (2): 174–89.
Macdonald, D., and G. Carr. (1995). "Variation in Dog Society: Between Resource Dispersion and Social Flux." In *The Domestic Dog, Its Evolution, Behaviour, and Interactions with People*, edited by J. Serpell, 199–216. Cambridge: Cambridge University Press.（ジェームス・サーペル編『ドメスティック・ドッグ—その進化、行動、人との関係』森裕司監修、武部正美訳、チクサン出版社、1999年）
MacKinnon, M. (2010). "Sick as a dog": Zooarchaeological evidence for pet dog health and welfare in the Roman world. *World Archaeology* 42 (2): 290–309.
Mitteroecker, P., and F. Bookstein. (2007). The conceptual and statistical relationship between modularity and morphological integration. *Systematic Biology* 56 (5): 818–36.
Morey, D. F. (1992). Size, shape and development in the evolution of the domestic dog. *Journal of Archaeological Science* 19 (2): 181–204.
Morey, D. F. (1994). The early evolution of the domestic dog. American Scientist 82 (4): 336–47.
Morey, D. F. (2006). Burying key evidence: The social bond between dogs and people. *Journal of Archaeological Science* 33 (2): 158–75.
Morris, D. (2002). *Dogs: The Ultimate Dictionary of Over 1,000 Dog Breeds*. North Pomfret, VT: Trafalgar Square.（デズモンド・モリス『デズモンド・モリスの犬種事典』福山英也監修、大木卓文献監修、誠文堂新光社、2007年）
Newsome, A., L. Corbett, and S. Carpenter. (1980). The identity of the dingo I. Morphological discriminants of dingo and dog skulls. *Australian Journal of Zoology* 28 (4): 615–25.
Nicholas, T., C. Baker, E. Eichler, and J. Akey. (2011). A high-resolution integrated map of copy number polymorphisms within and between breeds of the modern domesticated dog. *BMC Genomics* 12 (1): 414.
Niskanen, A. K., E. Hagstrom, . . . and P. Savolainen. (2013). MHC variability supports dog domestication from a large number of wolves: High diversity in Asia. *Heredity* 110 (1): 80–85.
Nobis, G. (1979). "Problems of the Early Husbandry of Domestic Animals in Northern Germany and Denmark." In *Proceedings of the 18th International Symposium on Archaeometry and Archaeological Prospection, Bonn, 14–17 March 1978*. Archaeo-Physika 10. Cologne, Germany: Rheinland-Verlag.
Oskarsson, M. C. R., C. F. C. Klutsch, . . . and P. Savolainen. (2012). Mitochondrial DNA data indicate an introduction through Mainland Southeast Asia for Australian dingoes and Polynesian domestic dogs. *Proceedings of the Royal Society. B: Biological Sciences* 279 (1730): 967–74.
Parker, H. G., L. V. Kim, . . . and L. Kruglyak. (2004). Genetic structure of the purebred domestic dog. *Science* 304 (5674): 1160–64.
Parker, H. G., A. L. Shearin, and E. A. Ostrander. (2010). Man's best friend becomes biology's best in show: Genome analyses in the domestic dog. *Annual Review of Genetics* 44 (1): 309–36.
Parker, H. G., B. M. VonHoldt, . . . and E. A. Ostrander. (2009). An expressed *Fgf4* retrogene is associated with breed-defining chondrodysplasia in domestic dogs. *Science* 325 (5943): 995–98.

opment and hybridization with wolves. *BAR International Series* 889: 295–312.
Davis, S., and F. Valla. (1978). Evidence for domestication of dog 12,000 years ago in Natufian of Israel. *Nature* 276: 608–10.
Dayan, T. (1994). Early domesticated dogs of the Near East. *Journal of Archaeological Science* 21 (5): 633–40.
Drake, A. G., and C. P. Klingenberg. (2010). Large-scale diversification of skull shape in domestic dogs: Disparity and modularity. *American Naturalist* 175 (3): 289–301.
Driscoll, C., and D. Macdonald. (2010). Top dogs: Wolf domestication and wealth. *Journal of Biology* 9 (2): 10.
Fondon, J. W., III, and H. R. Garner. (2004). Molecular origins of rapid and continuous morphological evolution. *Proceedings of the National Academy of Sciences USA* 101 (52): 18058–63.
Fondon, J. W., III, E. A. D. Hammock, . . . and D. G. King. (2008). Simple sequence repeats: Genetic modulators of brain function and behavior. *Trends in Neurosciences* 31 (7): 328–34.
Fuller, J. L. (1956). Photoperiodic control of estrus in the Basenji. *Journal of Heredity* 47 (4): 179–80.
Galibert, F., P. Quignon, C. Hitte, and C. Andre. (2011). Toward understanding dog evolutionary and domestication history. *Comptes Rendus Biologies* 334 (3): 190–96.
Galis, F., I. Van Der Sluijs, . . . and M. Nussbaumer. (2007). Do large dogs die young? *Journal of Experimental Zoology. Part B: Molecular and Developmental Evolution* 308B (2): 119–26.
Gautier, A. (2002). "The Evidence for the Earliest Livestock in North Africa: Or Adventures with Large Bovids, Ovicaprids, Dogs and Pigs." In *Droughts, Food and Culture: Ecological Change and Food Security in Africa's Later Prehistory*, edited by F. A. Hassan, 195–207. New York: Kluwer Academic/Plenum.
Germonpré, M., M. V. Sablin, . . . and V. R. Després. (2009). Fossil dogs and wolves from Palaeolithic sites in Belgium, the Ukraine and Russia: Osteometry, ancient DNA and stable isotopes. *Journal of Archaeological Science* 36 (2): 473–90.
Gould, R. A. (1969). Subsistence behaviour among the Western Desert Aborigines of Australia. *Oceania* 39: 253–74.
Gray, M., N. Sutter, . . . and R. Wayne. (2010). The IGF1 small dog haplotype is derived from Middle Eastern grey wolves. *BMC Biology* 8 (1): 16.
Kays, R., A. Curtis, and J. J. Kirchman. (2010). Rapid adaptive evolution of northeastern coyotes via hybridization with wolves. *Biology Letters* 6 (1): 89–93.
Klingenberg, C. P. (2008). Morphological integration and developmental modularity. *Annual Review of Ecology, Evolution, and Systematics* 39: 115–32.
Kraus, C., S. Pavard, and D. E. Promislow. (2013). The size-life span trade-off decomposed: Why large dogs die young. *American Naturalist* 181 (4): 492–505.
Larson, G., E. K. Karlsson, . . . and K. Lindblad-Toh. (2012). Rethinking dog domestication by integrating genetics, archeology, and biogeography. *Proceedings of the National Academy of Sciences USA* 109 (23): 8878–83.
Lobell, J. A., and E. A. Powell. (2010). More than man's best friend. Archaeology 63 (5): 26–35.
Lord, K., M. Feinstein, B. Smith, and R. Coppinger. (2013). Variation in reproductive traits of members of the genus *Canis* with special attention to the domestic dog (*Canis familiaris*).

94 Drake and Klingenberg 2010.

**参考文献**


Alvarez, C. E., and J. M. Akey. (2011). Copy number variation in the domestic dog. *Mammalian Genome* 23 (1–2): 1–20.

Ashdown, R. R., and T. Lea. (1979). The larynx of the Basenji dog. *Journal of Small Animal Practice* 20 (11): 675–79.

Bannasch, D., A. Young, . . . and N. Pedersen. (2010). Localization of canine brachycephaly using an across breed mapping approach. *PLoS One* 5 (3): e9632.

Boitani, L., and P. Ciucci. (1995). Comparative social ecology of feral dogs and wolves. *Ethology, Ecology & Evolution* 7 (1): 49–72.

Boitani, L., P. Ciucci, and A. Ortolani. (2007). Behaviour and social ecology of free-ranging dogs. In *The Behavioural Biology of Dogs*, edited by Per Jensen, 147–65. Wallingford, UK: CABI International.

Boyko, A., R. Boyko, . . . and C. Bustamante. (2009). Complex population structure in African village dogs and its implications for inferring dog domestication history. *Proceedings of the National Academy of Sciences USA* 39: 13903–8.

Boyko, A., P. Quignon, . . . and E. Ostrander. (2010). A simple genetic architecture underlies morphological variation in dogs. *PLoS Biology* 8: e1000451.

Brown, S. K., N. C. Pedersen, . . . and B. N. Sacks. (2011). Phylogenetic distinctiveness of Middle Eastern and Southeast Asian village dog Y chromosomes illuminates dog origins. *PLoS One* 6 (12): e28496.

Cadieu, E., M. Neff, . . . and E. Ostrander. (2009). Coat variation in the domestic dog is governed by variants in three genes. *Science* 39 (5949): 150–53.

Careau, V., D. Réale, . . . and D. W. Thomas. (2010). The pace of life under artificial selection: Personality, energy expenditure, and longevity are correlated in domestic dogs. *American Naturalist* 175 (6): 753–58.

Chrószcz, A., M. Janeczek, . . . and V. Onar. (2013). Cynophagia in the Puchov (Celtic) Culture Settlement at Liptovska Mara, Northern Slovakia. *International Journal of Osteoarchaeology*, May 26.

Clutton-Brock, J. (1995). "Origins of the Domestic Dog: Domestication and Early History." In *The Domestic Dog: Its Evolution, Behaviour, and Interactions with People*, edited by J. Serpell, 7–20. Cambridge: Cambridge University Press.（ジェームス・サーペル編『ドメスティック・ドッグ―その進化、行動、人との関係』森裕司監修、武部正美訳、チクサン出版社、1999年）

Clutton-Brock, J., and N. Hammond. (1994). Hot dogs: Comestible canids in Preclassic Maya culture at Cuello, Belize. *Journal of Archaeological Science* 21 (6): 819–26.

Collie, N. (2013). "Ritualising Encounters with Subterranean Places: An Investigation of Urban Depositional Practices of Roman Britain." PhD diss., University of Tasmania.

Coppinger, R., and L. Coppinger. (2001). *Dogs: A Startling New Understanding of Canine Origin, Behavior and Evolution*. New York: Scribner.

Coppinger, R., L. Spector, and L. Miller. (2010). "What, If Anything, Is a Wolf?" In *The World of Wolves: New Perspectives on Ecology, Behaviour, and Management*, edited by M. Musiani et al., 1–52. Energy, Ecology, and the Environment Series 3. Calgary, Alberta: University of Calgary Press.

Corbett, L. K. (1995). *Dingo in Australia and Asia*. Sydney, Australia: UNSW Press.

Crockford, S. J. (2000). A commentary on dog evolution: Regional variation, breed devel-

61 Larson et al. 2012. 一方、Dayan 1994 は西アジアが起源ではないかと提議している。
62 Ashdown and Lea 1979.
63 Fuller 1956.
64 ヨーロッパではアフガン・ハウンドは第二次世界大戦後に絶滅し、その後、輸入したイヌをもとにして品種が再樹立されたという証拠がある。Larson et al. 2012 を参照。
65 Vilà et al. 2003; VonHoldt et al. 2013.
66 Larson et al. 2012 では、オオカミと各犬種の遺伝的関係を示す系統樹において、秋田犬が系統樹の根元近くに位置している〔この研究では柴犬については調べられていない〕。
67 ジョン・ヘンリー・ウォルシュ（筆名は「ストーンヘンジ」）がハト愛好家の基準を取り入れた。犬種標準になった最初のイヌは「メイジャー」という名のポインターだった。メイジャーは最初の近代的なイヌとして言及されることもある。
68 VonHoldt et al. 2010. 機能と系統間のこのような関係は西ヨーロッパ、特に英国（および以前の植民地）に限った話である。もっと広い地理的なスケール（たとえばユーラシア大陸全体など）で系統的な関係を見る場合は、地理的要因の重要性が高くなる。
69 コリーの在来種についての議論の多くは "The Collie Spectrum: Understanding the Scotch Landrace," Old-Time Farm Shepherd, http://www.oldtimefarmshepherd.org/current-collie-articles/the-collie-spectrum-understanding-the-scotch-landrace による。
70 VonHoldt et al. 2010.
71 Vilà, Seddon, and Ellegren 2005. これは実際イヌ属全体にあてはまる。雑種形成がやたらに起こり、そのため、生物学的な種の概念でもって種の境界線を描くのが困難なのである。たとえば、コヨーテの近年の東部への分布拡大により、東部のシンリンオオカミとの交雑が盛んに起こった。その結果、東部のコヨーテは西部のコヨーテよりも体が大きく、オオカミに行動が似ているのである（Kays, Curtis, and Kirchman 2010）。
72 一塩基の欠失や挿入も点突然変異に含まれる。
73 タンデムリピートは欠失・挿入（インデル）のサブカテゴリーとみなされることもあるが、インデルはもっと長い塩基配列の単発的な欠失・挿入に用いられるのが通常である。
74 Fondon et al. 2008.
75 Fondon and Garner 2004.
76 Nicholas et al. 2011; Alvarez and Akey 2011.
77 Sutter et al. 2007; Gray et al. 2010.
78 Parker et al. 2009.
79 Cadieu et al. 2009.
80 Parker, Shearin, and Ostrander 2010 でレビューされた。
81 Wayne and VonHoldt 2012.
82 Cardieu et al. 2009.
83 Boyko et al. 2010.
84 L. Smith et al. 2008; Bannasch et al. 2010.
85 Boyko et al. 2010; Vaysse et al. 2011.
86 Parker, Shearin, and Ostrander 2010 for a review のレビューを参照。
87 Kraus, Pavard, and Promislow 2013.
88 わたしの愛犬ジジはトイ・テリアとチワワの雑種で、18 歳まで生きた。
89 Careau et al. 2010.
90 Galis et al. 2007.
91 全体的な遺伝子構成については Van Noort, Snel, and Huynen 2003 を参照。
92 Drake and Klingenberg 2010.
93 Raff and Raff 2000; Mitteroecker and Bookstein 2007; and Klingenberg 2008.

31 ホメーロス『オデュッセイア』第十七歌の「このように二人は語り合っていたが」（岩波文庫『オデュッセイア（下）』松平千秋訳）から始まる節。
32 MacKinnon 2010.
33 Collie 2013.
34 MacKinnon 2010; Driscoll and Macdonald 2010.
35 Robert Rosenswig による。Lobell and Powell 2010 が引用。
36 イヌを食用にするのは新世界に限った話ではない。ヨーロッパでも鉄器時代のフランスではイヌが食べられており、ルヴルーにイヌの養殖場があった証拠もある。北スロヴァキアのラテーヌにあったケルト族の村からは、ヨーロッパでのイヌの食用が少なくともローマ時代まで続いていたという証拠が得られている (Chrószcz et al. 2013)。
37 Tito et al. 2011. 発見者はメーン大学大学院生（当時）の Samuel Belknap III 。この骨は9400年前のものとされた。
38 Lobell and Powell 2010.
39 Clutton-Brock and Hammond 1994; White et al. 2001.
40 アステカ族が作り出したのは、現在も存在するショロイツクインツレ（メキシカン・ヘアレス・ドッグ）という品種である。
41 Rosenswig 2006.
42 Zimmerman 2001.
43 デ・ソトの個人的な秘書だったランゲルは「インディアンがやってきてトウモロコシを少し、雌鶏を多数、数匹の小さな犬をくれた。犬は食用だった。小さなほえない犬で、屋内で食用として育てるのだ」と書いている。("Rodrigo Rangel's Account, Part 2," FloridaHistory.com, http://www.floridahistory.com/rangel-2.html.)
44 Serpell 1995, 2009.
45 Craig Skehan, "Dog-Meat Mafia: Inside Thailand's Smuggling Trade," *Globe and Mail*, May 20, 2013. 食用にされるのはほとんどが野犬である。
46 カロライナドッグという品種が北米の在来種の生き残りといえなくもないが、現在のカロライナドッグはほとんど復元されたものである。
47 Raymond Coppinger は、イヌの家畜化はすべてがヴィレッジドッグを経由したのだと熱烈に主張している（Coppinger and Coppinger 2001）。
48 Macdonald and Carr 1995; Boitani and Ciucci 1995; Boitani, Ciucci, and Ortolani 2007; Lord et al. 2013.
49 Brown et al. 2011.
50 Boyko et al. 2009.
51 Savolainen et al. 2004; Oskarsson et al. 2012.
52 異論もある。Savolainen et al. 2004 の推定によれば、ディンゴがオーストラリアに到達したのは約5000年前である。
53 Corbett 1995.
54 Newsome, Corbett, and Carpenter 1980.
55 B. Smith and Litchfield 2010.
56 たとえば、プロスペクトパーク動物園（ブルックリン）のディンゴのアイコンはオオカミとイヌを足して二で割ったようなもので、ディンゴがイヌ的オオカミのようなものであることを示唆している。
57 Parker et al. 2004.
58 柴犬とフィニッシュ・スピッツの最近の復元については Morris 2002 を参照。
59 つまり、DNA に基づいて品種の系統を作り出すという手法によって人為的に作出したものである (Larson et al. 2012)。
60 Parker et al. 2004; VonHoldt et al. 2010.

Waddington, C. H. (1959). Canalization of development and genetic assimilation of acquired characters. *Nature* 183 (4676): 1654–55.
Wilkins, A. S., Wrangham, R. W., and Fitch, W. T. (2014). The "domestication syndrome" in mammals: a unified explanation based on neural crest cell behavior and genetics. *Genetics* 197 (3): 795–808.
Woltereck, R. (1909). Weitere experimentelle Untersuchungen uber Artveranderung, speziell über das Wesen quantitativer Artunterscheide bei Daphniden. *Verhandlungen der Deutschen Zoologischen Gesellschaft* 19: 110–72.

## 第2章　イヌ

### 註

1 Williams 1974.
2 X. Wang et al. 2004.
3 アジアとアフリカの野生のイヌ科動物は、ほとんどいつでも社会的なグループを形成しているが、オオカミは単独行動をすることもある。インドなど、大半のオオカミが一年のうちかなりの期間を単独で過ごす地域もある。
4 イヌ属のアメリカアカオオカミ、ハイイロオオカミ、コヨーテの関係については、種の地位をめぐる厄介な問題がある。たとえば Coppinger, Spector, and Miller 2010 を参照。
5 Germonpré et al. 2009; Galibert et al. 2011.
6 Greger Larson, e-mail, February 12, 2014.
7 Savolainen et al. 2002.
8 Niskanen et al. 2013.
9 VonHoldt et al. 2010.
10 Thalmann et al. 2013.
11 Vilà et al. 1997; Crockford 2000; Larson et al. 2012.
12 Clutton-Brock 1995; Coppinger and Coppinger 2001.
13 Coppinger and Coppinger 2001.
14 異論もある。Coppinger and Coppinger 2001 を参照。
15 Nobis 1979.
16 Morey 2006; Losey et al. 2011.
17 Davis and Valla 1978.
18 Clutton-Brock 1995.
19 Larson et al. 2012.
20 前掲書
21 Morey 1992, 1994.
22 コスカトラン洞窟にて。
23 Gautier 2002.
24 Larson et al. 2012.
25 Prates, Prevosti, and Berón 2010.
26 Sutter et al. 2007; Gray et al. 2010. 近東産オオカミに由来する変異である。
27 G. D. Wang et al. 2013.
28 Gould 1969; Clutton-Brock 1995.
29 カイロ・アメリカン大学の Salima Ikram による。Lobell and Powell 2010 が引用。
30 このミイラは1902年にアビドスで発見された紀元前4世紀のもの。Janet Monge がペンシルヴェニア大学でCTスキャンにかけた。

construction/reconstruction of a behavioral phenotype. *Behavior Genetics* 41 (4): 593–606.
Kukekova, A. V., L. N. Trut, . . . and G. M. Acland. (2008). Measurement of segregating behaviors in experimental silver fox pedigrees. *Behavior Genetics* 38 (2): 185–94.
Kukekova, A. V., L. N. Trut, . . . and G. M. Acland. (2007). A meiotic linkage map of the silver fox, aligned and compared to the canine genome. *Genome Research* 17 (3): 387–99.
Kukekova, A. V., L. N. Trut, . . . and G. M. Acland. (2004). A marker set for construction of a genetic map of the silver fox (*Vulpes vulpes*). *Journal of Heredity* 95 (3): 185–94.
Levina, E. S., V. D. Yesakov, and L. L. Kisselev. (2005). Nikolai Vavilov: Life in the cause of science or science at a cost of life. *Comprehensive Biochemistry* 44: 345–410.
Levins, R. L., and S. R. Lewontin. (1985). *The Dialectical Biologist*. Cambridge, MA: Harvard University Press.
Lewontin, R., and R. Levins. (1976). "The Problem of Lysenkoism." In *The Radicalisation of Science: Ideology of/in the Natural Sciences*, edited by H. Rose and S. Rose, 32–64. London: Macmillan.（スティーヴン・ローズ、ヒラリー・ローズ編『ラディカル・サイエンス―危機における科学の政治学』里深文彦ほか訳、社会思想社、1980年）
Mayr, E. (1972). Lamarck revisited. *Journal of the History of Biology* 5 (1): 55–94.
Pigliucci, M. (2005). Evolution of phenotypic plasticity: Where are we going now? *Trends in Ecology & Evolution* 20 (9): 481–86.
Schmalhausen, I. I. (1949). *Factors of Evolution: The Theory of Stabilizing Selection*. Translated by Isadore Dordick. Edited by Theodosius Dobzhansky. Philadelphia: Blakiston.
Scott, J. P. (1965). *Genetics and the Social Behavior of the Dog*. Chicago: University of Chicago Press.
Smith, K. K. (2001). Heterochrony revisited: The evolution of developmental sequences. *Biological Journal of the Linnean Society* 73 (2): 169–86.
Sober, E. (1984). *The Nature of Selection*. Cambridge, MA: MIT Press.
Statham, M. J., L. N. Trut, . . . and A. V. Kukekova. (2011). On the origin of a domesticated species: Identifying the parent population of Russian silver foxes (*Vulpes vulpes*). *Biological Journal of the Linnean Society* 103 (1): 168–75.
Trut, L. N. (1998). The evolutionary concept of destabilizing selection: *status quo* In commemoration of D. K. Belyaev. *Journal of Animal Breeding and Genetics* 115 (6): 415–31.
Trut, L. N. (1999). Early canid domestication: The farm-fox experiment. *American Scientist* 87: 160–69.
Trut, L. N. (2001). "Experimental Studies of Early Canine Domestication." In *Genetics of the Dog*, edited by A. Ruvinsky and J. Sampson, 15–43. Wallingford, UK: CABI.
Trut, L., I. Oskina, and A. Kharlamova. (2009). Animal evolution during domestication: The domesticated fox as a model. *BioEssays* 31 (3): 349–60.
Trut, L. N., I. Z. Plyusnina, and I. N. Oskina. (2004). An experiment on fox domestication and debatable issues of evolution of the dog. *Russian Journal of Genetics* 40 (6): 644–55.
Vavilov, N. I. (1922). The law of homologous series in variation. *Journal of Genetics* 12 (1): 47–89.
Vavilov, N. I. (1992). *Origin and Geography of Cultivated Plants*. Cambridge: Cambridge University Press.
Waddington, C. H. (1942). Canalization of development and the inheritance of acquired characters. *Nature* 150 (3811): 563–65.

26 「ヘテロクロニー」という用語はエルンスト・ヘッケルが導入し、スティーヴン・J・グールド（Gould 1977）が一般に広めたもの。最近の言及についてはSmith 2011を参照。

27 Trut, Plyusnina, and Oskina 2004.

28 予備的な結果はKukekova et al. 2004, 2007, 2008, 2011, 2012を参照。特に強調したいのは、非攻撃性を促進する遺伝子がイヌのゲノム内で相同の位置にマッピングされたが、その遺伝子は他の多数の遺伝子と複雑に（他の遺伝子に対する上位遺伝子として）関わっているということである。従順なキツネと攻撃的なキツネには、前頭前野の遺伝子発現において多数（335）の相違が見られる。

29 前駆体のペプチドはプロオピオメラノコルチン（POMC）と呼ばれる。この遺伝子の多面発現の傾向がきわめて高い理由の一つは、POMCが何通りにも切断され、発現する細胞のタイプによって異なるペプチドが生成されることだ。ACTH（副腎皮質刺激ホルモン）や内因性オピオイド、表皮のメラニン代謝に関係するものなどがこれに含まれる。Gulevich et al. 2004を参照。

30 Trut, Plyusnina, and Oskina 2004; Trut, Oskina, and Kharlamova 2009.

31 Trut 1999, 2001.

32 Wilkins, Wrangham, and Fitch 2014.

33 Diamond 2002.

34 Hare and Tomasello 2005; Brüne 2007.

## 参考文献

Belyaev, D. K. (1979). Destabilizing selection as a factor in domestication. *Journal of Heredity* 70 (5): 301–8.

Brune, M. (2007). On human self-domestication, psychiatry, and eugenics. *Philosophy, Ethics, and Humanities in Medicine* 2: 21.

Burkhardt, R. W. (1995). *The Spirit of System: Lamarck and Evolutionary Biology: Now with "Lamarck in 1995."* Cambridge, MA: Harvard University Press.

Diamond, J. (2002). Evolution, consequences and future of plant and animal domestication. *Nature* 418: 700–707.

Drake, A. G., and C. P. Klingenberg. (2010). Large-scale diversification of skull shape in domestic dogs: Disparity and modularity. *American Naturalist* 175 (3): 289–301.

Gibbs, L., trans. (2002). *Aesop's Fables*. Oxford: Oxford University Press.

Gilbert, S. F. (2003). The morphogenesis of evolutionary developmental biology. *International Journal of Developmental Biology* 47 (7/8): 467–78.

Gould, S. J. (1977). *Ontogeny and Phylogeny*. Cambridge, MA: Harvard University Press.（スティーヴン・J・グールド『個体発生と系統発生─進化の観念史と発生学の最前線』仁木帝都・渡辺政隆訳、工作舎、1987年）

Gulevich, R., I. Oskina, . . . and L. Trut. (2004). Effect of selection for behavior on pituitary-adrenal axis and proopiomelanocortin gene expression in silver foxes (*Vulpes vulpes*). *Physiology & Behavior* 82: 513–18.

Hall, B. K. (2001). Organic selection: Proximate environmental effects on the evolution of morphology and behaviour. *Biology and Philosophy* 16 (2): 215–37.

Hare, B., I. Plyusnina, . . . and L. Trut. (2005). Social cognitive evolution in captive foxes is a correlated by-product of experimental domestication. *Current Biology: CB* 15 (3): 226–30.

Hare, B., and M. Tomasello. (2005). Human-like social skills in dogs? *Trends in Cognitive Sciences* 9 (9): 439–44.

Kukekova, A. V., S. V. Temnykh, . . . and G. M. Acland. (2012). Genetics of behavior in the silver fox. *Mammalian Genome* 23 (1–2): 164–77.

Kukekova, A. V., L. N. Trut, . . . and K. Lark. (2011). Mapping loci for fox domestication: De-

# 註と参考文献

## 第1章　キツネ

### 註

1　Gibbs 2002.

2　この作品にはパリ版とデンヴァー版があり、本書に収録したのはデンヴァー版である。パリ版（1989年にパリのジョルジュ・ポンピドゥー・センターに展示）は配色が逆で、テーブルクロスも含め全体が灰色でキツネが赤色であり、また背景には人間が数人いる。

3　Lewontin and Levins 1976; reprinted in Levins and Lewontin 1985.

4　ルイセンコの行った環境操作は「春化処理」と呼ばれている。

5　Burkhardt 1995を参照。深い論考に基づいた進化論を最初に提案したのは何といってもラマルクである。英語圏の進化論者が古くからラマルクに対して抱いている反感を理解するのは難しい。最たる正統的ダーウィン主義者であるエルンスト・マイアでさえも困惑するほどである（Mayr 1972）。ルイセンコ事件がこの反感を引き起こしたのは確かであるが、それ以外に英語圏の文化的ナショナリズムも関わっている。だがこれについては科学史の面からもっと検討すべきだろう。

6　ヴァヴィロフは相同系列の法則の提唱者としてよく引き合いに出される（Vavilov 1922を参照）。遺伝型に変異が生じる可能性は、複数の重要な経路で拘束されており、それゆえに広く予測可能であるという法則である。他に、作物の研究でも重要な功績を残している（Vavilov 1992［ロシア語版1956の翻訳］）。詳しくはLevina, Yesakov, and Kisselev 2005を参照。

7　Schmalhausen 1949. シュマルハウゼンのエヴォデヴォへの貢献については、Hall 2001とGilbert 2003を参照。

8　Drake and Klingenberg 2010.

9　この重要な区別を最初に定式化したのは（科学）哲学者のエリオット・ソーバーである（Sober 1984）。この区別を怠るという過ちは適応主義者によく見られる。

10　Belyaev 1979; Trut 1999; Trut, Plyusnina, and Oskina 2004; Trut, Oskina, and Kharlamova 2009.

11　この農場のキツネは、もともとはプリンスエドワード島（カナダ）の野生ギンギツネに由来するものである（Statham et al. 2011）。

12　Trut 1999.

13　前掲書

14　Trut, Oskina, and Kharlamova 2009.

15　Hare et al. 2005; Trut, Oskina, and Kharlamova 2009.

16　Trut 1999.

17　前掲書

18　前掲書

19　Belyaev 1979; Trut 1998.

20　Schmalhausen 1949; Pigliucci 2005はこれについて議論している。

21　リアクションノームという概念はWoltereck 1909で考案されたものである。

22　Waddington 1942, 1959.

23　Scott 1965.

24　Trut, Plyusnina, and Oskina 2004. ここでの下垂体のホルモンは副腎皮質刺激ホルモン（ACTH）のことを指す。コルチコトロピンともいう。

25　前掲書

## マ行



## ヤ行



## ラ行

## ハ行

## タ行



## ナ行

## サ行

## カ行

# 索引

**リチャード・C・フランシス（Richard C. Francis）**

ニューヨーク州立ストーニーブルック校で神経生物学と行動学の博士号を取得したのち、カリフォルニア大学バークレー校とスタンフォード大学で進化神経生物学と性的発達の研究を行った。現在はサイエンス・ライターとして活動している。著書に*Why Men Won't Ask for Directions*（未訳）、『エピジェネティクス 操られる遺伝子』（ダイヤモンド社）がある。カリフォルニア在住。

**西尾香苗（にしお・かなえ）**

京都大学理学部（生物系）卒業、同大学院理学研究科修士課程終了、同博士課程中退。生物系翻訳者。主な訳書に『超人類へ！』（ナム著、インターシフト）『マインド・ウォーズ』（モレノ著、アスキー・メディアワークス）、『地球博物学大図鑑』（スミソニアン協会監修、共訳、東京書籍）、『新種の冒険』（ウィーラー＆ペナク著、朝日新聞出版）、『世界のクモ』（プラトニック編、グラフィック社）などがある。ネコ４匹と暮らす。趣味は生物学（特に動物学）。

家畜化という進化

二〇一九年 九 月三十日 第一版第一刷発行
二〇二〇年十二月 十 日 第一版第三刷発行

著者 リチャード・C・フランシス
訳者 西尾香苗
発行者 中村幸慈
発行所 株式会社 白揚社 ©2019 in Japan by Hakuyosha
〒101-0062 東京都千代田区神田駿河台1-7
電話 03-5281-9772 振替 00130-1-25400
装幀 bicamo designs
印刷・製本 中央精版印刷株式会社

ISBN 978-4-8269-0212-0